# Die moderne Selektivschutztechnik und die Methoden zur Fehlerortung in Hochspannungsanlagen

Unter Mitarbeit von

Dipl.-Ing. Hermann Neugebauer, Dr.-Ing. Hans Poleck, Dr.-Ing. Robert Schimpf und Dr.-phil. Joachim Sorge

herausgegeben von

**Dr.-Ing. Manfred Schleicher**

Mit 320 Textabbildungen

**Berlin**
Verlag von Julius Springer
1936

ISBN-13:978-3-642-89163-2 e-ISBN-13:978-3-642-91019-7
DOI: 10.1007/978-3-642-91019-7

# Vorwort.

Im Winter 1927/28 wurde vom Elektrotechnischen Verein Berlin in Verbindung mit dem Außeninstitut der Technischen Hochschule Berlin eine Vortragsreihe über „Relais und Schutzschaltungen in elektrischen Kraftwerken und Netzen“ abgehalten. Sie erschien bei Julius Springer, 1929.

Seit dieser Zeit hat dieses für den Betrieb elektrischer Anlagen so außerordentlich wichtige Gebiet nicht nur ganz wesentliche technische Fortschritte gemacht und noch weiter an Bedeutung in der ganzen Welt gewonnen, sondern man hat es inzwischen planmäßig durchleuchtet und zahlreiche praktische Erfahrungen gesammelt.

Es erschien daher angebracht, die Grundlagen dieser Technik, in der Betrachtung vertieft, neu darzustellen. Um das Gebiet als Ganzes abzurunden und um dem Leser alles Notwendige an die Hand zu geben, wurden auch genügend zuverlässige Methoden zur Kurzschlußstromberechnung hinzugefügt und die vorbeugenden Schutzmaßnahmen gegen Kurz- und Erdschluß kurz gestreift. Ferner wurden die zum nachträglichen Feststellen des Fehlerortes üblichen Meßverfahren mitgeteilt und einer Kritik unterzogen und die heute angewendeten Verfahren der Fehlermeldung und Fehlerbeseitigung genannt.

Auf diese Weise ist in einem Buch nicht nur alles Wesentliche vereinigt, was der projektierende Ingenieur, vor allem aber der Betriebsingenieur wissen muß, um die Störungen der Stromversorgung in seinen Anlagen zeitlich so kurz wie möglich zu halten, sondern auch derjenige, der tiefer in dieses ganze Gebiet eindringen will, findet dazu die nötigen Unterlagen.

Es gelang für die Bearbeitung der Spezialkapitel namhafte Fachleute zu gewinnen. Für die geradezu vorbildliche Zusammenarbeit, bei der jeder sein Bestes gab, sei den Herren an dieser Stelle nochmals herzlich gedankt.

Berlin-Siemensstadt, Januar 1936.

**Der Herausgeber.**

# Inhaltsverzeichnis.

Seite

## 7. Die Schutzschaltungen.



## 8. Die Projektierung von Schutzschaltungen.

# Einleitung.

Die Schutzeinrichtungen, die in ihrem Wesen und Wirken hier beschrieben werden, dienen dazu, unsere Hochspannungsanlagen vor den Folgen zu schützen, die ihnen die fehlerhaft verlaufenden Ströme, wie sie durch einen Isolationsdurchbruch oder auch aus anderen Gründen entstehen, direkt oder indirekt zufügen können.

Die Schutzeinrichtungen der Niederspannungsanlagen, die dem gleichen Zweck dienen, wurden absichtlich ausgeschieden, da über solche Sicherheitseinrichtungen genügend Literatur vorhanden ist.

Ebenso werden die Schutzeinrichtungen ausgeschieden, die bei Hochspannungsanlagen Schaden an Leib und Leben verhindern sollen, weil dies im allgemeinen Einrichtungen sind, die auf das engste mit dem Bau und der Konstruktion von Schalt- und Leitungsanlagen verbunden und für die Selektivschutztechnik als gegebene Einrichtungen anzusehen sind.

Um die Arbeit für den Leser nützlicher zu gestalten, wurden verschiedene Grenzgebiete mitbehandelt, soweit sie dazu dienen können, die Nutzanwendung des Gebietes kritisch zu betrachten und festzustellen, wo z. B. Erdschlußlöscheinrichtungen, Überspannungsableiter und ähnliche Einrichtungen sich mit dem Selektivschutz günstig ergänzen können.

Es gibt wohl kaum ein Gebiet der Starkstromtechnik, bei dem eine so vollendete Kenntnis der Grundlagen der Wechselstromtechnik verlangt wird, wie bei dem hier behandelten Ausschnitt. Man kann nie mit dem üblichen, gleichseitigen Spannungsdreieck rechnen und kann sich nicht immer mit der Annahme, daß die Beachtung der Grundwelle genügt, zufrieden geben. Dies ist an sich nicht weiter verwunderlich, weil ja ausschließlich ungewöhnliche Betriebsfälle zu behandeln sind.

Die Schutztechnik verlangt auch eine gute theoretische und praktische Kenntnis der Wechselstrommeßtechnik und zur Ausführung der Apparate feinmechanische Spezialerfahrungen. In ihrer neuesten Entwicklung sind nun auch die Erfahrungen und eingehende Kenntnisse aus dem ganzen Gebiet der Nachrichtentechnik notwendig.

Der Umfang des hier notwendigerweise niederzulegenden Wissens ließ es unumgänglich nötig erscheinen, eine Reihe von bewährten Fachleuten zur Bearbeitung heranzuziehen.

Die Zahl der dieses Gebiet behandelnden Bücher ist in der ganzen Welt heute noch sehr gering. Teils sind es solche, die von dem Standpunkt aus geschrieben sind, die Vorteile einiger bestimmter Fabrikate herauszustellen, teils sind es fast rein theoretische Abhandlungen, die mit möglichst eleganten Rechenmethoden die Probleme zu behandeln suchen, teils sind es einfache Rezeptbücher für Bau und Betrieb, die Neues und Altes nebeneinander bringen, um nie zu versagen und möglichst vielen Fabrikaten gerecht zu werden. Dem Herausgeber ist keine Veröffentlichung bekannt, die versucht, in das Wesen der Sache einzudringen und das Gebiet im Rahmen seiner Nutzanwendung so zu behandeln, daß aus der Unzahl der Möglichkeiten das Wesentliche herausgeholt und kritisch beleuchtet wird, wobei grundsätzlich nur von jedem Techniker geläufigen Darstellungs- und Rechnungsmethoden Gebrauch gemacht wird.

Um den Leser in einfacher Weise einzuführen, ohne ihn zu einem Lehrgang zu zwingen und ihm die Möglichkeit zu geben, Spezialgebiete aufzufinden, für die er sich im Augenblick interessiert, ist der Aufbau in der vorliegenden Form entstanden.

Der erste Abschnitt ist allgemeiner Natur, er behandelt die technische und volkswirtschaftliche Bedeutung der Selektivschutzeinrichtungen.

Der zweite Abschnitt betrachtet die Fehlerarten, ihre Ursachen und Folgen.

Im dritten Abschnitt werden die elektrischen Vorgänge im Netz bei Störungen untersucht, die Kurzschluß- und Erdschlußströme im Netz selbst und in den Maschinen und Apparaten berechnet und die Vorgänge der Erdschlußlöschung erläutert.

Im vierten Abschnitt, den meßtechnischen Grundlagen der Schutztechnik, werden die typischen Kennzeichen der einzelnen Fehlerarten am Relaisort untersucht und die Selektionsmittel zur Feststellung des fehlerhaften Anlagenteiles auseinander gesetzt.

Der fünfte Abschnitt ist den Einzelteilen der Selektivschutztechnik gewidmet. Dazu gehören vor allem die Relais selbst, und zwar wird über die Eigenschaften der Meßprinzipien, die Konstruktionselemente und ihre Ausführungen einschließlich der Auslöser berichtet und die Wandler, die Stromwandler und die Spannungswandler werden behandelt.

Der Einheitlichkeit halber wird hier auch gleich im sechsten Abschnitt über Montage, Abnahmeversuche und Überwachung der Relais gesprochen.

Da hiermit alle Grundbedingungen festgelegt und die Einzelteile vorhanden sind, wird im siebenten Abschnitt die Schaltungstechnik behandelt, die wohl eines der hauptsächlichen Hilfsmittel ist, um die verschiedenen Fehlerkriterien richtig zusammenzufassen und ein selektives Schalten zu erreichen.

Der achte Abschnitt dient der Projektierung des Netz-, Maschinen- und Apparateschutzes. Hier wird dargelegt, wie man beim Projektieren die verschiedenen Netz- und Anlagenverhältnisse berücksichtigen muß, um einen je nach der Wertigkeit der Anlage technisch und wirtschaftlich richtigen Schutz zu erhalten.

Der neunte Abschnitt ist der Fehlersuche, nachdem die Abschaltung vor sich gegangen ist, gewidmet. Hier werden alle die Methoden behandelt, die bis heute bekannt geworden und als zweckmäßig erkannt sind, in Kabeln, Freileitungen und Maschinen den Fehlerort zu bestimmen.

Der zehnte Abschnitt befaßt sich mit der Fehlermeldung und den nahe verwandten Gebieten, die dem schnellen Wieder-in-Betrieb-bringen der Anlagen dienlich sind.

# 1. Die technische und volkswirtschaftliche Bedeutung der Selektivschutzeinrichtungen.

Von Dr.-Ing. **Manfred Schleicher**, Berlin.

Die Selektivschutztechnik, deren Zweck es ist, in einer elektrischen Anlage selbsttätig nur die Schalter auszulösen, die auszulösen nötig sind, wenn an irgendeiner Stelle ein Isolationsdurchbruch der Anlage stattgefunden hat, ist eine Technik, ohne die unsere modernen Kraftübertragungsanlagen nicht hätten entstehen können. Man denkt nur selten darüber nach, daß mit der Größe des Netzes die Zahl der Fehlermöglichkeiten wächst und auch alles Vermaschen und Kuppeln nichts hilft, wenn man keine Selektivschutzeinrichtungen zur Verfügung hat, da ja jeder Kurzschluß das gesamte Netz lieferunfähig macht und in größeren Netzen auch ein an sich harmloser Erdschluß nach kurzer Zeit in einen Kurzschluß übergeht.

Es ist von der Entwicklung und von den Leistungen dieser Technik nie viel Aufhebens gemacht worden, weil sie, äußerlich betrachtet, nur durch einige kleine schwarze Kästen im Hintergrund der Schaltanlage verkörpert wird, die gegenüber den Schaltanlagen, den Maschinen und Transformatoren an Größe und Preis vollkommen verschwinden. Auch die Fortschritte, die diese Technik von Jahr zu Jahr machte, gingen äußerlich im allgemeinen Fortschritt unter, denn die Zeit der intensiven Entwicklung der Selektivschutzeinrichtungen fiel zusammen mit der intensiven Entwicklung des Hochspannungsmaterials, der Hochspannungsisolatoren, der Kabel, Transformatoren usw., so daß, von außen gesehen, nicht immer klar zu entscheiden war, wer im Augenblick gerade wesentlich dazu beitrug, daß die Stromversorgung sich immer sicherer und zuverlässiger erwies. Trotzdem hat die Selektionsschutztechnik sich in den letzten Jahren zu voller Anerkennung durchgerungen.

Die Selektivschutztechnik selbst stellt in der allgemeinen Starkstromtechnik in verschiedener Beziehung ein Sondergebiet dar, denn sie muß diejenigen Strom- und Spannungswerte der Kurzschlußströme und Spannungen meßtechnisch verfolgen, bei denen es sonst dem Elektrotechniker genügt, ihr höchstmögliches Maß abschätzen zu können, um seine Maschinen und Apparate so auszulegen, daß sie nicht schon in Sekunden thermisch oder im ersten Augenblick gar schon mechanisch zerstört werden.

Damit soll nicht gesagt werden, daß die Schutztechniker neue Wege gefunden haben, diese Ströme rechnerisch genauer zu bestimmen. Das ist nicht der Fall gewesen, denn die Schutztechnik kann sich meist mit relativen Größen und Zahlen begnügen. Sie muß vor allem meßtechnisch klar bestimmen können, um wieviel in einem bestimmten Fall die Ströme und Spannungen an dem einen Schalter größer sind als an dem anderen, um danach Relais ansprechen zu lassen, die den einen Schalter um eine genügend große Zeit früher auslösen als den anderen. Oft begnügt sie sich auch, überhaupt nur einen Stromunterschied zwischen zwei Punkten festzustellen, um daraufhin durch schaltungstechnische Mittel eine Auslösung herbeizuführen.

Ein Beispiel, das die technische Sonderstellung der Schutztechnik beleuchtet, ist der Einfluß, den die Schutztechnik auf die Entwicklung der Meßwandlertechnik nehmen mußte, um ihr Ziel zu erreichen, denn der Wandler ist ja der sichtbare und unbedingt nötige Anknüpfungspunkt für die Selektivschutzrelais.

Dem Meßtechniker genügt es, wenn sein Meßwandler zwischen nahezu Null und Normalstrom richtig übersetzt und unter dem Einfluß der möglichen Kurzschlußströme in seiner Primärwicklung nicht zerstört wird, ja er sieht es gern und arbeitet darauf hin, daß der Sekundärstrom der Wandler nicht proportional mit dem Primärstrom bei Überlast ansteigt, weil er damit seine Meßinstrumente und Zähler schont.

Der Selektivschutztechniker konnte solche Wandler ganz und gar nicht brauchen, er mußte die Proportionalität und auch die Winkeltreue zwischen Primär- und Sekundärstrom bis zum größtmöglichen Kurzschlußstrom am Einbauort haben, um seine Relais damit richtig zu beaufschlagen.

Wie die Schutztechnik einerseits dazu beiträgt, die Stromversorgung zu sichern, und damit volkswirtschaftlich wertvoll ist, weil sie hindert, daß im Fluß der Arbeit eine Stockung eintritt, so trägt sie andererseits auch dazu bei, Volksvermögen zu erhalten, und zwar dadurch, daß sie Fehler in den wertvollen Teilen der Stromversorgung, in Maschinen, Umformern, Transformatoren und Motoren durch schnelles Abschalten klein hält und damit die Reparaturkosten und die Reparaturzeit selbst stark reduziert.

Sie trägt durch diese Wirkung auch dazu bei, daß das betreffende Objekt nach relativ viel kürzerer Zeit wieder in den Arbeitsprozeß eingegliedert werden kann, als wenn es ungeschützt den Kurzschlußströmen ausgesetzt gewesen wäre. Gerade dieser Umstand muß sehr hoch angeschlagen werden, nicht nur weil dadurch die Zeit, in der man im Falle eines Defektes mit reduzierten Reserven arbeitet, abgekürzt wird, sondern weil man auch z. B. in Wasserkraftwerken, die voll ausgenutzt sind, unter Umständen monatelang auf die Ausnutzung der Naturkraft verzichten und sich anderweitig teueren Ersatz suchen muß.

Es ist natürlich außerordentlich schwer, den gesamten volkswirtschaftlichen Wert der Schutztechnik zu ermitteln, weil man nie angeben kann, wie umfangreich die Stromstörungen gewesen wären und wie lange sie gedauert hätten, wenn die Selektivschutzausrüstungen nicht oder nur in unvollkommener Form vorhanden gewesen wären; man kann sie aber sicher auf Hunderttausende von Arbeitsstunden und die entsprechend vielfach höheren Werte an nicht erzeugtem Gut im Jahr veranschlagen. Auch die Beträge an gesparten Reparaturkosten im Jahr gehen sicher in die Millionen. Damit sind aber nur relativ faßbare Werte genannt. Die Bedeutung geht noch viel weiter, denn je sicherer die Stromversorgung wird, um so geringer wird die Notwendigkeit, aus Gründen der Sicherheit eigene Zentralen in Fabriken zu errichten. Auch diesen Umstand darf man bei der Beurteilung dieser Technik vom volkswirtschaftlichen Standpunkt aus nicht vernachlässigen.

Die Frage nach dem Nutzen von Selektivschutzeinrichtungen im privatwirtschaftlichen Sinn wird oft gestellt.

Bei jeder Neuanschaffung muß sich der Betriebsmann auch fragen, was wird der Erfolg sein? Lassen sich Ersparnisse nachweisen, die die Anschaffung in naheliegender Zeit amortisieren, so ist der Entschluß meist leicht zu fassen.

Bei Schutzeinrichtungen ist die Wirtschaftlichkeitsfrage nicht immer klar zu berechnen, und es gibt leider immer noch Leute, die an Zahl allerdings immer geringer werden, die, um zu einem negativen Ergebnis zu kommen, und sich mit dieser Technik nicht befassen zu müssen, auf folgende Rechnung sehr stolz sind: Zahl der Störungen im Jahr × Durchschnitt der Störungszeit in Minuten × Erzeugerpreis der Kilowattstunden × Netzbelastung gibt eine Summe, die die Kosten eines Schutzes nicht amortisieren kann. Die Störungsdauer wird darin zu 2—3 Minuten angesetzt. Interessant sind einige amerikanische Veröffentlichungen, die sogar bei dieser grundfalschen Rechnung feststellen, daß der Einbau von Selektivschutzeinrichtungen ein „gutes Geschäft" sei.

In Wirklichkeit liegen die Verhältnisse ganz und gar anders, selbst wenn wir zunächst bei der anfänglichen Berechnungsweise bleiben. Der Verfasser war vor Jahren Betriebsingenieur eines kleinen Unternehmens, das in seinem Stadtnetz von Selektivschutz im eigentlichen Sinn nichts wußte. Gab es in diesem Netz einen Zusammenbruch, so dauerte es gut und gern noch 20 Minuten, nachdem der Betrieb wieder aufgenommen war, bis sich wieder die normale Last einstellte. Dies liegt daran, daß alle Motorenbesitzer ihren Betrieb vorschriftsmäßig abstellten, bis das Licht wieder brannte und dann erst wieder einschalteten. Man sieht daraus, daß die Ausfälle an Kilowattstunden gar nicht so unbedeutend sind, wie man nach der angestellten Rechnung annehmen könnte.

Ein nicht unbeachtliches Moment ist die psychologische Wertung des Stromausfalles, die auch heute noch ganz unberechtigt sehr viele

Fabrikanten abhält, sich der öffentlichen Elektrizitätsversorgung anzuschließen, besonders dann, wenn der finanzielle Vorteil des Strombeinkaufes gegenüber einer bestehenden Eigenversorgungsanlage gering ist.

Stellt man die Frage nach der Zahl der Störungen, so findet man häufig die Ansicht vertreten, daß die Zahl der Störungen deshalb abnehmen müsse und auch ja abnimmt, weil es immer besser gelingt, Netz und Apparate zuverlässiger zu bauen.

Mag hier viel geleistet sein und werden, so bleiben drei Umstände übrig, die sich einfach nicht beseitigen lassen.

Der eine ist der Einfluß der Atmosphäre, d. h. Gewitter, Sturm, Hochwasser, Eisbildung, die sich nicht absolut durch die Konstruktion beherrschen lassen. Dieser Einfluß wird immer größer, je mehr man zur Überlandversorgung übergeht, man kompensiert ihn durch Netzvermaschung und Selektivschutzeinrichtungen.

Der zweite ist der Zufall, der einen Kurzschluß herbeiführen kann, einmal der Betriebszufall, die fehlerhafte Bedienung der Anlage, das andere Mal der Materialfehler, oder gar z. B. die Drachenschnur, die der Leitung zu nahe kommt und vieles, vieles andere. Der dritte schließlich ist die Nachlässigkeit beim Bau der Anlage; sei es die nicht genügend gesicherte Schraube an der Freileitung oder eine nicht sorgfältig hergestellte Kabelmuffe u. a. m.

Wenn auch die Zahl der Fehler in den letzten 10 Jahren stark abgenommen hat, so steht noch nicht fest, ob sie infolge von Alterserscheinungen des hochbeanspruchten Materials nicht doch eines Tages wieder steigt. Ein gewisses Minimum kann jedoch nicht unterschritten werden. Eines darf man aber nicht vergessen, gäbe es heute keinen Selektivschutz, so hätte trotz aller konstruktiven Maßnahme die Zahl der für den Abnehmer bemerkbaren Störungen sehr stark zugenommen, und zwar deshalb, weil die Gesamtlänge der zusammenhängenden Leitungen in den letzten 10 Jahren viel schneller gewachsen ist als die konstruktiven Maßnahmen die Fehlerzahl je Kilometer Freileitung, je Transformator, Schalter, Generator usw. herabgesetzt haben.

Ferner darf eines nicht vergessen werden; durch die großen Energiemengen, die sich in einem modernen Netz an einer Kurzschlußstelle austoben, wäre auch der zu reparierende Schaden je Fehlerstelle sehr stark gewachsen, verfügten wir nicht über die neueren Berechnungsmethoden für die Kurzschlußstromstärken und die Mittel, sie zu bezwingen, wie auch die schnell arbeitenden Schutzeinrichtungen, die ältere Ingenieure klagen lassen, man könne den Fehler manchmal durch Augenschein kaum noch finden wie früher, wo der Boden mit Porzellanscherben bedeckt, Leitungen herunter gebrannt und infolgedessen ganze Masten zerknickt waren und für Transformatoren und Maschinen der Vers galt: hier sieht man ihre Trümmer rauchen, der Rest ist nicht mehr zu gebrauchen.

Diese Fortschritte lassen eine sekundäre Fehlererscheinung erkennen, die oft nicht genügend beachtet und gewertet wird. Ein Lichtbogen kann an einer Freileitung durch dynamische und äolische Wirkungen mit großer Geschwindigkeit innerhalb eines Mastfeldes entlang laufen und dabei teilweise die Drähte der Seile anfressen, so daß sie unter dem Einfluß der nächsten stärkeren Wind- oder Eisbelastung reißen.

Auch Kabel können durch einen Kurzschluß einen nachwirkenden Fehler erhalten, der es eines Tages nötig macht, Hunderte von Metern auszuwechseln. Es kann nämlich ein zulange stehender Fehler die Isolation verändern, so daß das Kabel zum Durchschlagen neigt. Erdschlüsse hoher Stromstärken können auf Kilometer den Bleimantel verletzen u. a. m.

Auch diese Dinge sind bei der Bewertung des Selektivschutzes wohl zu beachten.

Es sind noch andere Gründe vorhanden, die selbst in modernen Großanlagen einen Kurzschluß mehr denn je zum Schreckgespenst machen und den Energieausfall nebst allen anderen Nebenumständen recht bedeutend werden lassen. Es ist die Pendelerscheinung, die wie umfallende Kartenhäuser nacheinander alle Zentralen zum Pendeln bringt, so daß sich das ganze Netz in Stücke auflöst und leider meist in so unglücklicher Verteilung, daß die Zentralen nacheinander durch ihre Last zum Erliegen kommen oder zum mindesten mit solchen Frequenz- und Spannungsunterschieden arbeiten, daß ein Wiederkuppeln fast unmöglich wird. Es sind Fälle bekannt, in denen zwei Netze, die aus einem solchen Grund auseinandergefallen waren, eine halbe Stunde lang nicht zusammenkommen konnten.

All diese Betrachtungen muß man zusammenhalten, will man den Nutzen einer Selektivschutzanlage abschätzen. Hält man diese Argumente nebeneinander, so dürfte der Entschluß leicht werden, für eine 100 km lange 100-kV-Leitung den Gegenwert von $^1/_2$-km-Leitung für ihren Schutz auszugeben oder für ein 30-kV-Kabel den Gegenwert von einigen Metern.

Gehen wir zu dem Schutzgedanken an sich über, also zum Schutz der wertvollen Objekte, zum Schutz der Generatoren, Transformatoren, Gleichrichter und Umformer, so kann man darüber streiten, wird das Objekt im Laufe von so- und sovielen Jahren durchschlagen, wie groß wird der direkte oder indirekte Schaden sein, wie lange wird die Reparaturzeit sein, wie groß der Schaden, daß man in dieser Zeit den Strom teurer wo andersher beziehen muß und vieles andere mehr.

Sehr häufig wird die Versicherung als genügend angesehen, die ja die direkten Reparaturkosten deckt. Für den Stromausfall bzw. die Mehrkosten für Bezug von anderer Stelle kommt die Versicherung nicht auf. Ein kluger Wirtschafter wird sich stets beider Nutzen bedienen.

Jeder wichtige Apparat ist ein Stück Volksvermögen, das die Versicherung nicht ersetzen kann, aber der Schutz der Maschine kann dafür sorgen, daß die Reparaturzeit und die Kosten gering bleiben. Daher ist auch die Rechnung falsch, die versucht, den Wert der Schutzeinrichtung zu negieren, weil die Prämienreduktion angeblich den Schutz nicht in absehbarer Zeit amortisiert.

Falsch sind auch die Versuche, den Schutz in Beziehung zu setzen zu den Kosten des zu schützenden Objektes, also z. B. generell zu sagen, ein Schutz lohnt sich erst bei Generatoren und Transformatoren von Einheiten über 10000 kW. Man darf bei solchen Überlegungen nicht vom reellen Wert des Generators sprechen, sondern von seinem Betriebswert. Von diesem Standpunkt kann man geradezu sagen, gerade die kleinen Einheiten, wie sie die Industrie benützt, bedürfen eines Schutzes am ersten, weil ihr Betriebswert am größten ist. Wie viele kleine Elektrizitätswerke und Fabriken gibt es, bei welchen ein 2000-kW-Maschinensatz die Hauptmaschine ist, ohne die der Betrieb eingeschränkt werden muß!

Nicht unbeachtlich sind die Sekundärschäden, die ein brennender Transformator anrichten kann, besonders wenn es ein solcher ist, der in der Nähe bewohnter Räume aufgestellt ist. Man sieht also, daß man bei der Beurteilung des Wertes von Schutzeinrichtungen eine große Zahl von Momenten zusammenhalten muß, will man ihren Wert abschätzen. Grundsatz ist und bleibt es; der verantwortungsbewußte Betriebsleiter muß sich stets vor Augen halten, der elektrische Strom ist ein Diener der Allgemeinheit, der stets zur Verfügung stehen muß und jede Betriebsstörung dauert an der Abnahmestelle im Durchschnitt viel länger als die eigentliche Stromunterbrechung und dadurch sind Hunderte von Hände lahmgelegt. Ein noch viel größerer Aufenthalt in der Gütererzeugung ist die Folge, ganz abgesehen von den zufälligen Schäden, die an Gut, Leib und Leben dadurch entstehen können.

Es sei nur daran erinnert, daß ein Betriebsstillstand von Arbeitsmaschinen diese selbst oder auch ein seit Stunden und Tagen in Fabrikation sich befindendes Gut schädigen, ja wertlos machen kann. Erwähnt seien nur Schmelz- und Walzgut und die entsprechenden Maschinen, ferner gewisse Textil- und Papiererzeugnisse als die bekanntesten Beispiele.

Je mehr die Elektrizität Dienerin der Allgemeinheit wird, um so sicherer muß sie werden, gleichgültig, ob sie Stadt- oder Landgebiete oder eigene Industrieanlagen zu versorgen hat.

# 2. Die Fehlerarten.

Von Dr.-Ing. **Robert Schimpf**, Berlin.

Die Anlagentechnik bemüht sich mit Erfolg, die Häufigkeit der Fehler einzuschränken, indem sie die Sicherheit der Anlagen in jeder Beziehung ständig erhöht. Da es unmöglich ist, Fehler ganz zu verhindern, so kommt es darauf an, sie schnellstens zu erkennen und die richtigen Abwehrmaßnahmen einzuleiten. Dies ist Sache der Schutztechnik und vor allem der Selektivschutztechnik. Die Selektivschutztechnik entwickelt sich aus der durch die Überlegung, hauptsächlich aber durch die Erfahrung gewonnenen Kenntnis der Störungen in den elektrischen Anlagen.

Erst die Auswirkung eines Zustandes, der vom normalen Betriebszustand abweicht, entscheidet darüber, ob man diese Abweichung als Fehler ansehen muß. Eine einfache Überlastung kann beispielsweise längere Zeit und auch in erheblicher Stärke auftreten, ohne daß der Betrieb oder irgendein Anlagenteil dadurch Schaden erleidet. Erst wenn diese Überlastung eine Beschädigung zur Folge hat, wird sie zur wirklichen Störung, gegen die Abhilfemaßnahmen ergriffen werden müssen.

Das Kennzeichen des Fehlers ist also die schädigende Einwirkung auf den Betrieb der Anlage bzw. auf einen oder mehrere Anlageteile oder ihre Beschädigung. Ein Zustand der dringenden Gefahr einer Beschädigung ist jedoch auch als Fehler anzusehen.

Die Fehler treten in elektrischen Anlagen in so mannigfaltiger Art auf, daß es schwierig ist, sie in einfacher tabellarischer Form übersichtlich zusammenzustellen. Auch die Ursachen und Wirkungen lassen sich nicht klar voneinander scheiden, da alle ineinander übergreifen. So kann die Wirkung eines Fehlers Ursache eines anderen Fehlers sein. Umgekehrt kann es vorkommen, daß ein Fehler aus irgendwelchen Zufälligkeiten keine schädliche Auswirkung hat. Besonders bei gleichzeitigem Auftreten verschiedener Fehler oder komplizierteren Störungsfällen ist es vielfach unmöglich, Ursache und Wirkung zu trennen. Nicht nur die Regel, sondern auch der Zufall ist entscheidend für Ursache, Art und Wirkung des Fehlers. Die nachfolgende Übersicht kann daher nur in groben Zügen die vielen möglichen Formen darstellen. Nicht auf Vollständigkeit, sondern auf das Herausarbeiten des Typischen ist hierbei Wert gelegt.

Auf drei Grundformen lassen sich alle Fehler zurückführen. Diese sind:

1. Isolationsdurchbruch (z. B. Kurzschluß und Erdschluß).
2. Leitungsunterbrechung (z. B. Leiterbruch).
3. Abweichung vom betriebsmäßigen Zustand (z. B. Überlastung).

# I. Der Isolationsdurchbruch.

**Der Kurzschluß.** Der schwerste Fehler ist der Durchbruch der Isolation zwischen den 2 oder 3 Polen einer Anlage, der „Kurzschluß“. Je nach dem Auftreten des Fehlers zwischen 2 oder 3 Polen nennt man ihn „2- oder 3-poligen Kurzschluß“. In Anlagen, deren Sternpunkt

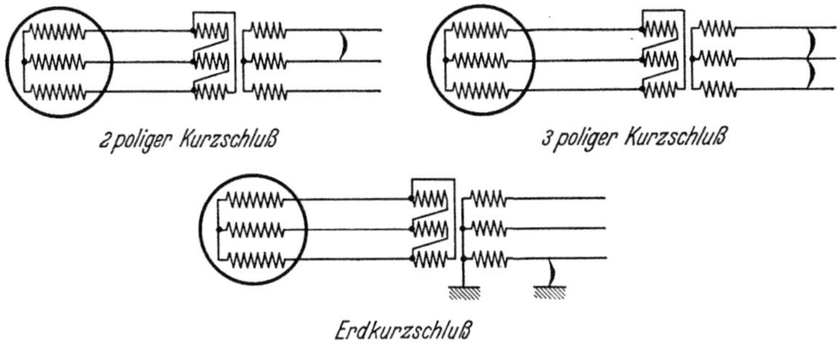


Abb. 1. Kurzschlußformen.

starr oder über einen Widerstand mäßiger Größe geerdet ist, entsteht auch ein „1-poliger Kurzschluß“ bei Durchbruch der Isolation zwischen einem Pol und Erde, auch „Erdkurzschluß“ genannt (Abb. 1). Der Kurzschluß zwischen 2 oder 3 Polen tritt nicht nur auf Leitungen, sondern auch in elektrischen Maschinen und Apparaten auf. Er wird dann häufig als „Wicklungsschluß“ oder, wenn er an den Klemmen auftritt, als „Klemmenkurzschluß“ bezeichnet (Abb. 2). Nach dem Kurzschlußweg werden die Kurzschlüsse noch als „metallische“ oder als „Lichtbogenkurzschlüsse“ unterschieden.

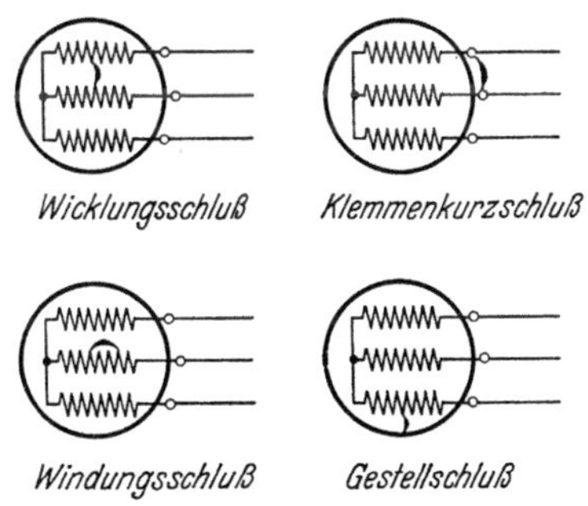


Abb. 2. Formen von Fehlern in Maschinen, Transformatoren oder Apparaten.

Die Isolation verhindert das ungewollte Abfließen elektrischer Energie von dem ihr durch die Leiter vorgeschriebenen Wege vom Erzeuger zum Verbraucher. Wird die Isolation durchbrochen, so entsteht ein Nebenschluß zu den betriebsmäßig angeschlossenen Verbrauchern. Die Leitfähigkeit dieses Nebenschlusses ist meist so groß, der Widerstand so klein, daß die Anlage „kurzgeschlossen“ ist. Die Größe dieses Widerstandes richtet sich wesentlich nach der Kurzschlußbahn, sie kann sich während des Kurzschlusses durchaus verändern, auch dann, wenn der Kurzschluß metallisch ist. Im allgemeinen steigt der Widerstand während des Kurzschlusses, z. B. durch Erwärmung der Kurzschlußbahn oder durch Ausflattern des sehr beweglichen

Kurzschlußlichtbogens. Der Widerstand im Lichtbogen kann so groß werden, daß der Kurzschluß von selbst verschwindet, wobei die Isolation wieder ihren vollen Wert erreichen kann, dies kann bei Freileitungen durch Ausflattern und Abreißen des Lichtbogens, bei Kabeln durch Zusammenfließen der Kabelmasse vor sich gehen. Sind nach dem Unterbrechen des Lichtbogens noch zahlreiche Elektrizitätsträger — hohe Elektronendichte — vorhanden oder ist die Temperatur der Luftstrecke noch sehr hoch — geringe Gasdichte —, so kann bei Erreichen eines bestimmten Wertes der zurückkehrenden Spannung eine Neuzündung erfolgen. Wiederholt sich dieser Vorgang periodisch, so nennt man ihn „intermittierenden Kurzschluß". Ein ähnlicher Vorgang kommt in Stromrichtern vor; hier kann die normal nur in einer Richtung durchlässige Strombahn auch für die entgegengesetzte leitfähig werden, es kommt dann zur „Rückzündung". Springt der Kurzschluß wegen der Beweglichkeit des Lichtbogens von einem Pol zu einem anderen über, so spricht man von einem „phasenwechselnden Kurzschluß". Dabei kann aus einem 2-poligen ein 3-poliger Kurzschluß werden, und dieser sich wieder in einen 2-poligen anderer Art zurückverwandeln.

Die Größe des Widerstandes der Kurzschlußbahn ist entscheidend für die „Wirkung" des Kurzschlusses. Das Verhältnis des Kurzschlußwiderstandes zu dem der parallel liegenden Verbraucher einerseits und zu dem des Stromweges zwischen Stromquelle einschließlich deren innerem Widerstand und Kurzschlußstelle andererseits bestimmt den „Kurzschlußstrom" und die „Kurzschlußspannung". Da der Widerstand an der Kurzschlußstelle sehr klein ist, so ist der Strom sehr stark und die Kurzschlußspannung sehr niedrig. Die Spannung steigt von der Kurzschlußstelle aus um den Spannungsabfall längs des Zuleitungsweges in Richtung zur Stromquelle an. Um die Kurzschlußstelle herum entsteht in eng vermaschten Netzen ein ausgeprägter „Spannungstrichter". Meist ist bis an die Stromquelle heran die Spannung abgesunken, und die gesunden Anlageteile werden von diesem Spannungsrückgang entsprechend betroffen. Jeder Kurzschluß verursacht also einen Spannungsrückgang, an dem er an jeder Stelle des Netzes auch erkannt werden kann. Das weitere Kennzeichen ist der Kurzschlußstrom. Dieser springt beim Einsetzen des Kurzschlusses auf einen hohen Wert hinauf, den „Stoßkurzschlußstrom", und klingt dann infolge der Zunahme des inneren Widerstandes der Stromquelle durch die Ankerrückwirkung auf den „Dauerkurzschlußstrom" ab. Das Erscheinen des Kurzschlußstromes läßt erkennen, daß an irgendeiner Stelle des Netzes ein Kurzschluß eingetreten ist, er wird daher zum Anwerfen des Selektivschutzes in hervorragendem Maße benutzt. Der Kurzschlußstrom ist aber nicht über das ganze Netz verteilt, sondern fließt nur zwischen Stromquelle und Kurzschlußstelle.

Die dynamischen Wirkungen, insbesondere der Stoßkurzschlußströme, können sehr heftig sein. Verbiegen oder Umbrechen unzureichend abgestützter Leiter in den Anlagen, der Wickelköpfe in Maschinen, Aufreißen von Leiterschleifen, z. B. durch selbsttätiges Öffnen von Trennmessern, kommen vor. Nicht jeder einzelne Stoß braucht sofort zur Zerstörung zu führen, oft ist erst nach Jahren durch häufigere Kurzschlüsse die Zermürbung des Materials so weit fortgeschritten, daß eines Tages die volle Zerstörung eintritt. Der Kurzschlußstrom ruft an der Fehlerstelle starke Zerstörungen auch durch die in Wärme umgesetzte Energie hervor. Der Leiter wird zerschmolzen und an der Ansatzstelle des Lichtbogens auch verdampft. Der Lichtbogen setzt die Isolation in der Nachbarschaft in Brand; Beispiele sind Transformator-, Generator- und Ölschalterbrände. Er greift leicht auf andere Leiter oder Maschinenteile über und richtet hier die gleichen Zerstörungen an. Je länger der Lichtbogen besteht, um so stärker sind die Zerstörungen, die er anrichtet. Vollständiges Wegschmelzen von Leitern auf viele Meter kommt vor. Treten die Kurzschlüsse in geschlossenen Apparaten auf, so erfolgt eine plötzliche und starke Erwärmung der Stoffe, in deren Nähe der Lichtbogen seinen Weg nimmt. Öl oder andere Isolierstoffe werden verdampft und können durch den entstehenden Überdruck die Apparate zerstören. Oft werden die heißen Öldämpfe und Öl herausgetrieben und geraten in Brand. Das ist die Ursache der Ölbrände bei älteren Schaltertypen. Auch die in den vom Kurzschlußstrom durchflossenen Leitungen entstehende Stromwärme kann so hohe Temperaturen erzeugen, daß entsprechende Schäden folgen, wie das Schmelzen von Sammelschienen.

Eine Sonderform des Kurzschlusses ist der „Windungsschluß" (Abb. 2), bei dem die Isolation zwischen zwei Punkten verschiedener Spannung derselben Phase überbrückt ist. Es sind bei ihm eine oder mehrere oder alle Windungen der Wicklung einer Phase kurzgeschlossen, er tritt also nur in Apparaten mit Wicklungen auf, bei Generatoren, Motoren, Transformatoren, Spannungs- oder Stromwandlern. Da die kurzgeschlossenen, meist wenigen Windungen magnetisch mit den übrigen wie beim Spartransformator gekoppelt sind, so ist der Strom sehr stark, und die Zerstörungen sind dementsprechend besonders groß.

In die Gruppe des Windungsschlusses kann auch überlegungsgemäß der „Eisenbrand" hineingerechnet werden. Die Einzelbleche eines Eisenpaketes sind durch dünne Isolationsschichten getrennt; beim Durchbruch an verschiedenen Stellen können geschlossene Stromkreise entstehen, in denen dann kräftige Ströme fließen, die durch die erzeugte Wärme die Bleche vollkommen zusammenschmelzen und tiefe Löcher in den Eisenkörper hineinbrennen können. Besonders schlimm ist der mehrfache Bolzenschluß mit seinen starken Strömen.

**Der Erdschluß.** Die verschiedenen Leiter einer Anlage besitzen Kapazität gegeneinander und gegen Erde. Diese Kapazitäten haben für den Wechselstrom den Charakter von Nebenschlüssen, durch sie fließen daher stets Ströme, die Ladeströme. Die Größe dieser Ströme in den einzelnen Phasen ist der Größe der Kapazitäten, diese aber wieder der Leitungslänge proportional. Je größer ein Netz ist, um so größer sind also seine Ladeströme. Die Anlagen werden so symmetrisch gebaut, daß die Kapazität zwischen den einzelnen Leitern und Erde gleich groß ist. Infolge dieser Symmetrie sind die Ladeströme zwischen Leiter und Erde — die Ströme zwischen den einzelnen Leitern interessieren hier nicht — wie auch die Spannungen gleich groß. Da außerdem

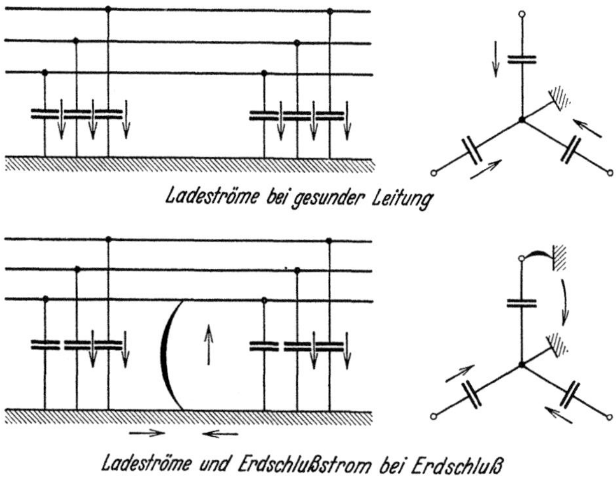


Abb. 3. Erdschluß.

die Kapazitäten gleichmäßig über das ganze Leitungsgebilde verteilt sind, so ergänzen sich die Ströme gegen Erde stets örtlich zu Null, und es fließt kein Strom in der Erde längs der Leitung (Abb. 3). „Erdschluß“ ist der Durchbruch der Isolation zwischen einem Pol und Erde. Da durch diesen Durchbruch noch keine leitende Verbindung zu den anderen Polen, die ja auch isoliert sind, und dem ebenfalls isolierten Sternpunkt, entsteht, so würde an sich keinerlei Störung des Betriebes oder Beschädigung von Anlageteilen entstehen. Es wird aber durch den Erdschluß nicht nur die Isolation überbrückt, sondern auch die Kapazität des betreffenden Leiters gegen Erde damit kurzgeschlossen. Damit sind die Kapazitätsbelastung, die Spannungen und die Ströme unsymmetrisch geworden. Die Ladeströme der gesunden Phasen gegen Erde werden größer, der der kranken wird Null, da ja ihre Kapazität kurzgeschlossen und damit keine Spannung mehr vorhanden ist. Sie ergänzen sich daher nicht mehr örtlich zu Null, sondern fließen in der Erde längs der Leitung der Erdschlußstelle zu und gesammelt als „Erdschlußstrom“ über die Fehlerstelle und die angeschlossene Phase zur Stromquelle zurück

Abb. 3). Die Erde wird also stromführend, dabei entsteht ein ausgeprägter Spannungskegel durch Spannungsabfall an der Erdschlußstelle.

Je nach der Art des Isolationsdurchbruches spricht man von einem „satten oder metallischen" Erdschluß oder einem „Lichtbogenerdschluß", bei wechselndem Erlöschen und Neuzünden des Erdschlusses, wie es häufig infolge eines Schwingungsvorganges vorkommt, von einem „intermittierenden" Erdschluß. Die Größe des Übergangswiderstandes an der Erdschlußstelle beeinflußt natürlich den Erdschlußstrom. Vielfach ist aber der Übergangswiderstand klein gegenüber dem kapazitiven Widerstand der gesunden Phasen gegen Erde, so daß dann dieser allein bestimmend für die Größe des Erdschlußstromes oder seinen höchsten erreichbaren Wert ist. Die Größe des Erdschlußstromes ist wie die des Ladestromes proportional der Kapazität des Netzes. Im Gegensatz zum Kurzschluß gibt es beim Erdschluß keinen Stoßerdschlußstrom, der Erdschlußstrom springt vielmehr sofort auf seinen Normalwert, den er während der Dauer des Fehlers im allgemeinen beibehält. Allerdings entlädt sich beim Beginn des Erdschlusses die in der Kapazität des Netzes aufgespeicherte elektrische Ladung schlagartig; bezogen auf die Dauer einer Periode der Betriebsfrequenz dauert dieser Vorgang, während dessen sehr starker Strom fließt, aber nur ganz kurze Zeit.

Die Beschädigungen, die der Lichtbogen oder der Erdschlußstrom hervorrufen, gleichen denen eines Kurzschlußstromes entsprechender Größe. Der Erdschluß ist meist der Ausgangspunkt für einen Kurzschluß.

Der Erdschlußstrom belastet die Stromerzeuger unsymmetrisch und kapazitiv, ruft also in ihrem induktiven Widerstand und dem des Stromweges Spannungserhöhungen hervor, die unter Umständen eine schädigende Höhe erreichen können, besonders dann, wenn Resonanzmöglichkeiten zwischen den Kapazitäten und Induktivitäten in diesem Zustande des Netzes bestehen.

Sehr gefährlich ist der intermittierende Erdschluß. Beim Erlöschen des Erdschlußlichtbogens (im Stromnulldurchgang) entstehen infolge des Liegenbleibens der Ladung auf dem Netz Erdspannungen der Phasen, die entsprechend höher als normal sind. Diese führen zum Neuzünden der noch nicht entionisierten oder der sonstwie in ihrer Isolation geschwächten Erdschlußbahn. Das Spiel wiederholt sich und führt zu Überspannungen und scharfen Spannungssprüngen (Wanderwellen), die zu neuen Überschlägen an anderen Stellen Anlaß geben.

In Anlagen geringster Kapazität zwischen Leiter und Erde (z. B. Generator mit Zuleitungen zum Transformator) ist der Erdschlußstrom so schwach, daß er als typisches Kennzeichen des Erdschlusses nicht bemerkbar gemacht werden kann. Notwendig verbunden ist aber mit dem Erdschluß der Zusammenbruch der Erdspannung des erdgeschlossenen Poles. Da die Sternspannungen und Dreieckspannungen des Systems unverändert bleiben, so erhöhen sich die Erdspannungen der gesunden

Pole auf den Wert der Dreieckspannung. Außerdem nimmt der Sternpunkt des Systems eine Spannung, die Sternpunktspannung oder Nullspannung, gegen Erde an, die dann gleich der Sternspannung ist. Das Erscheinen dieser Spannungen, besonders der Sternpunktspannung wird zum Erkennen des Erdschlusses benutzt. Eine unmittelbare Gefahr rufen diese Spannungserhöhungen nicht hervor; nur wenn noch weitere Erscheinungen hinzutreten, wie z. B. geschwächte Isolation oder Überspannungen, können neue Überschläge entstehen.

In benachbarten Leitungen werden durch Influenz Spannungen hervorgerufen, die eine beträchtliche Höhe erreichen können; gefährdet sind besonders Schwachstromleitungen.

Die Spannungsverschiebungen sind geringer, wenn der Erdschluß über einen hohen Widerstand erfolgt, ebenso dann, wenn er nicht an einem Pol oder einer Apparateklemme als „Klemmenerdschluß", sondern in einer Wicklung als „Gestellschluß" auftritt (Abb. 2). Je näher die Erdschlußstelle dem Sternpunkt liegt, um so geringer sind die Spannungsverlagerungen und der Erdschlußstrom, bis sie bei einem Sternpunkterdschluß Null geworden sind.

**Die Mischformen von Erd- und Kurzschluß.** Indem der Erdschlußlichtbogen einen anderen Pol berührt oder die Überspannungen zu Überschlägen an anderen Stellen der Anlage führen, werden Erdschlüsse häufig die Ursache anderer Störungen, neuer Erdschlüsse oder Kurzschlüsse oder Windungsschlüsse; umgekehrt sind auch diese des öfteren Ausgangspunkt eines Erdschlusses. Es bilden sich dann Mischformen heraus, die typische Kennzeichen des Erdschlusses und Kurzschlusses aufweisen.

Bei sternpunktgeerdeten Anlagen ist der Erdschluß eines Poles stets gleichzeitig ein Kurzschluß, ein „Erdkurzschluß" der betreffenden Phase oder auch ein Windungsschluß über die ganze Wicklung. Sein Dauerkurzschlußstrom ist höher als bei den anderen Kurzschlußformen infolge der geringeren Ankerrückwirkung, er ist daher für die Anlagen besonders unangenehm. Die Spannung der betroffenen Phase bricht zusammen, an den gesunden Polen treten jedoch Spannungserhöhungen nicht auf, unter Umständen entstehen aber Spannungsoberwellen infolge der unsymmetrischen Belastung.

Oft tritt ein Kurzschluß auf, bei dem gleichzeitig ein Erdschluß vorhanden ist, er wird „Kurzschluß mit Erde" genannt; bei ihm hat die eine oder andere Durchbruchstelle des Kurzschlusses gleichzeitig Verbindung mit Erde bekommen, oder die Kurzschlußbahn, der Lichtbogen, berührt die Erde. Häufiger noch ist der „Kurzschluß über Erde" (Abb. 4), bei dem die Kurzschlußbahn über zwei örtlich zusammenliegende Erdschlüsse verschiedener Pole und ein kürzestes Wegstück Erde führt, z. B. zwei Erdschlüsse an einem Mast (früher auch manchmal als Doppelerdschluß bezeichnet). Der Kurzschlußstrom ist dann sehr stark, der Erdschlußstrom schwächer, da ja fast nur noch die Kapazität der einen gesund gebliebenen Phase Strom liefert. Die Erdspannung der beiden defekten Pole ist Null, ebenso ist die Dreieckspannung zwischen beiden nicht vorhanden, wenn nicht der Spannungsabfall in der Bahn hoch ist, dagegen ist die Erdspannung des gesunden Poles gleich der Dreieckspannung gegen die kranken Pole; diese ist aber auch von ihrem vollen Wert abgesunken.

Unter dem „Doppelerdschluß" (Abb. 4) versteht man das gleichzeitige Auftreten zweier Erdschlüsse an verschiedenen Polen einer Anlage, wobei jedoch die beiden Erdschlußpunkte örtlich getrennt liegen. Ob die beiden Erdschlüsse auf demselben Leitungsabschnitt oder in ganz verschiedenen Anlageteilen auftreten, wird in der Bezeichnung nicht unterschieden; (der Doppelerdschluß wurde früher auch als Gesellschaftserdschluß bezeichnet).

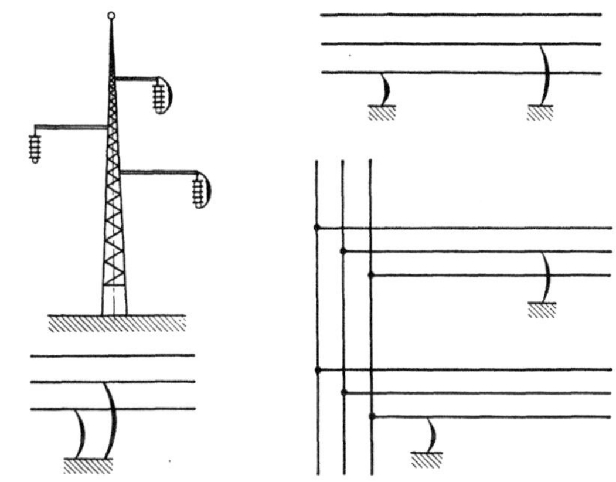

Abb. 4. Mischformen von Erd- und Kurzschluß.

Auch beim Doppelerdschluß sind 2 Pole einer Anlage kurzgeschlossen. Die Größe der Ströme und die Änderung der Spannungen sind ähnlich wie beim Kurzschluß über Erde. Da aber infolge der örtlichen Trennung der beiden Erdschlußstellen ein größerer Widerstand zwischen ihnen liegt, so ist die Dreieckspannung zwischen den beiden Punkten nicht vollkommen zusammengebrochen, sie bleibt als Spannungsabfall bestehen. Die an jedem der beiden Punkte gemessene Erdspannung ist Null. Der Kurzschlußstrom fließt über die Erde, aber nicht immer auf dem direkten Wege zwischen den beiden Erdschlußstellen, sondern im Erdboden längs der Leitungen, die den Strom zuführen. Sind mehrere Stromwege vorhanden, so verteilen sich die Ströme auf diese ja so, daß die Arbeit in der Strombahn ein Minimum wird, und dieses Minimum ist dann vorhanden, wenn die Ströme in der Erde unter der Leitung entlangfließen. Da der Strom die volle Höhe des 2-poligen Kurzschlußstromes erreichen kann, ist der im Erdboden erzeugte Spannungsabfall in der Nähe der Erdschlußstellen besonders hoch, so daß Gefahr für lebende Wesen besteht.

Das von dem starken Strom in der großen Leiterschleife Leitung—Erde erzeugte kräftige magnetische Feld kann in benachbarten Leitern wie in parallel liegenden abgeschalteten Starkstromleitungen oder Schwachstromleitungen gefährdende Spannungen induzieren.

Als Doppelerdschluß wird auch der Sonderfall bezeichnet, bei dem die beiden Erdschlüsse zwar in verschiedenen Anlageteilen, aber örtlich nebeneinander auftreten. Er kommt ziemlich häufig vor, besonders auf Doppelleitungen zwischen verschiedenen Polen der beiden Einzelleitungen auf demselben Mast. Vielfach handelt es sich dann um kompliziertere Formen von Kurzschlüssen und gleichzeitigen Doppelerdschlüssen, die besonders unangenehm für den Betrieb sind, wenn sie Systeme verschiedener Spannungen oder gar asynchronen Betriebes miteinander in leitende Verbindung bringen.

## II. Der Leiterbruch.

Je nach der Zahl der unterbrochenen Leiter eines Systems unterscheidet man 1- und mehrpolige Leiterbrüche. Hierher gehört nicht nur das Reißen einer Leitung, sondern auch das 1-polige Durchbrennen von Sicherungen oder Öffnen von Trennmessern u. dgl. Beim 1-poligen Leiterbruch fließt in den gesund gebliebenen Leitern der Strom weiter zu den Verbrauchern, die vielfach in diesen Phasen einen höheren Strom aufnehmen, um den Fortfall der aus der unterbrochenen Leitung zugeflossenen Energie zu decken. Die erhöhte Stromaufnahme kann zu schädlichen Erwärmungen in den Verbrauchern führen. Zum Stillstand brauchen Motore, die in Betrieb sind, nicht ohne weiteres zu kommen, da sie aus dem zugeführten Wechselfeld selbst das erforderliche Drehfeld bilden. Auch die Spannung in der unterbrochenen Leitung wird dabei, wenn auch vermindert, aufrecht erhalten, sie verschwindet nur dann, wenn die Motoren oder Umformer zum Stillstand gekommen sind. Ist die Stromaufnahme der angeschlossenen Verbraucher verhältnismäßig klein, so genügt unter Umständen die Erdkapazität der unterbrochenen Leitung vor und hinter der Bruchstelle, um den Strom in ausreichender Stärke um die Bruchstelle herumzuleiten. Durch die dabei vorhandene Serienschaltung von kapazitiven und induktiven Widerständen sind Resonanzerscheinungen mit entsprechenden Überspannungen oder auch Kipperscheinungen bei Sättigung der Eisenkreise nicht ausgeschlossen. Im allgemeinen ist aber durch den Leiterbruch auch der Strom in der betreffenden Phase vollständig unterbrochen, so daß bei ausreichendem Strom an der Stromunsymmetrie der Leiterbruch erkannt werden kann.

Der Leiterbruch tritt selten allein auf. Die beim Bruch herunterfallende Leitung berührt gewöhnlich andere Leitungen oder Erde und leitet Kurzschluß oder Erdschluß oder beides ein.

## III. Die Abweichungen vom betriebsmäßigen Zustand.

**Die Stromabweichungen.** Jede Überlastung eines Stromverbrauchers ist mit einem Überstrom verbunden. Wenn auch alle Apparate so gebaut werden, daß sie einen gewissen Überstrom eine bestimmte Zeitlang führen können, so tritt doch leicht eine Beschädigung ein, wenn die äußerste Grenze des Zulässigen womöglich gar häufiger überschritten wird. Die durch den Überstrom erzeugte Wärme kann nicht mehr ohne starke Temperaturerhöhung abgeführt werden. Diese zerstört die Isolation und fügt damit dem Apparat schweren Schaden zu. Auch Wärmedehnungen und allmähliche Lockerungen fest zusammengefügter Apparateteile können die Folge sein. Mit dem Überstrom sind Spannungsabfälle in den stromdurchflossenen Leitungen verbunden, die zu Unterspannungen bei den Verbrauchern führen können. Diese werden besonders hoch, wenn die Überströme durch induktive Belastungen hervorgerufen werden. Umgekehrt können kapazitive Überlastungen durch leerlaufende lange Höchstspannungsleitungen oder Kabelnetze starke Spannungserhöhungen hervorrufen, die die Gefahrengrenze erreichen. Diese Erscheinung ist als Ferrantieffekt bekannt.

Rückströme treten in Stromerzeugern auf, wenn die Antriebsmaschine aus irgendeinem Grunde statt Leistung abzugeben Leistung aufnimmt, der Generator also als Motor arbeitet. Wenn auch der Rückstrom selbst nicht ohne weiteres so hoch zu sein braucht, daß er schädliche Wirkungen ausübt, so ist sein Auftreten doch meist Anzeige eines Fehlers, der mit schweren Beschädigungen verbunden sein kann. Auch eine stark unsymmetrische Belastung ist als Fehler anzusehen, da die in den Stromerzeugern oder Umformern entstehenden inversen Felder Erwärmungen hervorrufen, die bis zu Beschädigungen, unter anderen der Wicklungskappen der Generatorläufer, führen.

**Die Spannungsabweichungen.** Spannungserhöhungen werden von den Anlagen in begrenzter Höhe ausgehalten; wenn also auch die zulässigen Werte überschritten werden, ist eine unmittelbare Gefahr etwa derart, daß die Isolation durchschlagen würde, meist noch lange nicht vorhanden. Treten sie häufiger auf und verursachen sie Glimmerscheinungen, die chemische Einflüsse zur Folge haben, so können sie die Isolationsmaterialien mit der Zeit zerstören. Spannungserhöhungen erzeugen aber oft auch einen Überstrom in den Verbrauchern, der dann zur Beschädigung und Zerstörung führen kann, wie Durchbrennen von Glühlampen u. ä. Auch die Ladeströme von Freileitungen und Kabeln steigen und können rückwirkend die Spannung weiter erhöhen. Noch stärker wachsen die Magnetisierungsströme, besonders wenn die Sättigungsgrenze des Eisens erreicht wird.

Unterspannungen können ebenfalls Überströme im Gefolge haben. Motoren nehmen ja bei Spannungsrückgang stärkere Ströme aus dem Netz auf, um das Leistungsgleichgewicht aufrechtzuerhalten. Die Ströme können dabei eine kurzschlußartige Größe erreichen, sie breiten sich als „epidemischer Kurzschluß" im ganzen Netz aus und können zum Abschalten aller Generatoren führen. Das ist die Erscheinung, die man im Betrieb Abschnappen der Generatoren nennt und sich oft nicht erklären kann. In abgeschwächter Form kann man diese Ströme häufig unmittelbar nach dem Abschalten längere Zeit (eine oder einige Sekunden) stehender Kurzschlüsse beobachten. Reicht die Netzspannung nicht mehr aus, in den Motoren den magnetischen Fluß als Energieträger in ausreichender Stärke zu erzeugen, so kommen sie ganz zum Stillstand. Synchronmotoren und Umformer mit selbständiger EMK-Erzeugung liefern Ströme rückwärts in das Netz, die leicht zu Überströmen anwachsen oder als induktive Belastung Einankerumformer zum Durchgehen veranlassen. Weiter wird der Leistungsaustausch im ganzen Netz gestört, und infolge des Absinkens der synchronisierenden Kraft zwischen den Maschinen und Kraftwerken fallen diese außer Tritt. Zum mindesten aber fließen wattlose Ausgleichsströme zwischen den Kraftwerken oder Maschinen. Wenn sie nicht beachtet werden, können sie zu schwersten Schäden führen; ein Beispiel dafür ist der Ausgleichsstrom zwischen den beiden Generatoren eines Ljungströmsatzes bei ungleicher Erregung.

**Die Frequenzabweichungen.** Sie sind, wenn sie das ganze Netz gleichmäßig treffen, harmlos und äußern sich nur in kleinen Schwankungen der Stromaufnahme angeschlossener Verbraucher. Größere Frequenzschwankungen kommen nur bei plötzlichen starken Laständerungen vor, nämlich Frequenzanstieg bei Entlastung der Generatoren und Frequenzabfall bei Überlastung; durch diese Frequenzänderungen wird der Laststoß automatisch ausgeglichen. Bei größeren Frequenzänderungen ist es möglich, daß die Oberwellen der Netzspannung zur Resonanz kommen, solche Fälle sind jedoch selten beobachtet worden.

Wesentlich unangenehmer sind periodische Frequenzschwankungen — Pendelungen — einzelner Maschinen gegeneinander oder das Netz, wie sie bei pulsierendem Drehmoment (Kolbenmaschine) der Antriebsmaschine entstehen. Die Spannungs- und Strompulsationen können sich im ganzen Netz störend bemerkbar machen.

Reicht die zwischen den Maschinen oder Kraftwerken hin- und herflutende elektrische Energie nicht mehr aus, die Drehmomente der aus irgendwelchen Gründen in der Drehzahl auseinander strebenden Maschinen aufzufangen, so fallen diese ganz außer Tritt. Die Frequenzabweichung ist eine dauernde geworden, die Kraftwerke oder Maschinen laufen asynchron durcheinander. Elektrisch wirkt sich das so aus, daß entsprechend dem Frequenzunterschied die Maschinenströme und -spannungen zwischen Leerlauf und Kurzschluß über Leistungsabgabe und -aufnahme hin- und herschwanken, wobei entsprechende Leistungsstöße auf die Antriebsmaschinen kommen. Infolge des periodischen Absinkens der Spannung bis zum Nullwert kommen die Stromabnehmer zum Stillstand und erschweren die Verhältnisse. Häufig können die Maschinen sich nicht wieder fangen, der Betrieb ist dann vollständig zum Erliegen gekommen. Die Ströme erreichen dabei Werte, die über die des normalen Dauerkurzschlußstromes periodisch hinausgehen.

**Die Temperaturabweichungen.** Schädigend für einen elektrischen Apparat ist nur selten der elektrische Strom selbst, sondern vielmehr die von ihm in den Verlustwiderständen erzeugte Wärme. Jedes Überschreiten einer für einen Apparat zulässigen Grenztemperatur führt zur mehr oder minder schnellen Beschädigung der Isolation, sei es daß dies auf mechanischem Wege oder durch chemische Veränderung erfolgt. Sehr schwer sind gewöhnlich Erwärmungsschäden an den umlaufenden Teilen elektrischer Maschinen (Lockerung von Befestigungen, Zerstörung der Lager u. dgl.). Sie bedürfen daher der Überwachung.

## IV. Die Fehlerursachen.

Den Teilen einer Anlage ist eine gewisse Festigkeit in mechanischer, thermischer, chemischer und vor allem aber elektrischer Beziehung eigen, die ihnen beim Bau gegeben wird. Diese Festigkeit wird mit einer genügenden Sicherheit so gewählt, daß sie den normalen Beanspruchungen gewachsen ist und auch in gewissen Grenzen Überbeanspruchungen aushält. Ursache aller Fehler ist eine Änderung des normalen Verhältnisses zwischen Festigkeit und Beanspruchung derart, daß bei der einen Ursachenreihe eine Überbeanspruchung der Festigkeit eintritt und bei der anderen die Festigkeit die gewöhnlichen Beanspruchungswerte unterschreitet.

**Die Beanspruchung überschreitet die Festigkeit.** Je höher die Festigkeit ist, um so geringer ist die Zahl der Störungen, um so höher sind aber auch der Preis der Apparate und Maschinen und die Kosten für die Erstellung der Anlage. Da bei Erhöhen der Festigkeit die Kosten unverhältnismäßig stark wachsen, so ist durch die Wirtschaftlichkeit eine Grenze gezogen. Man wird die Festigkeit nie soweit erhöhen können, daß eine absolute Sicherheit gegen Störungen vorhanden ist. Wenn auch die Isoliermittel ständig verbessert werden, und die Isolationstechnik dauernd Fortschritte macht, so tritt doch noch eine Reihe von Störungen auf, die als Ursache eine Überbeanspruchung der Festigkeitsgrenze haben. Das Typische für diese Störungsgruppen und ihre Ursachen ist, daß sie mit vollem Bewußtsein in Kauf genommen werden müssen.

Tabelle 1. Überbeanspruchung als Fehlerursache.

| Mechanisch | Thermisch | Elektrisch |
| --- | --- | --- |
| Eisbelastung, stürzende Bäume, Sturm, einseitiger Zug durch Leiterbruch bei Freileitungen, Bodenbewegung, Anhaken von Kabeln, Zentrifugalkraft, einseitiger magnetischer Zug, dynamische Wirkungen bei Überstrom | Heizrohre in der Nähe von Apparaten. Stromwärme durch Überstrom. Lichtbogenwärme | Überspannungen jeder Art, besonders durch unmittelbare Blitzwirkung |

Die Ursachen wirken sich wesentlich häufiger zu Fehlern aus, wenn ein Anlageteil von vornherein mit zu geringer Festigkeit gebaut wurde, wie das oft bei älteren Anlagen aus mangelnder Kenntnis geschehen ist. Solche Fälle wiederholen sich aber immer wieder, besonders bei neuen Apparatetypen, bei denen leicht, trotz aller Sorgfalt des Konstrukteurs, ein Teil unterdimensioniert bleibt, bis die im Betrieb auftretenden Schäden die schwache Stelle kenntlich machen. Indem dieses Glied der Anlage auf die nötige Festigkeit gebracht wird, werden die „Kinderkrankheiten" ausgeschieden. Das Eigentümliche solcher Störungen ist, daß sie, bisher unbekannt, plötzlich auftauchen, nach einer gewissen Zeit aber wieder gänzlich verschwinden. Als Beispiel seien die mechanischen Schäden an Porzellanisolatoren genannt, die eine Zeitlang Ursache von Erdschlüssen wurden. Die aus mehreren Einzelteilen zusammengekitteten Isolatoren zersprangen infolge Treibwirkung des Kittes, die sich erst spät bemerkbar machte. Eine Umkonstruktion der Teile beseitigte die Schäden.

Ganz ähnlich liegen die Verhältnisse bei Erweiterung von Anlagen, Aufstellen neuer Generatoren oder Zusammenschalten mit anderen Netzen. Die Kurzschlußleistungen steigen an, die vorhandenen Apparate sind aber den stärkeren dynamischen und thermischen Wirkungen der Ströme in ihrer Festigkeit nicht mehr gewachsen und brechen unter ihrer Wirkung zusammen, wenn nicht rechtzeitig für Ersatz oder Verstärkung gesorgt wird.

**Die Festigkeit unterschreitet die normalen Beanspruchungswerte.** Das allmähliche Absinken der Festigkeit, das im Betrieb der Anlage entsteht, ist eine wesentliche Ursache für Störungen. Hierher ist das Altern und Ermüden des Materials zu rechnen, eine Erscheinung, gegen die es kein Mittel gibt. Lediglich der Zeitpunkt, zu dem die Zerstörung des Materials bis zur Unbrauchbarkeit fortgeschritten ist, läßt sich durch Pflege, Schonung und sorgfältige Bedienung hinausschieben.

Recht früh tritt dieser Zeitpunkt ein, wenn Apparate mit einem Material aufgebaut sind, das irgendwelchen in der betreffenden Anlage als normal anzusehenden Beanspruchungen nicht gewachsen ist — chemische Betriebe, Meeresküsten, Tropen. Hier läßt sich allerdings abhelfen, indem Materialien anderer Festigkeit gewählt oder besondere Schutzmaßnahmen ergriffen werden.

Auch im laufenden Betrieb sinkt die Festigkeit ohne eigentliche Materialverschlechterung mechanisch oder elektrisch durch Lockern von Befestigungen, Verschmutzen u. dgl. schnell ab. Das Kennzeichen dieser Ursachenreihe ist, daß sie durch Aufmerksamkeit, Kontrolle und regelmäßige Reinigung sowie Überholung der Apparate in weitem Umfange ausgeschieden werden kann.

Durch Sorgsamkeit lassen sich auch Fehlerursachen, wie falsches Schalten, falsches Synchronisieren oder sonstige Bedienungsfehler vermeiden, die gewöhnlich recht schwere Störungen zur Folge haben. Hier ist die Automatisierung schwieriger, wichtiger oder sehr schnell abzuwickelnder Bedienungsvorgänge ein wertvolles Vorbeugungsmittel, das noch nicht genügend ausgenutzt wird. Schließlich sind in diese Gruppe noch Unglücksfälle zu rechnen, bei denen lebende Wesen, Menschen oder Tiere, auch andere Fremdkörper, in die Anlagen geraten und die Isolation soweit herabsenken, daß ein Überschlag, Erdschluß oder Kurzschluß, entsteht.

Tabelle 2. Geringe Festigkeit als Fehlerursache.

| Allmähliches Absinken der Festigkeit | Plötzliches Absinken der Festigkeit |
|---|---|
| Altern und Ermüden.<br>Mechanisches Lockern durch Vibrieren.<br>Bewegung durch Temperaturwechsel.<br>Seilschwingungen.<br>Chemische Zersetzung von Leitermaterial (Aluminium nahe Meeresküste).<br>Ölzersetzung.<br>Korrosion.<br>Thermische Überlastung, Absperren der Kühlmittelzufuhr durch Verschmutzen.<br>Elektrisches Glimmen mit Nitratbildung.<br>Kriech- und Überschlagswege durch Schmutzablagerung oder Feuchtigkeitsniederschlag | Fehlerhafte Ausführung von Schaltverbindungen.<br>Bedienungs- und Schaltfehler.<br>Falsches Synchronisieren.<br>Eindringen von Fremdkörpern.<br>Unglücksfälle. |

## V. Die Verteilung der Fehler.

Es ist selbstverständlich, daß bestimmte Anlageteile bei ihrer verschiedenen räumlichen Ausdehnung und Anordnung leichter von Fehlern betroffen werden als andere. Die ausgedehntesten Teile, die Freileitungen, stehen an der Spitze. In Kabeln, die zwar auch räumlich ausgedehnt sind, ist die Fehlerzahl aber bei weitem geringer, da sie den Fehlerursachen, insbesondere den Blitzschlägen, weniger ausgesetzt sind. Recht häufig sind auch die Störungen in Schaltanlagen, hierunter sind auch diejenigen kleinsten Ausmaßes wie in Transformatorenstationen verstanden. Auch bei ihnen sind noch Gewitterstörungen vorherrschend. Es folgen dann die Transformatoren und Maschinen, bei denen letztere die geringsten Fehlerzahlen durch Überbeanspruchung ihrer Festigkeit aufweisen.

Genaue Zahlenangaben über die Häufigkeit und Verteilung der Fehler zu machen, ist nicht möglich. Einerseits sind die Statistiken hierüber zu unvollkommen, andererseits ändern sich auch die Verhältnisse im Laufe der Jahre zu sehr, als daß man wirklich allgemein gültige Zahlen nennen könnte. Ein gutes Beispiel hierfür ist die prozentuale Aufteilung der Fehler auf Stator und Rotor von Generatoren. Während vor 15 Jahren noch die Fehler im Stator erheblich überwogen, verteilen sie sich heute einigermaßen gleichmäßig auf Rotor und Stator. Wie in den folgenden Jahren dieses Verhältnis sich gestalten wird, kann man nicht angeben. Alle Statistikzahlen gelten ja stets für die bereits abgelaufene Zeit, also für Anlagen, die schon längere Zeit im Betrieb sind und fast immer nur einen kleinen Bruchteil neuerer und neuester Apparate und Maschinen im Betriebe haben.

Wenn die Kenntnis dieser Fehlerzahlen auch höchst wichtig für die Entwicklung der Technik ist, so ist sie es doch nicht so sehr für die Selektivschutztechnik. Beim Selektivschutz muß man stets mit allen Arten Fehlern rechnen, auch wenn die eine oder andere Fehlergruppe zeitweise seltener wird. Nur in Sonderfällen kann als sicher angenommen werden, daß irgendeine Fehlerart nicht auftritt. So werden in einer Drehstromverbindung, die aus drei Einphasenkabeln besteht, 2- oder 3-polige Kurzschlüsse nicht entstehen können; als Fehler sind nur Erdschlüsse oder Doppelerdschlüsse möglich. Erdschlüsse und Doppelerdschlüsse treten dagegen in Freileitungsnetzen, die rein mit Holzmasten erstellt sind, zurück gegenüber Kurzschlüssen. Bei Eisenmastleitungen liegen die Verhältnisse wiederum umgekehrt, hier herrschen Erdschlüsse, Doppelerdschlüsse oder Kurzschlüsse über Erde vor. In Netzen, deren Sternpunkt geerdet ist, macht jeder Erdfehler als Erdkurzschluß eine Abschaltung erforderlich, die Zahl der Störungsauslösungen ist also größer als in Netzen mit isoliertem Sternpunkt ohne und mit Erdschlußlöschung; das Verhältnis mag bei 4:1 bis 7:1 liegen.

Auch die Art des Betriebes kann ein Anwachsen bestimmter Störungen veranlassen. So nehmen, je mehr große Werke über lange Verbindungsleitungen gekuppelt werden, die Stabilitätsstörungen zu. Solche Eigenheiten sind grundlegend für die Auswahl der Schutzsysteme und müssen genau beachtet werden.

Die Störungen häufen sich in den Sommermonaten an, in denen die Gewitter auftreten. Während sonst das ganze Jahr über die Fehlerzahl klein ist, ballen sich die Störungen auf die Gewitterstunden zusammen. Natürlich sind sie örtlich ganz verschieden verteilt und in den Gegenden am zahlreichsten, die von Gewittern heimgesucht werden. Auch hier sind noch Unterschiede, indem kleine Teilbezirke besonders unter Blitzschlägen zu leiden haben. Sie sind nicht nur meteorologisch oder durch die Oberflächengestaltung des Erdbodens begründet, sondern auch durch die Verhältnisse unter der Erdoberfläche, wie Grundwasserströmungen, und das Material des Erdbodens, nämlich Fels, Sand oder Ackerboden.

Die Verteilung ist nicht so ausgesprochen, daß die Störungen auf gewisse Bezirke beschränkt sind und daß andere Gebiete ganz von ihnen frei sind. Aber auch wenn es so wäre, könnte man in den ruhigen Bezirken nicht auf Selektivschutz verzichten, da die Störungen von den stark heimgesuchten Gebieten auf jene übergreifen, und da außerdem genügende Selektivschutzreserve vorhanden sein muß. Wie für jede andere technische Einrichtung gilt für den Selektivschutz der Grundsatz: „Vor allem Sicherheit.“

# 3. Die elektrischen Vorgänge im Netz bei Störungen.

Von Dr. Ing. **Robert Schimpf**, Berlin.

Wie die Kenntnis der Fehler und ihrer Auswirkung darüber entscheidet, welche Art Schutzsystem in einer Anlage einzubauen ist, so ist die Kenntnis des größenmäßigen Verlaufes der elektrischen Vorgänge bei einer Störung maßgebend für die Bemessung der Schutzeinrichtungen. Eine Schutzeinrichtung kann nur dann voll wirksam sein, wenn ihr Arbeitsbereich größer ist oder mindestens das Gebiet umfaßt, innerhalb dessen sich die Störungsvorgänge qualitativ und quantitativ abspielen. Es gilt also, vor der Auslegung des gewählten Schutzsystems diese Grenzen zu bestimmen. Während es in der Technik im allgemeinen ausreicht, den Maximalwert einer Beanspruchung zu kennen, dem der betreffende Apparat gewachsen sein muß, ist es beim Selektivschutz außerdem noch erforderlich, den Minimalwert der Störungserscheinung zu errechnen, denn die auszuwählenden Einrichtungen müssen auch die genügende Empfindlichkeit besitzen, um diese Minimalwerte richtig zu erfassen.

Die Bestimmung nur der Grenzwerte erlaubt es, Vereinfachungen im Rechnungsvorgang vorzunehmen, soweit die Gewähr besteht, daß nicht Maximalwerte zu niedrig oder Minimalwerte zu hoch errechnet werden.

Der Einfluß der räumlichen Verteilung von Kapazität und Induktivität kann unberücksichtigt bleiben, beide können als konzentriert in den einzelnen Abschnitten gelten.

Weiterhin dauern die Arbeitszeiten von Relais und Schaltern meist so lange, daß mit Dauerzuständen gerechnet werden kann. Allerdings verkürzen sich diese Zeiten in der Entwicklung dieser Technik immer mehr, so daß man die Stoßvorgänge vielfach doch schon in Rechnung setzen muß, wie z. B. den Stoßkurzschlußstrom in der Nähe der Kraftwerke.

Außer dem größenmäßigen Verlauf ist auch die Art des Ablaufes der Störung und die Verteilung der Ströme und Spannungen zu betrachten, da sie für den Aufbau des Schutzsystems, insbesondere seiner Schaltung, maßgebend sein können.

# I. Die Ströme und Spannungen beim Kurzschluß.

## A. Die Berechnung der Ströme und Spannungen.

Der Kurzschlußstrom, der von der Klemmenspannung $U$ der Stromquelle durch die Kurzschlußbahn mit dem Widerstand $Z$ getrieben wird, ist

$$I = \frac{U}{Z}. \tag{1}$$

$Z$ ist der Summenwert der Widerstände des Stromkreises zwischen Generator und Fehlerstelle.

$$Z = Z_{\text{Generator}} + Z_{\text{Transformator}} + Z_{\text{Freileitung}} + Z_{\text{Lichtbogen}} + \cdots \tag{2}$$

Wir haben es stets mit Leiterschleifen, bestehend aus Hin- und Rückleitung, zu tun. Infolge des symmetrischen Aufbaues aller Anlageteile ist der Widerstand des Teilleiters halb so groß wie der der Schleife. Mit Rücksicht auf die übliche Verkettung mehrerer Leiterschleifen zu Mehrphasensystemen ist es bequemer, mit dem halben Schleifenwiderstand, dem Phasenwiderstand zu rechnen. Selbstverständlich muß dann auch die Phasenspannung oder Sternspannung $U_{\curlywedge}$ statt der verketteten oder Dreieckspannung $U_{\Delta}$ in die Gleichungen eingesetzt werden. Wir haben dann also

$$Z_{\curlywedge} = \frac{Z}{2}$$

und $U_{\curlywedge} = \frac{U_{\Delta}}{2}$ für Einphasen- bzw. $U_{\curlywedge} = \frac{U_{\Delta}}{\sqrt{3}}$ für Drehstromsysteme.

Bei 2-poligem Kurzschluß in Drehstromsystemen ist ebenfalls $U_{\curlywedge} = \frac{U_{\Delta}}{2}$ für die Berechnung des Stromes einzusetzen.

Aus Gleichung (1) wird also:

$$I = \frac{U_{\curlywedge}}{Z_{\curlywedge}}. \tag{3}$$

Es ist üblich geworden, die Widerstände stets als Phasenwiderstände anzugeben. Die nachfolgend angegebenen Werte von Widerständen der verschiedenen Anlagenteile und die Formeln für ihre Berechnung geben stets Phasenwiderstände, es sei denn ausdrücklich anders vermerkt. Soweit die Widerstände nicht in Apparaten konzentriert sind, werden sie für den Kilometer Leiterlänge angegeben.

Mit Phasenwiderstand und Phasenspannung kann man nicht rechnen, wenn Hin- und Rückleitung verschiedenen Widerstand aufweisen, also z. B. wenn bei Doppelerdschluß der Strom durch die Erde fließt. Man rechnet dann mit dem Schleifenwiderstand und der Schleifenspannung. Dabei ist außerdem zu berücksichtigen, daß der Strom in der Erde nicht auf dem kürzesten Wege von einem Erdschlußpunkt zum anderen fließt, sondern stets unter den den Strom zuführenden Leitungen.

Durch die Transformatoren wird das Netz in Bezirke verschiedener Betriebsspannung geteilt. Entsprechend dem Übersetzungsverhältnis der Transformatoren sind die Kurzschlußströme und -spannungen in den

Bezirken verschieden. Das ist bei der Berechnung des Kurzschlußstromes zu berücksichtigen. Man darf daher nicht einfach die wirklichen Werte der Widerstände in die Gleichung einsetzen, sondern muß sie alle auf eine Bezugsspannung umrechnen. Man geht von der Spannung des Netzabschnittes (Generator oder Hochspannungsnetz oder Mittelspannungsnetz) aus, für den die Ströme bestimmt werden sollen. Die Widerstände in den Netzteilen mit abweichender Spannung müssen dann im Verhältnis der Quadrate der Spannungen umgerechnet werden.

$$Z_1 : Z_2 = U_1^2 : U_2^2. \tag{4}$$

Da wir es mit Wechselstrom zu tun haben, so ist auch noch zwischen Ohmschen ($R$) und induktiven ($X$) Komponenten zu unterscheiden, aus denen jeder Widerstand ($Z$) zusammengesetzt ist. Der kapazitive Widerstand kann vernachlässigt werden, da er in den Kurzschlußstromkreisen nur als Nebenschlußwiderstand wirksam ist und als solcher bei seiner Höhe und der im Fehlerfalle meist niedrigen Spannung einen beachtenswerten Strom nicht aufnimmt. Als Reihenwiderstand kommt er nicht vor.

Für die Rechnung hat also nur der Ohmsche und der induktive Widerstand Bedeutung. Das Größenverhältnis dieser beiden bestimmt den Kurzschlußwinkel, den Winkel zwischen Kurzschlußstrom und Kurzschlußspannung.

Bei der Errechnung des Kurzschlußstromes kann die kleinere Komponente des Widerstandes — fast immer die Ohmsche — vernachlässigt werden, da sie infolge der geometrischen Addition den Absolutwert des Widerstandes — abgesehen von Lichtbogen- oder Übergangswiderständen, die aber bei der Rechnung selten berücksichtigt werden — wenig beeinflußt. Wenn für die gesamte Kurzschlußbahn, also die Summe aller Widerstände, das Verhältnis $\frac{\Sigma R}{\Sigma X} \geqq \frac{3}{4}$ ist, muß die Ohmsche Komponente berücksichtigt werden. Letzteres ist bei Kabelnetzen häufig der Fall, da der induktive Widerstand des Kabels verhältnismäßig klein ist. Bei Freileitungen kann der Ohmsche Widerstand, außer bei kleinen Querschnitten, unberücksichtigt bleiben. Bei Drosseln, Transformatoren und Generatoren ist die Ohmsche Komponente stets vernachlässigbar klein.

Bei der Bestimmung der Kurzschlußspannung an den verschiedenen Netzpunkten wird man die Ohmsche Komponente häufiger in Betracht ziehen müssen, besonders dann, wenn das Verhältnis von Ohmscher zu induktiver Komponente bei Aufeinanderfolge von Leitungsabschnitten verschiedenen Querschnittes sich ändert.

## 1. Die Überschlagsrechnung.

Für alle überschlägigen Rechnungen genügt es, den Dauerkurzschlußstrom mit folgenden Zahlenwerten zu errechnen:

Phasenreaktanz von 1 km Hochspannungsleitung:

$$X_{\curlywedge} = 0{,}40 \text{ Ohm/km}.$$

Schleifenreaktanz von 1 km Hochspannungsleitung, wenn der Strom durch die Erde bei Doppelerdschluß fließt, einschließlich Erde:

$$X_{1\,e} = 0{,}65 \text{ Ohm/km}.$$

Phasenreaktanz von 1 km Hochspannungskabel:

$X_{\curlywedge} = 0{,}1$ Ohm/km. Der Ohmsche Widerstand ist zu beachten.

Phasenreaktanz einer Drosselspule mit prozentualem Spannungsabfall $\varepsilon\%$ bei Nennstrom $I_n$:

$$X_D = \frac{U_{\curlywedge}}{I_n} \frac{\varepsilon\%}{100} \text{ Ohm}.$$

Phasenreaktanz eines Transformators:

$$X_T = \frac{U_{\curlywedge}}{I_n} \frac{\varepsilon\%}{100} \text{ Ohm}.$$

Die genauere Bestimmung ist bei eingehender Durchrechnung notwendig, die Angaben werden in den folgenden Unterabschnitten gemacht.

**a) Berechnung des maximalen Kurzschlußstromes.** Für die Bestimmung des maximalen Kurzschlußstromes in entfernteren Netzabschnitten, z. B. in aus Hochspannungsnetzen gespeisten Mittelspannungsnetzen, kann man annehmen, daß die Kraftwerksleistung unendlich groß ist, ein innerer Widerstand der Generatoren also nicht vorhanden ist. Auch der Widerstand der Hochspannungsspeiseleitungen kann vernachlässigt werden, da im Hochspannungsnetz größerer Leistung die Spannung an der Einspeisestelle des Mittelspannungsnetzes nicht soweit absinkt, daß die Überschlagsrechnung einen viel zu großen Kurzschlußstrom ergibt. Man nimmt also an, daß die widerstandslose Stromquelle unmittelbar vor der Einspeisestelle (Oberspannungsseite der Transformatoren) liegt. In der Gleichung $I = \frac{U_{\curlywedge}}{\Sigma Z_{\curlywedge}}$ wird also in $\Sigma Z_{\curlywedge}$ nur der Widerstand von hier bis zur Fehlerstelle einbezogen.

Liegt der Kurzschluß in nächster Nähe des Kraftwerkes, darf der innere Widerstand der Generatoren nicht mehr vernachlässigt werden, andernfalls würde der Kurzschlußstrom zu groß errechnet. Da aber beim Klemmenkurzschluß der Dauerkurzschlußstrom der Generatoren etwa das zweifache ihres Nennstromes beim 3-poligen und etwa das dreifache beim 2-poligen nicht überschreitet, so genügt es, diese Stromwerte als Höchstwerte des Kurzschlußstromes für Nahkurzschlüsse anzusehen.

Wird der Kurzschluß aus mehreren Kraftwerken gespeist, so fließt die Summe der Kurzschlußströme der einzelnen Werke durch die Fehlerstelle. Je nach Lage der Kraftwerke zueinander und zur Fehlerstelle werden die Leitungen ebenfalls von der Summe der Ströme oder nur von einem Teil durchflossen. Das Netzschaltbild läßt ohne weiteres erkennen, ob als Strommaximum in einer Leitung die Summe der Einzelströme fließen kann. Ist eines der Kraftwerke sehr weit entfernt oder seine Maschinenleistung sehr gering im Verhältnis zu der der übrigen, so kann es für die Berechnung unberücksichtigt bleiben.

Nicht so sehr der Strom in der Fehlerstelle als vielmehr in den Zuführungsleitungen interessiert den Projektierenden für die richtige Wahl der Schutzapparate. Die Schaltzustände eines Netzes sowie die Zahl und Größe der in Betrieb befindlichen Generatoren und Transformatoren beeinflussen die Höhe des Kurzschlußstromes in den einzelnen Leitungen bei gleicher Fehlerlage ganz erheblich. Die verschiedenen Möglichkeiten müssen sorgfältig überprüft werden. Zur Bestimmung des maximalen Stromes wird man alle Transformatoren und Leitungen, soweit das betriebsmäßig vorkommt, als eingeschaltet voraussetzen.

Außer dem maximalen Dauerkurzschlußstrom, von dem bisher die Rede war, ist die Kenntnis des Stoßkurzschlußstromes wichtig. Durch ihn werden die eingebauten Apparate sowohl thermisch als auch dynamisch besonders hoch beansprucht. Vor der Auswahl der Apparate, die im Projektierungskapitel behandelt ist, muß er also bestimmt werden. Er wird nach denselben Regeln wie der Dauerkurzschlußstrom berechnet, im nachfolgenden wird noch näher darauf eingegangen. Für Kurzschlüsse in der Nähe der Stromquelle kann damit gerechnet werden, daß der Höchstwert des Stoßstromes das 15fache des Nennstromscheitelwertes nicht überschreitet.

**b) Die Bestimmung des minimalen Kurzschlußstromes.** Für die Bestimmung des minimal möglichen Kurzschlußstromes wäre umgekehrt alles als außer Betrieb anzusehen, was nicht zur Unterspannungshaltung des Netzes notwendig ist. Eine solche Annahme geht aber zu weit, tatsächlich sind stets mehr Anlageteile im Betrieb. Eingehendes Studium der Verhältnisse ist vor der Rechnung erforderlich, um für sie die richtigen Unterlagen zu erhalten. Der schwächste Kurzschlußstrom tritt bei größter Entfernung von der Stromquelle dann in Ringen auf, bei denen die Fehlerstelle der Einspeisestelle gegenüberliegt, so daß über jede Leitung des Ringes nur der halbe Fehlerstrom fließen kann. Bei Fehlern am Ende der einen Leitung einer Doppelleitung fließt über jede Leitung ebenfalls nur der halbe Strom zu.

Für Mittelspannungsnetze, die aus einem Hochspannungsnetz gespeist werden, kann man als besonders ungünstigen Fall den annehmen, daß infolge Abschaltens mehrerer Hochspannungsleitungen die Speisung nur über eine einzige von ihnen, die sehr lang ist, erfolgt. In solchem Falle bricht aber die Spannung der Stromquelle durch den sehr entfernten Kurzschluß nicht zusammen, so daß man wohl noch den Widerstand der Hochspannungsleitung berücksichtigen muß, im übrigen aber annehmen kann, daß eine unendlich ergiebige Stromquelle in die

Hochspannungsleitung hineinspeist. Die Rechnung wird fast immer ergeben, daß im Mittelspannungsnetz der minimale Kurzschlußstrom über dem Nennstrom der einzelnen Leitungen liegt.

Anders bei Kurzschlüssen im Hochspannungsnetz zu Zeiten schwacher Last (Nachtbetrieb). Es sind dann meist nur wenige Maschinen in Betrieb, deren Erregung noch dazu besonders niedrig ist, da der beträchtliche Ladestrom des Netzes die Spannung hochhält. Im Kurzschlußfalle kann man nur eine Stromstärke von etwa $^4/_5$ des Nennstromes der noch in Betrieb befindlichen Maschinen erwarten, die erheblich unter dem Nennstrom der vom Kurzschlußstrom betroffenen Leitung liegen kann. Hier ist dann eine genauere Rechnung unter Beachtung aller Gesichtspunkte nicht gut zu umgehen. Es mag erwähnt werden, daß Ströme unter dem halben Nennstrom oder gar $^1/_4$ desselben nur ganz selten vorkommen, und zwar fast nur in Höchstspannungsnetzen, die beim Ausbau für die Versorgung eines größeren Gebietes zunächst mangelhaft ausgenutzt sind.

Die überschlägige Rechnung hat den Vorzug, daß sie zu einem schnellen Überblick über die Stromverhältnisse eines Netzes führt. Dem geübten Projektierenden ist es leicht, auf Grund seiner Erfahrungen mit Hilfe der Überschlagsrechnung gute Ergebnisse zu erzielen. Dem Anfänger ist zu raten, immer auf die genauere Rechnung zurückzugreifen.

### 2. Die genauere Rechnung.

Die genauere Berechnung der Kurzschlußströme muß in erster Linie den inneren Widerstand der Generatoren berücksichtigen, der bei der überschlägigen Rechnung vernachlässigt wurde. Der Strom wird dann wiederum aus den Gleichungen (1) und (2) von der Klemmenspannung $U_\Delta$ ausgehend bestimmt. In Deutschland wird allgemein die vom Verband Deutscher Elektrotechniker (VDE) ausgearbeitete Rechenmethode angewandt, die auch für die Selektivschutzberechnungen zweckmäßigerweise benutzt und deshalb den folgenden Ausführungen zugrunde gelegt wird. Die Rechnung ist auch nicht ganz, aber ausreichend genau, wenn man eine mittlere Spannungskennlinie für die Leerlauferregung, ein mittleres Kurzschlußverhältnis und eine mittlere Streuspannung statt der für jeden Generator etwas anderen wählt. Es ist deshalb auch an sich nicht nötig, die Widerstände der gesamten Kurzschlußbahn mit größerer Genauigkeit zu bestimmen, als dies für den Widerstand der Generatoren geschieht.

**a) Leitungen, Kabel, Erde.** Gerade bei den Leitungen und Kabeln ist aber eine genauere Kenntnis des Widerstandes für andere Zwecke als die der Kurzschlußstromberechnung erwünscht, deshalb wird auf sie nachfolgend näher eingegangen.

α) Ohmscher Widerstand. Der Einfluß der Wirbelstromverdrängung kann wegen der niedrigen Betriebsfrequenz bei der Berechnung des

Ohmschen Widerstandes unbeachtet bleiben. Bei Stahlaluminiumseilen kann man annehmen, daß der Stahlkern nicht leitet. Demnach ist der Widerstand

$$R = \frac{l}{\varkappa q}, \tag{5}$$

wobei $l$ die Leiterlänge, $\varkappa$ die spezifische Leitfähigkeit und $q$ der leitende Querschnitt ist.

Der Widerstand für Kupfer- und Aluminiumleitungen ist für 1 km Leiterlänge abhängig vom Leiterquerschnitt (in Tabelle 1) angegeben.

Tabelle 1. Ohmscher Widerstand von 1 km Freileitung oder Kabel je Phase.

| Querschnitt | 10 | 16 | 25 | 35 | 50 | 70 | 95 | 120 | 150 | 185 | 240 | 300 | mm² |
|---|---|---|---|---|---|---|---|---|---|---|---|---|---|
| Kupfer . . . | 1,8 | 1,1 | 0,71 | 0,51 | 0,36 | 0,25 | 0,19 | 0,15 | 0,12 | 0,1 | 0,075 | 0,06 | Ohm/km |
| Aluminium . | 2,9 | 1,8 | 1,2 | 0,84 | 0,59 | 0,42 | 0,31 | 0,25 | 0,20 | 0,16 | 0,12 | 0,10 | „ |

Als Leitfähigkeit für Kupfer ist $\varkappa = 56$, und für Aluminium $\varkappa = 34$ eingesetzt; der Einfluß der Temperatur und des Durchhanges von Leitungen wird vernachlässigt. Bei starken Strömen macht sich aber der Einfluß der Temperatur, die durch die Widerstandsverlustwärme entsteht, nach kurzer Zeit bemerkbar; für die übliche Berechnung des Maximalstromes ist er unerheblich.

Für Ströme in der Erde, also beim Erdschluß und Doppelerdschluß, darf nicht mit der spezifischen Leitfähigkeit des Erdbodens als festem Zahlenwert für die Bestimmung des Ohmschen Widerstandes gerechnet werden. Wechselstrom breitet sich nicht nach allen Seiten im Erdboden aus, sondern wird an den Bereich unter der Leitung, die den Strom zuführt, herangesogen. Unmittelbar unter der Leitung ist die Stromdichte am größten, sie nimmt mit steigender Frequenz ($f$) zu. Der Widerstand ist frequenzabhängig. Folgende Berechnungsformel ist aufgestellt worden:

$$R = \pi^2 f \, 10^{-4} \text{ Ohm/km}.$$

Sie gilt für homogenes Erdreich. Meist ist der Erdboden aber nicht homogen, er besteht vielmehr aus einer leitenden Schicht, die über einer nichtleitenden (Fels) liegt. Ist die Schicht nicht sehr dünn, so gilt:

$$R = 2\,\pi^2 f \, 10^{-4} \text{ Ohm/km}.$$

Der Widerstand ist also für die in der Starkstromtechnik üblichen Frequenzen niedrig — bei 50 Per/sec beträgt er 0,05—0,1 Ohm/km — und kann daher in den den Schutztechniker interessierenden Rechnungen unberücksichtigt bleiben. Der Fehlerstrom fließt vom beschädigten Leiter über den Mastfuß und dessen Erdung in die Erde. Der Ausbreitungswiderstand der Erde hängt von der Form des Erders und der

Leitfähigkeit des Bodens ab. Für den häufig gebrauchten Rohrerder kann der Widerstand nach folgender Formel berechnet werden:

$$R = \frac{1}{\varkappa \cdot 2\pi t} 2{,}3 \lg \frac{4t}{d} \text{ Ohm.}$$

Darin bedeutet: $t$ die Einschlagtiefe des Rohres in cm,
$d$ den äußeren Rohrdurchmesser in cm,
$\varkappa$ die Leitfähigkeit des Bodens in Siemens/cm.

Die Leitfähigkeit des Bodens beträgt bei gutem Boden $10^{-4}$ Siemens/cm, bei sehr gutem, feuchtem Boden $5 \cdot 10^{-4}$ Siemens/cm, bei sehr trockenem Boden $10^{-5}$ und bei Fels $10^{-10}$ Siemens/cm.

Um einen niedrigen Widerstand zu erhalten, müssen oft mehrere Rohrerder parallel geschaltet werden. Trotzdem kann der Übergangswiderstand je nach der Art des Bodens sehr hoch werden. Durch die Verbindung der Masten untereinander durch Erdseile werden dem Strom Parallelwege geschaffen, über die er abfließen kann. Der resultierende Widerstand beträgt etwa:

$$R_{\text{res}} \approx \frac{1}{2} \sqrt{R \cdot r} \text{ Ohm.}$$

Hierin bedeutet $R$ den Ausbreitungswiderstand des einzelnen Mastes, $r$ den Widerstand des Erdseiles zwischen zwei Masten. Liegt die Fehlerstelle am Ende einer Mastreihe, so ist der Widerstand etwa doppelt so groß, als er nach der Formel errechnet wird. Der resultierende Ausbreitungswiderstand ist in der Regel so klein, daß er für die Rechnungen nicht berücksichtigt zu werden braucht. Auf schlechtem Boden kann der Widerstand, besonders für einen einzelnen Mast, sehr hoch werden; wenn er dann auch vielleicht den Strom noch nicht deutlich schwächt, so kann der Spannungsabfall doch beträchtliche Werte erreichen.

Schließlich kommt noch der Widerstand des Lichtbogens hinzu, der als rein ohmischer Natur angesehen werden kann. Sein Widerstand ist nicht konstant, er ist vielmehr vom Strom abhängig, und zwar derart, daß er um so kleiner ist, je stärker der Strom ist. Genaue Angaben über die Größe zu machen, ist heute noch nicht möglich. Für die Lichtbögen in der Luft, wie sie bei Leitungsfehlern auftreten, kann man mit einem Spannungsabfall von etwa 2500 Volt für jeden Meter Lichtbogenlänge rechnen, der ziemlich unabhängig von der Stromstärke ist. Der Widerstand ist dann bei einem Strom $I$ und einer Länge $l$ in Metern

$$R = \frac{2500\, l}{I} \text{ Ohm.} \tag{6}$$

Der Lichtbogen verändert seine Länge sehr leicht, sie steigt häufig sehr schnell an — manchmal in weniger als 1 Sekunde —, bis die Spannung etwa den halben Wert der Betriebsspannung zwischen den Polen erreicht, zwischen denen er brennt, dann erlischt der Bogen.

Lichtbogenstrom und Spannung schwanken so stark — auch in der Kurvenform —, daß es nicht möglich ist, den Widerstand als einigermaßen festen Wert in der Rechnung zu berücksichtigen. Bei der Berechnung des maximalen Kurzschlußstromes ist das auch überflüssig, da man die niedrigsten Widerstände dabei zugrunde legt und den Lichtbogen deshalb ausscheiden muß. Auch bei der Bestimmung des minimalen Kurzschlußstromes pflegt man den Lichtbogenwiderstand nicht zu beachten, ohne hierdurch das Ergebnis der Rechnung stark zu fälschen, da er als Ohmscher Widerstand den Gesamtwiderstand der Kurzschlußbahn kaum vergrößert.

Wieweit man bei der Auswahl der Schutzsysteme den Lichtbogen zu berücksichtigen hat, ist in dem Projektierungskapitel erläutert. Aus der Abb. 1 ist der Verlauf von Strom und Spannung eines Lichtbogens gut zu erkennen.

$\beta$) Induktiver Widerstand. Für eine aus zwei Leitern mit dem Durchmesser $d$ in Zentimetern und dem Achsenabstand $a$ in Zentimetern bestehende Schleife ist

$$L = 0{,}4\left(2{,}3 \lg \frac{2a}{d} + 0{,}25\right) 10^{-3}\ \mathrm{H/km}. \tag{7}$$

Die Phaseninduktivität ist

$$L_{\curlywedge} = \frac{L}{2} = 0{,}2\left(2{,}3 \lg \frac{2a}{d} + 0{,}25\right) 10^{-3}\ \mathrm{H/km}. \tag{8}$$

Für eine symmetrisch angeordnete Drehstromleitung ergibt sich die gleiche Phaseninduktivität

$$L_{\curlywedge} = 0{,}2\left(2{,}3 \lg \frac{2a}{d} + 0{,}25\right) 10^{-3}\ \mathrm{H/km}. \tag{8}$$

Der induktive Widerstand, die Reaktanz, wird durch Multiplikation mit der Kreisfrequenz $\omega = 2\pi f$ errechnet. Für verschiedene Seildurchmesser und Leiterabstände kann er aus Abb. 2 entnommen werden.

Für Hohlseile kann man dieselbe Abb. 2 benutzen, da der Induktivitätsunterschied gegenüber dem Vollseil ganz gering ist.

Bei unsymmetrischer Anordnung der drei Leiter kann man mit der gleichen Formel und Abb. 2 rechnen, wenn man für $a$ den Wert

$$a = \sqrt[3]{a_{12} \cdot a_{23} \cdot a_{31}}$$

einsetzt. Dieser mittlere Leiterabstand gilt für eine ausreichende Verdrillung der Leitungen. Man verdrillt allerdings recht wenig, da die Rücksicht auf die Symmetrie der Erdspannungen der drei Phasen nur selten einen Wechsel erforderlich macht.

Für kürzere Leitungsabschnitte wirkt sich die Verdrillung häufig nicht genügend ausgleichend aus, der Induktivitätswert bzw. induktive Widerstand muß dann für jede Schleife einzeln berechnet werden. Auch bei Kurzschluß zwischen zwei Phasen verschiedener Systeme einer Doppelleitung muß unter Umständen der betreffende Induktivitätswert besonders bestimmt werden, was mit den Formeln und nach der Abb. 2 leicht möglich ist.

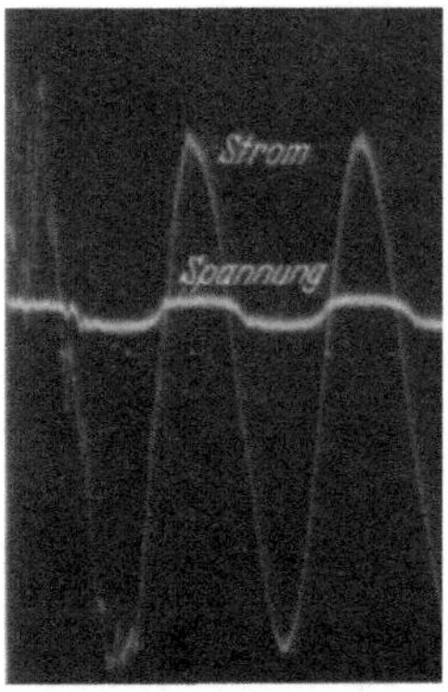


a) Zünden des Lichtbogens.

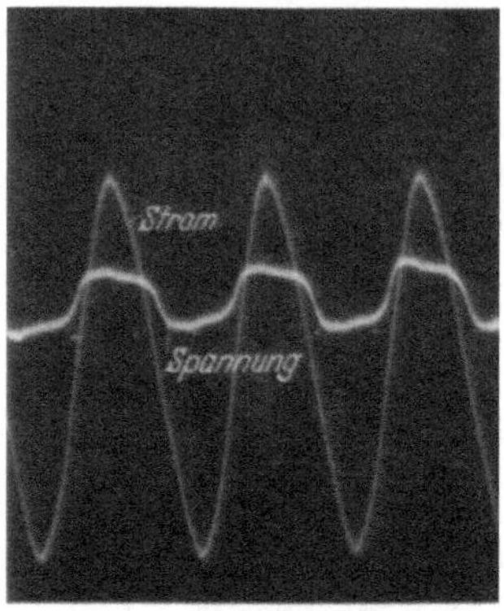


b) 0,5 sec nach der Zündung.

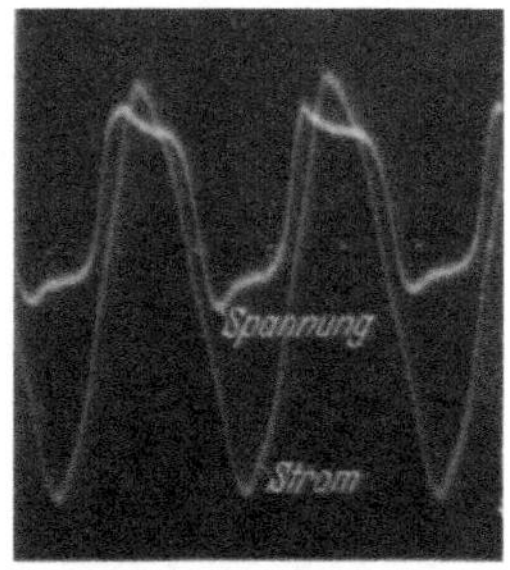


c) 1,0 sec nach der Zündung.

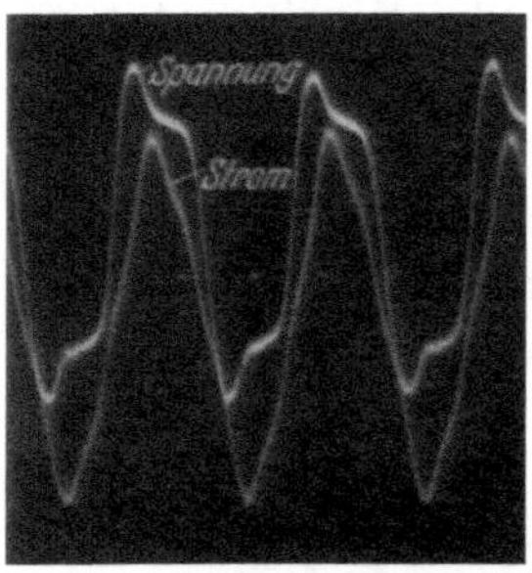


d) 1,5 sec nach der Zündung.

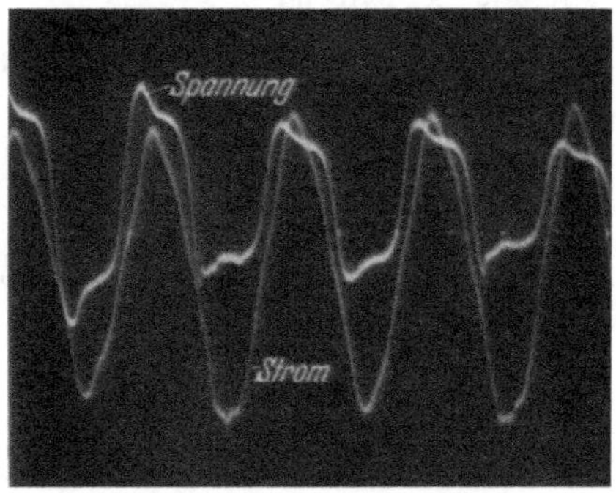


e) 2,0 sec nach der Zündung.

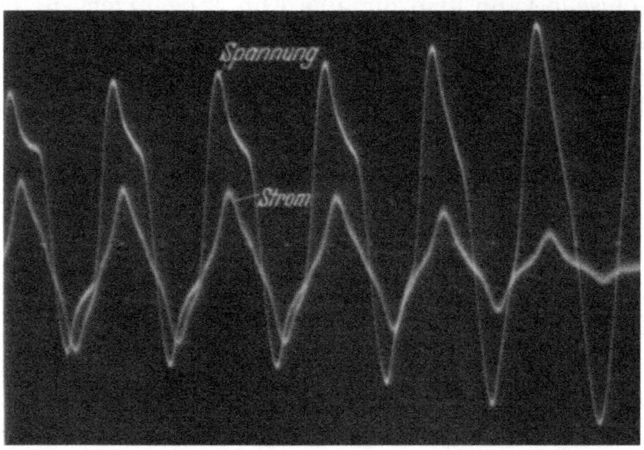


f) Erlöschen des Lichtbogens 2,5 sec nach der Zündung.

Abb. 1 a—f. Strom und Spannung eines Kurzschlußlichtbogens. Bis 2 sec nach der Zündung flatterte dieser Lichtbogen langsam auf, bei 2 sec wurde er nochmals kürzer; nach erneutem Ausflattern erlosch er 2,5 sec nach der Zündung.

Bei Doppelleitungen ist mitunter die Gegeninduktivität zwischen den beiden Systemen zu beachten. Sind die Ströme in beiden Systemen gleichgerichtet, dann erhöht sich die Induktivität der Einzelleitung um den Betrag der Gegeninduktivität. Fließen die Ströme in entgegengesetzten Richtungen, so ist die Induktivität um den entsprechenden Betrag zu verkleinern. Die Gegeninduktivität beträgt etwa 1,5—5%, je nach dem Abstand der beiden Systeme. Die erste Zahl gilt für großen, die zweite für

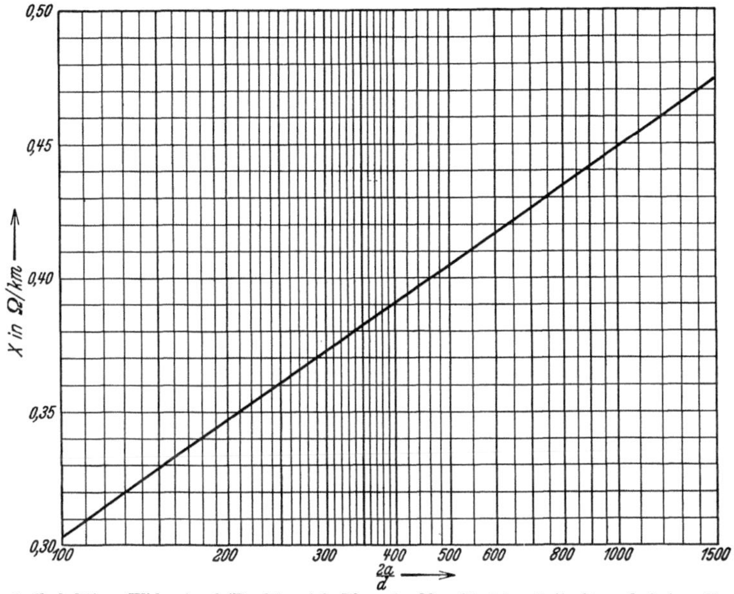


Abb. 2. Induktiver Widerstand (Reaktanz) je Phase in Ohm für 1 km Leiterlänge bei einer Frequenz von 50 Per/sek für eine Einphasen- oder symmetrisch angeordnete Drehstromleitung in Abhängigkeit vom Mittenabstand $a$ und Seildurchmesser $d$ der Leiter. $X = f\left(\frac{2a}{d}\right)$. Bei anderen Frequenzen als 50 Per/sek ist die Reaktanz proportional umzurechnen.

kleinen Abstand; gewöhnlich kann man daher den Betrag bei Bestimmung der Induktivität einer Doppelleitung vernachlässigen. Auf die Gegeninduktivität an sich hat die mangelnde Verdrillung beträchtlichen Einfluß.

Es seien die Formeln für die Berechnung der Induktivität und Gegeninduktivität verschiedener Leiteranordnungen angegeben, da sie doch gelegentlich benötigt werden.

Die Eigeninduktivität eines einzelnen Leiters, nämlich der Fluß, von dem er beim Strom 1 Amp. umschlungen wird, beträgt:

$$L_{11} = 0{,}2\, l \left(2{,}3 \lg \frac{4l}{d} - 0{,}75\right) \cdot 10^{-3} \text{ H.} \tag{9}$$

Der Fluß, mit dem ein von Strom durchflossener Leiter einen zweiten umschlingt, die Gegeninduktivität, ist

$$M_{21} = 0{,}2\, l \left(2{,}3 \lg \frac{4l}{2a} - 1\right) 10^{-3} \text{ H.} \tag{10}$$

Hieraus errechnet sich die Phaseninduktivität $L_{\curlywedge}$ als Summe der Eigeninduktivität $L_{11}$ des Leiters und der Gegeninduktivitäten der anderen Leiter $M_{21}$. Das gibt z. B. für die Phaseninduktivität $L_{\curlywedge 1}$ des Leiters 1 eines Doppelleitungs-Drehstromsystems in der Form der Abb. 3 unter der Annahme, daß beide Systeme parallel geschaltet und vom gleichen Strom durchflossen sind

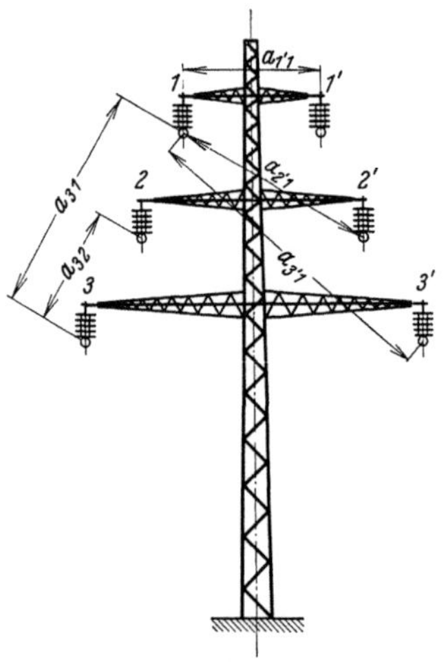


Abb. 3. Abstände der Einzelleiter einer Drehstromdoppelleitung bei unsymmetrischer Anordnung der Leiter.

$$\left.\begin{aligned} L_{\curlywedge 1} = [L_{11} - 0{,}5\,M_{21} - 0{,}5\,M_{31}] + \\ + [M_{1'1} - 0{,}5\,M_{2'1} - 0{,}5\,M_{3'1}]. \end{aligned}\right\} \quad (11)$$

Für den Zeitmoment, in dem in den Leitern 1 und 1′ das Strommaximum vorhanden ist, fließt in den anderen je der halbe Strom zurück. Deshalb sind die Werte der Gegeninduktivitäten mit — 0,5 zu multiplizieren. Das Glied in der ersten Klammer ist die Phaseninduktivität $L_{\curlywedge 1}$ des Leiters 1, wenn das System allein vorhanden, das andere System dagegen abgeschaltet und stromlos ist. Das Glied in der zweiten Klammer gibt die Erhöhung der Induktivität des ersten Systems durch die Gegeninduktivität des zweiten Systems an. Durch Einsetzen der Werte nach den Formeln (9) und (10) wird

$$L_{11} = 0{,}2 \cdot 10^{-3}\left(2{,}3 \lg \frac{4l}{d} - 0{,}75\right) \text{H/km},$$

$$M_{21} = 0{,}2 \cdot 10^{-3}\left(2{,}3 \lg \frac{4l}{2a_{21}} - 1\right) \text{H/km},$$

$$M_{31} = 0{,}2 \cdot 10^{-3}\left(2{,}3 \lg \frac{4l}{2a_{31}} - 1\right) \text{H/km}.$$

$$M_{1'1} = 0{,}2 \cdot 10^{-3}\left(2{,}3 \lg \frac{4l}{2a_{1'1}} - 1\right) \text{H/km},$$

$$M_{2'1} = 0{,}2 \cdot 10^{-3}\left(2{,}3 \lg \frac{4l}{2a_{2'1}} - 1\right) \text{H/km},$$

$$M_{3'1} = 0{,}2 \cdot 10^{-3}\left(2{,}3 \lg \frac{4l}{2a_{3'1}} - 1\right) \text{H/km}.$$

$$\begin{aligned} L'_{\curlywedge 1} = {} & \left[0{,}2\left(2{,}3 \lg \frac{2\sqrt{a_{21} \cdot a_{31}}}{d} + 0{,}25\right)\right] \cdot 10^{-3} + \\ & + \left[0{,}2\left(2{,}3 \lg \frac{\sqrt{a_{2'1} \cdot a_{3'1}}}{a_{1'1}}\right)\right] \cdot 10^{-3}\,\text{H/km}. \end{aligned}$$

Es ist leicht zu erkennen, daß der Inhalt der zweiten Klammer sehr klein wird. $\frac{\sqrt{a_{2'1} \cdot a_{3'1}}}{a_{1'1}}$ ist nur wenig größer als 1. Der lg wird also sehr klein und damit auch der Inhalt der Klammer.

Bei Doppelerdschlüssen oder Erdkurzschlüssen tritt die Erde als Leiter auf. Für die Höhe $h$ in cm des Leiters über dem Erdboden gilt als Induktivität des Leiters:

$$L_1 = 0{,}2\left(2{,}3 \lg \frac{2h}{d} + 0{,}5\right) \cdot 10^{-3} \text{ H/km} \tag{12}$$

und der Erde:

$$L_e = 0{,}2 \cdot 2{,}3 \lg \frac{0{,}178}{h\sqrt{\varkappa \cdot f \cdot 10^{-9}}}\, 10^{-3} \text{ H/km}\,, \tag{13}$$

also bei $f = 50$ Per/sec und bei homogenem Erdreich mit $\varkappa = 10^{-4}$ S/cm

$$L_e = 0{,}2 \cdot 2{,}3 \lg \frac{80000}{h} \cdot 10^{-3} \text{ H/km}. \tag{13a}$$

Die Schleifeninduktivität ist:

$$\left.\begin{aligned} L_{1e} &= L_1 + L_e \\ &= 0{,}2\left(2{,}3 \lg \frac{0{,}356}{d\sqrt{x \cdot f \cdot 10^{-9}}} + 0{,}5\right) 10^{-3} \text{ H/km} \end{aligned}\right\} \tag{14}$$

also bei $f = 50$ Per/sec $L_{1e} = 0{,}2\left(2{,}3 \lg \frac{160000}{d} + 0{,}5\right) 10^{-3}$ H/km. (14a)

Für Erdboden mit leitender Schicht auf nichtleitendem Fels gilt bei einer Schichtdicke $\varDelta$ in Zentimetern

$$L_e = 0{,}2 \cdot 2{,}3 \lg \frac{0{,}0446}{h \varkappa f \varDelta\, 10^{-9}}\, 10^{-3} \text{ H/km, also bei } f = 50 \text{ Per/sec} \tag{15}$$

$$L_e = 0{,}2 \cdot 2{,}3 \lg \frac{8{,}9 \cdot 10^9}{h \cdot \varDelta} \cdot 10^{-3} \text{ H/km}. \tag{15a}$$

Die Gegeninduktivität zwischen zwei Leiterschleifen kann aus den Gegeninduktivitäten der Einzelleiter nach Formel (10) ermittelt werden. Für ein aus drei Leitern 1, 2 und 3 bestehendes System läßt sich die Gegeninduktivität zwischen zwei Schleifen mit einem gemeinsamen Leiter aus den drei Schleifeninduktivitäten berechnen. So ist die Gegeninduktivität der Schleife 12 gegen die Schleife 23

$$M_{12,\,23} = \frac{1}{2}\,(L_{12} + L_{23} - L_{13}). \tag{16}$$

Von besonderem Interesse ist ihr Wert für die bei Doppelerdschluß gebildeten Schleifen zwischen Leitern und Erde. Ihr Betrag ist

$$M_{1e} = M_1 + M_e. \tag{16}$$

Es ist $M_e = L_e$ entsprechend Formel (13)

$M_1 = L_1 - L_{\curlywedge}$ entsprechend Formel (12) und (8)

$M_{1e} = L_1 - L_{\curlywedge} + L_e$

$$M_{1e} = 0{,}2\left(2{,}3 \lg \frac{0{,}178}{a\sqrt{x \cdot f \cdot 10^{-9}}} + 0{,}25\right) 10^{-3} \text{ H/km}. \tag{16a}$$

In den Formeln (16) und (16 a) ist für a natürlich der Abstand der beiden vom Doppelerdschluß betroffenen Seile einzusetzen.

Kompliziertere Fälle zu berechnen macht viel mühselige Rechenarbeit. Man mißt dann am besten die betreffenden Widerstände durch einfache

Strom- und Spannungsmessung (Ohmscher Widerstand aus Wirkspannung, induktiver Widerstand aus Blindspannung), indem man Kurzschlüsse oder Doppelerdschlüsse einbaut und den betreffenden Netzteil mit verminderter Spannung speist.

Es ist überhaupt zu bedenken, daß die Rechnung nicht ganz genaue Ergebnisse bringen kann, da allein schon die Abstände der Seile nur als Mittelwerte bekannt sind. Für die normale Rechnung genügt daher die Entnahme der Widerstandswerte aus der Abb. 2.

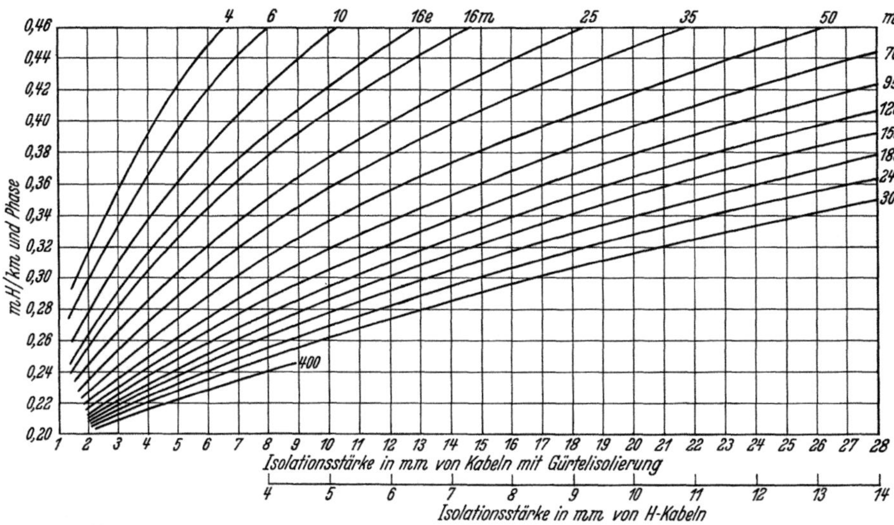


Abb. 4. Induktivität je Phase in mH für 1 km Leiterlänge von Kabeln üblichen Aufbaus in Abhängigkeit von der Isolationsstärke bei verschiedenen Leiterquerschnitten.

Für Kabel sind die Konstanten in der Abb. 4 zu finden. Diese gelten für Kabel mit dem heute üblichen Aufbau. Da häufig ältere Kabeltypen in den Netzen in Betrieb sind, so ist es unter Umständen nötig, die errechneten Daten durch Messung nachzuprüfen.

Die Induktivität der Schleife bestehend aus einem Leiter und der leitenden Hülle als Rückleitung beträgt:

$$L = \left[4{,}6 \lg \frac{R_1}{r} + 4{,}6 \lg \frac{R_2^4}{(A_2 - R_1)^2} \lg \frac{R_2}{R_1} - \frac{R_2^2}{R_2^2 - R_1^2}\right] 10^{-4}\ \mathrm{H/km}. \qquad (7a)$$

Dabei bedeuten $r$ den Radius des Leiters, $R_1$ und $R_2$ den Innen- bzw. Außenradius der Hülle.

Die Kurzschlußströme errechnen sich unter der Annahme, daß an der Einspeisestelle der Leitung die Spannung $U_\Delta$ vorhanden ist und die Entfernung bis zum Kurzschluß $l_{\mathrm{km}}$ beträgt, wie folgt:

3-poliger Kurzschluß:

$$I = \frac{U_\Delta}{\sqrt{3}\, X_\curlywedge \cdot l}\ \mathrm{Amp.} \qquad (17)$$

2-poliger Kurzschluß:

$$I = \frac{U_\Delta}{2\,X_\curlywedge l}\ \text{Amp.} \tag{18}$$

Erdkurzschluß:

$$I = \frac{U_\Delta}{(X_1 + X_e)\,l}\ \text{Amp.} \tag{19}$$

Doppelerdschluß:

$$I = \frac{U_\Delta}{2\,l_1 X_\curlywedge + l_e X_{1e}}. \tag{20}$$

Bei Speisung des Doppelerdschlusses von zwei Seiten durch zwei getrennte Stromquellen mit gleicher Spannung ist der Strom von der ersten Stromquelle (Abb. 5) mit $G_{1e} = \omega M_{1e}$

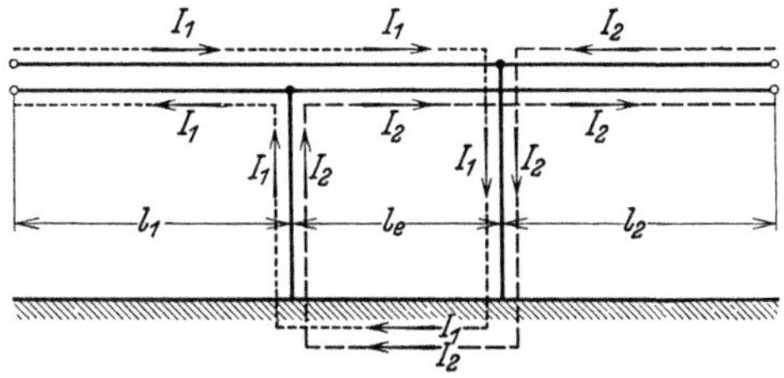


Abb. 5. Stromverlauf bei Speisung eines Doppelerdschlusses von zwei Seiten.

$$I_1 = \frac{U_\Delta}{2\,l_1 X_\curlywedge + l_e X_{1e} + \xi\, l_e G_{1e}}. \tag{21}$$

Der Widerstand $\xi_1 l_e G_{1e}$ berücksichtigt die durch die Gegeninduktivität vom zweiten Strom erzeugte Gegenspannung. Es ist

$$\xi = \frac{2\,l_1 X_\curlywedge + l_e X_{1e} - l_e G_{1e}}{2\,l_2 X_\curlywedge + l_e X_{1e} - l_e G_{1e}} \tag{22}$$

und

$$I_2 = \xi I_1. \tag{22a}$$

**b) Drosselspulen.** Häufig werden in Netzen, oft auch in der Reihe der Sammelschienen, Drosselspulen eingebaut, deren Aufgabe es ist, den Kurzschlußstrom durch ihren induktiven Widerstand zu begrenzen. Da sie in Serie mit den Leitungen geschaltet sind, ist ihr Widerstand zu dem der Phasen zu addieren. Ihr Widerstand wird gewöhnlich nicht in Ohm (oder ihre Induktivität in Millihenry) angegeben, vielmehr wird der an ihnen bei Nennstrom $I_n$ auftretende Spannungsabfall $\varepsilon$ in Prozenten der Sternspannung genannt. Ihr induktiver Widerstand ist dann

$$X_D = \frac{U_\curlywedge}{I_n}\,\frac{\varepsilon\,\%}{100}\ \text{Ohm}. \tag{23}$$

Ihr Ohmscher Widerstand ist vernachlässigbar klein.

Bei Kurzschluß unmittelbar hinter der Drossel ist der maximale Kurzschlußstrom, den sie durchläßt

$$I_{D\,\max} = I_n \frac{100}{\varepsilon\,\%}\ \text{Amp.}, \tag{24}$$

wenn man annimmt, daß die Spannung in voller Höhe vor ihr erhalten bleibt.

Außerhalb Deutschlands wird häufig der Sternpunkt des Netzes über eine Drossel oder einen Ohmschen Widerstand geringer Größe geerdet.

Bei Erdkurzschlüssen liegen sie dann in der Bahn des Kurzschlußstromes und müssen bei der Rechnung berücksichtigt werden.

**c) Transformatoren.** Wie für Drosselspulen wird bei Transformatoren statt ihres induktiven Widerstandes ihre Kurzschlußspannung $\varepsilon$ in Prozenten der Nennspannung angegeben. Ihr Widerstand errechnet sich ebenso pro Phase zu:

$$X_T = \frac{U_\curlywedge}{I_n} \frac{\varepsilon\,\%}{100} \text{ Ohm} \tag{25}$$

oder unmittelbar aus der Dreieckspannung in V und der Leistung $N$ in VA zu:

$$X_T = \frac{U_\Delta^2}{N} \frac{\varepsilon\,\%}{100} \text{ Ohm.} \tag{25a}$$

Dieser Wert ist die Reaktanz einer Phase. Für den Kurzschluß ist also ein Transformator mit der Reaktanz $X_T$ in seiner Wirkung gleich einer Drossel mit der Reaktanz $X_D$.

Der Strom wird bei 3-poligem Kurzschluß:

$$I_d^{(3)} = \frac{U_\Delta}{\sqrt{3}\,X_T} \tag{26}$$

bei 2-poligem:

$$I_d^{(2)} = \frac{U_\Delta}{2\,X_T}. \tag{27}$$

Auf die Größe des 2- und 3-poligen Kurzschlußstromes haben Schaltung und Kernaufbau des Transformators keinen Einfluß.

Das Übersetzungsverhältnis der Transformatoren weicht in der Regel von $\ddot{u} = 1$ ab. Für Ober- und Unterspannungsseite ergeben sich dann natürlich verschiedene Ströme. Selbstverständlich haben auch die Widerstände je nach der Bezugsseite verschiedene Werte. Man errechnet sie für die Ober- oder Unterspannungsseite. Es ist

$$X_{T_1} : X_{T_2} = U_{\Delta_1}^2 : U_{\Delta_2}^2 = \ddot{u}^2 = I_2^2 : I_1^2. \tag{4a}$$

Unter der Voraussetzung, daß die den Transformator speisende Stromquelle sehr ergiebig ist und ihre Spannung bei einem Kurzschluß hinter dem Transformator wenig oder gar nicht absinkt, wird der maximale Dauerkurzschlußstrom im Transformator erreicht. Dieser ist

$$I_{d\,\max} = I_n \frac{100}{\varepsilon\,\%} \text{ Amp.} \tag{28}$$

Der Scheitelwert ist $\sqrt{2}$ mal größer, er beträgt also

$$I_{s_w} = \sqrt{2}\, I_n \frac{100}{\varepsilon\,\%} \text{ Amp.} \tag{28a}$$

Beim Eintritt des Kurzschlusses kann der Strom nicht momentan auf den Wert des Dauerkurzschlußstromes anspringen, da damit eine ebenso plötzliche Flußänderung verknüpft wäre, die aber unmöglich ist. Der Übergang wird durch einen mit der Zeitkonstante $\frac{L}{R}$ abklingenden Gleichfluß geschaffen, der einen Gleichstrom entsprechender Größe im

Gefolge hat. Er kann die Höhe des Scheitelwertes des Wechselstromes erreichen. Da er sich dem Wechselstrom überlagert, so kann theoretisch der Spitzenwert des Gesamtstromes das Doppelte des Scheitelwertes des Wechselstromes erreichen. Infolge der Dämpfung des Stromkreises klingt der Strom schnell ab, so daß sich praktisch folgender Spitzenwert ergibt:

$$I_s = 1{,}6 \sqrt{2}\, I_n \frac{100}{\varepsilon\,\%} \text{ Amp.} \tag{29}$$

Ein kurzschlußähnlicher Strom kann auch beim Einschalten des Transformators entstehen. Im Leerlauf wird der dem Transformator aufgedrückten Spannung durch die Gegen-EMK das Gleichgewicht gehalten. Diese ist

$$E_{\curlywedge} = -U_{\curlywedge} = -\frac{d\Phi}{dt}.$$

Entsprechend dem periodischen Verlauf der Spannung ändert sich auch der Fluß zwischen den Scheitelwerten $-\Phi$ und $+\Phi$ um $2\Phi$, jedoch um $90^0$ gegen die Spannung verschoben. Wird der Transformator in dem Augenblick eingeschaltet, in dem die Spannung gerade durch Null geht, so kann der Fluß nicht momentan auf den Maximalwert $-\Phi$ oder $+\Phi$ springen, der im Dauerzustand beim Nulldurchgang der Spannung vorhanden wäre. Der Fluß setzt also mit dem Wert Null ein und ändert sich bis zum nächsten Nulldurchgang der Spannung nach einer Halbwelle um den vollen Betrag von $-\Phi$ bis $+\Phi$ (oder umgekehrt), nämlich $2\Phi$, um in der nächsten Halbwelle wieder auf 0 zu sinken. Dem Wechselfluß mit den Amplituden $+\Phi$ und $-\Phi$ ist also ein Gleichfluß $\pm\Phi$ überlagert. Da der Fluß statt $\Phi$ nun das Maximum $2 \cdot \Phi$ erreicht, wird auch höherer Magnetisierungsstrom aus dem Netz aufgenommen. Durch den doppelten Fluß wird die Sättigungsgrenze des Eisens überschritten, so daß der Magnetisierungsstrom nicht auf den doppelten Normalwert, sondern einen viel höheren Wert ansteigt, der durchaus in der Größenordnung des Nennstromes oder darüber liegen kann. Er besteht natürlich auch aus einem Wechsel- und einem Gleichstromglied. Der Gleichfluß klingt nun mit der Zeitkonstanten des Stromkreises langsam ab, entsprechend sinkt auch der Magnetisierungsstrom, bis der Normalzustand erreicht ist. Da dem leerlaufenden Transformator der anfänglich so hohe Magnetisierungsstrom einseitig von der Stromquelle aus zufließt, ähnelt der Zustand dem eines Kurzschlusses im Transformator.

Wenn nun auch für die Bestimmung des Kurzschlußstromes die primäre und sekundäre Schaltung gleichgültig ist, so ist sie doch bedeutsam für die Verteilung der Ströme auf die einzelnen Phasen der Zu- und Ableitung. Da zwischen den Primär- und Sekundäramperewindungen Gleichgewicht herrscht, so ergibt sich daraus der Strom in den Wicklungen der einzelnen Schenkel. Unter der Annahme gleicher Windungszahlen für die Primär- und Sekundärwicklungen läßt sich die Stromverteilung bequem bestimmen, wie es die Abbildungen zeigen.

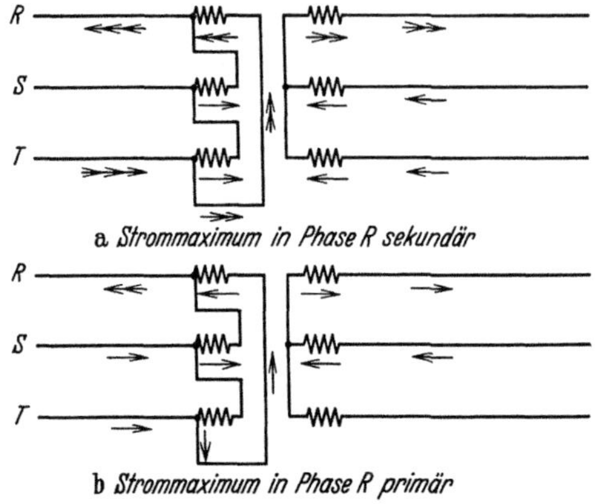


Abb. 6. Stromverteilung bei 3-poligem Kurzschluß in einem Transformator mit Dreieck-Sternschaltung.

Bei 3-poligem Kurzschluß werden bei Dreieck-Sternschaltung primär wie sekundär die Phasen gleichmäßig an Zu- und Ableitung beteiligt, doch tritt das Strommaximum zu verschiedenen Zeiten auf. Die Zu- und Ableitungsströme sind um 30⁰ in der Phase gegeneinander verschoben, die Strommaxima verhalten sich wie $\sqrt{3}:1$ (das Übersetzungsverhältnis des Transformators ist $1:\sqrt{3}$) (Abb. 6). Dasselbe gilt auch für Stern-Zickzackschaltung.

Bei 2-poligem Kurzschluß und Dreieck-Sternschaltung fließen die Ströme primär in allen drei Zuleitungen, in einer Phase doppelt so groß wie in den beiden anderen (Abb. 7). Der Kernaufbau (Kern- oder Manteltransformatoren oder zusammengeschaltete Einphasentransformatoren) wirkt sich bei 3- und 2-poliger Belastung nicht aus, da Primär- und Sekundäramperewindungen sich auf jedem einzelnen Schenkel ausgleichen können.

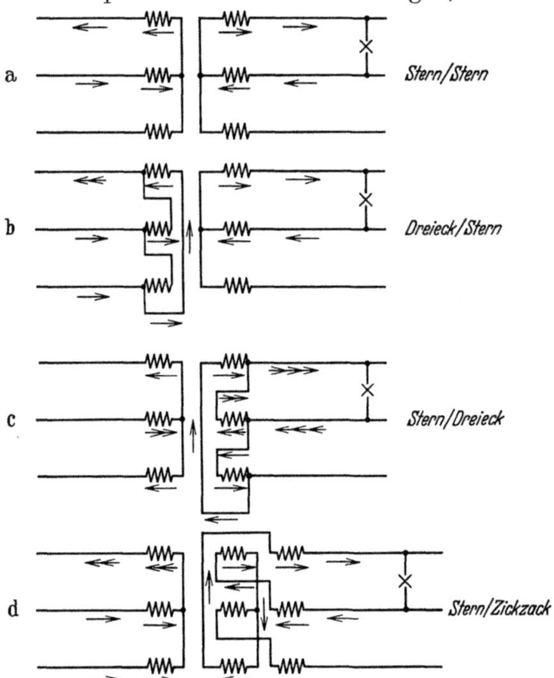


Abb. 7. Stromverteilung bei 2-poligem Kurzschluß in Transformatoren verschiedener Schaltung.

Bei 1-poligem Kurzschluß erfolgt dieser Ausgleich auf dem einzelnen Schenkel nur, wenn die Schaltung es erlaubt. Das ist der Fall für sekundäre Sternschaltung, wenn die Primärwicklung in Dreieck geschaltet oder wenn bei primärer Sternschaltung eine in Dreieck geschaltete Tertiärwicklung vorhanden oder wenn bei primärer Sternschaltung die Sekundärwicklung in

Zickzack geschaltet ist (Abb. 8). Ein Ausgleich wird in reiner Stern-Sternschaltung bei Dreischenkeltransformatoren (Kerntype) durch die magnetische Kupplung der einzelnen Schenkel beschränkt herbeigeführt. Die kurzgeschlossene Sekundärwicklung ist nicht nur mit der eigenen Primärwicklung, sondern auch mit den beiden freien Primärwicklungen magnetisch verkettet. Da diese beiden nur den halben Primärstrom führen, so ergibt sich ein Übersetzungsverhältnis von 1,5:1 zwischen den als in Serie geschaltet zu betrachtenden Primärwicklungen und der Sekundärwicklung. Daraus ergibt sich ein Verhältnis der Ströme von 2:3 in den Wicklungen auf dem kurzgeschlossenen Schenkel. Bezogen auf den einzelnen Schenkel ist kein Ausgleich mehr vorhanden. Es sind vielmehr auf jedem gleich viele Amperewindungen, für die je $^1/_3$ des Stromes wirksam ist, mit gleichem Richtungssinn übrig, die einen Fluß erzeugen, der mangels eines Eisenweges sich durch die Luft, bzw. die Konstruktionsteile rückschließt. Er hat eine den Strom begrenzende Wirkung. Bei der Stromberechnung ist diese Jochreaktanz der Streureaktanz hinzuzufügen. Für die Jochstreuung kann man überschläglich mit einer Streuspannung von 20% der Sternspannung, die bei Nennstrom und Parallelschaltung der drei Schenkel gemessen wird, rechnen.

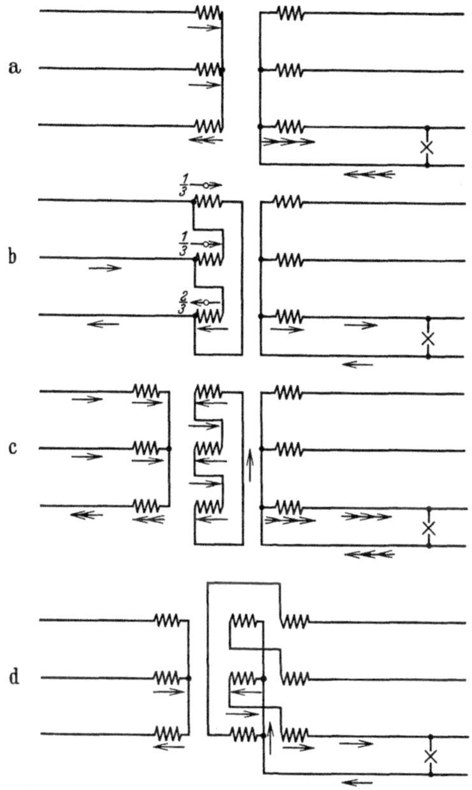


Abb. 8. Stromverteilung bei 1-poligem Kurzschluß in Transformatoren verschiedener Schaltung. a) Stern-Stern. b) Dreieck-Stern. Bei Dreischenkeltransformatoren (ohne magnetischen Rückschluß) fließen in allen Wicklungen der Dreieckseite Ströme, die $^1/_3$ bzw. $^2/_3$ des primär zufließenden Stromes betragen. Bei Transformatoren mit magnetischem Rückschluß fließt nur in der Primärwicklung Strom, die auf dem Schenkel mit der kurzgeschlossenen Sekundärwicklung angebracht ist. c) Stern-Stern mit tertiärer Dreieckswicklung. d) Stern-Zickzack.

$$X_j = \frac{U_\curlywedge}{I_n} \frac{20}{100} \text{ Ohm}.$$

Der Ausgleich wird gänzlich unterbunden, wenn der Jochfluß sich infolge Eisenrückschlusses voll ausbilden kann, wie es bei Vier- und

Fünfschenkeltransformatoren, der Manteltype oder bei drei Einzeltransformatoren der Fall ist. Hier ist keinerlei unmittelbare elektrische oder magnetische Verbindung zwischen der belasteten Phase und zwei stromzuführenden Phasen vorhanden. Im kurzgeschlossenen Schenkel ist Gleichgewicht der Amperewindungen vorhanden, als Widerstand ist also nur die Kurzschlußreaktanz $X_T$ in ihm wirksam. Auf den nicht betroffenen Schenkeln bleibt der Leerlaufwiderstand $X_0 = \frac{U_\curlywedge}{I_0}$ in voller Höhe erhalten. Infolgedessen verteilen sich die Sternspannungen nicht mehr symmetrisch auf die drei Wicklungen. An dem kurzgeschlossenen Schenkel bricht die Spannung auf einen kleinen Wert zusammen (etwa $3 \cdot I_0 X_T$), an den beiden anderen steigt sie nahezu auf den Wert der verketteten Spannung $U_\Delta$, also auf den $\sqrt{3}$-fachen Wert der gesunden Sternspannung $U_\curlywedge$ an. Der Leerlaufstrom, den sie aufnehmen, ist daher auch $\sqrt{3}\, I_0$ (abgesehen von der Erhöhung durch Eisensättigung). Dieser erhöhte Magnetisierungsstrom fließt als Primärstrom durch den kurzgeschlossenen Schenkel, damit ist auch der sekundäre Kurzschlußstrom bestimmt, die Kurzschlußreaktanz ist in ihrer Wirkung belanglos gegen die strombegrenzende Leerlaufreaktanz der nicht betroffenen Schenkel. Zur Berechnung des Kurzschlußstromes ist der Kurzschlußreaktanz die Leerlaufreaktanz mit $^1/_3$ ihres Wertes hinzuzufügen. Der Strom ist also meist kleiner als der Nennstrom des Transformators.

Wir können nun die Formeln für die Berechnung des 1-poligen Kurzschlußstromes angeben. Sie gelten unter der Voraussetzung, daß die Primärspannung voll erhalten bleibt.

Dreischenkeltransformator in Dreieck-Sternschaltung:

$$I_d^{(1)} = \frac{U_\Delta}{\sqrt{3}\,\frac{5}{6} X_T}. \tag{30}$$

Dreischenkeltransformator in Stern-Sternschaltung mit tertiärer Dreieckswicklung:

$$I_d^{(1)} = \frac{U_\Delta}{\sqrt{3}\,\frac{5}{6} X_T} \tag{30a}$$

Dreischenkeltransformator in Stern-Sternschaltung:

$$I_d^{(1)} = \frac{U_\Delta}{\sqrt{3}\left(\frac{5}{6} X_T + X_j\right)}. \tag{30b}$$

Transformator mit Eisenrückschluß in Dreieck-Sternschaltung:

$$I_d^{(1)} = \frac{U_\Delta}{\sqrt{3}\, X_T}. \tag{30c}$$

Transformator mit Eisenrückschluß in Stern-Sternschaltung:

$$I_d^{(1)} \approx \frac{U_\Delta}{\sqrt{3}\left(X_T + \frac{1}{3} X_0\right)}. \tag{30d}$$

Transformator mit Eisenrückschluß in Stern-Sternschaltung mit tertiärer Dreieckswicklung:

$$I_d^{(1)} = \frac{U_\Delta}{\sqrt{3}\, X_T}. \tag{30e}$$

Auch die vom Kurzschluß nicht betroffenen Wicklungen der beiden anderen Phasen können auf dem Umwege über das Netz mit seinen Transformatoren rückwärts in die Fehlerstelle speisen. Ist der Widerstand über diese Umwege sehr klein, da vielleicht große Transformatoren in nächster Nähe eingeschaltet sind, so kann der Strom fast das Dreifache des errechneten Wertes erreichen.

Der 1-polige Kurzschluß ist ein Windungsschluß über die ganze Wicklung. Werden nur wenige Windungen betroffen, so ist der Strom entsprechend größer. Der Faktor, mit dem zu multiplizieren ist, ist das Verhältnis der Gesamtwindungszahl des Schenkels zur kurzgeschlossenen; er wird jedoch durch die Streuung verkleinert. Ist die betroffene Windungszahl sehr klein, so kann der Strom erhebliche Stärke erreichen. Auch bei stern-sterngeschalteten Manteltransformatoren kann er groß werden, wenn auch der Primärstrom sehr klein bleibt.

Bei Dreiwicklungstransformatoren ergeben sich dieselben Formeln. Es ist jeweils die Streuspannung $\varepsilon$ der beiden Wicklungen zur Bestimmung von $X_T$ zu benutzen, über die der Kurzschlußstrom fließt.

**d) Generatoren.** Bei Generatoren setzt sich die Streuung aus der des Ständers und der des Läufers zusammen. Dieser Gesamtstreuwiderstand $X_s$ errechnet sich für Drehstrommaschinen, wobei $\varepsilon_s$ die Gesamtstreuspannung in Prozenten und $I_n$ der Nennstrom ist, zu

$$X_s = \frac{U_\Delta}{\sqrt{3}\, I_n} \frac{\varepsilon_s\,\%}{100}\ \text{Ohm}. \tag{31}$$

Im Generator übt der Ständerstrom eine feldschwächende Wirkung aus. Durch diese Ankerrückwirkung wird die Spannung und damit wiederum der Strom verkleinert, man kann sie also wie einen Widerstand auffassen. Diese Ankerreaktanz $X_a$ errechnet sich zu

$$X_a = \left( \frac{1}{\frac{I_k}{I_n}} - \frac{\varepsilon_s\,\%}{100} \right) \frac{U_\Delta}{\sqrt{3}\, I_n}\ \text{Ohm}. \tag{32}$$

In dieser Gleichung ist $I_k$ der Kurzschlußstrom bei Leerlauferregung.

Sind die Werte für die Gesamtstreuung und das Kurzschlußverhältnis $I_k/I_n$ für die Maschine nicht bekannt, so rechnet man mit folgenden Mittelwerten:

$$\varepsilon_s = 24\,\%$$

und $I_k/I_n =$ 0,7 für Turbogeneratoren

bzw. 0,8 für Schenkelpolläufer.

Bei alten und kleinen Maschinen ist die Streuung oft niedriger und das Kurzschlußverhältnis größer.

α) Dauerkurzschlußstrom. Der Dauerkurzschlußstrom fließt (nach Abklingen der Stoßströme) so lange, als die Kurzschlußbahn und die Erregung der Maschine unverändert bleiben.

Der Dauerkurzschlußstrom wird unter der Annahme von Leerlaufserregung bei 3-poligem Klemmenkurzschluß:

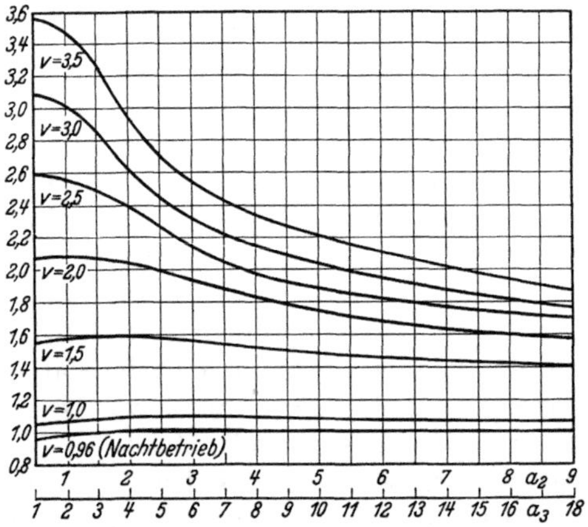


Abb. 9. Kurzschlußfaktor $k$ in Abhängigkeit von der numerischen Kurzschlußentfernung $a$ bei 3- oder 2-poligem Kurzschluß für verschiedene relative Erregerströme $v$.

$$I_d^{(3)} = \frac{U_\Delta}{\sqrt{3}\,(X_a + X_s)}\,, \tag{33}$$

bei 2-poligem Klemmenkurzschluß:

$$I_d^{(2)} = \frac{U_\Delta}{2\left(\frac{X_a}{2} + X_s\right)}\,, \tag{34}$$

bei 1-poligem Klemmenkurzschluß:

$$I_d^{(1)} \approx \frac{U_\Delta}{\sqrt{3}\left(\frac{X_a}{3} + \frac{3}{4}X_s\right)}\,. \tag{35}$$

Bei Netzkurzschluß liegt noch die Reaktanz der Netzkurzschlußbahn im Stromkreis. Sie ist die Summe der Reaktanzen der stromdurchflossenen Transformatoren, Drosseln, Freileitungen oder Kabel, jede als Phasenreaktanz, bezogen auf die Generatorspannung, eingesetzt. Die Formeln lauten dann für Leerlaufserregung:

$$I_d^{(3)} = \frac{U_\Delta}{\sqrt{3}\,(X_a + X_s + X_n)} \tag{33a}$$

$$I_d^{(2)} = \frac{U_\Delta}{2\left(\frac{X_a}{2} + X_s + X_n\right)}\,. \tag{34a}$$

Die Rechnung läßt sich häufig vereinfachen, wenn man das Verhältnis der Gesamtphasenreaktanz zur Gesamtstreureaktanz des Generators einführt, nämlich die „numerische Kurzschlußentfernung"

$$a = \frac{X_s + X_n}{X_s}\,,$$

die für Klemmenkurzschluß $a = 1$ ist.

Der Sättigungszustand der Maschine bei Belastung wird durch einen Faktor $k$ berücksichtigt. Er kann als Funktion von $a$ und dem relativen Erregerstrom $v$ der Abb. 9 entnommen werden, $v$ gibt das Verhältnis vom wirklichen Erregerstrom zum Leerlaufserregerstrom an. Bei Leerlaufserregung ist also $v = 1$. Zur Berechnung des kleinstmöglichen

Kurzschlußstromes (bei Nachtbetrieb) rechnet man mit $v = 0{,}96$. Für die Bestimmung des größtmöglichen Kurzschlußstromes rechnet man mit

$$v = 1{,}08 + \left(4{,}45 \cdot \frac{\varepsilon_s\,\%}{100} + \frac{1}{\frac{I_k}{I_n}} - 0{,}43\right) F\,(\cos\varphi)$$

wobei $F\,(\cos\varphi)$ aus der folgenden Tabelle entsprechend dem Leistungsfaktor der Belastung entnommen wird:

| $\cos\varphi$ | 0,0 | 0,5 | 0,6 | 0,7 | 0,8 | 0,9 | 1,0 |
|---|---|---|---|---|---|---|---|
| $F\,(\cos\varphi)$ | 1,00 | 0,91 | 0,86 | 0,80 | 0,72 | 0,60 | 0,30 |

Werden die Kurzschlüsse so langsam abgeschaltet (länger als 1 bis 2 Sekunden), daß der Spannungsregler des Generators die Erregung noch merklich verstärkt, so ist mit $v$ bis zu 3—4 zu rechnen. Damit wird bei 3-poligem Kurzschluß:

$$I_d^{(3)} = \frac{U_\Delta}{\sqrt{3}\,(X_a + a\,X_s)}\; k\,(a_3) \tag{33b}$$

bei 2-poligem Kurzschluß:

$$I_d^{(2)} = \frac{U_\Delta}{2\left(\frac{X_a}{2} + a\,X_s\right)}\; k\,(a_2). \tag{34b}$$

Weist die Kurzschlußbahn auch erheblichen Ohmschen Widerstand auf, so kann mit folgenden Formeln gerechnet werden, solange $\sin\varphi \geqq 0{,}8$ ist; $\varphi$ ist der Impedanzwinkel der gesamten Kurzschlußstrombahn, $\operatorname{tg}\varphi = \frac{X}{R}$. Also ist:

$$I_d^{(3)} = \frac{U_\Delta}{\sqrt{3}\,(X_a + a'\,X_s)} \cdot \frac{k\,(a_3')}{\sin\varphi}$$

$$I_d^{(2)} = \frac{U_\Delta}{2\left(\frac{X_a}{2} + a'\,X_s\right)}\; \frac{k\,(a_2')}{\sin\varphi}$$

wobei $a' = \frac{a}{\sin^2\varphi}$ ist.

Der 1-polige Kurzschluß kommt als Erdkurzschluß für den Generator in deutschen Netzen nicht vor, da es in deutschen Netzen nicht üblich ist, den Generatorsternpunkt unmittelbar oder über einen niedrigen Widerstand zu erden. Für ihn gilt ungefähr

$$I_d^{(1)} \approx \frac{U_\Delta}{\sqrt{3}\left(\frac{1}{3}\,X_a + \frac{3}{4}\,X_s + X_n + X_e\right)}, \tag{35a}$$

wobei $X_n + X_e$ die Reaktanz der äußeren Strombahn, nämlich der Hin- und Rückleitung ist. Auch hier ist entsprechend dem Erregungszustand der Sättigungsfaktor zu berücksichtigen. Dazu wird die numerische Kurzschlußentfernung aus $a_1 = \frac{X_s + X_n + X_e}{X_s}$ bestimmt. Der Sättigungsfaktor für den 1-poligen Kurzschluß $k\,(a_1)$ ist gleich dem

3-poligen $k(a_3)$ und kann der Abb. 9 entnommen werden, wenn man die entsprechende für den 3-poligen Kurzschluß gültige numerische Kurzschlußentfernung von ungefähr $a_3 \approx 3\left(a_1 - \frac{1}{4}\right)$ zugrunde legt.

Als reiner Maschinendefekt tritt auch in ungeerdeten Netzen der 1-polige Kurzschluß auf, zwar selten über eine ganze Wicklung, aber doch als Windungsschluß über einen Teil der Wicklung einer Phase. Wird bei einem Windungsschluß im 2-poligen Generator nur ein Bruchteil der Windungen einer Phase betroffen, so steigt der Strom ungefähr auf das Vielfache an, das dem Verhältnis der Gesamtwindungszahl zur Zahl der betroffenen entspricht. Der Strom wird also bei Schluß weniger Windungen sehr groß. Bei mehrpoligen Generatoren steigt der Strom wegen der großen Streuung zwischen den Polpaaren nicht im entsprechenden Verhältnis an.

Es seien noch die Formeln für die Einphasenmaschine angegeben:

$$X_s = \frac{U_\Delta}{I_n} \frac{\varepsilon_s\,\%}{100}. \tag{36}$$

$$X_{s-b} = \frac{U_\Delta}{I_n} \frac{\varepsilon_{s-b}\,\%}{100}. \tag{37}$$

Auf die Bedeutung der Ständerstreureaktanz $X_{s-b}$ und der Ständerstreuspannung $\varepsilon_{s-b}$ wird später eingegangen.

$$X_a = \frac{U_\Delta}{I_n}\left(\frac{1}{\frac{I_k}{I_n}} - \varepsilon_s\right) \tag{38}$$

$$I_d^{(2)} = \frac{U_\Delta}{X_a + a\,X_s} \cdot k(a_3) \tag{39}$$

$k(a_3)$ ist der Abb. 9 zu entnehmen.

$\beta$) Stoßkurzschlußstrom. Der Strom, der durch die bisherigen Angaben errechnet wurde, ist der Dauerkurzschlußstrom. Bei Eintritt des Kurzschlusses geht aber der Strom vom vorherigen Laststrom nicht momentan in diesen Kurzschlußstrom über, das geschieht vielmehr über einen Zwischenzustand.

In einem leerlaufenden Generator wird durch das Feld der Erregerwicklung ein Fluß und durch diesen die EMK erzeugt. Wird der betreffende Generator mit Blindstrom wie beim Kurzschluß belastet, so erzeugt auch die von Strom durchflossene Ankerwicklung ein Feld, das dem der Erregerwicklung entgegengesetzt gerichtet ist, so daß der erzeugte Fluß verkleinert wird. Damit ist notwendig eine Verminderung der Spannung verknüpft. Durch Regulieren von Hand oder selbsttätige Regler wird nun das Erregerfeld so weit verstärkt, daß der resultierende Fluß wieder ansteigt und damit die richtige Spannung an den Klemmen der Maschine gehalten wird. Der resultierende Fluß entspricht etwa dem bei Leerlauf, die Ankerrückwirkung ist kompensiert.

Dieser Fluß kann sich nur langsam ändern, da die Induktivität $L_2$ des Läufers sehr groß gegen den Ohmschen Widerstand $R_2$ ist. Bei

Eintritt eines Kurzschlusses bleibt der Fluß zunächst in voller Größe bestehen. Das vom Kurzschlußstrom erzeugte Gegenfeld ruft in der Erregerwicklung einen zusätzlichen Gleichstrom hervor, der das Erregerfeld entsprechend verstärkt, so daß als resultierender Fluß zunächst der vor dem Kurzschluß vorhandene Fluß weiter besteht.

Der bei Einsetzen des Kurzschlusses fließende Kurzschlußstrom, der Stoßkurzschlußstrom, ist also in seiner Größe nur durch die Streuung der Maschine und die Reaktanz der übrigen Kurzschlußbahn bestimmt. Hierbei ist als Streuung des Generators nicht die Gesamtstreuung $\varepsilon_s$ bzw. die gesamte Streureaktanz $X_s$ einzusetzen, sondern nur die Ständerstreuspannung $\varepsilon_{s-b}$ bzw. die Ständerstreureaktanz $X_{s-b}$, die Läuferstreuung ist also abzuziehen. Und zwar gilt dies für Turbogeneratoren sowohl als für Schenkelpolgeneratoren mit Dämpferwicklung. Für die Ständerstreuung gilt als Mittelwert $\varepsilon_{s-b} = 15\%$. Mit ihm rechnet man, wenn der genaue Wert, der zwischen 10% und 20% schwankt, nicht erhältlich ist. Da beim Stoßkurzschlußstrom für die Bestimmung ausreichender dynamischer Festigkeit weniger der Effektivwert als der Scheitelwert interessiert, so ergibt sich also für den Scheitelwert des Stoßkurzschlußstromes

$$I_{s_w} = I_n \sqrt{2} \frac{100}{\varepsilon_{s-b}}. \tag{40}$$

Handelt es sich um Schenkelpolgeneratoren ohne Dämpferwicklung, so darf nicht mit der Ständerstreuung allein gerechnet werden, vielmehr ist auch die Läuferstreuung wirksam. Man erhält also für diese Maschinen

$$I_{s_w} = I_n \sqrt{2} \frac{100}{\varepsilon\,\%}. \tag{40a}$$

Da der Fluß im Läufer allmählich mit der Zeitkonstanten abklingt, so klingt auch der Stoßwechselstrom allmählich ab. Die Abklingzeiten sind für 2- und 3-poligen Kurzschluß verschieden, der 2-polige klingt etwas langsamer ab. Schließlich hat sich die Ankerrückwirkung voll ausgebildet, es fließt nur der vorher berechnete Dauerkurzschlußstrom.

Wie in jedem Induktivität enthaltenden Stromkreis geht auch hier der Strom nicht einfach von Null in den Stoßwechselstrom über, sondern es bildet sich ein Gleichstrom als Ausgleich. Dieser addiert sich zu dem Stoßwechselstrom. Wegen der Dämpfung erreicht er im Höchstfalle nicht dessen Höchstwert, sondern nur etwa das 0,8fache. Die Summe beider, der Spitzenwert, ist dann

$$I_s = 1{,}8\, I_n \sqrt{2} \frac{100}{\varepsilon_{s-b}\,\%} \quad \text{bzw.} \quad I_s = 1{,}8\, I_n \sqrt{2} \frac{100}{\varepsilon_s\,\%}. \tag{41}$$

Die Kenntnis dieses Wertes ist wichtig für die Bestimmung der Festigkeit der Apparate, die vom Stoßkurzschlußstrom durchflossen werden. Den Selektivschutztechniker interessieren besonders die Stromwandler, deren dynamische Festigkeit genügend groß gewählt werden muß.

Der Spitzenwert $I_s$ ist für 3-poligen, 2-poligen sowie auch für 1-poligen Kurzschluß praktisch gleich groß. Selbst wenn bei einem Windungsschluß nur wenige Windungen kurzgeschlossen werden, ändert sich die Höhe nicht, denn treibende Spannung und Streuwiderstand sinken in gleichem Maße mit der Windungszahl ab. Erfolgt der Kurzschluß nicht an den Klemmen, sondern in größerer Entfernung im Netz, so ist natürlich auch der Stoßkurzschlußstrom niedriger. Unter Berücksichtigung auch des Ohmschen Widerstandes der Kurzschlußbahn, wobei der „numerische Widerstand" $a_r$ auf den Ohmschen Widerstand des Generators bezogen und also bei Klemmenkurzschluß $a_r = 1$ wird, ist für Turbogeneratoren und Schenkelpolgeneratoren mit Dämpferwicklung:

$$I_s = 1{,}8\, I_n \sqrt{2}\, \frac{1}{\sqrt{(a \cdot \varepsilon_s - b)^2 + \varepsilon_r^2 (a - a_r)^2}}$$

und für Schenkelpolgeneratoren ohne Dämpferwicklung:

$$I_s = 1{,}8\, I_n \sqrt{2}\, \frac{1}{\sqrt{(a\, \varepsilon_s)^2 + \varepsilon_r^2 (a - a_r)^2}}$$

Bezeichnet der Index $_{kl}$ den betreffenden Strom bei Klemmenkurzschluß, so ist der Spitzenwert bei Kurzschluß im Netz ungefähr:

$$I_s \approx I_{s_{kl}} \cdot \frac{1}{a}. \tag{41 a}$$

Der Wechselstromanteil ist:

$$I_{s_w} \approx I_{s_{w\,kl}} \cdot \frac{1}{a} \cdot \frac{1}{1 + (a - 1)\, \varepsilon_s \dfrac{I_k}{I_n}}. \tag{41 b}$$

Der Gleichstromanteil ist:

$$I_{s_{gl}} \approx I_{s_{gl\,kl}} \cdot \frac{1}{a}. \tag{41 c}$$

Während der Spitzenwert des Gleichstromgliedes umgekehrt proportional $a$ ist, ist der des Wechselstromgliedes nur bei kleinem $a$ umgekehrt proportional $a$, bei großem $a$ jedoch umgekehrt proportional $a^2$. In größerer Entfernung wird daher das Wechselstromglied sehr klein, der Kurzschlußstrom ist, abgesehen vom Gleichstromglied, praktisch gleich als Dauerkurzschlußstrom vorhanden. Der Spitzenwert des Gleichstromgliedes entspricht dann der Amplitude des Dauerkurzschlußstromes.

Viele Selektivschutzeinrichtungen leiten das Abschalten so früh ein, daß der Stoßkurzschlußstrom noch nicht auf den Dauerkurzschlußstrom abgeklungen ist. Je nach dem Schaltmoment wird noch ein mehr oder minder großer Überschuß an Stoßstrom über den Dauerstrom vorhanden sein.

Für die Zeitdauer des Bestehens des Gleichstromgliedes ist die Zeitkonstante des Kurzschlußstromkreises maßgebend. Bei Klemmenkurzschluß am Generator beträgt sie etwa 0,1 sec. Demnach klingt das Gleichstromglied schnell ab, nach 0,25 sec ist es praktisch verschwunden. Da nun die Zeitkonstante mit zunehmender numerischer Entfernung sinkt, so ist bei Kurzschlüssen in einiger Entfernung von der Stromquelle das Gleichstromglied in noch entsprechend kleinerer Zeit als 0,25 sec verschwunden. Auf die Arbeitsweise der Relais hat es daher — von wenigen Ausnahmefällen abgesehen — keinen Einfluß und braucht nicht beachtet zu werden.

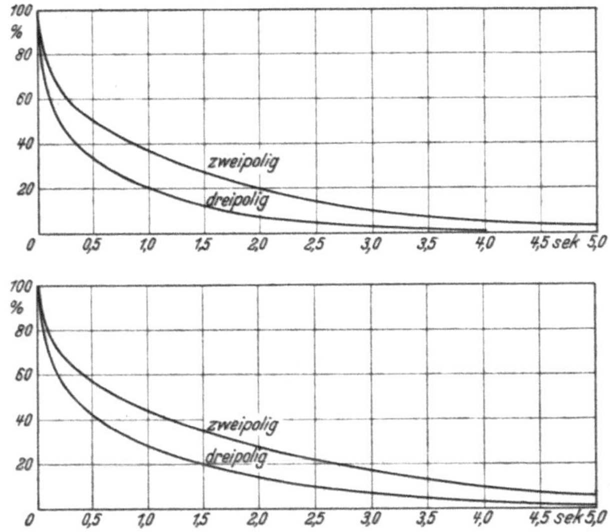


Abb. 10. Wechselstromanteil des Ausgleichsstromes in Prozent des Anfangswertes [Formel (40)] in Abhängigkeit von der Zeit bei 2- und 3-poligem Kurzschluß der Klemmen. Oben: für große Turbogeneratoren. Unten: für große Schenkelpolgeneratoren.

Die Zeitkontakte für das Verschwinden des Wechselstromgliedes beträgt etwa 1 sec beim 3-poligen, etwa 2 sec beim 2- oder 1-poligen Klemmenkurzschluß. Sie ist im wesentlichen durch die Eigenschaften des Läuferkreises bestimmt, aber auch von der Entfernung des Kurzschlusses abhängig. Während beim Klemmenkurzschluß die Streufeldzeitkonstante, also ein gewisser Prozentsatz (abhängig von der Streuung $\varepsilon_s$ und dem Kurzschlußverhältnis $I_k/I_n$) der Leerlauf-Läuferzeitkonstante maßgebend ist, steigt die Zeitkonstante mit zunehmender numerischer Kurzschlußentfernung auf den vollen Wert der Leerlauf-Läuferzeitkonstante an, der bei der numerischen Kurzschlußentfernung $a = 5$ etwa voll erreicht ist.

Da für diese Berechnungen des Augenblickswertes des Kurzschlußstromes nicht der Scheitelwert, sondern der Effektivwert interessiert, so ist der Spitzenwert des Stoßstromes (Wechselstrom) unter Fortlassung des Faktors $\sqrt{2}$ nach den Formeln (40), (40a) und (41b) zu bestimmen. Zieht man von diesem Wert den Betrag des Dauerkurzschlußstromes ab, so ist der erhaltene Rest der Anfangswert (100%) des Ausgleichswechselstromes, der den Übergang vom Stoßstrom zum Dauerstrom vermittelt. Der zeitliche Verlauf dieses Ausgleichsstromes ist für Klemmenkurzschluß, also numerische Kurzschlußentfernung $a = 1$, in der Abb. 10 dargestellt. Bei numerischen Kurzschlußentfernungen, die größer als $a = 1$ sind, ändert sich die Zeitachse in der Abklingkurve der Abbildung. Für den meist vorkommenden Fall, daß die Streufeld-Zeitkonstante etwa 20% der Leerlauf-Läuferzeitkonstante beträgt, mag man annehmen, daß bei einer numerischen Kurzschlußentfernung von $a = 1{,}5$ die Zeitkonstante bereits das 2fache, bei $a = 2$ das 3fache, bei $a = 4$ das 4fache und bei $a = 5$ das 5fache des für Klemmenkurzschluß gültigen Wertes erreicht hat. Je nach der numerischen Kurzschlußentfernung sind also die an der Zeitachse aufgetragenen Zeiten mit den eben genannten Werten zu multiplizieren. Um den Gesamtwechselstrom zu erhalten, der in irgendeinem bestimmten Zeitpunkt fließt, ist der der auf diese Weise korrigierten Abbildung entnommene Wert zu dem des Dauerkurzschlußstromes zu addieren.

**e) Synchronmotore.** Für den Kurzschlußfall wird auch jeder Synchronmotor zum Generator, der Kurzschlußstrom in die Fehlerstelle hineinliefert. Sein Dauerkurzschlußstrom und Stoßkurzschlußstrom können wie für einen Generator berechnet werden.

**f) Asynchronmotore.** Da ein Asynchronmotor kein Eigenmagnetfeld besitzt, dieses vielmehr vom Netz her erzeugt wird, so kann er, wenn die Netzspannung und damit auch sein Magnetfeld verschwindet, keinen Kurzschlußstrom liefern. Beim 3-poligen Kurzschluß ist ein Dauerkurzschlußstrom unmöglich. Einen Stoßkurzschlußstrom liefert der Asynchronmotor natürlich, da das in ihm bei Eintritt des Kurzschlusses vorhandene Magnetfeld ihn erzeugt. Weil aber die Zeitkonstante des Läufers sowohl als auch die des Stators klein ist, so klingt er schnell ab. Man rechnet mit $\varepsilon_s = 20\%$, im übrigen nach Gleichung (40).

Beim 2-poligen Kurzschluß ist der Stromstoß gleich groß wie beim 3-poligen Kurzschluß. Da beim 2-poligen Kurzschluß das Feld des Asynchronmotors nicht verschwindet, sondern in ein Wechselfeld übergeht, ist der Asynchronmotor in der Lage, 2-poligen Dauerkurzschlußstrom zu liefern. Dieser beträgt etwa das 2—3fache des Nennstromes des Motors.

**g) Einankerumformer.** Wenn bei einem wechselstromseitigen Kurzschluß die Gleichspannung erhalten bleibt (von der Wechselspannung unabhängige Gleichspannung parallel zum Umformer), so kann der Umformer als Synchrongenerator angesehen werden. Seine Gesamtstreuung einschließlich vorgeschaltetem Transformator beträgt etwa $\varepsilon_s = 15\%$.

Bricht die Gleichspannung jedoch zusammen, so verhält sich der Umformer wie ein Asynchronmotor.

## 3. Die Ströme bei Vermaschungen.

Selten nur hat man eine einfache Verbindung vom Generator zur Kurzschlußstelle. Meist sind die Netze vermascht, und mehrere Generatoren oder Kraftwerke arbeiten auf die Fehlerstelle. Auch kurzschlußstromerzeugende Maschinen wie Motoren sind angeschlossen.

Häufig sind Generatoren oder Transformatoren oder Leitungen parallel geschaltet. Durch Addieren der Leitfähigkeiten der Einzelelemente erhält man die resultierende Leitfähigkeit und als ihren reziproken Wert den resultierenden Widerstand. Für Parallelschaltung zweier Widerstände ergibt sich daraus der resultierende

$$Z = \frac{Z_1 \cdot Z_2}{Z_1 + Z_2}. \tag{42}$$

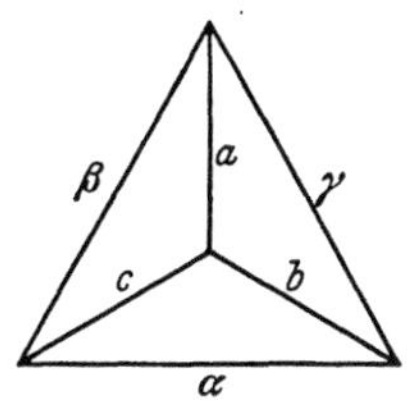

Abb. 11. Widerstände bei der Umwandlung einer Dreiecksmasche in einen widerstandsgetreuen Stern.

Sind Leiterschleifen mit stärkerer Gegeninduktivität wie z. B. Doppelleitungen mit Erdrückleitungen bei Bahnanlagen oder beim Auftreten von Doppelerdschlüssen parallel geschaltet, so gilt die Formel (42) für die Reaktanzen natürlich nicht mehr. Der resultierende Widerstand ist vielmehr unter Berücksichtigung der Gegeninduktivität zu errechnen. In Netzen ist es manchmal zur Erleichterung der Rechnung notwendig, eine Dreiecksmasche in einen widerstandsgetreuen Stern umzuformen (Abb. 11). Hier gilt:

$$a = \frac{\beta \cdot \gamma}{\alpha + \beta + \gamma}. \tag{43}$$

Und für die umgekehrte Umformung:

$$\alpha = \frac{b \cdot c}{a} + b + c. \tag{43a}$$

Für parallel geschaltete Generatoren kann mit einem Ersatzgenerator gerechnet werden, dessen Leistung gleich der Summe der Einzelleistungen der Generatoren ist, $N = N_1 + N_2 + \ldots$

Sind die Generatoren nicht unmittelbar parallel geschaltet, sondern liegen über je einen eigenen Transformator an der gemeinsamen Sammelschine, so ist die Streuspannung des Transformators zu der der Maschine hinzuzählen. Der Ersatzgenerator besitzt wiederum die Summe der Einzelleistungen.

Haben die Einzelgeneratoren voneinander abweichende Kurzschlußverhältnisse $\frac{I_k}{I_n}$ oder Streuspannungen $\varepsilon_s$, so errechnen sich diese für den Ersatzgenerator aus den Gleichungen

$$\frac{I_k}{I_n} = g_1 \left(\frac{I_k}{I_n}\right)_1 + g_2 \left(\frac{I_k}{I_n}\right)_2 + \cdots$$

$$\frac{1}{\varepsilon_s} = g_1 \frac{1}{\varepsilon_{s_1}} + g_2 \frac{1}{\varepsilon_{s_2}} + \cdots$$

wobei
$$g_1 = \frac{N_1}{\varepsilon N},$$
$$g_2 = \frac{N_2}{\varepsilon N}.$$

Sind bei mehrfach gespeisten Netzen einzelne Kraftwerke, auch größere Motoren und andere Maschinen, nicht so klein oder soweit von der Kurzschlußstelle entfernt, daß man sie nicht zu berücksichtigen braucht, so geht man folgendermaßen vor: Man denkt sich die Kurzschlußstelle als Stromquelle mit der Spannung $-U$. Die Kraftwerke und das Netz stellen für sie eine Belastung dar, jedes Kraftwerk (oder Generator) belastet das Netz mit $X_a + X_s$ Ohm. Der Strom, den es aufnimmt, läßt sich dann errechnen und hieraus auch die für das betreffende Kraftwerk maßgebende Betriebsnetzreaktanz

$$X_a + X_s + X_n = \frac{-U_\Delta}{\sqrt{3}\,I}. \tag{44}$$

Damit ist auch seine numerische Kurzschlußentfernung bekannt, und man kann nun seinen Anteil am Gesamtkurzschlußstrom bestimmen.

Zusätzliche Netzbelastungen sind nicht berücksichtigt. Sie verkleinern, soweit sie zwischen Kraftwerk und entfernter Kurzschlußstelle liegen, den Strom an der Fehlerstelle, da sie einen Teil des Stromes, den die Generatoren liefern, auch während des Kurzschlusses aufnehmen. Bei größerer Kurzschlußentfernung kann die Verminderung durchaus 30% betragen. Neuerdings sind Rechenverfahren angegeben, die die Berücksichtigung der Vorbelastung erleichtern. Sie bauen sich auf vereinfachenden Annahmen auf, was wegen der Unsicherheit, wie man die Größe der Vorbelastung während des Kurzschlusses einschätzen soll, berechtigt erscheint. Gerade dieser Unsicherheit wegen wird es aber meist genügen, die Vorbelastung in der Rechnung nicht zu berücksichtigen und dann bei großer numerischer Kurzschlußentfernung von dem errechneten Kurzschlußstrom für die Fehlerstelle einen Betrag von 20 bis 30% abzuziehen. Dabei mag man bedenken, daß die Errechnung des größten Kurzschlußstromes sowieso schon mit einer Unsicherheit behaftet ist, nämlich der, wie stark man den Einfluß der Schnellregler beachten soll. Ist das Netzgebilde kompliziert, so daß die Rechnung für die vielen möglichen Kurzschlußfälle umfangreich wird, bestimmt man die Kurzschlußströme einfacher mit Hilfe eines Netzmodells. Die für die Bemessung des Selektivschutzes interessierenden maximalen und minimalen Ströme lassen sich aber fast immer schneller berechnen. Es genügt dazu, die Netzgebilde in einfachere umzuwandeln, deren Ströme mindestens die Größe der sonst maximal zu erwartenden erreichen. Auch für die Bestimmung des minimalen Kurzschlußstromes wird man mit vereinfachenden Umwandlungen des Netzes die Rechnung bequemer machen können. Bei der genauen Berechnung des minimalen Kurzschlußstromes kann es unter Umständen notwendig sein, auch den Ohmschen Widerstand zu berücksichtigen.

### 4. Die Kurzschlußspannung.

Man geht am besten von der Kurzschlußstelle aus und berechnet die Spannungen durch Multiplikation des Stromes mit dem Widerstand der Schleife, in der er fließt. Man erhält so die Schleifenspannung. Die Sternspannung erhält man durch Multiplikation des Stromes mit dem Phasenwiderstand. Die für die einzelnen Leiterabschnitte gewonnenen Spannungen werden zu der Gesamtkurzschlußspannung addiert. Selbstverständlich ist geometrische Addition erforderlich, wenn die Winkel zwischen Kurzschlußstrom und Spannungsabfall in den einzelnen Abschnitten voneinander abweichen.

Bei zweiseitig gespeistem Doppelerdschluß darf die durch die beträchtliche Gegeninduktivität zwischen den beiden aus je einem Leiter und Erde bestehenden Schleifen nicht vernachlässigt werden [vgl. Formel (21) und Abb. 5]. Als Schleifenspannung ergibt sich für den Anfang des Leitungsabschnittes 1 (Abb. 5), wenn der Ohmsche Widerstand klein ist:

$$U_{\Delta x} = I_1 (2 X_{\curlywedge} \cdot l_1 + X_{1e} \cdot l_e) + I_2 G_{1e} \cdot l_e.$$

Ist erheblicher Ohmscher Widerstand in der Strombahn vorhanden, so ist noch der entsprechende Spannungsabfall geometrisch zu addieren. Er beträgt:

$$U_{\Delta R} = I_1 (2 R_{\curlywedge} \cdot l_1 + R_{\curlywedge} l_e) + (I_1 + I_2)(R_e l_e + R_{ü1} + R_{ü2}).$$

Hierin ist $R_{\curlywedge}$ der kilometrische Widerstand eines Leiters, $R_e$ der der Erde, $R_{ü1}$ und $R_{ü2}$ sind die Übergangswiderstände zwischen Leiter und Erde (Ausbreitungswiderstand, Lichtbogenwiderstand).

## B. Die vorbeugenden Schutzmaßnahmen beim Kurzschluß.

Beim Bau von Anlagen sorgt man von vornherein dafür, daß die Kurzschlußströme ein gewisses Maß nicht überschreiten, indem man Generatoren und Transformatoren bestimmter Mindeststreuung wählt, die Sammelschienen und manchmal auch die Netze unterteilt.

Werden die Anlagen erweitert, die Zahl der Maschinen vergrößert, so daß die Kurzschlußströme stärker werden, und gewisse Anlageteile den erhöhten thermischen und dynamischen Beanspruchungen nicht mehr gewachsen sind, so müssen besondere Maßnahmen ergriffen werden.

Die thermischen Beanspruchungen kann man begrenzen, indem man den Dauerkurzschlußstrom künstlich herabsetzt. Hierzu diente häufig der Überstromregler, der den Strom der Generatoren nach Eintritt eines Kurzschlusses automatisch auf einen festen, nur wenig über dem Nennstrom liegenden Wert herabregelte. Das Ergebnis war dann gut, wenn die Abschaltzeit infolge veralteter Selektivschutzmethoden lang war, oder wenn man sie absichtlich heraufsetzte, um die Schalter durch die inzwischen heruntergeregelten Ströme nicht zu hoch zu beanspruchen. Der Überstromregler vermag aber nicht den Stoßkurzschlußstrom zu beeinflussen, der für die dynamische Beanspruchung maßgebend ist; hierzu setzt seine Wirkung zu spät ein. Selbst die Begrenzung des Dauerkurzschlußstromes reicht nicht für Abzweige geringerer Nennleistung in der Nähe der Erzeugeranlagen aus. Vor allem aber setzt der Überstromregler mit dem Strom auch die Spannung herunter, so daß im Verbundbetrieb mehrerer Kraftwerke oder Maschinen die synchronisierende Kraft womöglich soweit vermindert wird, daß sie außer Tritt fallen. Des öfteren kann der Überstromregler als Ursache einer solchen Totalstörung nachgewiesen werden. Seine Anwendung geht deshalb heute stark zurück, zumal auch die Auslösezeiten des Selektivschutzes im allgemeinen so weit verkürzt werden konnten, daß der Regler nicht mehr wirksam eingreifen kann.

Man pflegt daher heute Drosselspulen an gefährdeten Stellen einzubauen. Sie begrenzen den Stoßkurzschlußstrom wirksam, sie schützen den Abzweig kleinerer Nennleistung selbst in unmittelbarer Nähe der Stromerzeugeranlage und verhindern, wenn sie im Netz, dieses unterteilend, eingebaut sind, das Übergreifen der durch Kurzschlüsse hervorgerufenen Spannungszusammenbrüche auf die Nachbarbezirke und Kraftwerke. Da infolgedessen deren Spannung beim Kurzschluß im Netz nur in geringerem Maße absinkt, so ist die Gefahr, daß der Betrieb unstabil wird und die Kraftwerke oder Maschinen außer Tritt fallen, erheblich vermindert.

## II. Die Ströme und Spannungen beim Asynchronismus und Pendeln.

Die zwischen zwei Kraftwerken fließende Leistung ist

$$N = \frac{E_{i_1 \Delta} \cdot E_{i_2 \Delta}}{\omega L} \sin \delta \tag{45}$$

wobei $\omega L$ die Phasenreaktanz des Gesamtstromkreises einschließlich Ständer- und Querfeldreaktanz der Generatoren, und $\delta$ der Winkel zwischen den Spannungen $E_i$ der Maschinen ist. $E_i$ ist ein konstanter Spannungswert, der etwas kleiner als die EMK und größer als die Klemmenspannung $U_\Delta$ ist. Es ist

$$E_{i_\Delta} = \sqrt{[U_\Delta + (E_s + E_q) \sin \varphi]^2 + [(E_s + E_q) \cos \varphi]^2}$$

Hierin ist $E_s$ die Ständerstreuspannung, $E_q$ die Querfeldspannung, $\varphi$ der Winkel zwischen $U_\Delta$ und dem Belastungsstrom.

Wird durch irgendeine Ursache der Winkel $\delta$ geändert, ohne daß der Belastungszustand selbst sich änderte, so wirkt die dann überschüssig fließende Leistung $\Delta N$ so auf die Maschinen ein, daß der alte Winkel $\delta$ wieder hergestellt wird. Sie heißt die synchronisierende Leistung:

$$N_s = cN \cos\delta = c\,\frac{E_{i\Delta}^2}{\omega L}\cos\delta\,. \tag{46}$$

Aus dieser Gleichung ist zu ersehen, daß $N_s$ klein und damit die Stabilität des Parallelbetriebes vermindert wird, wenn die Reaktanz der Kupplung groß wird. Die Stabilität wird also leicht gestört, wenn zwei Werke über eine sehr lange Leitung gekuppelt sind.

Besonders stark sinkt die synchronisierende Kraft, wenn die Spannung niedrig wird, wie dies bei jedem Kurzschluß mehr oder minder der Fall ist. Bei einem 2-poligen Kurzschluß bleibt die Spannung zweier Phasen nahezu aufrecht erhalten, eine Störung ist daher nur unter besonders ungünstigen Umständen zu erwarten. Beim 3-poligen Kurzschluß hingegen sinken alle Spannungen ab, und es ist dann je nach der Lage der Fehlerstelle sehr wohl möglich, daß die Maschinen außer Tritt fallen.

Die Ursache des Auseinanderlaufens ist die verschiedene Beschleunigung der Maschinen der Kraftwerke, bei denen die zugeführte mechanische Energie infolge des Zusammenbrechens der Spannung nicht mehr als elektrische abgegeben wird. Gefördert wird das Auseinanderlaufen noch durch die stoßartige Belastung durch den Stoßkurzschlußstrom, die jür jedes Kraftwerk infolge seiner verschiedenen Lage zur Fehlerstelle eine andere ist.

Ist synchronisierende Leistung vorhanden, so kommt es darauf an, daß die den Winkel vergrößernde mechanisch zugeführte Arbeit nicht größer wird als die zurückführende Arbeit, die von der synchronisierenden Kraft geleistet werden kann. Diese ist dann am größten, wenn $\delta = 0$ ist, da $N_s$ proportional $\cos\delta$ ist. Sie wird mit $\delta = 90^0$ zu Null, mit $\delta > 90^0$ sogar negativ. Beschleunigungs- oder Verzögerungsstöße durch Ent- oder Belastung werden also dann am besten ausgehalten, wenn der Winkel $\delta$ zwischen den Polrädern der beiden Kraftwerke klein war, d. h. wenn wenig Energie über die Kupplung übertragen wurde. Ist aber die Kupplungsleitung schon stark belastet gewesen, so kann schon ein verhältnismäßig kleiner Laststoß zur Gleichlaufstörung führen. Der Laststoß darf ungefähr maximal betragen

$$N_{\text{stoß}} \lesseqgtr 0{,}7\,(N_{\max} - N) \tag{47}$$

$N$ ist die vor Auftreten des Stoßes vorhandene Belastung, $N_{\max}$ die maximal übertragbare Leistung

$$N_{\max} = \frac{E_{i\Delta}^2}{\omega L} \tag{48}$$

bei $\sin\delta = 1$ entsprechend $\delta = 90^0$.

Letztere ist praktisch nicht übertragbar, da jeder kleinste Stoß das Gleichgewicht stören würde.

Wenn die Zeit, während der die Spannung und die synchronisierende Kraft niedrig sind, kurz ist, so ist die Beschleunigung, die die Polräder des einen Kraftwerkes gegenüber denen des anderen erfahren haben, gering geblieben und die Gefahr des Außertrittfallens ist entsprechend klein. Das beste vorbeugende Mittel gegen Stabilitätsstörungen ist daher, die Abschaltzeiten bei Kurzschlüssen möglichst herunterzudrücken.

Auch wenn es bei einem Stoße nicht zum Außertrittfallen kommt, setzt doch eine Pendelung ein, die infolge der Dämpfung langsam abklingt. Die Dauer einer solchen Pendelschwingung liegt vielfach bei etwa 1 sec, mitunter höher, bis zu 2 sec. Nach etwa 8 sec sind die Schwingungen gewöhnlich abgeklungen.

Beim Einsetzen des Asynchronismus dauert der erste Durchlauf auch etwa 1 sec; jeder weitere verläuft schneller. Die Maschinen fangen sich wieder, wenn die synchronisierende Leistung — z. B. bei Rückkehr der Spannung nach einem Kurzschluß — bei ausreichender Dämpfung stark genug und der Drehzahlunterschied gering ist.

Beim Pendeln oder Asynchronismus zweier Werke bilden sich längs der Kupplung für den Selektivschutz wichtige, interessante Strom- und Spannungsverhältnisse aus. Der Winkel $\delta$ zwischen den beiden Spannungsvektoren $E_{i_1}$ und $E_{i_2}$ ändert sich während eines vollen Umlaufs von $E_{i_2}$ von 0 bis 360°, zu welchem Zeitpunkt $E_{i_2}$ wieder mit $E_{i_1}$ zur Deckung kommt. Bei den Sternspannungen $E_{i_1\curlywedge}$ und $E_{i_2\curlywedge}$, die gleich groß sind und in ihrer Größe unverändert bleiben, bei der Gesamtreaktanz $X$ (Generator-, Transformator- und Leitungsreaktanz) der Kupplung — der Ohmsche Widerstand sei vernachlässigt — und bei einem Winkel $\delta$ zwischen den beiden Spannungen wird der Strom, der über die Kupplung fließt,

$$I = \frac{2 E_{i\curlywedge} \sin\frac{\delta}{2}}{X}. \tag{49}$$

Während der Vektor $E_{i_2}$ einen vollen Kreis von 360° gegen $E_{i_1}$ beschreibt, bewegt sich der Stromvektor mit halber Geschwindigkeit und beschreibt nur einen Kreisbogen von $\frac{\delta}{2} = 180°$, gegen $E_{i_1}$ nacheilend und gegen $E_{i_2}$ voreilend, wenn $E_{i_2}$ niedrigere Frequenz als $E_{i_1}$ hat.

An einem beliebigen Punkt der Kupplung, der vom Kraftwerk mit der inneren Spannung $E_{i_1}$ einen Abstand hat, der $a$ Ohm entspricht, und bei einem Gesamtwiderstand von $X$ Ohm herrscht die Sternspannung

$$U_a = \sqrt{\left[E_{i\curlywedge} \cos\frac{\delta}{2}\right]^2 + \left[\left(1 - \frac{2a}{X}\right) E_{i\curlywedge} \sin\frac{\delta}{2}\right]^2}. \tag{50}$$

Für den Winkel zwischen Strom und Spannung an dieser Stelle gilt

$$\operatorname{tg}\varphi_a = \left(1 - \frac{2a}{X}\right) \operatorname{tg}\frac{\delta}{2}, \tag{51}$$

$$\cos\varphi_a = \frac{E_{i\curlywedge} \cos\frac{\delta}{2}}{U_a}, \tag{51a}$$

$$\sin \varphi_a = \frac{E_{i\curlywedge} \sin \frac{\delta}{2}}{U_a} \left(1 - \frac{2a}{X}\right). \tag{51b}$$

Aus diesen Gleichungen können für jeden Punkt der Kuppelleitung und für jeden Winkel $\delta$ zwischen den Spannungen $E_{i_1}$ und $E_{i_2}$ alle elektrischen Daten errechnet werden. Die Gleichungen gelten auch dann, wenn die Maschinen nur ins Pendeln kommen, und der Winkel $\delta$

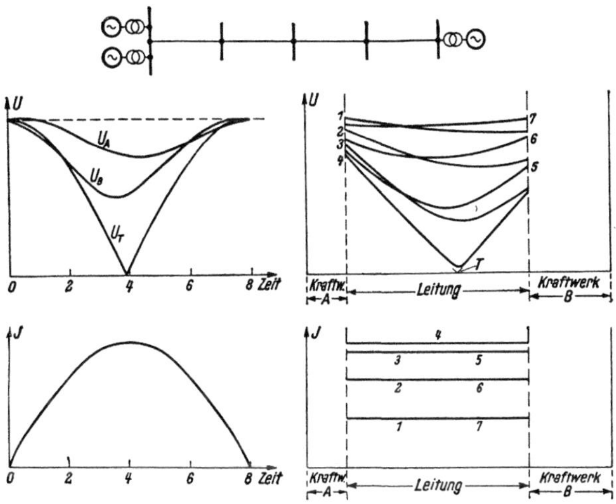


Abb. 12. Verlauf von Spannung und Strom einer Kraftwerkskupplung beim Asynchronismus der gekuppelten Kraftwerke während einer Durchlaufperiode. Oben: Schema der Kupplung. Die Kraftwerksleistungen verhalten sich wie 2 : 1. Der Impedanzwinkel der Leitung beträgt etwa 70°. Mitte: Spannung abhängig von der Zeit für verschiedene Punkte der Kupplung (links), $U_A$ Spannung am Kraftwerk *A*, $U_B$ Spannung am Kraftwerk *B*, $U_T$ Spannung der elektrischen Mitte der Kupplung. Spannung längs der Kupplung zu verschiedenen Zeitpunkten eines Durchlaufs (rechts). Unten: Strom abhängig von der Zeit (links), Strom längs der Kupplung zu verschiedenen Zeitpunkten eines Durchlaufs (rechts).

zwischen kleineren positiven und negativen Werten hin- und herpendelt. Angenommen wurde, daß die Kuppelleitung verlustfrei ist. Will man den Ohmschen Widerstand der Leitung mit in Rechnung setzen, so arbeitet man besser mit graphischen Verfahren. Strom- und Spannungsverteilung auf einer mit Verlust behafteten Leitung kann aus der Abb. 12 ersehen werden.

# III. Die Ströme und Spannungen beim Erdschluß.

## A. Die Ströme und Spannungen im Netz mit isoliertem Sternpunkt.

### 1. Die Verteilung von Strom und Spannung.

Die Sternspannungen $U_{\curlywedge}$ sind im gesunden Zustande des Netzes gleich den Erdspannungen $U_e$, da die Kapazitäten $K_0$ zwischen Phasen und Erde für alle 3 Phasen praktisch gleich sind (Abb. 13). Der über sie fließende Strom ist

$$I_{K_0} = U_e \omega K_0 . \tag{52}$$

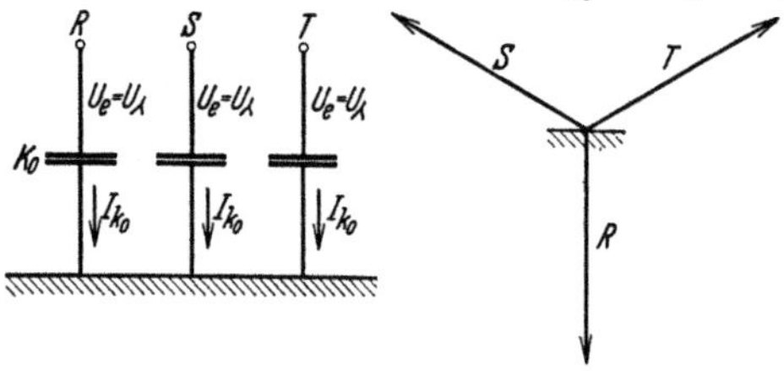


Abb. 13. Erdspannungen und Ladeströme der Leiter gegen Erde im unbeschädigten Drehstromnetz.

Es gelten

$$\mathfrak{I}_e = -\sum_1^m \mathfrak{I}_{K_0} \tag{53}$$

und

$$\mathfrak{U}_0 = \frac{1}{m} \sum_1^m \mathfrak{U}_e, \tag{54}$$

wobei $m$ die Phasenzahl angibt. $I_e$ ist der in der Erde fließende Strom und $U_0$ die Spannung des Sternpunktes gegen Erde.

Im gesunden Betrieb ist — Symmetrie der Erdkapazitäten vorausgesetzt —

$$I_e = 0 \tag{53a}$$

und

$$U_0 = 0 . \tag{54a}$$

Beim Erdschluß eines Pols wird dessen Kapazität kurzgeschlossen, damit wird auch seine Erdspannung 0 (Abb. 14). An den gesunden Polen steigt die Spannung auf den verketteten Wert. Der Strom, der von diesen über die Erdkapazitäten

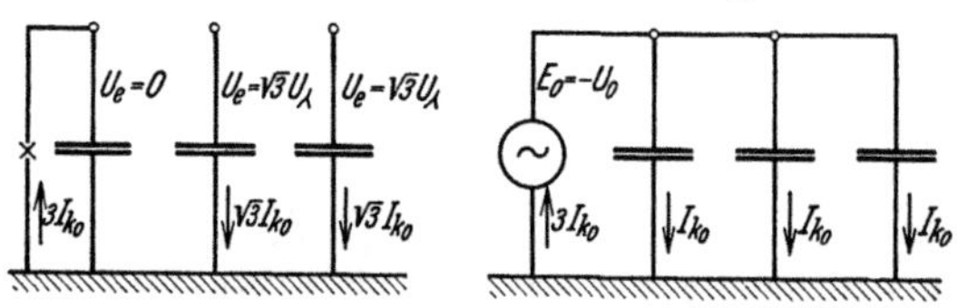


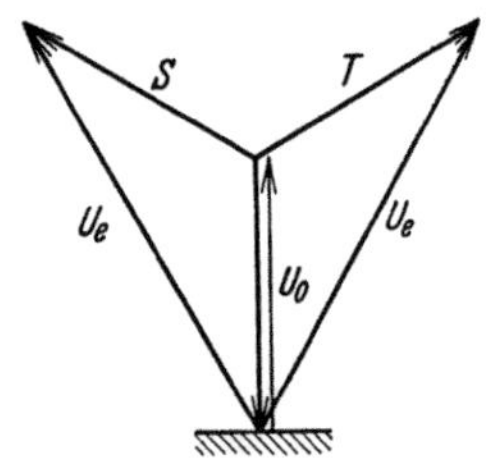


Abb. 14. Erdspannungen und Ladeströme nach Erde beim Erdschluß der Phase *R*.

nach Erde fließt, ist dann im Verhältnis $\frac{U_\Delta}{U_\curlywedge}$ größer. Die Ströme der gesunden Phasen addieren sich geometrisch, ihre Summe ist nun nicht mehr Null, es ist jetzt, wenn man die Werte in Gleichung (53) einsetzt und Gleichung (52) und (54) berücksichtigt,

$$I_e = -m I_{K_0} = -m U_0 \omega K_0 . \tag{55}$$

Der Erdschlußstrom hat also dieselbe Größe, wie sie der Strom hätte, wenn alle Phasen parallel geschaltet würden und zwischen sie und Erde eine EMK der Größe $U_\curlywedge$ gelegt würde (Abb. 14). Erfolgt der Erdschluß nicht direkt, sondern über einen Widerstand $R_ü$, so teilen sich die Spannungsabfälle im Verhältnis der Widerstände auf die Serienschaltung $R_ü$ und $\frac{1}{m \omega K_0}$ auf, also ist

$$\mathfrak{E}_0 = \mathfrak{U}_0 + \mathfrak{I}_e \cdot \mathfrak{R}_ü ,$$

Die am Netzsternpunkt liegende Spannung $U_0$ ist um den Spannungsabfall $I_e R_ü$ kleiner als $U_\curlywedge$ geworden. Das Verhältnis $\frac{U_0}{I_e}$ ist das gleiche geblieben, es wird lediglich durch den kapazitiven Erdwiderstand des Netzes bestimmt. Auch bei hohem Übergangswiderstand, z. B. lang ausflatterndem Lichtbogen, ist dieser doch meist klein gegenüber dem kapazitiven des Netzes. Auch wenn er größer ist, beeinflußt er die Nullspannung nicht sehr, da die Spannungen $I_e R_{ü}$ und $U_0$ um 90° gegeneinander phasenverschoben sind. Erreicht $R_{ü}$ die gleiche Größenordnung wie $\frac{1}{m \omega K_0}$, so wird natürlich $U_0$ merklich verkleinert, der Vektor bewegt sich auf einem Halbkreis (Abb. 15).

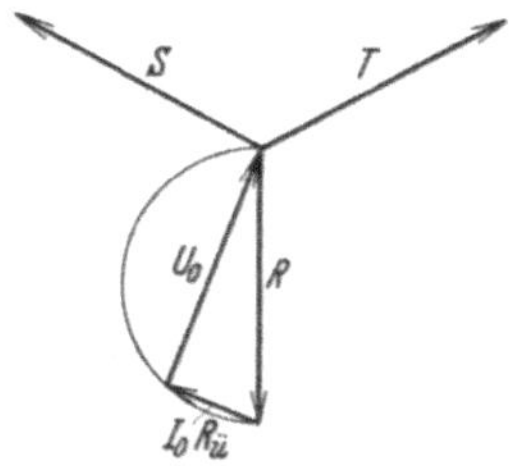


Abb. 15. Spannungen beim Erdschluß der Phase $R$ über einen Ohmschen Widerstand. $U_0$ Sternpunktspannung gegen Erde, $J_0 R_{ü}$ Spannungsabfall im Ohmschen Widerstand.

Die Kapazität der einzelnen Leiter gegen Erde ist gleichmäßig über ihre Länge verteilt, infolgedessen nimmt auch der Strom in Richtung auf die Speisestelle gleichmäßig zu. Im ungestörten Netz ist er in allen Phasen gleich groß (Abb. 16). Bei Erdschluß gelten die vorher erläuterten Gleichungen, doch ist die Lage der Fehlerstelle von Einfluß auf die Stromverteilung. Jeder Leiter nimmt den seiner Erdkapazität, also seiner Länge, und der Spannung gegen Erde entsprechenden Strom auf. Die in der Erde zurückfließenden Ströme sammeln sich längs der Leitungsabschnitte an der Erdschlußstelle. Sie fließen über die Fehlerstelle und die betroffene Leitung in die Speisestelle zurück. Im defekten Leiter fließt also hinter der Fehlerstelle kein Strom, vor der Fehlerstelle dagegen der volle Erdschlußstrom (Abb. 17 und 18). Bildet man durch eine Meßmethode (folg. Kap.) die Summe der Ströme in den $m$-Phasen des Netzes, so sieht man aus den Abb. 17 und 18, daß an jedem Meßort

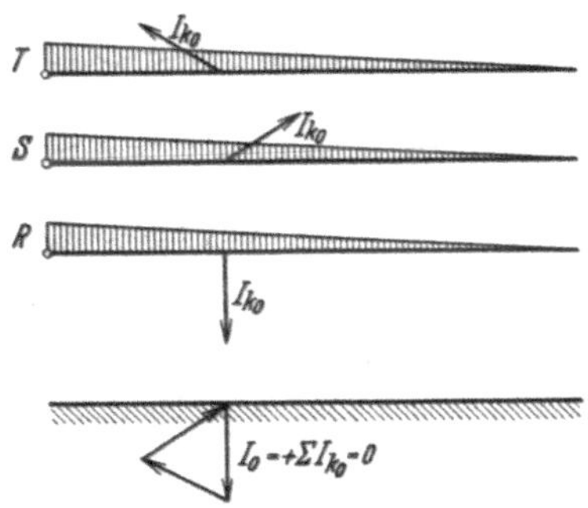


Abb. 16. Verteilung der Ladeströme der Leiter gegen Erde im unbeschädigten Netz.

$$\mathfrak{I}_0 = \sum_1^m \mathfrak{I}_K, \tag{56}$$

also für ein Drehstromnetz

$$\mathfrak{I}_0 = \mathfrak{I}_R + \mathfrak{I}_S + \mathfrak{I}_T$$

ist.

Von beliebiger Stelle der Leitungen aus betrachtet, ist für jeden Punkt der Leitung $I_0$ auf die Fehlerstelle hin gerichtet. Auch bei verteilter Kapazität gilt also sowohl für die Fehlerstelle als auch für jeden Punkt der Leitung die Gleichung (56). Selbstverständlich bleibt sie auch für ein vermaschtes Netz bestehen (Abb. 19).

Je näher der Erdschlußstelle, um so größer ist $I_0$, an der Erdschlußstelle wird das Maximum $I_{0\,\max} = I_e$ erreicht. Die Erdschlußstelle ist gewissermaßen die Stromquelle für $I_0$.

Die Ströme in der Erde breiten sich nicht in der Erde aus, wie es bei Gleichstrom der Fall sein würde, sie folgen vielmehr den Leitungen im Erdboden in Bahnen, die unter der Leitung konzentriert sind. Unmittelbar unter der Leitung ist die Stromdichte am größten; sie sinkt schnell mit wachsendem Abstand und Tiefe von ihr.

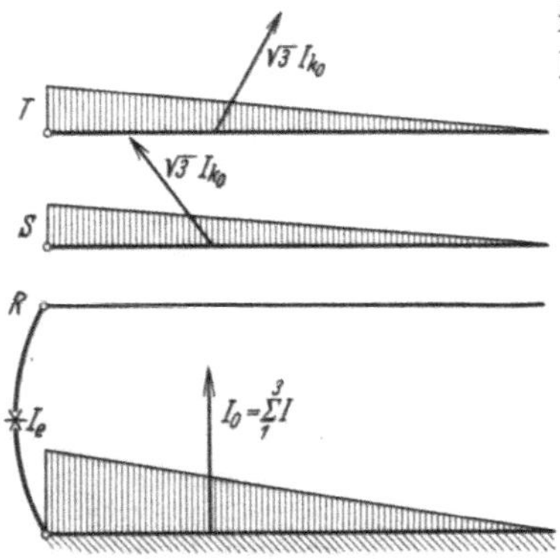


Abb. 17. Verteilung der Ströme in den Leitern und der Erde beim Erdschluß in der Speisestelle einer Leitung.

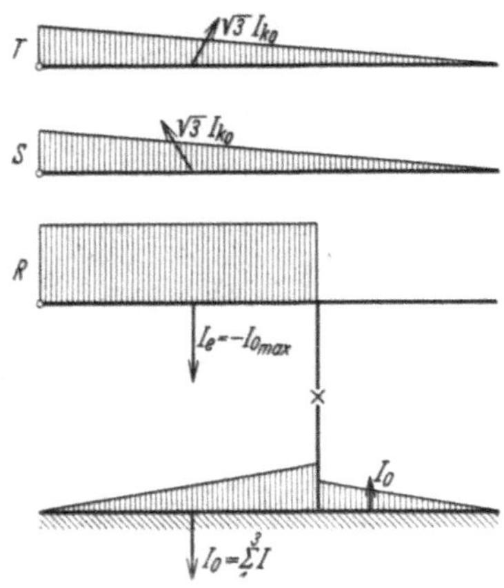


Abb. 18. Verteilung der Ströme in den Leitern und der Erde bei Erdschluß auf der Leitung.

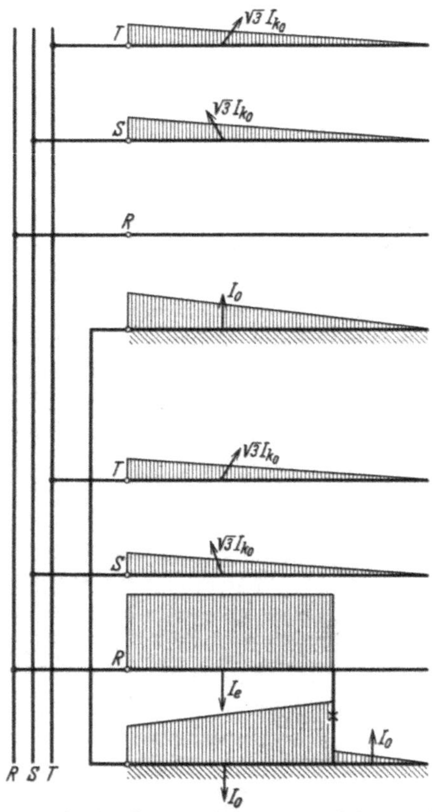


Abb. 19. Verteilung der Ströme in den Leitern und der Erde eines Netzes bei Erdschluß auf einer Leitung.

Außer dem kapazitiven Blindstrom, der über die Erdkapazitäten nach Erde und über die erdgeschlossene Phase zurückfließt, fließt auch ein Ohmscher Wirkstrom nach Erde über die Ableitung, die als Ohmscher Widerstand der Erdkapazität parallel geschaltet zu denken ist. Seine Verteilung ist die gleiche wie die des Erdschlußstromes, von dem er sich nur durch Größe und Phasenlage unterscheidet. Die Abb. 13—19 gelten also auch als Wiedergabe des Verlustwirkstromes. Seine Größe beträgt bei Freileitungen gewöhnlich 5—10% (hie und da mehr) des kapazitiven Stromes, bei Kabeln gewöhnlich weniger. Der Ableitungswiderstand beträgt somit etwa das 20—10fache des kapazitiven.

Die Größe des Erdschlußstromes läßt sich nicht beeinflussen, sie ist einfach durch die Länge des Freileitungs- oder Kabelnetzes bestimmt. Bei großen Überlandnetzen hoher Spannung kann der Strom sehr große Werte erreichen, die schwere Schäden verursachen. Durch Aufteilen des Netzes in Abschnitte, die durch Isoliertransformatoren mit dem Übersetzungsverhältnis 1:1 gekuppelt werden, könnte der Strom unterteilt werden. Die vielen schädlichen Folgen der Erdschlüsse, soweit sie nicht mit der Höhe des Stromes zusammenhängen, werden hierdurch aber nicht beseitigt.

## 2. Die Berechnung des Erdschlußstromes.

Zur Bestimmung des Erdschlußstromes nach (55) ist die Kenntnis der Erdkapazität erforderlich.

**a) Freileitungen.** Die Kapazität eines Leiters gegen Erde ist

$$K_0 = \frac{0{,}0241}{\lg \frac{4h}{d}} \, \mu\mathrm{F/km}. \tag{57}$$

Hierin ist $h$ die mittlere Höhe des Leiters über Erde und $d$ der Durchmesser des Leiters, beides in Zentimeter. Die mittlere Höhe bestimmt man als Höhe des Leiters am Mast, vermindert um $^2/_3$ des Durchhangs.

Für eine aus zwei oder drei Leitern bestehende Einphasen- oder Drehstromleitung verringert sich der Wert von $K_0$ für jeden einzelnen Leiter etwas. Das rührt von dem Einfluß des elektrischen Feldes der Nachbarleiter her, das das Feld des einzelnen Leiters verringert. Statt nun die Erdkapazität für jeden Teilleiter zu berechnen, ist es bequemer, ihre Parallelschaltung durch einen Ersatzleiter zu ersetzen, dessen Erdkapazität $C_e \approx m K_0$ ist. Der Erdschlußstrom ist damit nach Gleichung (55)

$$I_e = U_0 \omega C_e. \tag{58}$$

Die Erdkapazität wird nach Formel (57) bestimmt zu

$$C_e = \frac{0{,}0241}{\lg \left(\frac{4h}{D}\right)} \, \mu\mathrm{F/km}, \tag{59}$$

worin $h$ wiederum die mittlere Höhe des Leitersystems und $D$ der Durchmesser des Ersatzleiters in Zentimeter ist.

Für eine aus zwei Drähten bestehende Leitung ist bei einem Abstand $a$ und einem Seildurchmesser $d$

$$D = \sqrt{2ad}.$$

Entsprechend ergibt sich für eine Drehstromleitung mit beliebiger Leiteranordnung

$$D = 1{,}6\sqrt[9]{d^3\cdot a_{12}^2\cdot a_{23}^2\cdot a_{31}^2}\,,$$

daraus für eine Leiteranordnung in einer Ebene

$$D = 1{,}6\sqrt[3]{4\,d\,a^2}$$

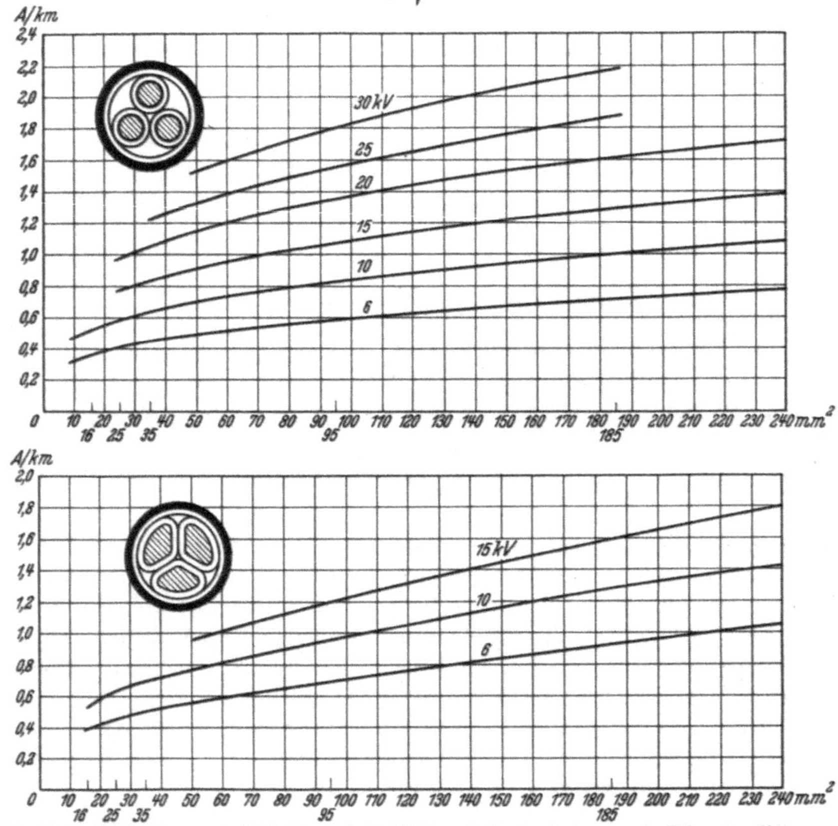


Abb. 20. Erdschlußstrom von Drehstromkabeln üblichen Aufbaues in Ampere je Kilometer Leiterlänge, abhängig vom Leiterquerschnitt für verschiedene Spannungen bei einer Frequenz von 50 Per/sec. Bei anderer Frequenz ist der Strom proportional umzurechnen.

und bei symmetrischer Leiteranordnung

$$D = 1{,}6\sqrt[3]{d\,a^2}\,.$$

Bei Doppelleitungen wird zunächst der Durchmesser $D$ des Ersatzleiters für jede Einfachleitung bestimmt. Die Achse des Ersatzleiters deckt sich mit dem Schwerpunkt der aus den Leitern der Einzelleitung gebildeten Fläche. Bei dem Abstand $a_\alpha$ der beiden Ersatzleiter ist dann

$$D_\alpha = \sqrt{2\,D\,a_\alpha}\,.$$

Diese Formel gilt solange, als $a_\alpha \lesseqgtr \frac{2}{3}\,h$ ist.

Sind Erdseile auf der Leitung mit verlegt, so vergrößert sich die Erdkapazität auf $C'_e = c\,C_e$, wobei

$$c = \frac{1}{1 - \dfrac{\left(\lg \dfrac{h_e + h}{h_e - h}\right)^2}{\lg \dfrac{4h}{D} \cdot \lg \dfrac{4h_e}{D_e}}}$$

ist.

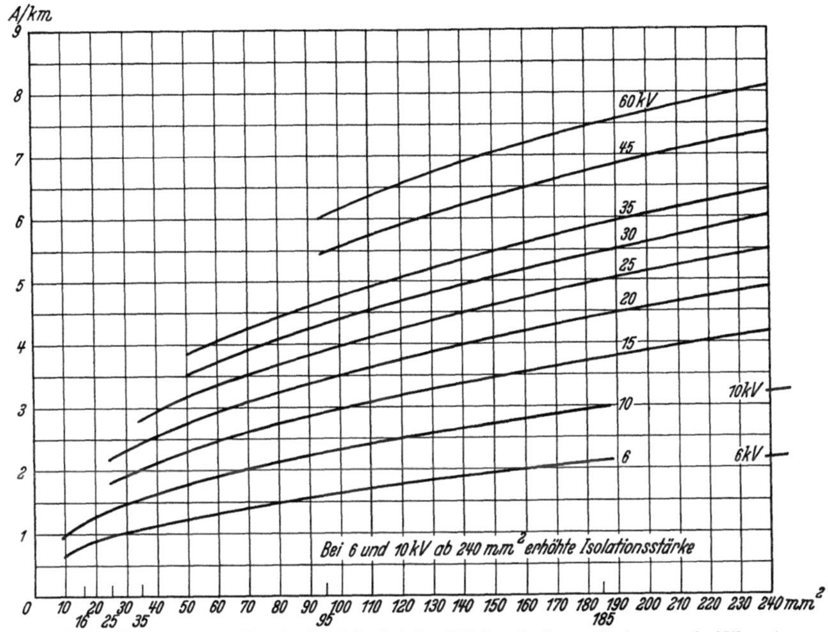


Abb. 21. Erdschlußstrom von *H*- oder Einleiterkabeln üblichen Aufbaues in Ampere je Kilometer Leiterlänge, abhängig vom Leiterquerschnitt für verschiedene Spannungen bei einer Frequenz von 50 Per/sec. Bei anderer Frequenz ist der Strom proportional umzurechnen, bei Einphasenstrom durch $\sqrt{3}$ zu dividieren.

$h_e$ ist die mittlere Höhe des Erdseils oder des Ersatzleiters, wenn mehrere vorhanden sind, $h$ ist die mittlere Höhe des Ersatzleiters der Leitung oder Doppelleitung, deren Ersatzdurchmesser $D$ ist. $D_e$ ist der Durchmesser des Erdseiles oder Ersatzleiters mehrerer Erdseile.

Für alle überschläglichen Rechnungen kann bei Drehstromleitungen mit folgenden Formeln gerechnet werden, in denen $U_\Delta$ die verkettete Spannung in Kilovolt und $l$ die Länge in Kilometer bedeutet.

Einfachleitung ohne Erdseil:

$$I_e = \frac{U_\Delta \cdot l}{450} \text{ Amp.} \tag{60}$$

Einfachleitung mit Erdseil:

$$I_e = \frac{U_\Delta \cdot l}{350} \text{ Amp.} \tag{61}$$

Doppelleitung mit Erdseil je Leitung:

$$I_e = \frac{U_\Delta \cdot l}{400} \text{ Amp.} \tag{62}$$

Alle diese Formeln gelten unter der Annahme, daß die Leitungen ausreichend verdrillt sind.

**b) Kabel.** Für Kabel entnimmt man die Kapazitätswerte oder Erdschlußströme den Abb. 20 und 21. Da aber vielfach in Netzen Kabel anderen Aufbaues vorhanden sind — alte Kabel —, so ist es meist notwendig, durch Messung die richtigen Werte zu ermitteln.

## B. Die Ströme und Spannungen im Netz mit Erdschlußlöschung.

Das einzig wirksame und daher heute in Deutschland allgemein angewandte Mittel gegen Erdschlußschäden ist die Kompensation des Erdschlußstromes durch Erdschlußlöscher, Erdschlußspule und Löschtransformator (Abb. 22). Im gesunden Netzzustande

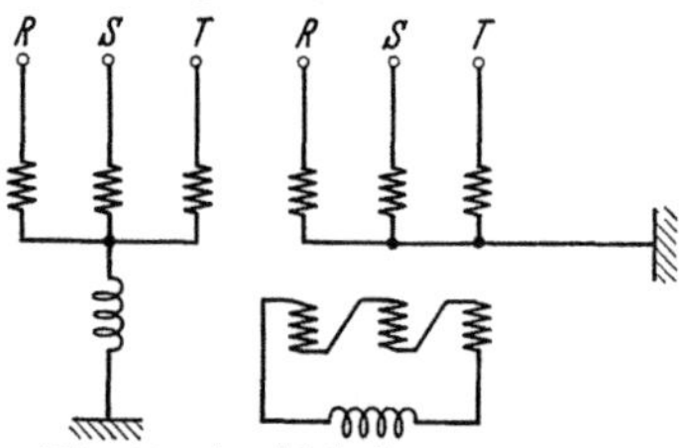


Abb. 22. Anschlußschema einer Erdschlußspule (links) und eines Löschtransformators rechts an ein Drehstromnetz.

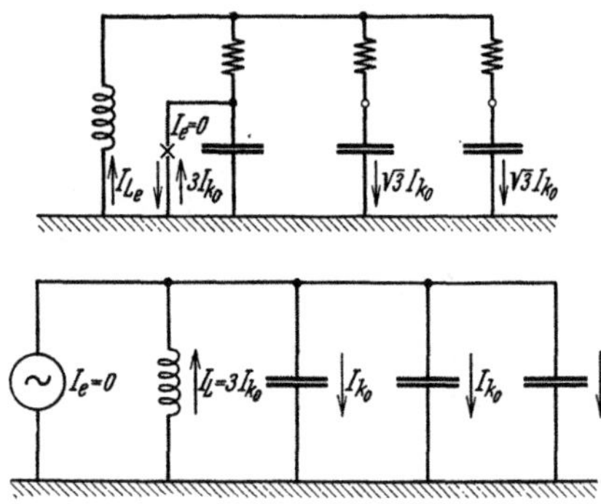

Abb. 23. Ströme beim Erdschluß im gelöschten Netz.

sind die Löscher stromlos. Bei Erdschluß nehmen sie unter dem Einfluß der Spannung gegen Erde $U_0$ einen Strom auf

$$I_{L_e} = \frac{U_0}{\omega L_e}, \tag{63}$$

der durch ihren, abgesehen vom Verlustwiderstand, rein induktiven Widerstand bestimmt ist, und der gegen die Spannung um $90^0$ nacheilt. Da der Erdschlußstrom gegen $U_0$ um $90^0$ als kapazitiver Strom voreilt, so sind die beiden Ströme um $180^0$ gegeneinander phasenverschoben und subtrahieren sich also an der Fehlerstelle (Abb. 23). Man kann für unsere Betrachtung wiederum die Erdschlußstelle als Stromquelle ansehen, die ihren Strom über die Parallelschaltung der Phasen des Netzes und des Löschers schickt (Abb. 23). Der Strom in der Stromquelle — der Fehlerstelle — ist dann

$$\mathfrak{I}_e = \mathfrak{I}_{L_e} + \mathfrak{I}_{C_e}.$$

Zur Kompensation macht man nun den Widerstand des Löschers gleich dem der Erdkapazität, so daß $\omega L_e = -\frac{1}{\omega C_e}$ wird, da beide um $180^0$ gegeneinander phasenverschoben sind. Damit wird

$$I_{L_e} = -I_{C_e} \tag{64}$$

und an der Erdschlußstelle

$$I_e = 0.$$

Der Erdschlußstrom ist kompensiert, an der Fehlerstelle fließt kein Strom, obwohl der Löscher und die gesunden Leiter des Netzes den vollen Strom führen.

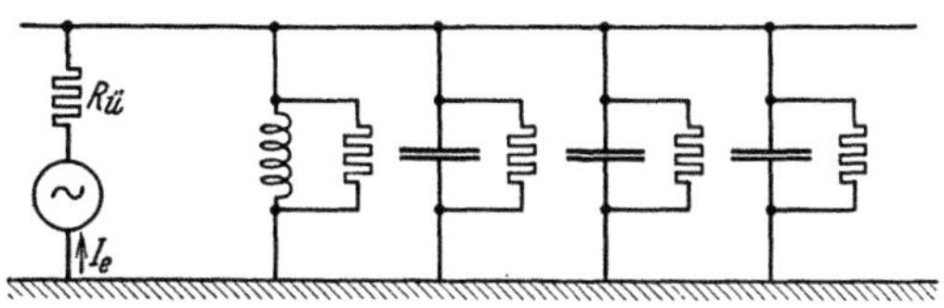

Abb. 24. Verlustwiderstände im Netz mit Erdschlußlöschung

Da die Parallelschaltung von Löscher und Netz — von der Fehlerstelle als Stromquelle aus betrachtet eine Stromresonanzschaltung — keinen Strom aufnimmt, ist ihr Widerstand unendlich groß. Erfolgt der Erdschluß über einen Übergangswiderstand $R_{ü}$, so ist dessen Größe stets klein gegenüber dem der Stromresonanzschaltung. Die Sternpunktspannung gegen Erde ist

$$\mathfrak{U}_0 = -\mathfrak{U}_{\curlywedge}.$$

Tatsächlich wird der Widerstand aber nicht unendlich groß, da sowohl Löscher als auch Netz Verluste aufweisen (Abb. 24). Der Verluststrom des Löschers beträgt größenordnungsmäßig etwa 5%, für Netz und Löscher zusammen liegt er also bei 10% (die Zahlen dienen nur als Anhalt!). Da der kapazitive Strom durch den induktiven an der Fehlerstelle kompensiert ist, bleibt als Reststrom ein Wirkstrom übrig, der über die Fehlerstelle fließt und etwa 10% des Erdschlußstromes beträgt. Da der Verlustparallelwiderstand also einen endlichen Wert in der Größenordnung des 10fachen kapazitiven Netz- oder induktiven Löscherwiderstandes hat, kann bei außergewöhnlich hohem Übergangswiderstand $R_{ü}$ die Spannung $U_0 < U_{\curlywedge}$ werden. Die Spannungen $U_0$ und $I \cdot R_{ü}$ haben gleiche Phasenlage und verhalten sich wie der Verlustwiderstand zum Fehlerwiderstand.

Nur selten wird die Abstimmung des Löschers so sein, daß genau $\omega L_e = -\frac{1}{\omega C_e}$ und $I_{L_e} = -I_{C_e}$ ist, gewöhnlich ist $\omega L_e \lesseqgtr -\frac{1}{\omega C_e}$; das Netz ist also über- oder unterkompensiert. Je danach hat der resultierende Widerstand eine induktive oder kapazitive Komponente. Der Vektor $\mathfrak{U}_0$ ist gegen $\mathfrak{U}_{\curlywedge}$ phasenverschoben, er bewegt sich bei steigendem Fehlerwiderstand auf dem Kreisbogen für den resultierenden induktiven oder kapazitiven Widerstand (Abb. 25).

Die Verteilung des Blindstromes über das Netz bei voller Kompensation zeigt Abb. 26. Die Fehlerstelle und die kranke Phase sind stromlos.

Der Erdschlußstrom wird vom Löscher von der Erdschlußstelle fort zu ihm hin gesogen. Im gelöschten Netz ist demnach die Stromverteilung so, als ob der Löscher die Erdschlußstelle wäre. $\mathfrak{J}_0 = \sum_1^m \mathfrak{J}$ ist also am Löscher am größten, gleichgültig, wo die Erdschlußstelle selbst liegt.

Auf die Verteilung der Wirkströme dagegen hat der Löscher keinen Einfluß, sie bleibt unverändert bestehen. Da aber der Löscher selbst auch Wirkstrom aufnimmt, so fließt dieser zusätzlich über die

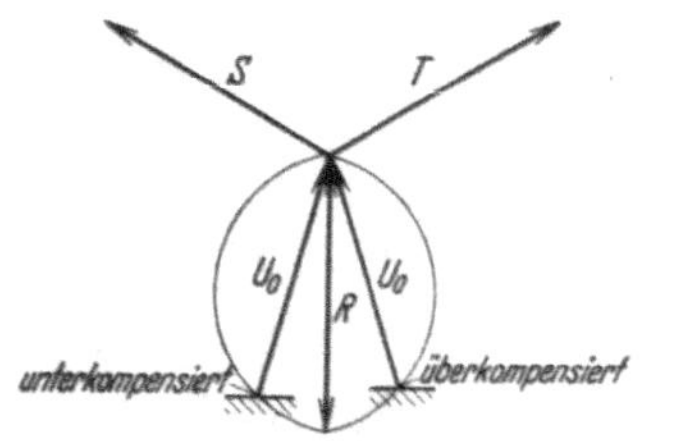


Abb. 25. Spannungen beim Erdschluß im gelöschten Netz, wenn der Löscher ungenau abgestimmt ist.

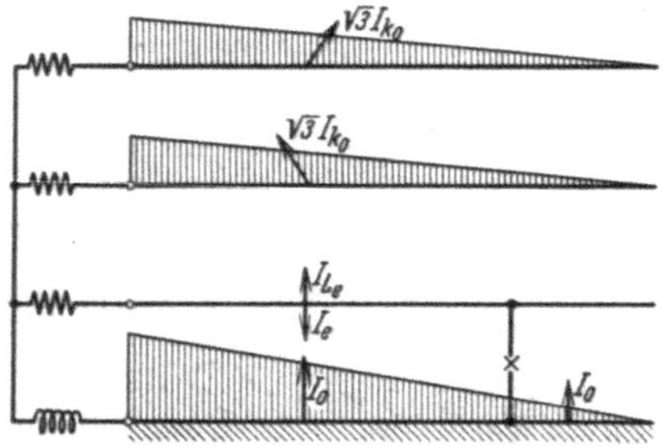


Abb. 26. Verteilung der Ströme in den Leitern und der Erde eines Netzes mit Erdschlußlöschung bei Erdschluß auf der Leitung.

Erdschlußstelle und die ergeschlossene Phase und addiert sich zu dem Verluststrom der Leitungen.

Bei Einbau mehrerer Löscher saugen sie die Blindkomponente des Erdschlußstromes anteilmäßig von der Fehlerstelle ab. Die Wirkkomponente fließt selbstverständlich auch hier unbeeinflußt über die Fehlerstelle.

## C. Die Abweichungen von den normalen Verhältnissen.

Das Spannungsdiagramm bei Erdschluß ist in der Abb. 14 gezeigt. Die verkettete Spannung $U_\Delta$ zwischen den einzelnen Polen bleibt unverändert. Das ganze Dreieck ist lediglich um $U_0$ gegen Erde verschoben. Die Erdspannungen sind $\mathfrak{U}_e = \mathfrak{U}_\curlywedge - \mathfrak{U}_0$ usw. Die Spannungsabfälle in den Leitungen und der Erde sind wegen der geringen Höhe der Ströme niedrig. Nur bei sehr langen Leitungen oder sehr starken Erdschlußströmen ist der Spannungsabfall deutlich merkbar oder kann sogar die Höhe des Erdschlußstromes merklich beeinflussen. Da der Strom kapazitiv, der Widerstand der Leitungen aber bevorzugt induktiver Natur ist, handelt es sich nicht um Spannungsabfälle, sondern Spannungserhöhungen. Bei Zusammenschlüssen von Kabelnetzen mit hohem Erdschlußstrom und Freileitungen mit höherem induktiven Widerstand können die Erdspannungen unzulässig hoch werden. Erfolgt der Erdschluß nicht auf einer Leitung, sondern an der Wicklung irgendeines Apparates, so treten alle Vorgänge in abgeschwächter Form auf. Die

Spannung des Sternpunktes gegen Erde $U_0$ erreicht nicht mehr den Wert der Sternspannung $U_{\curlywedge}$, sondern einen niedrigeren Wert, der gleich der Höhe der Spannung ist, die zwischen dem Sternpunkt und der Fehlerstelle in dem betroffenen Apparat herrscht. Der Erdschlußstrom ist ebenfalls proportional kleiner. Beim Erdschluß im Sternpunkt eines Apparates selbst sind sowohl die Verlagerungsspannung als auch der Erdschlußstrom gleich Null; von Oberwellenspannungen und -strömen sei abgesehen.

## D. Die Ströme und Spannungen beim Einsetzen und Erlöschen des Erdschlusses.

### 1. Das Einsetzen des Erdschlusses.

Beim Einsetzen des Erdschlusses entsteht ein Ausgleichsstrom, der den Übergang in den stationären Erdschlußstrom vermittelt. Die Erdkapazität $C_e$ wird plötzlich an die Spannung $U_0 = - U_{\curlywedge}$ geschaltet. Im ersten Augenblick kann man die Kapazität als Kurzschluß ansehen. Die Stromstärke ist also allein durch den Widerstand der Strombahn $R$ bestimmt. Sieht man von den Wanderwellenvorgängen ab, so setzt der Strom, der als Gleichstrom die Kapazität auflädt, mit einem Wert $I_{gl} = \frac{U_{\curlywedge}\sqrt{2}}{R}$ ein, wenn der Erdschluß in dem Augenblick erfolgt, wo $U_{\curlywedge}$ den Scheitelwert erreicht. Erfolgt der Erdschluß nicht im Scheitelwert der Spannung, so ist der Stromstoß entsprechend kleiner. Erfolgt er im Augenblick, wo $U_{\curlywedge} = 0$ ist, so fließt ohne Ausgleichsstrom, sofort der normale Erdschlußstrom, wenn, wie gewöhnlich, $R \ll \frac{1}{\omega C_e}$ ist. In der Regel ist jedoch mit dem Eintritt des Erdschlusses im Augenblick des Scheitelwertes der Spannung zu rechnen. Der Ausgleichsstrom fließt von den einzelnen Netzabschnitten über die vom Erdschluß betroffene Leitung der Fehlerstelle zu, seine Verteilung entspricht der des Summenstromes $I_0$ entsprechend Gleichung (56), er erreicht damit sein Maximum in der beschädigten Leitung. Ihr Widerstand (oder der anteilig errechnete Ersatzwiderstand des Netzes je nach dessen Gestalt) ist also außer dem Erdübergangswiderstand an der Erdschlußstelle die wichtigste Bestimmungsgröße für die Berechnung des Ausgleichsstromes. Der Ausgleichsstrom klingt der allmählichen Aufladung der Kapazität $C_0$ auf die Spannung $U_0 = - U_{\curlywedge}$ entsprechend mit der Zeitkonstante $C_e \cdot R$ ab, die gewöhnlich sehr klein ist. Unter Umständen können die einleitenden Wanderwellenvorgänge einen Teil des Ausgleichsvorganges überdecken; auch die angestoßenen örtlichen Schwingungsvorgänge auf einzelnen resonanzfähigen Abschnitten können das Bild verwischen.

### 2. Das Erlöschen des Erdschlusses.

Der Erdschluß erlischt meist in dem Augenblick, in dem der Erdschlußstrom sowieso durch Null geht. Da in diesem Augenblick die

Spannung $U_0$ ihren Scheitelwert $\sqrt{2} \cdot U_0$ besitzt, so bleibt die dieser Spannung entsprechende Ladung $Q_e = C_e \cdot \sqrt{2}\, U_0$ als Gleichladung auf dem Netz liegen. Sie fließt langsam über die Ableitungswiderstände nach Erde ab, entsprechend langsam sinkt die Gleichspannung. Die Zeitkonstante $C_e \cdot \frac{1}{3} R_a$ ($R_a$ ist der Ableitungswiderstand je Pol) ist groß, sie liegt etwa zwischen 10 und 20 sec. Bei Kabeln beträgt sie ungefähr das 10fache.

Beim Einsetzen des Erdschlusses im gelöschten Netz überlagert sich dem durch die Kapazität bestimmten Gleichstromstoßglied noch der Einschaltstrom des Löschers. Das ist ebenfalls ein Gleichstrom, dessen Maximalwert im ungünstigsten Fall den Scheitelwert des Löschstromes erreichen kann (vorausgesetzt, daß keine Sättigung eintritt). Dies geschieht dann, wenn bei Einsetzen des Erdschlusses die Spannung gerade durch Null geht. Da in diesem Fall ein Stoßglied des Kapazitätsstromes sich nicht bildet, fließt über die Fehlerstelle nur das Gleichstromglied des Löschers. Es klingt mit einer Zeitkonstante ab, die $\frac{L_e}{R\ddot{u} + R_e}$ ist ($R_e$ ist der Verlustwiderstand des Löschers als Reihenwiderstand). Für sehr kleinen Übergangswiderstand wird sie durch den Verlustwiderstand des Löschers bestimmt, sie erreicht maximal einige Zehntel Sekunden. Erfolgt der Erdschluß, während die Spannung gerade ihren Scheitelwert besitzt, so bildet sich kein Gleichstromglied im Löscherkreis aus, dagegen das im Kapazitätskreis in voller Höhe.

Beim Erlöschen des Erdschlusses fließt die dann vorhandene Ladung des Netzes $Q_e = C_e \cdot U_0$ über den Löscher nach Erde ab. Die Kapazität $C_e$ entlädt sich über die Induktivität $L_e$ in Form einer Schwingung mit der Frequenz $\nu = \frac{1}{2\pi}\sqrt{\frac{1}{L_e \cdot C_e}}$. Bei richtiger Abstimmung des Löschers ist $\nu = f$, gleich der Betriebsfrequenz des Netzes. Da die Spannung des Sternpunktes $U_0 = - U_{\curlywedge}$ und die des betroffenen Pols $U_e = U_{\curlywedge} + U_0$ ist, bleiben die Erdspannungen des betroffenen Pols auch nach Erlöschen des Erdschlusses noch auf Null und die der gesunden Pole auf den verketteten Spannungen stehen. Erst in dem Maße, wie die Wechselspannung $U_0$ abklingt, erreichen sie wieder die Werte des normalen Betriebszustandes. Die Zeitkonstante, mit der der Strom $I_{L_e}$ und die Spannung $U_0$ abklingen, ist $\frac{2 L_e}{R_s}$, sie kann einige Zehntel Sekunden betragen. $R_s$ ist der gesamte Verlustwiderstand, von Leitung, Ableitung und Löscher als Reihenwiderstand umgerechnet.

Ist der Löscher nicht genau abgestimmt, so weicht auch die Frequenz $\nu$ von der des Netzes ab, und der Vektor $\mathfrak{U}_0$ rotiert mit der Differenzfrequenz $\nu - f$ gegen die Sternspannung des Netzes. Infolgedessen ändern sich die Erdspannungen $U_e$ mit der Schwebungsfrequenz zwischen 0 und $2\, U_{\curlywedge}$ auf $U_{\curlywedge}$ in dem Maße abklingend, wie die Spannung $U_0$ entsprechend der Dämpfung absinkt.

## E. Die Wirkung von Netzunsymmetrien.

Im gesunden Betrieb sind Sternpunktspannung und Strom in der Erde entsprechend Gleichung (53a) und (54a) nur dann nicht vorhanden, wenn die einzelnen Pole genaue gleiche Kapazität gegen Erde haben, was man durch Verdrillen der Leitungen anstrebt. Tatsächlich ist die Symmetrie nie ganz vollkommen, so daß auch stets eine kleine Spannung $U_0$ vorhanden ist. Im gelöschten Netz treibt nun diese Spannung über den Löscher einen Strom nach Erde, der sich über die Erdkapazität des Netzes rückschließt. Da Löscher und Erdkapazität aufeinander abgestimmt sind, so besteht theoretisch Spannungsresonanz für die treibende Spannung. Praktisch ist sie natürlich nicht in vollem Maße — ungenaue Abstimmung, Verlustwiderstände, eisenhaltige Induktivität — vorhanden; doch kann $U_0$ deutlich merkbare Werte erreichen, und unter besonderen Umständen kann sogar ein Erdschluß vorgetäuscht werden.

## F. Die vorbeugenden Schutzmaßnahmen beim Erdschluß.

Eine gewisse Schutzwirkung bieten Seile, die von Mast zu Mast oberhalb der zu schützenden Freileitungen verlegt werden, die sog. Erdseile. Sie sind mit den Masten und also mit Erde leitend verbunden und verringern dadurch den Erdwiderstand. Außerdem aber bilden sie, indem sie das Erdfeld über die Leitungen hinaufziehen, einen wirksamen Schirm für diese.

Als sehr nützlich haben sich auch die Überspannungsableiter moderner Form (Kathodenfallableiter) erwiesen, die durch kräftiges Absenken von Überspannungen der Überschlagsgefahr vorbeugen.

Die unmittelbare Erdung eines oder mehrerer Sternpunkte wird in außerdeutschen Ländern in überwiegendem Maße angewandt. Sie verhindert zwar Spannungserhöhungen in den gesunden Phasen, intermittierende Entladungen u. dgl., läßt aber andererseits jeden Erdschluß zu einem Erdkurzschluß werden. Dieser muß wie jeder andere Kurzschluß schutztechnisch behandelt und sofort abgeschaltet werden. Damit wird die betroffene Leitung aus dem Netz herausgetrennt, was Unterbrechen der ordnungsmäßigen Stromlieferung zur Folge haben kann. Da nun die Mehrzahl der Fehler aus 1-poligen Überschlägen nach Erde besteht, so ist die Zahl der Abschaltungen durch Erdkurzschlüsse recht hoch. In vielen Fällen erdet man den Sternpunkt nicht widerstandslos, sondern über einen niedrigen Widerstand, um den bei Erdkurzschluß entstehenden Strom zu begrenzen. Wenn dies in wirksamer Weise geschehen soll, muß der Erdungswiderstand wenigstens so groß sein wie der innere Widerstand der Stromquelle. Unter diesen Umständen ist aber der Spannungsabfall an ihm nicht mehr verschwindend klein, so daß am Sternpunkt und an den gesunden Phasen die Spannungen um diesen Betrag ansteigen.

In Netzen geringer Ausdehnung verzichtet man häufig auf jegliche Erdung, da bei dem kleinen Erdschlußstrom der Erdschluß meist von selbst erlischt.

Die überwiegende Mehrzahl aller deutschen Netze und auch schon eine Reihe außerdeutscher ist mit Erdschlußlöschern ausgerüstet, die den besten Schutz gegen Erdschluß bieten. Durch die Erdschlußlöschung werden 1-polige Überschläge bedeutungslos, da entweder sofortige Löschung erfolgt oder bei Fortbestehen des Erdschlusses die Erdschlußstelle bis auf den Reststrom stromlos wird. Die betroffene Leitung bleibt also in jedem Falle eingeschaltet, sofortige Abschaltungen wie beim Erdkurzschluß sind nicht notwendig. Damit ist der gesamte Betrieb erheblich beruhigt. Der Selektivschutz muß selbstverständlich ganz anders geschaltet werden. Maßnahmen für den Erdkurzschluß fallen fort, an ihre Stelle treten Einrichtungen, die Doppelerdschlüsse zu erfassen gestatten, sowie Erdschlußrelais zum selektiven Eingrenzen der Erdschlußstelle. Es konnte die allgemeine Einführung der Erdschlußlöscher nicht hemmen, daß der Selektivschutz für gelöschte Netze zunächst schwieriger auszugestalten war, da der Vorteil des ruhiger gewordenen Netzbetriebes selbstverständlich ausschlaggebend ist. Außerdem hat die Selektivschutztechnik sich schnell den neuen Bedürfnissen anzupassen gewußt, und ist gerade durch die schwierigeren Aufgaben lebhaft gefördert worden.

In größeren Netzen werden mehrere Löscher eingebaut. Durch die Aufteilung auf mehrere Löscher ist es bequem möglich, das Netz bei Bedarf in getrennten Bezirken zu betreiben und doch jeden einzeln zu kompensieren.

Eine besondere Kompensation der Wirkkomponente des Erdschlußstromes ist bisher nicht erforderlich gewesen. Sie ist stets klein gegenüber dem Erdschlußstrom, und außerdem erlischt ein Wirkstrom viel leichter als ein kapazitiver. In Netzen mit ungewöhnlich hohem Erdschlußstrom (sehr großes Kabelnetz) und entsprechend hohem Wirkreststrom erübrigt sich auch eine besondere Kompensation, da hier sowieso jeder Erdschluß sofort selektiv abgeschaltet werden muß.

## IV. Die Ströme und Spannungen beim Leiterbruch.

Durch einen Leiterbruch wird in erster Linie die Symmetrie der Erdkapazitäten der einzelnen Phasen gestört. Der noch mit der Stromquelle verbundene Rest des gebrochenen Leiters besitzt eine kleinere Kapazität als die unbeschädigten gegen Erde, so daß die Erdspannungen nun nicht mehr der Sternspannung gleichen, sondern sich im Verhältnis der kapazitiven Widerstände aufteilen. Auch hier gelten die im Erdschlußabschnitt behandelten Gleichungen (52), (53) und (54). Die Verhältnisse ähneln überhaupt denen beim Erdschluß. Im gelöschten Netz beeinflußt auch der Löscher die Spannungsverteilung. Der Laststrom ist im gebrochenen Leiter natürlich auch unterbrochen, nur die gesunden Leiter führen im Drehstromsystem noch Strom. Die beiden Ströme sind dann nicht mehr um $120^0$, sondern um $180^0$ in der Phase gegeneinander verschoben.

# 4. Meßtechnische Grundlagen der Schutztechnik.

Von Dr.-Ing. **Hans Poleck**, Berlin.

## I. Elektrische Meßgrößen zur Überwachung des Betriebszustandes.

Der elektrische Betriebszustand einer Maschine, eines Umformers, eines Apparates oder einer Leitung ist durch 3 meßtechnisch zugängliche Grundgrößen: Die Ströme, Spannungen und Frequenz bzw. die Drehzahl für Gleichstrommaschinen gekennzeichnet. Die für die elektrische Energieerzeugung und Übertragung wichtigste Betriebsform ist noch heute das Drehstromsystem. Es erscheint daher zweckmäßig und auch ausreichend, die meßtechnische Erfassung des Drehstromsystemes zu behandeln, da das Einphasensystem im Prinzip einen Sonderfall von diesem darstellt.

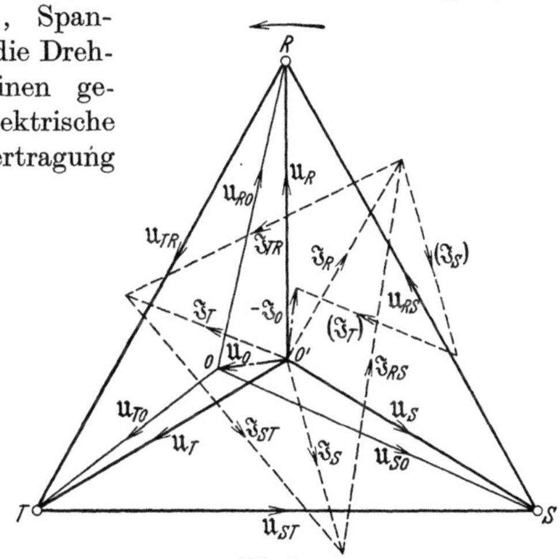


Abb. 1a.

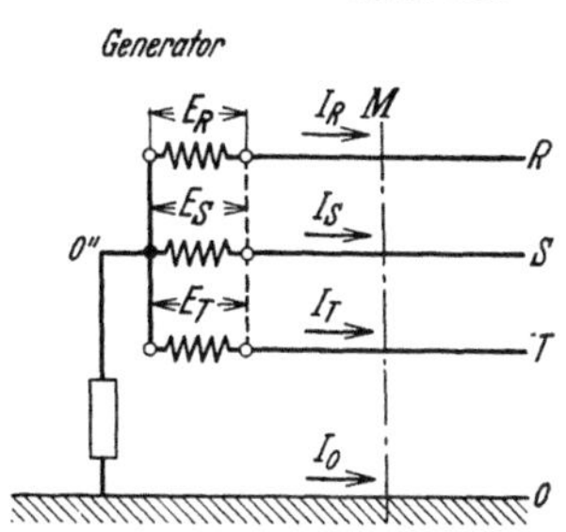


Abb. 1b.

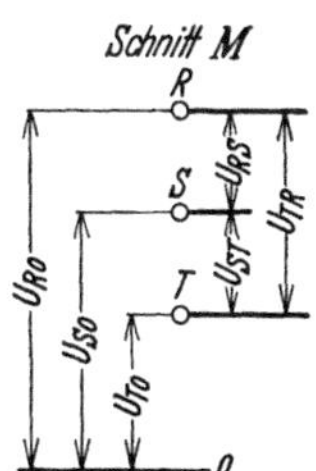


Abb. 1c.

Abb. 1a—c. Die zur Verfügung stehenden Meßgrößen. a Vektordiagramm. b, c Direkt meßbare Spannungen und Ströme.

### A. Ströme und Spannungen.

Die Ströme und Spannungen werden mit $I$ und $U$ bezeichnet, wenn man die von den Meßsystemen angezeigten oder auf Meßorgane funktionell einwirkenden Effektivwerte meint; statt $U$ wird $E$ für die elektromotorische Kraft einer Spannungsquelle eingesetzt. Bei einer vektoriellen Darstellung im Diagramm erhalten die entsprechenden Momentanwerte die Bezeichnung $\mathfrak{I}$, $\mathfrak{U}$, $\mathfrak{E}$. Denkt man sich nach Abb. 1b, c einen Schnitt an der Stelle $M$ durch eine Drehstromleitung mit den Phasenleitern $R$, $S$, $T$ und dem Nulleiter 0, der durch die Erde dargestellt ist, so sind der direkten Messung die 3 Leiterströme $I_R$, $I_S$, $I_T$, die 3 Spannungen $U_{RS}$, $U_{ST}$, $U_{TR}$ zwischen den Leitern und $U_{R0}$, $U_{S0}$, $U_{T0}$ zwischen jedem Leiter und Erde zugänglich. Außerdem sind aber nach dem Diagramm 1a noch weitere indirekt zu ermittelnde Meßgrößen zu definieren, die in folgender allgemeinen Zusammenfassung angegeben werden.

## 1. Die Strommeßwerte.

Die Phasen- oder Sternströme ($\mathfrak{I}_{\curlywedge}$): $\mathfrak{I}_R$, $\mathfrak{I}_S$, $\mathfrak{I}_T$.

Die verketteten oder Dreieckströme ($\mathfrak{I}_\Delta$): $\mathfrak{I}_{RS}$, $\mathfrak{I}_{ST}$, $\mathfrak{I}_{TR}$ mit dem Zusammenhang zwischen $\mathfrak{I}_{\curlywedge}$ und $\mathfrak{I}_\Delta$: $\mathfrak{I}_{RS} = \mathfrak{I}_R - \mathfrak{I}_S$; $\mathfrak{I}_{ST} = \mathfrak{I}_S - \mathfrak{I}_T$; $\mathfrak{I}_{TR} = \mathfrak{I}_T - \mathfrak{I}_R$, deren Summe immer Null ist.

Die Phasenerdströme ($\mathfrak{I}_{\curlywedge 0}$): $\mathfrak{I}_{R0}$, $\mathfrak{I}_{S0}$, $\mathfrak{I}_{T0}$ mit dem Zusammenhang zwischen $\mathfrak{I}_0$ und $\mathfrak{I}_{\curlywedge}$: $\mathfrak{I}_{R0} = \mathfrak{I}_R - \mathfrak{I}_0$; $\mathfrak{I}_{S0} = \mathfrak{I}_S - \mathfrak{I}_0$; $\mathfrak{I}_{T0} = \mathfrak{I}_T - \mathfrak{I}_0$.

Der Nullstrom ($\mathfrak{I}_0$) ist der Strom im Null- bzw. Erdleiter und gegeben durch $\mathfrak{I}_0 = -(\mathfrak{I}_R + \mathfrak{I}_S + \mathfrak{I}_T)$.

Die Summen- oder Differenzbildung von Strömen kann auf elektrischem, magnetischem und mechanischem Wege geschehen, wobei außerdem die Möglichkeit einer geometrischen oder arithmetischen Zusammensetzung besteht. Die wichtigere erste Art kann durch elektrische Verkettung der Stromwandler-Sekundärwicklungen oder durch magnetische Verkettung mehrerer Primärwicklungen auf einem Relaiskern erfolgen; die zweite Art ist als quadratische Zusammensetzung von Effektivwerten durch Übersetzung in mechanische Kraftwirkung oder lineare Zusammensetzung von Mittelwerten durch Umwandlung in Gleichstrom mittels Gleichrichter möglich. Bei der elektrischen Verkettung der Stromwandler ist bei den Summen- oder Differenzschaltungen zu unterscheiden, ob der resultierende geometrische Summen- oder Differenzwert die gleiche Größenordnung der erzeugenden Einzelwerte besitzt oder nur einen Bruchteil dieser beträgt.

## 2. Die Stromwandler-Summenschaltung (Sternschaltung).

Die drei Stromwandler sind nach Abb. 2a gleichsinnig parallel geschaltet; in den drei rechten Anschlußleitungen fließen die Phasenströme $I_{\curlywedge}$; die drei linken Leiter zwischen den Wandlern und den Phasenbürden $Z_P$ sind zu einem Nulleiter ($Z_0$) zusammengefaßt, in dem der Nullstrom $I_0$ fließt und auch direkt gemessen werden kann. Um bei verketteten Wandlerschaltungen den prinzipiellen Stromlauf in den einzelnen Zweigen beurteilen zu können, muß man sich jeden Stromwandler näherungsweise als Konstantstrom-Generator für sich vorstellen, dessen Strom demnach weder voll noch teilweise über einen anderen Stromwandler zurückfließen kann. Der Stromwandler liefert aber unabhängig von seiner Klemmenspannung nur dann einen konstanten Strom, solange die Sättigungsgrenze des Eisens noch nicht erreicht ist bzw. sein Übersetzungs- und Winkelfehler genügend klein bleibt. Daher muß für jeden Wandler ein Stromweg evtl. auch gemeinsam mit anderen Wandlern vorhanden sein, dessen Gesamtspannungsabfall unterhalb der Sättigungsspannung bleibt. Im Normalbetrieb ist die geometrische Summe der Phasenströme Null; jeder Wandler ist mit der Bürde $Z_P$ belastet. Die größte Wandlerbelastung tritt offenbar dann auf, wenn 2 Phasenströme Null und der dritte, z. B. $I_R$ über Erde zurückfließt. Der beaufschlagte Wandler ist dann mit der Bürde $(Z_P + Z_0)$ belastet und muß außerdem genau genommen die von den Wandlern $S$ und $T$ für die Klemmenspannung $I_R\,(Z_P + Z_0)$ benötigten Magnesitierungsströme liefern. Soll ein Summenstrom $I_0$ meßtechnisch erfaßt werden, der nur einen Bruchteil der Phasenströme beträgt, so hängt die Meßgenauigkeit ausschließlich von der Verschiedenheit der Fehlercharakteristiken der Einzelwandler ab, da die Summen der Wandlerfehlströme gleichfalls über den Nullzweig $Z_0$ abfließen. Vor allem ist es notwendig, die Phasenbürden $Z_P$ einschließlich der Zuleitungen unter sich möglichst gleich zu machen, damit die Stromwandler auf gleiche Bürde arbeiten. Prinzipiell lassen sich natürlich eine beliebige Anzahl von Stromwandlern zum Zwecke der Summenstromgewinnung in Sternschaltung zusammenfassen.

### 3. Die Stromwandler-Differenzschaltungen.

Die Differenzschaltungen gleichsinnig in Reihe liegender Stromwandler werden für zwei verschiedene Betriebsarten verwendet: einmal als Kreuzschaltung (Abb. 2b,e) oder erweitert als Dreieckschaltung (Abb. 2d), wobei als Meßwerte die verketteten Ströme $I_\Delta$ aus der Differenz von Strömen *verschiedener* Phasen oder die Phasenerdströme $I_{\curlywedge 0}$ *eines* Drehstromsystemes gewonnen werden, andererseits als Differentialschaltung (Abb. 2c) oder erweitert als Polygonschaltung (Abb. 2h), wobei die Differenz $I_\delta$ von den Strömen der gleichen Phase hintereinander (z. B. $I_{12}$ in Abb. 2c) oder parallel (z. B. $I_{12} \ldots I_{41}$ in Abb. 2h) geschalteter Leiter gebildet werden. Werden in Abb. 2c je 3 Wandler parallel geschaltet, die die Phasenströme führen, so ist $I_\delta$ die Differenz der an den 2 Meßorten auftretenden Nullströme. Im Normalbetrieb ist $I_\Delta = \sqrt{3}\, I_\curlywedge$ aber $I_\delta = 0$. Außer den Differenzstromwerten sind natürlich die Einzelströme jedes Wandlers, also für die Kreuz- und Dreieckschaltung außer $I_\Delta$ auch $I_\curlywedge$, für die einfache Differentialschaltung (Abb. 2c) außer $\mathfrak{J}_\delta = \mathfrak{J}_{12} = \mathfrak{J}_1 - \mathfrak{J}_2$ auch $I_1$ und $I_2$ zu gewinnen. Bezüglich der Genauigkeit der Differentialstrommessung sind die gleichen, schon beim Summenstrom $I_0$ hervorgehobenen Gesichtspunkte maßgebend; die Bürden der Wandler einschließlich der Zuleitungen zum Differentialrelais müssen möglichst gleich groß sein.

Leistung der Wandler in Kreuz- und Dreieckschaltung.

| Fall | Ströme | Kreuzschaltung (9 b) | | Dreieckschaltung (9 d) | | |
|---|---|---|---|---|---|---|
| | | $R$ | $S$ | $R$ | $S$ | $T$ |
| 1 | $I_\Delta = \sqrt{3}\, I_{\curlywedge}$ | $Z \cdot \sqrt{3} \cdot I_{\curlywedge}^2$ | $Z \cdot \sqrt{3} \cdot I_{\curlywedge}^2$ | $Z \cdot 3 \cdot I_{\curlywedge}^2$ | $Z \cdot 3 \cdot I_{\curlywedge}^2$ | $Z \cdot 3 \cdot I_{\curlywedge}^2$ |
| 2 | $I_R = -I_T$ | $Z \cdot 2 \cdot I_{\curlywedge}^2$ | $Z \cdot 2 \cdot I_{\curlywedge}^2$ | $Z \cdot 3 \cdot I_{\curlywedge}^2$ | — | $Z \cdot 3 \cdot I_{\curlywedge}^2$ |
| 3 | $I_R$ | $Z \cdot I_{\curlywedge}^2$ | —[1] | $2Z \cdot I_{\curlywedge}^2$ | —[1] | —[1] |

Die Fälle 1—3 entsprechen etwa einem 3-poligen, 2-poligen, 1-poligen Kurzschluß. Die Wandler werden bei Kreuzschaltung im Fall 2, bei

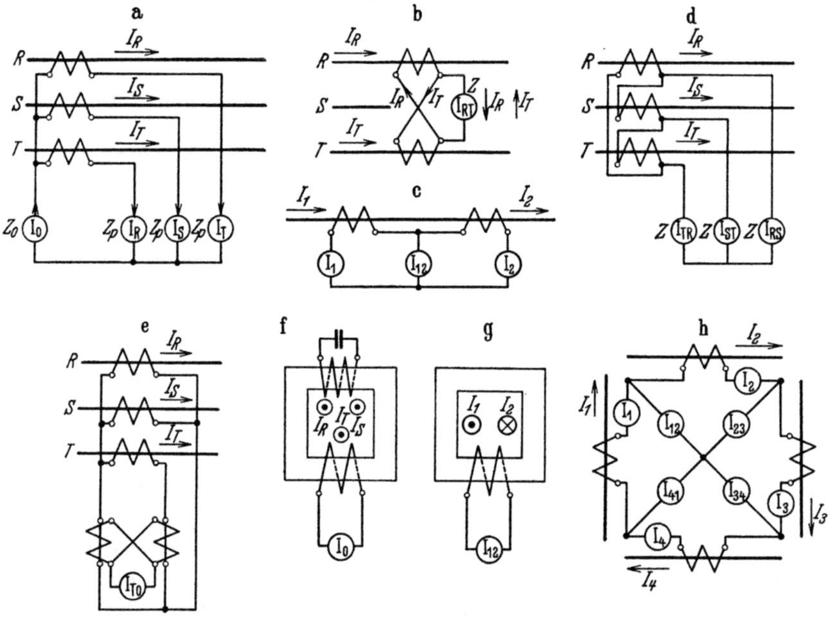


Abb. 2a—h. Stromwandler und deren Schaltungen. a Elektrische Summenschaltung. b Kreuz- oder Achterschaltung. c Elektrische Differentialschaltung. d Dreieckschaltung. e Phasen-Erdstrom-Schaltung. f Magnetische Summenschaltung. g Magnetische Differentialschaltung. h Polygonschaltung.

Dreieckschaltung im Fall 1 am höchsten belastet; man sieht, daß die Dreieckschaltung eine um 50% höhere Leistungsfähigkeit der Wandler erfordert.

## 4. Die Summen- und Differenzstromwandler.

Recht genau läßt sich besonders unter den schon erwähnten ungünstigen Verhältnissen der Summen- oder Differentialstrom $I_0$ bzw. $I_\delta$ mittels magnetischer Verkettung verschiedener auf einem Eisenkern aufgebrachter Primärwicklungen in dem, an die eine Sekundärwicklung

[1] Der Wandler $R$ muß die Magnetisierung des oder der anderen Wandler für die Klemmenspannung: $I_{\curlywedge} \cdot Z$ übernehmen.

angeschlossenen Instrument oder Relais messen bzw. zur Wirkung bringen. Abb. 2f zeigt das Prinzip eines Einleiter-Summenstromwandlers, durch dessen Eisenkern die drei Phasenleiter hindurchgesteckt sind; Abb. 2g zeigt die auf gleiche Weise mögliche magnetische Differentialschaltung. Durch besondere konstruktive Maßnahmen, wie vollkommene Symmetrie in der Anordnung der Wicklungen oder auch Schubwicklungen muß der Einfluß der Streufelder der Primärleiter auf die Sekundärwicklung gleich groß gemacht werden. Bei sehr empfindlichen Anordnungen zur genauen Erfassung sehr geringer Summen- oder Differenzströme wird der bei den äußerst niedrigen Induktionswerten im Eisen relativ hohe Magnetisierungsstrom von einem an einer Hilfswicklung angeschlossenen Kondensator gedeckt, oder man verwendet zweckmäßig einen Kern aus einer Nickeleisenlegierung mit hoher Anfangspermabilität.

Abgesehen von praktischen konstruktiven Schwierigkeiten hat die magnetische Summen- oder Differenzbildung den prinzipiellen Vorteil, daß Fehlanzeigen bei hohen Überströmen, deren Summe oder Differenz primärseitig Null ist, ohne besondere Hilfsmittel vermieden werden — im Gegensatz zur Summen- oder Differenzschaltung von Wandlern, deren Überstromkennziffern nach den zu erwartenden höchsten Kurzschlußströmen gewählt werden und deren Fehlercharakteristiken im ganzen Arbeitsstrombereich möglichst genau übereinstimmen müssen.

## 5. Die Spannungsmeßwerte.

1. Die verketteten oder Dreieckspannungen ($\mathfrak{U}_{\Delta}$): $\mathfrak{U}_{RS}$; $\mathfrak{U}_{ST}$; $\mathfrak{U}_{TR}$. Ihre Summe ist stets Null.

2. Die Phasen- oder Sternspannungen ($\mathfrak{U}_{\curlywedge}$): $\mathfrak{U}_{R}$; $\mathfrak{U}_{S}$; $\mathfrak{U}_{T}$ mit dem Zusammenhang zwischen $\mathfrak{U}_{\Delta}$ und $\mathfrak{U}_{\curlywedge}$: $\mathfrak{U}_{RS} = \mathfrak{U}_{R} - \mathfrak{U}_{S}$; $\mathfrak{U}_{ST} = \mathfrak{U}_{S} - \mathfrak{U}_{T}$; $\mathfrak{U}_{TR} = \mathfrak{U}_{T} - \mathfrak{U}_{R}$.

Als Sternspannungen seien die Spannungen zwischen dem geometrischen Schwerpunkt 0′ des aus den Dreieckspannungen gebildeten Dreiecks (Diagramm 1a) und den Eckpunkten dieses Dreiecks ($RST$) bezeichnet. Den mathematisch derart gekennzeichneten Punkt 0′ nennt man auch den elektrischen Schwerpunkt des Drehstromsystemes, der sich z. B. im Knotenpunkt dreier größen- und phasengleichen, an die Punkte $R$, $S$, $T$ angeschlossenen Widerstände befindet.

Die Phasenspannungen sind die Spannungen zwischen den Klemmen und dem Sternpunkt 0″ der Verbraucher oder Erzeuger (Abb. 1b). Da fast nur von den Phasenspannungen der Stromerzeuger die Rede sein wird, die mit $\mathfrak{E}_{\curlywedge}$ bezeichnet werden müssen, wird die Doppeldeutigkeit von $\mathfrak{U}_{\curlywedge}$ nicht stören.

3. Die Erdspannungen ($\mathfrak{U}_{E}$) zwischen den Phasen und dem Nullleiter 0 bzw. der Erde: $\mathfrak{U}_{R0}$, $\mathfrak{U}_{S0}$, $\mathfrak{U}_{T0}$ mit dem Zusammenhang zwischen $\mathfrak{U}_{E}$ und $\mathfrak{U}_{\Delta}$: $\mathfrak{U}_{RS} = \mathfrak{U}_{R0} - \mathfrak{U}_{S0}$; $\mathfrak{U}_{ST} = \mathfrak{U}_{S0} - \mathfrak{U}_{T0}$; $\mathfrak{U}_{TR} = \mathfrak{U}_{T0} - \mathfrak{U}_{R0}$.

4. Die Nullspannung $\mathfrak{U}_0$ ist die Spannungsdifferenz zwischen dem elektrischen Schwerpunkt 0′ und dem Nulleiter 0 und gegeben durch $\mathfrak{U}_0 = -\frac{1}{3}(\mathfrak{U}_{R0} + \mathfrak{U}_{S0} + \mathfrak{U}_{T0})$; sie hat mit $\mathfrak{U}_{\curlywedge}$ den Zusammenhang:

$$\mathfrak{U}_R - \mathfrak{U}_0 = \mathfrak{U}_{R0}; \quad \mathfrak{U}_S - \mathfrak{U}_0 = \mathfrak{U}_{S0}; \quad \mathfrak{U}_T - \mathfrak{U}_0 = \mathfrak{U}_{T0}.$$

Falls die Erzeuger- und Belastungssternpunkte infolge 3-phasiger Symmetrie mit 0′ zusammenfallen, ist sowohl $\mathfrak{U}_0$ als auch $\mathfrak{J}_0$ für die Grundwelle aber nicht für die durch 3 teilbaren Oberwellen gleich Null, da diese Oberwellen in den 3 Phasenspannungen gleichphasig auftreten.

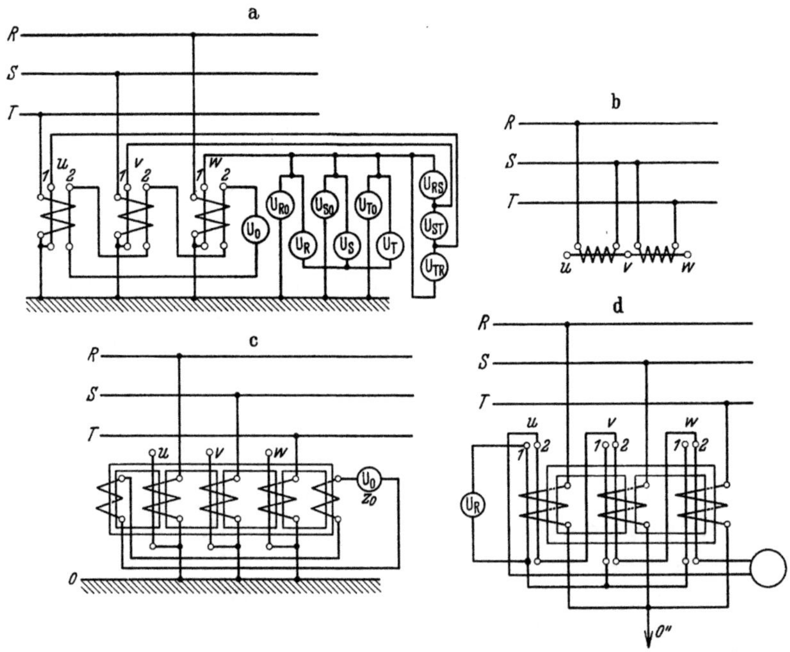


Abb. 3a—d. Spannungswandler und deren Schaltungen. a Sternschaltung. b V-Schaltung. c Fünfschenkelwandler. d Stützdrossel.

Abb. 3a zeigt einen Spannungswandlersatz von drei einseitig geerdeten Einphasenwandlern mit 2 Sekundärwicklungen. Durch entsprechenden Anschluß an die Hauptwicklung (1) werden $\mathfrak{U}_{\Delta}$, $\mathfrak{U}_E$, $\mathfrak{U}_{\curlywedge}$ und $\mathfrak{U}_0$ an den drei in Reihe geschalteten Hilfswicklungen (2) gemessen; die 3 Meßsysteme für $\mathfrak{U}_{\curlywedge}$ müssen gleichen Widerstand besitzen.

Abb. 3b zeigt die bekannte V-Schaltung zweier an verkettete Spannungen angeschlossener Wandler, mit denen $\mathfrak{U}_{\Delta}$ und $\mathfrak{U}_{\curlywedge}$ zu messen sind. Der Einphasenwandlersatz (Abb. 3a) läßt sich auch durch einen Fünfschenkelwandler (Abb. 3c), d. h. einen Dreiphasenwandler mit magnetischem Rückschluß ersetzen. Die Nullspannung kann durch magnetische Summation mittels zweier, auf den Außenschenkeln oder dreier auf den

Mittelschenkeln aufgebrachter und in Serie geschalteter Tertiärwicklungen gemessen werden; bei vorhandenem Erdschlußlöscher tritt $U_0$ auch an dessen Klemmen auf und kann auf geeignete Weise gewonnen werden. Der innere Widerstand des Wandlers für die drei, über jede Hochspannungswicklung gleichphasig fließenden Nullkomponenten eines Erdstromes ist proportional dem an die Tertiärwicklung angeschlossenen Belastungswiderstand $Z_0$. Das gleiche gilt prinzipiell für die sog. Stützdrossel (Abb. 3d), einem Dreiphasenwandler ohne magnetischen Rückschluß, mit dem Unterschied, daß dieser schon bei offener Tertiärwicklung (2) einen relativ geringen Widerstand für einen aus dem Hochspannungssternpunkt abfließenden Strom besitzt, der proportional der Jochstreuung ist. Das Potential des Sternpunktes $0''$ liegt bei Stromentnahme aus diesem dem elektrischen Systemschwerpunkt um so näher, je kleiner der Schließungswiderstand der Tertiärwicklung ist. Die Stützdrossel kann auch als Meßwandler benutzt werden; die Sternspannungen $\mathfrak{U}_{\curlywedge}$ sind einzeln meßbar.

## 6. Die symmetrischen Komponenten des Drehstromsystemes.

Bei einem bezüglich der Ströme oder Spannungen unsymmetrischen Drehstromsystem ist es oft zweckmäßig, dieses in zwei symmetrische, das mitläufige und das gegenläufige Drehstromsystem mit Überlagerung eines Einphasensystemes, des Nullsystemes zu zerlegen. Jedes unsymmetrische System, z. B. $\mathfrak{J}_R$, $\mathfrak{J}_S$, $\mathfrak{J}_T$ nach Abb. 4a läßt sich aus einem mitläufigen ($\mathfrak{J}_m$) mit gleicher Phasenfolge und einem gegenläufigen ($\mathfrak{J}_g$) mit entgegengesetzter Phasenfolge und Überlagerung der Nullkomponente ($\mathfrak{J}_n$) zusammensetzen. Der nur für die Grundwelle gültige mathematische Zusammenhang ist:

$$\left.\begin{aligned} \mathfrak{J}_R &= \mathfrak{J}_{mR} + \mathfrak{J}_{gR} + \mathfrak{J}_n = \mathfrak{J}_m + \mathfrak{J}_g + \mathfrak{J}_n \\ \mathfrak{J}_S &= \mathfrak{J}_{mS} + \mathfrak{J}_{gT} + \mathfrak{J}_n = \mathfrak{J}_m \cdot a^2 + \mathfrak{J}_g \cdot a + \mathfrak{J}_n \\ \mathfrak{J}_T &= \mathfrak{J}_{mT} + \mathfrak{J}_{gS} + \mathfrak{J}_n - \mathfrak{J}_m \cdot a + \mathfrak{J}_g \cdot a^2 + \mathfrak{J}_n \end{aligned}\right\} \qquad \text{(D)}$$

Hierin bedeutet $a = e^{j\frac{2}{3}\pi}$ bzw. $a^2 = e^{j\frac{4}{3}\pi}$ eine voreilende Phasenverschiebung von $120^0$ bzw. $240^0$ also ist: $1 + a + a^2 = 0$. Die Nullkomponente $\mathfrak{J}_n$ ist gleichmäßig in jedem Phasenstrom enthalten, solange die Phasenstromsumme verschieden von Null ist und gleich: $\frac{1}{3}(\mathfrak{J}_R + \mathfrak{J}_S + \mathfrak{J}_T$. Im Dreieckstrom $\mathfrak{J}_\Delta$ fällt die Nullkomponente stets heraus. Beim Übergang von $\mathfrak{J}_{\curlywedge}$ auf $\mathfrak{J}_\Delta$ besteht z. B. die Beziehung:

$$\mathfrak{J}_{mRS} = \sqrt{3}\,\mathfrak{J}_{mR} \cdot e^{+j\frac{\pi}{6}}; \qquad \mathfrak{J}_{gRS} = \sqrt{3} \cdot \mathfrak{J}_{gR} \cdot e^{-j\frac{\pi}{6}}.$$

Die Zerlegung von Spannungssystemen kann prinzipiell in gleicher Weise vorgenommen werden; $\mathfrak{U}_n$ ist dabei gleich: $\frac{1}{3}(\mathfrak{U}_R + \mathfrak{U}_S + \mathfrak{U}_T)$.

Eine einfache graphische Methode, um ein Vektordreieck in die symmetrischen Komponenten zu zerlegen, zeigt Abb. 4b. Man zieht von einem Eckpunkt des Dreiecks (*a*) die Mittellinie und eine Hilfslinie unter einem Winkel von 30° und errichtet im Schnittpunkt (*b*) der Mittellinie mit der Dreieckseite ein Lot, dessen Schnittpunkt (*c*) mit der Hilfslinie der geometrische Ort für den einen Endpunkt der gesuchten Vektorkomponenten ($\mathfrak{J}_{mS}$ und $\mathfrak{J}_{gS}$) ist; die geometrische Summe beider

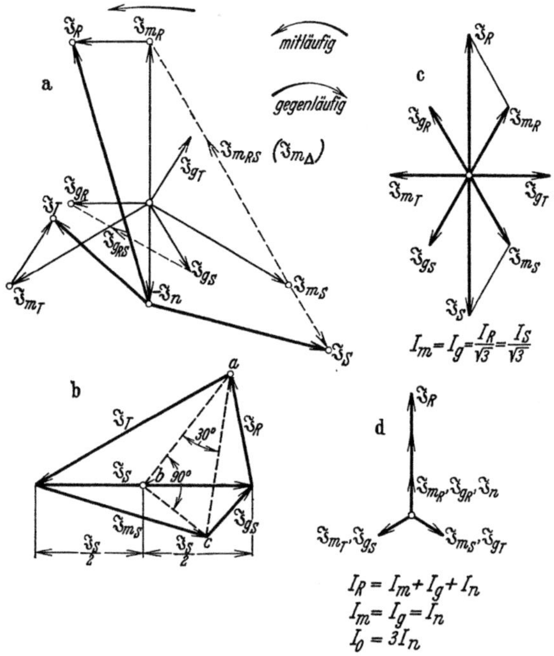


Abb. 4a—d. Die Zerlegung eines Drehstromsystems in seine symmetrischen Komponenten. a Vektordiagramm. b Graphische Zerlegungsmethode. c Zerlegung einer 2-poligen Belastung ($\mathfrak{J}_R$, $\mathfrak{J}_S$). d Zerlegung einer 1-poligen Belastung ($\mathfrak{J}_R$).

Komponenten ist gleich dem von der Mittellinie angeschnittenen Dreieckvektor ($\mathfrak{J}_S$).

Als Beispiel einer einfachen Zerlegung zeigt Abb. 4c den Fall einer 2-phasigen und Abb. 4d den Fall einer 1-phasigen Belastung bei vorhandenem Nulleiter.

Es gibt nun eine Reihe von Schaltungen unter der Bezeichnung: „Drehfeldscheider", mit denen man meßtechnisch die symmetrischen Komponenten aussieben kann. Die Mittel zur Messung der Nullkomponenten waren im voraus ihrer besonderen Einfachheit wegen angegeben. Einen einfachen Strom-Drehfeldscheider zur Messung von $\mathfrak{J}_m$ oder $\mathfrak{J}_g$ unter der Voraussetzung, daß $\mathfrak{J}_0 = 0$ ist, zeigt Abb. 5a, wo der eingeklammerte Phasenanschluß für die Messung von $\mathfrak{J}_m$ gilt. Der Strom $\mathfrak{J}_R$

ruft auf dem Wirkwiderstand $r_1$ eine phasengleiche Spannung $\mathfrak{U}_1$, der Strom $\mathfrak{J}_T$ ($\mathfrak{J}_S$) auf dem Scheinwiderstand $z_2$ von gleichem Betrag wie $r_1$ eine um $60^0$ voreilende Spannung $\mathfrak{U}_2$ hervor. Die vektorielle Summe von $\mathfrak{U}_1$ und $\mathfrak{U}_2$ gleich $\mathfrak{U}_3$ ($\mathfrak{U}_3'$), ist der mitläufigen bzw. gegenläufigen Stromkomponente proportional, denn es ist:

$$\left.\begin{aligned}\mathfrak{U}_3 = k\cdot(\mathfrak{J}_R + \mathfrak{J}_T\cdot e^{j\,60^0}) &= \mathfrak{J}_m + \mathfrak{J}_g + \mathfrak{J}_m\,e^{j\,(120+60^0)} + \\ &+ \mathfrak{J}_g\cdot e^{-j\,60^0} = \mathfrak{J}_g\,(1 + e^{-j\,60^0})\end{aligned}\right\}$$

$$\left.\begin{aligned}\mathfrak{U}_3' = k\,(\mathfrak{J}_R + \mathfrak{J}_S\cdot e^{j\,60^0}) &= \mathfrak{J}_m + \mathfrak{J}_g + \mathfrak{J}_m\,e^{-j\,60^0} + \\ &+ \mathfrak{J}_g\,e^{j\,(120+60)^0} = \mathfrak{J}_m\,(1 + e^{-j\,60^0})\end{aligned}\right\}$$

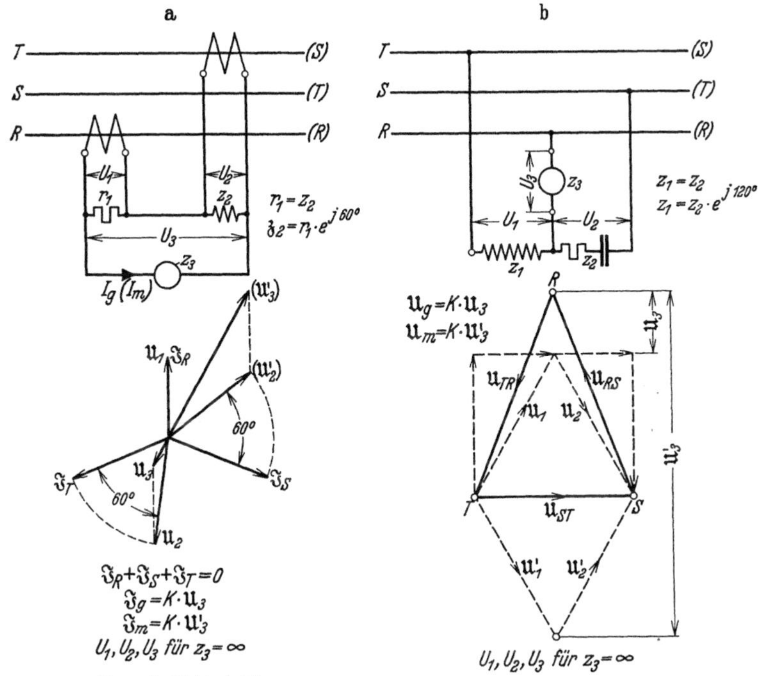


a *Stromdrehfeldscheider* b *Spannungsdrehfeldscheider*

Abb. 5. Drehfeldscheider.

Der im Verbraucher $z_3$ fließende Strom berechnet sich aus $\mathfrak{U}_3$ als Spannungsquelle mit einem inneren Widerstand von $(r_1 + \mathfrak{z}_2 + \mathfrak{z}_3)$. Einen Spannungs-Drehfeldscheider zeigt Abb. 5b, wo sich der in $z_3$ tatsächlich fließende Strom aus $\mathfrak{U}_3$ prop. $\mathfrak{U}_g$ bzw. $\mathfrak{U}_3'$ prop. $\mathfrak{U}_m$ als Spannungsquelle für $z_3 = \infty$ mit dem inneren Widerstand $\frac{\mathfrak{z}_1\cdot\mathfrak{z}_2}{\mathfrak{z}_1 + \mathfrak{z}_2}$ ergibt.

Sämtliche Drehfeldscheider sind frequenzabhängig und nur auf die Grundwelle abgestimmt. Der Fehlereinfluß durch Frequenzänderungen und Oberwellen setzt der absoluten Anzeigegenauigkeit der gegenläufigen Komponente eine Grenze, wenn diese weniger als 5% der mitläufigen beträgt. Die mit- und gegenläufigen Vektorkomponenten können auch getrennt ohne Verwendung von Drehfeldscheidern durch mechanische Summation von Vektorquadraten oder Produkten mittels mehrpoliger Meßsysteme gewonnen werden. Aus den Drehfeldgleichungen D (S. 79) lassen sich nämlich folgende Beziehungen ableiten:

$$I_m^2 + I_g^2 = \frac{1}{3}\,(I_R^2 + I_S^2 + I_T^2)\,. \tag{1a}$$

$$I_m^2 + I_g^2 = \frac{1}{2}\,I_R^2 + \frac{1}{6}\,I_{S\,T}^2\,. \tag{1b}$$

$$I_m^2 + I_g^2 = \frac{2}{3}\,(I_R^2 - I_S \cdot I_T \cdot \cos\varphi_{S,\,T}\,. \tag{1c}$$

$$\left.\begin{aligned} I_m^2 - I_g^2 &= \frac{2}{3}\sqrt{3}\cdot I_R\cdot I_S\cdot \sin\varphi_{R,\,S} = \frac{2}{3}\sqrt{3}\cdot I_S\cdot I_T\cdot\sin\varphi_{S,\,T} = \\ &= \frac{2}{3}\sqrt{3}\cdot I_T\cdot I_R\cdot\sin\varphi_{T,\,R}\end{aligned}\right\} \tag{2a}$$

$$\left.\begin{aligned} I_m^2 - I_g^2 &= \frac{\sqrt{3}}{3}\cdot I_R\cdot I_{S\,T}\cdot\sin\varphi_{R,\,S\,T} = \frac{\sqrt{3}}{3}\cdot I_S\cdot I_{T\,R}\cdot\sin\varphi_{S,\,T\,R} = \\ &= \frac{\sqrt{3}}{3}\cdot I_T\cdot I_{R\,S}\cdot\sin\varphi_{T,\,R\,S}\end{aligned}\right\} \tag{2b}$$

Hierin bedeutet z. B. $\varphi_{T,\,RS}$ den Phasenwinkel zwischen $\mathfrak{I}_T$ und $\mathfrak{I}_{RS}$. Die Summe der Ausdrücke (1) und (2) ergibt $2\,I_m^2$, die Differenz: $2\,I_g^2$, woraus zu folgern ist, daß man mit einem 3-poligen Meßorgan auskommen kann. Z. B. ergibt sich nach Gleichung (1b) und (2a):

$$I_g^2 = \frac{1}{4}\,I_R^2 + \frac{1}{12}\,I_{S\,T}^2 - \frac{\sqrt{3}}{3}\,I_R\cdot I_{S\,T}\cdot\sin\varphi_{R,\,S\,T}\,,$$

$$I_m^2 = \frac{1}{4}\,I_R^2 + \frac{1}{12}\,I_{S\,T}^2 + \frac{\sqrt{2}}{3}\,I_R\cdot I_{S\,T}\cdot\sin\varphi_{R,\,S\,T}\,.$$

Alle Glieder können durch Zählertriebsysteme bequem dargestellt werden. Als Vorteil dieser Methode ist die geringe Wandlerbelastung zu nennen.

## B. Leistungen.

Unter Leistung wird meßtechnisch allgemein ein skalares Produkt aus Strom und Spannung bzw. eine Summe solcher Produkte verstanden; sie ist also im Effektivwert ausgedrückt $N = \Sigma\, U \cdot I \cdot \cos\,(\varphi - \psi)$; hierbei bedeutet $\varphi$ den äußeren Nacheilphasenwinkel des Stromes gegen die Spannung und $\psi$ den inneren Nacheilphasenwinkel des Meßsystemes. Der übliche dynamometrische Leistungsmesser besitzt eine Stromspule und eine Spannungsspule. Ist der Strom in der Spannungsspule phasengleich mit der angelegten Spannung, so ist $\psi = 0^0$, ist er dagegen (mittels sog. Kunstschaltungen) um $90^0$ verschoben, so ist $\psi = \pm\, 90^0$. Im ersten Falle wird die Wirkleistung $N_W = U \cdot I \cdot \cos\varphi$ im zweiten Falle die

Blindleistung $N_B = U \cdot I \cdot \sin\varphi$ gemessen. Liegt der Winkel $\psi$ zwischen 0 und 90°, so wird eine Mischleistung:

$$N_M = U \cdot I\,[\cos\varphi\cos\psi + \sin\varphi \cdot \sin\psi] = N_W \cos\psi + N_B \cdot \sin\psi$$

gemessen.

Die Gesamtleistung eines Drehstromsystemes ohne Nulleiter ist

$$N = \mathfrak{I}_R \cdot \mathfrak{U}_R + \mathfrak{I}_S \cdot \mathfrak{U}_S + \mathfrak{I}_T \cdot \mathfrak{U}_T \quad \text{oder für } \Sigma\,\mathfrak{I}_\curlywedge = 0\,,$$
$$N = \mathfrak{U}_{ST} \cdot \mathfrak{I}_S - \mathfrak{U}_{TR} \cdot \mathfrak{I}_R\,.$$

Diese Leistung läßt sich durch zwei mechanisch gekuppelte Leistungsmeßwerte in der bekannten Aronschaltung messen.

Die Gesamtleistung eines Drehstromsystemes mit Nulleiter ist:

$$N = \mathfrak{I}_R \cdot \mathfrak{U}_R + \mathfrak{I}_S \cdot \mathfrak{U}_S + \mathfrak{I}_T\,\mathfrak{U}_T + \mathfrak{I}_0\,\mathfrak{U}_0 \text{ oder für } \Sigma\,\mathfrak{I}_\curlywedge = -\mathfrak{I}_0\,,$$
$$N = \mathfrak{I}_R \cdot \mathfrak{U}_{R0} + \mathfrak{I}_S \cdot \mathfrak{U}_{S0} + \mathfrak{I}_T \cdot \mathfrak{U}_{T0}\,.$$

Diese Leistung läßt sich durch drei mechanisch gekuppelte Leistungsmeßwerte darstellen.

In den meisten Fällen kommt es nur auf die Ermittlung der Stromrichtung an, zu welchem Zwecke man ein- oder mehrphasige Leistungsmeßwerke in Spezialschaltungen verwendet, die an späterer Stelle behandelt werden. Wichtig ist noch der Begriff der symmetrischen Leistungskomponenten, d. h. der mit- und gegenläufigen, sowie der Nulleistung. Es gilt allgemein für die Gesamtleistung

$$N = 3\,(\mathfrak{U}_{m\curlywedge} \cdot \mathfrak{I}_{m\curlywedge}) + 3\,(\mathfrak{U}_{g\curlywedge} \cdot \mathfrak{I}_{g\curlywedge}) + 3\,\mathfrak{U}_n \cdot \mathfrak{I}_n = N_m + N_g + N_n\,,$$

daraus ergibt sich, daß alle skalaren Produkte aus systemfremden Strömen und Spannungen (z. B. $\mathfrak{U}_m \cdot \mathfrak{I}_n$) Null sind. Im einfachen Fall: $N_n = 0$ kann man z. B. $N_g$ für sich mit einem Leistungssystem messen, dessen Strom $\mathfrak{I}_{g\curlywedge}$ einem Strom-Drehfeldscheider, z. B. Schaltung 5a, und dessen Spannung $\mathfrak{U}_{g\Delta}$ einem Spannungs-Drehfeldscheider, z. B. Schaltung 5b, entnommen wird. Auch die Verwendung der Aronschaltung mit zwei Drehfeldscheidern für Strom oder Spannung ist möglich. Die Nullleistung ist: $N_n = \mathfrak{I}_0 \cdot \mathfrak{U}_0$.

Die mit- und gegenläufige Leistung läßt sich auch durch mehrpolige Meßorgane ohne Verwendung von Drehfeldscheidern gewinnen. Es ist nämlich für $I_n = U_n = 0$.

$$N_m + N_g = N = U_{RS} \cdot I_R \cdot \cos\varphi_{RS,R} - U_{ST} \cdot I_T \cdot \cos\varphi_{ST,T} = \ldots.$$
$$N_m - N_g = \sqrt{3}\,(U_R \cdot I_S \cdot \sin\varphi_{R,S} - U_S \cdot I_R \cdot \sin\varphi_{S,R}) = \ldots.$$

wobei $U_R$ und $U_S$ die Sternspannungen eines künstlichen, symmetrischen Widerstandssternes sind. Mittels vierer mechanisch gekuppelter Leistungsmeßsysteme oder zweier Zählermeßsysteme mit doppeltem Spannungseinfluß (2 Wicklungen), die nach Vorschrift der beiden letzten Gleichungen angeschlossen werden, lassen sich also je nach der Polung $N_m$ und $N_g$ für sich darstellen.

### C. Widerstände und Leitwerte.

Es seien bezeichnet:

der Wirkwiderstand $= r\,(\Omega)$, der Wirkleitwert $= \varrho\left(\frac{1}{\Omega}\right)$,

der Blindwiderstand $= x\,(\Omega)$, der Blindleitwert $= \xi\left(\frac{1}{\Omega}\right)$,

der Scheinwiderstand $= z$ der Scheinleitwert $= \zeta\left(\frac{1}{\Omega}\right)$.

$= \sqrt{r^2 + x^2}\,(\Omega)$, $= \sqrt{\varrho^2 + \xi^2}\left(\frac{1}{\Omega}\right)$.

Induktiver Blindwiderstand und kapazitiver Blindleitwert werden positiv gerechnet.

Der Zusammenhang zwischen den Widerstands- und Leitwertkomponenten ist:

$$\varrho = \frac{r}{r^2 + x^2}; \quad \xi = \frac{-x}{r^2 + x^2}; \quad r = \frac{\varrho}{\varrho^2 + \xi^2}; \quad x = \frac{-\xi}{\varrho^2 + \xi^2}.$$

Meßtechnisch können Scheinwiderstand und Leitwert durch mechanisch gekuppelte Strom- und Spannungsmeßwerke und deren Komponenten mit Strom- oder Spannungssystemen und Leistungsmeßwerken dargestellt werden. Die Drehmomente der Wechselstrom- und Spannungsmeßwerke sind bekanntlich dem Quadrat der Meßgrößen proportional; ein linearer Zusammenhang besteht bei Leistungsmeßwerken und Gleichstrommeßsystemen mit vorgeschaltetem Gleichrichter, wobei nicht der Effektivwert, sondern der Mittelwert gemessen wird. Es sind:

$$z^2 = \frac{U^2}{I^2}, \quad \zeta^2 = \frac{I^2}{U^2}, \quad r = z \cdot \cos\varphi = \frac{N_W}{I^2}; \quad x = z \cdot \sin\varphi = \frac{N_B}{I^2},$$

$$\varrho = \zeta \cos\varphi = \frac{N_W}{U^2}; \quad \xi = \zeta \sin\varphi = \frac{N_B}{U^2}.$$

Entsprechend der Mischleistung $N_M$ können auch die entsprechenden linearen Mischwiderstände und Leitwerte: $\frac{N_M}{I^2}$ und $\frac{N_M}{U^2}$ und außer $z$ und $\zeta$ noch andere quadratische oder gemischt linear-quadratische Meßgrößen gebildet werden, die im Abschnitt über Distanzschutz noch behandelt werden. Bei einer Widerstandsmessung über Strom- und Spannungswandler ist der hochspannungsseitig auftretende Widerstand $z_H$ mit dem Quotienten aus Stromwandler- zu Spannungswandlerübersetzung zu multiplizieren, um die niederspannungsseitig resultierenden Meßgröße $z_N$ zu erhalten; ist z. B. die Spannungsübersetzung 10000/100, die Stromübersetzung 200/5, so ergibt sich $z_N = z_H \cdot \frac{200}{5} \cdot \frac{100}{10000}$.

## II. Typische Kennzeichen einzelner Fehlerarten am Relaisort.

### 1. Allgemeines.

Die Überlastung ist am Ansteigen der Ströme über ihren Nennwert evtl. verbunden mit mäßiger Spannungssenkung oder auch an einer Überleistung leicht erkenntlich. Eine **Unsymmetrielast** wird an der ungleichen Größe der Ströme erkannt; als eine der Unsymmetriehöhe direkt proportionale Meßgröße kann die gegenläufige Komponente $\mathfrak{J}_g$ des Stromsystems oder der Leistung $N_g$ zur Anzeige herangezogen werden. Die Phasenunterbrechung bedeutet außer dem Kurzschlußfall das Höchstmaß der Unsymmetrie und wird mittels der vorher genannten Mittel um so leichter festgestellt, je höher die Lastströme sind. Im Leerlauf treten bei Phasenbruch dem Erdschluß ähnliche Erscheinungen auf.

## 2. Der einpolige Erdschluß.

Unter diesem Fehlerfall versteht man bekanntlich den Erdschluß einer Phase im Drehstromsystem, dessen Generatoren- oder Transformatorensternpunkt isoliert gegen Erde oder über Löscheinrichtungen oder über Strombegrenzungswiderstände geerdet ist. Direkt meßtechnisch bemerkbar kann sich der Erdschluß gemeinsam nur in solchen Anlageteilen machen, die galvanisch mit dem Erdschlußort gekoppelt sind. Als sicherstes Kennzeichen hat in erster Linie die auftretende Nullspannung $U_0$ in zweiter Linie der Nullstrom $I_0$ zu gelten, der aber nicht an jeder Stelle des betroffenen Anlageteiles vorhanden sein braucht. Abb. 6 zeigt eine von einem Generator gespeiste leerlaufende oder auch belastete Leitung. Der Erdungswiderstand des Generators $z_0$ ist beim isolierten Sternpunkt, dem ersten zu betrachtenden Fall, als unendlich groß anzusehen. Der Generator ist außer durch die Lastströme infolge Energielieferung auch durch die Kapazitätsströme der Leitung belastet, die durch die Teilkapazitäten $C_K$ zwischen den Leitern und $C_E$ zwischen Leiter und Erde fließen. Diese sind nach Abb. 6a für die gesamte Leitungslänge am Ende der Leitung konzentriert zu denken. Der Einfachheit halber ist für eine prinzipielle Darstellung anzunehmen, daß die 3 $C_E$ und 3 $C_K$ unter sich gleich sind. Das Ersatzschaltbild der Kapazitätsbelastung in Form von Blindleitwerten $\xi = \omega C$ zeigt Abb. 6c. Das Erdpotential 0 liegt offenbar im elektrischen Schwerpunkt 0′ des Spannungsdreiecks $RST$ (Abb. 6b). Tritt nun am Leitungsort $F$ z. B. auf der Phase $R$ ein satter Erdschluß, d. h. mit vernachlässigbarem Übergangswiderstand gegen Erde auf, so muß die Phase $R$ das Erdpotential 0 annehmen; von den vorher gleichen Erdspannungen $U_E$ wird nach Abb. 6d: $U_{R0} = 0$; $U_{S0} = -U_{SR}$; $U_{T0} = -U_{TR}$ mit der Bedeutung, daß jeder Leiter gleichphasig eine Zusatzspannung $-U_R$ aufgedrückt erhält; an der Größe der vorher die Leitung durchfließenden Lastströme ändert sich bei diesem Vorgang nichts. Der Erdschluß wird also leicht erkannt durch die auftretende Nullspannung $U_0 = U_{\curlywedge}$, wobei die erdschlußbelastete Phase ihre Erdspannung $U_E$ verliert und die Erdspannungen der beiden anderen Phasen auf $\sqrt{3}\,U_{\curlywedge} = U_{\Delta}$ ansteigen. Nach dem allgemeinen Superpositionsverfahren, dessen Anwendung für die rechnerische Behandlung von Drehstromproblemen infolge seiner Anschaulichkeit und Einfachheit sehr zu empfehlen ist, kann man sich in der Erdschlußstelle die vor Eintritt des Erdschlusses dort vorhandene Erdspannung als allein wirksame EMK denken, die nach Eintritt des Erdschlusses bei kurzgeschlossen gedachtem Generator über die parallel geschalteten Erdkapazitäten den tatsächlich fließenden Nullstrom $I_0$ treibt; der innere Widerstand des Generators und der Leitungswiderstand kann hier unberücksichtigt bleiben, da der auf ihnen durch $I_0$ hervorgerufene Spannungsabfall vernachlässigbar klein ist. Das

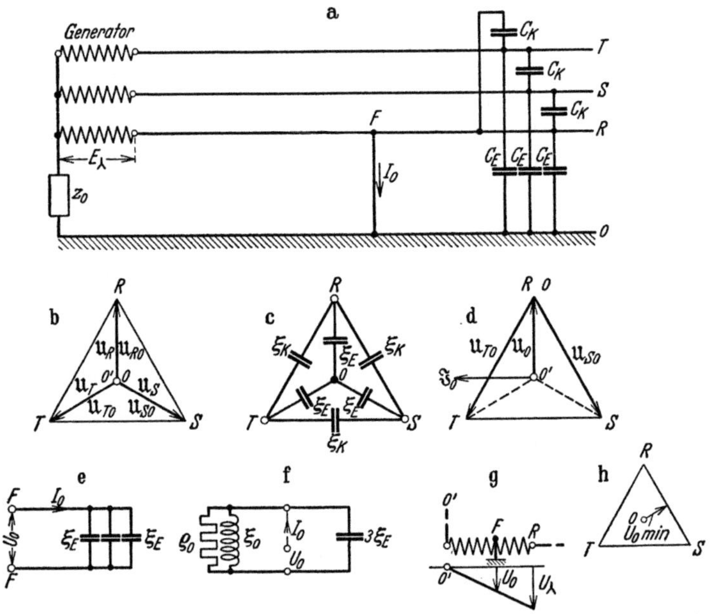


Abb. 6a—h. Der metallische Erdschluß. a Netzschaltbild, Spannungsdiagramme: b, d Für Normalbetrieb und Erdschluß. c Teilkapazitäten. e, f Ersatzschaltbilder für isolierten und über Löscheinrichtungen geerdeten Sternpunkt. g, h Maschinenerdschluß bei Stern- und Dreieckschaltung.

am Erdschlußort auftretende Maximum von $I_0$ ist also nach Abb. 6e: $\mathfrak{J}_0 = j\,\mathfrak{U}_R \cdot 3\,\xi_E$.

Ist der Generator über eine Löschdrossel geerdet, deren Blindleitwert $\xi_0$ und deren Wirkleitwert $\varrho_0$ (etwa 3...5% von $\xi_0$) ist, wobei für „Abstimmung“ bekanntlich $\xi_0 = -3\,\xi_E$ in Hinsicht auf die Grundwelle sein muß, so ergibt sich leicht nach Abb. 6f die Größe des Nullstromes als Minimum am Erdschlußort zu: $\mathfrak{J}_0 = \mathfrak{U}_R \cdot \varrho_0$, d. h. in die Erdschlußstelle fließt nur der Verluststrom der Drossel $z_0$, dessen Größe zwischen Erdschlußstelle bis zum Generator konstant bleiben muß, während auf beiden Seiten von dem Erdschlußort die Kapazitätsströme aus dem Erdleiter abfließen müssen. Der Erdschlußreststrom an dem Erdschlußort erhält außer der kleinen Wattkomponente der Grundharmonischen noch meist eine fünfte Harmonische viel größerer Amplitude. Beim Abschalten eines Erdschlusses im gelöschten Netz bewegt sich die Spitze der Nullspannung (vgl. Abb. 6 d) auf einer logarithmischen Spirale mit der Rotationsgeschwindigkeit: $\omega\left(1-\sqrt{\frac{\xi_0}{3\,\xi_E}}\right)$ dem Punkt 0′ zu. Bei geringer Dämpfung (Kabelnetz!) des Erdschluß-Schwingungskreises ($\xi_0, 3\,\xi_E$) können daher kurz nach dem Verschwinden des Erdschlusses auch die Erdspannungen der nicht vom Erdschluß betroffenen Phasen erheblich kleiner als die Sternspannung werden.

Für Strombegrenzungsleitwerte $\varrho_0$ gilt allgemein

$$I_0 = U_\curlywedge \cdot \sqrt{\varrho_0^2 + (\xi_0 - 3\,\xi_E)^2},$$

solange diese groß gegen Generator- und Leitungswiderstand sind. Die Nullspannung $U_0$ kann aber in 2 Fällen kleiner als die Phasenspannung werden, nämlich beim sog. Gestellschluß von Stromerzeugern und Verbrauchern und beim Auftreten erheblicher Übergangswiderstände am Erdschlußort. Beim Gestellschluß eines sterngeschalteten Generators, dessen betroffene Phase $R$ in Abb. 6g herausgezeichnet ist, ist die Nullspannung um so kleiner, je näher sich der Gestellschluß am Sternpunkt 0′ befindet. Direkt im Sternpunkt oder in großer Nähe desselben liegende Fehler können sich nur bei künstlicher Verlagerung des Erdpotentials mittels Hilfsspannungen bemerkbar machen, wobei das Erdpotential von jedem denkbaren Wicklungspotential verschieden sein soll. Bei Dreieckschaltung kann nach Abb. 6h $U_0$ nur zwischen $\frac{1}{2}\,U_\curlywedge$ und $U_\curlywedge$ schwanken.

## 3. Der Erdschluß über Widerstand.

Nimmt man an der Erdschlußstelle im Netz mit isoliertem Sternpunkt ($z_0 = \infty$) einen Übergangsleitwert $\varrho$ an, so sind die Verhältnisse an Hand des aus Abb. 6e erweiterten Ersatzschaltbildes 7c gemäß der in Abb. 7a skizzierten Phasenbelastung leicht abzuleiten. Die tatsächliche Nullspannung wird $\mathfrak{U}_0 = \mathfrak{U}_R \frac{\varrho}{\varrho + j\,3\,\xi_E}$ und $\mathfrak{J}_0 = j\,\mathfrak{U}_0 \cdot 3\,\xi_E$. Da die Teilspannungen: $\mathfrak{U}_{R0} = \frac{\mathfrak{J}_0}{\varrho}$ und $\mathfrak{U}_0 = -j\,\frac{\mathfrak{J}_0}{3\,\xi_E}$ aufeinander senkrecht stehen und ihre vektorielle Summe $\mathfrak{U}_\curlywedge =$ konstant ergeben, bewegt sich nach Abb. 7b das Erdpotential 0 mit wachsendem Übergangsleitwert $\varrho$ vom elektrischen Schwerpunkt 0′ auf einem Halbkreis über der vom Erdschluß betroffenen Sternspannung $U_R$ nach dem Dreieckpunkt $R$, wobei $I_0$ immer $U_0$ um 90° voreilt. Die relative Größe $\frac{U_0}{U_\curlywedge}$ hängt vom Verhältnis $\frac{\xi_E}{\varrho}$ ab und ist gegeben durch:

$$\frac{U_0}{U_\curlywedge} = 1 : \sqrt{1 + \left(\frac{3\,\xi_E}{\varrho}\right)^2}.$$

Für Freileitungen kann man etwa $3\,\xi_E \sim 4{,}5 \cdot l_{\mathrm{km}}$ in $\mu$S rechnen, womit also $U_0$ in Prozent von $U_\curlywedge$ sich zu $U_0^{\%} = 100 : \sqrt{1 + 20 \cdot r^2 \cdot l^2 \cdot 10^{-12}}$

mit $r$ in $\Omega$ Übergangswiderstand und $l$ in Kilometer ergibt; für $l = 200$ km Freileitung bzw. 10 km Kabel ist:

| | | | | | | | | |
|---|---|---|---|---|---|---|---|---|
| $r\Omega =$ | 0 | 100 | 1000 | 2000 | 3000 | 4000 | 5000 | 10000 |
| $U_0^{\%} =$ | 100 | 99,6 | 75 | 49 | 35 | 27 | 22 | 10 |

Aus diesen Zahlen erkennt man, daß praktisch immer mit nahezu voller Nullspannung zu rechnen ist.

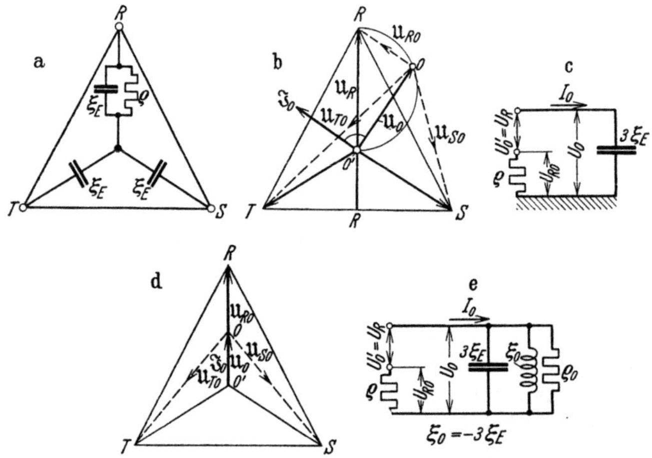


Abb. 7a—e. Der Erdschluß über Widerstand. a Erdschluß im Drehstromsystem, Spannungsdiagramme und Ersatzschaltbilder: b, c bei isoliertem Sternpunkt, d, e bei über Löscheinrichtungen geerdetem Sternpunkt.

Im vollkommen gelöschten Netz mit der eingehaltenen Resonanzbedingung: $\xi_0 = -3\,\xi_E$ ergibt sich in ähnlicher Weise nach Abb. 7e

$$\mathfrak{U}_0 = \mathfrak{U}_R \cdot \frac{\varrho}{\varrho + \varrho_0}; \qquad \mathfrak{J}_0 = \mathfrak{U}_0 \frac{\varrho \cdot \varrho_0}{\varrho + \varrho_0}$$

und die Teilspannungen:

$$\mathfrak{U}_{R\,0} = \frac{\mathfrak{J}_0}{\varrho} \quad \text{und} \quad \mathfrak{U}_0 = \frac{\mathfrak{J}_0}{\varrho_0}.$$

$\mathfrak{J}_0$ ist also in Phase mit $\mathfrak{U}_0$; $\mathfrak{U}_{R\,0}$ und $\mathfrak{U}_0$ fallen in die gleiche Richtung wie $U_R$ (Abb. 7d). Das Erdpotential 0 bewegt sich also mit wachsendem Übergangsleitwert $\varrho$ geradlinig von 0′ nach $R$. Rechnet man $\varrho_0$ zu etwa 5% von $\xi_0$, so kann man für Freileitungen $\varrho_0 = 0{,}25\, l_{\text{km}}$ ($\mu S$) setzen und erhält $U_0^{\%} = 100 \colon [1 + r \cdot l \cdot 0{,}25 \cdot 10^{-6}]$, wobei $r\left(= \frac{1}{\varrho}\right)$ in $\Omega$ und $l$ in Kilometer einzusetzen ist.

Als Beispiel ergibt sich für $l = 200$ km Freileitung:

| | | | | | |
|---|---|---|---|---|---|
| $r\Omega =$ | 0 | 100 | 1000 | 5000 | 10000 |
| $U_0^{\%} =$ | 100 | 99,5 | 95 | 80 | 66 |

Auch im gelöschten Netz ist also bei genauer Abstimmung praktisch mit voller Nullspannung zu rechnen. Bei Unterkompensation $\xi_0 < 3\,\xi_E$

und Überkompensation $\xi_0 > 3\,\xi_E$ liegt der geometrische Ort des Erdpotentials auf Kreisen, für die die erdschlußbetroffene Phasenspannung eine Sehne ist; im ersten Fall liegt das Erdpotential rechts, im zweiten Fall links von dieser Sehne. $U_0$ kann — wie sich für jeden Fall leicht ermitteln läßt — höchstens die vorher verzeichneten Minimalwerte für das ungelöschte Netz annehmen.

## 4. Der Kurzschluß.

Der Kurzschlußzustand unterscheidet sich vom Überlastzustand in erster Linie durch eine wesentlich größere Spannungsabsenkung, in zweiter Linie durch den gleichzeitig auftretenden Überstrom. Je höher die Betriebsspannung ist, um so niedriger liegen die möglichen Mindest-Kurzschlußströme gegenüber dem Nennstrom, die in Höchstspannungsnetzen sogar nur 25...50% des Nennstroms betragen können. Falls mit einem genügend hoch über dem Nennstrom liegenden Kurzschlußstrom zu rechnen ist, macht das einwandfreie Erkennen des Kurzschlußzustandes keine Schwierigkeiten. Im anderen Falle wählt man als Kriterium nicht die Spannungssenkung allein, sondern überwacht zweckmäßig die sog. Betriebsimpedanz. Stellt man sich einen Einphasengenerator vor, der über eine lange Doppelleitung einen Verbraucher speist, dann ist der Nennstrom $I_N$ und der kleinstmögliche Kurzschlußstrom $I_{K\min}$ bekannt, der bei Doppelleitungsbetrieb in einer Leitung etwa an deren Ende auftreten kann; ferner könnte man als betriebsmäßig vorkommende Überlastung den doppelten Nennstrom und betriebsmäßig auftretende Spannungssenkungen zu z. B. 30% annehmen. Unter solchen Voraussetzungen ist in Abb. 8 die Betriebsimpedanz, d. h. der Quotient $\frac{U}{I}$ für 100% Nennspannung in Abhängigkeit vom Strom (als Hyperbel) aufgetragen. Das Kurzschlußgebiet wird offenbar nach oben durch die Betriebsimpedanz für normale Spannungssenkungen (70% Nennspannung) und nach links durch den Wert von $I_{K\min}$ (z. B.

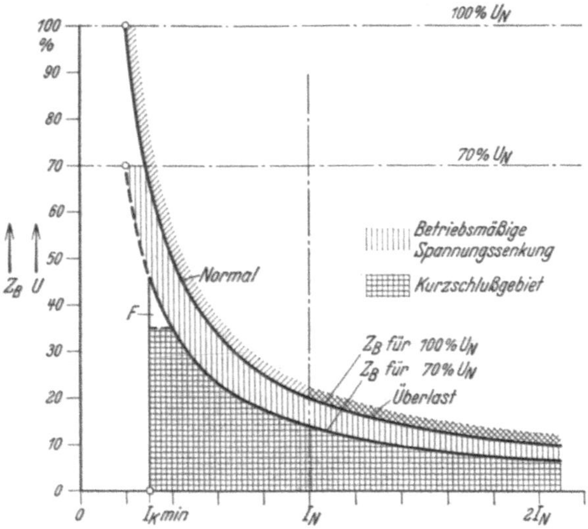


Abb. 8. Das Kurzschluß-Impedanz-Kriterium.

30% $I_N$) begrenzt. Bei sehr kleinem Wert von $I_{K\min}$ eines Netzes kann die sichere Feststellung des Kurzschlußzustandes schwierig werden, wenn bei mittlerem Kurzschlußstrom die Kurzschlußspannung infolge eines am Kurzschlußort, z. B. auf Leitungsmitte bestehenden Lichtbogens relativ hoch ist, so daß am Leitungsende ein erheblicher Laststromfluß bestehen bleibt, der dort evtl. als Kurzschlußstrom gelten kann. Bei einem 2-poligen Kurzschluß im Dreiphasensystem, z. B. zwischen $S—T$ (Abb. 9a) sind die Belastungsströme den Sternspannungen proportional und sinken bei hohen Kurzschlußspannungen nicht erheblich; bei verschwindend kleiner Kurzschlußspannung nehmen sie in den vom Kurzschluß betroffenen Phasen $S$ und $T$ bis auf die Hälfte ab, während in der gesunden Phase $R$ keine Änderung eintritt. Die beiden nicht vom Kurzschluß betroffenen Dreieckspannungen ($U_{RS}$ und $U_{TR}$) fallen bei $U_{ST} = 0$ auf 86% ihres Normalwertes und können bei schwacher Maschinenerregung noch weiter sinken. Man schneidet zweckmäßig der Sicherheit halber für den Ansprechbereich des Kurzschlußindikators eine gewisse Fläche $F$ bei $I_{K\min}$ (Abb. 8) vom Kurzschlußgebiet ab. Diese Tatsachen sind besonders für die Anregung von Distanzschutzsystemen wohl zu beachten.

Der 2- und 3-polige Kurzschluß bei isoliertem Netzsternpunkt (Abb. 9a—g).

Beim 2-poligen Kurzschluß (Abb. 9a), der in diesem Zusammenhang allgemein nicht über einen Lichtbogen bestehen soll und darum metallisch genannt wird, kann als treibende Spannung $U_K$ für den Kurzschlußstrom $I_K$ die verkettete Spannung $U_\Delta$, im Beispiel: $U_{ST}$ für die Schleifenbahn des Stromes vom Meßort $M$ zum Kurzschlußort und zurück oder nach Abb. 9b $\frac{U_{ST}}{2}$ für $I_S$ und $\frac{U_{TS}}{2}$ für $I_T$ auf der Hin- oder Rückleitung zwischen Meß- und Kurzschlußort angesehen werden. Der Phasenwinkel $\varphi_K$ zwischen $U_K$ und $I_K$ ist immer nacheilend. Kommt zu dem 2-poligen Kurzschluß noch eine Erdverbindung am gleichen Ort (Gesellschaftserdschluß), so verschiebt sich das Erdpotential 0 vom elektrischen Schwerpunkt 0′ auf Mitte von $U_{ST}$, wobei also die Nullspannung $U_0 = \frac{1}{2} U_\curlywedge$ auftritt. Ergibt sich der 2-polige Kurzschluß aus 2 Erdschlüssen verschiedener Phase an verschiedenem Ort (Doppelerdschluß, Abb. 9d), so fließt zwischen den Erdschlußstellen ein Strom über Erde; in diesem Streckenabschnitt ist bei einseitiger Speisung nur ein Leiterstrom (z. B. $I_S$) vorhanden; bei zweiseitiger Speisung fließen im Gegensatz zum 2-poligen Kurzschluß zwei gleichgerichtete Leiterströme. Das Erdpotential 0 befindet sich je nach der Lage der Meßstelle zwischen $S$ und $T$ auf $U_{ST}$ entsprechend $U_0 \geqq \frac{1}{2} U_\curlywedge$.

Beim 3-poligen Kurzschluß ist die Phasenspannung $U_\curlywedge$ treibende Spannung (Abb. 9e, g) für $I_\curlywedge$ auf jeder Hinleitung vom Meß- zum Fehlerort.

Als zu überwachende „Betriebsimpedanz" ist zweckmäßig der Quotient $\frac{U_{\Delta}}{I_{\curlywedge}}$ zu wählen, da $U_{\curlywedge}$ beim 2-poligen Kurzschluß nur auf $\frac{U_{\curlywedge}}{2}$ sinken kann.

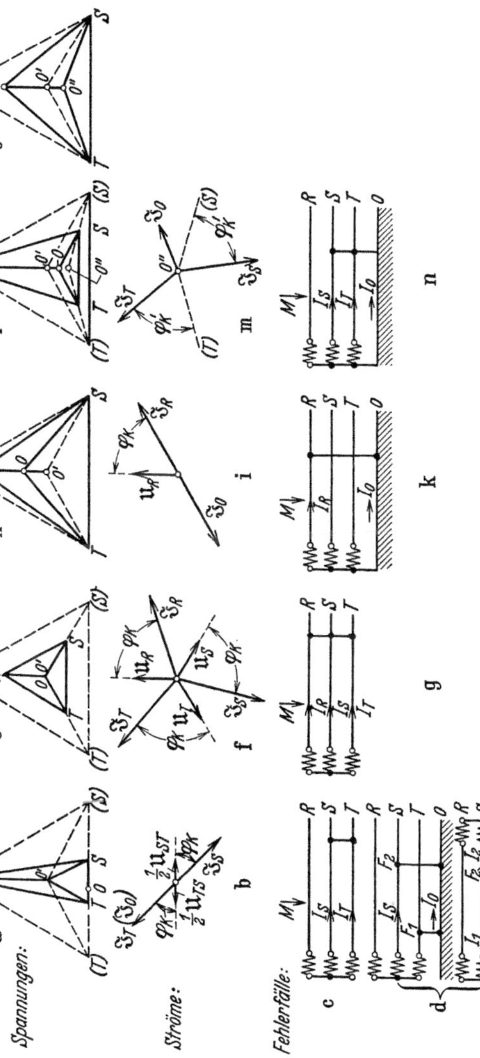


Abb. 9a—o. Ströme und Spannungen im Drehstromsystem bei verschiedenen Kurzschlußfällen. a, b, c 2-poliger Kurzschluß, d 2-poliger Erdschluß. e, f, g 3-poliger Kurzschluß. h, i, k 1-poliger Erdkurzschluß. l, m, n 2-poliger Erdkurzschluß. o 1-poliger Kurzschluß.

Der 1- und der 2-polige Erdkurzschluß bei geerdetem Netzsternpunkt (Abb. 9h—n).

Beim 1-poligen Erdkurzschluß auf $R$ (Abb. 9h—k) ist als treibende Spannung $U_R$ für $I_R$ auf Hin- und Rückleitung (Erde) anzusehen; $I_R$

fließt in der Erde als $-I_0$ zurück; das Erdpotential 0 liegt auf dem Vektor $\mathfrak{U}_R$, bei $U_{R0}=0$ vom elektrischen Schwerpunkt 0′ um $\frac{1}{2}U_R$ verschoben. Beim doppelten Erdkurzschluß (Abb. 9l—n) sind als treibende Spannungen $U_{0''0'}$ für $I_0$ auf der Erdstrecke, $U_{0''S}$ für $I_S$ und $U_{0''T}$ für $I_T$ auf den Phasenstrecken der Strombahn zu rechnen, wobei der Punkt 0″ der elektrische Schwerpunkt des Dreiecks $0'ST$ ist, wenn Erd- und Phasenstrecke gleichen Widerstand haben; gewöhnlich hat erstere etwas geringeren Widerstand. Das Erdpotential 0 liegt zwischen 0″ und 0′, bei $U_{ST}=0$ im Punkt 0″. Der eigentliche Kurzschlußwinkel $\varphi_{KS}$ und $\varphi_{KT}$ der Ströme gegen die Kurzschlußspannungen $U_{S0}$ und $U_{T0}$ sind kleiner bzw. größer als $\varphi'_K$. Bei Erdkurzschlüssen im sternpunktgeerdeten Netz ist in Rücksicht auf den am häufigsten auftretenden 1-poligen Fehler die „Betriebsimpedanz“ $\frac{U_E}{I_\curlywedge}$ zu überwachen, falls der Kurzschlußstrom unter Nennstrom liegt; für 2-poligen Kurzschluß ohne Erde könnte man außerdem den Quotienten $\frac{U_\Delta}{I_\curlywedge}$ heranziehen. Jeder Erdkurzschluß ist am Auftreten des Nullstromes $I_0$ erkennbar.

In manchen Fällen überwacht man das Drehstromsystem nicht symmetrisch, wie durch $I_R$, $I_S$, $I_T$ oder $\frac{U_{RS}}{I_R}$, $\frac{U_{ST}}{I_S}$, $\frac{U_{TR}}{I_T}$ oder $\frac{U_{R0}}{I_R}$, $\frac{U_{S0}}{I_S}$, $\frac{U_{T0}}{I_T}$, sondern begnügt sich mit weniger Werten oder wählt andere Kombinationen, deren Zweckmäßigkeit im Zusammenhang einzelner Schutzschaltungen noch erörtert wird.

Ein 1-poliger Kurzschluß ohne Erde kann in Maschinenwicklungen als Windungsschluß auftreten, wobei die betroffene Phasenspannung (z. B. $U_R$ in Abb. 9o) absinkt. Das Potential des Maschinensternpunktes liegt im Normalzustand im Schwerpunkt 0′ des Dreiecks $(R)ST$; der elektrische Schwerpunkt des Spannungsdreiecks $RST$ der defekten Maschine verschiebt sich nach dem Punkt 0″. Man erkennt also den Windungsschluß am Auftreten einer Spannungsdifferenz zwischen Generatorsternpunkt und dem elektrischen Schwerpunkt, der meßtechnisch z. B. im Sternpunkt der Stützdrossel (Abb. 3d) liegt.

# III. Die Selektionsmittel zur Feststellung des fehlerhaften Anlageteiles.

## A. Die Richtung des Fehlerstromes.

Als ausschließliches Selektionsmittel ist die Stromrichtungsangabe am Eingang oder Ausgang eines Anlageteiles nur ausreichend, wenn die Fehlerstromrichtung an der betreffenden Stelle entgegengesetzt der Normalstromrichtung z. B. bei einem Generatordefekt ist. Die Fehlerstromrichtung stellt meistens ein sehr wichtiges Teilselektionsmittel dar, wenn es sich um den Schutz eines Anlageteiles mit zweiseitiger Speisemöglichkeit handelt. Fließt am Ein- oder Ausgang eines Anlageteiles z. B. einer Leitung der Strom in diese hinein, so wird an der Meßstelle ein Leitungsfehler als möglich erkannt, fließt er dagegen heraus, so kann ein Leitungsfehler nicht vorhanden sein. Die Anzeige der Stromrichtung kann aber nur gleichzeitig mit einem zusätzlichen Fehlerstromkriterium gewertet werden, das zur Unterscheidung von Normal- und Fehlerstrom notwendig ist.

## 1. Die Fehlerstromrichtung bei Erdschluß und Phasenbruch.

Im Abschnitt II wurde gezeigt, daß sich im Erdschlußfall in der Erdschlußstelle eine fiktive Spannungsquelle $U_{\curlywedge}$ befindet, die einen Stromfluß über die Netzkapazität, die Löscheinrichtungen oder Strombegrenzungswiderstände der Sternpunkte gegen Erde zur Folge hat. Die Größen von $U_0$ und $I_0$ mit ihrem Phasenzusammenhang waren abgeleitet. Da aber in einem Leitungsnetz die Leitungskapazität längs der Leitung gleichmäßig verteilt und nicht, wie früher angenommen, an einer oder mehreren Stellen konzentriert ist, wird der Erdstrom längs der Leitungen eine verschiedene Größe besitzen.

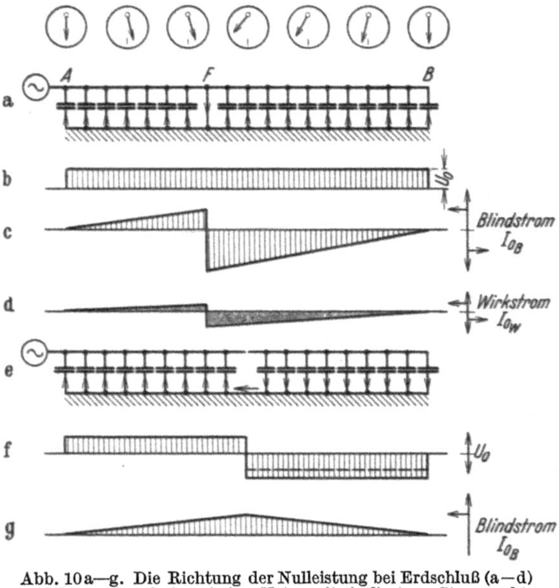


Abb. 10a—g. Die Richtung der Nulleistung bei Erdschluß (a—d) und Phasenbruch (e—g) im Netz mit isoliertem Sternpunkt. a, e Netzschaltbilder. b, f Größe und Richtung der Nullspannung im Netz. c, g Blindstromverteilung. d Wirkstromverteilung.

Abb. 10 gibt die Verhältnisse einer einseitig (oder zweiseitig) gespeisten Leitungsstrecke $\overline{AB}$ bei isoliertem Sternpunkt wieder, die einen satten Erdschluß am Ort $F$ besitzt. Die 3 Leiter können auch hierbei als 1 Leiter mit 3-facher Kapazität aufgefaßt werden, was eine 1-polige Darstellung (Abb. 10a) der Leitung erlaubt. $U_0$ ist über die Leitungsstrecke konstant (Abb. 10b). Der bei $F$ in die Erde eintretende Strom fließt nach links und rechts über die Leitungskapazitäten zurück. Der nach links fließende Anteil ist durch Strecke $\overline{AF}$, der nach rechts fließende der Strecke $\overline{FB}$ proportional; die Summe beider Teilströme am Erdschlußort $F$ besitzt die nach Ersatzschaltabb. 6e berechnete Größe $I_{0\,\max}$. Man erkennt aus Abb. 10b, c, daß das Produkt aus $\mathfrak{U}_0$ und $\mathfrak{I}_0$ im Abschnitt $\overline{AF}$ das entgegengesetzte Vorzeichen als im Abschnitt $\overline{FB}$ haben muß, da sich die Richtung des Erdstromes am Erdschlußort umkehrt. Man kann also die Richtung des Erdschlußstromes am Vorzeichen der meßbaren Blindkomponente der Nulleistung: $N_{0B} = U_0 \cdot I_0 \cdot \sin\varphi$ eindeutig erkennen, wobei die Phasenverschiebung $\varphi$ zwischen $U_0$ und $I_0$ $90^0$ beträgt. Wird an verschiedenen Orten längs der Strecke $AB$ die Null-Blindleistung mit gleicher Polung von Strom- und Spannungsanschlüssen gemessen, wie dies schematisch auf Abb. 10a angedeutet ist, so zeigen alle Blindleistungsmesser auf den Erdschlußort hin bis auf die beiden, in $A$ und $B$ befindlichen, da an den Leitungsenden der Erdstrom Null ist. Nimmt man eine längs der Leitung verteilte Isolatorenableitung an, so wird der Erdstrom, bezogen auf die Nullspannung, außerdem eine Wirkkomponente besitzen, die sich längs der Leitung nach Abb. 10d genau so wie die Blindkomponente verteilt, aber nur einen geringen Bruchteil dieser beträgt; ihre Richtung ließe sich durch die Nullwirkleistung: $N_{0W} = U_0 \cdot I_0 \cdot \cos\varphi$ bestimmen.

Einzelne Überschläge gegen Erde, sog. „Erdschlußwischer" werden neuerdings selektiv durch eine Kurzzeit-Richtungsbestimmung der ersten Nullstrom- zur Nullspannungsamplitude mittels praktisch trägheitsloser, gittergesteuerter Stromtore erfaßt. Beim Einsetzen eines Erdschlusses entlädt sich die Netzkapazität zunächst durch einen Stromstoß, dem schnell abklingende hochfrequente Schwingungen überlagert sind, am Erdschlußort, bevor sich der stationäre Zustand einstellt. Da der erste Stromstoß beiderseits der Erdschlußstelle unabhängig von der Sternpunktschaltung des Netzes gegenüber der Nullspannung eindeutig verschieden gerichtet ist, kann man hierbei im Gegensatz zu Kurzschlußvorgängen eine sichere Kurzzeitmessung erzielen.

Im Fall des Phasenbruchs ergeben sich bei einseitiger Speisung für die Richtung der Null-Blindleistung nach Abb. 10e—g die gleichen Verhältnisse wie im Erdschluß mit dem Unterschied, daß nicht der Erdstrom, sondern die Nullspannung an der Bruchstelle ihre Richtung ändert. Bei zweiseitiger Speisung tritt dagegen weder ein Erdstrom, noch eine Nullspannung auf, wenn der Phasenbruch sich auf der Streckenmitte befindet. Im Normalzustand der Leitung liefert jeder Generator die Ladeströme für seine anliegende Streckenhälfte; es führen also die 3 Leiter auf der Streckenmitte keinen Strom, so daß eine Phasenunterbrechung daselbst keine Zustandsänderung hervorrufen kann.

Abb. 11 zeigt die Stromverteilung bei sattem Erdschluß einer einseitig oder zweiseitig gespeisten Leitung, deren Erdschlußstrom mittels der in $A$ und $B$ angeordneten Löschtransformatoren oder Drosseln kompensiert ist. Unter der Annahme, daß der Löscher in $A$ für die Strecke $\overline{AB}$ und in $B$ für die Strecke $\overline{BC}$ vollkommen abgestimmt ist, ergibt sich bei einem Erdschlußort $F$ die räumliche Verteilung der kapazitiven Erdstromkomponente (Abb. 11, Flächen $K$) ähnlich Abb. 10c. Da die Strecken $\overline{AB}$ und $\overline{BC}$ gleich lang gewählt sind, fließen vom Erdschlußort nach links und rechts in die Löschdrosseln die gleichen und räumlich konstant bleibenden induktiven Löschstromkomponenten, die entgegengesetzte Richtung besitzen. Durch Überlagerung beider

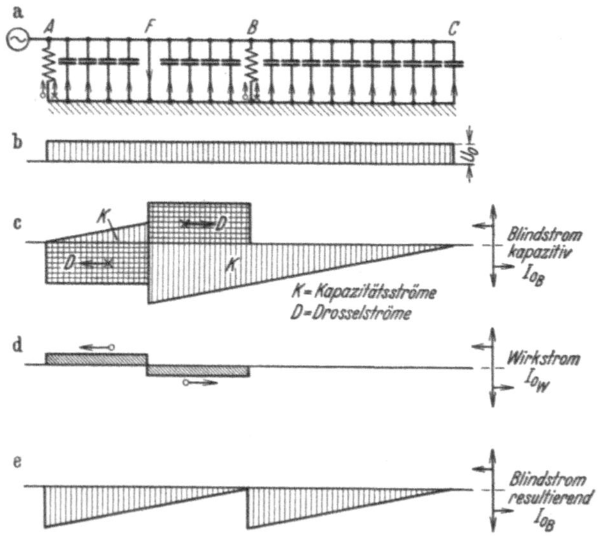


Abb. 11a—e. Die Richtung der Nulleistung bei Erdschluß im Netz mit über Löscheinrichtungen geerdetem Sternpunkt. a Netzschaltbild. b Größe der Nullspannung im Netz. c, d Blind- und Wirkkomponenten des Nullstromes. e Resultierender Blindstrom.

Flächen ($K$ und $D$) ergibt sich die resultierende räumliche Blindstromverteilung nach Abb. 11e. Da die Nullspannung über die ganze Strecke einen konstanten Wert besitzt, hat die Null-Blindleistung $N_{0B}$ zu beiden Seiten des Erdschlußortes die gleiche Richtung und kann daher für ein Kriterium der Erdschlußstromrichtung nicht benutzt werden. Nun fließen aber nach Abb. 11d neben den induktiven Blindströmen auch die Verlustströme, die sog. Restströme der Löscher und die im gleichen Sinne wirkenden auf Abb. 10d dargestellten Ableitungsströme aus der Erdschlußstelle nach beiden Richtungen ab. Als Kriterium für die Reststromrichtung ist daher die Null-Wirkleistung $N_{0W} = U_0 \cdot I_0 \cdot \cos\varphi$ zu wählen, wobei zu beachten ist, daß das Verhältnis von $\frac{N_W}{N_B}$ entsprechend den geringen Löscherverlusten nur 3...5% beträgt. Der innere Phasenfehler der Meßanordnung, d. h. Winkelfehler von Strom- und Spannungswandlern, sowie des verwendeten

Leistungsrelais muß sehr gering sein, wenn Fehlanzeigen vermieden werden sollen. Beträgt die Summe der Winkelfehler $\psi^0$, so wird nach S. 83 statt $N_{0W}$ die Mischleistung $N_{0M} \approx U_0 \cdot I_0 \cos\varphi\,[1 \pm \operatorname{tg}\varphi \sin\psi]$ gemessen; mit $\operatorname{tg}\varphi = \frac{N_B}{N_W} = 30$ ergibt sich das Fehlerglied $\pm\, 30 \sin\psi$, d. h. in diesem Fall darf sin $\psi$ keinesfalls $\frac{1}{30}$ oder $\psi = 1{,}5^0$ groß sein. Bei Phasenbruch oder Erdung über Widerstände liegen die Verhältnisse sehr ähnlich, so daß auf eine besondere Darstellung verzichtet werden kann.

## 2. Die Fehlerstromrichtung im Kurzschlußfall.

Tritt auf einer zweiseitig gespeisten Einphasenleitung nach Abb. 12a ein Kurzschluß an der Stelle $F$ auf, so werden längs der Leitung verteilte, gleichsinnig gepolte Leistungsmesser auf der Strecke $\overline{AF}$ entgegengesetzt

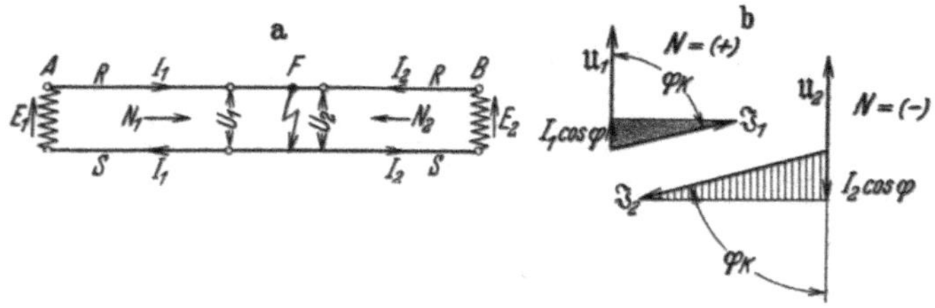


Abb. 12a u. b. Die Strom- und Leistungsrichtung im Netz beim Kurzschluß. a Die Stromrichtung bei zweiseitig gespeistem Kurzschluß. b Die Leistungsmessung als Stromrichtungskriterium.

als auf der Strecke $\overline{FB}$ ausschlagen, da die Kurzschlußleistung von den Generatoren $A$ und $B$ nach der Fehlerstelle hin geliefert wird; man sagt, der Kurzschlußstrom fließt auf den Kurzschlußort zu. Da die Richtungspfeile der Ströme an sich willkürlich sind, wird man zweckmäßig die eingezeichnete Stromrichtung im Leiter $R$ zugrunde legen. Weiterhin kann man die Leistungsrichtung von $N_1 = U_1 \cdot I_1$ positiv annehmen, womit zwangsläufig $N_2$ negativ zu rechnen ist; eine positiv zu rechnende Leistung wird durch eine gleichmäßig angelegte, eine negative durch eine schraffierte Projektionsfläche gemäß Abb. 12b gekennzeichnet. Die Richtung des Kurzscłußstromes im Drehstromsystem wird mittels ein- oder mehrpoliger Leistungsmessung bestimmt, wobei letztere durch mechanische Summierung von Einzelleistungen bewerkstelligt wird.

## 3. Die Stromrichtungsbestimmung in kürzester Meßzeit.

Der Momentanwert einer Leistung ist gegeben durch

$$N_t = U \cdot \cos\omega t \cdot I \cos(\omega t - \varphi') = \frac{1}{2}\,[\cos(2\,\omega t - \varphi') + \cos\varphi'],$$

wobei $\varphi'$ der Phasenwinkel zwischen Strom und Spannung im Meßwerk ist; bei einer inneren Phasenverschiebung $\psi$ des Meßwerkes ist $\varphi' = \varphi - \psi$

mit dem Phasenwinkel $\varphi$ zwischen dem zugeführten Strom $I$ und der angelegten Spannung $U$. Die Momentanleistung besteht also aus einem zweimal während einer Halbperiode seine Richtung wechselnden und einem konstanten Summanden (Abb. 13). Daraus ergibt sich, daß man mit einem Leistungsmeßwerk, dessen Ansprechzeit in der Größenordnung einer Periode liegt, um so weniger ein einwandfreies Stromrichtungskriterium erhält, je mehr der Winkel $\varphi' = \varphi - \psi$ von Null verschieden ist und sich $\pm\ 90^0$ nähert; da $\varphi$ im Eintrittmoment eines Kurzschlusses meist seinen Maximalwert $\varphi_K$ besitzt, scheint es angebracht, $\psi = \varphi_K$ zu wählen, womit jedoch keine absolute Sicherheit erreicht ist, da sich die Gleichstromkomponente des Stoßstromes im Sinne einer Phasenverschiebung auswirkt; man denke sich in der Spannungsspule des

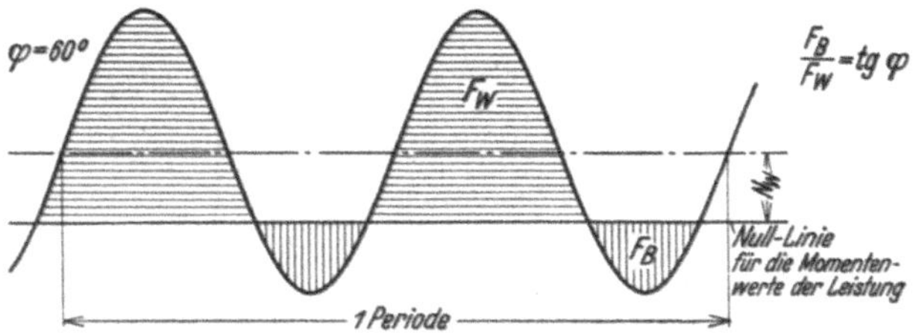


Abb. 13. Die Leistungsrichtung innerhalb einer Periode. Fläche $F_w$ Wirkleistung, Fläche $F_B$ Blindleistung, $N_w$ Wirkleistungsmittelwert.

Leistungsmeßwerks einen Strom $I_e$ und in der Stromspule den Strom $I$ nach der später näher erklärten Abb. 32 fließen und wird den richtungfälschenden Einfluß des Einschaltstromstoßes bei Ansprechzeiten unter 1 Per., etwa bei Integration über die erste halbe Per., leicht erkennen.

## 4. Die 1-polige Messung.

Die 1-polige Messung ist entweder in der Form möglich, daß dem Meßsystem ein Kurzschlußstrom $I_K$ und eine diesem zugeordnete Kurzschlußspannung $U_K$ oder nicht zugeordnete, vom Kurzschluß wenig oder nicht betroffene Spannung zugeführt wird. Außerdem ist eine Wirk- oder Blind- oder Mischleistung verwendbar. Der Kurzschlußwinkel $\varphi_K$ ist an einem Lichtbogen Null, in Kabelnetzen klein, etwa $20^0$ und kann bei Freileitungen großen Querschnittes bis auf $85^0$ steigen, d. h., man kann tatsächlich einen, jeweils durch Grenzpfeile angegebenen Bereich von rund $0 \ldots 90^0$ induktiv annehmen. Im erstgenannten Fall der Stromrichtungsermittlung auf Grund des Vorzeichens einer Leistung mit $U_K$ und $I_K$ ist diese allgemein als Mischleistung gegeben durch $U_K \cdot I_K \cdot \cos (\varphi - \psi)$, worin $I_{K\min}$ als gegeben zu betrachten ist, $\varphi$ von $0 \ldots 90^0$ schwanken kann, $\psi = \psi' + \psi''$ teils als innere Phasenverschiebung $\psi'$ des Meßsystems wählbar ist, teils beim Drehstromsystem auch von der Fehlerart selbst noch beeinflußt wird ($\psi''$), $U_K$ aber alle Werte zwischen

0...70% Nennspannung annehmen kann. Da für jeden Kurzschlußstrom und jede Fehlerortentfernung die kleinsten Kurzschlußspannungen offenbar beim größten Kurzschlußwinkel auftreten, liegt es nahe, $\psi = \varphi_{\max}$ oder gleich einem mittleren Wert zu wählen, so daß $\cos(\varphi - \psi)$ nicht unter 0,7 sinken kann. Da $U_K$ mit $I_K$ prop. anwächst, ist also die Ansprechleistung $N_A$ eines Leistungsrelais prop. $I_K^2$. Da weiterhin $U_K = I_K \cdot z$ ist, wobei man bei Leitungen den Kurzschluß-Schleifenwiderstand $z$ prop. der Entfernung $l$ zwischen Meß- und Fehlerort setzen kann, ist $N_A = \text{Konstante} \cdot l \cdot I_K^2$, oder die sog. „tote Zone“ $l'$, d. h. das Gebiet, in dem eine Stromrichtung nicht ermittelt werden kann, ist $l' = \frac{N_A}{I_K^2} \cdot \text{Konstante}$. Bei phasenwinkelabhängigen Widerstandsmeßwerken, die auch zur Stromrichtungsmessung benutzt werden können, ist die „tote Zone“ infolgedessen theoretisch nicht stromabhängig.

In den einzelnen Kurzschlußfällen kann man etwa folgende Zuordnung von Strömen und Spannungen (vgl. Abb. 9) vornehmen:

Beim 3-poligen Kurzschluß (Abb. 9g):

1. $U_R, I_R \ldots$, d. h. $U_\curlywedge, I_\curlywedge$;
2. $U_{RS}, I_{RS} \ldots$, d. h. $U_\Delta, I_\Delta$;
3. wie 2., aber z. B. $I_R$ statt $I_{RS}$, d. h. $U_\Delta, I_\curlywedge$; dabei wird: $\psi'' = 30^0$.

Beim 2-poligen Kurzschluß $R - S$ (Abb. 9c):

$U_{RS}$; $I_R$ oder $I_S$ oder $I_{RS}$, d. h. $U_\Delta, I_\Delta, I_\curlywedge$.

Beim Doppelerdschluß $S - T$ (Abb. 9d):

1. $U_{TS}$, $I_S$ oder $I_T$, d. h. $U_\Delta, I_\curlywedge$;
2. $U_{S0}$ oder $U_{T0}$ statt $U_{ST}$, d. h. $U_E, I_\curlywedge$;
3. $I_{S0}$ oder $I_{T0}$ statt $I_\curlywedge$, d. h. $U_E, I_{\curlywedge 0}$.

Beim 1-poligen Erdkurzschluß $R - 0$ (Abb. 9k):

$U_{R0}$, $I_R$ oder $I_0$, d. h. $U_E$, $I_\curlywedge$, $I_0$.

Bei Verwendung von drei 1-poligen Meßsystemen (eins für jede Phase) sind für das Stromrichtungskriterium nur diejenigen bezüglich ihrer Anzeige maßgebend, die von zugeordneten Kurzschlußströmen und Spannungen beaufschlagt werden. Würde man z. B. 3 Systeme mit $U_\Delta$, $I_\curlywedge$ verwenden, so weisen bei einem 2-poligen Kurzschluß $S - T$ die Systeme mit $I_S$ und $I_T$ immer auf die Kurzschlußstelle hin. Die Richtungsangabe des Systems $R$ würde dagegen nicht von der Richtung des Kurzschlußstromes, sondern von der beliebigen Richtung des über die Phase $R$ fließenden Laststromes abhängig sein. Bei Verwendung von $I_\Delta$ statt $I_\curlywedge$ ist dagegen jedes Meßsystem von einem Kurzschlußstrom beaufschlagt. Bei vollkommen zusammengebrochener Spannung, z. B. $U_{ST}$ fließt der Belastungsstrom $I'_R$ als $I'_S = I'_T = -\frac{1}{2} I'_R$ über die Phasen $S$ und $T$ zurück. In $I_{ST}$ ist also die Lastkomponente Null und in $I_{RS}$ und $I_{TR}$ nur zu 50% enthalten, woraus allgemein folgt, daß der Laststromeinfluß bei Benutzung von $I_{\Delta}$ zwar wesentlich geringer sein muß, aber mit wachsender Kurzschlußspannung steigt (vgl. Abb. 141).

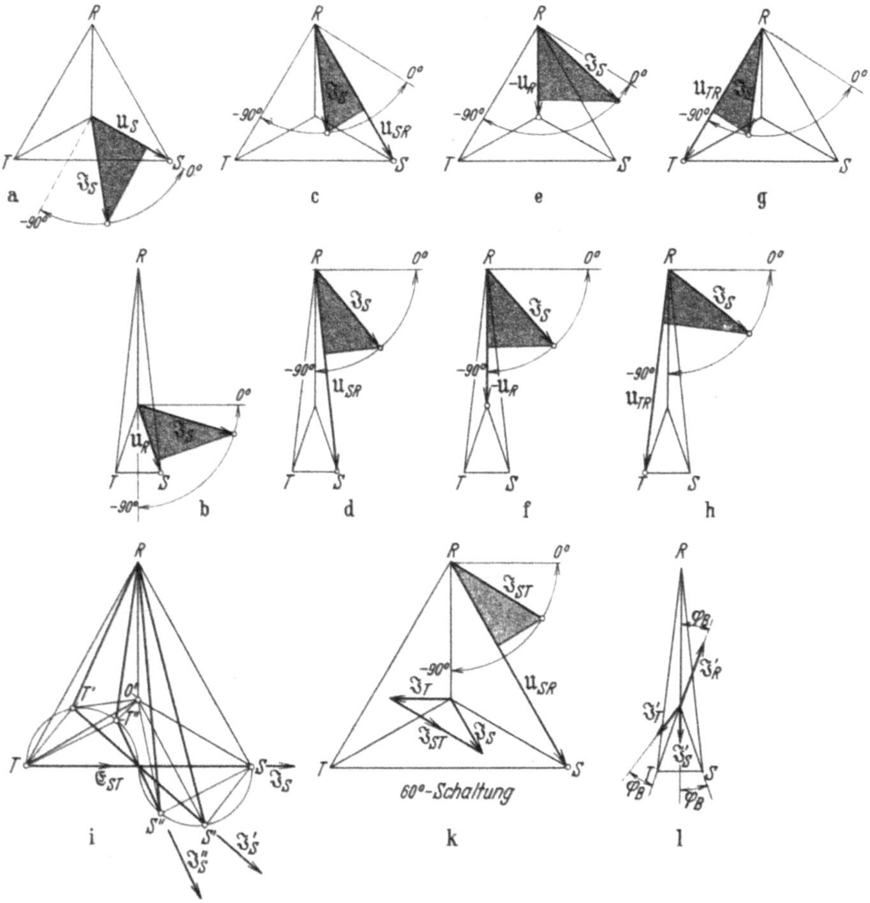


Abb. 14. Die Stromrichtungsbestimmung mittels 1-poliger Leistungsmessung. 0°-Schaltung, a 3-poliger Kurzschluß, b 2-poliger Kurzschluß. 30°-Schaltung, c 3-poliger Kurzschluß, d 2-poliger Kurzschluß. 60°-Schaltung e, k 3-poliger Kurzschluß, f 2-poliger Kurzschluß. 90°-Schaltung g 3-poliger Kurzschluß, h 2-poliger Kurzschluß. i Verzerrung des Spannungsdreiecks bei 2-poligem Lichtbogen. l Verteilung der Lastströme auf die 3 Phasen bei 2-poligem Kurzschluß.

Im Doppelerdschlußfall (Abb. 9d) wünscht man gewöhnlich die Richtungsanzeige auf einen Erdschluß hin, was am sichersten dadurch bewerkstelligt wird, daß in jedem Fehlerfall die Anzeige eines fest zugeordneten Meßsystems gültig ist; z. B. im Fehlerfall $S - T$ das Meßwerk mit $U_{ST}$ und $I_S$, das z. B. nach Abb. 9d auf den Erdschluß $F_2$ hinweisen wird.

## 5. Die Verwendung kurzschlußfremder Spannungen.

Die „tote Zone“ ist zwar nicht für metallischen 3-poligen, aber für jeden 2-poligen Kurzschluß zu vermeiden, wenn statt der Kurzschlußspannung andere, nicht oder nur wenig vom Kurzschluß beeinflußte Spannungen gewählt werden. Man kann damit gleichzeitig auch die „tote Zone“ für 3-poligen metallischen Kurzschluß verkleinern, da diese Schaltungen von selbst gewissermaßen eine innere Phasenverschiebung $\psi$ für das Meßorgan bewirken, wodurch sich umständliche und nicht immer ausführbare Phasenkunstschaltungen erübrigen. Man unterscheidet allgemein $0^0$-, $30^0$-, $60^0$- und $90^0$-Schaltungen nach Abb. 14. Diese Bezeichnungen entspringen den meßtechnischen Verhältnissen beim 3-poligen metallischen Kurzschluß. In den meisten Fällen wird $I_{\curlywedge}$ benutzt, weshalb sich die folgenden Betrachtungen in der Hauptsache auf die Verwendung der Phasenströme erstrecken. Das Drehstromsystem gibt sehr einfach die Möglichkeit, solche Spannungen zu verwenden, die bei $\varphi_K = 0^0$, $30^0$, $60^0$ und $90^0$ mit $I_K$ in Phase sind; also nach Abb. 14a: $U_S$, $I_S$, 14c; $U_{SR}$, $I_S$, 14e: $-U_R$, $I_S$, 14g: $U_{TR}$, $I_S$. Das Verhalten dieser Schaltungen bei 2-poligem metallischen Kurzschluß ist aus den entsprechenden Diagrammen 14b, d, f, h, ersichtlich; bei Lichtbogenkurzschlüssen nehmen die gleichschenklig gezeichneten Spannungsdreiecke etwa die Form von Abb. 14i an. In diesem Diagramm sind als zwei Beispiele für eine mehr oder weniger hohe Lichtbogenspannung $U_{S'T'}$ und $U_{S''T''}$ die mit diesen Spannungen in Phase liegenden Kurzschlußströme $I_{S'}$ und $I_{S''}$ eingezeichnet. Bei einem hier angenommenen Kurzschlußwinkel von Leitung und Generator gleich $90^0$ liegen im ersten Fall die Potentialpunkte beider vom Kurzschluß betroffener Leiter $T$ und $S$ in gleichem Abstand von den Diagrammpunkten $T$ und $S$ auf den Linien $T - T'$ und $S - S'$, im zweiten Fall auf den Linien $T - T''$ und $S - S''$. Bei Beurteilung der Sicherheit bezüglich der Stromrichtungsbestimmung in den möglichen Grenzen von $\varphi_K$ stellen die schematischen Diagramme b—h die ungünstigsten Verhältnisse dar. Für dieselben Kurzschlußströme und Spannungen ergibt sich die relativ geringste Richtungsempfindlichkeit bei a für $\varphi_K = 90^0$, b für $\varphi_K = 0^0$, c für $\varphi_K = 90^0$, d—g für $\varphi_K = 0^0$. Die $90^0$-Schaltung sollte nicht verwendet werden, weil bei kleinen Kurzschlußwinkeln die Gefahr einer Fehlanzeige vorliegt. Entsprechend den normalen Größen der Kurzschlußwinkel $\varphi_K$ wäre die $30^0$-Schaltung für Kabelnetze und die $60^0$-Schaltung für Freileitungsnetze besonders geeignet, zumal auch die „tote Zone“ bei 3-poligem Kurzschluß relativ am geringsten wird. Eine manchmal benutzte $60^0$-Schaltung mit $U_\Delta$, $I_\Delta$ ist in Abb. 14k dargestellt, die jedoch im zweiseitig gespeisten Doppelerdschlußfall zwischen beiden Erdschlußstellen (Abb. 9d) je nach dem Größenverhältnis beider Speisestromstärken auf den einen oder anderen Erdschluß hinweist. Statt mehrerer 1-poliger Meßsysteme kann natürlich auch ein einziges benutzt werden, wenn diesem mittels Umschalter die notwendigen Ströme und Spannungen im Kurzschlußfall zugeführt werden.

## 6. Die mehrpoligen Meßorgane.

Mehrere 1-polige Meßorgane können durch ein mehrpoliges Meßorgan ersetzt werden, dessen Einzelsysteme mechanisch gekuppelt sind und in 0°-, 30°-, 60°-, 90°-Schaltungen verwendet werden, die durch zyklische Vertauschung der Strom- und Spannungsphasen aus den 1-poligen Grundschaltungen leicht abzuleiten sind. Die bekannte 2-polige Aronschaltung, deren Arbeitsweise in der für die Leistungsmessung eines Drehstromsystems normalen Schaltung (Abb. 15a) für 3-poligen Kurzschluß und die Abb. 15b, c, d für die drei möglichen 2-poligen Fehlerfälle darstellen, ist für die Stromrichtungsmessung bei Vorhandensein dreier Stromwandler nicht zweckmäßig. In den drei 2-poligen Kurzschlußfällen ist eine gleichgroße „tote Zone“ wie bei der 1-poligen Messung vorhanden, da die Kurzschlußstromrichtung durch das Produkt $U_K \cdot I_K$ gegeben ist. Auch in Abb. 15d ist $U_{RS} \cdot I_R$ maßgebend, da die gemessene Leistung: $U_{RT} \cdot I_R + U_{ST} \cdot I_S = U_{RT} \cdot I_R + (U_{RT} + U_{SR}) \cdot I_S = U_{RS} \cdot I_R$ ist. Außerdem ist der Laststromfehlereinfluß bei niederen Kurzschlußspannungen zu beachten. Bei 2-poligen 30°- oder 60°-Schaltungen ist der genannte Übelstand bis auf den Doppelerdschlußfall behoben, wobei ein 2-poliges System die drei möglichen Fälle ungleichmäßig erfaßt. Abgesehen davon, daß bei einseitiger Speisung zwischen

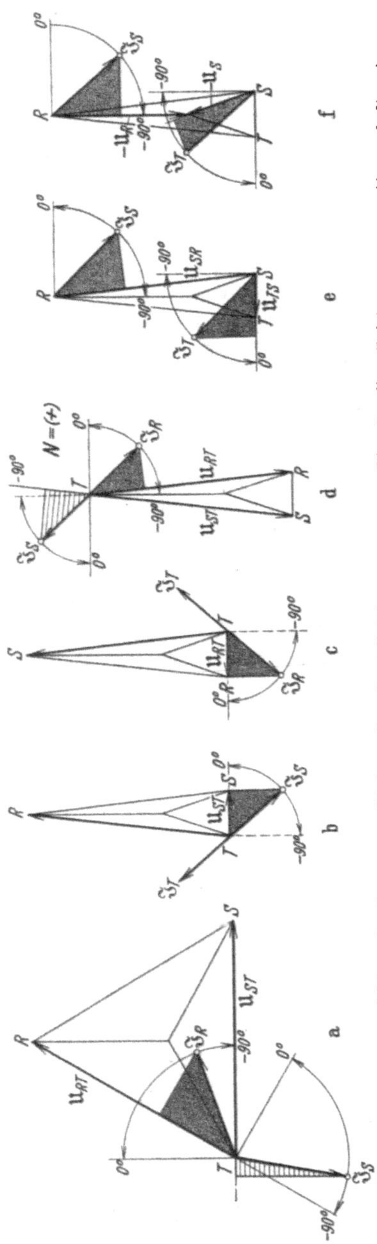

Abb. 15. Die Stromrichtungsbestimmung mittels mehrpoliger Leistungsmessung. Die 2-polige Leistungsmessung (Aronschaltung) a bei 3-poligem Kurzschluß, b–d bei den 3 verschiedenen 2-poligen Kurzschlüssen. Die 3-polige Leistungsmessung bei 2-poligem Kurzschluß. e 30°-Schaltung, f 60°-Schaltung.

den Erdschlüssen die Laststromrichtung angezeigt wird, wenn zufällig der nur in einem Leiter fließende Kurzschlußstrom auf das Meßorgan keinen Einfluß hat, kann z. B. in Ringnetzen innerhalb begrenzter kritischer Zonen das Verhältnis vom Kurzschlußstrom zum Laststrom in selten ungünstigen Fällen so klein werden, daß das Lastdrehmoment überwiegt und eine Fehlanzeige zur Folge hat. Man benutzt daher gerade in Rücksicht auf den Doppelerdschluß 3-polige Meßorgane in $30^0$- oder $60^0$-Schaltung (Abb. 15e, f). Bei zweiseitiger Speisung ist das Meßorgan dann immer zu $^2/_3$ von Kurzschlußleistung beaufschlagt, bei einseitiger Speisung weist die Anzeige durchweg auf den entfernter liegenden Erdschluß hin. Der an sich geringere Laststromeinfluß kann dann noch entweder durch Verwendung von $I_\Delta$ statt $I_\curlywedge$ nahezu ausgeschlossen oder am sichersten durch Einzelbeaufschlagung der Meßsysteme — derart, daß nur diejenigen die Spannungen zugeführt erhalten, die auch vom Kurzschlußstrom durchflossen werden — vermieden werden. Bei Benutzung von $I_\Delta$ sind mit Ausnahme des weniger wichtigen, einseitig gespeisten Doppelerdschlußfalles immer alle 3 Meßsysteme mit Kurzschlußstrom beaufschlagt; besonders günstig arbeitet die 3-polige $60^0$-Schaltung (vgl. Abb. 15f). Die 3-poligen Meßorgane haben außerdem den Vorteil, daß man bei 1- und 2-poligen Kurzschlüssen nur die besonders sicher arbeitenden Meßsysteme, bei 3-poligen Fehlern alle drei beaufschlagen kann, wobei dann die tote Zone im Vergleich zum 1-poligen Meßorgan um 70% kleiner ist.

### 7. Die Verwendungsmöglichkeit der symmetrischen Leistungskomponenten.

Abb. 16a zeigt eine einseitig gespeiste Leitung, die am Leitungsende $C$ einen metallischen 2-poligen Kurzschluß zwischen $S$ und $T$ haben möge. Der Einfachheit halber ist ein verschwindend kleiner Generatorwiderstand angenommen, so daß an der Speisestelle $A$ ein gleichseitiges starres Spannungsdreieck besteht. In der Leitungsmitte sinkt dann die Spannung $U_{ST}$ auf den halben Wert, am Leitungsende $C$ wird sie Null. Diese tatsächlich vorhandenen Spannungsdreiecke können nach der Konstruktion der Abb. 16b in die darunter gezeichneten Komponentendreiecke zerlegt werden. Die resultierenden Spannungen ergeben sich aus der geometrischen Summe der zusammengehörigen Komponenten, z. B. $\mathfrak{U}_{S'T'} + \mathfrak{U}_{S''T''} = U_{ST}$. Beträgt die Entfernung zwischen Generator (mit seinen drei starren Klemmenspannungen $U_\Delta$) $l_k$, die Entfernung zwischen Meßort und Kurzschlußort $l_m$, so ist $U_m = \frac{1}{2}\,U_\Delta\left(1 + \frac{l_m}{l_k}\right)$ und $U_g = \frac{1}{2}\,U_\Delta\left(1 - \frac{l_m}{l_k}\right)$, d. h. um das Maß, in dem $U_m$ nach dem Kurzschlußort abnimmt, wächst $U_g$. Die entsprechende Zerlegung der Sternspannungen $U_\curlywedge$ am Ort $B$ und die Zerlegung des Phasenstrompaares $I_S$, $I_T$ zeigt Abb. 16b. Wenn die Stromzerlegung sich nur auf die Wirkströme bezieht, können die Leistungskomponenten einfach durch

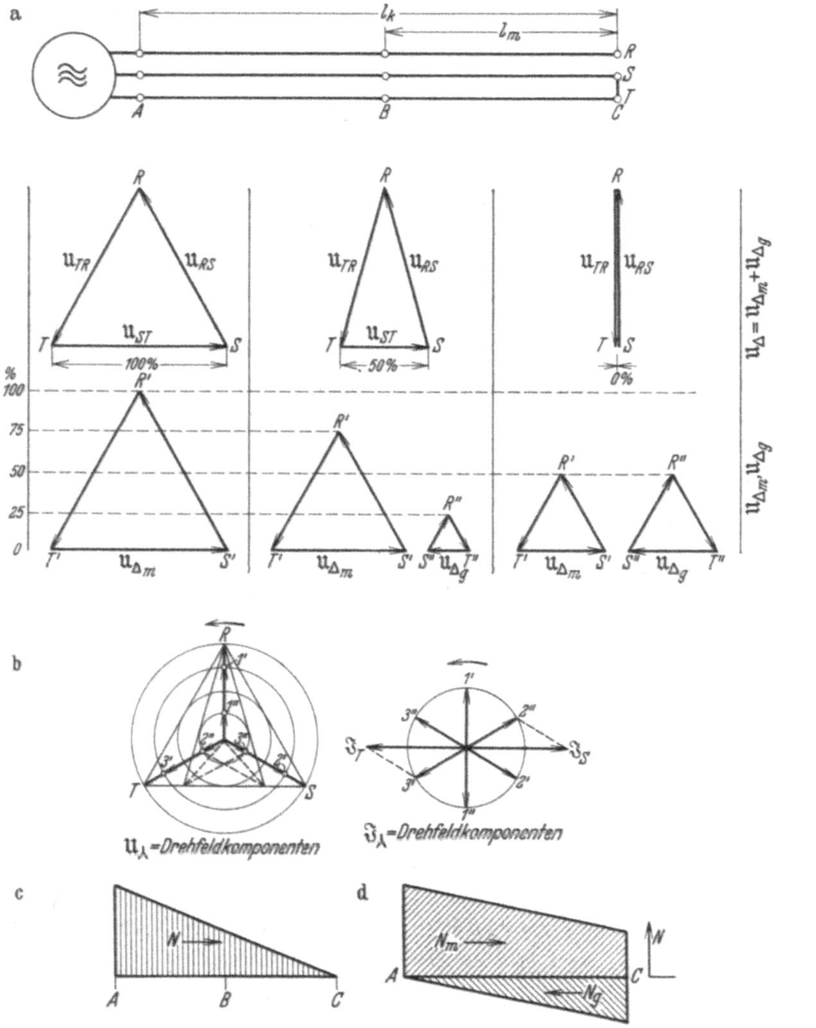


Abb. 16. Die symmetrischen Leistungskomponenten beim 2-poligen Kurzschluß. a Netzbild und $\Delta$-Spannungen sowie $\Delta$-Komponenten an den Orten A, B, C. b ⅄-Spannungs- und Stromkomponenten. c, d Gesamtleistung und Leistungskomponenten für jeden Leitungsort.

Multiplikation gleichartig bezeichneter Strom- und Spannungskomponenten gebildet werden. Man sieht, daß das Produkt der eingestrichenen Strom- und Spannungskomponenten ($m$) positiv, das Produkt der zweigestrichenen ($g$) Komponenten negativ ist. Die örtliche Größe der

Gesamtleistung und der Teilleistungen $N_m = 3\,U_{\curlywedge m} \cdot I_{\curlywedge m}$ und $N_g = 3\,U_{\curlywedge g} \cdot I_{\curlywedge g}$ ist aus Abb. 16c und d ersichlich. $N_m$ ist also immer nach dem Kurzschlußort hin und $N_g$ vom Kurzschlußort weg gerichtet, womit die Vorstellung verbunden werden kann, daß sich in der Kurzschlußstelle bei unsymmetrischer Belastung des Drehstromsystems ein fiktiver Generator mit entgegengesetzter Phasenfolge befindet, dessen Spannungen nach dem schon beim Erdschluß angewendeten Superpositionsprinzip neben den symmetrischen Spannungen des tatsächlich vorhandenen Generators ihre eigenen Kurzschlußströme hervorrufen. $I_{\curlywedge m}$ fließen nach dem Kurzschlußort, $I_{\curlywedge g}$ in den Generator; infolge des inneren Generatorwiderstandes wird $U_g$ und $N_g$ am Generator praktisch nicht zu Null.

Eine Stromrichtungsbestimmung mittels einer Messung der gegenläufigen oder auch „inversen" Leistung besitzt also bei unsymmetrischen Fehlern keine „tote Zone"; das gleiche gilt übrigens für die Nullleistung $N_0$ im Erdschlußfall. Für die Stromrichtungsbestimmung im Kurzschlußfall ist aber $N_g$ allein nicht verwendbar, da bei 3-poligem symmetrischen Kurzschluß $U_g = 0$ wird.

An den Komponentendreiecken für den Kurzschlußpunkt $C$ (Abb. 16a) erkennt man bei einem Vergleich mit Abb. 14d, daß die daselbst verwendete kurzschlußfremde Spannung $U_{RS}$ sich nach Abb. 16a rechts sich aus der Summe der gleich großen, aber um $60^0$ phasenverschobenen Komponenten $\mathfrak{U}_{R'S'}$ und $\mathfrak{U}_{R''S''}$ ergibt, während die Kurzschlußspannung $U_{ST} = 0$ aus den beiden gleich großen, aber um $180^0$ phasenverschobenen Spannungen $U_{S'T'}$ und $U_{S''T''}$ resultiert; im ersten Falle wird daher die „tote Zone" vermieden.

Sind zwei Generatoren über eine Kuppelleitung verbunden, auf der ein unsymmetrischer Kurzschluß eintritt, so kann die Stromrichtungsangabe mit Hilfe eines nur auf $N_g$ ansprechenden Meßsystems auch bei Außertrittfallen, d. h. Asynchronismus der Generatoren logischerweise nicht beeinflußt werden; das gleiche gilt für die Nulleistung $N_0$ beim Erdkurzschluß.

## 8. Das Verhalten von Leistungsmeßwerken bei Asynchronismus gekuppelter Kraftwerke.

Abb. 17a zeigt zwei Generatoren *1* und *2*, die über eine Kuppelleitung, 1-polig dargestellt, verbunden sind. Der Einfachheit halber sei angenommen, daß die Generatoren keinen inneren Widerstand besitzen und auf gleiche Spannungen $E_1 = E_2 = E$ einreguliert sind, so daß die Kuppelleitung stromlos ist. Nunmehr soll aus irgendeinem Grunde die Antriebskraft des Generators *2* nachlassen, so daß dessen gelieferte Frequenz gringer wird; die daraufhin auftretende Spannungsdifferenz zwischen dem hinter $\mathfrak{E}_1$ nacheilenden Spannungsvektor $\mathfrak{E}_2$ muß notwendigerweise einen Ausgleichsstrom über die Leitung zur Folge haben, dessen Richtungsanzeige durch längs der Leitung verteilt gedachte Leistungsmeßsysteme im folgenden untersucht werden soll. Den elektrischen Zustand auf der Leitung kann man sich aus dem Einfluß beider

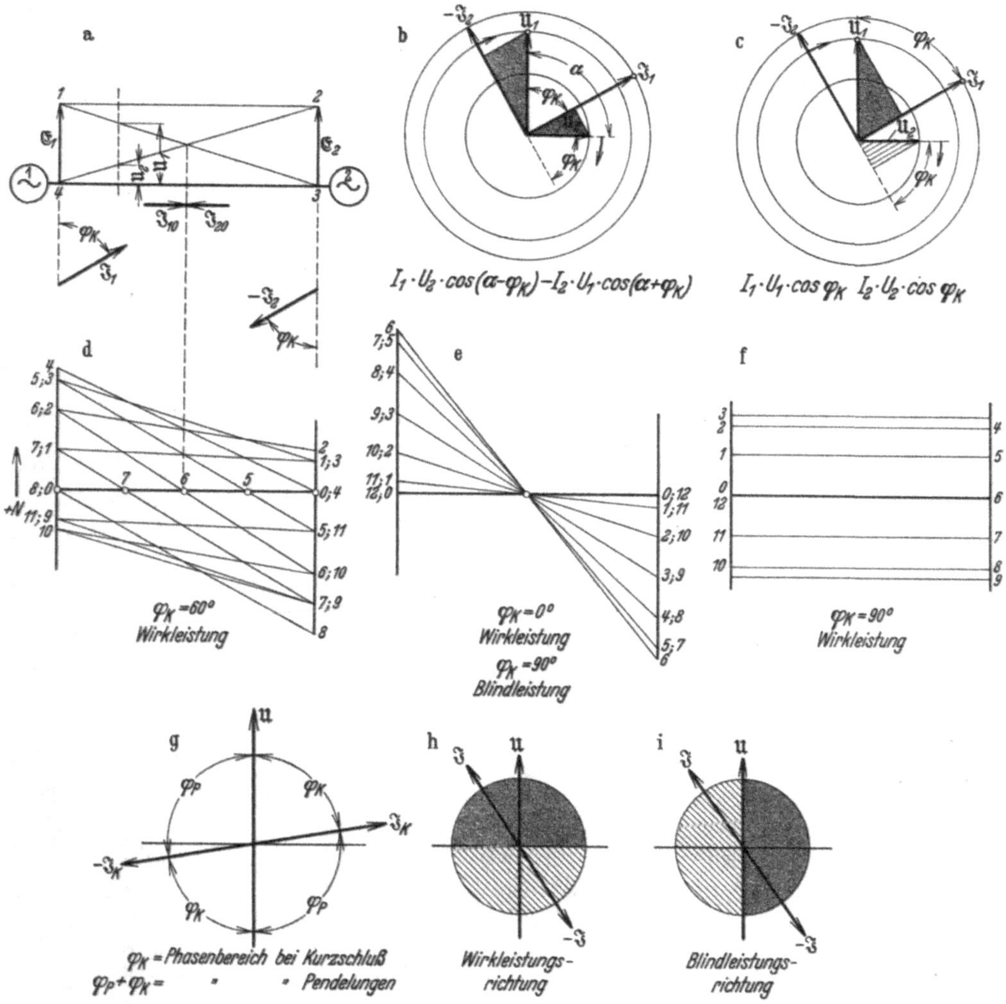


Abb. 17. Die Leistungsmessung bei Asynchronismus im Netz. a Über eine Kuppelleitung verbundene Generatoren im synchronen Normalbetrieb (Leitungsspannung konstant, Leitungsstrom Null). b, c Zerlegung der Leistung bei Asynchronismus in einen veränderlichen (b) und einen konstanten (c) Anteil. d—f Örtlich verteilte Größe und Richtung der Leistung auf der Kuppelleitung. g—i Unterscheidung des Kurzschlußzustandes vom Asynchronismus durch gleichzeitige Bestimmung der Richtung von Wirk- und Blindleistung.

Generatoren für sich zusammengesetzt denken. Wenn der Generator *2* stillgesetzt ist, wird der Generator *1* einen Kurzschlußstrom über die Leitung speisen, der die gleiche Größe besitzen muß, wie der vom

Generator *2* gelieferte bei stillstehender Maschine *1*. Im ersten Fall wird der Spannungsabfall längs der Leitung nach Abb. 17a durch die Linie *1*—*3*, im zweiten Fall durch die Linie *2*—*4* dargestellt sein. Im Normalzustand, wo $E_1$ mit $E_2$ richtungsgleich ist, haben die beiden Kurzschlußströme $I_{10}$ und $I_{20}$ entgegengesetzte Richtung, d. h. sie heben sich auf und die von beiden Generatoren herrührenden Teilspannungen $U_1$ und $U_2$ ergeben addiert an jedem Ort die Generatorspannung $E$. Abb. 17b und c zeigen nun die Verhältnisse in dem Fall, daß die Generatorspannung $E_2$ gegen $E_1$ schon um $\alpha = 90^0$ zurückgeblieben ist. Die an jedem Ort meßbare Leistung kann man nun aus 4 Teilleistungen zusammensetzen; denn die Gesamtleistung ist:

$$\left.\begin{aligned} N = (\mathfrak{U}_1 + \mathfrak{U}_2)(\mathfrak{I}_1 - \mathfrak{I}_2) = U_1 \cdot I_1 \cdot \cos\varphi_K - U_2 \cdot I_2 \cdot \cos\varphi_K - \\ - U_1 \cdot I_2 \cos(\alpha + \varphi_K) + U_2 \cdot I_1 \cos(\alpha - \varphi_K) \end{aligned}\right\}$$

Die ersten beiden Summanden bleiben also während eines Umlaufes von $U_2$ ($\alpha = 0 \div 360^0$), d. h. während der ganzen Schwebungsperiode konstant, da der Winkel zwischen Strom und Spannung der konstante Kurzschlußwinkel $\varphi_K$ ist (Abb. 17c); die letzten beiden Summanden sind eine Funktion des Nacheilwinkels $\alpha$ und in Abb. 17b dargestellt. Da $I_1 = I_2 = I$ = konstant ist, kann man die Leistung auch schreiben:

$$N = I\{U_1[\cos\varphi_K - \cos(\alpha + \varphi_K)] - U_2[\cos\varphi_K - \cos(\alpha - \varphi_K)]\}.$$

Da bei einem festgehaltenen Wert von $\alpha$ immer $U_1 + U_2$ = Konstante $\times E$ ist und $U_1$ und $U_2$ nach Abb. 17a lineare Funktionen von der Entfernung zwischen Generator und Meßort sind, muß sich die meßbare Leistung für konstantes $\alpha$ und konstanten Stromwert linear über die Leitungsstrecke ändern. Es genügt also, die Leistung für verschiedene Werte von $\alpha$ nur an den Leitungsenden zu berechnen, die gerichteten Leistungsgrößen dort als Ordinaten über der Streckenabszisse nach Abb. 17d—f aufzutragen und die Punkte für gleiche $\alpha$-Werte durch Gerade zu verbinden, um leicht die Leistungsverteilung längs der Strecke zu erhalten. Hierbei ist die Schwebungsperiode in 12 gleiche Zeitabschnitte zerlegt, d. h. $\alpha$ in $30^0$-Schritten eingesetzt. Dies ist auf Abb. 17d für $\varphi_K = 60^0$, Abb. 17e für $\varphi_K = 0^0$ und Abb. 17f für $\varphi_K = 90^0$ durchgeführt. Nach Abb. 17d bleibt die Leistung von $\alpha = 0 \ldots 120^0$ auf der ganzen Strecke gleichgerichtet positiv; von $\alpha = 120 \ldots 240^0$ wird von der Generatorseite rechts beginnend die Leistung über einen immer wachsenden Streckenbereich negativ; von $\alpha = 240 \ldots 360^0$ ist die Leistung über die ganze Strecke negativ. Für ein, auf der Leitungsmitte befindliches Meßorgan liegt ein fiktiver Kurzschluß von $\alpha = 0 \ldots 120^0$ im Generator *2*, der von $\alpha = 120 \ldots 180^0$ aus dem Generator *2* bis zum Meßort, von $\alpha = 180 \ldots 240^0$ vom Meßort zum Generator *1* wandert. Für $\varphi_K$ genau gleich $0^0$ (Abb. 17e) befindet sich der fiktive Kurzschlußort auf Leitungsmitte, für $\varphi_K = 90^0$ liegt er von $\alpha = 0 \ldots 180^0$ im Generator *2*, von $\alpha = 180 \ldots 360^0$ im Generator *1*. Der zeitliche Wanderbereich des

Kurzschlußpunktes liegt allgemein zwischen $2\,\varphi_K \ldots (360^0 - 2\,\varphi_K)$, der Kurzschlußpunkt wandert also um so schneller, je größer $\varphi_k$ ist. Da $\varphi_K$ während der Schwebungsperiode infolge des nicht konstanten inneren Maschinenwiderstandes sich etwas ändert, ist Abb. 17e praktisch so zu deuten, daß der fiktive Kurzschlußpunkt während des größten Teiles der Schwebungsperiode auf der Leitungsmitte liegt. Diese Betrachtungen gelten für die reine Wirkleisung $N_W$. Bei einer Mischleistung mit innerer Phasenverschiebung $\psi$ treten die gleichen Verhältnisse auf, wenn an Stelle von $\varphi_K$ jeweils $\varphi_K - \psi$ gesetzt wird. Wenn man $\varphi_K$ nahezu $90^0$ annimmt, zeigt also Abb. 17e die Blindleistungsverteilung ($\psi = 90^0$), Abb. 17f die Wirkleistungsverteilung ($\psi = 0^0$). Für $\psi < \varphi_K$ wandert der Kurzschlußpunkt in Richtung des schneller laufenden Generators, für $\psi > \varphi_K$ in umgekehrter Richtung. Den tatsächlich vorhandenen inneren Widerstand des Generators kann man sich in Abb. 17d—f als eine jedem Generator angrenzende Teilstrecke der angenommenen Gesamtleitungsstrecke vorstellen, so daß also der Kurzschlußpunkt in Wirklichkeit in kürzerem Zeitintervall über die Leitung wandert. Weiterhin besitzt der innere Generatorwiderstand im Gegensatz zu der vereinfachten Annahme einen größeren Phasenwinkel $\varphi_K$ als die Leitung, was jedoch prinzipiell an den gezeigten Verhältnissen nichts ändert. Aus Abb. 17g ersieht man, daß im Kurzschlußfall der Strom sich nur in zwei Winkelbereichen von der Größe $\varphi_K$, dagegen bei einem Pendelvorgang außerdem in den etwas größeren Winkelbereichen $\varphi_P$ bewegen kann. Bringt man getrennt die Wirk- und Blindleistungsrichtung zur Anzeige, so ist bei gleichzeitigem Überstrom- oder Unterimpedanzkriterium die gleichzeitig verschiedene Richtungsangabe der beiden Leistungsrelais nach Abb. 17h und i eine sichere Anzeige für einen Pendelvorgang.

## B. Die Zeitstaffelung der Abschaltung.

Beim Auftreten eines Fehlers in einem Leitungsnetz zeigen alle Fehlerindikatoren, d. h. die Anregerelais des Selektivschutzes gleichzeitig den Fehlerzustand an, sofern ihre Ansprechgrenzen erreicht werden. In einem vermaschten Netz nach Abb. 18 wird sich an den Meßorten *1*—*7*, vor allem bei *1* und *2*, der Kurzschlußzustand bestimmt sofort bemerkbar machen, aber z. B. in der Masche *8*—*9* vielleicht zunächst nur ein geringer Bruchteil des Fehlerstromes fließen. Solche Umstände können nicht nur beim Zeitstaffel-, sondern auch beim Vergleichsschutz eine Addition der Auslösezeiten hervorrufen, wenn Anregerelais erst nach verzögerter Auftrennung einer Netzmasche ansprechen.

Ein richtig erbeitender Selektivschutz soll einmal möglichst sofort nach dem Eintreten des Fehlerzustandes das Auslösekommando allein für die den Fehlerort eingrenzenden Schalter (z. B. *1* und *2* in Abb. 18) geben und außerdem eine vom Fehlerort auf dem Speisestromwege rückwärts gestaffelte selektive Abschaltbereitschaft besitzen, damit bei einem eventuellen Versagen der Schutzapparatur oder der Schalter (z. B. *1* und *2*) mittels der nächstfolgenden Schalter (z. B. *3*, *4* und *5*, *6*, *7*, *8*) die Betriebsstörung auf jeden Fall, aber mit möglichst geringem Ausfall von gesunden Netzteilen, behoben wird. Das Prinzip der selektiven Zeitstaffelung verlangt demnach eine mit zunehmender Entfernung des Relais vom Fehlerort zunehmende Zeitverzögerung des Abschaltkommandos, wobei die Zeitdifferenz zwischen den Auslösekommandos

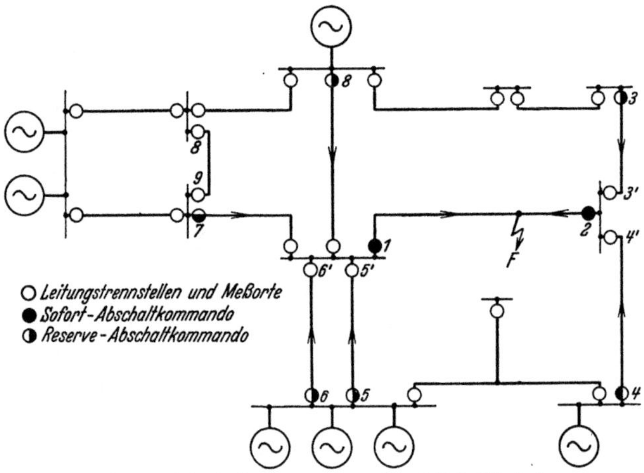


Abb. 18. Die Anforderungen an den Zeitstaffelschutz.

zweier benachbarter Schalter, d. h. die sog. Staffelzeit immer größer als die Eigenzeit des Schalters selbst sein muß. Außerdem ist bei zweiseitiger Speisung die Verriegelung derjenigen Schalter notwendig, durch die der Strom auf die Sammelschienen zufließt (z. B. *3'*, *4'*, *5'*, *6'*).

## 1. Die von Meßgrößen unabhängige Zeitstaffelung.

Dieses altbekannte Prinzip zeigt Abb. 19 in Form der gegenläufigen starren Zeitstaffelung mit den richtungsabhängigen Zeitdiagrammen a und b zum Schutz einer zweiseitig gespeisten Leitung zwischen den Kraftwerken $A$ und $B$. Die dem Fehlerort nächstliegenden Schalter *5* und *6* erhalten das erste Auslösekommando nach *2''* bzw. *3''*, während die Auslösebereitschaft der Schalter *2*, *1* und *8* in Reserve liegen; die Schalter *2*, *4*, *7* sind verriegelt. Das Verfahren ist in gleicher Weise für den Kurz- und Erdschlußfall, auch für den Schutz einseitig gespeister Ringleitungen — Zusammenfall beider Sammelschienen $S_A$ und $S_B$ — anwendbar. Als Hauptnachteil ist die lange Abschaltzeit in der Nähe der Kraftwerke anzusehen, die sich zwangläufig mit der Zahl der Unterstationen vergrößert, zumal man kleinere Staffelzeiten als 0,5″ nicht wählen kann. Durch Unterlagerung einer stromabhängigen Kurzzeitauslösung nach Abb. 20 kann man die Wahrscheinlichkeit langer Abschaltzeiten einschränken. Unter der Annahme einer starren Sammel-

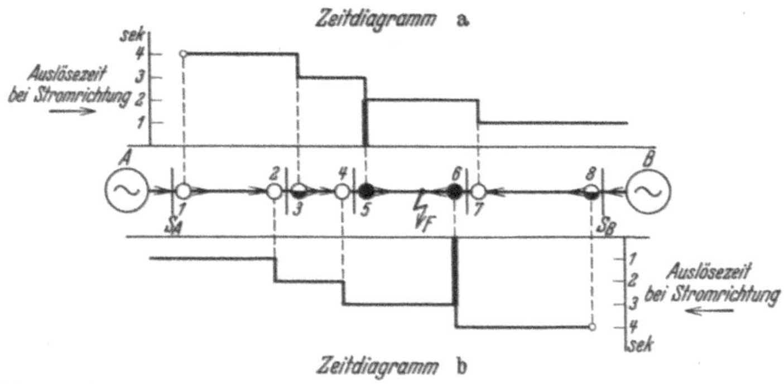


Abb. 19. Die gegenläufige (richtungsabhängige) Zeitstaffelung mit festen Abschaltzeiten.

schienenspannung ($A$) werden die Stromrelais für die Kurzzeitauslösung auf den zu erwartenden Höchststrom $I_{K\,\max}$ bei 3-poligem Kurzschluß in einer Entfernung von 80—70% des anschließenden Leitungsabschnittes

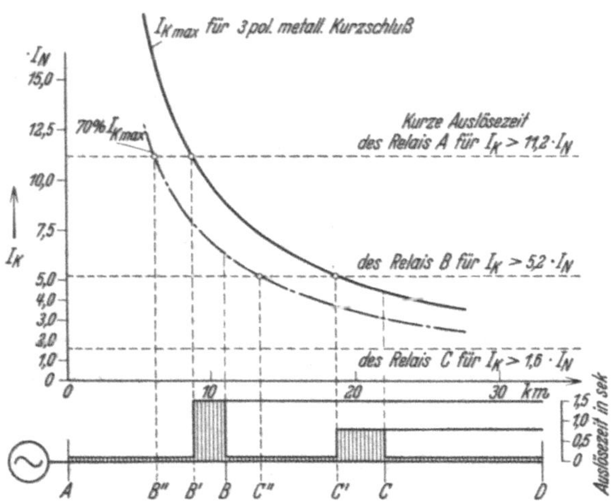


Abb. 20. Starre Zeitstaffelung mit stromabhängiger Kurzzeitauslösung.

eingestellt (vgl. Punkte $B'$ und $C'$). Die zweite für 70% $I_{K\,\max}$ gezeichnete Kurve verschiebt diese Punkte auf $B''$ und $C''$. Die Verkleinerung der Kurzzeitzone beim 2-poligen Kurzschluß (86,5% $I_K$) oder infolge geringerer Zentralenleistung macht am wenigsten in der Nähe des Kraftwerkes bemerkbar.

## 2. Von Meßgrößen abhängige Zeitstaffelung.

**a) Stromabhängige Zeitstaffelung.** Eine tatsächliche Stromzeitstaffelung wäre nur in einem sehr vermaschten Netz zu verwirklichen. Die schematische Abb. 21 zeigt eine Leitung, in die, gleichmäßig über die Strecke verteilt, an den Relaisorten gleiche Teilfehlerströme nach dem Fehlerort hin zufließen mögen. Bei einer geraden Relaiskennlinie würde man hierbei entfernungsproportionale Auslösezeiten und mit

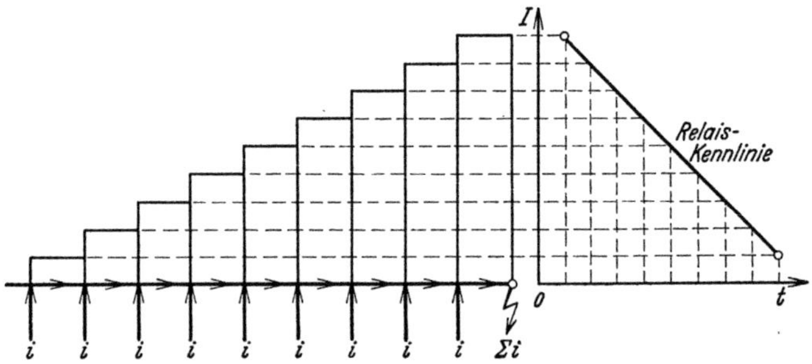


Abb. 21. Idealisierte Stromzeitstaffelung in einem Maschennetz.

einem zusätzlichen Stromrichtungskriterium eine volle Selektivität erzielen können. Nun besitzen aber einerseits die bekannten Überstromzeitrelais von Natur aus eine gekrümmte hyperbolische Charakteristik (Abb. 22); andererseits wird im Kurzschlußfall die Größe des Fehlerstromes bzw. des Ortes und der Zeit mehr oder weniger stark von den Betriebsbedingungen des Netzes abhängen. Daher wäre dieses Prinzip

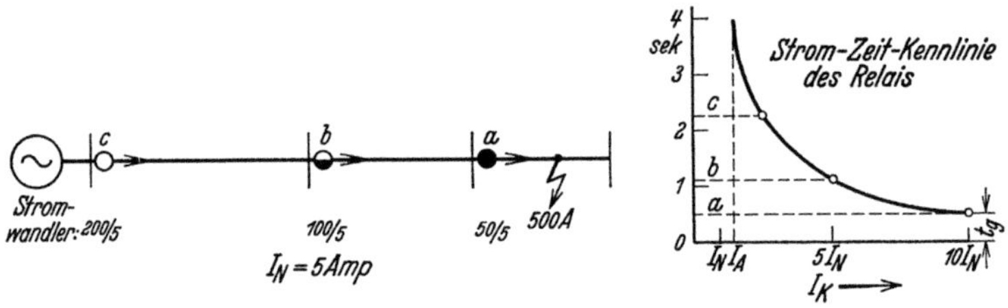


Abb. 22. Die stromabhängige Zeitstaffelung. $I_A$ Anlaufstrom. $t_g$ Grenzzeit.

nur für den Erdschlußfall anwendbar, bei dem die letztgenannten Schwierigkeiten nicht auftreten. Die selektive Wirkung der hauptsächlich zum Schutz von Stichleitungen und Abnehmern benutzten Überstromzeitrelais (Abb. 22) beruht darauf, daß die Stromwandlerübersetzungen vom Kraftwerk bis zum letzten Abnehmer immer geringer werden. Die Abschalt- und Staffelzeit nimmt entsprechend der Krümmungstangente der Charakteristik mit wachsendem Strom ab, so daß zwar, wie erwünscht, in der Nähe des Kraftwerkes die kürzesten Abschaltzeiten erzielt werden, aber die Selektivität nur bis zu einem Stromgrenzwert, dem noch keinesfalls die Grenzzeit $t_g$ entsprechen darf, gesichert ist.

**b) Spannungsabhängige Staffelung.** Als natürlichstes Mittel für die praktisch gewünschte Entfernungszeitstaffelung ist im Kurzschlußfalle das Spannungskriterium anzusprechen, da der Spannungsabfall auf einer Leitung bei einem (metallischen) Kurzschluß am Fehlerort Null ist und z. B. auf einer Kuppelleitung zwischen zwei Kraftwerken (Abb. 23) nach beiden Sammelschienen hin geradlinig ansteigt; in einem

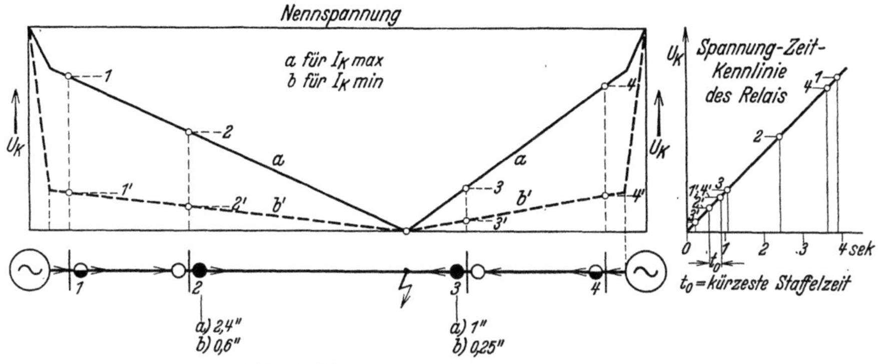


Abb. 23. Die spannungsabhängige Zeitstaffelung.

Maschennetz nimmt der Winkel des Spannungsanstieges mit größerer Entfernung ab.

Mit Relais, deren Auslösezeit mit der Höhe der Spannung anwächst, müßte sich also die erwünschte sichere Selektivität erzielen lassen.

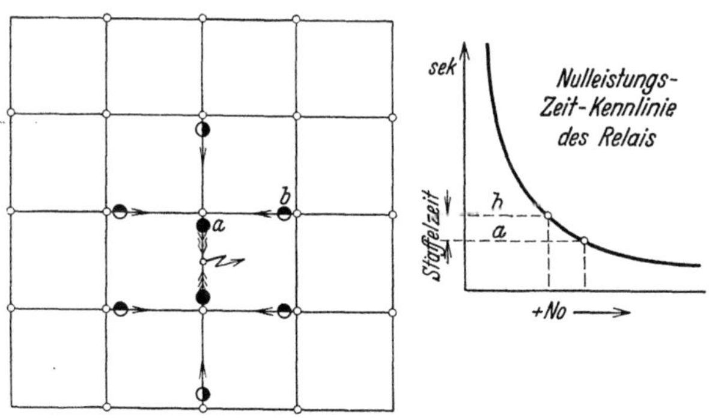


Abb. 24. Die nulleistungsabhängige Zeitstaffelung.

Nun ist aber der spezifische Spannungsabfall auf der Leitung proportional der Höhe des Kurzschlußstromes (vgl. Linienzug *a* und *b*), so daß die Staffelzeiten bei unveränderter Relaischarakteristik von der mehr oder weniger stark schwankenden Kurzschlußleistung der Kraftwerke, die vom jeweiligen Maschineneinsatz und der Vorbelastung abhängig ist, im Verhältnis von $I_{K\,max} : I_{K\,min}$ schwanken. Abb. 23 mit zugehörigen, linear angenommenen Relaiskennlinien zeigt schematisch die für das Kurzschlußstromverhältnis 4:1 sich ergebenden Staffel- und Auslösezeiten. Da die Staffelzeiten für $I_{K\,\min}$ ausreichen müssen, wachsen die Auslösezeiten auch mit dem genannten Verhältnis an und können schon bei mittlerem Kurzschlußstrombereich eine solche Größe annehmen, daß dieser Schutz den praktischen Anforderungen nicht mehr genügt. Abgesehen von der ungünstigen Stromabhängigkeit der Zeitstaffelung ähneln alle anderen Eigenschaften denen des später ausführlich behandelten Distanzschutzes.

**c) Leistungsabhängige Staffelung.** Im Erdschlußfall bietet eine Zeitstaffelung, die von der Nulleistung (Abb. 24) abhängig ist, gegenüber der schon besprochenen stromabhängigen Zeitstaffelung den Vorteil, daß in ihr gleichzeitig das Stromrichtungskriterium enthalten ist. Unter der Voraussetzung, daß die Nullspannung im Netz nicht sehr schwankt, ist es möglich, mit Relais, deren Ablaufzeit etwa umgekehrt proportional der Nulleistung (Wirkleistung im gelöschten und Blindleistung im ungelöschten Netz) ist, eine gerichtete und sichere Selektivität zu erreichen.

## 3. Das Distanzprinzip und seine Grenzen.

Der Nachteil der nur spannungsabhängigen Zeitstaffelung, nämlich die stromproportionalen Schwankungen der Abschalt- und Staffelzeiten, kann offenbar durch eine Anwendung einer spannungs- und stromabhängigen Zeitstaffelung vermieden werden, wobei die Auslösezeit $t$ gleichzeitig eine Funktion von $U$ und $\frac{1}{I}$ sein muß. Bei Gleichheit dieser Funktionen ist $t = f\left(\frac{U}{I}\right)$, womit $t$ bei Verwendung von Kurzschlußstrom und -spannung allein abhängig vom Kurzschluß-Schleifenwiderstand und unabhängig von den absoluten Größen von Strom und Spannung, d. h. von den jeweiligen Betriebsverhältnissen wird. Das hierzu verwendete Meßrelais besitzt eine Widerstands-Zeitcharakteristik. Da der Schleifenwiderstand zwischen Meß- und Kurzschlußort gleichzeitig der entsprechenden Entfernung proportional ist, kommt man mit diesem Prinzip zu der erwünschten Distanz-Zeitstaffelung, die prinzipiell die höchstwertige Selektivität gewährleistet, soweit man nur Meßgrößen an einem Leitungsort zur Verfügung hat. Im allgemeinen werden Relais mit möglichst „stromunabhängigen" Kennlinien (d. h. unabhängig von der Stromgröße in praktisch vorkommenden Kurzschlußstrombereichen von 1:10...1:40) bevorzugt, da ihre Verwendung eine klare Übersicht der Arbeitsweise des Schutzes gibt und auch die Projektierung erleichtert. Eine stärkere Strom- als Spannungsabhängigkeit, d. h. eine Verkleinerung der Zeiten mit höheren Strömen, kann zwar in seltenen Fällen, im Sinne der schon behandelten stromabhängigen Zeitstaffelung wirkend, eine erhöhte Selektivität bringen, besitzt aber mehr Nach- als Vorteile. Im folgenden soll der einfachen Darstellung wegen nur die stromunabhängige, d. h. die reine Distanz-Zeitstaffelung betrachtet werden.

**a) Die Distanzmessung nach Fehlerort oder Fehlerzone.** Man könnte zunächst annehmen, daß man mit Meßrelais, die in der Lage sind, die Fehlerortentfernung genau zu messen, eine vollkommen selektive Abschaltung der fehlerhaften Strecke ohne notwendige Zeitstaffelung erreichen müßte; das wäre jedoch nur bei einer unendlich hohen Meßgenauigkeit möglich, die sich natürlich praktisch nicht erreichen läßt. Z. B. darf eine, von einem Distanzrelais $A$ direkt überwachte Leitungsstrecke $\overline{AB}$ nach Abb. 25 bei einem in diesem Leitungsabschnitt auftretenden Kurzschluß $F_1$ im normalen Fall nicht unabhängig von der Lage des Fehlerortes mit der gleichen, möglichst geringen Zeitverzögerung in $A$ abgeschaltet werden, wenn sich zwischen dem Leitungsende der Strecke $\overline{AB}$ und dem Anfang der anschließenden Strecke $\overline{BC}$ kein nennenswerter Widerstand befindet, also die Leitungen über die Sammelschiene $B$ durchgeschaltet sind. Das Relais $A$ könnte in diesem Falle nicht feststellen, ob sich der Kurzschluß auf $\overline{AB}$ oder $\overline{BC}$ befindet; anders liegen die Verhältnisse für das Relais $B$ bei einem Kurzschluß auf der Strecke $\overline{BC}$, die mit der nächstfolgenden Strecke über einen Transformator gekoppelt ist, da dieser meßtechnisch eine erhebliche Distanz bedeutet.

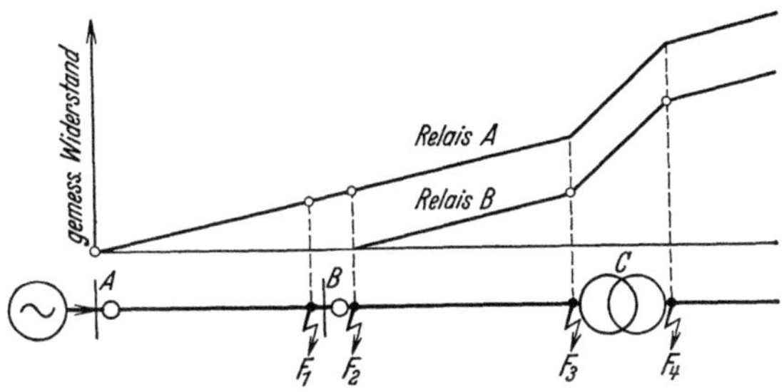

Abb. 25. Die widerstandsabhängige Zeitstaffelung.

Die Distanzmessung kann auf zwei verschiedene Arten geschehen. Entweder wird ein sog. Widerstandsrelais, infolge der Arbeitsweise auch Kipprelais genannt, benutzt, das nur in der Lage ist, die Fehlerzone anzugeben, d. h. es wird festgestellt, ob der Fehler vor oder nach einem oder mehreren Entfernungsmeßpunkten liegt. Oder man arbeitet mit einem direkt den Fehlerort anzeigenden Widerstandsmeßwerk oder einem Relais mit Strom- und Spannungsmeßwerken, deren Kontakte sich nach einer entfernungsproportionalen Zeit berühren; diese Konstruktionen faßt man unter der Gruppe der W i d e r s t a n d s z e i t r e l a i s zusammen. Mit W i d e r s t a n d s r e l a i s erzielt man eine stufenförmige, mit Widerstandszeitrelais eine stetige Widerstands- bzw. Distanz-Zeitkennlinie. Die Bevorzugung der einen oder anderen Art der Zeitstaffelung hängt von den verschiedensten Umständen ab, die bei der Projektierung berücksichtigt werden müssen.

Nach Abb. 26a überwacht ein Widerstandsrelais die Strecke $\overline{AA_1}$ und kann bei einem Kurzschluß $F_1$ mit geringster Zeitverzögerung

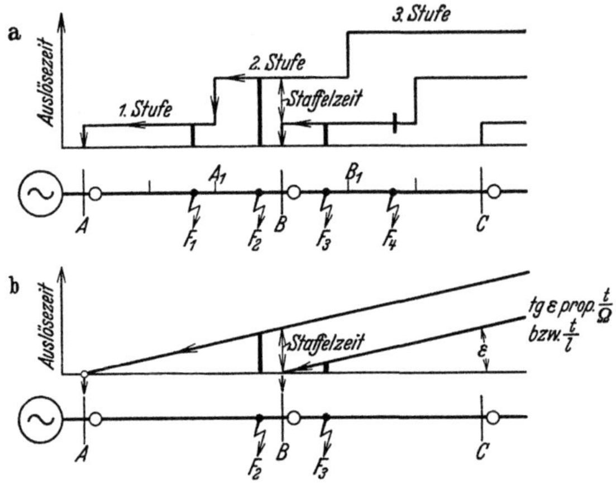


Abb. 26. Die Grundarten der Widerstandszeitstaffelung. a Stufenförmig. b Mit stetiger Nennlinie.

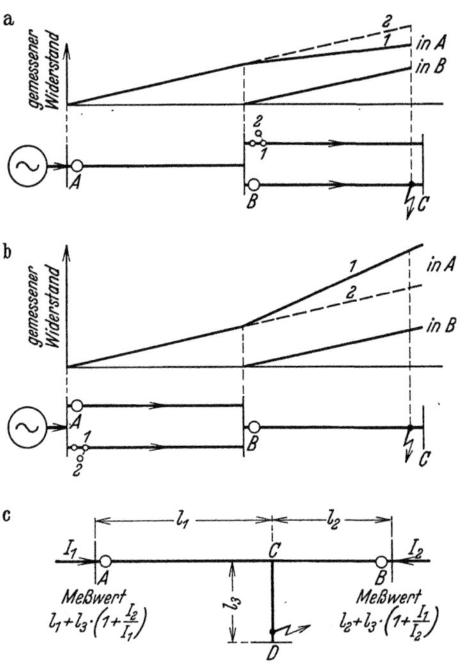


Abb. 27. Die Distanzmessung über Leitungsverzweigungen hinweg, in Abhängigkeit von deren Betriebszustand. a, b Beim Übergang von einer Einfach- auf eine Doppelleitung. c Bei einer Leitung mit Abzweig ohne Schalter.

auslösen; bei sehr genau arbeitenden Relais kann man den Kippunkt $A_1$ bis auf etwa 75% der überwachten Strecke $\overline{AB}$ legen. Ein zweites Kipprelais (oder auch das gleiche mit einer Meßbereichumschaltung) überwacht die Strecke $AB$ zuzüglich eines Teiles (30...50%) der folgenden Strecke und löst bei einem Kurzschluß $F_2$ mit einer größeren Zeitverzögerung, der notwendigen Staffelzeit, aus. Um eine *distanzmäßig* gestaffelte Selektivität bei Versagen eines Schalters, z. B. in $B$ bei einem Kurzschluß $F_4$ zu erhalten, ist die Verwendung einer dritten Stufe notwendig. Bei stetiger Zeitstaffelung (Abb. 26b) muß die Steilheit $\operatorname{tg} \varepsilon$ der Widerstands-Zeitkennlinie so gewählt werden, daß immer die notwendige Staffelzeit gewährleistet ist. Je kleiner die Fehlerzonen bei gleichzeitiger Vermehrung ihrer Anzahl gewählt werden, desto mehr nähert sich praktisch die stufenförmige der stetigen Widerstands-Zeitkennlinie.

**b) Der Einfluß von Stromverzweigungen auf die Distanzmessung.** Bei Stromverzweigungen oder auch mehrfacher Einspeisung längs einer Strecke gibt die Widerstandsmessung kein distanzgetreues Abbild. Folgt z. B. in Speiserichtung auf eine Einfachleitung eine Doppelleitung (Abb. 27a) oder umgekehrt (Abb. 27b), so messen bei einem Kurzschluß vor $C$ die nächstliegenden Relais in $B$ den Widerstand bzw. die Kurzschlußentfernung unabhängig davon richtig, ob ein System der Doppelleitung abgeschaltet ist oder nicht. Das entferntere Relais $A$ mißt bei Doppelleitungsbetrieb im ersten Fall (a) statt der Distanz $\overline{AC}$ nur $\overline{AB} + \frac{\overline{BC}}{2}$, im zweiten Fall (b) statt $\overline{AC}$ aber $\overline{AB} + 2\,\overline{BC}$. Im ersten Fall muß daher die Staffelzeit für Doppelleitungsbetrieb ausreichen. Sehr schwierig, unter manchen Umständen überhaupt nicht, ist ein selektiver Schutz für eine Leitungsstrecke mit Abzweig ohne Schalter nach Abb. 27c zu erreichen. Bei einer einseitigen Speisung, z. B. von $A$ aus (Strom $I_1$) kann das Relais nicht feststellen, ob der Kurzschluß zwischen $A$ und $B$ bzw. auf $\overline{CD}$ oder $\overline{CB}$ oder jenseits $B$ liegt, wenn die Entfernung $l_3 > l_2$ ist. Bei zweiseitiger Speisung ($I_1$ und $I_2$) liegen die Verhältnisse noch ungünstiger; das Relais in $A$ mißt: $l_1 + l_3\left(1 + \frac{I_2}{I_1}\right)$, das Relais in B: $l_2 + l_3\left(1 + \frac{I_1}{I_2}\right)$. Sind die spezifischen Widerstände der Leitungen verschieden, so sind statt der Entfernungen $l$ die Impedanzen $z$ zu setzen.

**c) Die Wechselstrom-Widerstandsmessung bei einem Lichtbogenkurzschluß.** Denkt man sich nach Abb. 28 eine Wechselstromleitung (einpolig dargestellt), über die vom Kraftwerk $A$ ein Kurzschlußstrom $I_K$ nach einem Kurzschlußort $F$ über eine Unterstation $B$ fließt, in deren Leitungseinführungen beiderseits die Distanzrelais *1* und *2* mit entgegengesetzter Strom- oder Spannungspolung eingeschaltet sind, so besteht der Scheinwiderstand der Hin- und Rückleitung, d. h. der Kurzschlußschleife zwischen $B$ und $F$ nach dem Ersatzschaltbild 28b aus den beiden entfernungsproportionalen Komponenten, dem Wirkwiderstand $r_1$, dem Blindwiderstand $x_1$ und einem evtl. Lichtbogenwirkwiderstand $r_F$, d. h. die vom Relais *1* oder *2* aus meßbare Impedanz ist: $\frac{U_K}{I_K} = z = \sqrt{(r_1 + r_F)^2 + x^2}$; dabei ist der normalerweise geringe Einfluß der Leitungskapazität vernachlässigt.

α) Der Lichtbogenwiderstand im $RX$-Diagramm. Der Einfluß des Lichtbogenwiderstandes auf die Distanzmessung kann übersichtlich in einem $RX$-Widerstands-Diagramm nach Abb. 28c dargestellt werden. Als Abszisse ist der Blindwiderstandsmeßwert $X$, als Ordinate der Wirkwiderstandsmeßwert $R$ aufgetragen; außerdem ist unter dem Kurzschlußwinkel $\varphi_K$ (für metallischen Kurzschluß) die Achsrichtung $Z_K$ eingezeichnet. Die Distanz zwischen dem Relais *1* und dem Kurzschlußort $F_1$ ist proportional der Strecke *1* — $F_1$ bzw. dem Kurzschlußwiderstand $Z_1$. Tritt ein Lichtbogenwiderstand von der Größe $r_F$ (immer als dick ausgezogene Linie angedeutet) auf, so ist dessen Wert bei $F_1$ in $R$-Richtung aufzutragen; ein mit dem Mittelpunkt in (*1*) durch $L$ gezogener Kreisbogen schneidet die $Z_K$- oder Distanzachse im Punkt $L'$;

die Kurzschlußimpedanz wird um den Fehlerwert $Z'$ vergrößert, der Phasenwinkel sinkt von $\varphi_K$ auf $\varphi$.

$\beta$) Die Impedanzmessung. Die einfachste und übersichtlichste Distanzbestimmung erfolgt mittels der Scheinwiderstandsmessung. Der Scheinwiderstand kann als rein quadratischer Mischwiderstand $Z = \sqrt{R^2 + X^2}$ bezeichnet werden, und ist als solcher unabhängig von der Phasenverschiebung zwischen $U_K$ und $I_K$. Das vollständige $RX$-Diagramm für beide Stromrichtungen bzw. das Relais *1* mit dem Bereich $(+\varphi_K)$ und Relais *2* mit dem Bereich $(-\varphi_K)$ zeigt Abb. 29a. Der geometrische Ort für konstante Auslösezeiten eines Scheinwiderstandsrelais ist also im $RX$-Diagramm eine Kreisschar mit dem Mittelpunkt im Achsenschnitt. Die Auslösezeiten $t$ sind den jeweiligen Kreisradien proportional.

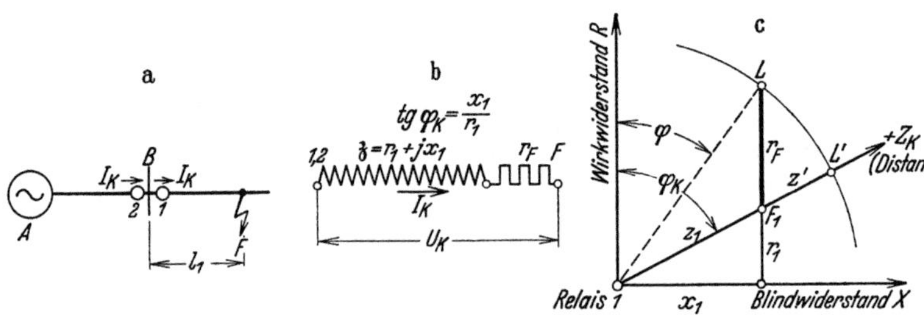

Abb. 28. Die Distanzmessung bei Kurzschluß über Lichtbogen. a Netzschaltbild. b Widerstandsschaltbild. c Widerstandsdiagramm.

Alle Meßpunkte, die innerhalb des betreffenden Kreises liegen, führen zur Abschaltung. Bei einem Widerstandsrelais ist der Kreisradius konstant, bei einem Widerstandszeitrelais muß man sich diesen zeitproportional wachsend vorstellen. Bei einem Kurzschluß in der Entfernung $l_2$ (Punkt *2* auf der $Z_K$-Achse) wird bei einem Lichtbogenwiderstand Null der richtige Wert $z_2$ bzw. $l_2$ bei einem Widerstand entsprechend der Strecke $2 \div 2'$ der zu große Wert $z_3$ bzw. $l_3$, bei einem Widerstand entsprechend der Strecke $2 \div 2''$ der noch größere Fehlwert $z_4$ bzw. $l_4$ gemessen, wobei mit den Auslösezeiten $t_3$ bzw. $t_4$ statt $t_2$ zu rechnen ist. Der durch den Lichtbogenwiderstand hervorgerufene Meßfehler ist um so kleiner, je größer $\varphi_K$ bzw. $\varphi$ ist; man vergleiche die Strecken $2 \div 2'$ und $2' \div 2''$, die einer gleichen Entfernungsdifferenz $l_3 - l_2$ und $l_4 - l_3 = l_1$ entsprechen. Die Staffelzeiten $t_0$ werden gewöhnlich für $z = z_K$, d. h. $\varphi = \varphi_K$ bemessen; sie können im theoretisch ungünstigsten Fall bei $r_F = \infty$, $\varphi = 0$ (s. Abb. 29$\alpha$) auf den Wert: $t_0 \cdot \cos \varphi_K$ sinken, z. B. für $\varphi_K = 60^0$ auf die Hälfte. Da beide Scheinwiderstandsrelais *2* und *1* (Abb. 29a) in gleicher Weise ansprechen bzw. arbeiten, muß das Relais *2* durch ein Stromrichtungsglied am Auslösen verhindert werden.

$\gamma$) Die Reaktanzmessung. Als linearen Mischwiderstand, der richtungsabhängig ist, kann man die Größe: $M = R \cos \psi + X \sin \psi$

bezeichnen, wobei $\psi$ nach Abschnitt I, B die innere Phasenschiebung des verwendeten Leistungsmessers war. Der geometrische Ort für konstante Auslösezeiten ist eine Geradenschar mit dem Winkel $\psi$ gegen die $X$-Achse. Für $\psi = 90^0$ ergibt sich als wichtigste die reine Reaktanzmessung mit den senkrechten Auslösekennlinien $x_1 \ldots x_4$. Man erkennt sofort aus Abb. 29b, daß ein Lichtbogenwiderstand beliebiger Größe theoretisch keinen Meßfehler verursachen kann. Die Lichtbogenspannung besitzt bei hohem Kurzschlußstrom nahezu eine Rechteckform, wobei die dritte bzw. fünfte Harmonische größenordnungsmäßig 33 bzw. 20%

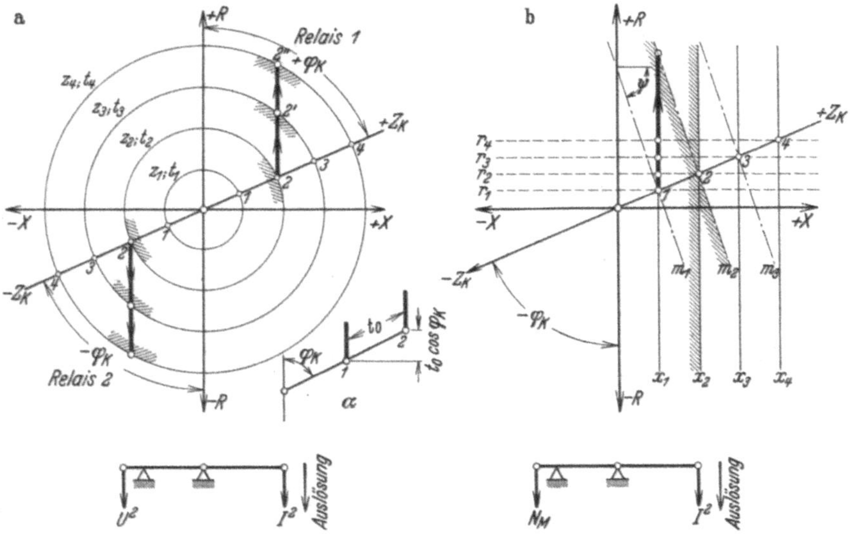


Abb. 29. Der meßtechnische Einfluß des Lichtbogenwiderstandes bei Verwendung a des quadratischen Mischwiderstandes (Impedanz), b des linearen Mischwiderstandes (insbesondere Reaktanz).

der Grundwelle ausmacht; im Kurzschlußstrom beträgt dieser prozentuale Anteil nur etwa 11 bzw. 4%, im Produkt Strom × Spannung 3,7 bzw. 0,8%. Trotzdem soll bei Reaktanzmeßwerken der Oberwelleneinfluß möglichst weitgehend unterdrückt werden, da als Oberwellenquelle nicht die Kraftwerke, sondern der Kurzschlußort anzusehen ist, d. h. es fließt vom Fehlerort aus ein Oberwellenrückstrom. Ist $\psi$ etwas kleiner als $90^0$, etwa $(90^0 \pm \delta)$, so wird statt $X$ aber $M = X \cos \delta \mp R \sin \delta$ gemessen, d. h. z. B. für $\delta \sim 1^0$: $M = X \pm 0{,}02\, R$, was wohl zu beachten ist. Keinesfalls darf also $\psi > 90^0$ sein, damit die Zeitstaffelung nicht gefährdet wird; einen praktisch verwendbaren Mischwiderstand mit $\psi < 90^0$ zeigen die Kennlinien $m_1 \ldots m_3$. Bei kleinen $\varphi_K$-Werten in Kabeln kommt die Wirkwiderstandsmessung (Kennlinien $r_1 \ldots r_4$) der Scheinwiderstandsmessung nahe. Da die Auslösung bei nach links oder unterhalb der Kennlinien gelegenen Meßpunkten, d. h. bei negativer Stromrichtung unabhängig von der Meßgröße immer erfolgt, ist bei geraden

Kennlinien allgemein eine sichere Unterscheidung der Stromrichtung besonders notwendig. Als Anregekriterium für einen Distanzschutz ist ein linearer Mischwiderstand unbrauchbar.

$\delta$) Die Impedanzmessung mit Reaktanzbevorzugung ohne und mit natürlicher Richtungsselektion. Außer dem rein quadratischen ($Z$) und linearen ($M$) Mischwiderstand ist für die Distanzmessung die Verwendung gemischt quadratisch-linearer Meßgrößen von der Funktionsform $f(Z + M)$ möglich. Solche Relais besitzen vornehmlich Scheinwiderstandseigenschaften, wobei aber der Einfluß von Lichtbogenwiderständen geringer als beim reinen Impedanzprinzip ist. Dieser Typ kann durch eine Mischfunktion von der allgemeinen Form:

$$(\mathfrak{c}_1\mathfrak{U} + \mathfrak{c}_2\mathfrak{I})^2 = (\mathfrak{c}_3\mathfrak{U} + \mathfrak{c}_4\mathfrak{I})^2; \quad \mathfrak{c} = \text{vektorielle Konstanten,}$$

als Kipprelais und unter gewissen einschränkenden Bedingungen auch als ablaufendes Relais verwirklicht werden.

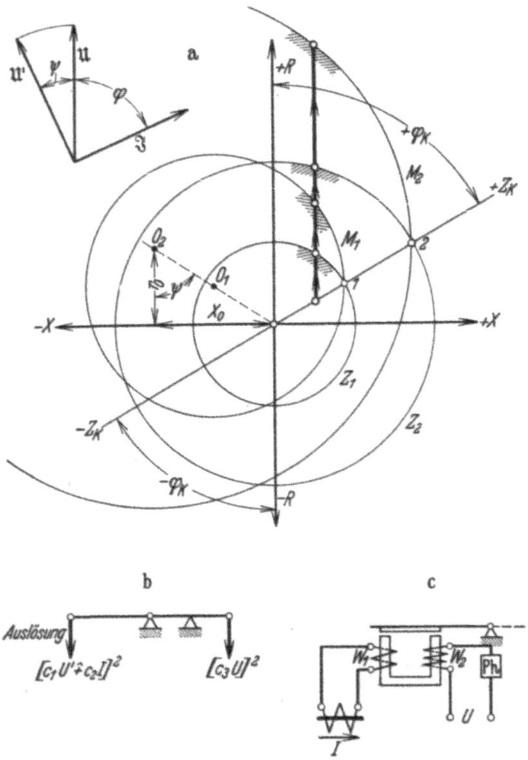


Abb. 30. Der Einfluß des Lichtbogenwiderstandes bei Verwendung quadratisch-linearer Mischwiderstände (Impedanzmessung mit Reaktanzbevorzugung). a $RX$-Diagramm. b Kipprelaisschema. c Prinzip eines Meßwerkes der Mischfunktion: $(c_1\mathfrak{U}' + c_2\mathfrak{I})^2$.

Als Auswahl sei diese Funktion zunächst mit $\mathfrak{c}_4 = 0$ behandelt; dies bedeutet ein Impedanzmeßwerk mit einem zusätzlichen Spannungseinfluß auf der Stromseite wie es in Abb. 30b und c (linke Seite von b) schematisch in Wirkungsweise und Ausführung als magnetische Summation dargestellt ist; natürlich ist eine elektrische Summation auch möglich. Nach Abb. 30c soll der Strom in der Spannungsspule $W_2$ der Spannung $U$ proportional sein, aber mittels einer Phasenkunstschaltung $Ph$ um $\psi^0$ voreilen (s. Diagramm a, Vektor $\mathfrak{U}'$). Damit ergibt sich mit den reellen, willkürlich einstellbaren Konstanten $c$ die Arbeitsfunktion:

$$\left.\begin{aligned}(c_1\mathfrak{U}' + c_2\mathfrak{I})^2 = c_3\mathfrak{U}^2 = [c_1 U + c_2 I \cos(\varphi + \psi)]^2 + \\ + c_2^2 I^2 \sin^2(\varphi + \psi) = c_3^2 U^2\end{aligned}\right\}$$

oder mit Einsatz von

$$\left(\frac{U}{I}\right)^2 = R^2 + X^2; \qquad R = \frac{U}{I}\cos\varphi; \qquad X = \frac{U}{I}\sin\varphi$$

die Kreisgleichung:

$$X^2 + R^2 - X\cdot\frac{2\,c_1 c_2}{c_1^2 - c_3^2}\sin\psi + R\cdot\frac{2\,c_1 c_2}{c_1^2 - c_3^2}\cos\psi + \frac{c_2^2}{c_1^2 - c_3^2} = 0,$$

mit den Mittelpunktskoordinaten:

$$x_0 = \frac{c_1 c_2 \sin\psi}{c_1^2 - c_3^2}; \qquad r_0 = -\frac{c_1 c_2\cos\psi}{c_1^2 - c_3^2}; \qquad \frac{x_0}{r_0} = -\operatorname{tg}\psi$$

und dem Radius:

$$a = \frac{c_2 c_3}{c_1^2 - c_3^2}.$$

Es ergeben sich folgende Grenzfälle:

1. $c_1 = 0$: $Z^2 = R^2 + X^2 = \left(\frac{c_2}{c_3}\right)^2$ (Scheinwiderstand)

2. $c_1 = c_3$: $-X\sin\psi + R\cos\psi = \frac{1}{2}\frac{c_2}{c_1}$ (linearer Mischwiderstand $M$)

d. h. mit $\psi = -90^0$: $X = \frac{1}{2}\frac{c_1}{c_2}$ (reiner Blindwiderstand).

Abb. 30a zeigt außer den durch die beiden Distanzpunkte *1* und *2* gezogenen Impedanzkreisen $Z_1$ und $Z_2$ die beiden anderen Kreise $M_1$ und $M_2$ als Darstellung der zuvor aufgestellten Mischfunktion. Zweckmäßig wählt man die Lage der Kreise ($r_0$, $x_0$) derart, daß die Kreistangenten im Schnittpunkt der Kreise mit der Distanzlinie $+Z_K$ in Richtung der $R$-Achse liegen. Die Reaktanzkomponente wird mit wachsendem Winkel $\psi$ immer mehr bevorzugt. Man erkennt leicht den geringeren Einfluß von auftretenden Lichtbogenwiderständen auf die Widerstandsmessung nach den $M$-Kreisen im Vergleich zu den $Z$-Kreisen. Eine zusätzliche Stromrichtungsselektion ist erforderlich, da die Auslösekreise auch im Bereich von $-\varphi_K$ verlaufen. Damit die Mischfunktion ihren Charakter beibehält, dürfen die Kreismittelpunkte nur auf einer durch den Achsenschnitt $RX$ laufenden Gerade verschoben werden. Das bedeutet eine Änderung der Einstellkonstante $c_2$ oder eine gleichmäßige Änderung der Konstanten $c_1$ und $c_3$, was bei einem Widerstandskipprelais leichter als bei einem Widerstandszeitrelais zu erreichen ist.

Als weitere Funktion sei: $(c_1\mathfrak{U}' + c_2\mathfrak{J})^2 = c_4\,\mathfrak{J}^2$ behandelt, die die Kreisgleichung:

$$X^2 + R^2 - X\cdot 2\frac{c_2}{c_1}\sin\psi + R\cdot 2\frac{c_2}{c_1}\cos\psi + \frac{c_2^2 - c_4^2}{c_1^2} = 0,$$

mit den Zentrumkoordinaten:

$$x_0 = \frac{c_2}{c_1}\sin\psi; \qquad r_0 = -\frac{c_2}{c_1}\cos\psi; \qquad \frac{x_0}{r_0} = -\operatorname{tg}\psi$$

und dem Radius: $a = \frac{c_4}{c_1}$ ergibt.

Für $c_4 = c_2$ erhält man den Radius $a = \sqrt{r_0^2 + x_0^2}$, dies bedeutet Kreise, die sämtlich durch den Achsenschnitt laufen (Abb. 31a). Wird $\psi = -180^0$ gesetzt, so ergeben sich Kreise, deren Mittelpunkte auf der $+R$-Achse liegen, z. B. der Kreis $M_1$ mit dem Zentrum $0_1$. Diese Funktion: $X^2 + R^2 - \frac{2\,c_2}{c_1} \cdot R = 0$ ist meßtechnisch einfach durch den Quotienten: $\frac{U^2}{U \cdot I \cdot \cos\varphi}$ darzustellen, der für ein ablaufendes oder Kipprelais mit einem Spannungs- und Leistungsmeßwerk verwirklicht werden kann. Ein Kipprelais dieser Art kann jedoch als ein Leistungsmeßwerk mit einem zusätzlichen Spannungseinfluß auf der Stromseite, z. B. nach Abb. 31b nach der Kippwertgleichung: $\mathfrak{U}\,(\mathfrak{U}' - c\,\mathfrak{J}) = 0$ gebaut werden; übrigens ist ein Impedanzkipprelais in gleicher Bauart theoretisch zu verwirklichen, da für $(\mathfrak{U} + c\,\mathfrak{J})\,(\mathfrak{U} - c\,\mathfrak{J}) = 0$ eben $U^2 - c^2 I^2$, d. h. $\frac{U}{I} = c$ ist. Bemerkenswert ist, daß Auslösekreise, die durch den Achsenschnitt laufen, eine natürliche Stromrichtungsselektivität aufweisen, da im $(-\varphi_K)$-Bereich gelegene Meßpunkte nicht zur Auslösung führen können. Der Kreis $M_1$ hat für $\varphi_K > 45^0$ den Nachteil, daß in einem Bereich von $Z'$ jenseits $Z$ auf der $Z_K$-Linie auftretende Lichtbogenkurzschlüsse eine unerwünschte Auslösung zur Folge haben können. Um diesen Übelstand abzuhelfen, kann man den Kreismittelpunkt $O_2$ in $R$-Richtung auf gleiche Höhe mit dem Schnittpunkt $Z$ auf der $Z_K$-Achse legen, wobei $\operatorname{tg}\psi = -\operatorname{ctg} 2\,\varphi_K$ sein muß; der zugehörige Kreis $M_2$ eliminiert dann aber im Vergleich zu $M_1$ den Einfluß des Lichtbogenwiderstandes in einem wesentlich kleineren Größenbereich und kommt diesbezüglich dem Verhalten des Impedanzkreises $Z$ nahe. Die „tote Zone" für die Stromrichtungsempfindlichkeit von Relais nach dem Funktionstyp von Abb. 31a ist im Vergleich zu reinen Leistungsmeßwerken praktisch 10...50mal so groß anzusetzen, was betrieblich sehr nachteilig ist.

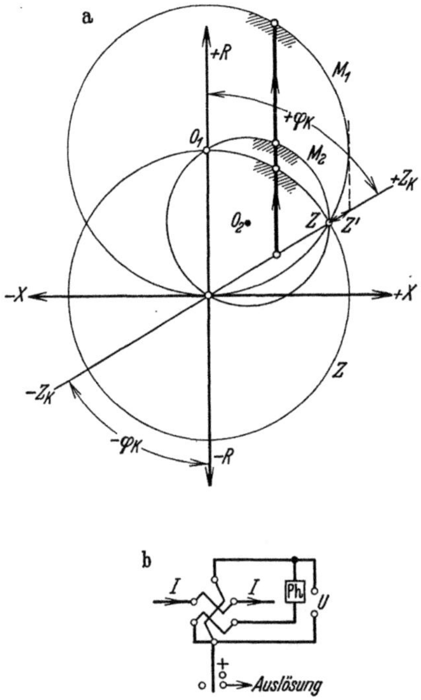


Abb. 31. Der Einfluß des Lichtbogenwiderstandes bei Verwendung von Mischfunktionen mit natürlicher Stromrichtungsselektion. a $RX$-Diagramm. b Prinzip eines dynamometrischen Meßwerkes zur Anzeige des Vorzeichens des Produktes: $\mathfrak{U}\,(\mathfrak{U}' - c\,\mathfrak{J})$.

$\varepsilon$) Die Schnelldistanzmessung. Da die Erfahrungen gezeigt haben, daß einmal unmittelbar nach dem Eintreten eines Kurzschlusses die Lichtbogenspannung bzw. der Lichtbogenwiderstand noch relativ klein bleibt, und außerdem die Gefahr des Außertrittfallens von gekuppelten Kraftwerken um so geringer ist, je kürzer die Abschaltzeit gewählt werden kann, ist man natürlich bestrebt, die notwendige Meßzeit so weit als möglich herabzusetzen. Die erstgenannte Tatsache führt

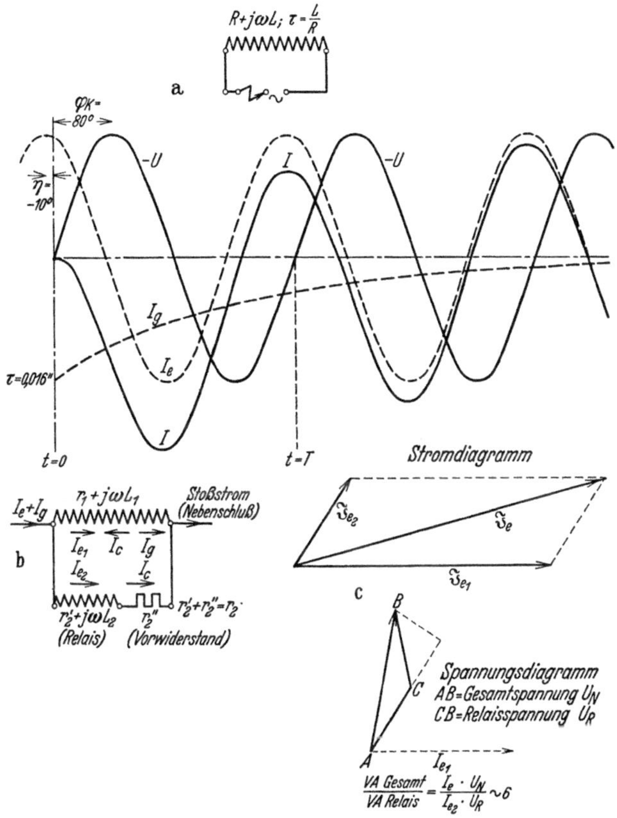


Abb. 32. Die Kurzzeitimpedanzmessung. a Der Einschaltvorgang beim metallischen Kurzschluß. b Der Stoßstromnebenschluß. c Ausführungsbeispiel eines Stoßstromnebenschlusses.

dazu, schnellarbeitende Distanzrelais nach dem einfachen Impedanzprinzip vorzuziehen. Liegt nun die Meß- bzw. Ansprechzeit eines solchen Meßorganes unterhalb von etwa 5 Perioden, so ist der Einfluß einer, auf Grund des Einschaltvorganges auftretenden Gleichstromkomponente des Kurzschlußstromes zu berücksichtigen (Abb. 32). Außer dem stationären Wechselstrom $I_e$ fließt ein, mit der Zeitkonstante $\tau = \frac{L}{R}$ des Kurzschlußstromkreises abklingender Gleichstrom $I_g$, dessen Anfangsamplitude die gleiche, aber entgegengesetzt gerichtete Größe der Wechselstromamplitude im Einschaltmoment besitzen muß. Ist $T$ die Zeitdauer einer Periode und $\omega$ die Kreisfrequenz, so ergibt sich der quadratische Mittelwert des tatsächlich fließenden Stromes ($I_{\text{eff}}$) über $n$ ganze Perioden zu:

$$I_{\text{eff}} = \sqrt{\frac{1}{n\,T}\int\limits_{t=0}^{t=n\,T} I^2\,dt}\,,\quad \text{wobei } I = I_e\left[\cos(\omega\,t - \eta) - \cos\eta\cdot e^{-\frac{t}{T}}\right] \text{ ist.}$$

Nach Abb. 32a ist $\eta$ die Phasenverschiebung des Maximums von $I_e$ gegenüber dem Nulldurchgang der Spannung $U$. Mit Einsatz der Stromfunktion $I$ ergibt sich:

$$I_{\text{eff}}^2 = I_e^2\left[0{,}5 + \cos^2\eta\cdot\frac{\tau}{2\,n\,T}\left(1 - e^{-\frac{2\,n\,T}{\tau}}\right) - \right.$$
$$\left. - \cos\eta\cdot\frac{2\,\tau}{n\,T}\cdot\frac{\cos\eta - \omega\,\tau\sin\eta}{1+\tau^2\cdot\omega^2}\left(1 - e^{-\frac{n\,T}{\tau}}\right)\right]$$

Die Zeitkonstante $\tau$ beträgt für 100...380 kV-Freileitungen $\tau =$ 0,008...0,03″ und steigt bei Großtransformatoren auf etwa 0,08″.

Während der Effektivwert des reinen Wechselstromes gleich dem $\sqrt{0{,}5}$fachen Spitzenwert ist, beträgt im Beispiel ($\tau = 0{,}016''$) für $\omega = 314$ das Verhältnis des Effektivwertes des Gesamtstromes $I$ zum stationären Wechselstrom $I_e$ bei Integration über:

1 Per. = 1,25; 2 Per. = 1,13; 3 Per. = 1,09; 4 Per. = 1,07; 5 Per. = 1,055.

Diese Vergrößerung der Stromeffektivwerte bedeutet entsprechende Minusfehler von 20%, 11,5%, 8,2%, 6,5%, 5,2% für die Impedanzmessung; es wird also eine zu kleine Fehlerentfernung gemessen. Bei großer Zeitkonstante $\tau$ wird der Meßfehler am größten für $\eta \sim 0$, d. h. denn, wenn der Kurzschlußzustand im Nulldurchgang vor $U$ eingeleitet wird, und nähert sich dem, im Grenzfall ($\tau = \infty$) zeitlich konstanten Maximalwert von — 42%. Außer der Gleich**strom**komponente kann auch eine Gleich**spannungs**komponente auftreten, die für die Impedanzmessung eine, den Stromfehler teilweise kompensierende Wirkung hat; diese tritt am Meßort um so mehr in Erscheinung, je kleiner der Phasenwinkel des Impedanzmeßwertes im Verhältnis zum Phasenwinkel der gesamten Kurzschlußstrombahn ist. Impedanzkipprelais, deren Ansprechzeit schon bei mittleren Kurzschlußströmen in der Größenordnung einiger Perioden liegt, werden bei hohen Strömen infolge der quadratisch mit dem Strom zunehmenden Kräfte nicht mehr auf den Impedanzeffektivwert, sondern den Impedanzmomentanwert ansprechen, der nach Abb. 32a für $t = \frac{T}{2}$ gleich Null ist. Dies muß natürlich unbedingt verhindert werden; bei Verwendung elektromagnetischer Spannungsmeßorgane ist das geforderte, zeitlich konstante Drehmoment dadurch herzustellen, daß zwei parallel wirkende Systeme von gleich großen, aber um 90° phasenverschobenen, der Spannung proportionalen Strömen gespeist werden ($i^2 \sin^2 \omega t + i^2 \cos^2 \omega t = i^2$!) der Impedanzmeßfehler beträgt dann im Maximum (für $\tau = \infty$) — 50%. Das Spannungsmeßorgan darf natürlich nicht erst nach Eintritt des Kurzschlusses seine Meßgröße zugeführt erhalten, wie dies beim normalen Distanzschutz in Sparschaltungen unbedenklich geschehen kann. Ansprechzeiten unterhalb einer Periode haben keinen praktischen Wert, zumal dann die Stromrichtungsbestimmung unsicher wird. Man hat nun nach Mitteln zur Beseitigung oder Verminderung dieser Strommeßfehler gesucht, die vor allem bei elektromagnetischen Meßsystemen, weniger bei Induktionsrelais eine Rolle spielen, da bei jeder Transformation die Gleichstromkomponente geschwächt wird. Eine verhältnismäßig einfache Lösung stellt der zum Relais parallel geschaltete „Stoßstromnebenschluß" (Westinghouse) nach Abb. 32b dar.

Die Wirkungsweise dieser Kunstschaltung beruht auf folgender Überlegung. Unter der Annahme einer im gesamten Kurzschlußkreis gleichgroßen Zeitkonstante, was in Höchstspannungsnetzen bei metallischem Kurzschluß am ehesten der Fall ist, kann die Gleichstromkomponente $I_g$ mit der verhältnismäßig großen Zeitkonstante $\tau$ des Netzes vom Relais ferngehalten werden, wenn die Zeitkonstante $\tau_1$ des Nebenschlusses gleich $\tau$ gewählt wird. Für die Stromverteilung in den beiden Kreisen (1 = Nebenschluß, 2 = Relais) gilt: $\frac{\mathfrak{J}_1}{\mathfrak{J}_2} = \frac{\mathfrak{z}_2}{\mathfrak{z}_1}$ oder $\frac{\mathfrak{J}_2}{\mathfrak{J}} = \frac{\mathfrak{z}_1}{\mathfrak{z}_1 + \mathfrak{z}_2}$, wobei für reinen Wechselstrom $\mathfrak{z}_1 = r_1 + j\omega L_1$ und $\mathfrak{z}_2 = r_2 + j\omega L_2$, aber für den Exponentialstrom $I_g$ $\bar{\mathfrak{z}}_1 = r_1 - \frac{L_1}{\tau}$ und $\bar{\mathfrak{z}}_2 = r_2 - \frac{L_2}{\tau}$ zu setzen ist. Daher ist

$$\frac{I_{g2}}{I_g} = \frac{r_1 - \frac{L_1}{\tau}}{\bar{\mathfrak{z}}_1 + \bar{\mathfrak{z}}_2},$$

d. h. $I_{g2} = 0$ für $\tau = \tau_1$.

Die Lösung der Differentialgleichung ergibt aber außerdem eine, nur innerhalb der Kunstschaltung (Kreis 1 + 2) zirkulierende Gleichstromkomponente: $I_c \cdot e^{-\frac{t}{\tau_{12}}}$, wobei $\tau_{12} = \frac{L_1 + L_2}{r_1 + r_2}$ ist. Die Anfangsamplitude des Zirkulationsstromes muß gleich groß, aber entgegengesetzt gerichtet wie der Momentanwert des stationären Zweigwechselstromes $I_{e2}$ im Einschaltmoment sein, da jener diesen im ersten Augenblick zu Null ergänzen muß. Um nun einen Fehlereinfluß von $I_c$ her mit Sicherheit bei beliebigem Einschaltmoment zu vermeiden, ist die Zeitkonstante $\tau_{12}$ möglichst groß zu wählen, wobei aber gleichzeitig der Wirkungsgrad der Schaltung schlecht wird, und die Stromwandler ein Vielfaches der Relaisleistung hergeben müssen. Als Beispiel seien: $\tau_{12} = 0{,}0025''$, $\omega = 314$, ein Nebenschluß: $r_1 = 0{,}1\,\Omega$; $\omega L_1 = 0{,}5\,\Omega$, ein Relais: $r_2' = 0{,}5\,\Omega$; $\omega L_2 = 0{,}5\,\Omega$ und ein Vorwiderstand $r_2'' = 0{,}67\,\Omega$ gewählt. Infolge der Kleinheit von $\tau_{12}$ sind nach einer Periode die Exponentialfunktionen in der Gleichung für $I_{\text{eff}}^2$ gegen 1 zu vernachlässigen, so daß man schreiben kann:

$$I_{\text{eff}}^2 = I_{e2}^2 \left[ 0{,}5 + \frac{\tau_{12}}{(1+\tau_{12}^2\,\omega^2)\,n\,T} \left( \frac{\tau_{12}^2 \cdot \omega^2 - 3}{2} \cos^2 \eta_2 + \tau_{12} \cdot \omega \cdot \sin 2\,\eta_2 \right) \right].$$

Die positiven oder negativen Höchstwerte des $\eta_2$ enthaltenden Fehlergliedes treten auf bei:

$$\operatorname{tg} 2\,\eta_2 = \frac{4\,\omega\,\tau_{12}}{\tau_{12}^2 \cdot \omega^2 - 3}.$$

Im vorliegenden Beispiel ergibt sich für die Integration über einer Periode ein positiver Maximalfehler von 15% und ein negativer von 3% für die Impedanzmessung, die über $n$-Perioden beide etwa den $n$-ten Teil betragen. Der positive Fehler bedeutet nur ein unter Umständen etwas späteres Ansprechen, der negative ist infolge seiner Kleinheit belanglos. Aus der in Abb. 32c gezeigten Strom- und Spannungsverteilung ergibt sich, daß die Stromwandlerleistung das 6fache der Relaisleistung beträgt, wodurch sich die Kosten für solche Anlagen erheblich erhöhen.

**d) Die Widerstandsmessung im Drehstromsystem bei metallischem Kurzschluß.** Eine distanzgetreue Widerstandsmessung im Drehstromsystem ist nur bei Verwenden der jeweils zu dem betroffenen Phasen zugehörigen Kurzschlußströme und Spannungen möglich. Die Anregung des Schutzes hat die wichtige Aufgabe, den Widerstandsmeßorganen die einander und der Kurzschlußschleife zugeordneten Meßgrößen zuzuführen. Bei winkelabhängigen Meßsystemen, wie Reaktanzrelais, führt ein unsicheres Anregekriterium bzw. des Kurzschlußzustandes überhaupt oder der Kurzschlußart sehr leicht zu einer Fehlschaltung, da diese Relais unabhängig von der Höhe des Stromes und der Spannung bei einem bestimmten Phasenwinkel den Widerstand bzw. die Distanz Null anzeigen. Der Zusammenhang zwischen Widerstand, Strom und Spannung ist bei den wichtigsten Kurzschlußfällen und den meist verwendeten Meßgrößen im folgenden zusammengestellt, wobei man den Leiter- und Erdstrecken bestimmte längenproportionale Impedanzen zuordnen kann, die bei Schleifenmessungen addiert werden können.

1. Der 2-polige Kurzschluß (Abb. 33a).

Bei gleichen Phasenwiderständen $z_P$ ergibt sich:

$$U_{RS} = z_P \cdot I_R - z_P \cdot I_S = 2\,z_P \cdot I_R, \qquad \text{d. h.} \qquad \frac{U_\Delta}{I_\Delta} = z_P; \quad \frac{U_\Delta}{I_\curlywedge} = 2\,z_P$$

und mit der Blindspannung $U^B$:

$$\frac{U_\Delta^B}{I_\Delta} = x_P; \qquad \frac{U_\Delta^B}{I_\curlywedge} = 2\,x_P.$$

2. Der 3-polige Kurzschluß (Abb. 33b, e).

Bei gleichen Phasenwiderständen $z_P$ ergibt sich:

$$\mathfrak{U}_{RS} = \mathfrak{z}_P(\mathfrak{I}_R - \mathfrak{I}_S), \quad \text{d. h.} \quad \frac{U_\Delta}{I_\Delta} = z_P; \quad \frac{U_\Delta^B}{I_\Delta} = x_P,$$

$$\mathfrak{U}_{RS} = \mathfrak{I}_R \cdot \mathfrak{z}_P\left(\frac{3}{2} + j\frac{\sqrt{3}}{2}\right), \quad \text{d. h.} \quad \frac{U_\Delta}{I_\curlywedge} = \sqrt{3} \cdot z_P;$$

$$\frac{U_\Delta^B}{I_\curlywedge} = 2\,x_P\left[\frac{3}{4} + \frac{1}{4}\,\frac{\operatorname{tg} 60^0}{\operatorname{tg} \varphi_K}\right].$$

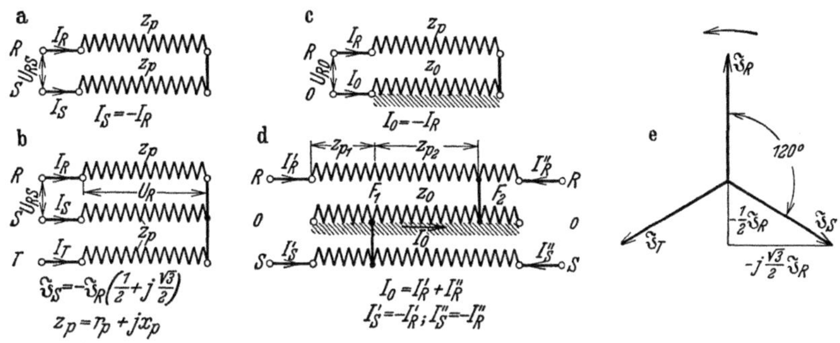

Abb. 33. Die Widerstanddistanzmessung im Drehstromsystem bei metallischem Kurzschluß. Der Widerstand der Fehlerstromschleife. a beim 2-poligen, b, e beim 3-poligen Kurzschluß, c beim Erdkurzschluß und d beim 2-seitig gespeisten Doppelerdschluß.

Letzteres gibt für

$$\frac{U_{RS}^B}{I_R}; \quad \frac{U_{ST}^B}{I_S}; \quad \frac{U_{TR}^B}{I_T} \text{ für } \varphi_K = 60^0 \text{ den Meßwert } 2\,x_P,$$

$$U_R = I_R \cdot z_P, \quad \text{d. h.} \quad \frac{U_\curlywedge}{I_\curlywedge} = z_P; \quad \frac{U_\curlywedge^B}{I_\curlywedge} = x_P.$$

Die Sternspannungen $U_\curlywedge$ sind zwischen dem elektrischen Systemnullpunkt, der z. B. mittels eines symmetrischen Widerstandssternes zu gewinnen ist, und den Phasenanschlüssen zu messen.

3. Der 1-polige Erdkurzschluß (Abb. 33c).

Wenn die Erdstrecke den Widerstand $z_0$ mit gleichem Phasenwinkel wie $z_P$ besitzt, ergibt sich z. B.

$$U_{R0} = I_R \cdot z_P - I_0 \cdot z_0, \quad \text{d. h.} \quad \frac{U_E}{I_\curlywedge} = z_P + z_0.$$

Läßt man außer $I_R$ noch $I_0$ als „Erdstromkorrektur“ im Verhältnis $\frac{z_0}{z_P}$ einwirken, ergibt sich:

$$\frac{U_E}{I_\curlywedge - I_0\frac{z_0}{z_P}} = x_P.$$

Genauer ist die entsprechende Reaktanzmessung, da $\varphi_K$ für $z_P$ und $z_0$ nicht gleich zu sein braucht; man erhält:

$$\frac{U_E^B}{I_\curlywedge - I_0\frac{x_0}{x_P}} = x_P.$$

4. Der Doppelerdschluß[1] (Abb. 33d) mit zweiseitiger Speisung ($I'$ und $I''$).

a) Der Meßort liegt zwischen den Erdschlußstellen (in der Nähe von $F$)

$$U_{R0} = I'_R \cdot z_{P2} - I_0 z_0, \qquad \text{d. h.} \quad \frac{U_E}{I'_\curlywedge} = z_{P2} + z_0\left(1 + \frac{I''_\curlywedge}{I'_\curlywedge}\right).$$

In diesem Fall ist die „Erdstromkorrektur" besonders vorteilhaft, da ein fehlerhafter Einfluß des Größenverhältnisses $I' : I''$ vermieden wird. Es ergeben sich die gleichen Meßwerte wie beim Erdkurzschluß.

b) Der Meßort liegt außerhalb der Erdschlußstellen.

Da der Erdstrom Null ist, kommt nur der Quotient $\frac{U_E}{I_\curlywedge}$ in Frage. Liegt der Meßort nach Abb. 33d am linken Leitungsende, so ergeben sich:

1. $\dfrac{U_{S0}}{I'_R} = z_{P1}$,

2. $\dfrac{U_{R0}}{I'_R} = z_{P1} + z_{P2} + z_0\left(1 + \dfrac{I''_\curlywedge}{I'_\curlywedge}\right)$,

3. $\dfrac{U_{RS}}{I'_{RS}} = z_{P1} + \dfrac{z_{P2}}{2} + \dfrac{z_0}{2}\left(1 + \dfrac{I''_\curlywedge}{I'_\curlywedge}\right)$,

4. $\dfrac{U_{RS}}{I'_R} = 2\,z_{P1} + z_{P2} + z_0\left(1 + \dfrac{I''_\curlywedge}{I'_\curlywedge}\right)$.

Die entsprechenden Reaktanzwerte ergeben sich für $U^B$ statt $U$.

| | | | |
|---|---|---|---|
| 2-poliger Kurzschluß | — <br> — | $\frac{U_\Delta}{I_\Delta} = z_P$ <br> $\frac{U^B_\Delta}{I_\Delta} = x_P$ | $\frac{U_\Delta}{I_\curlywedge} = 2\,z_P$ <br> $\frac{U^B_\Delta}{I_\curlywedge} = 2\,x_P$ |
| 3-poliger Kurzschluß | $\frac{U_\curlywedge}{I_\curlywedge} = z_P$ <br> $\frac{U^B_\curlywedge}{I_\curlywedge} = x_P$ | $\frac{U_\Delta}{I_\Delta} = z_P$ <br> $\frac{U^B_\Delta}{I_\Delta} = x_P$ | $\frac{U_\Delta}{I_\curlywedge} = \sqrt{3}\,z_P$ <br> $\frac{U_\Delta}{I_\curlywedge} = 2\,x_P\left[\frac{3}{4} + \frac{1}{4}\,\frac{\operatorname{tg} 60^0}{\operatorname{tg}\psi_K}\right]$ |
| 1-poliger Kurzschluß | — <br> — | $\frac{U_E}{I_\curlywedge} \approx z_P + z_0$ <br> $\frac{U^B_E}{I_\curlywedge} = x_P + x_0$ | $\frac{U_E}{I_\curlywedge - I_0\frac{z_0}{z_P}} \approx z_P$ <br> $\frac{U^B_E}{I_\curlywedge - I_0\frac{x_0}{x_P}} = x_P$ |
| Doppelerdschluß zwischen den Erdschlußorten | — <br> — | $\frac{U_E}{I'_\curlywedge} \approx z_P + z_0\left(1 + \frac{I''_\curlywedge}{I'_\curlywedge}\right)$ <br> $\frac{U^B_E}{I'_\curlywedge} = x_P + x_0\left(1 + \frac{I''_\curlywedge}{I'_\curlywedge}\right)$ | $\frac{U_E}{I_\curlywedge - I_0\frac{z_0}{z_P}} \approx z_P$ <br> $\frac{U^B_E}{I_\curlywedge - I_0\frac{x_0}{x_P}} = x_P$ |

[1] Die wesentlich komplizierteren Verhältnisse in Maschennetzen und bei Fehlern zwischen Doppelleitungssystemen sollen hier nicht behandelt werden.

Um mit gleichen Relais bei verschiedenen Fehlerorten die gleiche Distanz- bzw. Auslösezeit zu erhalten, sind entsprechende Strom- und Spannungsumschaltungen erforderlich, die bei den Schutzschaltungen behandelt werden.

**e) Der Fehlereinfluß von Lastströmen.** Vor dem Eintreten eines Kurzschlusses wird eine Leitung normalerweise von einem Laststrom durchflossen, den man sich etwa von einem irgendwo im Netz an die Leitung angeschlossenen Belastungs-Widerstandsstern verursacht denken kann. Die Richtung dieses Laststromes ist in bezug auf die Kurzschlußstromrichtung beliebig anzunehmen. Eine hohe Belastung wird im

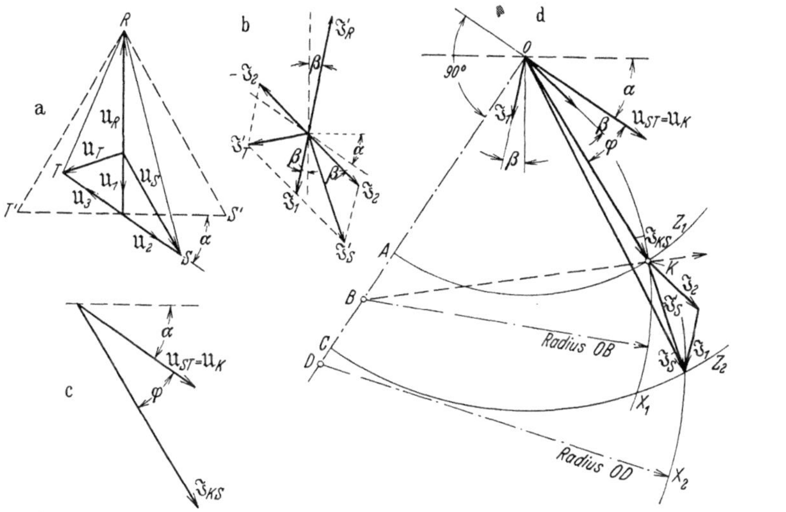


Abb. 34. Der Fehlereinfluß von Lastströmen beim 2-poligen Kurzschluß. a Spannungsdiagramm. b Laststromdiagramm. c Kurzschlußstromdiagramm. d Resultierendes Meßdiagramm.

allgemeinen nur einen kleinen induktiven Phasenwinkel haben. Die Größe der im Kurzschlußzustand durch den Meßort noch fließenden Phasenlastströme kann man proportional der Höhe der Phasenspannungen annehmen. Bei 2-poligem Kurzschluß bleibt der Laststrom der nicht von Fehler betroffenen Phase in voller Größe bestehen, selbst wenn die Kurzschlußspannung Null ist. Abb. 34a zeigt schematisch die Form eines Spannungsdiagrammes bei einem Lichtbogenkurzschluß zwischen $S$ und $T$; Abb. 34b die Lastströme $\mathfrak{J}'$ mit ihrem Phasenwinkel $\beta$ und Abb. 34c die Lage von Kurzschlußstrom und Spannung, wobei $\alpha$ der Winkel zwischen $U_K$ und der starr angenommenen Maschinenspannung $U_{S'\,T'}$ ist. Zweckmäßig zerlegt man nun nach Abb. 34b den Laststrom $\mathfrak{J}'_S$ in zwei Komponenten $\mathfrak{J}_1$ und $\mathfrak{J}_2$, die man sich von den Teilspannungen $\mathfrak{U}_1$ und $\mathfrak{U}_2$ hervorgerufen denkt; es ist also: $\mathfrak{J}'_S = \mathfrak{J}_1 + \mathfrak{J}_2$ und andererseits $\mathfrak{J}'_T = \mathfrak{J}_1 - \mathfrak{J}_2$. Wenn man nach Abb. 34d zum Kurzschlußstrom die beiden Stromkomponenten $\mathfrak{J}_1$ und $\mathfrak{J}_2$ vektoriell addiert, ergibt sich der Gesamtstrom $\mathfrak{J}_S$ der Phase $S$. Der geometrische Ort für die Vektorspitze von $\mathfrak{J}_{KS}$ bei konstantem Scheinwiderstandsmeßwert ist offenbar der $Z_1$-Kreis mit dem Zentrum $O$, bei konstantem Blindwiderstand der durch $O$ laufende Kreis $X_1$ mit dem Zentrum $B$ auf dem Lot von $U_K$ mit dem Radius $\overline{OB}$. Die Zeigerspitze von $\mathfrak{J}_S$ liegt auf dem $Z_2$- und dem $X_2$-Kreis. Nach dem gezeichneten Beispiel (Abb. 34d) wird durch den betreffenden Laststrom der tatsächliche Distanzwert also bei Impedanzmessung: $\frac{U_{ST}}{I_S}$ im Verhältnis: $\frac{OA}{OC}$, bei Reaktanzmessung: $\frac{U_{ST}^B}{I_S}$ im Verhältnis: $\frac{OB}{OD}$ verkleinert. Der größte Fehlereinfluß tritt im ersten Fall dann auf, wenn $\mathfrak{J}'_S$ in Richtung von $\mathfrak{J}_{KS}$ fällt. Im zweiten Fall liegt bei kleinem Verhältnis $\mathfrak{J}' : \mathfrak{J}_K$ annähernd die ungünstigste Laststromrichtung in der Verbindungslinie zwischen der Zeigerspitze $K$ von $\mathfrak{J}_{KS}$ und dem zugehörigen Kreiszentrum für den $X_1$-Kreis. Sehr wichtig ist nun die Tatsache, daß bei Verwendung des Dreieckstromes $\mathfrak{J}_{ST}$ die von $U_K$ unabhängige Laststromkomponente $\mathfrak{J}_1$ nicht auftritt; die vor dem Kurzschluß fließende Komponente $\mathfrak{J}_2$ sinkt im Verhältnis von $U_K : U_\Delta$, d. h. für z. B. $U_K = 20\%$ Nennspannung sinkt auch $\mathfrak{J}_2$ auf 20% des vorherigen Wertes. Bei einer jenseits eines metallischen Kurzschlusses liegenden Belastung kann also bei Benutzung von $I_\Delta$ kein Belastungsstromfehler auftreten, der bei mäßigen Kurzschlußspannungen jedenfalls verhältnismäßig klein bleibt. Bei großer Phasenverschiebung $\varphi$ ist der Fehlereinfluß der Lastströme bei Impedanz- und Reaktanzmessung in gleicher Größenordnung, beträgt also z. B. für $I_K : I' = 5$ höchstens 20%. Bei kleinen Phasenwinkeln kann bei der Reaktanzmessung der Fehler jedoch, besonders bei voreilendem Belastungswinkel $\beta'$ (bei einer langen leerlaufenden Freileitung oder einem Kabel) viel größer werden. Der Winkel $\alpha$ ist in diesem Fall bei kleinem $\varphi$ groß; $\mathfrak{J}_1$ und $\mathfrak{J}_2$ stehen nahezu senkrecht auf $U_K$ und subtrahieren sich von der induktiven Blindkomponente des Kurzschlußstromes; bei $\operatorname{tg} \varphi = 0{,}1$ genügt dann das Verhältnis $I_K : I' = 10$, um den Blindwiderstandsmeßwert zu Null werden zu lassen.

**f) Der 3-polige Lichtbogenkurzschluß.** Ein 3-poliger Lichtbogenkurzschluß tritt gewöhnlich nach Abb. 35b in unsymmetrischer Form mit zwei Lichtbögen, z. B. zwischen den Phasen $S$ und $R$, $R$ und $T$ auf. Um die komplizierten meßtechnischen Verhältnisse einigermaßen einfach darstellen zu können, soll an einem Beispiel schematisch das Verhalten einiger, meist verwendeter Meßquotienten gezeigt werden. Es sei angenommen, daß das Spannungsdreieck am Kraftwerk unbeeinflußt vom Kurzschluß starr erhalten bleibt, und ferner der Kurzschlußwinkel $\varphi_K$ der Leitung 90° beträgt, was etwa für eine 220-kV-Hohlseilleitung annähernd zutreffen würde. Nach Abb. 35a bestehen folgende Spannungsdreiecke: $RST$ am Kraftwerk, $R'S'T'$ auf der Leitungsmitte zwischen Kraftwerk und Kurzschlußort und $R''S''T''$ am Kurzschlußort, wo $R''T''$ und $R''S''$ zwei gleichgroße Lichtbogenspannungen bedeuten, die etwa 30% der vollen Spannung $U_\Delta$ am Kraftwerk sein sollen.

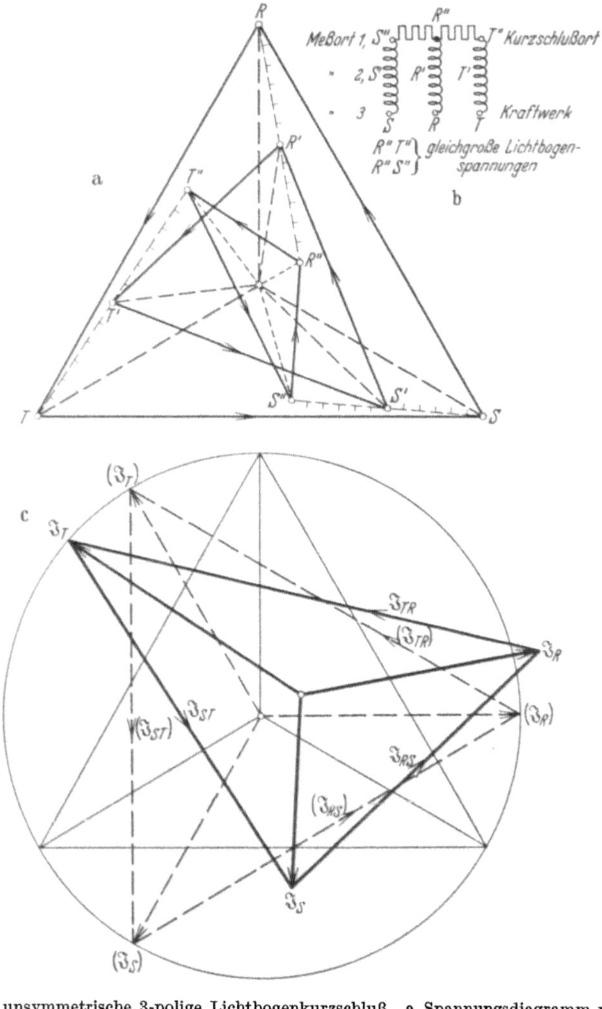


Abb. 35. Der unsymmetrische 3-polige Lichtbogenkurzschluß. a Spannungsdiagramm mit 2 Lichtbögen von 30% Nennspannung. b Widerstandsersatzschaltung. c Stromdiagramm; Kurzschluß metallisch: gestrichelt, über Lichtbogen: ausgezogen.

Abb. 35c zeigt gestrichelt die Kurzschlußströme, die bei metallischem Kurzschluß auftreten würden, und ausgezogen die Kurzschlußströme entsprechend dem Spannungsdiagramm *a*. Bei einer gedachten stetigen Verlegung des Meßortes vom Kurzschlußort zum Kraftwerk würden nach Abb. 35a die Punkte $R''$, $S''$, $T''$ auf den strichpunktierten

Geraden nach $R$, $S$, $T$ wandern, die also eine Distanzskala erhalten könnten. In folgender Zusammenstellung sind nun die berechneten Meßwerte der Impedanz $Z$ und der Reaktenz $X$ an den 3 Meßorten (Abb. 35b) für metallischen ($M$) und Lichtbogenkurzschluß ($L$), wobei die Phasenreaktanz der gesamten Leitung gleich der Relativziffer 2 gesetzt ist, und man sich zwischen den Meßorten eine gleich große gewünschte Staffelzeit denken kann; die eingerahmten Meßwerte würden die Auslösezeit diktieren.

| Meßort | $M, L$ | $Z, X$ | $U_R, I_R$ | $U_S, I_S$ | $U_T, I_T$ | $U_{RS}, I_{RS}$ | $U_{ST}, I_{ST}$ | $U_{TR}, I_{TR}$ | $U_{RS}, I_R$ | $U_{ST}, I_S$ | $U_{TR},$ |
|---|---|---|---|---|---|---|---|---|---|---|---|
| 1 | $M$ | $Z$ | 0 | 0 | 0 | 0 | 0 | 0 | 0 | 0 | 0 |
| | | $X$ | 0 | 0 | 0 | 0 | 0 | 0 | 0 | 0 | 0 |
| | $L$ | $Z$ | 0,36 | 1,21 | 0,83 | 0,78 | 1,14 | 0,56 | 1,09 | 2,40 | 0,9 |
| | | $X$ | 0,12 | 0,40 | —0,29 | 0,53 | —0,13 | —0,19 | 1,06 | 1,18 | 0 |
| 2 | $M$ | $Z$ | 1 | 1 | 1 | 1 | 1 | 1 | 1,73 | 1,73 | 1,7 |
| | | $X$ | 1 | 1 | 1 | 1 | 1 | 1 | 1,5 | 1,5 | 1,5 |
| | $L$ | $Z$ | 1,12 | 1,84 | 1,08 | 1,64 | 1,47 | 0,95 | 2,3 | 3,1 | 1,6 |
| | | $X$ | 1,06 | 1,39 | 0,68 | 1,49 | 0,88 | 0,78 | 2,28 | 2,93 | 1,6 |
| 3 | $M$ | $Z$ | 2 | 2 | 2 | 2 | 2 | 2 | 3,46 | 3,46 | 3,4 |
| | | $X$ | 2 | 2 | 2 | 2 | 2 | 2 | 3,0 | 3,0 | 3,0 |
| | $L$ | $Z$ | 2,12 | 2,72 | 1,9 | 2,6 | 2,2 | 1,85 | 3,67 | 4,7 | 3,3 |
| | | $X$ | 2,1 | 2,42 | 1,69 | 2,52 | 1,83 | 1,76 | 3,42 | 4,7 | 3,3 |

Bezüglich der Staffelung verhält sich für die Impedanzmessung der Quotient $\frac{U_{\curlywedge}}{J_{\curlywedge}}$, für Reaktanzmessung jedoch der Quotient $\frac{U^B_{\Delta}}{J_{\curlywedge}}$ am günstigsten, wenn die Auslösekontakte der drei Relais parallelgeschaltet sind. Wie man aus der Tabelle erkennt, kann allgemein von einer eigentlichen Distanzmessung in der Nähe des Kurzschlußortes bei hohen Lichtbogenspannungen weder bei Impedanz- noch bei Reaktanzmessung die Rede sein. Die Reaktanzmeßquotienten $\frac{U^B_{\Delta}}{I_{\Delta}}$ und $\frac{U^B_{\curlywedge}}{I_{\curlywedge}}$ zeigen außerdem, was sehr nachteilig ist, das Auftreten negativer Meßfehler, die bei einer Impedanzmessung zwar auch, aber in sehr viel kleinerem Ausmaß, vorkommen können. Der Fehlereinfluß des Laststromes ist bei 3-poligem Kurzschluß natürlich auch vorhanden.

Theoretisch ist eine richtige Distanzmessung auf dem Reaktanzprinzip mit einem mehrpoligen Meßwerk möglich, was ja schon in Hinblick auf die Drehstromleistungsmessung mittels Aronschaltung an und für sich wahrscheinlich erscheint. Nach Abb. 35b ist an beliebigem Meßort und bei beliebiger Art eines Lichtbogenkurzschlusses, aber gleichen Phasenreaktanzen $x_P$ zwischen Meß- und Kurzschlußort die gesamte Blindleistung: $N_B = (I_R^2 + I_S^2 + I_T^2)\,x_P$. Man müßte also

z. B. für ein Kipprelais zwei Blindleistungsmeßwerke (in Aronschaltung) mit drei entgegenwirkenden Stromquadratmeßwerken auf eine Achse setzen, wobei zwei Stromquadratmeßwerke durch ein Stromproduktmeßwerk ersetzt werden können, da $I_R^2 + I_S^2 + I_T^2$ für $\mathfrak{I}_R + \mathfrak{I}_S + \mathfrak{I}_T = 0$ gleich: $2\,I_T^2 - 2\,I_R \cdot I_S \cdot \cos\varphi_{RS}$ ist. Natürlich ist ein solches Meßwerk teuer und muß außerdem für die Erfassung 2-poliger Fehlerfälle in komplizierter Weise als 1-polig wirkendes Meßorgan umgeschaltet werden, weil sonst ein erheblicher Fehlereinfluß von Lastströmen auftreten würde.

**g) Die Widerstandsmessung bei zweiseitiger Speisung.** Eine zweiseitige Speisung eines metallischen Kurzschlusses beeinflußt die Distanzmessung beiderseits der Kurzschlußstelle nicht. Bei einem Lichtbogenkurzschluß können Fehler bei der Reaktanzmessung dadurch auftreten, daß beide Kurzschlußströme nicht genau in Phase sind, womit meßtechnisch betrachtet die Lichtbogenspannung auf der einen Seite eine induktive, auf der anderen Seite eine kapazitive Komponente erhält. Diese Erscheinung tritt besonders bei Pendelungen zwischen den Kraftwerken auf.

**h) Das Verhalten der Distanzrelais beim Außertrittfallen von Kraftwerken.** Befinden sich Kraftwerke eines Netzes im asynchromen Zustand, treten wechselnde kurzschlußartige Erscheinungen auf; die Anregerelais zeigen einen, mit der Schwebungsperiode intermittierenden 3-poligen Kurzschluß an, der beseitigt werden muß; die Distanzrelais verhalten sich verschieden, je nachdem, ob sie impedanz- oder reaktanzabhängig sind, also winkel*un*abhängig oder winkel*ab*hängig arbeiten. Abb. 36 zeigt die Verhältnisse der Impedanzmessung auf einer Kuppelleitung unter den gleichen einfachen Voraussetzungen, die für Abb. 17 gemacht wurden. Die Spannungsverteilung (Abb. 36a) längs der Strecke kann man sich aus der Summe der beiden gestrichelten Spannungsabfälle $\overline{BE_1}$ und $\overline{AE_2}$ zusammengesetzt denken, die eine längs der Strecke konstante Spannung gleich der Maschinenspannung ergeben, solange beide im Normalzustand in Phase sind. Bleibt jedoch der Spannungsvektor $\mathfrak{E}_2$ hinter $\mathfrak{E}_1$ zurück, so ist die Spannungsverteilung längs der Strecke durch eine gleiche Winkelverdrehung der Spannungen $\mathfrak{U}_2$ an jedem Ort gegen $\mathfrak{U}_1$ und vektorielle Summierung der Teilspannungen für verschiedene Zeitmomente, z. B. $30^0$, $60^0 \ldots 360^0$, leicht zu erhalten; der Strom besitzt bei $180^0$, d. h. bei Phasenopposition von $\mathfrak{E}_1$ und $\mathfrak{E}_2$ seinen Maximalwert. Die Impedanzverteilung (Abb. 36b) ist, abgesehen vom Maßstab, der Spannungsverteilung ähnlich. Für ein Impedanzrelais liegt also ein fiktiver Kurzschluß mit zeitlich veränderlichem Fehlerwiderstand etwa in der Leitungsmitte vor, d. h. es besteht die Möglichkeit in der Leitungsmitte aufzutrennen. Für ein phasenabhängiges Relais, das einen linearen Mischwiderstand bzw. den Blindwiderstand messen soll, ist das in Abb. 17d, e gezeigte Verhalten der Leistungsmeßwerke maßgebend, wo man leicht erkennt, daß ein fiktiver über die Leitung von einem zum anderen Kraftwerk wandernder Kurzschluß vorgetäuscht wird, der praktisch ein gleichzeitiges Auftrennen der Leitung an beliebigen Orten zur Folge haben kann. Je mehr der Mischleistungswinkel $\psi$ dem Kurzschlußwinkel $\varphi_K$, der in Wirklichkeit während der Schwebungsperiode nicht konstant anzunehmen ist, angeglichen ist, desto länger bleibt der fiktive Kurzschlußort auf der Leitungsmitte. Abb. 17e gilt für eine Reaktanzmessung mit den gleichen praktischen Einschränkungen wie für eine Blindleistungsmessung für $\varphi_K = 90^0$.

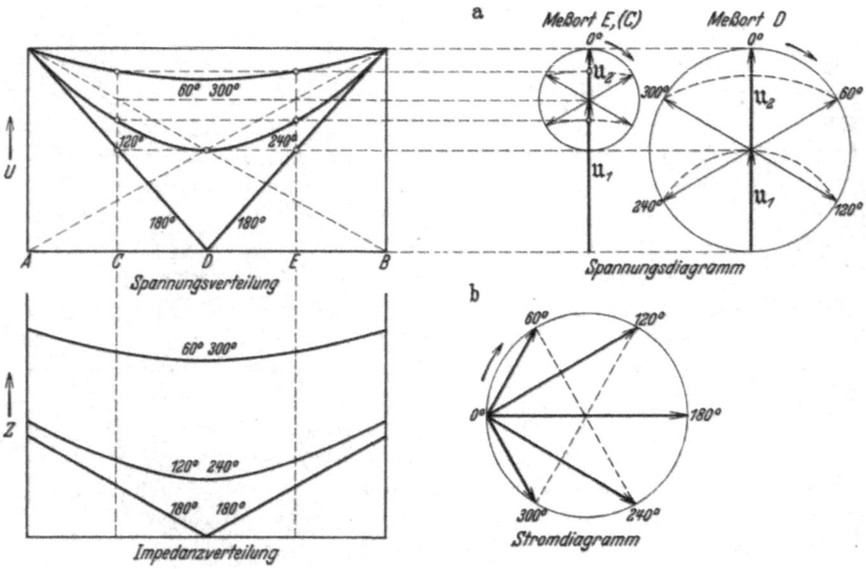


Abb. 36. Die Impedanzmessung bei Asynchronismus im Netz.

**i) Die Kritik der Distanzmeßverfahren.** Die Distanzzeitstaffelung erfolgt auf Grund einer Widerstandsmessung, wobei allgemein als Mischwiderstandsgrößen die rein quadratische Funktion der Impedanz, die gemischt quadratisch-linearen Funktionen, insbesonders die Impedanz mit Reaktanzbevorzugung, und die lineare Funktion, insbesonders die Reaktanz, verwendet werden können. Der einzige Vorzug der genauen Reaktanzmessung besteht darin, daß der Einfluß des Lichtbogenwiderstandes praktisch bei 1- und 2-poligen Kurzschlüssen geringer als bei den beiden anderen Meßverfahren ist, solange der Winkel zwischen Strom und Spannung mindestens etwa $5^0$ beträgt und die mit wachsender Lichtbogenspannung steigenden, vorher besprochenen Fehlereinflüsse durch Belastungsströme und Pendelungen bzw. Phasenverschiebung der Ströme bei zweiseitiger Speisung klein bleiben. Als Hauptnachteil der Reaktanzmessung ist die Möglichkeit, daß negative Meßfehler auftreten und die

Tatsache, daß sie gegen Asynchronismus im Netz besonders empfindlich ist, anzugeben. Die Impedanzmessung ergibt bei hohem Lichtbogenwiderstand, wenn er sich überhaupt entwickeln kann, im 1- oder 2-poligen Kurzschluß lange Auslösezeiten; bei Leitungen mit großem Kurzschlußwinkel $\varphi_K$ wird die Zeitstaffelung gefährdet. Die sehr verbreitete Meinung, daß in Höchstspannungsnetzen Reaktanzrelais eine sicherere Zeitstaffelung als Impedanzrelais gewährleisten, ist nur bedingt richtig, da das Verhältnis von Laststrom zu Kurzstrom wächst, die Lichtbogenwiderstände selbst mit wachsender Netzspannung steigen, und die „Lichtbogenkompensation" des Reaktanzprinzips durch eine Reihe anderer Nachteile erkauft werden muß. Besonders zweckmäßig wirken eigentlich die Impedanzrelais mit Reaktanzbevorzugung und getrennter Richtungsselektion, deren praktische Verwirklichung bisher nur in Form von Kipprelais bekannt ist.

Eine Fehlerortanzeige mittels der Widerstandszeitrelais ist natürlich theoretisch genauer infolge der direkten Ortsangabe, im Gegensatz zu der Zonenangabe der Widerstandskipprelais. Die durchschnittliche praktische Meßgenauigkeit kann infolge der gezeigten zahlreichen möglichen Fehlereinflüsse auf die Widerstandsmessung nicht besonders hoch sein, aber wertvolle Anhaltspunkte für die Fehlerortsuche bieten.

## C. Der Vergleich von Meßgrößen.

Das auf dem Vergleich von Meßgrößen beruhende Schutzprinzip gewährleistet theoretisch eine unbedingte Selektivität für den betreffenden Anlageteil mit kürzesten Abschaltzeiten bei inneren Fehlern, bietet aber keine gestaffelte Selektivität bei äußeren Fehlern, so daß zur Sicherung der Fehlerabschaltung überhaupt im Fall des Versagens einer Schutzapparatur oder eines Schalters ein überlagerter Zeitstaffelschutz notwendig ist. Als besonderer Vorteil wäre noch anzugeben, daß Fehlauslösungen bei Pendelvorgängen ausgeschlossen sind; eine Ausnahme bildet hierbei der Stromrichtungsvergleich mittels Leistungsmessung, bei dem besondere Hilfsmittel nötig sind.

Der Vergleich erstreckt sich auf solche Meßgrößen, die prinzipiell im fehlerfreien Zustand des überwachten Anlageteiles unabhängig von äußeren Fehlern in einem konstanten Verhältnis stehen, das bei inneren Fehlern vom Normalwert mehr oder weniger abweicht oder auch sein normales Vorzeichen ändert. Die Vergleichsmöglichkeiten beziehen sich daher auf Absolutgrößen und Vektorgrößen; jene werden nach mechanischen, diese nach elektrischen oder magnetischen Differentialmeßverfahren gegeneinander abgewogen; dabei ist zu beachten, daß eine vektorielle Differenz nur bei gleicher Größe und Richtung der Vergleichsgrößen Null sein kann. Mit dem Phasenwinkel $\gamma$ zweier Vektoren gleicher Absolutbeträge $A$, besitzt der Absolutbetrag des Differenzvektors die

Größe: $D = A\sqrt{2(1 - \cos\gamma)}$, d. h für $\gamma << 1$ ist. $D \approx A \sin\gamma$. Außerdem kann auch das Vorzeichen eines skalaren Vektorproduktes allein oder in Verbindung mit anderen Fehlerkriterien ein brauchbares Selektionsmittel darstellen. Man unterscheidet direkte und indirekte Vergleichsverfahren; jene liefern einen aus den Vergleichsgrößen resultierenden Meßwert, diese vergleichen nur ganz bestimmte Kennzeichen.

### 1. Direkte Vergleichsverfahren.

**a) Das Längsdifferential-Prinzip des Stromvergleichs.** Dieses wichtigste Differentialschutzverfahren benutzt die Tatsache, daß Eingangs- und Ausgangsstrom eines Anlageteiles im Normalzustand gleich groß und gleichgerichtet sein müssen, und daher die vektorielle Differenz beider Ströme gleicher Phase, d. h. der Differenzstrom $I_\delta$ bei Fehlerfreiheit und äußeren Fehlern Null, dagegen bei inneren Fehlern gleich dem Fehlerstrom $I_F$ selbst ist. Dieses Schutzprinzip ist bei galvanischer Kopplung beider Meßorte über Wicklungen oder Leitungen (Abb. 37a) und bei einer magnetischen Kopplung über einen Transformator (Abb. 37b) anwendbar. Beim Schutz eines Transformators ist natürlich dessen Spannungsübersetzung $\ddot{u}_E$ derart zu berücksichtigen, daß die Stromwandler das Übersetzungsverhältnis $\ddot{u}_I = 1 : \ddot{u}_E$ haben müssen, damit die Differenz der Durchgangsströme $I$ Null ist. Das einfache Verfahren der Differenzbildung zweier Ströme läßt sich z. B. für einen Sammelschienenschutz (Abb. 37c) oder den Schutz eines Mehrwicklungstransformators dahin erweitern, daß die Differenz der Summen aller zufließenden und abfließenden Ströme gebildet wird. Die Grundform der Strom-Differentialschaltung war in Abb. 2b (elektrisch), Abb. 2g (magnetisch) dargestellt. Da die zusätzliche Bürde jedes Differentialwandlers dem Widerstand der Verbindungsleitung zum Differentialrelais proportional ist, und man notwendigerweise eine möglichst niedrige Wandlerbürde anstreben muß, ist die Anwendung eines kleinen Sekundärnennstromes um so mehr angebracht, je weiter die beiden Meßorte räumlich voneinander entfernt sind, damit man mit normalen niedrigen Leiterquerschnitten auskommt; in demselben Maße steigen dann aber die maximalen Aderspannungen beim größten zu erwartenden Kurzschlußstrom. Den gleichen Effekt, allerdings bei geringerem Wirkungsgrad, erzielt man durch primär- oder sekundärseitige Wandlernebenschlüsse (Abb. 37d), wobei die Ströme in stromproportionale Spannungen übersetzt werden, deren Differenz die beiden, in einer Leiterschleife liegenden Stromrelais $R$ bei einem inneren Fehler zum Ansprechen bringt.

Abb. 37e zeigt die Schaltung des „Split-Pilot"-Systems, eine doppelte Differentialschaltung mit drei Hilfsleitern (1...3) und zwei Differentialrelais $W_1$ und $W_2$. Die Hilfsleiter 1 und 2 sind in der Entfernungsmitte zwischen beiden Relaisorten miteinander verbunden. Bei normalem

Betrieb und äußeren Fehlern ist die Verbindung bei *a* zwischen den Hilfsleitern 1 und 2 stromlos; die Ströme in den Leitern 2 und 3 sind gleich groß und betragen die Hälfte des entgegengesetzt gerichteten Stromes im Leiter 1, d. h. das magnetische Kraftfeld des Differentialrelais ist Null. Bei größerer Entfernung zwischen den Relaisorten bzw. bei langen Hilfsleitungen wird im Gegensatz zum Schaltungsprinzip 37d die Empfindlichkeitseinstellung der Relais nicht durch die Kapazität der Hilfsleiter begrenzt, da die Ladeströme des Hilfskabels kein magnetisches

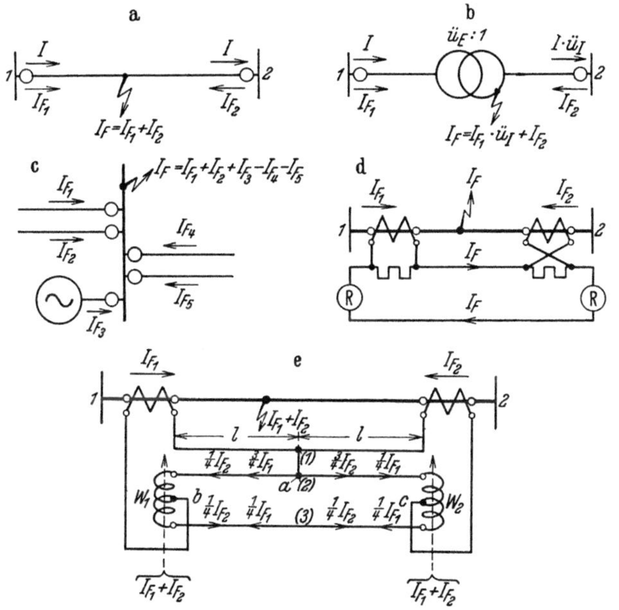


Abb. 37. Anwendungen des Längsdifferentialschutz-Prinzips. a Leitung. b Transformator. c Sammelschienen. d Umwandlung von Strom- in Spannungsdifferenzen. e Das „Split-Pilot“-System mit Differentialrelais und 3 Hilfsleitungen.

Differentialfeld hervorrufen. Bei inneren Fehlern ist die Differentialkraftwirkung im Relais proportional dem Fehlerstrom.

**b) Das Querdifferential-Prinzip des Stromvergleichs.** Mehrere parallelgeschaltete Anlageteile, wie Wicklungen und Leitungen, lassen sich einzeln durch einen Stromvergleich an beiden Parallelschalt- bzw. Meßorten für sich ohne eine notwendige Hilfsverbindung zwischen diesen selektiv schützen, da das Verhältnis der Parallelströme an jedem Meßort nur bei einem inneren Fehler vom Normalwert abeichen kann. Bei zwei parallelen Stromkreisen (Abb. 38a) wird die Differenz ber beiden Leiterströme ($\mathfrak{J}_I - \mathfrak{J}_{II}$), z. B. am Anfang und Ende einer Doppelleitung überwacht; mittels eines zusätzlichen Richtungskriteriums der die Differentialrelais durchfließenden Fehlerstromkomponenten: ($\mathfrak{J}'_{F1} - \mathfrak{J}''_{F1}$) und

$(\mathfrak{J}'_{F2} - \mathfrak{J}''_{F2})$ wird die defekte Leitung von der gesunden unterschieden. Die Differenzströme werden beiderseits in der bekannten „Achterschaltung“ (Abb. 2 b) gemessen. Bei mehr als zwei parallelen, z. B. $n$-Stromkreisen (Abb. 38 b), vergleicht man an jedem Meßort je zwei Parallelströme miteinander. Die $n$-Differentialstromgrößen werden mittels der Polygonschaltung nach Abb. 2 h gewonnen. Das Fehlerkriterium für den betreffenden Parallelzweig besteht darin, daß die beiden Differenzströme an jedem Meßort, in denen der Strom des fehlerhaften Zweiges, z. B. einer Leitung enthalten ist, nicht Null sind; dieser Fall tritt auch bei einem Phasenbruch auf, der also bei genügender Empfindlichkeit des Schutzes und genügendem Stromfluß über die gesunden Zweige

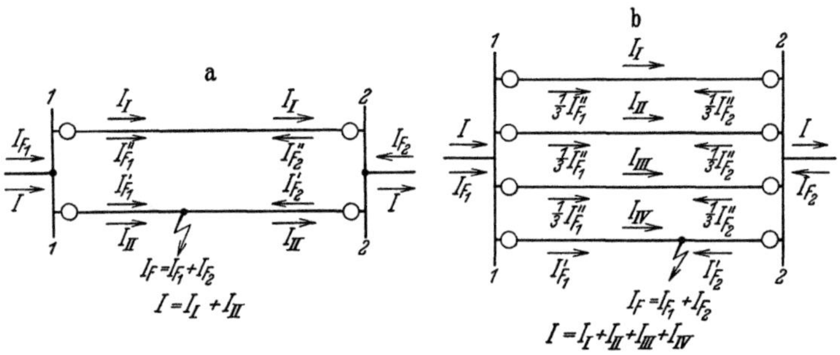

Abb. 38. Anwendungen des Querdifferentialschutzprinzips. a 2 parallele Leitungen. b 4 parallele Leitungen.

selektiv erfaßt wird. Bei zwei parallelen Leitungen ist die selektive Anzeige des Phasenbruchs nur mittels eines Absolutwertvergleichs beider Parallelströme möglich. Dieser kann auf mechanischem Wege mit einer Stromwaage $(I_I^2 - I_{II}^2)$ oder durch eine Überwachung des Produktes aus Summen- und Differenzstrom: $(\mathfrak{J}_I + \mathfrak{J}_{II}) \cdot (\mathfrak{J}_I - \mathfrak{J}_{II}) = I_I^2 - I_{II}^2$ erfolgen, was in seiner Wirkung auf das gleiche hinausläuft.

**c) Die Grenzen des Stromdifferentialschutzes.** Die Sicherheit der Selektivität des üblichen Stromdifferentialschutzes hängt in erster Linie von der Genauigkeit der Wandlermeßschaltung ab und ist um so schwerer zu erreichen, je größer der Arbeitsstrombereich und die angestrebte Empfindlichkeit ist. Fehlauslösungen bei außerhalb liegenden Fehlern können nur dann vermieden werden, wenn die Differenz der Wandlerleerlaufströme im gesamten möglichen Durchgangsstrombereich, insbesondere bei hohen Überströmen, unterhalb des Ansprechstromwertes der Differentialrelais bleiben. Praktisch müssen dafür folgende Forderungen erfüllt werden. Die Überstromkennziffer der Wandler ist ausreichend hoch zu bemessen, damit diese keinesfalls im Sättigungsgebiet arbeiten. Für das notwendige Übersetzungsverhältnis ist nur das Verhältnis der Windungszahlen maßgebend, das z. B. für den Schutz eines Transformators mit der Übersetzung 1 : 1 bei beiden Wandlern auch bei verschiedenen Typen genau gleich sein soll. Die Gleichheit der Leerlaufströme bei gleicher Induktion hängt allein von der mittleren Eisenlänge im Kern und von der Blechsorte ab, die zweckmäßig bei beiden Wandlern übereinstimmen sollen. Damit beide Wandler außerdem mit gleicher Induktion arbeiten, sollen sie mit gleicher Bürde belastet sein, wobei die Gleichheit der Bürdenimpedanz genügt; in erster Linie wird man für ungleich lange Zuleitungen zum Differentialrelais einen Ausgleich schaffen müssen. Die größte Ansprechempfindlichkeit wird mit einer gegebenen Relaistype dann erreicht, wenn der Relaisansprechstrom $I_A$ gleich der Summe der sekundärseitig gemessenen Wandlerleerlaufströme bei der dem Strom $I_A$ entsprechenden Relaisklemmenspannung $U_A$ ist. Unter Umständen, wenn nämlich weniger eine besonders hohe Ansprechempfindlichkeit als vielmehr eine große Sicherheit gegen eine Fehlauslösung bei hohen Durchgangsströmen erwünscht ist, wählt man zweckmäßig den Relaiswiderstand so hoch als möglich. Diese Grenze ist dadurch gezogen, daß das Relais bei einseitiger Fehlerspeisung eben noch die gewünschte Ansprechempfindlichkeit besitzt. In diesem Fall stellt sich die erwünschte Gleichheit der Wandlerklemmenspannungen schon bei kleinen, von einer Verschiedenheit der Wandler herrührenden Ausgleichsströmen über das Relais wieder her.

Die praktisch erreichbare Ansprechempfindlichkeit des Strom-Differentialschutzes hängt außer von der Empfindlichkeit und Güte der Meßschaltung einschließlich der Relais noch von anderen, das Differentialprinzip störenden Betriebsverhältnissen des geschützten Anlageteiles ab. Beim Längsstromvergleich täuscht natürlich jeder, innerhalb des geschützten Anlageteiles fließende „Querstrom" einen inneren Fehler vor, da jener von dem Differentialprinzip natürlich als Fehlerstrom gewertet wird. „Querströme" rühren bei Leitungen von ihrer längenproportionalen Kapazität her; bei einem Transformator ruft dessen Leerlaufstrom (Abb. 39a) oder eine im Sternpunkt angeschlossene Löschdrossel einen derartigen Effekt hervor. Bei einseitiger Speisung einer Kabelstrecke fließt z. B. in der Hilfsleitung von Abb. 37d ein, dem Ladestrom auf der Hochspannungsseite proportionaler Ausgleichsstrom. Bei stark verzerrter Spannungskurve können die Oberwellen ein Fehlansprechen von Stromrelais bewirken, sofern diese frequenzunabhängig oder gar für höhere Harmonische besonders empfindlich sind. Diese Schwierigkeiten kann man durch Siebkreise oder Verwendung von mechanisch auf die Grundwelle abgestimmten Frequenzstromrelais beheben. Damit der relativ hohe Einschaltstromstoß eines Transformators keine Auslösung verursacht, darf eine Kontaktgabe des Differentialrelais erst nach einer, der Zeitkonstante des Transformators angepaßten, Zeitverzögerung wirksam sein.

Beim vektoriellen Querstromvergleich tritt bei ungleichen Widerstandsphasenwinkeln der parallel geschalteten Zweige schon im Normalbetrieb ein Differentialstrom auf, der durch besondere Kompensationsmittel, wie starke magnetische Stromkopplung der Parallelzweige (Abb. 39b) mit der man gleichphasige Betriebsströme erzwingen kann, beseitigt werden muß. In solchen Fällen wäre eigentlich die mechanische Differenzmessung der Stromabsolutgrößen der Einfachheit halber vorzuziehen.

Praktisch ist man bei einer wünschenswerten Anwendung des Strom-Differentialschutzes sehr oft auf die Verwendung von vorhandenen Stromwandlern angewiesen, die entweder keine genügend hohe oder verschieden große Überstromkennziffer oder ungleiche Fehlercharakteristiken infolge verschiedener Bauart besitzen; die Differenzstromfehler wachsen natürlich in ihrer Absolutgröße mit steigenden Stromwerten überhaupt und in der Nähe der Sättigungsgebiete viel stärker als linear

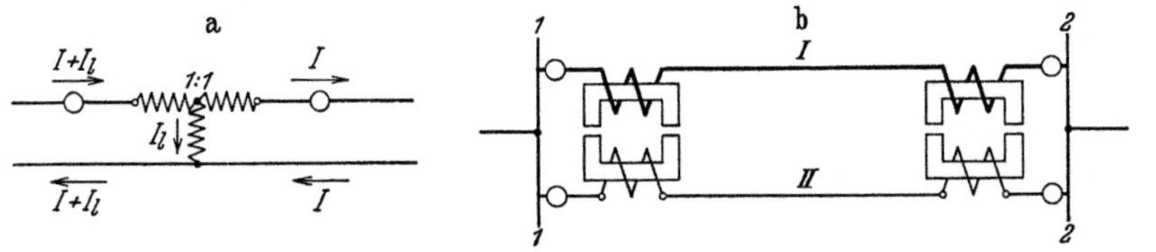


Abb. 39. Störeinflüsse auf das Differential-Prinzip. a Transformatorleerlaufstrom als „Querbelastung." b Magnetische Verkettung von ungleichen Parallelzweigen, um phasengleiche Zweigströme zu erzwingen.

an. Damit nimmt in gleichem Maße die Gefahr einer Fehlauslösung bei starken Durchgangsströmen im Falle eines außerhalb des Schutzbereiches liegenden Kurzschlusses zu. Diesen Nachteil kann man durch verschiedene Hilfsmaßnahmen vermeiden. Man macht nach der „Stromverhältnismethode" die Auslösung nicht von dem Überschreiten einer bestimmten Fehlerstromgröße im Differentialzweig, sondern vom absoluten Verhältnis der vektoriellen Differenz und Summe beider Vergleichsströme oder vom Verhältnis der absoluten Stromdifferenz zum gerichteten Stromprodukt abhängig, wobei das Quadrat der Stromsumme immer als zusätzliche Federkraft im Sinne einer Hinderung der Auslösung wirkt, aber das Stromprodukt nur bei äußeren Fehlern die Federkraft stärkt, bei einseitig gespeistem inneren Fehler keinen Einfluß besitzt und bei zweiseitig gespeistem inneren Fehler sogar die Federgegenkraft schwächt. Daher kann man bei diese Methode ohne Gefahr die Ansprechempfindlichkeit erhöhen. Mit beiden Verfahren ist nach Abb. 40a ein einfacher Differentialschutz von Reguliertransformatoren ohne notwendige Übersetzungskupplung von Strom- und Leistungstransformatoren in gewissen Grenzen möglich, die natürlich bei Drehtransformatoren praktisch unausführbar wäre. Einen Schutz gegen Fehlauslösungen infolge nicht genügend hoher Überstromkennziffer des Stromwandlerpaares bieten diese Methoden bei äußeren Fehlern und hohen Kurzschlußströmen jedoch nicht. Bringt man aber die beiden Kriterien der Absolutgröße des Differenzstromes und die Richtung des Vergleichstromproduktes getrennt zur Anzeige und sperrt bei gleicher Richtung der Vergleichsströme von einem solchen Überstromwert an, dessen Größe mit Sicherheit im Bereich der maßgebenden Wandler-Überstromkennziffer liegt, die Auslösung, so ist auch dieses Problem in einfacher und sicherer Weise gelöst (Abb. 40b). Zweckmäßig besitzt das Stromrichtungsglied eine im Sinne der Federkraft wirkende, von der Höhe beider Vergleichsströme abhängige Zusatzkraft (vgl. die Relaischarakteristik, Abb. 12, S. 157), um eine nicht erwünschte Auslösesperrung bei einseitig gespeistem Fehler, z. B. eines Transformators, zu vermeiden, wenn dieser noch einen gewissen Belastungsstrom führt, d. h., wenn das Stromprodukt eine

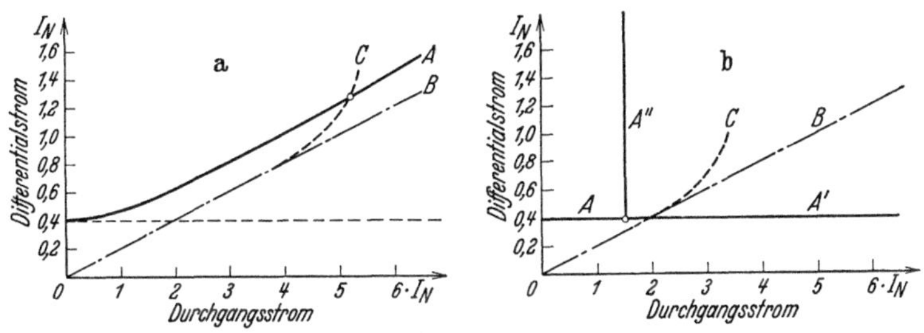


Abb. 40. Sicherungsmethoden für die Selektivität des Stromdifferentialschutzes. a Die Stromverhältnismethode mit einem Relais: $A$ Ansprechkurve des Differentialrelais. $B$ Ausgleichdifferentialstrom beim Regeln eines Transformators und hoher Überstromkennziffer beider Stromwandler. $C$ wie $B$, aber mit einem Stromwandler kleiner Überstromziffer. b Die Stromproduktmethode mit getrennten Relais: $AA'$ Ansprechkurve des Differentialrelais bei inneren Fehlern, $AA''$ bei äußeren Fehlern. $B$ und $C$ gleiche Bedeutung wie bei a.

gewisse Sperrgröße besitzt. Zum Stromrichtungsvergleich sind natürlich auch Leistungsmeßsysteme verwendbar, die aber einen Spannungsanschluß benötigen.

**d) Der Stromrichtungsvergleich.** Das Vorzeichen des Produktes von Ein- und Ausgangsstrom eines Anlageteiles z. B. einer Leitung darf das Auslösekommando nicht immer allein bestimmen, sondern ist dann nur gemeinsam mit einem Überstromkriterium zusammen als Selektionsmittel zu benutzen. Ein einfacher Stromrichtungsvergleich kann nach der schematischen Abb. 41a mittels zweier wattmetrischen Relais $N_1$ und $N_2$ derart erfolgen, daß z. B. bei Dynamometern die eine Spule vom Ortsstrom, die andere vom Fernstrom über je zwei Hilfsleitungen gespeist wird; ein negatives Vorzeichen des Stromproduktes kennzeichnet, abhängig von einem Kurzschlußkriterium, den inneren Fehler. Ohne ein besonderes Überstromkriterium kommt man prinzipiell mit einer Art Differentialschaltung nach Abb. 41b aus, wobei nur zwei Hilfsleitungen notwendig sind. Beide Stromwandler speisen in Serie mit den Feldspulen der Produktrelais $N$ je einen Nebenschluß $r_1$, an welchen die den Strömen $i_1$ und $i_2$ proportionalen Spannungen $U_1$ und $U_2$ erzeugt werden. Die Spannung $U_1$ liefert z. B. in das Meßsystem $N_2$ einen Strom $i_1''$, der ein Sperrmoment: $i_1'' \cdot i_2 \cdot \cos\varphi$ im Produkt mit $i_2$ hervorruft, wenn $i_1$ die gleiche Richtung wie $i_2$ (bei Durchgangsstrom) hat; ferner liefert $U_1$ über den Widerstand $R$ einen Strom $i_1'$ in das Meßsystem $N_1$, der immer ein Auslösemoment erzeugt; das Hilfsleiterpaar überträgt also die Stromsumme, deren Ausfall oberhalb eines Mindeststromwertes ein Kriterium für eine Hilfsleiterunterbrechung liefert. Zweckmäßig werden die Verhältnisse durch entsprechende Dimensionierung so gewählt, daß das Auslösmoment (positiv) des Relais $N_1$ bzw. $N_2$ gegeben ist durch $D_1 = k\,(I_1^2 - 2 \cdot I_1 \cdot I_2 \cos\varphi)$ und $D_2 = k\,(I_2^2 - 2\,I_1 \cdot I_2 \cos\varphi)$, wobei $\varphi$ der Phasenwinkel zwischen beiden Strömen ist; für Durchgangsstrom

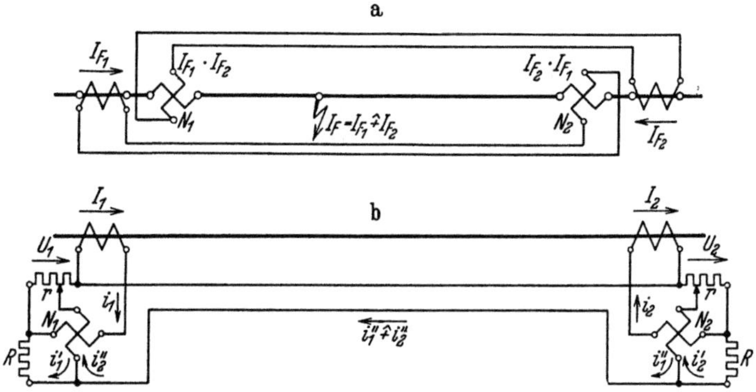


Abb. 41. Das Prinzip des Stromrichtungsvergleichs a Als Zusatzkriterium. b Als Auslösekriterium.

$I_1 = I_2$ bei normalem Betrieb und äußeren Fehlern tritt als ein Sperrmoment $D = -k \cdot I^2$ auf; bei einseitig, z. B. von 1 aus gespeistem, inneren Fehler darf bei 2 ein Laststrom bis zu 50% der Kurzschlußstromgröße abfließen, ohne daß ein falsches Sperrmoment auftreten würde; die Fehlercharakteristiken der beiderseitigen Stromwandler können daher erheblich voneinander abweichen; jedoch ist wenigstens eine annähernd gleiche Überstromkennziffer erwünscht. Beim sog. Translay-System ist die Wirkungsweise der Schaltung 41b derart umgekehrt, daß das Hilfsleiterpaar die Stromdifferenz überträgt, die im Normalbetrieb und bei äußeren Fehlern Null ist. Das verwendete Induktionsrelais (Zählertype) wird in seiner Spannungsspule vom Ortstrom und in seiner Stromspule von der Stromdifferenz gespeist; es besitzt noch einen Kurzschlußring, der ein Sperrmoment für die Auslösung bewirkt, wenn der Differenzstrom Null ist. Die Differenzstromspeisung der Hilfsleitung geschieht durch die beiden gegeneinander geschalteten Sekundärwicklungen der Spannungsspulen, welche die Stromnebenschlüsse $r$ in Abb. 41b ersetzen. Der Einfluß der Ladeströme der Hochspannungs- und Hilfsleiter kann beim Stromrichtungsvergleich durch geeignete Maßnahmen in weit höherem Maße beseitigt werden als beim einfachen Stromvergleich.

**e) Der Spannungsvergleich.** Als Beispiel einer Selektion auf Grund eines Spannungsvergleichs ist zunächst die Überwachung der Spannungsdifferenz zwischen dem elektrischen Schwerpunkt des Spannungsdreiecks einer Maschine und dessen Sternpunkt zur Erfassung eines Windungsschlusses zu nennen. Dessen Kennzeichen schon auf S. 91 (Abb. 9 o) behandelt wurden. Weiterhin wird das Prinzip für den Schutz von entsprechend eingerichteten Spezialkabeln benutzt. So besitzt eine Kabelkonstruktion nach Glaser innerhalb des Isolationsmantels eine konzentrisch angeordnete perforierte metallische Zwischenschicht. Mittels eines Differentialsspannungswandlers wird das Verhältnis des Spannungsgefälles im Dielektrikum zwischen der Kabelader und der Zwischenschicht, sowie zwischen dieser und dem Außenmantel überwacht. Beim Kabelschutzsystem nach Pfannkuch besitzt der eigentliche Kabelleiter eine Decklage schwach isolierter Hilfsdrähte; den geradzahligen und den ungeradzahligen Hilfsdrähten wird eine Prüfspannung gegeneinander und gegen den Hauptleiter mittels eines Spannungswandlers aufgedrückt, und mit einem Leistungsmeßwerk die vom Wandler abgegebene Fehlerstromleistung überwacht. Die beiden genannten Kabelschutzsysteme sind derart empfindlich, daß schon im Entstehen begriffene Schäden bemerkt werden können.

**f) Der Leistungsvergleich.** Beim Schutz eines Transformators mittels eines Stromdifferentialschutzes liegt dessen Ansprechempfindlichkeit aus den vorher angegebenen Gründen bei einem bestimmten Grenzverhältnis von Fehlerstrom zu Nennstrom, das etwa 20% beträgt. Diese Empfindlichkeit ist aber für die Erfassung von Eisenbrand nicht ausreichend, da sich dieser nur durch eine, im Vergleich zum Leerlaufstrom, kleine zusätzliche Wirkstromkomponente bemerkbar macht. Bei großen Transformatoren beträgt der Leerlaufstrom etwa 3...5% des Nennstromes und die von den normalen Eisenverlusten herrührende Wirkkomponente etwa den zehnten Teil. Fehlerströme in solcher Größenordnung lassen sich nur durch das Differentialleistungsprinzip erfassen. Zu diesem Zwecke wird die aus dem Differentialstrom und der geometrischen Spannungssumme beider Transformatorseiten gebildete Leistung 1-polig oder 2-polig in Aronschaltung gemessen, deren Größe ein Maß für die Eisenverluste ist. Die Sicherheit der Anzeige hängt natürlich in hohem Maße von der Güte und Gleichheit der Fehlercharakteristik der Meßwandler ab. Der Einschaltvorgang des Transformators bewirkt infolge des Blindleistungstoßes keine fehlerhafte Anzeige.

## 2. Indirekte Vergleichsverfahren.

Bei den indirekten Vergleichsverfahren wird ein besonderes Kennzeichen einer Meßgröße von einem Vergleichs- bzw. Meßort zum andern als bestimmtes Signal gemeldet. Ein für diese Methode besonders geeignetes selektives Fehlerkennzeichen ist die schon behandelte Stromrichtung, die aber in diesem Falle an jedem Meßort für sich bestimmt werden muß. Als Bezugsgröße ist nur die Spannung möglich, und daher eine Leistungsmessung erforderlich. An jedem Meßort wird nun das vom anderen Meßort über eine Hilfsleitung mit Gleich- oder Wechselstrom oder einen Hochfrequenzkanal gemeldete Vorzeichen der Fernleistung mit dem Vorzeichen der Ortleistung verglichen; bei normalem Betrieb und bei äußeren Kurzschlüssen zeigen beide Leistungssysteme einen gleichsinnigen Ausschlag, wenn sie gleichsinnig gepolt angeschlossen sind; bei zweiseitig gespeisten inneren Kurzschlüssen ist der Ausschlagssinn beider Systeme verschieden gerichtet. Für den Fall der einseitigen Speisung ist wegen des schädlichen Laststromeinflusses auf die Richtungsanzeige ein zusätzliches Überstromkriterium für das Auslösekommando notwendig. Die Wechselstromsignalübertragung kann auch prinzipiell mittels des Kurzschlußstromes selbst etwa nach der Schaltung (Abb. 37 d) erfolgen, wobei die dort angedeuteten Stromrelais das Auslösekommando geben, mit denen in Serie an jedem Meßort die Auslösekontakte der Richtungsrelais liegen. Bei außenliegenden Kurzschlüssen heben sich die beiden Signalspannungen auf, wobei unabhängig von der Anzeige der Leistungsrelais keine Auslösung erfolgen kann. Durch diese Maßnahme des von der Kurzschlußstromrichtung abhängigen im Gegensatz zur vorher behandelten unabhängigen Signalübertragung könnte der Nachteils der möglichen toten Zone der Leistungsrichtungsbestimmung sowie deren Beeinflussung bei Pendelerscheinungen praktisch vermieden werden.

# 5. Die Einzelteile der Selektivschutztechnik.

Von Dr. phil. **Joachim Sorge**, Berlin.

## I. Relais.

### A. Charakteristische Eigenschaften der Relais.

Sowohl die Mannigfaltigkeit der Aufgabenstellung, als auch die Möglichkeit, ein und dieselbe Aufgabe konstruktiv auf verschiedenen Wegen lösen zu können, führte zu einer sehr großen Anzahl von Relaistypen. Im Rahmen dieses Abschnittes ist es natürlich nicht möglich, sie sämtlich einzeln zu behandeln; es soll vielmehr das Grundsätzliche der Relaistechnik in den Vordergrund gestellt werden.

Zur Beurteilung eines Relais oder eines Relaisprinzips dienen ganz allgemein seine wichtigsten charakteristischen Eigenschaften. Ihre Kenntnis gibt sofort einen Überblick, ob ein Relais für einen bestimmten Zweck oder als Baustein in einem bestimmten Schutzsystem verwendet werden kann; sie seien daher zunächst besprochen.

Der Eigenverbrauch ist die Leistungsaufnahme eines Relais in Voltampere bzw. Watt bei der Nennspannung oder dem Nennstrom, für die das Relais ausgelegt ist und braucht nicht mit dem Verbrauch des Relais beim Ansprechen übereinzustimmen. Hilfsrelais werden beispielsweise aus Sicherheitsgründen stets so ausgelegt, daß sie auch noch bei 25% unter Nennspannung ansprechen können. Da nun die Leistungsaufnahme quadratisch mit der Spannung steigt, ist hier der Eigenverbrauch bei Nennspannung beinahe doppelt so hoch, als bei der kleinsten Ansprechmöglichkeit. Hat ein Stromrelais für Wandleranschluß einen Einstellbereich von 4—10 Amp., so wird er für 5 Amp. also für den Nennstrom des Wandlers angegeben, damit man ohne Umrechnung über die Wandlerbelastung orientiert ist.

Bei elektromagnetischen Relais ändert sich im allgemeinen infolge der Ankerbewegung beim Ansprechen der Luftspalt und damit der Scheinwiderstand. Der Eigenverbrauch kann daher vor und nach dem Ansprechen erhebliche Unterschiede aufweisen. Da durch das Anziehen des Ankers der Luftspalt stets verkleinert wird, ist der Scheinwiderstand im angezogenen Zustand größer.

Ein kleiner Eigenverbrauch eines Relais ist, sofern die sonst notwendigen Forderungen an die Schaltleistung, seine Genauigkeit usw. eingehalten werden, grundsätzlich vorteilhaft. Für den Strompfad, also bei den Strom-, Leistungs- oder Widerstandsrelais bedingt er eine geringe Wandlerbelastung und damit ein Heraufsetzen der Sättigungsgrenze bei einem gegebenen Wandler, oder er ermöglicht sogar die Verwendung einer kleineren und billigeren Stromwandlertype. Ferner wird dadurch die thermische Überlastungsfähigkeit günstig beeinflußt, da die Wärmeaufnahme proportional dem Ohmschen Widerstand ist. Für die Hilfsrelais bedeutet der geringe Eigenverbrauch eine Schonung der Kontakte, die dieses Relais steuern. Da Hilfsrelais im allgemeinen zur Verstärkung der Schaltleistung dienen, könnte man das Verhältnis von Schaltleistung zu Eigenverbrauch direkt als Verstärkungsgrad bezeichnen.

Die thermische Belastbarkeit des Relais ist für dauernde und kurzzeitige Belastung zu unterscheiden. Bei der Dauerbelastung ist je nach der Isolation der Wicklung — gebräuchlich sind Lack, Seide oder Baumwolle — eine Grenztemperatur von 85—95° bzw. eine Grenzerwärmung um 50—60° zulässig. Die Erwärmung von Kupferwicklungen wird dabei aus der Widerstandszunahme bestimmt, wobei allerdings nur ein Mittelwert gemessen werden kann.

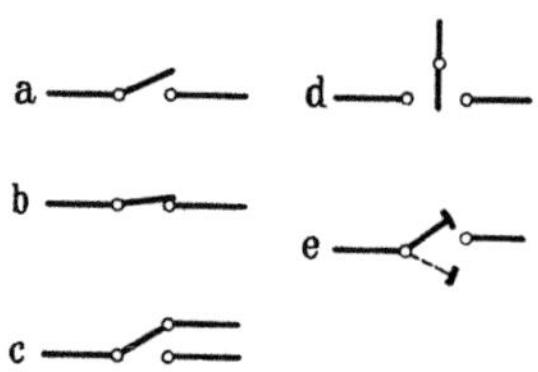

Abb. 1. Kontaktarten. a Arbeitskontakt, b Ruhekontakt, c Umschaltkontakt, d Wahlkontakt, e Wischkontakt.

Die kurzzeitige Überlastung — Grenztemperatur etwa 150° — kommt im allgemeinen nur für Stromrelais in Frage. Sie wird in gleicher Weise, wie bei Stromwandlern, als „Sekundenstrom" angegeben (s. S. 218).

Als hohe Werte seien für Dauerbelastung die 10fache Nennbelastung und für den Sekundenstrom der 100fache Nennstrom genannt, jedoch wird für Spezialfälle eine noch größere Belastbarkeit verlangt.

Die verschiedenen Schaltarten der Kontakte zeigt Abb. 1. Der Arbeitskontakt ist im unerregten Zustand des Relais geöffnet, der Ruhekontakt geschlossen. Eine Kombination von Ruhe- und Arbeitskontakt, jedoch mit gemeinsamer Zuführung, stellt der Umschaltkontakt dar. Ein Relais mit kontaktloser Nullage, das je nach der Polarität der Erregung nach der einen oder anderen Seite Kontakt macht, besitzt einen Wahlkontakt. Schließlich wäre noch der sog. Wischkontakt zu erwähnen, der nur kurzzeitig selbst beim längeren Erregen des Relais geschlossen wird.

Die Schaltleistung eines Relais ist leider außerordentlich schwer eindeutig festzulegen. Das von der Vereinigung der Elektrizitätswerke herausgegebene Relaisbuch gibt folgenden Definitionsvorschlag an:

„Schaltleistung der Kontaktvorrichtung ist die Leistung, die die Schaltstücke eines Relais dauernd zu schalten in der Lage sind, ohne dabei mehr als der üblichen Abnutzung zu unterliegen. Zu unterscheiden ist: Einschaltleistung, Ausschaltleistung bei den im Stromkreis herrschenden Bedingungen."

Da die Begriffe „dauernd" und „übliche Abnutzung" verschieden ausgelegt werden können, sind Vergleiche bei Schaltleistungsangaben für Relais schwierig, zumal die schaltbare Leistung von sehr vielen Faktoren abhängt.

Für das Relais selbst ist das Kontaktmaterial, die Kontaktform und das Medium, das den Kontakt umgibt, von großem Einfluß auf die Schaltleistung. Günstig für die Schaltleistung ist selbstverständlich ein großer Kontaktweg, ein hoher Kontaktdruck zwischen den geschlossenen Kontakten und große Abreißkraft beim Öffnen der Kontakte. Eine große Schaltgeschwindigkeit ist für Abschaltung von Gleichstromleistungen, langsamere für Wechselstrom günstig.

Noch größer ist der Einfluß der „im Stromkreis herrschenden Bedingungen" auf die Schaltleistung. Das Abschalten von Gleichstromkreisen stellt für die Kontakte eine weitaus höhere Beanspruchung dar, als von Wechselstromkreisen, weil bei diesen ein Öffnungsfunke beim Nulldurchgang des Stromes von selbst erlischt.

Man kann drei typische Belastungsarten unterscheiden: Ohmsche, induktive und kapazitive Belastung. Verhältnismäßig einfach läßt sich die Schaltleistung für Ohmsche Belastungen festlegen; diese Belastungsart ist aber in der Schutztechnik sehr selten, da meist induktive Stromkreise zu schalten sind. Die in der Induktivität aufgespeicherte Energie sucht sich beim Abschalten durch einen Lichtbogen über die Kontakte auszugleichen, die dadurch bedingte außerordentliche Beanspruchung des Kontaktmaterials hat Schmelzperlen, starken Kontaktabbrand und Materialwanderung zur Folge. Für einen induktiven Stromkreis ist daher die Abschaltleistung wesentlich niedriger anzusetzen, als für einen Ohmschen. Zur Charakterisierung einer induktiven Belastung scheint die Angabe der magnetisch aufgespeicherten Energie in Wattsekunden zweckmäßig zu sein. Unter ganz bestimmten Versuchsbedingungen durchgeführte Messungen ergaben, daß 1 Wattsekunde in der Wirkung auf den Kontakt mit etwa 60 Watt Ohmscher Belastung zu vergleichen sind, jedoch scheint eine Verallgemeinerung dieses Ergebnisses nicht möglich. Immerhin würde bei der Angabe der Schaltleistung die abschaltbare Feldenergie in Wattsekunden einen wesentlich besseren Anhaltspunkt ergeben, als die jetzt übliche Angabe in „Watt induktiv" oder „bei stark induktiver Belastung". Da diese Ausführungen vielleicht als Anregung dienen, zukünftig bei der Angabe des Eigenverbrauches von Gleichstromrelais und Antrieben in Watt auch die Feldenergie in Wattsekunden anzugeben, sei kurz erläutert, wie diese durch eine oszillographische Aufnahme ermittelt werden kann.

Bei angezogenem Anker des beispielsweise zu messenden Schütz- oder Schalterantriebes wird neben einer Zeitkurve bei Nennspannung der Einschaltstrom oszillographiert. Befindet sich das Relais bei voller Erregung noch unterhalb des Sättigungsgebietes, so erfolgt der Stromanstieg bekanntlich nach der Funktion $i = i_d \left(1 - e^{-\frac{R}{L} \cdot t}\right)$. Für $t = \frac{L}{R} = T$ (Zeitkonstante) hat der Strom den 0,63fachen Wert des Dauerstromes $i_d$ erreicht. Aus dem Oszillogramm braucht man nur für diesen Stromwert an Hand der Zeitlinie die Zeit zu bestimmen, um daraus die Induktivität $L = T \cdot R$ in Henry und die Feldenergie $Ws = \frac{L \cdot i_d^2}{2}$ in Wattsekunden zu ermitteln.

Für Abb. 2a diente als Objekt ein elektromagnetisches Hilfsrelais mit zwei Umschaltkontakten und 7,7 Watt Eigenverbrauch, es ergaben sich für 220 Volt Nennspannung folgende Daten: $i_d = 0{,}035$ Amp.,

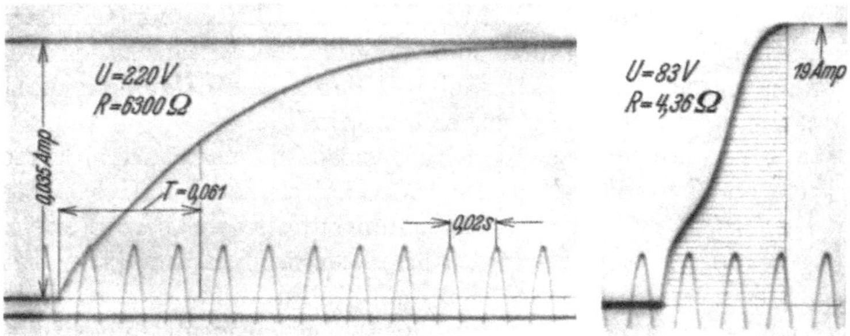


Abb. 2. Oszillogramm des Einschaltstromes zur Ermittlung der Feldenergie. a Elektromagnetisches Relais: 0,235 Wattsekunden, b Schalterantrieb: 17 Wattsekunden.

$R = 6300$ Ohm, $T = 0{,}061$, $L = 384$ Henry und $Ws = 0{,}235$ Wattsekunden. Die an Stelle des Relais einzusetzende äquivalente Ohmsche Belastung würde demnach annähernd $7{,}7 + (0{,}235 \times 60) = 21{,}8$ Watt betragen.

Wird durch die Erregung das Eisen gesättigt, so ist $L$ nicht konstant, und man findet die Feldenergie durch Planimetrierung der Fläche $i \cdot t$ vom Beginn des Einschaltens bis zum Erreichen des Dauerstromes; der erhaltene Wert ist noch mit der angelegten Spannung zu multiplizieren. Für einen schweren Schalterantriebsmagneten mit 1500 Watt Eigenverbrauch (Abb. 2b) wurden 17 Wattsekunden Feldenergie ermittelt. Der Antrieb entspricht also etwa einer äquivalenten Ohmschen Belastung von $1500 + (17 \times 60) = 2520$ Watt.

Wichtig ist schließlich noch die Höhe der Spannung, die nach erfolgter Abschaltung zwischen den Kontakten liegt. Je höher die Spannung, über einen desto längeren Weg kann ein Lichtbogen aufrecht erhalten werden, desto größer muß also für eine bestimmte Abschaltleistung der Kontaktweg sein.

Für Ohmsche und induktive Belastung liegt die Einschaltleistung im allgemeinen weitaus höher als die Abschaltleistung, da eine Lichtbogenbildung nicht auftritt. Sie ist begrenzt durch den Dauerstrom, dessen Stromdichte an der Übergangsstelle nicht so hohe Werte annehmen darf, daß ein Zusammenschweißen der Kontakte eintritt. Nach dem Aberregen des Relais öffnen dann die Kontakte nicht mehr, und man spricht von einem „Kleben" der Kontakte. Die Unterscheidung zwischen Einschalt- und Ausschaltleistung ist wichtig, da man die Auslösemagnete der Hochspannungsschalter stets vom Relais nur einschalten läßt. Die Unterbrechung des Stromkreises erfolgt dann durch die kräftigen Ölschalterhilfskontakte.

Die dritte Belastungsart, die kapazitive Belastung, zu der vergleichsweise mit Rücksicht auf die Beanspruchung auch die Belastung der Kontakte durch Metallfadenlampen zu rechnen ist, zeigt ein ganz anderes Verhalten. Der Einschaltstrom beträgt hier nämlich ein Vielfaches vom Dauerstrom, bei Glühlampen ist z. B. das Verhältnis etwa 10 : 1 und mehr. Daher ist die Beanspruchung beim Einschalten groß, insbesondere, wenn die Kontakte prellen und daher den Spitzenstrom mehrfach, wenn auch nur kurzzeitig, unterbrechen müssen. Die Schaltleistungsangaben eines Relais, die fast nur für Ohmsche und induktive Kreise angegeben werden, sind daher nicht ohne weiteres auf kapazitive Belastung übertragbar.

Außer den erwähnten Einflüssen der Belastungsart hat auch noch die Häufigkeit der Schaltfolge auf die Schaltleistung einen Einfluß, wenn nämlich die beim Schalten auftretende Erwärmung der Schaltstücke beim darauffolgenden Schaltvorgang noch nicht abgeführt ist.

Die verschiedenen für die Schaltleistung maßgebenden Faktoren wurden vorstehend etwas ausführlicher behandelt, da sie häufig nicht genügend beachtet werden. Ein großer Anteil der Relaisversager ist darauf zurückzuführen, daß eine Überbeanspruchung der Kontakte vorliegt. Man sollte sich nicht davor scheuen, zur Schonung empfindlicher Kontakte ein Zwischenrelais einzuschalten, trotzdem man dann „noch einen Kontakt mehr" erhält. Es ist ein weit verbreiteter Irrtum, die Güte eines Schutzsystems nach der Anzahl der Kontakte zu beurteilen. Keinesfalls bringt ein gut durchgebildeter Kontakt selbst eine Unsicherheit in eine Schutzschaltung hinein, wohl kann dies aber durch einen überbeanspruchten Kontakt geschehen.

Es wird kaum durchführbar sein, bei einem Relais für alle möglichen Belastungsarten die Schaltleistung anzugeben. Um jedoch vergleichbare Schaltleistungsangaben verschiedener Relais zu erhalten, wäre es zweckmäßig, einheitlich die maximale Schaltleistung für Gleichstromkreise bei Ohmscher Belastung und 60 Schaltungen pro Stunde unter Anführung der maximalen Schaltspannung und des Dauerstromes anzugeben für $10^3$- und $10^6$-Schaltungen. Die „übliche Abnutzung" wäre dabei so zu verstehen, daß nach der angegebenen Schaltzahl die Kontaktgabe gerade noch einwandfrei, jedoch für weitere Schaltungen ein Auswechseln der Kontakte erforderlich ist. 1000 Schaltungen kämen für Relais in

Frage, die zur Überwachung oder als Sicherheitsorgan dienen, wobei berücksichtigt ist, daß ein Schutzsystem öfter angeregt wird, als es zum Auslösen kommt. 1000000 Schaltungen sind für Relais anzusetzen, die sehr häufig zu schalten haben. Schaltleistungen für noch höhere Schaltzahlen anzugeben, dürfte nicht erforderlich sein, da bei sehr stark beanspruchten Relais im allgemeinen besondere Mittel vorgesehen werden, die Lebensdauer der Kontakte heraufzusetzen. Die hierfür nötigen Löschkreise sollen an späterer Stelle behandelt werden.

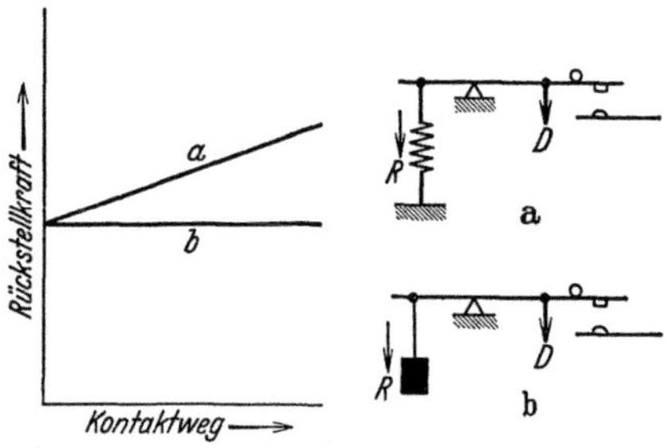

Abb. 3. Rückstellkraft in Abhängigkeit vom Kontaktweg. a durch Feder, b durch Gewicht. *D* elektrisches Drehmoment, *R* mechanische Rückstellkraft.

Um Relais mit meßtechnischen Eigenschaften, die im Gegensatz zu den Hilfsrelais kurz als „Meßrelais" bezeichnet seien, beurteilen zu können, ist noch die Kenntnis einiger weiterer Daten erforderlich.

Das Verhältnis von Ansprechwert zu Abfallwert bezeichnet man als Halteverhältnis. Es wird grundsätzlich bestimmt durch das Verhalten der mechanischen Rückstellkraft *R* und dem elektrischen Drehmoment *D* während der Kontaktbewegung. Wird die Rückstellkraft durch ein Gegengewicht gebildet, so bleibt sie — eine nicht zu große Winkelbewegung vorausgesetzt — während der Kontaktbewegung konstant, bei einer Rückzugsfeder steigt sie an (Abb. 3). Das elektrische Drehmoment kann, je nach dem verwendeten Relaisprinzip, während der Kontaktbewegung konstant bleiben oder auch ansteigen. Wenn das elektrische Drehmoment in geringerem Maße zunimmt, als die Rückstellkraft, besitzt das Relais eine „stromzeigerartige Einstellung" und damit ein kleines Halteverhältnis. Dieser Fall ist in Abb. 4a dargestellt; die Rückstellkraft wächst von $g_1$ bis $g_2$, das elektrische Drehmoment soll über den ganzen Kontaktweg konstant bleiben und ist für die Erregung mit verschiedenen Amperewindungszahlen $AW_1$, $AW_2$ und $AW_3$ eingetragen. Stellt man sich das Relais nach Abb. 3a im Prinzip wie eine Waage vor, so ist leicht zu erkennen, daß der bewegliche Kontakt

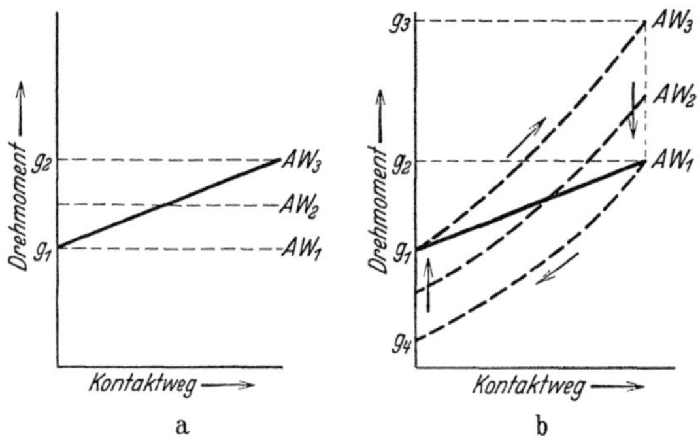

Abb. 4. Elektrisches Drehmoment und Rückstellkraft in Abhängigkeit vom Kontaktweg.

zwischen Anschlag und Kontaktgabe jede Stellung einnehmen kann. Bei der Erregung $A\,W_1$ wird er sich vom Anschlag lösen, bei $A\,W_2$ in der Mitte zwischen Anschlag und Gegenkontakt stehen, bei $A\,W_3$ den Gegenkontakt gerade berühren. Eine geringe Verminderung der Ansprechamperewindungen $A\,W_3$ genügt bereits, um eine Kontaktöffnung zu erreichen; das Halteverhältnis ist also nahezu eins. Da im Augenblick des Kontaktgebens aber keinerlei Kontaktdruck vorhanden ist und beim Zurückgehen die Kontaktöffnung nur Bruchteile von Millimetern betragen kann, darf einem Relais mit geringem Halteverhältnis nur eine kleine Schaltleistung zugemutet werden, besonders, wenn es mechanischen Erschütterungen ausgesetzt ist oder gar der Wechselfrequenz unmerklich folgt.

Anders liegen die Verhältnisse, wenn das elektrische Drehmoment stärker zunimmt als die Rückstellkraft, das Relais besitzt dann eine „kippende Einstellung“ und damit ein großes Halteverhältnis. Nach Abb. 4b spricht das Relais ebenfalls bei $A\,W_3$ an, da bei dieser Erregung die Rückstellkraft $g_1$ am Anschlag überwunden wird. Während der Kontaktbewegung steigt das elektrische Drehmoment auf den Wert $g_3$ an, und nach dem Kontaktschließem werden die Kontakte mit einer Kraft $g_3 - g_2$ zusammengedrückt (Kontaktdruck). Um den Abfallwert zu erreichen, muß die Erregung bis $A\,W_1$ gesenkt werden; das elektrische Drehmoment fällt dann während des Rückganges des Kontaktes bis zum Anschlag auf den Wert $g_4$. Selbstverständlich kann ein Relais mit kippender Einstellung eine größere Schaltleistung bewältigen.

Soll bei einem Relais, das eine Meßgröße überwacht, erst nach Ablauf einer gewissen Zeit nach dem Kontaktgeben eine Zustandsänderung veranlaßt werden, so muß das Relais seinen Kontakt wieder öffnen, wenn in der Zwischenzeit der normale Wert wieder erreicht wird. Dies ist beispielsweise der Fall bei sämtlichen Anregerelais, die einen Strom, eine Spannung oder eine Impedanz überwachen, da zwischen Anregen und Abschalten noch die Staffelzeit eingeschoben ist. Je weniger der eingestellte Ansprechwert vom normalen Betriebszustand abweicht, desto kleiner muß das Halteverhältnis sein. Man sollte jedoch mit der Forderung nach einem kleinen Halteverhältnis nicht unnötigerweise zu weit gehen, um mit der Schaltleistung nicht zu beschränkt zu sein. Es ist üblich, das Halteverhältnis eines Relais bei unbelastetem Kontakt anzugeben, weil dadurch diese Relaiseigenschaft eindeutig und reproduzierbar festgelegt ist. Man muß sich jedoch darüber klar sein, daß das Halteverhältnis, besonders wenn es klein ist, durch die Kontaktbelastung erheblich erhöht werden kann, da durch das Einschalten des Belastungsstromes eine Klebkraft an den Kontakten auftritt, die beim Rückgang überwunden werden muß. Die Größe dieses Einflusses hängt stark von der Schaltleistung und der jeweiligen Relaiskonstruktion ab.

Es sei nun kurz auf die Genauigkeit von Meßrelais eingegangen. Es ist üblich, die prozentuale Abweichung vom eingestellten Ansprechwert, also vom Sollwert als Ansprechfehler anzugeben. Eine Ausnahme hiervon bilden die Zeitrelais, bei denen als Maß für die Genauigkeit der Zeitfehler gilt, d. h. die in Sekunden gemessene Abweichung der tatsächlichen von der eingestellten Laufzeit. Man wird bei Relais niemals den hohen Grad von Genauigkeit, wie bei Meßinstrumenten erreichen. Im allgemeinen wird nämlich das Systemgewicht von Relais wesentlich schwerer sein, wodurch eine robustere Lagerung und vergrößerte Reibung bedingt ist. Ferner besitzt das Relais keine freie Zeigereinstellung, sondern muß sich von einem Anschlag lösen. Klebwirkung am Anschlag, besonders nach langen Ruhepausen, kann ein zu spätes Ansprechen zur Folge haben, Vibrationen vor dem Ansprechen bei Wechselstromrelais ein frühzeitiges „Kippen“ herbeiführen. Relais mit einem Ansprechfehler von $\pm 2\%$ müssen als gut bezeichnet werden, in den meisten Fällen wird man in der Praxis mit einer geringeren Genauigkeit auskommen können. Es ist viel wichtiger, daß ein Relais auch nach jahrelangem Betrieb seinen ursprünglichen Ansprechfehler beibehält, als daß man durch überfeinerte Konstruktion versucht, bei dem fabrikneuen Relais den Ansprechfehler herunterzudrücken, während er bereits nach einiger Betriebszeit sich vervielfacht.

Während man an den Ansprechfehler keine besonders hohen Anforderungen stellt, muß der Zeitfehler von Selektivschutzrelais so klein als möglich gehalten werden, um unter Berücksichtigung der Streuung die Staffelzeiten klein halten zu können. Von guten Zeitrelais muß bei einer Endzeiteinstellung von 5—10 Sekunden ein maximaler Zeitfehler von $\pm$ 0,05—$\pm$ 0,1 Sekunden verlangt werden.

Die Temperaturabhängigkeit muß in Selektivschutzschaltungen besonders beachtet werden, da ja räumlich getrennte Relais im Fehlerfall in Zusammenarbeit miteinander stehen. Der gleichzeitige Unterschied der Raumtemperatur kann $30^0$ und mehr betragen. Hierzu kann eine Temperaturdifferenz durch verschiedene Erwärmung der Wicklung infolge einer Vorbelastung hinzukommen. Hat z. B. ein Überstromzeitrelais eine Temperaturabhängigkeit von 2% für je $10^0$, so würde sich bei einer Zeiteinstellung auf 5 Sekunden und einer Temperaturdifferenz von $50^0$ zwischen zwei Relais ein Zeitfehler von $^1/_2$ Sekunde ergeben — bei der üblichen Staffelzeit von 1 Sekunde ein bedenklich hoher Wert.

Der Temperaturfehler, der durch die Widerstandsänderung der Erregerwicklung bedingt ist, würde maximal entsprechend der Widerstandszunahme des Kupfers 4% für $10^0$ betragen. Bei Wechselstromrelais tritt er jedoch überhaupt nicht in Erscheinung, da der Erregerstrom konstant bleibt. Auch bei Wechselspannungsrelais ist er erheblich kleiner, da sie eine große induktive Widerstandskomponente besitzen. Bei Gleichstromrelais mit Anschluß an Shunt oder Gleichspannungsrelais kann er in voller Größe auftreten, wenn nicht ein temperaturunabhängiger Vorwiderstand in Serie mit der Erregerwicklung geschaltet ist, der allerdings den Eigenverbrauch heraufsetzt. Der Temperaturfehler wird im Verhältnis $\frac{R_1}{R_1 + R_2}$ herabgesetzt, wenn $R_1$ der Kupferwiderstand und $R_2$ der temperaturunabhängige Widerstand bedeuten.

Eine Temperaturabhängigkeit ist auch durch die Rückzugsfeder bedingt, deren Richtkraft bei Bronze etwa um 0,4% bei $10^0$ Temperaturerhöhung abnimmt. Sie wirkt also einem Fehler durch die Widerstandszunahme der Kupferwicklung entgegen.

Es wäre noch die Frequenzabhängigkeit zu erwähnen, die allerdings geringere Bedeutung hat, da ja den zusammenarbeitenden Relais die gleiche Frequenz aufgedrückt wird. Bei Spannungsrelais erhöht sich die induktive Widerstandskomponente, der Frequenzeinfluß kann jedoch durch einen Ohmschen Vorwiderstand herabgesetzt werden. Im allgemeinen werden Relais, die eine geringe Frequenzabhängigkeit besitzen, auch von der Kurvenform des Wechselstroms wenig beeinflußt werden, da eine verzerrte Kurve in Sinuskurven verschiedener Frequenz zerlegt werden kann.

Für die Bemessung der Staffelzeiten ist auch die Kenntnis der Eigenzeiten der Relais von Wichtigkeit. Für momentan kontaktgebende Relais unterscheidet man die Ansprechzeit vom Beginn der Erregung bis zur Öffnung des Ruhekontaktes (Öffnungszeit) bzw. bis zum Kontaktschluß des Arbeitskontaktes (Schließzeit) und die Abfallzeit vom Unterbrechen der Erregung bis zu Beendigung der Kontaktbewegung. Man wird diese Zeiten immer möglichst klein zu halten suchen, damit sie gegenüber den eigentlichen Verzögerungszeiten, die zur Staffelung dienen, nur eine untergeordnete Rolle spielen. Leichtes Systemgewicht, kleiner Kontaktweg und kippende Kontaktgabe begünstigen eine kurze Ansprechzeit. Wichtig ist auch, daß bei Meßrelais die Ansprechzeit von der Höhe der Erregung möglichst unabhängig ist. Da beim Ansprechwert der Drehmomentüberschuß auch beim Kippen verhältnismäßig gering ist, läßt sich diese Forderung nur annähernd erfüllen. Beispielsweise brauchen elektromagnetische Stromrelais, die bezüglich der Ansprechzeit sehr günstige Eigenschaften haben, für das Kontaktgeben beim Ansprechstrom etwa 0,2—0,15 Sekunden, während ihre „Grenzzeit", die allerdings bereits etwa beim doppelten Ansprechstrom erreicht wird, etwa 0,05 Sekunden beträgt.

## B. Die Relaissysteme.

### 1. Elektromagnetische Relais.

Der durch die Erregerwicklung erzeugte Kraftlinienfluß ist zur Verringerung des magnetischen Widerstandes mehr oder weniger eisengeschlossen und zieht einen beweglich angeordneten Anker an. Nach der Form und der Anordnung des Ankers unterscheidet man Klappanker-, Drehanker- und Tauchankerrelais. Einfachster Aufbau, große Drehmomente trotz kleinem Eigenverbrauch und die Verwendungsmöglichkeit für Gleich- und Wechselstrom führten dazu, daß für Hilfsrelais und Schütze fast ausschließlich elektromagnetische Relais verwendet werden.

Der Verlauf des Drehmomentes mit dem Ankerhub hängt in erster Linie von der Änderung des Luftspaltes während der Ankerbewegung ab. Bei der einfachsten Ausführung des Klappankerrelais nach Abb. 5 ändert sich der Luftspalt annähernd proportional und das Drehmoment quadratisch mit dem Weg. Bei angezogenem Anker kann daher ein sehr starker Kontaktdruck ausgeübt werden. Die Weg-Kraftverhältnisse bei

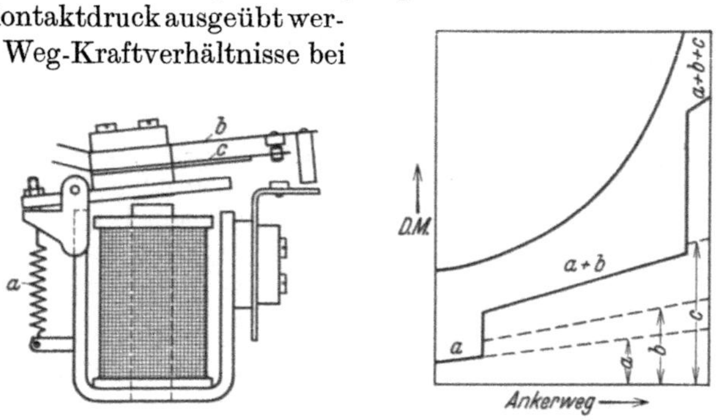


Abb. 5. Klappankerrelais und Weg-Kraftkurve.
*a* Rückzugfeder, *b* Ruhekontaktfeder, *c* Arbeitskontaktfeder.

Betätigung eines Umschaltekontaktes sind für das Klappankerrelais ebenfalls in Abb. 5 dargestellt. Die Summe der Gegenkräfte der Rückzugsfeder *a*, der Ruhekontaktfeder *b* und der Arbeitskontaktfeder *c* ist stark ausgezogen, sie paßt sich dem elektrischen Drehmoment nach Möglichkeit an. In jedem Punkt der Ankerstellung muß dieses größer als die Gegenkraft sein, da sonst der Anker nicht durchziehen würde. Der kleinste Abstand zwischen beiden Kurven bei der Unterspannung, bei der das Relais noch arbeiten muß, ist ein Maß für die Sicherheit oder Kraftreserve. Dieser Begriff ist nur für Hilfsrelais anwendbar, da bei den Meßrelais der Schnittpunkt zwischen elektrischen und mechanischen Drehmoment das Ansprechen kennzeichnet. Aber gerade Hilfsrelais, die nicht immer in sorgfältig staubgedichteten Gehäusen verwandt werden und eine robuste Lagerung und schwere Anker besitzen, sind der Gefahr allmählich zunehmender Lagerreibung ausgesetzt. Man sollte daher einen höheren Eigenverbrauch in Kauf nehmen, um eine erhebliche Kraftreserve in das Relais zu legen.

Würde man den Anker in der Endstellung auf dem Kern direkt aufliegen lassen, so würde nicht nur die Zugkraft unnötig hoch steigen, sondern auch die Induktion im Eisen stark anwachsen. Nach dem

Abschalten könnte dann die Remanenzkraft stärker sein als die Gegenkräfte und der Anker würde „kleben“. Um dies zu vermeiden, begrenzt man den kleinsten Luftspalt auf etwa 0,2 — 0,5 mm durch einen Klebestift oder besser ein Klebeblech aus unmagnetischem Material, da bei häufigem Ansprechen der Stift durch die Hammerwirkung des Ankers deformiert werden kann.

Wegen des quadratischen Ansteigens der Weg-Kraftkurve steht am Anfang der Bewegung, falls Ruhekontakte geöffnet werden müssen, verhältnismäßig wenig Kraft zur Verfügung. Man kann das Anfangsdrehmoment heben durch einen kleineren maximalen Luftspalt und den steilen Anstieg durch geringere Luftspaltänderung während des Ankerhubes verringern. Dies erreicht man beispielsweise durch einen Ansatz am Anker entsprechend der Ausführung Abb. 6.

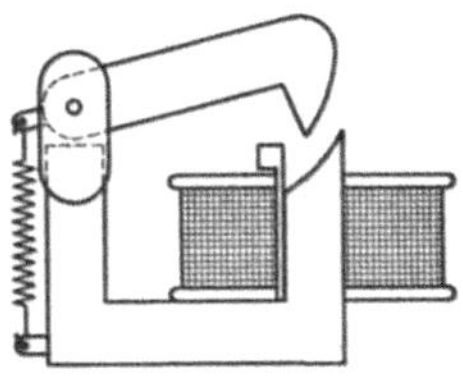

Abb. 6. Klappankerrelais mit abgeflachter Weg-Kraftkurve.

Erregt man das Relais mit Wechselstrom, so führt der Anker ganz geringe Bewegungen mit doppelter Frequenz aus und verursacht dadurch ein „Brummen“ des Relais, das durch das Gehäuse als Resonanzkörper sehr stark werden kann. Um dies zu vermeiden, umgibt man einen Teil des Eisens vor dem Luftspalt mit einem Kurzschlußring. Der von

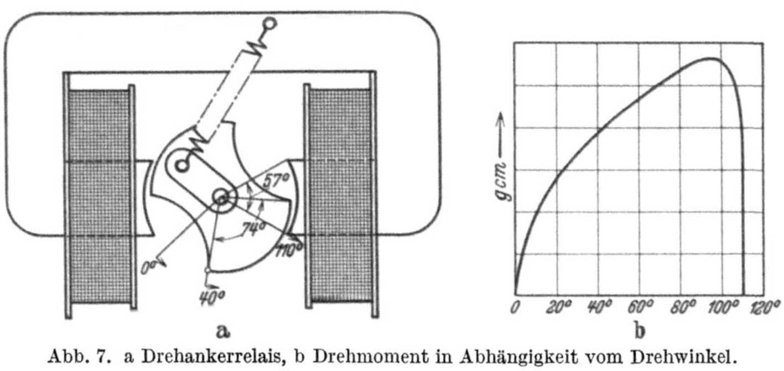


Abb. 7. a Drehankerrelais, b Drehmoment in Abhängigkeit vom Drehwinkel.

ihm umschlossene Teilfluß wird dadurch stark phasenverschoben, so daß auf den Anker zwei zeitlich versetzte Flüsse einwirken und der Gesamtfluß zu keinem Zeitpunkt auf Null absinkt. Bei geschickter Dimensionierung des Kurzschlußringes kann man ein vollständig geräuschloses Anliegen des Ankers selbst bei $16^2/_3$ Hz erreichen.

Die Klappankerrelais können nur eine kleine Winkelbewegung von etwa 15⁰ ausführen, da sonst der Luftspalt zu groß und das Anfangsdrehmoment zu klein wird. Braucht man größere Drehwinkel, beispielsweise zur Betätigung von Laufwerken, und will man Übersetzungen vermeiden, verwendet man ein Drehankerrelais (Abb. 7a). Man kann damit zwar Drehwinkel bis etwa 90⁰ erzielen, jedoch sind derartige

Magnete unwirtschaftlicher als Klappankerrelais, da nur die tangentiale Komponente als Zugkraft ausgenutzt werden kann. Die Weg-Kraftkurve (Abb. 7b) zeigt, daß bei völlig eingedrehtem Anker die Nutzkraft Null wird, da nur eine axiale Kraftkomponente vorhanden ist. Man darf den Drehwinkel also nur bis zum maximalen Drehmoment ausnutzen.

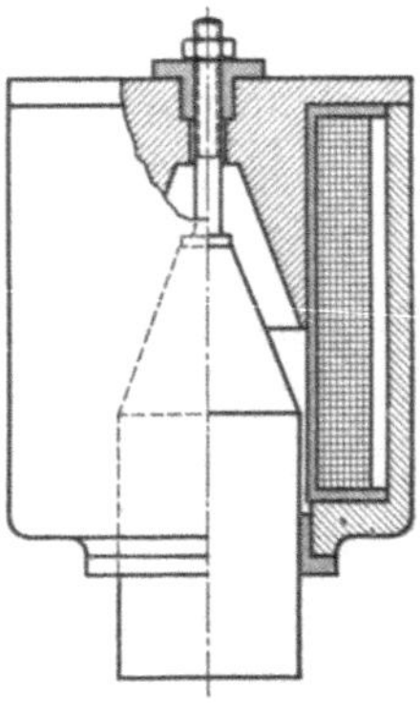

Abb. 8. Tauchankerrelais (Topfmagnet).

Während Klappanker- und Drehankerrelais sich grundsätzlich nur durch die Größe des nutzbaren Drehwinkels unterscheiden, wird beim Tauchankerrelais der Ankerhub direkt zur Arbeitsleistung herangezogen. Ganz erhebliche Anzugskräfte lassen sich bei gutem Eisenschluß erreichen, die idealste Form ist der vollkommen geschlossene Topfmagnet (Abb. 8). Bei den Tauchankerrelais muß ganz besonderer Wert auf eine gute Führung gelegt werden, da bei nicht genau zentrischer Lage des Ankers auch seitliche Kräfte auftreten, die starke Reibung verursachen können.

Es sei noch erwähnt, daß die Weg-Kraftkurven elektromagnetischer Wechselspannungsrelais flacher verlaufen als bei Gleichstromerregung. Da nämlich bei abgefallenem Anker der induktive Widerstand geringer ist, steht bei Beginn der Ankerbewegung eine höhere Amperewindungszahl zur Verfügung als bei angezogenem Anker. Der Unterschied der Stromaufnahme hängt von der Änderung des magnetischen Widerstandes ab und kann bei großem Ankerhub sehr beträchtlich sein.

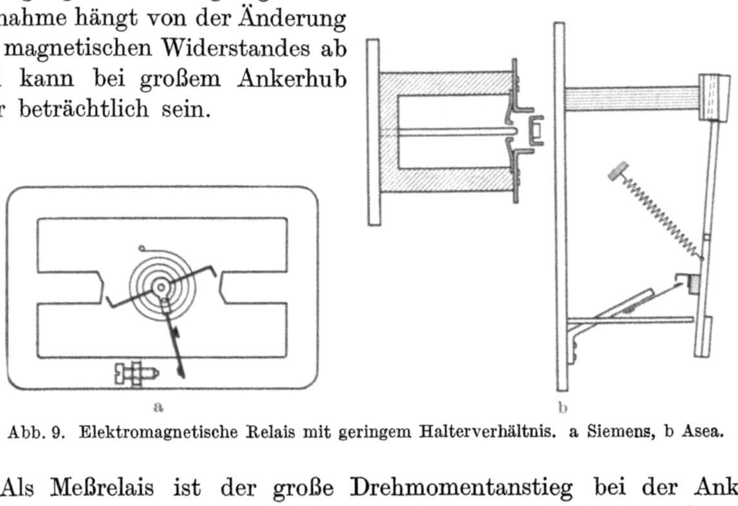


Abb. 9. Elektromagnetische Relais mit geringem Halterverhältnis. a Siemens, b Asea.

Als Meßrelais ist der große Drehmomentanstieg bei der Ankerbewegung, also das zu große Halteverhältnis, und die Neigung leichter Anker zum „Flattern" bei Wechselstrom nachteilig.

Das Halteverhältnis kann durch eine Zusatzfeder mit steiler Charakteristik, deren Gegenkraft erst gegen Ende der Ankerbewegung einsetzt, herabgesetzt werden, besser ist jedoch die Abflachung der Weg-Kraftkurve durch geeignete Polschuhe und Ankerform.

Günstig wirken dabei geringe Eisenquerschnitte des Ankers und kleine Ankerbewegungen, so daß die magnetischen Verhältnisse durch das Ansprechen wenig geändert werden. Abb. 9a und b zeigen die Ausführung eines Drehflügelrelais und eines Klappankerrelais mit geringem Halteverhältnis. Es kann auf nahezu eins gebracht werden, jedoch geht man meistens, um eine sichere Kontaktgabe zu erhalten, nicht bis an die erreichbare Grenze. Die auf dem Markt befindlichen elektromagnetischen Strom- und Spannungsrelais besitzen im allgemeinen ein Halteverhältnis von 1,05—1,3. Dabei lassen sich Drehmomente von 20—40 gcm pro Voltampere erzielen, so daß Relais, denen keine allzu große Schaltleistung zugemutet wird, bei einem Eigenverbrauch von etwa 0,1 VA durchaus zuverlässig arbeiten.

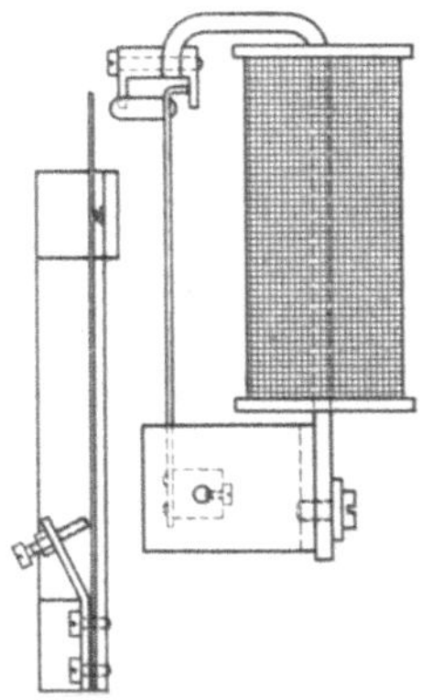

Abb. 10. Elektromagnetisches Relais mit Trennung von Anker und Kontakt.

Das Flattern des Ankers bei Wechselstrom muß entweder durch sehr starke Dämpfung unterdrückt werden, oder seine Rückwirkung auf den Kontakt wird durch völlige Trennung von Anker und Kontakt nach dem Ansprechen so gut wie vollständig vermieden (Abb. 10).

Elektromagnetische Meßrelais für Wechselstrom sind meistens nicht ohne weiteres für Gleichstrom geeignet, weil sie einen erheblichen Remanenzfehler aufweisen. Bei festgelegter Polung und Überlastung im gleichen Sinne erfolgt durch den zurückbleibenden Magnetismus ein zu frühes, im umgekehrten Sinn ein zu spätes Ansprechen. Um diesen Fehler klein zu halten, müssen die Relais mit Eisensorten sehr geringer Koerzitivkraft ausgeführt werden.

## 2. Polarisierte Relais.

Das polarisierte Relais kann man als eine Abart des elektromagnetischen Relais auffassen. Die Rückstellkraft, die im stromlosen Zustand auf den beweglichen Anker einwirkt, wird jedoch nicht durch eine Feder oder ein Gewicht, sondern durch einen permanenten Magnet erzeugt. Die Arbeitsweise weicht daher von der eines elektromagnetischen Relais ab. Eine übersichtliche Anordnung von Erregerwicklung, Anker und permanentem Magnet zeigt als Beispiel Abb. 11a. Der Anker befindet sich im Spulenkörper, sein freies Ende, das die Kontakte trägt, bewegt sich zwischen den Polschuhen des Magneten. Im Ruhezustand liegt der Anker näher am linken Pol und wird von ihm kräftig gegen den Ruhekontakt gedrückt. Das Rückstelldrehmoment nimmt nun bei Bewegung des Ankers nach rechts im stromlosen Zustand der Spule ab, in der Mitte zwischen den Polschuhen — der neutralen Zone — wird sie Null und dann negativ, d. h. der Anker wird bei Überschreiten der neutralen Zone nach rechts gezogen (Abb. 11b, gestrichelte Kurve). Befindet sich der Gegenkontakt links von der neutralen Zone, so fällt der Anker in seine alte Lage zurück, ist er rechts von der neutralen Zone, bleibt der Anker in der eingesteuerten Lage (Kipprelais). Ist das Relais erregt, so wird dem freien Ankerende die gleiche Polarität aufgedrückt, wie dem benachbarten Pol. Dadurch verschwindet das Rückstelldrehmoment des permanenten Magneten, und das Arbeitsdrehmoment steigt mit der Kontaktbewegung an, da der im Anker erzeugte Kraftfluß sich über den rechten Polschuh

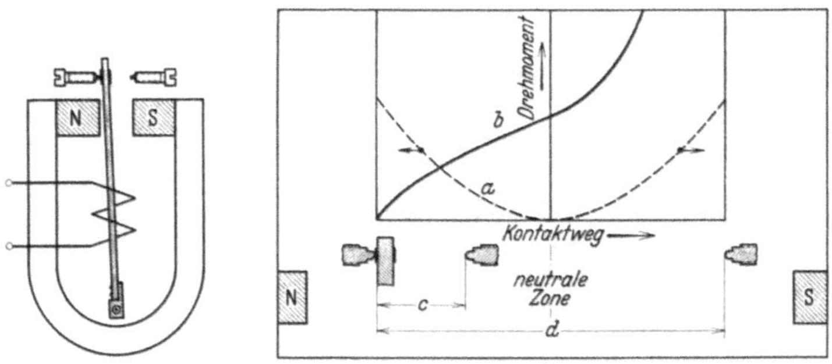


a b

Abb. 11. a Polarisiertes Relais. b Drehmoment in Abhängigkeit vom Kontaktweg, Kurve *a* ohne Erregung, Kurve *b* bei Erregung mit Ansprechspannung. Kontakteinstellung *c* für Rückfall, *d* als Kipprelais.

zu schließen sucht. Hierin ist der geringe Eigenverbrauch und die kurze Ansprechzeit dieser Relaistype begründet.

Trotzdem die polarisierten Relais in der Telegraphie eine sehr weite Verbreitung gefunden haben, ist es in der Schutztechnik als Hilfsrelais bisher nur wenig verwandt worden. Dies mag daran liegen, daß die in der Schwachstromtechnik gebrauchten Typen wegen ungenügender Isolation nicht für die Starkstromanlagen verwendbar sind und daß die Vorzüge dieser Bauart bisher für Hilfsrelais nicht notwendig waren. Die Verbindung des Streckenschutzes mit der Übertragungstechnik und die Anwendung von Schnellschutzsystemen wird es jedoch mit sich bringen, daß die polarisierten Relais geeigneter Konstruktion häufiger verwendet werden.

Ersetzt man den permanenten Magneten der Abb. 11a durch einen fremderregten Eisenschluß, so erhält man ein „polarisiertes Wechselstromrelais", dessen Arbeitsweise jedoch erheblich von der des beschriebenen Relais abweicht (Abb. 12a). Zunächst muß der Anker eine Rückzugfeder erhalten, da im unerregten Zustand kein Drehmoment auf ihn ausgeübt wird. Wird nun der Eisenschluß mit dem Wechselstrom $I_1$, der Anker mit dem Wechselstrom $I_2$ erregt, so wirken auf den Anker

— außer der Federkraft — zwei Drehmomente ein. Das eine ist entsprechend dem polarisierten Gleichstromrelais stromrichtungsabhängig und proportional dem Produkt aus beiden Strömen multipliziert mit dem eingeschlossenen Winkel: $I_1 \cdot I_2 \cdot \cos \varphi_{12}$. Das andere ist proportional der Summe beider Stromquadrate: $I_1^2 + I_2^2$, wobei Größe und Richtung von der jeweiligen Ankerstellung bzw. vom Verhältnis der beiden Luftspalte $l_1$ und $l_2$ abhängig sind. Steht der Anker in der neutralen Zone ($l_1 = l_2$), so ist diese Kraft Null, da sich der Ankerfluß $\Phi_2$ symmetrisch über beide Schenkel schließt. Steht der Anker nach rechts ($l_1 > l_2$), schließt sich ein größerer Anteil von $\Phi_2$ über den rechten Schenkel, so daß das Drehmoment $I_1^2 + I_2^2$ als „Haltekraft" im Sinne der Feder wirkt. Steht der Anker nach links ($l_1 < l_2$), wirkt das Drehmoment der Federkraft entgegen.

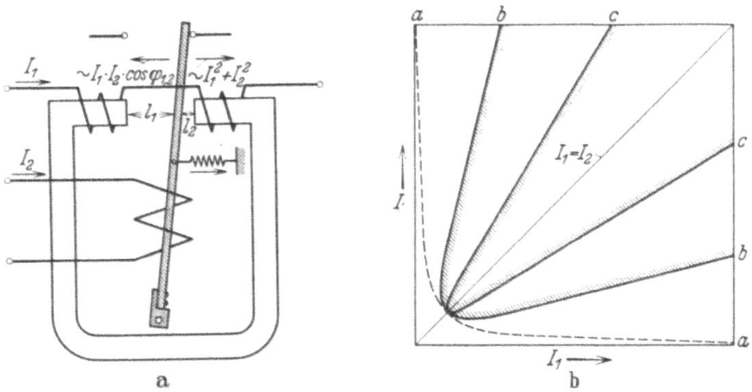


Abb. 12. a Polarisiertes Wechselstromrelais, b Ansprechkurven bei verschiedener Ankereinstellung.

Je nach der Ausgangsstellung des Ankers in der Ruhelage kann man nun für das Ansprechen des Relais das stromrichtungsabhängige oder das stromquadratabhängige Drehmoment bevorzugen. In Abb. 12b sind einige Ansprechkurven in Abhängigkeit von $I_1$ und $I_2$ bei $\cos \varphi_{12} = 1$ aufgetragen, die für den Transformatorenschutz praktisch angewandt werden (s. S. 139). Die gestrichelte Kurve $a$ stellt die — nur theoretisch mögliche — Ansprechkurve dar, bei der der Anker in der Ruhelage in der neutralen Zone steht und die Federkraft vernachlässigt ist. Der Ansprechwert ist nur vom Produkt der beiden Ströme abhängig und entspricht der Ansprechkurve eines normalen Leistungsrelais. Bei den Kurven $b$ und $c$ ist der Anker einseitig nach rechts eingestellt, und zwar bei $c$ in stärkerem Maße als bei $b$. Mit zunehmender Einwirkung des Stromquadratgliedes wird das Ansprechgebiet — die von den Kurven eingeschlossene Fläche — kleiner.

Da für die Verwendung beim Differentialschutz zur Stabilisierung, entsprechend den dargestellten Kurven, das Produkt der Ströme für das Ansprechen maßgebend ist, wurde für die praktische Ausführung die Bezeichnung „Produktrelais" gewählt.

## 3. Induktionsrelais.

Das Induktionsprinzip, das z. B. bei Wechselstromzählern durchgehend verwendet ist, wird auch im Relaisbau häufig verwandt. Wird eine Scheibe aus gut leitendem Material — Aluminium oder Kupfer — von zwei phasenverschobenen Kraftflüssen durchsetzt, so werden in ihr Ströme induziert, die in Wechselwirkung mit den Flüssen ein Drehmoment auf die Scheibe ausüben. Das Drehmoment ist proportional dem Produkte der beiden Kraftflüsse multipliziert mit dem Sinus des von ihnen eingeschlossenen Winkels:

$$D = C \cdot \Phi_1 \cdot \Phi_2 \sin \alpha.$$

In der Konstanten $C$ ist die Frequenz, die Scheibendicke und die Leitfähigkeit des Scheibenmaterials enthalten.

Um bei Strom- und Spannungsrelais zwei phasenverschobene Flüsse zu erhalten, wird sehr häufig ein Triebkern mit Kurzschlußringen verwandt (Abb. 13). Unter der vereinfachenden Annahme, daß der Triebkern streuungsfrei ist, ergibt sich das Ersatzschema und Diagramm der Abb. 14.

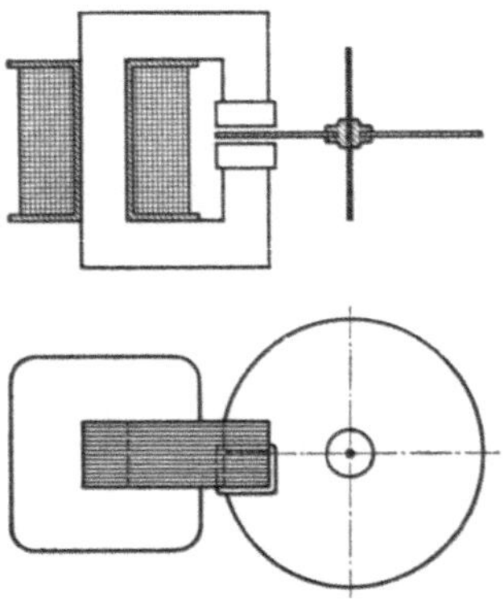

Abb. 13. Induktionsrelais. Triebkern mit Kurzschlußring.

Die an der Wicklung liegende Klemmenspannung $U$ läßt den Strom $I_0$ durch die Wicklung fließen. $I_0$ erzeugt einerseits den Teilfluß $\Phi_1$, der

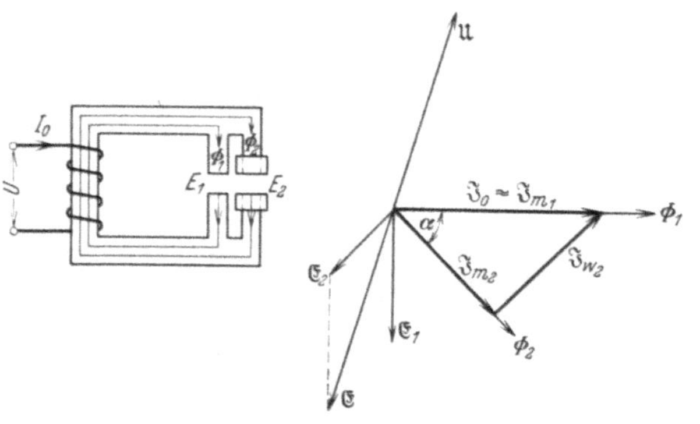


Abb. 14. Diagramm des Triebkernes mit Kurzschlußring.

durch die freien Pole geht. Vernachlässigt man die Eisenverluste, so ist der Fluß $\Phi_1$ in Phase mit dem magnetisierenden Strom $I_0$. $\Phi_1$ induziert am Luftspalt die EMK $E_1$ senkrecht auf $\Phi_1$. Andererseits erzeugt $I_0$ den Teilfluß $\Phi_2$, der die Kurzschlußringe durchsetzt und in ihm einen Strom $I_S$ induziert. Der Ohmsche Verlust $I_S \cdot R$ — wobei $R$ der Widerstand der Kurzschlußringe ist — muß durch eine Wattkomponente

$I_{W2}$ des Primärstromes gedeckt werden. Als Magnetisierungsstrom für den Fluß $\Phi_2$ bleibt daher nur die Komponente $I_{m2}$ übrig. Infolge der „Belastung“ durch den Kurzschlußring eilt der Fluß $\Phi_2$ dem unbelasteten Fluß $\Phi_1$ um den Winkel $\alpha$ nach. $\Phi_2$ erzeugt am Luftspalt die EMK $E_2$, die sich in vektorieller Zusammensetzung mit $E_1$ zu der gesamten induzierten Spannung $E = -U$ ergänzt.

Die beiden phasenverschobenen Flüsse können auch, wie es im Zählerbau üblich ist, durch zwei getrennte Triebkerne erzeugt werden. Hierfür gibt es zahlreiche Anordnungen, eine Ausführung als Stromrelais und das dazugehörige Vektordiagramm zeigt Abb. 15. Bei getrennter Speisung der Kerne mit Strom $I$ (Jochkern) und Spannung $U$ (Mantelkern) ist das Drehmoment analog einem Zähler proportional $I \cdot U \cdot \cos\varphi$.

Außer dem Drehmoment wird durch die Flüsse auch ein Bremsmoment erzeugt, das proportional dem Quadrat der Flüsse ist. Für Strom- und Spannungsrelais ist dies bedeutungslos, da in gleicher Weise das Drehmoment ansteigt, nachteilig ist es jedoch für Leistungsrelais (s. S. 184). Der Eigenverbrauch von Induktionsrelais ist grundsätzlich höher als von elektromagnetischen Relais, das spezifische Drehmoment liegt im allgemeinen bei etwa 1—2 gcm pro Voltampere.

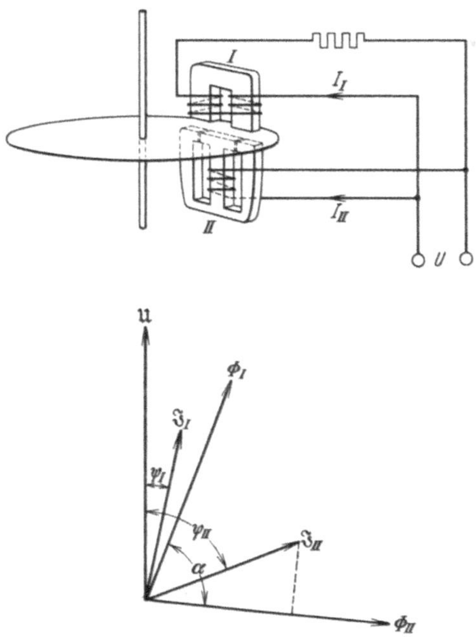


Abb. 15. Induktionsrelais mit zwei Triebkernen und entsprechendes Diagramm.

Das Drehmoment bleibt während der Scheibenbewegung konstant, die Induktionsrelais besitzen daher eine stromzeigerartige Kontakteinstellung und kleines Halteverhältnis. Das Trägheitsmoment der Triebscheibe und der geringe Drehmomentenüberschuß im Ansprechgebiet begünstigen ein Pendeln der Scheibe bei der Kontaktgabe. Um daher Kontaktprellungen zu vermeiden, wird die Scheibenbewegung durch einen permanenten Magneten, der eine Wirbelstrombremsung hervorruft, gedämpft. Außerdem wird der bewegliche Kontakt meistens federnd ausgeführt, so daß er nach der Kontaktgabe geringen Bewegungen der Scheibe folgen kann, ohne zu öffnen. Das große Systemgewicht, die

Dämpfung und die stromzeigerartige Einstellung wirken ungünstig auf die Ansprechzeit und können nur durch einen kurzen Kontaktweg etwas ausgeglichen werden.

Das Induktionsprinzip ist besonders für Relais mit verzögerter Kontaktgabe geeignet. Das mit der Scheibenbewegung gleichbleibende Drehmoment läßt einen großen Kontaktweg zu, wobei der Winkelausschlag nur durch die konstruktive Anordnung von Triebkern und Dämpfungsmagnet begrenzt ist. Man wird dabei kaum über $180^0$ kommen, jedoch läßt sich durch Zwischenschalten einer Übersetzung die Kontaktgabe erst nach beliebig vielen Scheibenumdrehungen, also auch mit beliebiger Zeitverzögerung erreichen. Die Mehrzahl der Stromzeitrelais verwendet das Induktionsprinzip; auf die verschiedenen Bauarten wird erst später eingegangen.

Die Winkelgeschwindigkeit der Scheibe hängt vom Drehmoment $D$ und vom Bremsmoment $B$ ab, für konstante Winkelgeschwindigkeit müssen beide Momente gleich sein. Wie bereits erwähnt, ist $D = C \cdot \Phi_1 \cdot \Phi_2 \sin\alpha$, oder, wenn wir $\sin\alpha$ als konstant und $\Phi_1$ und $\Phi_2$ als konstante Bruchteile vom Gesamtfluß $\Phi$ ansehen, ist $D = c_1 \Phi^2$. Das Bremsmoment des Triebkernes ist proportional der Drehzahl $n$ und dem Quadrat des Gesamtflusses, also $B = n \cdot c_2 \cdot \Phi^2$. Es ist demnach $n = \frac{c_1}{c_2}$ konstant, wenn kein weiteres Bremsmoment vorhanden ist. Durch die Reibung wird diese Bedingung allerdings bei kleinen Drehmomenten gestört, jedoch erreicht die Scheibe verhältnismäßig frühzeitig die „Grenzdrehzahl" (s. auch S. 180). Ein weiteres Bremsmoment kann noch durch einen zusätzlichen permanenten Magneten erhalten werden, es ist proportional dem Quadrat seines Kraftflusses — für einen gegebenen Magneten eine Konstante — und der Drehzahl, das gesamte Bremsmoment demnach $B = n \cdot c_2 \Phi^2 + n \cdot c_3$, woraus sich eine Drehzahl: $n = \frac{c_1 \Phi^2}{c_2 \Phi^2 + c_3}$ ergibt. Für kleine Flüsse bzw. geringe erregende Amperewindungszahlen erhält man eine kleine Drehzahl und erst bei größeren Flüssen verschwindet der Einfluß von $c_3$ und wird die Grenzdrehzahl erreicht. Die ungedämpfte Triebscheibe wird für unabhängige Stromzeitrelais, die mit einem Dämpfungsmagneten belastete Triebscheibe für abhängige Stromzeitrelais verwandt.

Induktionsrelais sind frequenzabhängig und temperaturabhängig. Die Einflüsse von Frequenz und Temperatur sind recht verwickelter Natur und in ihrer Größe von der Dimensionierung des Systems abhängig, so daß sie nur in ihren Grundzügen erwähnt werden können.

Mit zunehmender Frequenz steigt bei konstanter Erregung, also bei Stromrelais, das Drehmoment, da die in der Scheibe induzierten Ströme größer werden. Bei Spannungsrelais sinkt der Erregerstrom infolge des zunehmenden induktiven Widerstandes der Wicklung mit wachsender Frequenz; dieser Einfluß überwiegt die Drehmomenterhöhung durch die Frequenzsteigerung, so daß im ganzen eine Drehmomentverminderung eintritt. Im gleichen Sinne wird bei Strom- und Spannungszeitrelais auch die Drehzahl beeinflußt, wobei die Abhängigkeit im Anlaufgebiet stärker als bei der Grenzdrehzahl ist. Abb. 16 zeigt den Zeitfehler zweier abhängiger Überstromzeitrelais mit Triebkern mit Kurzschlußring zwischen den Frequenzen 40—60 Hz bei 2,5fachem Ansprechstrom in Prozenten vom Sollwert bei 50 Hz. Selbstverständlich sind die Relais nach dem Induktionsprinzip auch stark kurvenformabhängig.

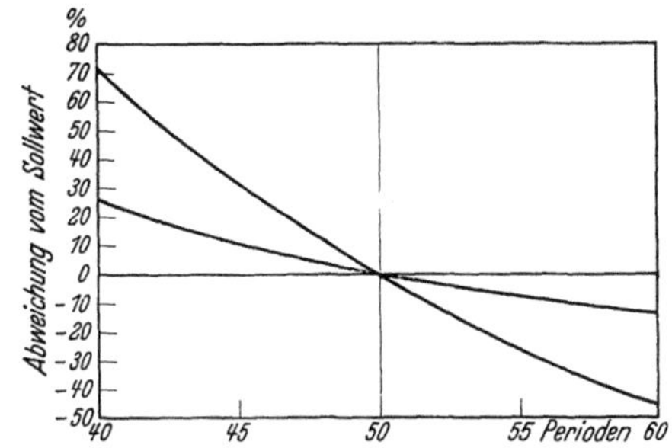

Abb. 16. Zeitfehler abhängiger Überstromzeitrelais in Abhängigkeit von der Frequenz.

Die Widerstandszunahme der Kupferteile, also der Wicklung, der Scheibe und des Kurzschlußringes mit der Temperatur hat auf das Drehmoment verschiedenen Einfluß. Für die Wicklung tritt sie bei Stromrelais gar nicht in Erscheinung und bei Spannungsrelais vermindert sich der Erregerstrom im Verhältnis der Scheinwiderstandszunahme. Der größere Scheibenwiderstand vermindert die Scheibenströme und damit das Drehmoment im gleichen Verhältnis. Der Strom im Kurzschlußring wird ebenfalls kleiner, wodurch sich die Belastung des Flusses $\Phi_2$ und damit $\sin \alpha$ ändert. Durch geschickte Wahl des Kurzschlußringes kann man eine Vergrößerung von $\sin \alpha$ erreichen, so daß ein Teil des Drehmomentenverlustes wieder aufgeholt wird. Da bei verzögerten Relais auch das Bremsmoment infolge der Widerstandszunahme der Scheibe abnimmt, ist der Temperaturfehler bei diesen Relais geringer als bei Momentanrelais.

## 4. Elektrodynamische Relais.

Nach dem elektrodynamischen Prinzip wird auf eine bewegliche, von einem Strom durchflossene Spule durch das Feld einer festen Spule ein Drehmoment ausgeübt. Für einen kleinen Winkelausschlag, wie er für Relais in Frage kommt, kann das Drehmoment praktisch als konstant angenommen werden, es ist

$$D = C \cdot i_1 \cdot i_2 \cdot \cos \alpha .$$

$i_1$ und $i_2$ sind die Ströme in der beweglichen und festen Spule, $\alpha$ der Phasenverschiebungswinkel zwischen den Strömen, wobei vorausgesetzt ist, daß das von der festen Spule erzeugte Feld mit dem Strom in dieser Spule phasengleich ist. Die Konstante $C$ hängt weitgehend von der Bauart des Systemes ab. Elektrodynamische Relais werden fast ausschließlich als Leistungsrelais verwandt, da diese Konstruktion für Strom- oder Spannungsrelais zu teuer ist. Die Spannung wird über einen

Vorwiderstand an die bewegliche Spule gelegt, der Strom $i_1$ eilt dabei infolge ihrer Selbstinduktion etwas der Spannung $U$ nach. Der dadurch entstehende Phasenfehler des Relais — einige Minuten bis etwa 1° — ist weniger nachteilig als die Erscheinung, daß der vom Feld in die über den Spannungswandler kurzgeschlossene Spule induzierte Strom ein Gegendrehmoment erzeugt. Bei hohen Kurzschlußströmen kann infolgedessen

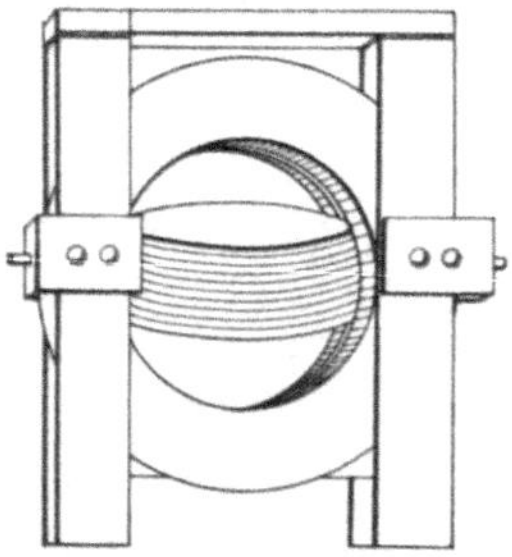

Abb. 17. Eisenloses Dynamometer mit Rundspule (AEG.).

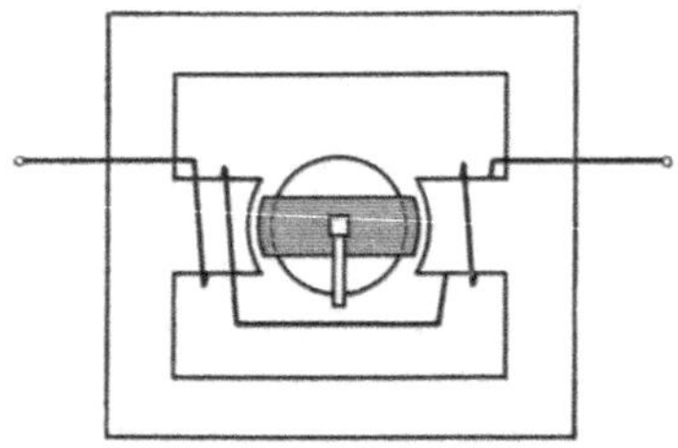

Abb. 18. Eisengeschlossenes Dynamometer mit Rähmchen (Siemens).

die Ansprechleistung des Relais erheblich zunehmen. Es ist daher sehr zweckmäßig, die Selbstinduktion der beweglichen Spule durch einen Kondensator zu kompensieren. Die feste Spule wird vom Strom erregt, wobei die Bedingung der Phasengleichheit zwischen Strom und Feld bei eisenloser Konstruktion erfüllt wird.

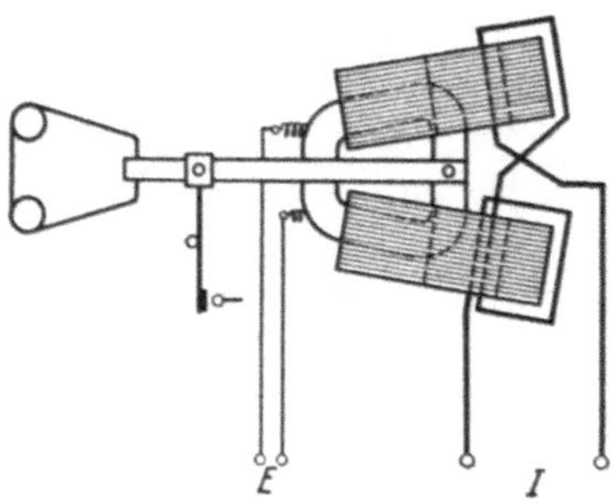


Abb. 19. Eisengeschlossenes Dynamometer mit Flachspule (Asea).

Ein eisenloses dynamometrisches System wird z. B. im Impedanzrelais der AEG. verwendet (Abb. 17). Die beiden Rundspulen sind koaxial zueinander angeordnet, die bewegliche Spannungsspule sucht sich je nach der Stromrichtung in der festen Spule in diese nach der einen oder anderen Richtung hineinzudrehen.

Das Feld, in dem sich die Spannungsspule befindet und damit das von der Spule ausgeübte Drehmoment läßt sich erheblich verstärken, wenn man die Stromspulen mit einem Eisenschluß versieht. Einen derartigen Aufbau verwendet Siemens für seine elektrodynamischen Relais (Abb. 18). Damit bei hohen Strömen keine Sättigung des Eisens eintritt, müssen der Eisenquerschnitt und der Luftspalt, in dem sich das rechteckige Rähmchen befindet, groß gehalten werden. Infolge der Eisenverluste eilt das Feld etwa $^1/_2{}^0$ dem erzeugenden Strom nach. Dieser Fehlwinkel kann im Bedarfsfall kompensiert werden.

Eine andere, eisengeschlossene Anordnung wird von Asea ausgeführt (Abb. 19). Zwei Stromspulen erzeugen über vollkommen getrennte

Eisenkerne zwei Felder, die eine von der Spannung erregte, bewegliche Flachspule durchsetzen. Das auf beide Spulenseiten ausgeübte Drehmoment wirkt dabei in gleicher Richtung.

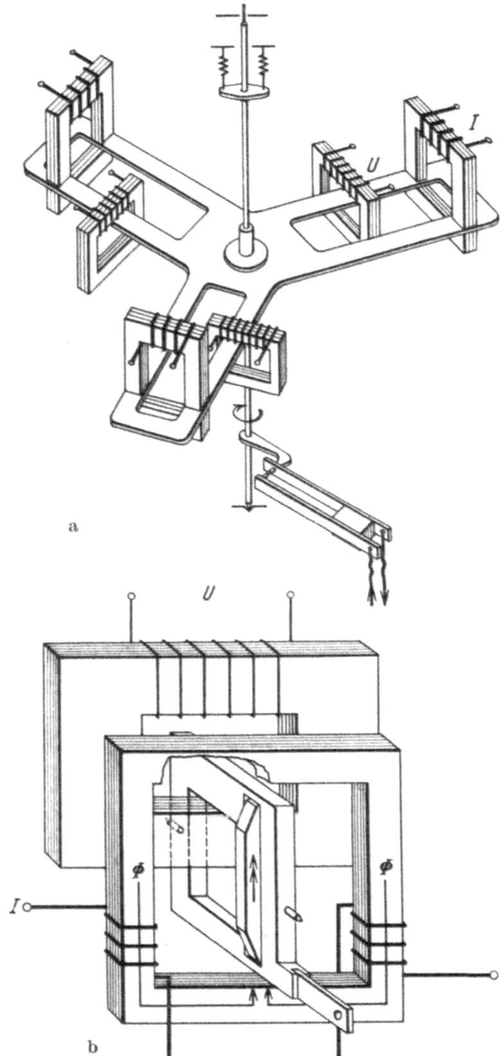


Abb. 20. Induktionsdynamometer mit Spannungstransformator. a Oerlikon, dreipolig; b Westinghouse.

Die beschriebenen Ausführungen brauchen für die Erregung der Spannungsspule bewegliche Zuführungen. Konstruktiv bereitet dies keinerlei Schwierigkeiten, zumal der Winkelausschlag der Spulen nur klein ist. Um die Konstruktion jedoch zu verbilligen, suchte man nach

Lösungen, bei denen die bewegliche Spule aus einem kurzgeschlossenen Aluminium- oder Kupferrahmen besteht. Derartige Induktionsdynamometer, bei denen ein an der Spannung liegender Transformator den Strom in den aus einer Windung bestehenden Kurzschlußrahmen induziert, werden von Oerlikon (Abb. 20a) und Westinghouse (Abb. 20b) gebaut. Die eine Anordnung kann in ihrer Wirkungsweise mit dem Elektrodynamometer der Abb. 19, die andere mit der Abb. 18 verglichen werden. Um den Transformator zu sparen, geht die GECo. noch einen Schritt weiter, indem sie für die Felderregung und für die Induktion des Rahmens teilweise den gleichen Eisenschluß verwendet (Abb. 21). Die festen Spannungsspulen haben einen Eisenschluß ohne Luftspalt und induzieren den Strom im Rahmen, der im Feld der Stromspulen beweglich angeordnet ist.

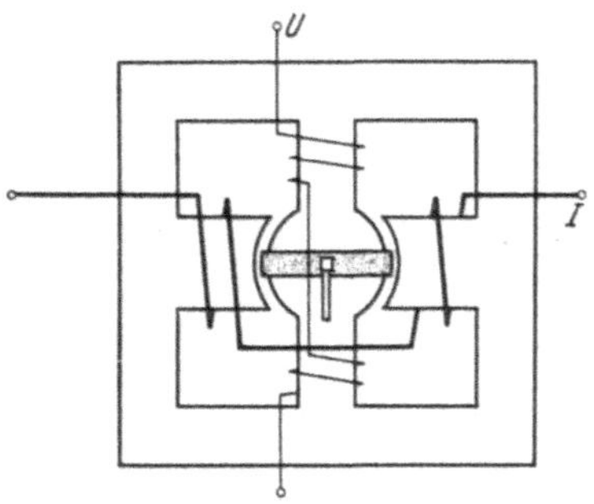

Abb. 21. Induktionsdynamometer der GECo.

Da bei den elektrodynamischen Relais die bewegliche Spule sehr leicht gehalten werden kann und bei der Bewegung praktisch kein Bremsmoment auftritt, ist ihre Ansprechzeit außerordentlich gering. Allerdings neigt deshalb auch das bewegliche System zu Vibrationen, weil es den Momentanwerten des Drehmomentes zu folgen sucht. Besonders bei einer Phasenverschiebung zwischen Strom und Spannung, wobei das Vorzeichen des Drehmomentes während einer Periode wechselt, und starker Belastung kann die einwandfreie Kontaktgabe gefährdet werden. Will man eine zusätzliche Dämpfung vermeiden, die selbstverständlich die Ansprechzeit heraufsetzt, muß der Kontakt durch ein Hilfsrelais nach dem Ansprechen überbrückt werden.

Das elektrodynamische Prinzip ist praktisch frequenzunabhängig und kann mit Ausnahme der Induktionsdynamometer auch für Gleichstrom verwendet werden. Allerdings muß dann bei eisengeschlossenen Systemen der Remanenzfehler beachtet werden. Der Temperaturfehler ist ebenfalls sehr gering, da der beschränkte Wickelraum des Spannungsrähmchens nur einen kleinen Teil der üblicherweise zur Verfügung stehenden Sekundärspannung von 110 Volt aufnehmen kann, während der größere Anteil auf einem temperaturunabhängigen Vorwiderstand liegt.

## 5. Drehspulrelais.

Bei den Drehspulrelais wird ein vom Strom durchflossenes bewegliches Rähmchen durch das Feld eines permanenten Magneten gedreht. Das auf die Spule ausgeübte Drehmoment ist

$$D = C \cdot i \cdot H,$$

wobei $i$ der Strom in der Drehspule und $H$ die Feldstärke im Luftspalt bedeuten. Die Konstante $C$ hängt von Größe, Windungszahl und Widerstand der Spule ab.

Drehspulrelais können mit außerordentlich geringem Eigenverbrauch gebaut werden, es wurde beispielsweise bei einem Relais bei einem Drehmoment von 1 gcm 0,5 Milliwatt Eigenverbrauch gemessen.

Da die Liniendichte im Luftspalt gleichmäßig verteilt ist, ändert sich das Drehmoment bei der Kontaktbewegung nicht. Die zur Vermeidung von Kontaktprellungen erforderliche Dämpfung wird durch einen Kurzschlußrahmen aus Kupfer oder Aluminium erzielt, auf den die Spule gewickelt ist. Infolge des geringen Eigenverbrauches ist die thermische Überlastungsfähigkeit sehr hoch, wobei allerdings auf einen genügenden Querschnitt der beweglichen Stromzuführungen geachtet werden muß.

Die Relais werden in Gleichstromanlagen als Spannungs-, Strom- oder Leistungsrelais verwandt. Für hohe Gleichspannungen, z. B. bei Bahnanlagen, ist die Isolation der Spule gegen den Magneten wegen des geringen Luftspaltes nicht ausreichend, man muß dann den Magneten isoliert vom Gehäuse befestigen.

Stromrelais werden an einen Nebenwiderstand angeschlossen, der für die Betriebsstromstärke bemessen ist und dabei üblicherweise 60 oder 150 mV Spannungsabfall besitzt. Wenn auf einen kleinen Temperaturfehler Wert gelegt wird, muß der Shunt genügend groß gewählt werden, um vor das Rähmchen noch einen temperaturunabhängigen Vorwiderstand schalten zu können. Die Eichung des Relais muß mit den Anschlußleitungen zum Nebenwiderstand oder einen entsprechenden Ersatzwiderstand erfolgen. Bei Spannungsrelais ist aus dem gleichen Grund wie bei den elektrodynamischen Relais der Temperaturfehler sehr klein.

## 6. Thermische Relais.

Bei den thermischen Relais wird die Längenänderung von Metallen infolge der Temperaturerhöhung durch den Einfluß der Stromwärme zur Kontaktgabe verwandt. Man benutzt hierzu fast ausschließlich Bimetallstreifen, die aus zwei Metallen, meistens Nickelstahllegierungen sehr verschiedener Längenausdehnung bestehen, welche bei hoher Temperatur aufeinander gewalzt sind. Über die Streifen wird entweder der zu überwachende Strom selbst geschickt oder sie werden durch eine aufgebrachte Wicklung beheizt; ihre Krümmung bewirkt direkt oder indirekt die Kontaktgabe. Die spezifische thermische Durchbiegung — d. h. die Durchbiegung in Millimetern eines einseitig eingespannten Streifens 1 mm stark und 100 mm lang für 1° Temperaturerhöhung — liegt je nach den verwendeten Metallen zwischen 0,08 und 0,16. Die Durchbiegung wächst quadratisch mit der Länge und nimmt annähernd proportional mit der Stärke des Streifens ab. Sie steigt bis etwa 200° C linear mit der Temperatur an, bei höheren Temperaturen geringer, es werden jedoch auch Bimetalle mit einer linearen Durchbiegung bis zu 500° hergestellt.

Die Kontaktwege thermischer Relais sind sehr klein und die Kontaktöffnung oder Schließung erfolgt mit ganz geringer Geschwindigkeit. Wenn keine selbsttätige Rückstellung erforderlich ist, läßt man daher die Kontakte indirekt etwa durch Entklinken einer gespannten Feder betätigen, zumal der Bimetallstreifen sehr große Kräfte ausüben kann. Da bei direkter Kontaktgabe der Kontakt durch Lichtbogenbildung zerstört würde, baut man die Streifen in Glasröhren mit Wasserstofffüllung ein und erzielt dadurch Abschaltleistungen bis zu etwa 30 kW. Durch kein anderes Relaisprinzip läßt sich mit so einfachen und billigen Mitteln eine zeitverzögerte Kontaktgabe herbeiführen, daher hat das thermische Prinzip für bestimmte Anwendungsgebiete, bei denen die technischen Bedingungen für seine Anwendung günstig sind, weiteste Verbreitung gefunden. Hier wären die Motorschutzschalter und verzögerte Überstromautomaten zu nennen, die entweder von Hand oder durch einen fremdgesteuerten Elektromagneten wieder eingelegt werden, ferner die Bimetallschalter, die durch Unterbrechung des Stromkreises Heiz- und Kochapparate vor Überlastung schützen.

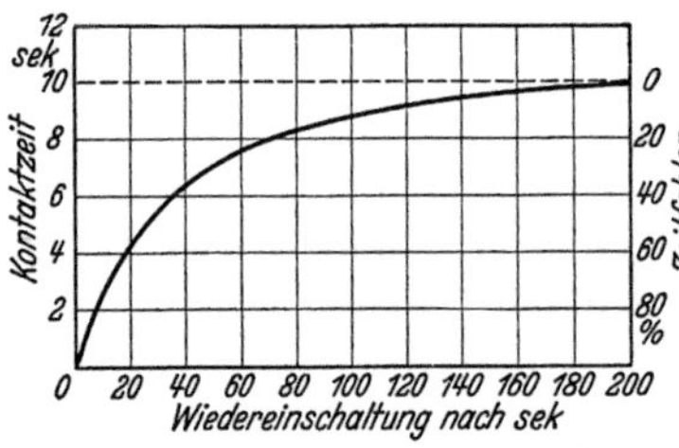

Abb. 22. Kontaktzeit eines thermisch verzögerten Relais bei Wiedereinschaltung.

Für die Verwendung als Selektivschutzrelais müssen jedoch verschiedene Nachteile in Kauf genommen oder durch besondere Mittel vermieden werden. Es liegt in der Natur des Relaisprinzipes, daß die thermische Überlastbarkeit sehr gering ist. Bei allen anderen Relais kann man den Kupferquerschnitt der Erregerwicklung so groß wählen, daß beim Ansprechstrom die Übertemperatur nur wenige Grad beträgt, während die thermischen Relais selbstverständlich beträchtliche Übertemperaturen annehmen müssen. Um daher eine ausreichende Kurzschlußfestigkeit zu erzielen, ist man gezwungen, den Bimetallstreifen über einen gesättigten Zwischenwandler zu speisen, der den Überstrom auf ein zulässiges Maß begrenzt. Bei den verzögerten Überstromautomaten ist diese Maßnahme nicht notwendig, da sie für höhere Ströme mit einer Schnellauslösung versehen sind. Um einen Zeitfehler durch verschiedene Raumtemperaturen zu vermeiden, ist eine besondere Kompensation erforderlich. Man korrigiert die Nullstellung des Bimetallstreifens durch einen zweiten, nicht vom Strom durchflossenen Streifen, dessen Durchbiegung in entgegengesetzter Richtung erfolgt.

Für manche Anwendungsgebiete ist die unvermeidliche lange Rückstellzeit thermischer Relais recht unerwünscht (Abb. 22). Man kann jedoch diese Eigenschaft vorteilhaft ausnutzen, wenn man in kurzen Zeitabständen erfolgende Überlastungen summieren will. In diesem Falle wird die Wirkung noch verstärkt, indem man das Relais mit großer

Wärmekapazität, z. B. mit einem den Streifen umgebenden Metallmantel, versieht. Man hat versucht, diesen Relais die gleiche Temperatur-Zeit-Charakteristik zu geben wie die vor Überlastung zu schützenden Apparate, jedoch läßt sich dies nur unvollkommen erreichen.

Bei Überstromzeitrelais ist die Kontaktzeit nicht nur von der Höhe des Überstromes, sondern auch von der jeweiligen Vorbelastung abhängig. Dies kann nur verhindert werden, wenn der Bimetallstreifen vor Erreichen des Ansprechstromes kurzgeschlossen ist und erst bei Überschreitung durch ein zusätzliches Momentanrelais in den Stromlauf eingeschaltet wird.

Durch die verschiedenen zusätzlichen Einrichtungen geht der Vorteil des einfachen und billigen Aufbaues thermischer Relais wieder verloren, dies dürfte wohl die Ursache sein, daß sie in der Selektivschutztechnik verhältnismäßig selten Anwendung finden.

## C. Konstruktionselemente.

### 1. Allgemeine Gesichtspunkte.

Der Konstrukteur muß sich stets der eigenartigen Arbeitsweise der Selektivschutzrelais bewußt sein: Monatelang verharrt das Relais im Ruhezustand und plötzlich muß es mit großer Genauigkeit messen oder gar eine Meßgröße in eine Zeit umsetzen. Dabei kann die Verantwortung, die ein einziges Relais trägt, außerordentlich groß sein.

Für die Konstruktion bedeutet das: Größtmögliche Sicherheit in das Relais legen.

Um dieser Forderung gerecht zu werden, ist eine ganze Reihe von Gesichtspunkten zu beachten und nur engster Erfahrungsaustausch mit der Praxis gibt dem Konstrukteur die Gewähr, daß die Relais diesen verschiedenartigsten Beanspruchungen gerecht werden.

Bei der Wahl der Baustoffe müssen alle Teile vermieden werden, die zeitlichen Veränderungen unterworfen sind. Oxydierende Metalle, hygroskopische Isolierstoffe, die quellen und sich verziehen können, verharzende Öle oder überbeanspruchte Federn können zu Relaisversagern führen. Sämtliche Schrauben sollten gesichert sein und Einstellvorrichtungen so ausgeführt werden, daß sie durch Erschütterungen nicht verstellt werden können. Häufig werden nämlich Relais in unmittelbarer Nähe oder sogar auf die Wand von Schalterantrieben gesetzt, die beim betriebsmäßigen Schalten schlagartige Erschütterungen verursachen. Vollkommen staubdichte Gehäuse sind eine Selbstverständlichkeit, trotzdem sollen die Einstellvorrichtungen leicht zugänglich sein, um im Bedarfsfall rasch Änderungen in der Einstellung vornehmen zu können. Sehr oft führt man die Vorderseite mit einer großen Glasscheibe aus, um jederzeit den Zustand der Innenteile übersehen zu können. Besonderes Augenmerk ist auf eine reichliche Isolation zu richten. Die

VDE.-Vorschriften, „Regeln für elektrische Schaltgeräte", schreiben nur für die außenliegenden Teile Mindestluft- und Kriechstrecken, bei den gekapselten Relais also den Anschlußklemmen, vor, im übrigen sind sämtliche Teile untereinander und gegen Gehäuse bis zu einer Betriebsspannung von 250 Volt mit 2000 Volt Wechselspannung zu prüfen. Es ist jedoch zweckmäßig, die Durchschlagsspannung, die jeweils bei einer Typenprüfung zu ermitteln ist, wesentlich höher zu legen, da in der Praxis ganz erhebliche Spannungsbeanspruchungen auftreten können. Beispielsweise werden beim Abschalten großer Induktivitäten, etwa der Ein- und Ausschaltspulen der Ölschalter, sehr hohe Spannungsspitzen erzeugt. Ferner können beim Abschalten leerlaufender Hochspannungsleitungen gefährliche Spannungen in Leiterschleifen der Niederspannungskreise induziert werden. Schließlich sei noch die außerordentliche Spannungsbeanspruchung beim Bruch von Stromwandlerleitungen erwähnt, auf die bei der Behandlung der Stromwandler noch zahlenmäßig eingegangen wird.

Es genügt aber noch nicht, wenn im Relaisbau alle Mittel zur Steigerung der Zuverlässigkeit aufgewendet werden, um jeden Relaisversager zu vermeiden. Erst in Verbindung mit der richtigen Projektierung und der pfleglichen Behandlung und Wartung im Betrieb können die Relais die ihnen gestellte Aufgabe voll befriedigend lösen.

## 2. Wicklung.

Die Relaiswicklungen sind besonders zwei Gefahren ausgesetzt, dem Drahtbruch und dem Verschmoren durch thermische Überlastung. Eine unsachgemäße Fabrikation, wenn der Draht mit zu starker Spannung gewickelt wird oder Knicke bei der Herstellung entstehen, kann der Anlaß zu einem späteren Drahtbruch sein. Häufiger sind jedoch Unterbrechungen dünndrähtiger Wicklungen infolge von Oxydationserscheinungen. Sie wird durch Berührung des Kupfers mit säurehaltigen Stoffen eingeleitet und durch elektrolytische Wirkung bei einseitig dauernd unter Spannung stehenden Wicklungen wesentlich begünstigt. Man schließt daher stets den Minuspol der Batterie an die Spule fest an und schaltet den Pluspol zu, da hierdurch die Gefahr elektrolytischer Zersetzung vermindert wird.

Um den Beginn einer Oxydation zu verhindern, muß das Material für den Spulenkörper einwandfrei sein. Für runde Spulenkörper wird meistens Holz verwendet, das zur Vermeidung von Feuchtigkeitsaufnahme mit Lack getränkt ist. Verschiedentlich findet man auch Spulenkörper aus Messingblech, die mit Isolierleinen ausgekleidet sind. Eckige Spulenkörper werden aus Hartpapier geklebt oder, bei großen Stückzahlen, gepreßt; dabei muß auf absolute Säurefreiheit des Klebmittels und der Preßmasse sorgfältig geachtet werden. Man findet auch Spulenkörper aus Porzellan, das besonders hohe Isolationsfestigkeit verbürgt.

Die Kanten der Innenflächen dürfen jedoch nicht scharf sein; um Beschädigungen der innersten Lage durch Knicke zu vermeiden, werden sie ebenfalls mit Isolierleinen umwickelt. Lötstellen an der Wicklung müssen natürlich mit vollkommen säurefreiem Lötmittel ausgeführt werden. Um die Wicklung vor dem Eindringen von Feuchtigkeit zu schützen, werden sie vielfach getränkt und bei Temperaturen von etwa 80° C „gebacken". Der Wert dieser Maßnahme ist umstritten, da sie voraussetzt, daß bei der Tränkung jede Spur von Feuchtigkeit aus der Wicklung ausgetrieben wird, denn sonst können sich im Innern der Wicklung Feuchtigkeitsherde bilden, die eine Oxydation begünstigen. In eine ungetränkte Wicklung kann zwar Feuchtigkeit eintreten, aber sie hat die Fähigkeit zu „atmen" und wieder auszutrocknen.

## 3. Kontakte.

Die Kontakte sind der einzige Relaisteil, der einer erheblichen Abnutzung unterworfen sein kann; nach Möglichkeit sollten sie daher leicht auswechselbar angeordnet werden. Günstige Eigenschaften für das Kontaktmaterial sind: hoher Schmelzpunkt, sowie gute elektrische und Wärmeleitfähigkeit auch im oxydierten Zustand. Es gibt keine Metalle oder Legierungen, die alles Wünschenswerte vereinigen. Die weiteste Verbreitung hat chemisch reines Silber gefunden, dessen Übergangswiderstand an den Berührungsstellen der Kontakte auch nach hohen Beanspruchungen oder langen Ruhepausen nur einige Milliohm beträgt. Für geringe Kontaktdrücke und kleine Schaltleistungen ist Platin und Platiniridium sehr geeignet. Wolfram besitzt zwar einen sehr hohen Schmelzpunkt und kann daher hohe Leistungen schalten, hat aber die unangenehme Eigenschaft, sich nach einiger Zeit mit einer nichtleitenden Schicht zu überziehen, die nur bei großem Kontaktdruck und hohen Spannungen durchschlagen wird. In neuerer Zeit finden auch Wolframlegierungen Eingang in die Praxis, die wesentlich leichter bearbeitbar sind als das sehr harte Wolfram. Sie werden geeignet sein, die Kupferkontakte und Kupfer-Kohlekontakte großer Schaltschütze und Schalterhilfskontakte, die mit hohen Kontaktdrücken arbeiten, zu ersetzen. Für Spezialzwecke werden auch Legierungen, wie Silber-Palladium und Gold-Silber mit Erfolg verwandt. Gute Erfahrungen bei einer bestimmten Anwendung berechtigen aber noch nicht zu der Annahme einer allgemeinen Eignung. Auch durch Laboratoriumsversuche können nicht die vielen verschiedenen Arbeitsbedingungen, die in der Praxis auftreten, restlos erfaßt werden. Dies mag der Grund sein, daß neue Kontaktmaterialien nur selten in die Praxis eingeführt werden, zumal sich nachteilige Eigenschaften unter Umständen erst nach langer Betriebszeit bemerkbar machen.

Die Anordnung der Kontakte ist außerordentlich mannigfach, da sie sich konstruktiv dem Relais anpassen muß. Im allgemeinen wird wenigstens ein Kontakt auf einer Feder angeordnet, um eine möglichst prellungsarme Kontaktgabe zu erhalten. Es ist anzustreben, daß nach der ersten Berührung der Kontaktstücke noch eine reibende Bewegung gegeneinander ausgeführt wird, wodurch die Kontaktstellen gesäubert werden. Um eine definierte Berührungsstelle zu erhalten, wird meistens das eine Kontaktstück plan, das Gegenstück ballig ausgeführt.

Sehr hohe Schaltleistungen lassen sich durch Quecksilberkontakte erreichen. Das Quecksilber befindet sich in einer Schaltröhre, die meistens mit Wasserstoff gefüllt ist, die Kontaktgabe wird durch Kippen der Röhre bewirkt (Abb. 23). Diese Röhren arbeiten sehr zuverlässig, wenn die Stromzuführungen sorgfältig eingeschmolzen sind und die Kontaktgabe nicht zwischen einer festen Elektrode und Quecksilber, sondern nur zwischen dem Quecksilber selbst erfolgt. Damit die Glaswand nicht durch den Öffnungsfunken beschädigt wird, verwendet man Einlagen aus Quarz oder keramischem Material. In der Selektivschutztechnik ist ihre Anwendung dadurch beschränkt, daß die Eigenzeit des Kontaktes recht hoch ist (etwa 0,2 Sekunden) und ziemliche Streuungen aufweist. Eine besondere Ausführung ist der Quecksilbertauchkontakt (Abb. 24). Abgesehen von der Kontaktzeit stellt er eine sehr gute Lösung der Kontaktfrage dar, da sämtliche bewegliche Teile dem Einfluß von Luft, Feuchtigkeit und Staub entzogen und auch bewegliche Zuführungen vermieden sind. Ein mit Quecksilber gefüllter Napf, in dem sich die eine Stromzuführung befindet und der einen Eisenbelag trägt, wird nämlich von außen durch Erregung einer Spule elektromagnetisch in Quecksilber hineingetaucht. Hierdurch wird das zwischen Schwimmer und Glaswand befindliche Quecksilber, das mit der anderen Stromzuführung verbunden ist, verdrängt und fließt über den inneren Rand des Schwimmers, wodurch die Kontaktgabe herbeigeführt wird.

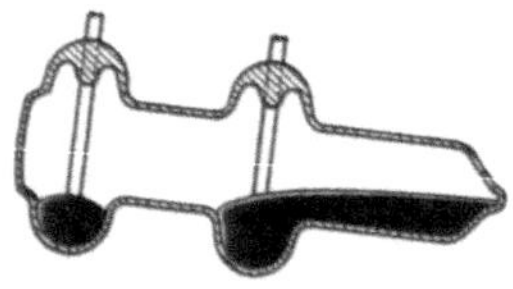

Abb. 23. Quecksilber-Kippkontakt.

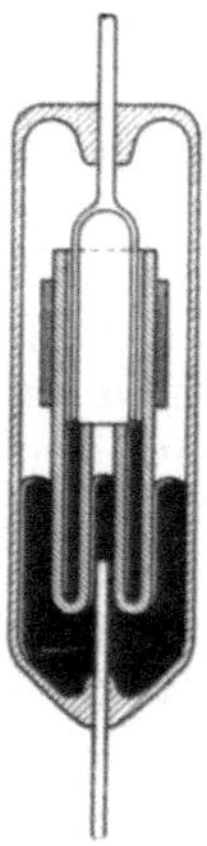

Abb. 24. Quecksilbertauchkontakt.

## 4. Lagerung.

Die Art der Lagerung richtet sich nach dem Gewicht des beweglichen Systems und den Kräften, die auf das System ausgeübt werden können. Systemgewichte von 50—100 g sind keine Seltenheit und die Kräfte, die an einem Relais auftreten können, seien an einem Beispiel erläutert. Ein Richtungsrelais, das bei 1% der Nennleistung anspricht, habe dabei ein Drehmoment von 1 gcm. Nehmen wir an, daß im Kurzschlußfalle bei halber Nennspannung der 20fache Nennstrom über das Relais fließt, so würde das Relais unter Voraussetzung, daß Strom und Spannung in Phase sind, mit der 10fachen Nennleistung bzw. mit der 1000fachen

Ansprechleistung beaufschlagt sein. Das Drehmoment steigt linear mit der Leistung, es beträgt also 1000 gcm. Diese Kräfte müssen durch die Kontakte oder durch einen Anschlag aufgefangen werden, ohne daß eine Lagerbeschädigung auftritt.

Da die Relaissysteme infolge der nötigen Kräfte immer relativ schwerer sind als im Meßinstrumentenbau, trifft man die wegen ihrer geringen Reibung dort sehr viel verwendeten Steinlager bei Relais nur selten an. Für Spitzenlagerung sollten nur stark verrundete Spitzen, etwa mit einem Krümmungsradius von 0,1—0,2 mm verwendet werden, um ein Verstauchen der Spitzen bei Stößen zu vermeiden. Die Lagerschraube wird meistens ohne Lagerstein aus harter Bronze hergestellt. Zur Einstellung des Lagerspiels ist sie verstellbar und wird durch eine Gegenmutter gesichert oder durch eine Druckschraube mit zwischengelegtem Kupferstück, um das Gewinde der Lagerschrauben nicht zu beschädigen (Abb. 25a).

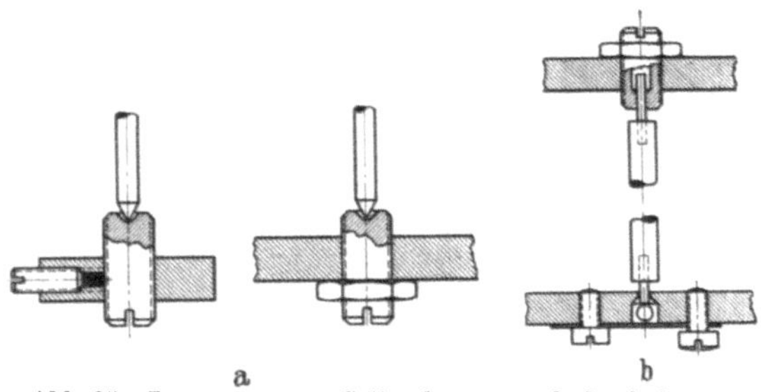

Abb. 25. Lagerungen. a Spitzenlagerung, b Zapfenlagerung (Spur- und Halslager).

Sehr häufig wird bei Relais die Zapfenlagerung angewendet. Entweder ist der Zapfen angedreht, oder er besteht, um höhere Festigkeit zu erhalten, aus Klaviersaitendraht und ist in die Achse eingelassen. Bei senkrechter Lagerung läuft der untere leicht verrundete Zapfen in einem Spurlager auf einem Stahlplättchen oder — ohne Verrundung — auf einer hochglanzpolierten Stahlkugel (Abb. 25b). Der obere Zapfen ist in einem Halslager geführt.

Für Hilfsrelais spielt die Lagerreibung gegenüber den zur Verfügung stehenden Kräften eine untergeordnete Rolle. Man verzichtet daher darauf, die Achse anzudrehen und führt sie direkt im Lagerbock. Um bei seitlicher Verschiebung des Ankers ein Verklemmen zu verhüten, werden zwischen Anker und Bock Anlaufscheiben eingefügt. Verschiedentlich wird der Anker auch auf einer Schneide gelagert, hierbei können keinerlei Verklemmungen auftreten. Bei Klappankerrelais kann eine Lagerung vermieden werden, wenn der Anker durch ein federndes Stahlblech mit dem festen Relaisteil verbunden ist.

## 5. Dämpfung.

Im Relaisbau werden die beweglichen Systeme mit einer Dämpfung versehen, um eine Zeitverzögerung zu erzielen oder um Kontaktprellungen zu verhindern. Momentrelais sucht man ohne Dämpfung zu bauen, da sie eine unerwünschte Erhöhung der Ansprechzeit verursacht. Dies ist besonders bei Systemen möglich, die im Moment der Kontaktgabe einen Kraftüberschuß besitzen oder die Dämpfung läßt sich durch federnde Anordnung der Kontakte vermeiden. Bei schweren Systemen mit stromzeigerartiger Einstellung, also Induktions- und elektrodynamischen Relais muß sie jedoch angewendet werden.

Am gebräuchlichsten ist die magnetische Scheibendämpfung, bei der ein kräftiger permanenter Magnet während der Bewegung der unmagnetischen Scheibe in ihr Wirbelströme erzeugt, die die Bewegungsenergie in Stromwärme verwandeln. Bei den Induktionsrelais wird die dazu vorhandene Triebscheibe verwendet; im Abschnitt über Induktionsrelais wurde bereits das Bremsmoment behandelt. Elektrodynamische Relais versieht man, um keine zu hohen Systemgewichte zu erhalten, nur mit einem Aluminium- oder Kupfersektor, der zweckmäßig als teilweiser Gewichtsausgleich gegenüber dem Kontakt angeordnet wird (Abb. 26). Die Stärke der Scheibe oder des Sektors beträgt 0,5—1 mm, der Luftspalt zwischen Scheibe und Magnet etwa 0,5 mm. Es muß sorgfältig darauf geachtet werden, daß bei geöffnetem Relais keine Eisenfeilspäne in das Innere gelangen, da sie leicht nach dem Gebiet größter Felddichte wandernd sich zwischen Scheibe und Polschuh festsetzen und ein Ansprechen verhindern.

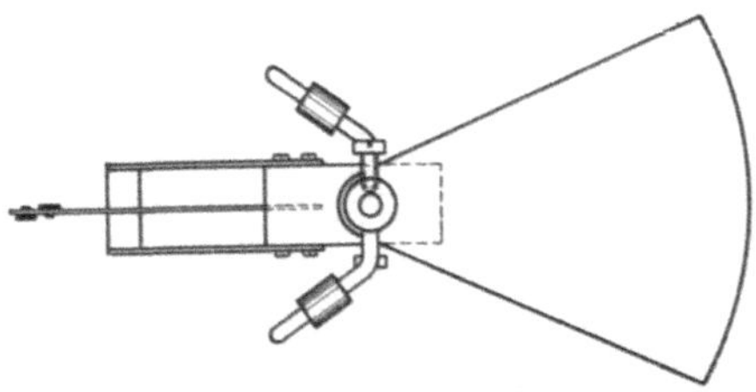

Abb. 26. Magnetische Scheibendämpfung mit Kontakt als teilweisem Gewichtsausgleich.

Drehspulrelais erhalten eine sehr wirksame Dämpfung, wenn die Wicklung auf einem Kurzschlußrahmen aus Aluminium- oder Kupferblech aufgebracht wird, die Wirbelströme werden bei der Bewegung der Drehspule durch den vorhandenen permanenten Magneten erzeugt.

Luftdämpfungen, bei denen sich ein Flügel oder ein Kolben in einer Kammer bzw. in einem Rohr bewegen, sind für Relais wegen ihrer geringen Dämpfungskraft wenig geeignet. Um eine ausreichende Dämpfung zu erhalten, müßte der Flügel sehr groß und der Luftspalt zwischen Flügel und Kammer sehr klein gehalten werden, wobei infolge von Überlastungen leicht ein Streifen oder gar Verklemmen eintreten kann.

Sehr wirksam sind Öldämpfungen, die meistens in der Form ausgeführt werden, daß ein Kolben von 2—3 mm Durchmesser in einem Glasrohr geführt wird. Es muß dabei darauf geachtet werden, daß auch beim größten einstellbaren Kontaktweg der Kolben nicht aus dem Rohr austritt, damit keine Luftblasen eindringen können. Da die Oberflächenspannung das Öl gut in der Röhre hält, ist ein Auslaufen nicht zu befürchten. Unangenehm ist die Temperaturabhängigkeit infolge der Viskositätsänderung des Öles, jedoch läßt sie sich durch die Wahl eines geeigneten Öles auf ein erträgliches Maß herabsetzen.

# D. Hilfsmittel.

Der Anwendungsbereich eines Relais kann häufig dadurch wesentlich erweitert werden, daß die durch die Konstruktion gegebenen technischen Daten durch Hilfsmittel verbessert werden. Um anormal hohe Anforderungen, beispielsweise bezüglich der thermischen Überlastbarkeit, der Empfindlichkeit oder der Schaltleistung erfüllen zu können, ist es oft wirtschaftlicher, sich zusätzlicher Mittel zu bedienen, als eine Spezialkonstruktion zu verwenden. Einige dieser Hilfsmittel sollen im folgenden beschrieben werden.

Um die thermische Überlastbarkeit von Stromwicklungen zu erhöhen, legt man sie nicht direkt in den Stromkreis, sondern speist sie über einen Zwischenwandler, der bereits bei geringen Überlastungen seine Sättigungsgrenze erreicht. Da man an die Dimensionen des Wandlers nicht gebunden ist, kann man den Kupferquerschnitt der Primärwicklung so groß wählen, daß die Überlastbarkeit beliebig hoch gesteigert werden kann. Das „Abknicken" des Sekundärstromes läßt sich durch geschickte Anordnung der Wicklungen, des Eisenquerschnittes oder durch Stege aus Mu-Metall so weit treiben, daß für höchste Überlastungen auf der Sekundärseite der 2—3fache Ansprechstrom nicht überschritten wird. Eine billigere Lösung, bei der der Sekundärstrom allerdings in geringem Maß proportional mit dem Primärstrom ansteigt, stellt der induktive Shunt dar, beispielsweise ein Kupferstab, auf den Eisenscheiben aufgebracht sind (Abb. 27).

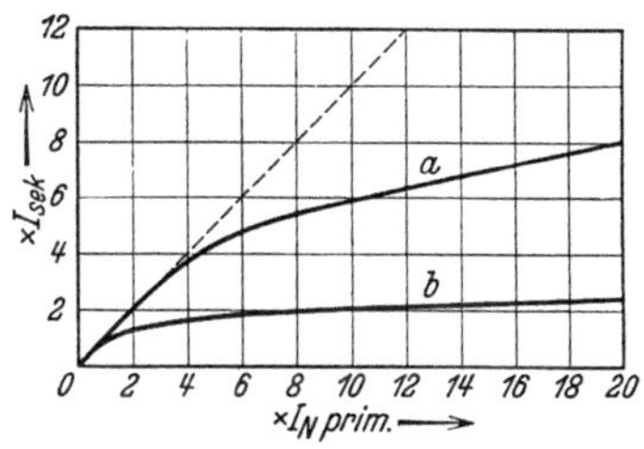


Abb. 27. Hilfsmittel zur Stromreduzierung. *a* Induktiver Shunt, *b* gesättigter Wandler.

Die Überlastbarkeit von Spannungswicklungen läßt sich durch einen Vorwiderstand mit großer Temperaturabhängigkeit steigern. Hierfür ist eine Metallfadenlampe gut geeignet, da ihr Widerstand bei Nennspannung etwa den 10fachen Wert gegenüber dem kalten Zustand besitzt. Bei kleinen Spannungen liegt daher die größere Teilspannung am Relais, bei höheren Spannungen an der Lampe. Selbstverständlich muß darauf geachtet werden, daß bei der höchsten vorkommenden Spannung der Spannungsabfall an der Lampe ihre Nennspannung nicht übersteigt. Bei Hilfsrelais kann man durch eine Vorschaltlampe die Ansprechzeit wesentlich verkürzen, da im Einschaltmoment ein steiler Stromanstieg und ein Überschuß an Amperewindungen erzielt wird. Umgekehrt kann eine Verzögerung der Ansprechzeit durch einen Vorwiderstand mit negativen Temperaturkoeffizienten erzielt werden, beispielsweise durch Urandioxydwiderstände, deren Widerstandswert bei Erwärmung bis auf $^1/_{50}$ absinkt.

Durch den Zwischenwandler oder die Vorschaltlampe wird auch eine Steigerung der Ansprechempfindlichkeit erzielt, weil das Relais einen höheren Dauerstrom bzw. Dauerspannung verträgt, und der Ansprechwert im Verhältnis zu diesen Werten tiefer gelegt werden kann. Dieser Weg ist jedoch mit einer unerwünschten Steigerung des Eigenverbrauches verbunden. Zweckmäßiger ist es, die Kontaktarbeit des Relais auf ein Minimum zu beschränken, um mit kleinen Drehmomenten auszukommen.

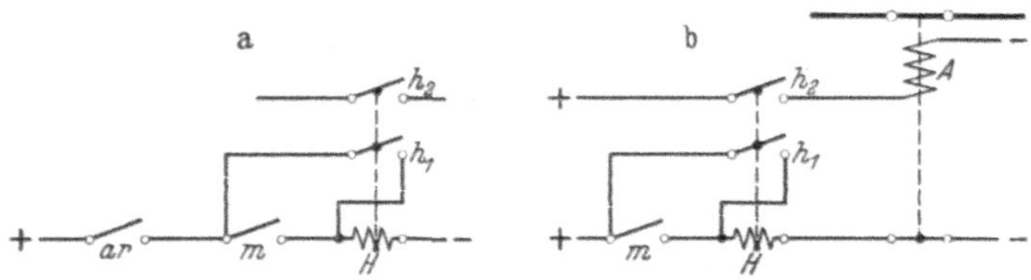


Abb. 28. Steigerung der Empfindlichkeit von Meßrelais durch Kontaktüberbrückung. *ar* Kontakt des Anregerelais, *m* Kontakt des Meßrelais, *H* Hilfsrelais, $h_1$ Selbsthaltekontakt, $h_2$ Betätigungskontakt, *A* Auslöser.

Man kann durch das empfindliche Relais ein kleines Hilfsrelais mit geringem Eigenverbrauch steuern, das die Kontakte des Meßrelais sofort kurzschließt und dadurch entlastet und das mit einem zweiten Kontakt die eigentliche Schaltung übernimmt. Da sich das Hilfsrelais dadurch selbst hält, ist die Schaltung nur anwendbar, wenn vor dem Relais der Kontakt eines Anregerelais liegt, der sich nur während des anormalen Betriebszustandes schließt und das Hilfsrelais bei Wiederkehr des Normalzustandes wieder freigibt (Abb. 28a). Auf das Anregerelais kann verzichtet werden, wenn das Hilfsrelais direkt auf den Auslöser arbeitet, der durch einen Hilfskontakt den Stromkreis des Hilfsrelais unterbricht (Abb. 28b).

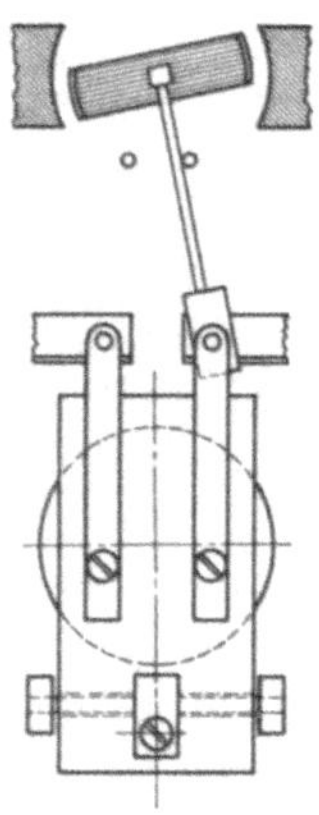

Abb. 29. Steigerung der Empfindlichkeit von Meßrelais durch fremdgesteuerten Kontakt.

Das Meßrelais muß hierbei immerhin noch mit einer Rückzugsfeder versehen werden, um ein Kleben des Kontaktes zu verhindern. Wesentlich weiter kommt man mit der Empfindlichkeitssteigerung, wenn das Meßrelais richtkraftlos ausgeführt wird, so daß für das Arbeiten nur die Reibung zu überwinden ist. In diesem Fall darf dem Relais keinerlei Kontaktarbeit zugemutet werden und das bewegliche System wird nur dazu verwendet, eine „Weiche“ zu stellen, die durch fremdgesteuerte Kontakte abgefragt wird, z. B. indem ein Isolationsstück zwischen die Kontakte geschoben wird (Abb. 29). Damit das Meßsystem sich einstellen kann, muß das auch hier erforderliche Anregerelais über ein zeitverzögertes Relais den Impuls für die Hilfskontakte geben.

Als Hilfsmittel zum Heraufsetzen der Schaltleistung oder der Lebensdauer der Kontakte verwendet man Löschkreise. Sie vermeiden eine

Lichtbogenbildung bei Öffnung der Kontakte, wenn induktive Stromkreise geschaltet werden. Abb. 30 zeigt die Abschaltung eines Hubmagneten ohne Löschkreis bei 110 Volt, der Eigenverbrauch betrug 13,2 Watt, die Feldenergie 0,43 Wattsekunden. Im Augenblick der Kontaktöffnung erfolgt eine rasche Stromänderung, wodurch die Selbstinduktion des Magneten eine hohe Kontaktspannung erzeugt, die den Lichtbogen verursacht. Erst bei genügender Kontaktentfernung reißt der Lichtbogen ab, wobei nochmals eine Steigerung der Kontaktspannung auftritt, die jedoch nicht zu einem erneuten Überschlag führt, da im vorliegenden Fall die Öffnungsgeschwindigkeit des Kontaktes groß war.

Der gebräuchlichste Löschkreis besteht aus einem Kondensator in Reihenschaltung mit einem Ohmschen Widerstand, die parallel zu den Kontakten liegen. Bei Kontaktöffnung gleicht sich die magnetische Energie über den Kondensator aus, so daß der Kontaktstrom sofort unterbrochen werden kann. Der Ohmsche Widerstand ist notwendig, um andererseits die — kapazitive — Einschaltleistung nicht zu hoch werden zu lassen. Bei geöffneten Kontakten liegt nämlich der Kondensator an der zu schaltenden Spannung, er wird durch die Kontakte kurzgeschlossen, wobei der Entladestrom durch den Widerstand begrenzt wird. In Abb. 31 wurde das gleiche Relais durch denselben Kontakt, jedoch mit einem Löschkreis von 2 $\mu$F in Reihe mit 1000 Ohm abgeschaltet. Der Kontaktstrom geht momentan auf Null zurück, der Relaisstrom klingt über den Kondensator ab und da die Änderungsgeschwindigkeit geringer ist, erreicht auch die Kontaktspannung nicht so hohe Werte.

Als Löschkreis kann auch ein Ohmscher Widerstand parallel zum induktiven Verbraucher gelegt werden, der den Ausschaltstrom aufnimmt. Diese Löschung hat jedoch den Nachteil, daß die Dauerbelastung vergrößert wird. Die Zusatzbelastung kann jedoch verhindert werden, wenn vor den Widerstand ein Gleichrichter in Sperrichtung zum Dauerstrom gelegt wird. Je kleiner der Widerstand ist — im extremen Fall nur der innere Widerstand des Gleichrichters — desto langsamer klingt der Strom ab und desto geringer ist die Überspannung, jedoch tritt dadurch eine erhebliche Abfallverzögerung des geschalteten Relais ein. Der Vorgang der Gleichrichterlöschung mit dem gleichen Relais ist in Abb. 32 oszillographiert.

Bei zweckmäßiger Dimensionierung der Löschkreise kann die 10- bis 100fache Abschaltleistung erreicht werden.

Es sei noch ein anderes Mittel zur Erhöhung der Schaltleistung erwähnt, das zwar nicht die Lebensdauer der Kontakte heraufsetzt, aber bei großen Schaltleistungen überhaupt eine Abschaltung ermöglicht, ohne die Kontaktwege zu groß werden zu lassen. Damit der Lichtbogen nicht stehen bleiben kann, wodurch die Kontakte völlig zerstört würden, wird er durch magnetische Einwirkung künstlich verlängert und „ausgeblasen". Man kann dies durch einen permanenten Magneten

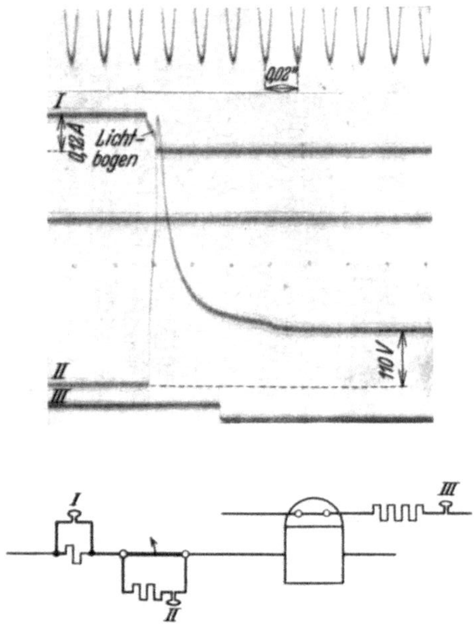


Abb. 30. Ohne Löschkreis. *I* Strom über Kontakt 0,12 A, *II* Kontaktspannung 110 V, *III* Strom über Kontakt des geschalteten Relais.

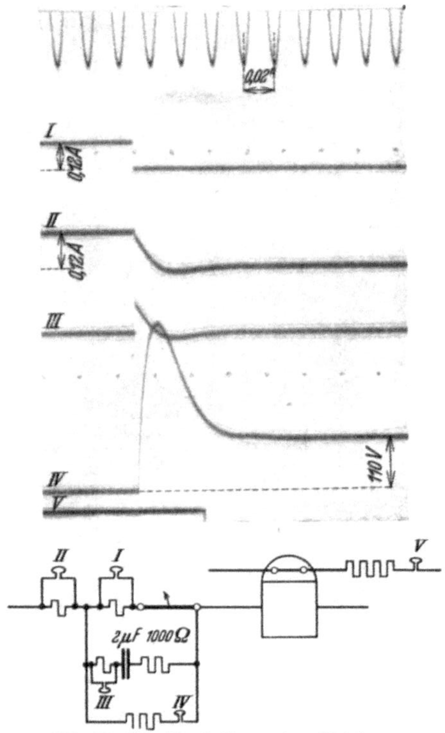


Abb. 30—32. Abschaltung eines Relais:

Abb. 31. Mit kapazitivem Löschkreis parallel zum Kontakt. *I* Strom über Kontakt 0,12 A, *II* Gesamtstrom (*I* + *III*), *III* Strom über kapazitivem Löschkreis, *IV* Kontaktspannung 110 V, *V* Strom über Kontakt des geschalteten Relais.

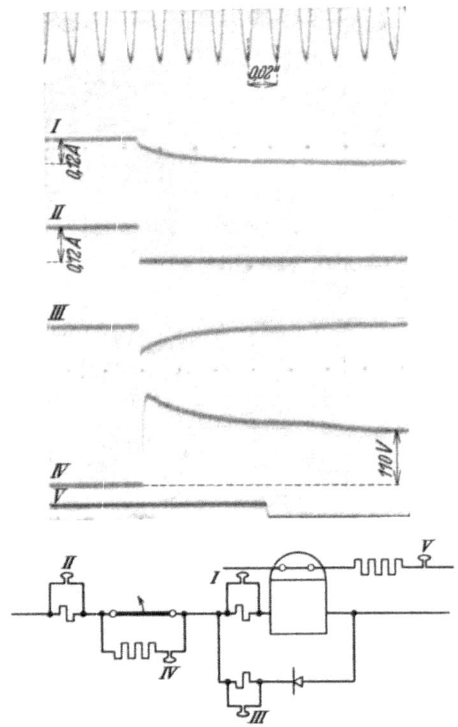


Abb. 32. Mit Gleichrichter-Löschkreis parallel zum Relais. *I* Strom über Relais, *II* Strom über Kontakt 0,12 A, *III* Strom über Gleichrichter, *IV* Kontaktspannung 110 V, *V* Strom über Kontakt des geschalteten Relais.

durchführen, wirksamer sind jedoch besondere Blasspulen, die vom Belastungsstrom selbst durchflossen werden. Da durch die erzwungene Unterbrechung des Lichtbogens ein steiler Stromabfall erfolgt, treten dabei sehr hohe Kontaktspannungen auf.

Mit dem kapazitiven Löschkreis kann auch noch eine andere Aufgabe gelöst werden, nämlich eine ganz kurzzeitige Kontaktgabe, die zur Betätigung eines Relais nicht ausreichen würde, zu verlängern. Beträgt beispielsweise die Kapazität 2 $\mu$F und der Vorwiderstand 200 $\Omega$, so ist die Zeitkonstante $RC = 0{,}4$ Millisekunden, also bei dieser Kontaktdauer ist der Entladestrom über den Kontakt bereits auf ein Drittel abgesunken. Die Zeitkonstante für die Aufladung nach der Kontaktöffnung ist wesentlich höher, da jetzt noch der Relaiswiderstand vorgeschaltet ist. Hat das zu betätigende Relais keinen zu hohen Eigenverbrauch, so wird es durch den Ladestrom des Löschkreises angeworfen und kann mittels eines Selbsthaltekontaktes einen Dauerimpuls abgeben.

## E. Meßrelais und typische Ausführungsbeispiele.

### 1. Strom- und Spannungsrelais.

Für beide Relaisarten wird stets die gleiche Konstruktion verwendet, die sich nur durch die Dimensionierung der Wicklung unterscheidet. Im allgemeinen ist für diese Relais eine Einstellung im Verhältnis 1 : 2 bis 1 : 3 vorgesehen. Sie wird durch Änderung der Federvorspannung, durch Gewichtsverstellung oder Anzapfung der Wicklung vorgenommen. Die letztere Ausführung hat den Vorteil, daß der VA-Verbrauch beim Ansprechen unabhängig vom eingestellten Wert konstant ist, da die AW-Zahl gleichbleibt. Sie gestattet jedoch keine stetige Einstellung und bedingt, besonders, wenn die Umschaltung ohne Öffnung des Strompfades vorgenommen werden kann, verhältnismäßig teure Konstruktionen. Wenn das Relais zwei Erregerspulen besitzt, kann man durch wahlweise Serien- oder Parallelschaltung der Spulen den Meßbereich verdoppeln.

Während noch vor wenigen Jahren die Überstromrelais fast ausschließlich nach dem Induktionsprinzip gebaut wurden, findet man jetzt häufiger Konstruktionen elektromagnetischer Bauart, die einen wesentlich geringeren Eigenverbrauch beanspruchen. Einige Ausführungsformen wurden bereits auf S. 155 erwähnt.

### 2. Zeithilfsrelais.

In der Selektivschutztechnik werden hauptsächlich zwei Arten von Zeithilfsrelais benötigt. Häufig braucht man kurze Zeitverzögerungen, meist ohne Einstellbarkeit, etwa in der Größenordnung von 0,5 sec, um Einschaltvorgänge abklingen zu lassen oder um die Einstellung empfindlicher Meßrelais abzuwarten. Die zweite Art, die zur Festlegung der Staffelzeiten dient, muß selbstverständlich einstellbar sein, wobei Einstellbereiche bis 5 sec oder 10 sec üblich sind. Von wenigen Ausnahmen abgesehen, kommt für die Erregung nur Gleichspannung in Frage, da im Fehlerfall die Wechselspannung zusammenbricht.

**a) Zeithilfsrelais für kurze Verzögerungen.** Kurze Zeitverzögerungen können durch mechanische oder elektrische Mittel erzielt werden. Eine sehr einfache mechanische Ausführung stellt ein Klappankerrelais dar, das beim Ankeranzug eine Kugel in einer Führungsrinne zum Ablauf bringt. Nach Beendigung ihres Weges drückt sie durch ihr Gewicht die Kontakte zusammen. Eine andere Ausführung verwendet die Schwingungsdauer eines Pendels als Zeitverzögerung. Bei Rückstellung des Pendels von Hand benötigt man nur einen kleinen Elektromagnet zur Entklinkung, selbstverständlich läßt sich diese Bauart auch mit automatischer Rückstellung ausführen (Abb. 33). Bei beiden Relais ist auf eine senkrechte Montage besonders zu achten. Ferner sind Konstruktionen bekannt, bei denen die Kontaktgabe durch Luft- oder Öldämpfung verzögert wird. Man benutzt dazu Tauchankermagnete, die über eine Feder mit der verzögerten Kontakteinrichtung verbunden sind. Ein Kolben bewegt sich dabei in einem abgeschlossenen Rohr in Luft oder Öl. Um einen unverzögerten Abfall zu erhalten, kann in dem Kolben ein Ventil angebracht werden. Bei dieser Konstruktion besteht die Gefahr, daß sich der Kolben nach längeren Ruhepausen festsetzt, sie bedingt eine sehr exakte Fabrikation. Eine Verzögerung läßt sich auch durch Quecksilberkontakte erzielen. Beispielsweise läßt man beim Kippkontakt das Quecksilber durch eine Querschnittsverengung oder durch ein Rohr mit engem Querschnitt hindurchlaufen. Bei dem in Abb. 34 dargestellten Kontakt erfolgt der Rückfluß unverzögert durch ein besonderes Abflußrohr größeren Querschnittes.

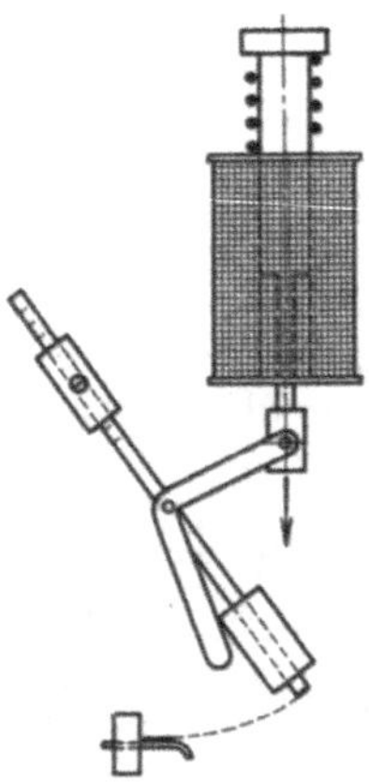
Abb. 33. Zeithilfsrelais mit Verzögerung durch Pendel.

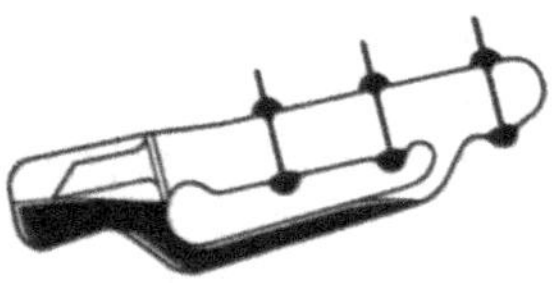
Abb. 34. Quecksilber-Kippkontakt mit verzögerter Kontaktgabe.

Auf elektrischem Weg wird eine Abfallverzögerung bei elektromagnetischen Relais durch eine Kurzschlußwicklung, am wirksamsten ein kräftiger Kupfermantel über dem Eisenkern, erhalten. Der in der Wicklung durch die Änderung des magnetischen Flusses induzierte Strom sucht den Fluß aufrecht zu erhalten, so daß der Anker erst nach einiger Zeit abfällt. Es ist die gleiche Erscheinung, wie sie — allerdings in geringerem Maß — bei dem Löschkreis durch Parallelwiderstand auftritt. Die Wirkung wird gesteigert durch den geringen Widerstand der Kurzschlußwicklung und durch kleinen Luftspalt zwischen Joch und Anker.

Da die Verzögerung nur beim Abfall des Ankers eintritt, setzt sie eine Ruhestromschaltung voraus, jedoch läßt sie sich durch eine Kombination von zwei Relais auch in Arbeitsstromschaltung anwenden. Für geringe Zeitverzögerungen lassen sich auch die Zeitkonstante einer Drossel oder einer Kapazität mit Ohmschem Widerstand ausnutzen, jedoch würde es zu weit führen, die verschiedenen Schaltungen hierfür anzuführen.

Mit sehr geringem Aufwand kann eine kurze Zeitverzögerung erhalten werden, wenn in einer Schutzschaltung außerdem noch ein Staffelzeitrelais gebraucht wird. Dieses erhält dann einen fest eingestellten „Vorkontakt", der von dem Zeitrelais mitbetätigt wird.

**b) Zeithilfsrelais für Staffelzeiten.** Die Zeitrelais für Gleichspannung werden meistens mit einem Laufwerk mit Hemmregler ausgeführt, das von einem Elektromagneten angetrieben wird. Ein einfaches Ausführungsbeispiel sei an Hand von Abb. 35 beschrieben. Die Anzugskraft eines Klappanker-, Drehanker- oder Tauchankermagneten greift an dem Zahnrad *a* an. Mit einer passenden Übersetzung, um bei dem zur Verfügung stehenden Hub oder Drehwinkel des Antriebmagneten einen ausreichenden Kontaktweg zu erhalten, wird über das Ritzel *b* der Kontaktarm vorwärts bewegt. Auf derselben Achse sitzt das Zahnrad *c*, das über Ritzel *d* den eigentlichen Hemmregler antreibt. Er besteht aus dem Steigrad *e* und dem mit verstellbaren Schwunggewichten ausgewuchteten Anker *f*. Die Hebflächen des Ankers sind so ausgebildet, daß sie wechselseitig aus den Zähnen des Steigrades gehoben werden, der Anker also in Schwingungen gerät. In Abhängigkeit von der Antriebskraft und den Ankergewichten wird dadurch der Ablauf des Kontaktes verzögert. Damit die Rückstellung des Relais unverzögert erfolgt, ist das Steigrad nicht starr mit dem Ritzel *d* verbunden, sondern über Zahnrad *h* und Sperrklinke *i*. Beim Rückgang des Zahnrades *h* wird die Sperrklinke aus den Zähnen gehoben, so daß das Steigrad keine Rücklaufbewegung auszuführen hat. Die Zeiteinstellung erfolgt durch Einstellung des Gegenkontaktes, der dabei eine Zeitskala bestreicht.

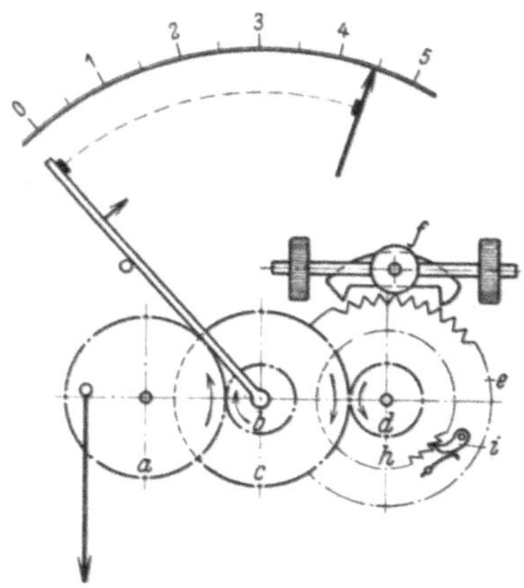

Abb. 35. Zeithilfsrelais. Laufwerk mit Hemmregler.

Es gibt verschiedene, etwas abweichende Ausführungen, die prinzipielle Wirkungsweise ist jedoch die gleiche. Beispielsweise werden feststehende Kontakte verwendet, wobei an Stelle des Laufkontaktes lediglich ein Betätigungshebel tritt. Nach der gewünschten Zeitverzögerung wird die Sperrklinke ausgehoben, so daß der Rest des Ablaufweges unverzögert zurückgelegt wird. Die Laufwerke mit Hemmregler haben den Vorzug sehr einfachen Aufbaues, jedoch beanspruchen sie sorgfältigste Fabrikation. Ein gut durchkonstruierter und sorgfältig hergestellter Hemmregler arbeitet absolut zuverlässig und mit großer Zeitgenauigkeit.

An Stelle des Hemmreglers werden auch Laufwerke mit Windflügelregler verwendet. Durch Verwirbeln der Luft werden die Flügel gebremst, das Bremsmoment steigt quadratisch mit der Geschwindigkeit. Für eine ausreichende Ablaufverzögerung sind allerdings, um nicht zu große Flügel zu bekommen, sehr hohe Drehzahlen — etwa 2000—3000 Umdr./min — erforderlich, so daß zwischen Antriebsrad und Flügel eine sehr hohe Übersetzung gelegt werden muß. Der hierdurch erhöhte tote Gang in den Zahnrädern, sowie die Reibung in den Lagerstellen wirken sich ungünstig für die Zeitgenauigkeit aus.

Der Eigenverbrauch der Gleichstromzeitrelais liegt zwischen 10 bis 30 Watt. Bei größerem Energiebedarf bereitet es Schwierigkeiten, sie durch ein empfindliches Stromrelais zu schalten. Die Schaltleistung der Zeitrelaiskontakte sollte nicht zu klein gewählt werden, da von ihnen die Auslösespule der Ölschalter betätigt wird.

### 3. Stromzeitrelais.

**a) Unabhängige Stromzeitrelais.** Es war bei der Konstruktion der unabhängigen Stromzeitrelais naheliegend, auf die Zeithilfsrelais mit Hemmwerk zurückzugreifen und lediglich den Antriebsmagneten für Wechselstrom auszubilden. Diese Bauart hat sich jedoch wenig eingeführt, weil der Elektromagnet bei der erforderlichen erheblichen Arbeitsleistung als einstellbares Stromglied ungünstige Eigenschaften aufweist. Es bereitet nämlich Schwierigkeiten, ausreichende Ansprechgenauigkeit und geringes Halteverhältnis zu erhalten.

Man verwendet daher als Ablaufglied für das unabhängige Stromzeitrelais fast allgemein das Induktionsprinzip. Die Forderung einer absoluten Stromunabhängigkeit ist allerdings sehr schwer zu erfüllen, da die Triebscheibe beim Anlaufstrom bereits mit der Grenzdrehzahl laufen muß. Man begnügt sich mit einer möglichst weitgehenden Annäherung und nimmt eine geringe Zeiterhöhung im Anlaufgebiet in Kauf. Dabei muß die AW-Zahl beim Anlauf bereits groß sein — hoher Eigenverbrauch — und die Triebscheibe möglichst unbelastet laufen. Am weitestgehenden erreicht man eine Stromunabhängigkeit, wenn man die Triebscheibe synchronisiert. Die Grenzdrehzahl einer von einem Triebkern mit Kurzschlußring angetriebenen Scheibe bei 50 Perioden wäre ohne Schlüpfung $n = \frac{3000}{P}$ Umdr./min, wobei $P = \frac{2 r \pi}{2 \cdot l}$ die Anzahl der Polpaare bedeuten (Abb. 36, $r$ = mittlerer Radius der Scheibe, $l$ = mittlere Bogenlänge des Triebkernes). Infolge der Schlüpfung liegt die Grenzdrehzahl etwa 30% tiefer. Bringt man nun auf die Scheibe $x$ ausgeprägte Pole in Form von Eisenlamellen $L$ auf, so ist die synchrone Drehzahl $n' = \frac{3000}{P'}$, wobei $P' = \frac{x}{2}$. $x$ muß dabei so gewählt werden, daß die synchrone Drehzahl unter der asynchronen Grenzdrehzahl der Triebscheibe liegt. Die Scheibe läuft dann asynchron an und wird im Synchronismus festgehalten, wenn das Verhältnis von $n$ zu $n'$ passend gewählt wird. Außer der stromunabhängigen Laufzeit hat die synchronisierte Triebscheibe noch den Vorteil der völligen Temperaturunabhängigkeit.

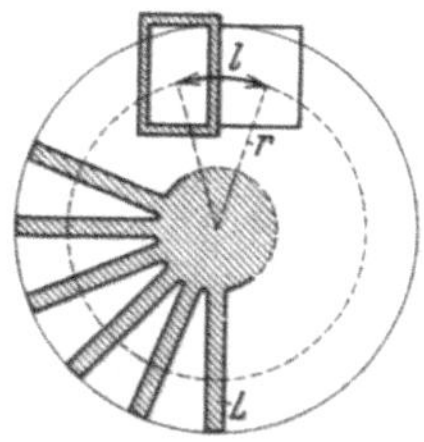


Abb. 36. Synchronisierte Triebscheibe. $L$ Eisenlamellen, $r$ mittlerer Radius der Scheibe, $l$ mittlere Bogenlänge des Triebkernes.

Der Anlauf der Triebscheibe muß bei einem bestimmten Stromwert erfolgen, der, wie beim Stromrelais, etwa im Verhältnis 1 : 2 einstellbar ist. Man kann dazu einen Anker mit einstellbarer Rückzugsfeder verwenden, der im magnetischen Nebenschluß zum Triebkern liegt und beim Anzug sowohl die Triebscheibe freigibt, als den Kontakt mit der Scheibe kuppelt (Siemens, Abb. 37). Die Arretierung der Scheibe kann fortfallen,

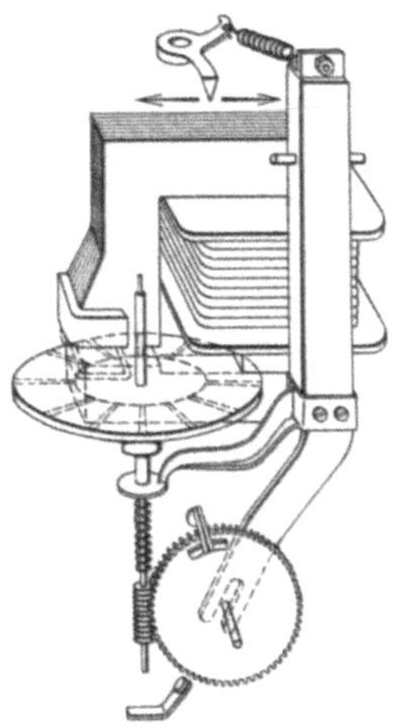

Abb. 37. Unabhängiges Überstromzeitrelais von Siemens.

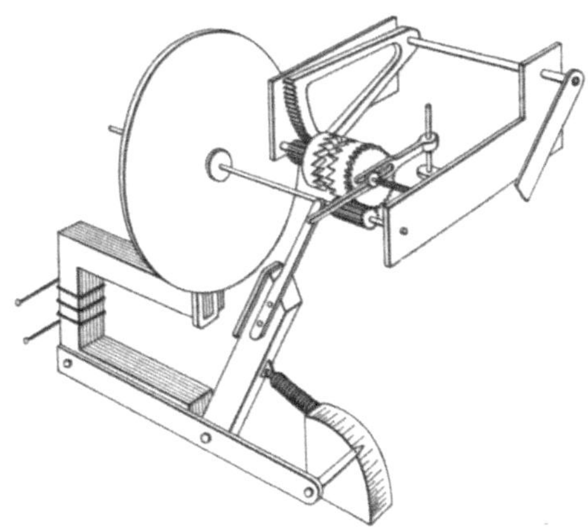

Abb. 38. Unabhängiges Überstromzeitrelais von Neumann.

wenn ein Polschuh des Triebkernes selbst als Klappanker ausgebildet ist (Neumann, Abb. 38). Infolge des großen Luftspaltes wird vor dem Ankeranzug auf die Triebscheibe praktisch kein Drehmoment ausgeübt. ASEA. verwendet die auf die Triebscheibe ausgeübte Tangentialkraft, um bei Überschreitung eines Stromwertes die Scheibe ganz in den Luftspalt einzuschwenken, wobei die Kupplung zwischen Scheibe und Kontakt erfolgt. Die Scheibe läuft dabei bereits bei kleineren Strömen.

Bei den erwähnten Ausführungen wird durch den Rückfall des Ankers bzw. der Triebscheibe der Kontaktmechanismus entkuppelt, so daß der Kontakt in kürzester Zeit in seine Ausgangsstellung zurückfällt.

Einen gänzlich anderen Lösungsweg für ein unabhängiges Überstromzeitrelais schlägt die General Electric Co. ein. Ein Tauchanker arbeitet auf einen Blasebalg, der die Ankerbewegung verzögert. Durch Verstellung der Luftaustrittsöffnung wird die Ablaufzeit eingestellt, ein Rückschlagventil läßt den Anker unverzögert zurückfallen. In Abb. 39 und 40 sind nur die besonders interessierende Anordnung des Blasebalgs, sowie die von der GECo. angegebene Stromzeitcharakteristik wiedergegeben.

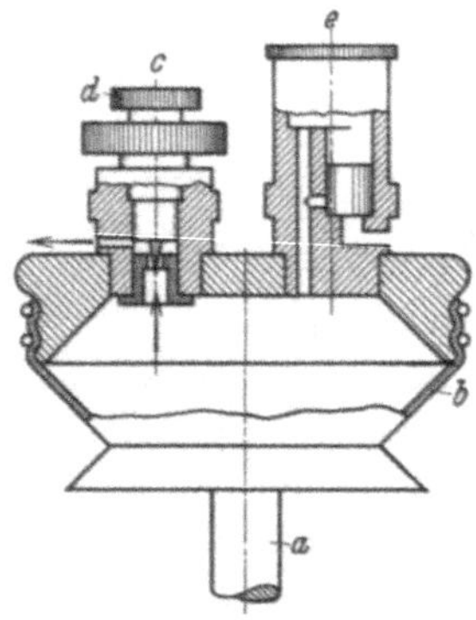


Abb. 39.

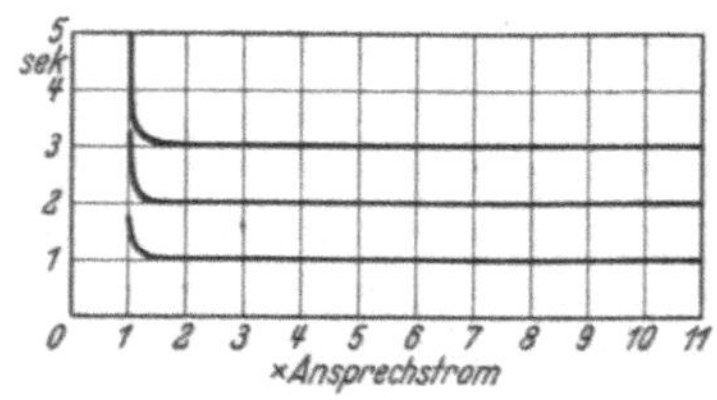


Abb. 40.

Abb. 39 und 40. Unabhängiges Überstromzeitrelais mit Blasebalg (GECo.). *a* Tauchanker, *b* Blasebalg, *c* Ventil für Zeitverzögerung, *d* Schraube für Zeiteinstellung, *e* Rückschlagventil.

**b) Abhängige Stromzeitrelais.** Je nachdem, ob bei größeren Strömen die Auslösezeit bis auf Null absinkt oder einen konstanten Wert, die „Grenzzeit" annimmt, unterscheidet man a b h ä n g i g e oder b e g r e n z t a b h ä n g i g e Stromzeitrelais (Abb. 41). Da bei der abhängigen Stromzeitcharakteristik eine selektive Staffelung nur schwer zu erreichen ist, verwendet man in der Praxis fast nur noch Relais mit begrenzt abhängiger Ablaufkurve, zumal man im Bedarfsfalle durch eine zusätzliche Momentanauslösung eine den abhängigen Relais ähnliche Wirkungsweise erzielen kann. Im folgenden werden daher nur einige begrenzt abhängige Stromzeitrelais beschrieben.

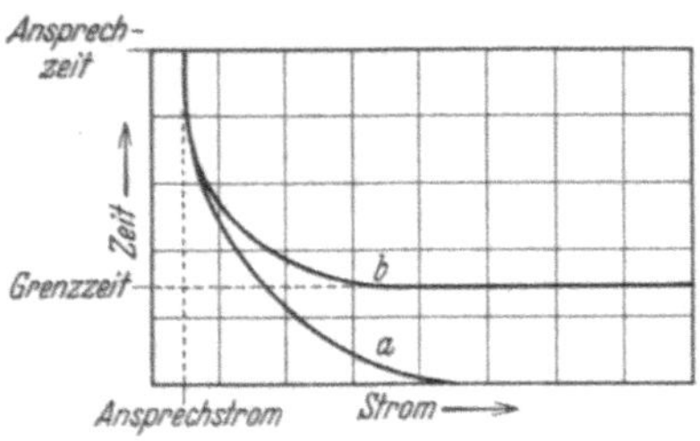


Abb. 41. Strom-Zeit-Charakteristiken. *a* Abhängiges Stromzeitrelais, *b* begrenzt abhängiges Stromzeitrelais.

Die im vorigen Abschnitt angeführten unabhängigen Induktionsrelais lassen sich ohne weiteres mit einer begrenzt abhängigen Charakteristik ausführen, wenn man die Triebscheibe durch einen permanenten Magnet belastet, wodurch die Grenzdrehzahl bzw. die Grenzzeit erst bei wesentlich höheren Strömen erreicht wird (s. S. 160). Durch die Kupplung zwischen Antrieb und Kontakt läßt sich das Anlaufgebiet abschneiden, das nahezu parallel zur Zeitachse verläuft und daher bei geringster Stromänderung sehr hohe Zeitunterschiede ergibt.

Will man die Kupplung vermeiden, so muß man die Konstruktion so ausführen, daß das Relais nach dem Anlauf auch bis zur Kontaktgabe durchläuft, sofern der Strom in der Zwischenzeit nicht zurückgeht. Wird dies nicht beachtet, so könnten die Relais bei Eintritt eines Kurzschlusses infolge Vorbelastung in verschiedenen Zwischenstellungen stehen, wodurch die Ablaufzeit dem Zufall überlassen ist. Damit das Relais durchläuft, muß die Gegenkraft während des Laufs konstant bleiben. Die AEG. verwendet deshalb als Rückzugskraft ein an einem Faden hängendes Gewicht. Die Stromeinstellung erfolgt durch Anzapfungen der Wicklung, die Zeiteinstellung durch Änderung des Kontaktweges. Siemens benutzte in einer älteren Ausführung als Rückzugskraft eine Feder. Das ansteigende Drehmoment wird dadurch kompensiert, daß der Faden, der die Feder spannt, auf einer konischen Schnecke mit abnehmendem Hebelarm aufgewickelt wird. Der Anlaufstrom wird durch Schwenken des Triebkernes eingestellt, die Ablaufzeit ebenfalls durch den Kontaktweg (Abb. 42a). Die General Electric Co. kompensiert das steigende Drehmoment der Feder durch ein mit der Bewegung zunehmendes Drehmoment der Triebscheibe, in die Schlitze mit abnehmender Tiefe eingelassen sind (Abb. 42b).

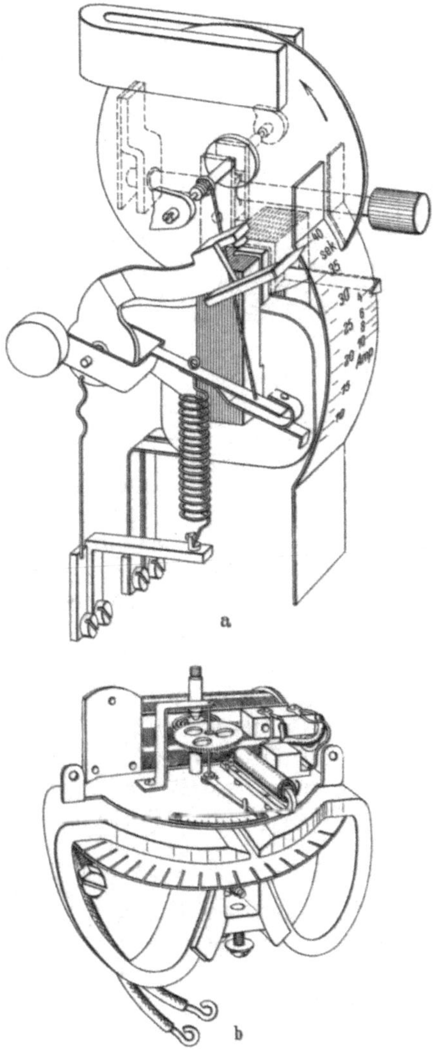

Abb. 42. Begrenzt abhängige Überstromzeitrelais. a Siemens, b General Electric Co.

Die einfachere Konstruktion, bei der die Triebscheibe den Kontakt direkt über Zahnräder oder einen Faden antreibt, hat nicht nur den Nachteil, daß das steile Anlaufgebiet nicht abgeschnitten wird, sondern daß der Rücklauf in die Nullage auch von der Scheibe unter der

Einwirkung des Dämpfungsmagneten ausgeführt werden muß. Dadurch kann die Rückstellzeit ziemlich hoch werden, zumal die Dämpfung sehr kräftig sein muß, um ein „Nachlaufen“ der Scheibe bei Verschwinden des Kurzschlusses zu vermeiden. Auch wenn das Relais dicht vor der Kontaktgabe stand, darf keinesfalls eine nachträgliche Auslösung erfolgen.

Die Mehrzahl der auf dem Markt befindlichen begrenzt abhängigen Überstromzeitrelais verwenden das Induktionsprinzip. Es seien jedoch noch zwei andere Ausführungen erwähnt.

Die A.E.G. erhält die Stromzeitcharakteristik durch einen Bimetallstreifen, der über einen Hilfsstromwandler gespeist wird. Ein getrenntes, einstellbares Stromrelais mit Klappanker schließt vor dem Ansprechen durch einen Ruhekontakt den Wandler kurz. Nach dem Ansprechen fließt der Kurzschlußstrom über den Bimetallstreifen, dessen Durchbiegung infolge der Erwärmung die Kontaktgabe herbeiführt. Die Grenzzeit wird durch Sättigung des Zwischenstromwandlers erzielt. Es liegt in dem hier verwendeten thermischen Prinzip, daß die Rückstellzeit wesentlich höher als bei den Induktionsrelais ist.

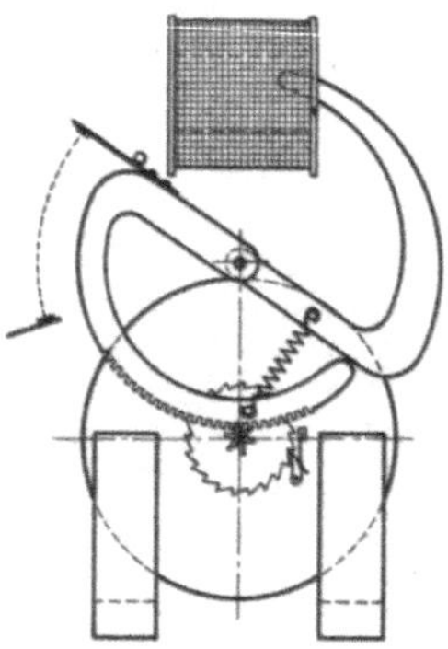

Abb. 43. Begrenzt abhängiges Überstromzeitrelais mit Dreheisensystem und Wirbelstrombremse (Smitt).

Die Firma Smitt verwendet eine Art Dreheisenstrommesser sehr kräftiger Ausführung (Abb. 43). Der in die Stromspule eintauchende, bogenförmige Eisenkern besitzt einen zunehmenden Querschnitt und ist über eine Feder elastisch mit einer Wirbelstrombremse verbunden. Bei kleinen Überströmen wird die Federkraft zwischen Eisenkern und Dämpfung nicht überwunden und der Kern wird langsam in die Spule gezogen. Hohe Ströme ziehen den Kern schlagartig ein, die Feder wird dabei gespannt und läßt die Wirbelstrombremse mit konstanter Geschwindigkeit — der Grenzzeit — ablaufen.

## 4. Leistungsrelais.

Die Richtungsrelais, die die Stromrichtung im Kurzschlußfall festzustellen haben, müssen die wattmetrische Messung in möglichst kurzer Zeit bei hohem Strom und unter Umständen sehr kleiner Spannung durchführen. Hierzu können grundsätzlich Relais nach dem Induktionsprinzip oder nach dem elektrodynamischen Prinzip verwendet werden. Bei den Induktionsrelais wird jedoch durch die vom Stromkern auf die Triebscheibe ausgeübte Stromdämpfung bei kleinen zugeführten Leistungen und deshalb geringen Drehmomenten die Ansprechzeit wesentlich verlängert. Man ist daher in letzter Zeit fast durchwegs zu elektrodynamischen Konstruktionen übergegangen. Die verschiedenen Systeme wurden bereits auf S. 162 besprochen. Da eine möglichst hohe Ansprechempfindlichkeit erwünscht ist, werden die Relais meistens ohne

Einstellvorrichtung ausgeführt. Empfindliche Systeme brauchen zum Ansprechen 0,1—1% der Nennleistung (Wandlernennstrom mal Nennspannung). Um diese niedrigen Werte zu erreichen, wird häufig der Spannungspfad thermisch überlastet und erst im Kurzschluß zugeschaltet oder das Relais wird mit Weiche und fremdgesteuerten Kontakten versehen. Wichtig für die Beurteilung eines Richtungsrelais ist die Ansprechleistung in Abhängigkeit vom Kurzschlußstrom. Sie soll nach Möglichkeit bis zu den höchsten Kurzschlußströmen konstant sein und darf nicht infolge Sättigung des Stromeisens oder gegenseitiger Beeinflussung von Strom- und Spannungspfad nennenswert ansteigen. Ferner ist die Ansprechzeit in Abhängigkeit von der zugeführten Leistung von Interesse (Abb. 44a und b). Der Phasenfehler hat bei den Richtungsrelais keine

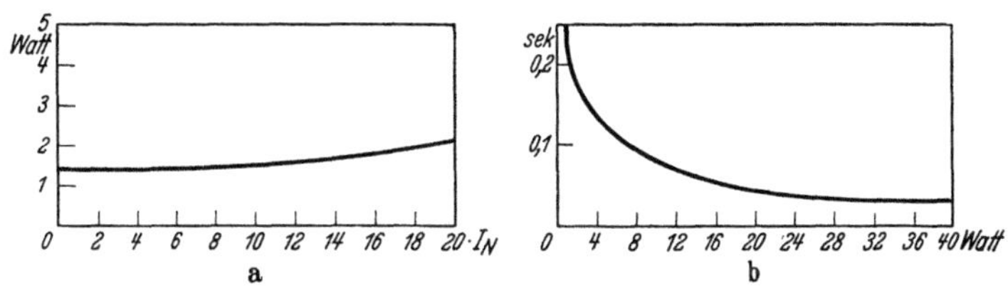


Abb. 44. Kennlinien von Energierichtungsrelais. a Ansprechleistung in Abhängigkeit vom Strom, b Ansprechzeit in Abhängigkeit von der zugeführten Leistung.

Bedeutung, da er durch zweckmäßige Kombination von Strom und Spannung berücksichtigt werden kann (30⁰- und 60⁰-Schaltung, Kapitel IV).

Die Erdschlußrelais, denen die Erdschlußleistung zugeführt wird, haben unter ganz anderen Bedingungen zu arbeiten. Die Erdschlußspannung ist meistens in voller Größe vorhanden, der Erdschlußstrom stets kleiner als Nennstrom, unter Umständen beträgt er nur etwa 1% vom Nennstrom. Es bestehen daher keine Bedenken gegen die Verwendung von Induktionsrelais, zumal eine kurze Ansprechzeit nicht erforderlich ist, sofern nicht Erdschlüsse ganz kurzer Dauer, sog. „Wischer" von den Relais angezeigt werden sollen. Im Gegensatz zu den Richtungsrelais muß jedoch der Phasenfehler bei Erdschlußrelais in gelöschten Netzen möglichst klein gehalten werden, da die Wirkleistung, deren Richtung das Relais festzustellen hat, nur einige Prozente der Blindleistung betragen kann.

Die Induktionsrelais lehnen sich meist eng an vorhandene Zählerkonstruktionen an, bei denen ein Phasenfehler bei der Eichung durch eine regelbare, zusätzliche Belastung des Spannungs- oder Stromeisens praktisch zum Verschwinden gebracht werden kann. Elektrodynamische Konstruktionen für Richtungsrelais ohne Phasenfehler werden auch als Erdschlußrelais verwendet. Durch besondere Kunstkreise im Spannungspfad, die den Strom im Rähmchen um $90^0$ gegenüber der angelegten Spannung verschieben, messen die Relais die Blindleistung.

Man braucht auch Erdschlußrelais, die nicht nur durch ihre Kontaktgabe die Richtung der Erdschlußleistung kennzeichnen, sondern deren Kontaktzeit umgekehrt proportional dieser Leistung ist. Auch hier verwendet man Zählertriebsysteme, bei denen mit sehr großer Genauigkeit die Proportionalität zwischen zugeführter Leistung und Drehzahl eingehalten wird. Die Erdschlußleistung kann ein durch die Größe des Leitungsnetzes bestimmtes Maß nicht überschreiten, die Ablaufzeit daher nur bis auf einen bestimmten Wert sinken.

Induktionsrelais werden auch zur Überwachung der Schalter von Niederspannungsmaschennetzen verwendet, wobei ihnen nicht nur die schutztechnische Aufgabe gestellt ist, den Schalter bei Rückleistung auszulösen, sondern auch die betriebstechnische, ihn selbsttätig wieder einzuschalten, jedoch nur dann, wenn nach dem Einschalten Vorwärtsstrom in das Niederspannungsnetz fließen wird. Bei geschlossenem Schalter arbeitet das Relais als Leistungsrelais, wobei zwei Triebkerne, die vom Phasenstrom und der Phasenspannung erregt werden, auf die Scheibe einwirken. Bei geöffnetem Schalter wird der eine Triebkern von der Differenzspannung vor und hinter dem Schalter erregt, so daß das Drehmoment von dem Produkt der Differenzspannung und der Phasenspannung abhängt. Dabei ist die vektorielle Lage der Differenzspannung maßgebend für den nach dem Wiedereinschalten fließenden Strom. Die Relais werden für Drehstromnetze sowohl 1-polig als auch mit gekuppelten Systemen ausgeführt. An die Arbeitsweise dieser Relais werden sehr hohe Anforderungen gestellt, die durch besondere Ausbildung der Erregerkreise erfüllt werden. Beispielsweise werden vor die Differenzspannungswicklung Metallfadenlampen geschaltet, um bereits bei sehr kleinen Differenzspannungen ein Ansprechen zu erzielen, ohne daß bei der maximalen Spannung, die im ungünstigsten Fall gleich der doppelten Netzspannung sein kann, die Wicklung überlastet wird. Aus dem gleichen Grunde wird die Stromspule an einen gesättigten Wandler angeschlossen, wobei auch die Phasenverschiebung des Sekundärstromes auf die Ansprechcharakteristik des Leistungsrelais einen günstigen Einfluß hat.

### 5. Widerstandsrelais.

Widerstandsrelais müssen bei Über- oder Unterschreiten eines bestimmten Widerstandswertes Kontakt geben. Sie werden fast immer als Differenzrelais ausgeführt, indem auf den Kontaktarm zwei von Spannung und Strom abhängige Drehmomente in entgegengesetzter Richtung einwirken. Sind diese $D_1 = c_1 U^2$ und $D_2 = c_2 I^2$, so „kippt“ das Relais, wenn man ein zusätzliches Federdrehmoment und die Lagerreibung vernachlässigt, sobald $D_1 = D_2$ bzw. $c_1 U^2 - c_2 I^2 = 0$ ist. Die Kontaktgabe erfolgt demnach bei einem durch die Relaiskonstanten $c_1$, $c_2$ bestimmten Scheinwiderstandswert

$$Z = \frac{U}{I} = \sqrt{\frac{c_2}{c_1}}.$$

Wirkt auf der Spannungsseite an Stelle $U^2$ die Blindleistung $UI \sin \varphi$ oder die Wirkleistung $UI \cos \varphi$, so ist die Kontaktgabe vom Blind- oder Wirkwiderstand abhängig.

Die wichtigste Forderung für Widerstandsrelais ist die Stromunabhängigkeit des Kippwertes in dem möglichen Kurzschlußstrombereich, der je nach den Netzverhältnissen zwischen 1 : 10 bis 1 : 60 liegen kann. Verwendet man für ein Scheinwiderstandsrelais zur Erzeugung der beiden Drehmomente Systeme gleicher Bauart bei symmetrischer Anordnung, könnte man annehmen, daß die Bedingung ohne weiteres erfüllt wird, da ja das Kippen bei gleichen Amperewindungszahlen erfolgt und Sättigungserscheinungen sich daher kompensieren müssen. Durch das

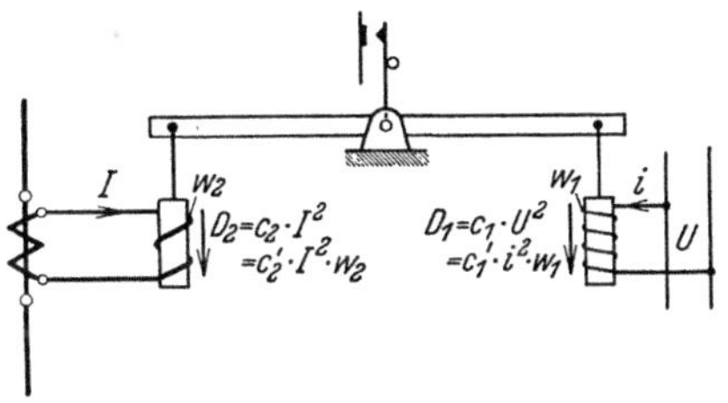


Abb. 45. Prinzip eines Widerstandsrelais.

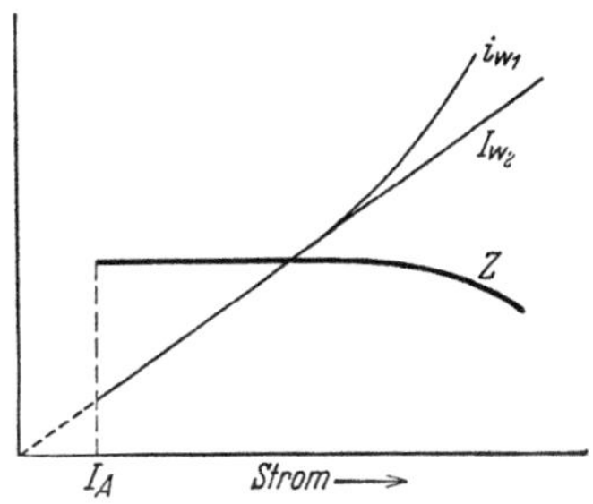


Abb. 46. Kennlinie eines Widerstandsrelais.

verschiedene Verhalten der Strom- und Spannungswandler im Kurzschluß wird aber die Stromunabhängigkeit bei beginnender Sättigung der Relaissysteme gestört (Abb. 45 und 46). Der durch die Stromwicklung fließende Sekundärstrom $I$ bzw. die Amperewindungszahl $I_{W_2}$ steigen nämlich proportional mit dem primären Kurzschlußstrom unabhängig von dem Widerstand der Stromwicklung. Die an der Spannungswicklung liegende Spannung $U$, die ebenfalls proportional mit dem Kurzschlußstrom steigt, treibt einen Strom $i$ durch die Wicklung entsprechend ihrer Impedanz. Da sich bei Sättigung die Impedanz der Spannungswicklung verkleinert, steigt der Strom $i$ stärker an, wodurch der Kippwert $Z$ verkleinert wird. Um eine ausreichende Stromunabhängigkeit zu erhalten, muß man entweder die Eisenquerschnitte so groß wählen, daß in dem erforderlichen Strombereich keine Sättigung eintritt, oder man muß vor die Spannungsspule einen Vorwiderstand legen, der den Einfluß der Widerstandsänderung der Spannungsspule herabsetzt.

Für die Projektierung ist die Kenntnis der kleinstmöglichen Kippimpedanz erforderlich. Sie ist im allgemeinen durch den Verbrauch im Spannungspfad gegeben, der mit Rücksicht auf die thermische Belastbarkeit und die Leistungsfähigkeit der Spannungswandler begrenzt werden muß. Der Verbrauch der Spannungsspule steigt quadratisch sowohl mit abnehmender Kippimpedanz $Z$, als auch mit abnehmendem

Ansprechstrom $I_A$, er ist also für das Produkt $Z \cdot I_A$ (= Kippspannung) konstant. Sehr kurze Leitungsstrecken sind daher unter Umständen nur mit Widerstandsrelais zu schützen, wenn der minimale Kurzschlußstrom (= Ansprechstrom) genügend groß ist.

Die Einstellung des gewünschten Kippwertes kann auf der Strom- oder der Spannungsseite vorgenommen werden. Eine Verminderung des Drehmomentes auf der Spannungsseite (Verkleinerung von $c_1$) etwa durch Vorwiderstand, Vergrößerung der Luftspalte bei elektromagnetischen, Herausschwenken des Triebkernes bei Induktionsrelais, setzt den

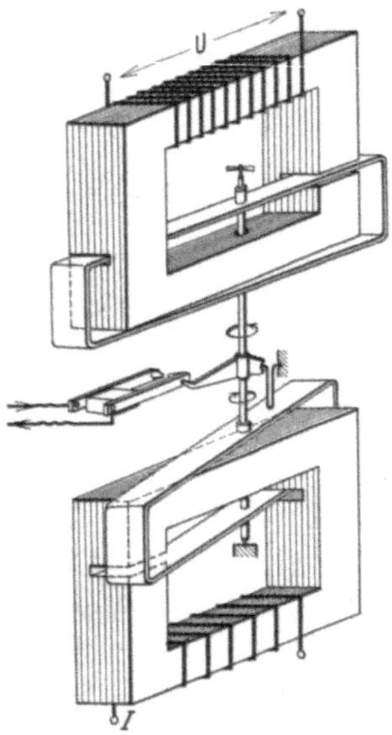


Abb. 47. Scheinwiderstandsrelais von Oerlikon (Induktionsdynamometer).

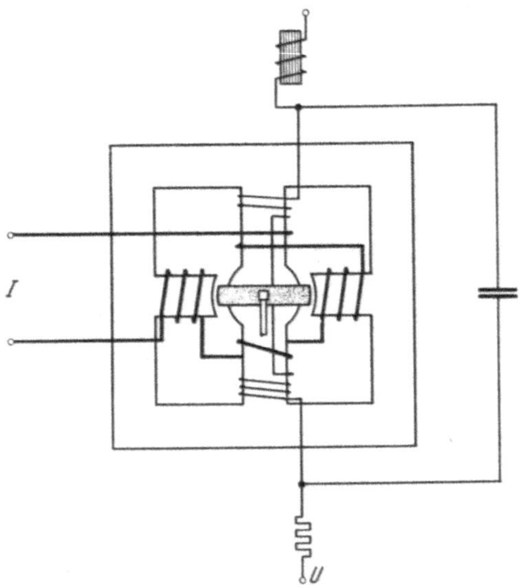


Abb. 48. Blindwiderstandsrelais von GECo. (Induktionsdynamometer).

Kippwert herauf. Die gleiche Maßnahme auf der Stromseite (Verkleinerung von $c_2$), wobei an Stelle des Vorwiderstandes Wicklungsanzapfungen treten, ergibt kleinere Kippwerte. Dabei muß allerdings berücksichtigt werden, daß hierdurch im umgekehrten Verhältnis — da $Z \cdot I_A = \text{const}$ — der Ansprechstrom geändert wird.

Scheinwiderstandsrelais werden von AEG. und Westinghouse nach dem elektromagnetischen Prinzip ausgeführt, die Blindwiderstandsrelais von Siemens und Comp. des Compteurs sind nach dem elektrodynamischen Prinzip gebaut. Eine noch nicht erwähnte Ausführung nach dem induktionsdynamischen Prinzip baut Oerlikon (Abb. 47), bei der der Hauptfluß einen Strom im Kurzschlußrahmen induziert.

In dem Blindwiderstandsrelais der General Electric Co. wird die Differenz der Drehmomente in einem System gebildet. Hierzu wird das Induktionsdynamometer der Abb. 21, jedoch in einer anderen Schaltung, verwendet (Abb. 48). Die Spannungswicklung, die den Strom im Kurzschlußrahmen induziert, liegt in einer $90^0$-Kunstschaltung, so daß auf das bewegliche Organ ein Drehmoment proportional der Blindleistung $U \cdot I \cdot \sin\varphi$ ausgeübt wird. Durch zusätzliche Stromamperewindungen auf der Spannungsseite, die ebenfalls einen Strom im Rahmen erzeugen, entsteht ein entgegengesetztes Drehmoment proportional $I^2$. In gleicher Weise, wie bei zwei mechanisch gegeneinanderwirkenden Systemen, erfolgt die Kontaktgabe bei einem von den Relaiskonstanten abhängenden Blindwiderstandswert $\frac{U \sin\varphi}{I}$.

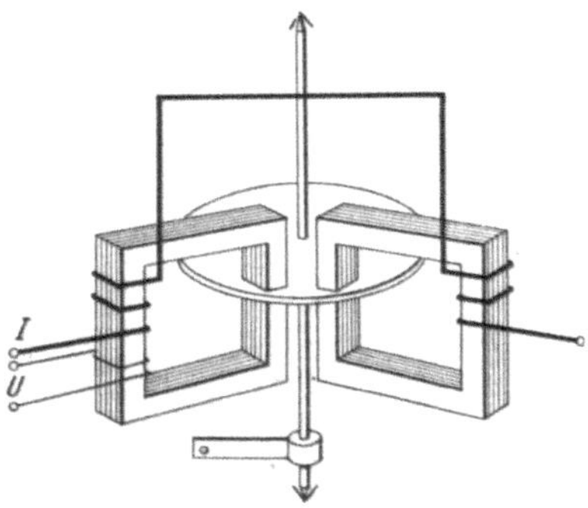


Abb. 49. Blindwiderstandsrelais von Reyrolle (Induktionsmeßwerk).

Eine andere Wirkungsweise, bei der nicht die Differenz der Drehmomente von Strom und Spannung auf den Kontakt einwirkt, besitzt das Widerstandsrelais von Reyrolle (Abb. 49). Das nach dem Induktionsprinzip arbeitende Meßwerk hat zwei nebeneinanderstehende Triebkerne ohne Kurzschlußring, von denen der eine eine Stromwicklung, der andere eine Strom- und Spannungswicklung besitzt. Auf die Triebscheibe wird daher ein Drehmoment ausgeübt, das proportional $I \cdot (c_1 U \mp c_2 I)$ ist. Vernachlässigt man, wie bisher, eine schwache Rückzugfeder, so kippt das Relais, wenn das Drehmoment Null ist. Bei entsprechender innerer Phasenverschiebung der Spannungswicklung ist der Kippwert ebenfalls gleich dem Blindwiderstand: $\frac{U \sin\varphi}{I} = -\frac{c_2}{c_1}$.

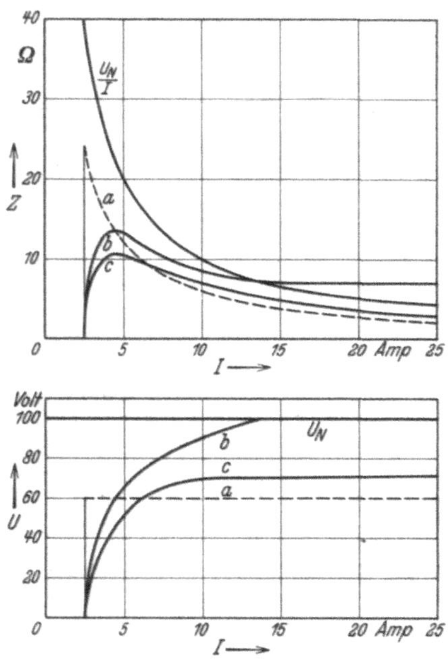


Abb. 50. Kennlinien der Widerstandsanregerelais. $Z = f(I)$, $U = f(I)$.

## 6. Widerstandsanregerelais.

Während bei den Widerstandsrelais der Ansprechwert unabhängig von der Höhe des Kurzschlußstromes konstant sein muß, wird bei den Widerstandsanregerelais absichtlich eine Stromabhängigkeit angestrebt. Ihre Kontaktgabe soll nicht die Lage des Fehlerortes bestimmen, sondern lediglich eine Unterscheidung zwischen der Betriebsimpedanz und der

Kurzschlußimpedanz herbeiführen. Die Betriebsimpedanz — Nennspannung durch Betriebsstrom — stellt in Abhängigkeit vom Strom eine Hyperbel dar, und zweckmäßigerweise schmiegt sich die Ansprechcharakteristik der Anregerelais dieser Kurve an. Es werden in der Praxis drei verschiedene Ansprechkurven ausgeführt, über deren Vor- und Nachteile an anderer Stelle berichtet wird (Kap. 5). Die Kurve a (Abb. 50) verläuft vom Ansprechstrom bis zu den höchsten Überströmen parallel zur Betriebsimpedanz $\frac{U_N}{I}$. Relaistechnisch wird sie in einfachster Weise dadurch erhalten, daß die Kontakte eines Stromrelais und eines Spannungsabfallrelais in Serie geschaltet sind (Abb. 51 a). Das Stromrelais ist auf den kleinsten Kurzschlußstrom, das Spannungsrelais auf etwa 60% der Nennspannung eingestellt, wodurch der Abstand der Anregekurve von der Betriebskurve (100 Volt) gegeben ist. Die Kurve b schneidet die hohen Impedanzwerte bei kleinen Strömen ab, schmiegt sich bis etwa dem doppelten Nennstrom der Betriebsimpedanz an und erreicht dann einen nahezu konstanten Impedanzansprechwert, so daß die Betriebskurve etwa bei 3fachem Nennstrom geschnitten wird, die Anregung also von diesem Stromwert an wie eine reine Überstromanregung wirkt. Diese Charakteristik wird durch ein normales, stromunabhängiges Widerstandsrelais erzielt, wenn parallel zum Stromkern eine eisengeschlossene Drossel geschaltet wird, die sich bei höheren Strömen sättigt (BBC.) (Abb. 51 b). Bei kleinen Strömen fließt der größere Teilstrom infolge des hohen Drosselwiderstandes über das Relais (Konstante $c_2$ und daher Kipp-

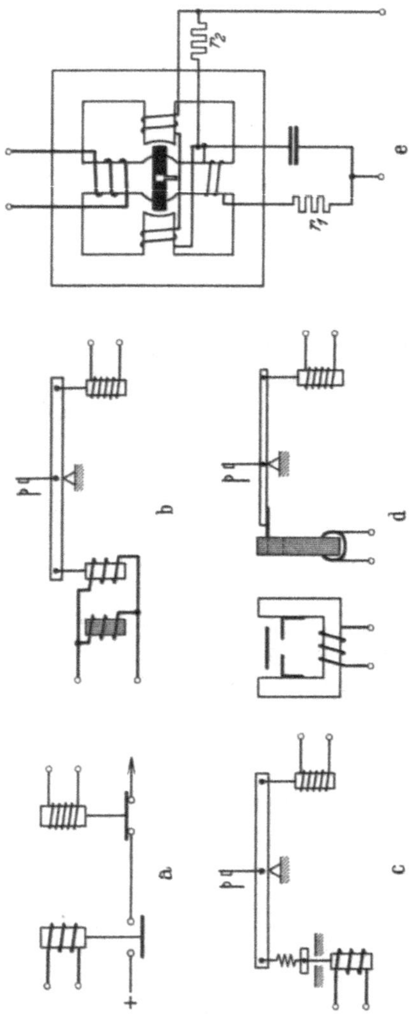

Abb. 51. Grundsätzliche Ausführungen der Widerstandsanregerelais.

widerstand groß), bei beginnender Sättigung verschiebt sich das Stromverhältnis, da der Drosselwiderstand abnimmt, wodurch $c_2$ und Kippwiderstand verringert werden, bis das Verhältnis der Teilströme annähernd konstant wird. Die Kurve c schließlich folgt zuerst der Kurve b, dann der Kurve a. Man kann sie durch ein Widerstandsrelais erreichen, bei dem das Stromglied über eine Feder auf den Kontaktarm einwirkt (Oerlikon) (Abb. 51c). Von einem gewissen Strom ab legt sich der Stromanker gegen einen Anschlag, so daß das Spannungsglied eine konstante Kraft, entsprechend der maximalen Federspannung, überwinden muß und daher als reines Spannungsabfallrelais wirkt. Dies läßt sich auch durch zweckmäßige Form des Stromeisens erreichen (Siemens) (Abb. 51d). Bei kleinen Strömen wird auf den Anker über Streubleche ein erhebliches Drehmoment ausgeübt, das bei höheren Strömen infolge Sättigung der Streubleche einen konstanten Wert annimmt.

Während im allgemeinen die Widerstandsanregerelais auf den Scheinwiderstand ansprechen und die Richtungsunterscheidung anderen Relaisgliedern überlassen wird, verwendet die General Electric ein gerichtetes Anregerelais, wozu wieder das Induktionsdynamometer der Abb. 21 in Spezialschaltung benutzt wird (Abb. 51e). Im Kurzschlußrahmen wird ein Strom proportional $I \triangleq U$ induziert, so daß in Verbindung mit der von der Spannung herrührenden Felderregung die Differenz zweier Drehmomente $U \cdot I \cos(\varphi - \psi) - U^2$ auf den Rahmen ausgeübt wird und der Kippwert des Relais proportional $\frac{U^2}{U \cdot I \cos(\varphi - \psi)}$ ist. Die innere Phasenverschiebung der Spannungsspulen beträgt bei Nennspannung $90^0$ und fällt bis auf $60^0$. Die Kennlinie eines derartigen Kipprelais ist auf S. 187 abgeleitet. Die Widerstände $r_1$, $r_2$ aus sehr stark spannungsabhängigem Widerstandsmaterial, Thyrite, dessen Stromabhängigkeit zu $I = c\,U^{3,5}$ angegeben wird, vermindern die Ansprechimpedanz und erhöhen die Richtungsempfindlichkeit bei kleinen Spannungen.

## 7. Quotientdifferentialrelais.

### (Prozentrelais.)

Die Widerstandsrelais geben Kontakt bei einem durch die Relaiskonstanten gegebenen Verhältnis von Spannung zu Strom. Es werden nun auch für die Stabilisierung des Differentialschutzes Relais verwendet, die bei einem bestimmten Verhältnis zweier Ströme ansprechen. Die von der Stromdifferenz $I_1 - I_2$ durchflossene Spule wirkt im Sinne der Kontaktgabe; die von einem oder der Summe beider Ströme $I_1 + I_2$ erregte Spule übt ein entgegengesetztes Drehmoment aus und wird deshalb auch als „Haltespule“ bezeichnet. Das Relais kippt, wenn die Stromdifferenz 10—40% der Stromsumme beträgt, das Verhältnis beider Ströme ist meistens einstellbar. Grundsätzlich kann jedes Scheinwiderstandsrelais mit entsprechender Dimensionierung der Wicklungen auch als Quotientdifferentialrelais verwendet werden. Die AEG. verwendet zwei 3-polig ausgebildete elektromagnetische Systeme, deren Drehmomentdifferenz auf den Kontaktarm einwirkt, die GECo. ein Induktionsmeßwerk mit zwei gegeneinanderwirkenden Triebkernen. Bei dem normalen Induktionsrelais der Westinghouse ist der Triebkern so ausgebildet, daß durch zweckmäßige Anordnung der Stromwicklungen das gewünschte Ansprechverhältnis erzielt wird (Abb. 52). In den beiden unteren Schenkeln wird durch die Stromspulen je ein Fluß erzeugt, der der Stromdifferenz und der Stromsumme proportional ist. Durch die Summe beider Flüsse wird transformatorisch in den beiden oberen Polen ein stark phasenverschobener Fluß hervorgerufen, der in Verbindung mit den beiden Teilflüssen die gewünschte Drehmomentendifferenz auf die Triebscheibe ausübt.

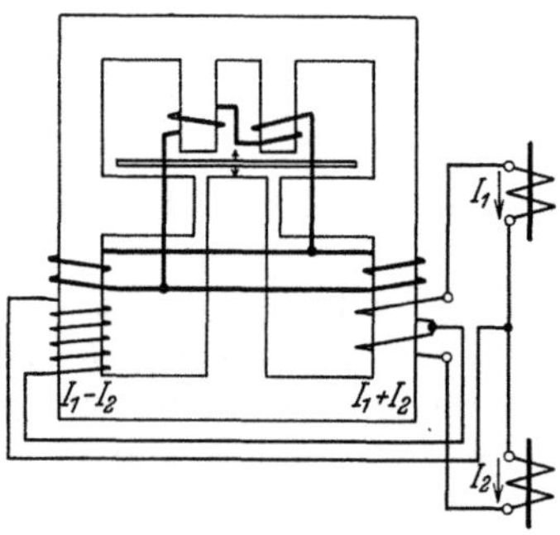

Abb. 52. Verhältnisdifferentialrelais von Westinghouse.

## 8. Widerstandszeitrelais.

Die Widerstandszeitrelais besitzen eine vom gemessenen Widerstandswert abhängige Kontaktzeit. Bei der im allgemeinen stetig verlaufenden Kennlinie unterscheidet man drei verschiedene Zeiten (Abb. 53a): Die Grundzeit $t_0$ für den Widerstandswert Null, die Widerstandszeit $t_w$ und die Endzeit $t_e$ für Widerstandswerte, die über den jeweiligen Meßbereich hinausgehen. Der Meßbereich kennzeichnet den größten Widerstand, bis zu dem ein Anstieg der Kontaktzeit erfolgt. Um nun die Kennlinie von Fall zu Fall den Netzverhältnissen in bezug auf kurze Auslösezeiten und selektive Staffelung anzupassen, können verschiedene Variationen vorgenommen werden. Eine Änderung des Meßbereiches ändert die Steilheit der Kennlinie (Abb. 53b). Sie wird in sec/$\Omega$ ausgedrückt; allerdings besitzen die Kennlinien nicht immer einen streng linearen Verlauf. Je kürzer die zu schützende Strecke ist, desto steiler muß die Charakteristik verlaufen. Die üblichen Steilheiten bewegen sich zwischen 4 sec/$\Omega$ und 0,5 sec/$\Omega$. Durch Änderung der Grundzeit $t_0$, etwa von 0,5 bis 3 sec, wird die Kennlinie bei gleichbleibender Steilheit senkrecht verschoben (Abb. 53c). Bei nicht ausreichender Steilheit kann bei sehr kurzen Strecken eine Selektivität durch Grundzeitstaffelung erzielt werden. Ferner nimmt man durch Begrenzung der maximalen Kontaktzeit eine Endzeiteinstellung von etwa 3—10 sec vor (Abb. 53d) zur Staffelung der Reservezeiten, wobei zu berücksichtigen ist, daß sich die Endzeit aus der Summe von Grundzeit und Widerstandszeit zusammensetzt.

Häufig wird auch der stetige Verlauf der Kennlinie für einen bestimmten Widerstandsbereich unterbrochen. Um den größeren Teil der zu schützenden Strecke, etwa 70%, möglichst kurzzeitig abzuschalten, wird bei diesen Widerstandswerten in konstanter Zeit, der Eilzeit abgeschaltet, die von der Grundzeiteinstellung unabhängig ist (Abb. 53e).

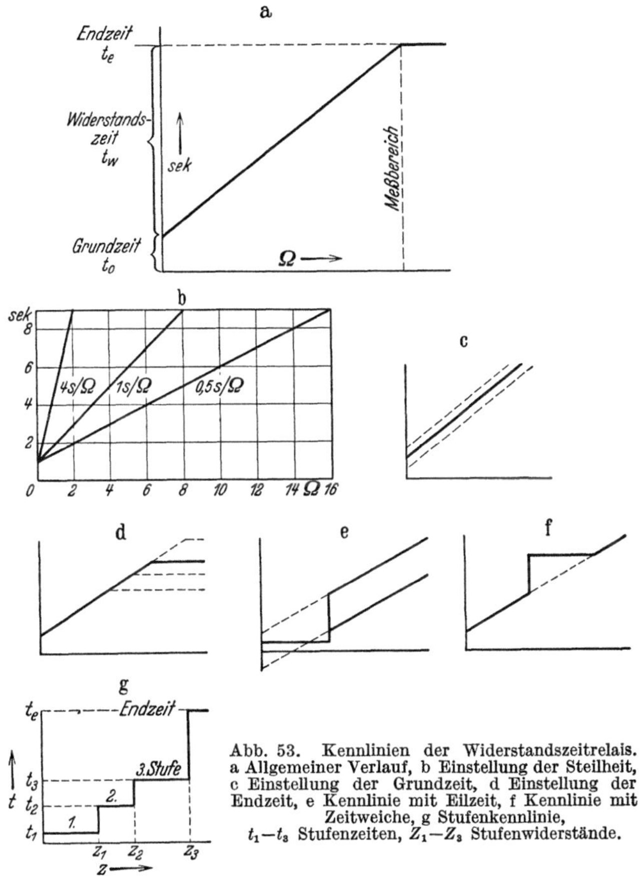


Abb. 53. Kennlinien der Widerstandszeitrelais. a Allgemeiner Verlauf, b Einstellung der Steilheit, c Einstellung der Grundzeit, d Einstellung der Endzeit, e Kennlinie mit Eilzeit, f Kennlinie mit Zeitweiche, g Stufenkennlinie, $t_1$—$t_3$ Stufenzeiten, $Z_1$—$Z_3$ Stufenwiderstände.

Hierbei können auch sog. negative Grundzeiten zur Anwendung kommen, um den Sprung zwischen Eilzeit und Widerstandszeit passend zu wählen. Schließlich kann innerhalb des Verlaufes der Kennlinie die Kontaktgabe verhindert werden, wodurch die Widerstandszeit bei Beginn der Sperrzone bis auf den Wert springt, der nach Durchlaufen der Sperrzone vorhanden ist (Abb. 53f). Man bezeichnet diese Einrichtung als Zeitweiche. Eilzeit und Zeitweiche stellen einen Übergang zur Stufencharakteristik dar, die meistens aus zwei oder drei Widerstandszeitstufen und einer widerstandsunabhängigen Endzeitstufe besteht (Abb. 53g).

**a) Grundsätzliche Ausführungsmöglichkeiten.** Zur Lösung der Aufgabe, eine vom Widerstand abhängige Kontaktzeit zu erhalten, können grundsätzlich zwei Wege eingeschlagen werden, und dementsprechend kann man eine Einteilung der Widerstandszeitrelais in zwei Gruppen vornehmen, nämlich in Kippsysteme und Weggeschwindigkeitssysteme.

Die Kippsysteme verwenden als Ausgangspunkt Widerstandsrelais. Es wurde bereits ausgeführt, daß das „Kippen“ der Widerstandsrelais, also die Kontaktgabe, bei einem von den Relaiskonstanten abhängigen Widerstandswert erfolgt, nämlich wenn $\frac{U}{I} = \sqrt{\frac{c_2}{c_1}}$. Nimmt man nun eine zeitliche Veränderung der Relaiskonstanten in der Weise vor, daß der Widerstandskippwert fortlaufend oder stufenweise erhöht wird, so wird die Kontaktgabe um so später erfolgen, je größer der vom Relais

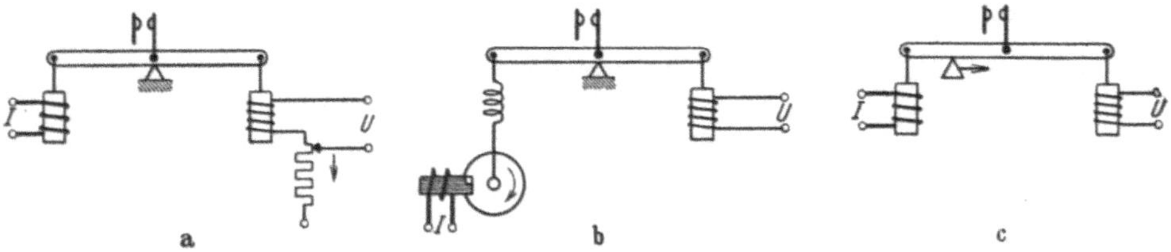


Abb. 54. Kippsysteme mit stetiger Widerstandszeit-Kennlinie. a Durch Schwächung der Spannungsseite, b durch Verstärkung der Stromseite, c durch Schwächung der Spannungs- und Verstärkung der Stromseite.

gemessene Widerstand ist. Dabei sind drei Varianten möglich: entweder eine Verkleinerung von $c_1$ oder eine Vergrößerung von $c_2$ oder eine gleichzeitige Änderung beider Konstanten.

Eine Verkleinerung von $c_1$ bedeutet eine Schwächung der Spannungsseite und wird am zweckmäßigsten an der Erregerwicklung des Spannungspfades selbst vorgenommen (Abb. 54a). Der kleinste Kippwiderstand wird erzielt, wenn die Spannungswicklung direkt an die Spannungsquelle angeschlossen ist. Liegt der gemessene Widerstand unter diesem Wert, so erfolgt momentane Kontaktgabe. Selbstverständlich kann man durch einen Zeitrelaiskontakt in Serie mit dem Kontakt des Widerstandsrelais eine einstellbare Grundzeit erreichen. Bei höheren Widerständen bleibt zunächst der Kontakt geöffnet, aber durch Zuschalten von Vorwiderstand im Spannungspfad kann der Kippwert solange erhöht werden, bis es zur Kontaktgabe kommt. Es ist augenscheinlich, daß durch mehr oder weniger rasche Widerstandsvorschaltung die Steilheit der Kennlinie bestimmt wird, und daß man durch kontinuierliche oder stufenweise Vorschaltung jede beliebige Kennlinie erzielen kann.

Eine Vergrößerung von $c_2$, also eine Verstärkung der Stromseite, wird man nicht im Erregerkreis vornehmen, um Kontakte im Strompfad zu vermeiden. Hier ist es vorteilhafter, die Aufgabe auf mechanische

Weise zu lösen (Abb. 54b). Das Stromglied wirkt nicht direkt auf das Kontaktglied ein, sondern beispielsweise über eine Feder, deren Zugkraft zeitlich verstärkt wird. Hierbei ist es natürlich schwieriger, die Form der Kennlinie zu beeinflussen, jedoch kann man die Steilheit durch wählbare, feste Vorwiderstände im Spannungspfad verändern.

Eine gleichzeitige Änderung von $c_1$ und $c_2$ wird man aus dem gleichen Grunde nicht elektrisch vornehmen. Auf mechanische Weise läßt es sich dadurch verwirklichen, daß die Hebelarme von Spannungs- und Stromglied zeitlich verändert werden (Abb. 54c). Zunächst ist der auf den Kontakt einwirkende Hebelarm des Stromgliedes klein, des Spannungsgliedes groß. Wird der Drehpunkt des Waagebalkens nach rechts verschoben, so wird der Einfluß der Stromseite verstärkt ($c_2$ vergrößert) und der der Spannungsseite geschwächt ($c_1$ vermindert). Hier könnte die Steilheit der Kennlinie durch verschiedene Geschwindigkeiten der Drehpunktsverlagerung beeinflußt werden. In der Praxis wurden bisher nur die beiden ersten Varianten, also entweder Beeinflussung der Konstanten des Spannungsgliedes oder der des Stromgliedes ausgeführt.

Mit Weggeschwindigkeitssystemen wurde die zweite Gruppe von Widerstandszeitrelais bezeichnet. Die von einem beweglichen Glied durchlaufene Weglänge $S$ und die Geschwindigkeit $v$, mit der dieser Weg durchlaufen wird, müssen in eine solche Abhängigkeit von Strom und Spannung gebracht werden, daß die Auslösezeit $t$ proportional dem Widerstand ist. Die Zeit $t$ ist nun proportional der Weglänge und umgekehrt proportional der Geschwindigkeit: $t = \frac{S}{v}$. Auch bei dieser Gruppe gibt es drei Ausführungsmöglichkeiten:

Wird der Weg proportional mit der Spannung vergrößert und die Geschwindigkeit proportional mit dem Strom gesteigert, so ergibt sich die gewünschte Abhängigkeit $t = \frac{U}{I} = Z$. Um nun auch für $U = 0$ eine Mindestauslösezeit — die Grundzeit zu erhalten, muß hierbei ein Mindestweg $S_0$ durchlaufen werden. Dadurch geht der Ausdruck über in $t = \frac{S_0}{I} + Z$. Die hierdurch bedingte Stromabhängigkeit der Kennlinie kommt am stärksten für die Grundzeit $t_0 = \frac{S_0}{I}$ zur Geltung.

Die zweite Möglichkeit besteht darin, die Weglänge proportional dem Widerstand $Z$ zu machen und mit konstanter Geschwindigkeit $v_k$ zu durchlaufen. Führt man auch hier einen Mindestweg $S_0$ für die Grundzeit ein, so ergibt sich $t = \frac{S_0}{v_k} + \frac{1}{v_k} \cdot Z$ oder $t = c_1 + c_2 \cdot Z$. Die Grundzeit $t_0$ ist also gleich der Konstanten $c_1$ und kann durch Änderung der Weglänge $S_0$ eingestellt werden.

Schließlich kann die Weglänge $S$ konstant gehalten werden und die Geschwindigkeit umgekehrt proportional mit dem Widerstand, woraus sich ebenfalls $t = \frac{S_k}{\frac{1}{Z}} = c \cdot Z$ ergibt. Für $Z = 0$ bestimmt eine maximale

Grenzgeschwindigkeit $v_g$ die konstante Grundzeit $t_0 = \frac{S_k}{v_g}$. Es bestehen praktische Ausführungen der drei Varianten der Weggeschwindigkeitssysteme.

Für die konstruktive Durchführung der sechs Ausführungsmöglichkeiten können selbstverständlich außerordentlich zahlreiche Wege beschritten werden. Es kommt noch hinzu, daß die Auslösezeit vom Scheinwiderstand, Blindwiderstand oder einem Mischwiderstand abhängig gemacht werden kann. Die Winkelabhängigkeit der beiden letzten Ausführungen bietet einen großen Anreiz, auf ein besonderes Energierichtungsrelais zu verzichten und die Richtungsunterscheidung vom Widerstandszeitrelais selbst vornehmen zu lassen. Das Widerstandszeitrelais stellt dem Relaiskonstrukteur die vielseitigste und interessanteste, aber auch die schwierigste Aufgabe. Eine Fülle von Lösungsmöglichkeiten ist in einer umfangreichen Patentliteratur festgelegt; an dieser Stelle kann jedoch nur der grundsätzliche Aufbau einiger bekannter Ausführungen beschrieben werden.

**b) Kippsysteme.** 1. Schwächung der Spannungsseite (Oerlikon; Reyrolle). Oerlikon verwendet hierfür das Scheinwiderstandsrelais der Abb. 47. Die Spannungswicklung ist an einen Spannungsteiler angeschlossen, und ein kleiner Motor verstellt nach Eintritt des Kurzschlusses fortlaufend den Anschlußpunkt, wodurch die an der Wicklung liegende Spannung vermindert wird. Durch geringe Änderung kann das Kipprelais und damit die Auslösezeit vom Blindwiderstand abhängig gemacht werden. Um aus dem oberen $U^2$-System ein Blindleistungssystem zu gewinnen, wird das Feld vom Strom erregt, und an Stelle des Kurzschlußrahmens tritt ein Rahmen mit Spannungswicklung, der über einen 90°-Kunstkreis an den Spannungsteiler angeschlossen ist.

Reyrolle benutzt in der gleichen Weise das in Abb. 49 dargestellte Blindwiderstandsrelais.

2. Verstärkung der Stromseite (Westinghouse; Metropolitain Vickers; Jacobsens Elektriske Verksted; AEG.). Wie bereits erwähnt, wird das zeitlich anwachsende Drehmoment der Stromseite nicht durch Einwirkung auf den Stromkreis, sondern durch mechanische Mittel gewonnen. Hierdurch wird aber im allgemeinen eine lineare Zunahme des Drehmomentes mit der Zeit erzielt, was bei der Dimensionierung der Strom- und Spannungssysteme berücksichtigt werden muß. Man erhält eine lineare Widerstandszeitkennlinie für ein Scheinwiderstandsrelais, wenn $D_1 = c_1 \cdot U$ und $D_2 = c_2 \cdot I \cdot t$ ist, denn die Kontaktgabe erfolgt bei Drehmomentengleichheit und die Auslösezeit wird daher $t = \frac{c_1}{c_2} \cdot Z$. Es muß sich also das Drehmoment des Strom- und Spannungssystems ebenfalls linear mit der angelegten Meßgröße ändern. Dies läßt sich angenähert durch Eisensättigung des Systems selbst oder durch Vorschaltung eines gesättigten Stromwandlers erzielen.

Bei Westinghouse (Abb. 55) greift an dem einen Ende eines Waagebalkens ein an der Spannung liegender Tauchankermagnet an, dessen Zugkraft $D_1$ linear mit der Spannung steigt und der den am anderen Ende liegenden Kontakt offen zu halten sucht. Ihm wirkt eine Feder entgegen, die durch ein Induktionsmeßwerk mit Stromtriebkern beeinflußt wird. Eine Übersetzung zwischen Stromsystem und Feder bewirkt die zeitliche Zunahme der Kraft $D_2$, und da die Umdrehungsgeschwindigkeit der Scheibe proportional dem Strom ist, werden die Bedingungen für eine lineare Kennlinie erfüllt.

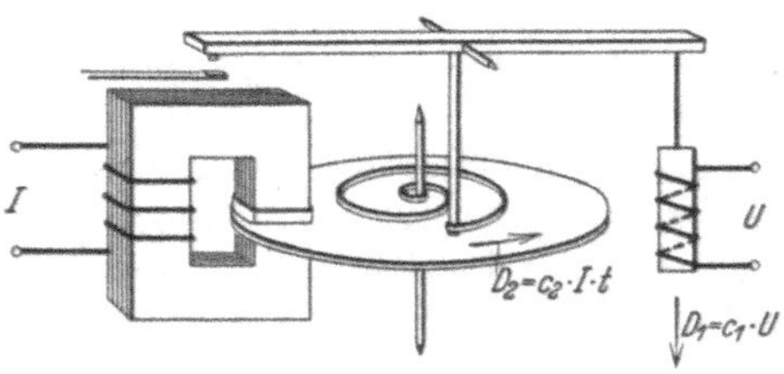


Abb. 55. Widerstandszeitrelais von Westinghouse (Scheinwiderstand).

Das Relais der Metropolitain-Vickers benutzt grundsätzlich den gleichen Aufbau, lediglich tritt an Stelle des Tauchankers ein Elektromagnet mit Klappanker.

Das Scheinwiderstandsrelais der Jacobsens Elektriske Verksted (Abb. 56) besitzt ebenfalls einen gesättigten Elektromagneten auf der Spannungsseite; für die Stromseite wird jedoch das thermische Prinzip verwendet. Der Spannungsmagnet zieht einen Eisenanker an, der an

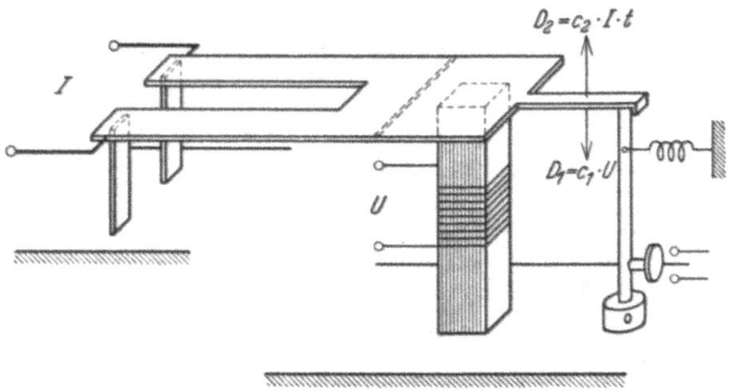


Abb. 56. Widerstandszeitrelais Jacobsens Elektriske Verksted (Scheinwiderstand).

einem Bimetallstreifen befestigt ist. Da der Streifen über einen gesättigten Zwischenwandler vom Strom gespeist wird, steigt die Erwärmung linear mit dem Strom und sie wächst ebenfalls linear mit der Zeit. Die durch die Erwärmung ausgeübte Kraft des Bimetallstreifens sucht den Eisenanker vom Spannungsmagneten abzureißen, und bei Kräftegleichheit wird der Auslösekontakt durch Entklinken freigegeben. Es sei noch erwähnt, daß der Zwischenwandler, um eine Vorerwärmung des Bimetallstreifens zu vermeiden, im Normalbetrieb kurzgeschlossen ist und daß der Spannungsmagnet über Gleichrichter erregt wird.

Die AEG. (Abb. 57) verwendet für das zeitlich verstärkte Glied ein leistungsabhängiges System, wodurch die Auslösezeit winkelabhängig wird. Das den Kontaktarm offenhaltende Spannungsdrehmoment wird durch einen Triebkern mit Kurzschlußringen erzeugt, in dem sich eine kleine Kupferscheibe befindet. Das Drehmoment steigt quadratisch mit der Spannung: $D_1 = c_1 U^2$. Das Gegendrehmoment wird durch ein Induktionsleistungssystem mit Aluminiumscheibe erzeugt und greift über einen Hebel am Kontaktarm an. Ein Synchronmotor $M$ verschiebt proportional mit der Zeit den Angriffspunkt am Kontaktarm im Sinne einer Kraftverstärkung, so daß das Gegendrehmoment der Gleichung entspricht: $D_2 = c_2 U \cdot I \cdot \cos(\varphi - \psi) \cdot t$ ($\varphi$ = Winkel zwischen Strom und Spannung,

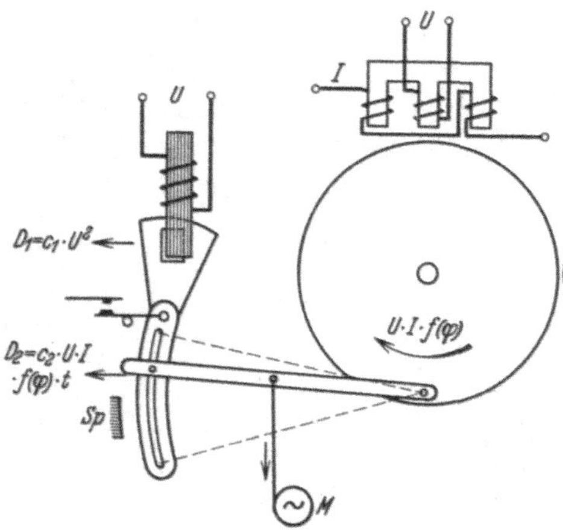


Abb. 57. Widerstandszeitrelais AEG. (Mischwiderstand).

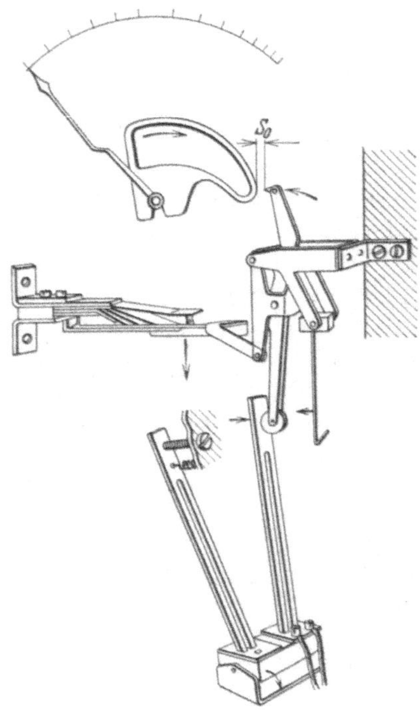


Abb. 58. Widerstandszeitrelais AEG. (Scheinwiderstand).

$\psi$ = innere Phasenverschiebung der Spannungsspule). Die Kontaktgabe erfolgt wieder für $D_1 = D_2$, es ist also die Auslösezeit $t = \frac{c_1}{c_2} \cdot \frac{U}{I \cos(\varphi - \psi)}$. Das Leistungssystem wird gleichzeitig zur Sperrung der Auslösung, also als Energierichtungsglied verwendet. Bei Energiezufluß auf die Sammelschiene ist das Drehmoment entgegengesetzt gerichtet und unterstützt das Spannungsdrehmoment. Bei der vorliegenden Konstruktion läßt sich auf einfache Weise eine „Zeitweiche“ einführen. In dem Teil der Kennlinie, in dem die Auslösezeit nicht widerstandsabhängig sein soll, läuft der am Kontaktarm angreifende Hebel an einem Sperrblech $Sp$ vorbei, wodurch eine Drehung des Kontaktarmes und damit eine Auslösung unterbunden wird.

c) **Weggeschwindigkeitssysteme.** 1. Weg proportional Spannung, Geschwindigkeit proportional Strom (AEG., Abb. 58). Das Spannungssystem ist ein Dreheisenvoltmeter, auf dessen Achse eine Kurvenscheibe aufgesetzt ist, die den Weg einstellt. Er wird von einem Hebel durchlaufen, der von einem vom Strom durchflossenen Bimetallstreifen angetrieben wird. Der Bimetallstreifen wird von einem, im Normalbetrieb kurzgeschlossenen, gesättigten Stromwandler gespeist, so daß seine Krümmung und damit die Hebelgeschwindigkeit proportional dem Strom ist. Beim Auftreffen des Hebels auf die Kurvenscheibe erfolgt die Entklinkung des Kontaktes. Das angewendete Prinzip bedingt, wie bereits erwähnt, eine stromabhängige Charakteristik. Die Richtungsabhängigkeit erfolgt, wie bei allen Scheinwiderstandsrelais, durch ein besonderes Richtungsglied. Das elektrodynamische System (Abb. 17) besitzt aber keinen Kontakt, sondern beeinflußt mechanisch den Ablauf des Widerstandszeitrelais. In der Sperrichtung wird ein Block vor den Auslösehebel gedreht und dadurch die Auslösung verriegelt.

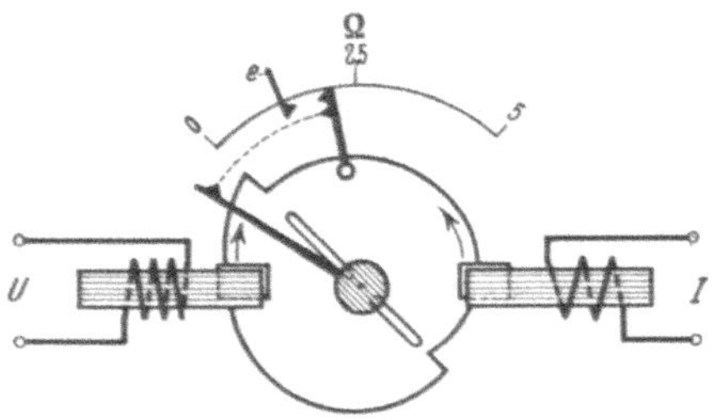

Abb. 59. Widerstandszeitrelais von Siemens (Scheinwiderstand).

2. Weg proportional Widerstand, Geschwindigkeit konstant (Siemens; BBC.). Bei diesem Prinzip wird die Stellung eines Widerstandsmessers durch ein Zeitwerk mit konstanter Laufgeschwindigkeit abgetastet.

Siemens (Abb. 59) verwendet hierzu ein Ohmmeter mit Induktionsmeßwerk. Ein Strom- und ein Spannungstriebkern mit Kurzschlußring üben ein entgegengesetztes Drehmoment auf eine Aluminiumscheibe aus. Für den Widerstandswert Null ($U = 0$) taucht die Scheibe voll in den Spannungstriebkern ein und ist fast vollständig aus dem Stromkern herausgeschwenkt. Mit zunehmenden Widerstandswerten dreht sich die Scheibe nach rechts, wobei die von den Triebkernen umschlossene Aluminiumfläche und damit das Drehmoment auf der Spannungsseite ab- und auf der Stromseite zunimmt. Die Ruhelage wird bei Drehmomentengleichheit erreicht, wobei der Winkelausschlag einem bestimmten Scheinwiderstandswert entspricht. Auf der Scheibe ist ein Kontakt befestigt; der Gegenkontakt wird durch einen Gleichstrommagneten über ein Laufwerk mit Hemmregler mit konstanter Geschwindigkeit angetrieben. Bei diesem Relais kann mit einfachen Mitteln die „Eilzeit" eingeführt werden. Der untere Bereich der Widerstandszeitkennlinie wird dadurch abgeschnitten, daß sich der Kontakt des Meßwerkes gegen einen, einem bestimmten Widerstandswert entsprechenden Kontakt *e* legt. Bei kleineren Widerständen bleiben die Kontakte geschlossen, und es wird in konstanter Eilzeit ausgelöst, bei größeren Widerständen hebt sich der Scheibenkontakt ab, und die Auslösezeit ist widerstandsabhängig. Bei dem Sprung zwischen Eilzeit und Widerstandszeit arbeitet das Relais also wie ein Kippsystem.

BBC (Abb. 60) benutzt ein Blindwiderstandsmeßwerk. Es besteht aus einem eisengeschlossenen Kreuzfeld mit räumlich um $90^0$ versetzten Strom- und Spannungswicklungen. Die Stromspulen $I$ erzeugen den Fluß $\Phi_I$, die Spannungsspulen $II$ den Fluß $\Phi_U$, der um den inneren Phasenverschiebungswinkel $\psi$ der Spannungsspule der angelegten Spannung $U$ nacheilt. Eine in Serie mit den Stromspulen liegende Polarisationsspule $III$ magnetisiert einen Weicheisenanker, der sich in Richtung des resultierenden Feldes $\Phi_R$ einstellt. Der Widerstand wird nach der Gleichung gemessen:

$$\operatorname{tg} \alpha = C \cdot \frac{U}{I} \cos(\varphi - \psi),$$

wobei $\varphi$ den Kurzschlußwinkel zwischen Strom und Spannung bedeutet. Wird durch eine Kunstschaltung die innere Phasenverschiebung $\psi$ der Spannungsspule auf $90^0$ gebracht, so ist $\operatorname{tg} \alpha$ proportional dem Blindwiderstand $\frac{U}{I}$ $\sin \varphi$. Infolge der Abhängigkeit vom Kurzschlußwinkel kann das Meßwerk gleichzeitig auch zur Unterscheidung der Energierichtung herangezogen werden.

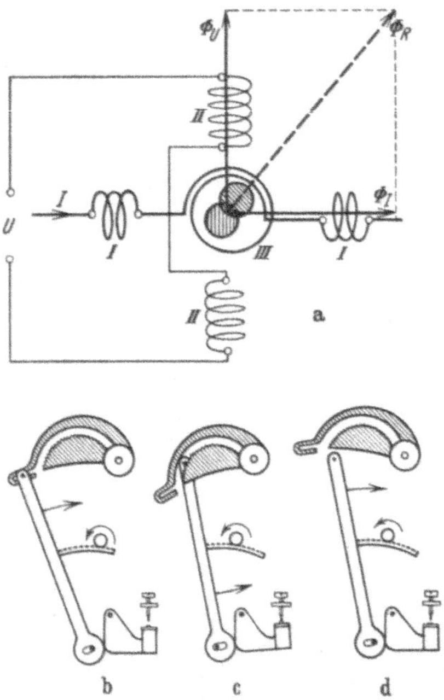


Abb. 60. Widerstandszeitrelais von BBC (Blindwiderstand). a Wirkungsweise des Meßwerkes, b Ruhestellung, c Auslösestellung, d Stellung bei sperrender Energierichtung.

Auf der Achse des beweglichen Systems befindet sich ein gezahntes Kurvensegment, in dem ein von einem Uhrwerk mit Federaufzug angetriebener Hebel mit konstanter Geschwindigkeit nach rechts bewegt wird. Bei dem Ausschlag, der dem gemessenen Widerstandswert entspricht, wird der Hebel am oberen Ende durch die Verzahnung festgehalten, wodurch das untere Ende den Auslösekontakt betätigt. Bei umgekehrter Energierichtung kehrt sich auch die Ausschlagsrichtung des beweglichen Systems um, so daß der Hebel unter dem Kurvensegment vorbeigleitet und eine Kontaktgabe verhindert wird (Abb. 60b bis d).

3. Weg konstant, Geschwindigkeit umgekehrt proportional dem Widerstand (AEG., Abb. 61). Eine Aluminiumscheibe muß einen

festen Weg — einige Umdrehungen — zurücklegen, bis der Kontakt betätigt wird. Sie wird durch einen Überstrommagneten oder einen Gleichstrommagneten, der durch ein getrenntes Anregeglied betätigt wird, angeworfen und auf eine Grenzgeschwindigkeit gebracht, die die Grundzeit bestimmt. Die Drehzahl wird durch einen von Strom und Spannung erregten Triebkern beeinflußt, der ein Drehmoment $D = c_1 \cdot U \cdot I \cdot \cos \cdot (\varphi - \psi)$ und ein Bremsmoment $B = n\,(c_2 U^2 + c_3 I^2)$ auf die Scheibe ausübt. Für die konstante Drehzahl, die sie unter diesem Einfluß annimmt, muß $D = B$ sein, daher ist

$$n = \frac{c_1 \cdot U \cdot I \cdot \cos(\varphi - \psi)}{c_2 U^2 + c_3 I^2}.$$

Nun ist durch passende Dimensionierung die Konstante $c_3$ — das Bremsmoment des Stromtriebes — vernachlässigbar klein gehalten. Dadurch wird die Geschwindigkeit umgekehrt proportional dem Widerstand: $n = \frac{c_1}{c_2} \cdot \frac{I \cos(\varphi - \psi)}{U}$ und unter Berücksichtigung des konstanten Weges $S_k$ die Auslösezeit $t = S_k \cdot \frac{c_2}{c_1} \cdot \frac{U}{I \cos(\varphi - \psi)}$. Auch hier wird, wie bei dem AEG.-Relais der Abb. 57 die Winkelabhängigkeit für die Sperrung bei falscher Energierichtung ausgenutzt. Das Drehmoment kehrt sich um und wirkt im Sinne des Bremsmomentes, wodurch ein Ablaufen der Scheibe verhindert wird.

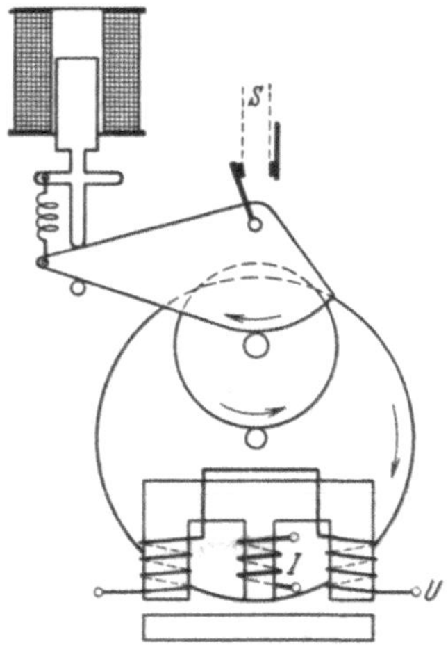

Abb. 61. Widerstandszeitrelais AEG. (Mischwiderstand).

Die aus der Praxis angeführten Beispiele zeigen, daß man auf ganz verschiedenen Wegen zu einer widerstandsabhängigen Auslösecharakteristik gelangt. Die Vor- und Nachteile der einzelnen Systeme können nicht grundsätzlich, sondern nur von Fall zu Fall für die jeweiligen Netzverhältnisse gegenübergestellt werden. Im allgemeinen ist man bestrebt, die Relais mit möglichst großer Anpassungsfähigkeit an die verschiedenen Netzdaten zu versehen. Wie bereits erwähnt, werden die Relais mit mehreren Kennlinien verschiedener Steilheit ausgeführt, um kurze und lange Strecken mit derselben Type schützen zu können. Erreicht wird dies im allgemeinen, wie bei den Widerstandsrelais, durch Vorwiderstand im Spannungskreis oder durch Anzapfungen im Stromkreis. Ferner macht man meistens sowohl die Grundzeit als auch die Endzeit einstellbar. Eine einstellbare Überstromanregung, die im Bedarfsfall durch eine Widerstandsanregung ersetzt werden kann, und ein großer Kurzschlußstrombereich nehmen Rücksicht auf die verschiedensten Kurzschlußstromstärken.

Da die Widerstandszeitrelais einen erheblichen konstruktiven Aufwand erfordern, wurden eine Reihe relaissparender Drehstromschaltungen durchgeführt, die außerdem große Vorteile für das richtige Ansprechen bei den verschiedensten Fehlerarten bringen (s. Kap. 7).

## F. Primärrelais und Primärauslöser.

### 1. Primärrelais.

Während im allgemeinen die Relais nach ihrer Bauart, ihrer Wirkungsweise oder der auf sie einwirkenden Meßgröße bezeichnet wurden, werden sie in der Selektivschutztechnik auch nach der Anschlußart unterschieden. Relais, deren Erregerwicklung an die Sekundärseite von Strom- oder Spannungswandlern angeschlossen werden, nennt man „Sekundär"-Relais. Liegt die Wicklung jedoch „im oder am zu schützenden Stromkreis", handelt es sich um „Primär"-Relais. Nach dieser Definition der Regeln für Schaltgeräte (R.E.S.) ist allerdings in konstruktiver Hinsicht keine scharfe Abgrenzung möglich, denn man kann selbstverständlich ein Sekundärrelais auch in Niederspannungsanlagen bis etwa 380 Volt als Primärrelais verwenden. In Gleichstromanlagen fallen sämtliche Relais unter diesen Begriff, unabhängig von der Höhe der Betriebsspannung und der Anschlußart, ob sie direkt im Leitungszug oder an einem Shunt liegen. In der Praxis versteht man üblicherweise unter Primärrelais robuste Konstruktionen mit hoher Prüfspannung zwischen Wicklung und Kontakten und großer Schaltleistung, die bis zu einem Betriebsstrom von einigen Tausend Ampere im Stromkreis liegen.

In Wechselstromanlagen werden Primärrelais verhältnismäßig wenig angewandt, da hier die Primärauslöser weite Verbreitung gefunden haben. Für Gleichstrom werden als Strom- und Spannungsrelais elektromagnetische Systeme, besonders Klappanker und Drehankerrelais, verwandt, die bei zeitverzögerter Auslösung den Kontakt über ein Hemmwerk betätigen. Dabei sind die Stromrelais konstruktiv in der Weise durchgebildet, daß sie bei Strömen über 1000...1200 Amp. keine ausgeprägte Wicklung erhalten, sondern direkt auf die Stromschiene aufgesetzt werden. Da die Leiterquerschnitte über 3000...6000 Amp. zu groß sind, um von dem Eisenschluß der Relais umfaßt zu werden, setzt man sie auf eine Schiene, die nur von einem Teil des Gesamtstromes durchflossen wird. Um eine Beeinflussung des Hauptstromes auf den Ansprechwert des Relais zu vermeiden, müssen die Abstände zwischen Haupt- und Nebenschiene genügend weit gehalten werden oder, wenn diese Maßnahme nicht durchführbar ist, muß der Einfluß bei der Eichung berücksichtigt werden.

Sehr wichtig ist in Gleichstromanlagen der Schutz gegen Rückstrom. Die Rückstromrelais unterscheiden sich in ihrem Aufbau wesentlich, je nachdem, ob sie an einen Shunt angeschlossen werden oder im Leitungszug liegen. Für den Anschluß an Shunt werden Drehspulrelais verwandt oder, wenn die Rückstromempfindlichkeit nicht unter 10—20% des Nennstromes zu liegen braucht, polarisierte Relais. Beide Relaistypen, die bezüglich ihrer Bauart und ihren elektrischen Eigenschaften mehr als Sekundärrelais anzusprechen sind, benutzen das Feld eines Permanentmagneten zur Unterscheidung der Stromrichtung. Eine Änderung der Feldstärke dieses Magneten im Betrieb ist nicht zu befürchten, da einerseits das Feld der Erregerspule klein ist (man rechnet bei Nennstrom für Drehspulrelais etwa mit 5 AW, für polarisierte Relais etwa mit 300 AW) und andererseits das Streufeld des Hauptleiters durch genügende Länge der Shuntleitungen oder Schirmbleche ferngehalten werden kann. Bei den im Leitungszuge liegenden Relais sind

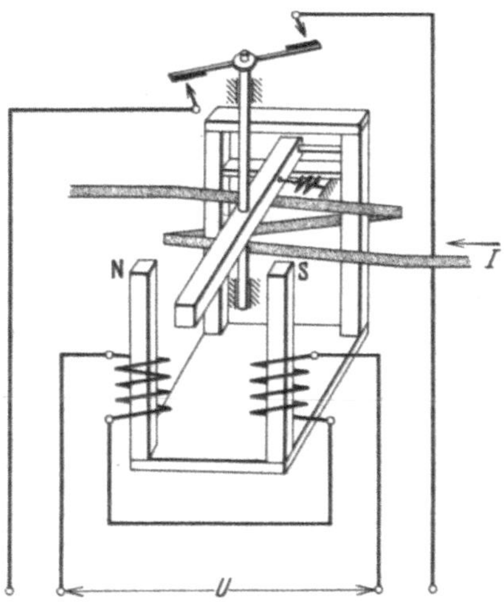


a

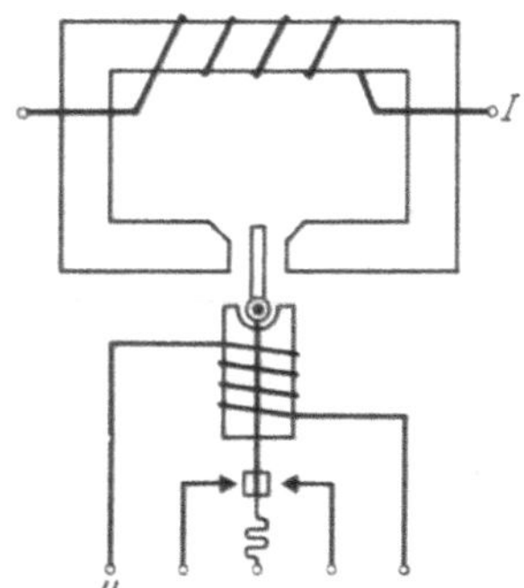


b

Abb. 62. Primär-Rückstromrelais für Gleichstrom. a Siemens, b AEG.

entsprechend der kräftigeren Ausführung und größeren Drehmomente meist über 1000 AW bei Nennstrom nötig, so daß man für die hierfür verwandten polarisierten Relais an Stelle des genannten Magnetfeldes ein von einer Spannungswicklung erzeugtes Hilfsfeld verwendet. In Abb. 62a und b ist der Aufbau von zwei Primärrückstromrelais dargestellt.

Von den vier Magnetpolen des Rückstromrelais nach Abb. 62a werden zwei von der Spannung erregt; um die beiden anderen ist die gemeinsame Hauptstromwicklung gelegt. Der obere Hauptpol ist mit zwei Kurzschlußbügeln versehen, in die das eine Ende des Ankers ragt, während sich das andere zwischen den Polen des Spannungsfeldes befindet. Da im strom- und spannungslosen Zustand sämtliche Felder verschwinden, wird der drehbare Anker, an dem der Kontaktträger befestigt ist, durch eine Rückzugfeder gegen einen Anschlag gedrückt. Wird nun die Stromspule von Vorwärtsstrom durchflossen, bildet sich oben ein Südpol, unten ein Nordpol aus, wodurch der Nordpol der Spannungsspule verstärkt, der Südpol geschwächt wird. Das auf den Anker ausgeübte Drehmoment wirkt dabei im Sinne der Rückzugskraft der Feder. Bei Rückstrom ist die Einwirkung auf die Pole der Spannungsspule und damit auch die Zugkraft des Ankers umgekehrt, so daß die Kontakte geschlossen werden. Bei dem Rückstromrelais der Abb. 62b wird der Anker durch die Spannungsspule polarisiert und befindet sich zwischen den Polschuhen eines vom Strom erregten Eisenkernes. Die auf den kontaktsteuernden Anker ausgeübte Kraft wechselt die Richtung mit der Polarität der Polschuhe, die ihrerseits von der Stromrichtung abhängt.

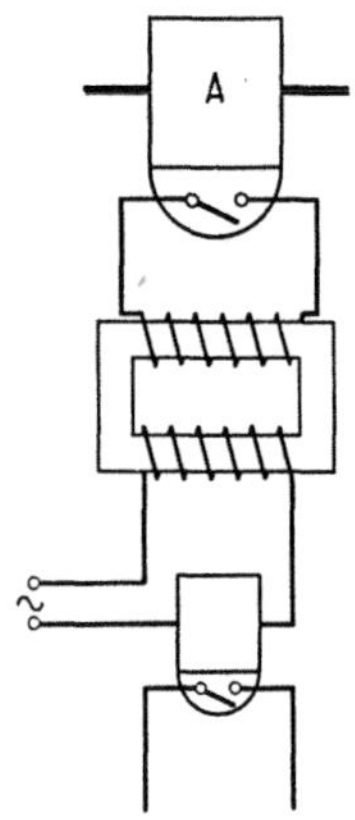

Abb. 63. Primärrelais mit Isoliertransformator.

Bei den Primärrelais für hohe Spannungen muß für ausreichende Isolation zwischen der Erregerwicklung und den Kontakten gesorgt werden. Stehen größere Drehmomente zur Verfügung, so kann das Magnetsystem auf einen Isolator gesetzt werden. Bei empfindlichen Meßrelais für Gleichstrom bestehen unter Umständen Isolationsschwierigkeiten, die sich aber durch Zwischenschaltung eines Isoliertransformators umgehen lassen, wobei allerdings das Vorhandensein einer Hilfswechselspannung vorausgesetzt werden muß (Abb. 63). Der Kontakt des Relais, der das gleiche Potential wie die Wicklung besitzen kann, schließt beim Ansprechen die eine Wicklung des Isoliertransformators kurz, wodurch der Wechselstrom in dem an der zweiten Wicklung liegenden Hilfsrelais stark ansteigt, und es zum Ansprechen bringt. Durch diese Lösung ist es möglich, normale Sekundärrelais für beliebig hohe Spannungen als Primärrelais zu verwenden.

## 2. Primärauslöser.

Der Primärauslöser ist direkt auf dem Schalter aufgebaut und betätigt die Auslösung nicht durch Kontaktgabe, also durch elektrische Beeinflussung, sondern führt sie durch Freigabe der Sperrung mechanisch herbei. Er überwacht den Strom — Überstromauslösung — oder die Spannung — Spannungsrückgangsauslösung — und arbeitet momentan oder mit abhängiger bzw. unabhängiger Auslöseverzögerung.

Da der Überstromauslöser im Zuge der Hochspannungsleitung liegt, benötigt er keine Stromwandler. Gegenüber den Sekundärrelais bedeutet dies einen erheblichen wirtschaftlichen Vorteil, allerdings müssen dafür einige technische Nachteile in Kauf genommen werden. Die bei der Auslösung erforderliche, unter Umständen recht große Arbeitsleistung beschränkt die Genauigkeit. Die Regeln für Wechselstromhochspannungsgeräte (R.E.H. 1933) nehmen darauf Rücksicht, indem sie einen maximalen Auslösefehler — Abweichung des Auslösestromes vom Einstellstrom — für Sekundärrelais von 5%, für Primärauslöser von ±7,5% vorschreiben. Für Sekundärrelais ist eine maximale Zeitstreuung von ± 0,4 sec, für Primärauslöser von ± 0,5 sec bzw. ± 1 sec bei Auslösezeiten von mehr als 8 sec zulässig. Da der Auslöser unter Hochspannung steht, können Prüfung und Wartung während des Betriebes nicht vorgenommen werden. In vielen Fällen, insbesondere für Abzweige, brauchen jedoch ohne Gefährdung der Selektivität keine besonders hohen Anforderungen an die Genauigkeit gestellt zu werden.

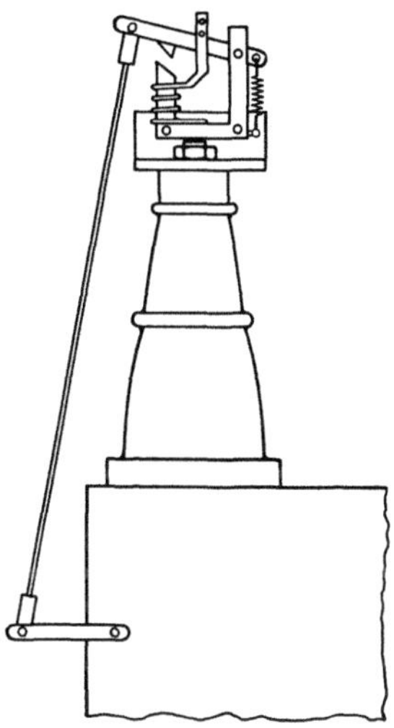
Abb. 64. Aufbau eines Primärauslösers.

Durch den Fortfall der Stromwandler wäre eine Beschränkung des Eigenverbrauches nicht mehr erforderlich. Trotzdem sucht man ihn verhältnismäßig klein zu halten, um bei geringerer Amperewindungszahl eine möglichst hohe thermische Festigkeit zu erzielen. Selbstverständlich liegt der Verbrauch infolge der mechanischen Betätigung wesentlich höher, als bei Sekundärrelais. Es kommt daher für die Primärauslöser auch nur das elektromagnetische Prinzip in Frage, mit dem bei einfachem und robustem Aufbau hohe spezifische Drehmomente erzielt werden können. Die hohe Induktivität der Erregerwicklung bei kleinen Nennströmen hat einen hohen Spannungsabfall bei auftreffenden Wanderwellen zur Folge. In gleicher Weise wie bei Stromwandlern schützt man dagegen die Wicklung durch einen parallelgeschalteten spannungsabhängigen Widerstand.

Der konstruktive Aufbau des primären Überstromauslösers paßt sich dem Leistungsschalter an. Die Gehäuse werden entsprechend den Richtlinien für Hochspannungsapparate (Sprühschutz) geformt. Der Elektromagnet wird auf den Durchführungsisolator des Schalters aufgesetzt, wodurch die Isolation von Wicklung, Eisenschluß und Anker gegen das Schaltergehäuse gegeben ist (Abb. 64). Das vom Primärauslöser zu betätigende Gesperre ist durch eine Isolierstange mit dem Anker verbunden. Für Momentauslösung legt der Anker bei Überwindung des Gegendrehmomentes sofort den gesamten Ankerhub zurück und entklinkt dabei das Gesperre.

Bei den verzögerten Überstromauslösern kann, in gleicher Weise wie bei den Überstromzeitrelais, die Stromzeitcharakteristik abhängig, begrenzt abhängig (Abb. 41) oder unabhängig sein. Für die Auslöseverzögerung wird meistens ein Hemmwerk benutzt und je nach der gewünschten Kennlinie wird dieses mit dem Anker des Elektromagneten verbunden. Die verschiedenen Ausführungen sind nachstehend schematisch wiedergegeben; bei der konstruktiven Durchbildung ist man selbstverständlich bestrebt, die einzelnen Teile möglichst gedrängt anzuordnen, um Zahnräder, Federn und Klinken kapseln zu können, ferner ordnet man die Strom- und Zeiteinstellung übersichtlich und zugänglich an, jedoch kann meistens wegen der unmittelbaren Nähe der Hochspannung eine Verstellung nur im spannungslosen Zustand vorgenommen werden.

Eine abhängige Kennlinie wird durch eine elastische Kopplung erreicht (Abb. 65a), die Zugkraft des Ankers wird dabei durch eine Feder auf das Hemmwerk übertragen. Mit steigendem Überstrom wird die Feder stärker gedehnt, so daß der Anker nur einen Teil des Weges unter der Einwirkung des Hemmwerkes zurückzulegen braucht, außerdem läuft dieses infolge der größeren Zugkraft rascher ab. Etwa vom 3- bis 5fachen Nennstrom ab ist die Zugkraft des Ankers so stark, daß die Federkraft über den ganzen Hub überwunden und daher unverzögert ausgelöst wird.

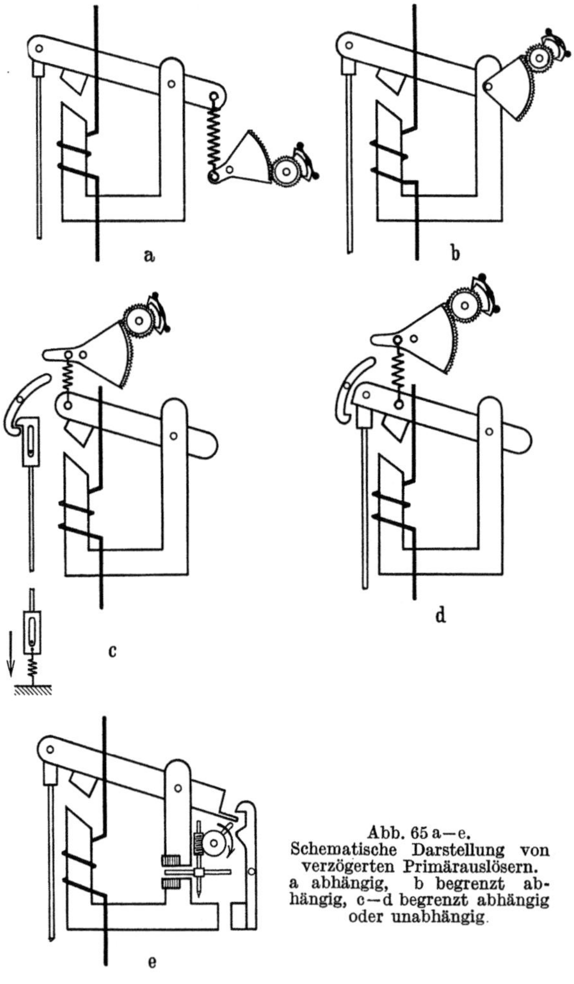


Abb. 65 a—e. Schematische Darstellung von verzögerten Primärauslösern. a abhängig, b begrenzt abhängig, c—d begrenzt abhängig oder unabhängig.

Eine starre Kopplung ergibt eine begrenzt abhängige Kennlinie (Abb. 65b). Die Geschwindigkeit des Hemmreglers ist bis zum Erreichen einer Grenzgeschwindigkeit von der Zugkraft, also von der Höhe des Überstromes abhängig. Die Anordnung hat allerdings den großen Nachteil, daß die bei hohen Kurzschlußströmen auftretenden sehr großen Ankerkräfte unmittelbar auf das Zeitwerk einwirken, wodurch ein Durchreißen des Ankers — also unverzögerte Auslösung — und eine Beschädigung der Zahnräder eintreten kann. Zweckmäßiger ist es, den Anker vollständig von der Isolierstange zu trennen (Abb. 65c). Anker und Zeitwerk sind, wie in Abb. 65a, durch eine Feder verbunden, so daß sich in gleicher Weise bis zum momentanen Durchziehen eine stromabhängige Kennlinie ergibt. Da der Anker aber nicht auf das Gestänge einwirkt, wird bei diesem Stromwert die Grenzzeit erreicht. Das Zeitwerk läuft mit der größtmöglichen Geschwindigkeit ab und entklinkt nach Durchlaufen eines einstellbaren Weges die Isolierstange, die unter der Einwirkung eines Kraftspeichers nach unten gezogen wird und den Schalter auslöst.

Die unabhängige Kennlinie läßt sich mit der gleichen Anordnung erzielen, wenn die Feder zwischen Anker und Hemmwerk einen so flachen Anstieg der Zugkraft erhält, daß der Anker bereits beim Ansprechstrom vollständig durchzieht. Eine elegantere Lösung, die den Kraftspeicher vermeidet, erhält man, wenn man den Ankerhub in zwei Etappen aufteilt (Abb. 65d). Bei Überschreiten des Ansprechstromes spannt der Anker die Feder des Hemmwerkes und legt sich gegen einen Anschlag, der als Klinke ausgebildet ist. Nach Ablauf des Zeitwerkes wird die Verklinkung aufgehoben, und bei dem vollständigen Anzug des Ankers erfolgt die Auslösung. Diese Ausführung hat auch den Vorteil eines kleinen Halteverhältnisses, da man bei dem ersten Hub noch im flachen Teil der Wegkraftkurve liegt, so daß bei geringem Rückgang des Stromes die auf den Anker einwirkende Rückstellkraft überwiegt.

Die zuletzt beschriebene Anordnung mit unterteiltem Ankeranzug wird auch mit einem Induktionslaufwerk oder einem Synchronmotor an Stelle des Hemmwerkes ausgeführt (Abb. 65e). Der Gesamtfluß des Elektromagneten wird beispielsweise durch einen Kurzschlußring in zwei phasenverschobene Teilflüsse aufgespalten, die eine Scheibe antreiben. Je nachdem, ob man die Triebscheibe belastet oder unbelastet laufen läßt oder durch besondere Ausbildung der Kurzschlußringe wird eine unabhängige oder begrenzt abhängige Kennlinie erzielt. Die von dem Laufwerk betätigte Klinke kann auch durch einen Streuanker angezogen werden, so daß bei höheren Überströmen Momentanauslösung erfolgt.

Der Zeiteinstellbereich der Überstromauslöser liegt je nach der Zahl der hintereinander gestaffelten Schalter etwa zwischen 0—5 oder 0—10 sec. Der Ansprechstrom muß gemäß den R.E.H. zwischen dem 1,4- und 2fachen Nennstrom einstellbar sein, wobei die Auslösernennströme zwischen 6 und 1000 Amp. normalisiert sind. Das Anwendungsgebiet der Primärauslöser ist auf die Anlageteile beschränkt, bei denen sich eine selektive Fehlerbeseitigung durch eine mäßige Zahl von Stromzeitstaffelungen durchführen läßt. Wenn die Angabe der Stromrichtung erforderlich ist, um eine Selektivität zu erreichen, muß auf Sekundärrelais übergegangen werden.

Neben dem Überstromauslöser wird auch der Spannungsrückgangsauslöser verwendet. Er soll einerseits eine erhöhte Stromaufnahme der an den Schalter angeschlossenen Motore bei Rückgang der Spannung vermeiden und andererseits ein unerwartetes Wiederkehren der Spannung und damit, falls die Anlasser der Motoren noch nicht zurückgestellt wurden, einen Stromstoß verhindern. Da bei geringen Spannungsabsenkungen jedoch noch keine Veranlassung zur Abschaltung vorliegt, müssen nach den R.E.H. die Spannungsrückgangsauslöser noch im Einschaltzustand verbleiben, wenn die Spannung auf 60% der Nennspannung zurückgeht. Aber auch bei starken Absenkungen infolge Kurzschluß in anderen Netzteilen, der kurzzeitig durch den Selektivschutz abgeschaltet wird, ist eine erhöhte Stromaufnahme oder ein Stromstoß noch nicht zu erwarten. Die Auslöser werden daher meist mit einer begrenzt abhängigen Zeitverzögerung ausgeführt, wobei die auf einige Sekunden einstellbare Grenzzeit etwa bei 20...30% der Nennspannung erreicht wird.

Die Spannungsauslöser werden aus Isolationsgründen nur bis etwa 500 Volt für direkten Anschluß, also als Primärauslöser, ausgeführt, bei höheren Nennspannungen erfolgt der Anschluß über einen Spannungswandler oder einen Stationstransformator. Sie arbeiten zwar auf das gleiche Gesperre des Schalters wie der Überstromauslöser, sind jedoch unmittelbar am Schaltergehäuse angebracht, da nur die Erregerspule gegen die übrigen Teile isoliert ist. Wegen der erforderlichen Auslösekräfte verwendet man ebenfalls Elektromagnete, bei denen jedoch im Betriebszustand der Anker angezogen ist. Die bei Rückgang der Spannung überwiegenden mechanischen Kräfte betätigen in ähnlicher Weise wie beim Überstromauslöser ein Hemmwerk, das nach Ablauf die Auslöseklinke freigibt.

Bei den Überstrom- und Spannungsauslösern ist eine direkte Kupplung mit dem Leistungsschalter vorhanden. Beide Teile müssen aufeinander abgestimmt sein und werden in den meisten Fällen als Einheit vom Hersteller geliefert. Aber auch für die Sekundärrelais und ganz allgemein für den Selektivschutz muß der Schalter in die Betrachtungen einbezogen werden, worauf im nächsten Abschnitt kurz eingegangen werden soll.

## G. Die Beziehungen zwischen Relais und Leistungsschalter.

Die Leistungsschalter führen das von den Selektivschutzrelais gegebene Auslösekommando aus. Die Zeit vom Beginn des Auslösebefehls bis zum Beginn der Öffnung der Schalterkontakte wird als Eigenzeit des Schalters bezeichnet, hinzu kommt noch die Unterbrechungszeit des Lichtbogens im Schalter. Die Summe beider Zeiten liegt je nach der Schaltertype zwischen 0,1—0,8 sec und beeinflußt stark die Staffelzeiten zwischen den einzelnen Stationen. Denn einerseits bestehen während dieser Zeit noch sämtliche Fehlerkriterien; andererseits wird ein einmal erteiltes Auslösekommando unweigerlich durchgeführt, auch wenn inzwischen der Fehler verschwunden ist und die Relais in die Ruhelage zurückgefallen sind. Mit dem Augenblick der Kontaktgabe des den Schalter steuernden Relais ist daher für den betreffenden Fehlerfall seine Aufgabe im allgemeinen beendet. Die selbsttätigen Wiedereinschalteeinrichtungen gehören in das Gebiet der Automatik, das hier nicht behandelt wird.

Für die Beanspruchung der Relaiskontakte ist nur die Einschaltleistung der Auslösespule oder des Hilfsschützes maßgebend, das dann seinerseits die Auslösespule steuert. Die Schaltung wird nämlich bei Gleichstromauslösung stets so gewählt, daß die Ausschaltleistung von einem Schalterhilfskontakt übernommen wird. Da die Einschaltleistung der Relais ein Vielfaches der Ausschaltleistung beträgt, wird im allgemeinen auf den Eigenverbrauch der Auslösespule keine Rücksicht genommen. Es können dann allerdings bei einem Versagen des Schalterhilfskontaktes die Relaiskontakte verschmoren, zumal wenn die Auslösespule eine große Feldenergie besitzt. Eine wesentlich größere Bedeutung hat der Eigenverbrauch des Auslösers für die Stromwandlerauslösung, da er eine zusätzliche Bürde des Stromwandlers darstellt und in der üblichen Schaltung durch Öffnung der Relaiskontakte geschaltet werden muß (Schaltungen für Stromwandlerauslösung s. Kapitel 7, S. 246).

Die Schalterhilfskontakte — auch die der Trennschalter — bilden oft ein wesentliches Glied der Schutzschaltung. Außer der erwähnten Übernahme der Abschaltleistung der Auslösespule werden sie beispielsweise beim Schutz von Mehrfachleitungen zum Kurzschließen von Stromwandlern oder zur Verriegelung eines empfindlichen Querdifferentialschutzes bei Betrieb mit Einfachleitung herangezogen. Ferner haben sie bei Doppelsammelschienensystemen die Aufgabe, Leistungs- oder Widerstandsrelais stets die synchrone Spannung zuzuführen. Ihre Konstruktion und Montage entspricht dabei oft nicht der Wichtigkeit, die sie für das fehlerfreie Arbeiten des Schutzes besitzen.

Bei hohen Spannungen vereinigt man die Schalterdurchführungen mit den Stromwandlern, die als Ringkerne im Innern des Schaltergehäuses angebracht sind. Da die Leistungsfähigkeit derartiger Wandler, die nur eine primäre Windung besitzen, begrenzt ist, muß besonders auf eine kleine Relaisbürde geachtet werden.

# II. Wandler.

## A. Allgemeines.

Von den Wandlern muß verlangt werden, daß sie die sekundäre Meßgröße proportional und winkelgetreu der primären wiedergeben. Die prozentuale Abweichung der Sekundärgröße von dem Sollwert, der durch

| | Stromwandler | Spannungswandler |
|---|---|---|
| Nenngröße | Primäre und sekundäre Nennstromstärke $I_n$ | Primäre und sekundäre Nennspannung $U_n$ |
| Nenn-Übersetzung (Übersetzungsverhältnis) | $\frac{\text{Nenn-Primärstrom}}{\text{Nenn-Sekundärstrom}} = \frac{I_p}{I_s} = K_n$<br>Genormter Sekundärstrom 5 A (in besonderen Fällen 1 A) | $\frac{\text{Nenn-Primärspannung}}{\text{Nenn-Sekundärspannung}} = \frac{U_p}{U_s} = K_n$<br>Genormte Sekundärspannung 100 V |
| Fehlergrößen | Stromfehler (in Prozent) $100 \cdot \frac{K_n \cdot I_s - I_p}{I_p}$ %<br>Fehlwinkel (in Minuten) 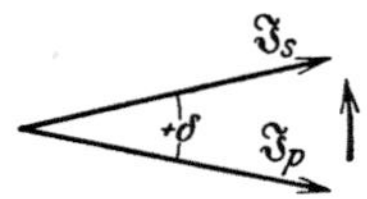 | Spannungsfehler (in Prozent) $100 \cdot \frac{K_n \cdot U_s - U_p}{U_p}$ %<br>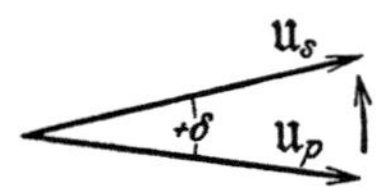 |
| Genauigkeit (Klasse) | 0,2 %, 0,5 %, 1,0 % für $^1/_4$—$^1/_1$ Nennbürde, Leistungsfaktor der Bürde $\cos\beta = 0{,}8$<br>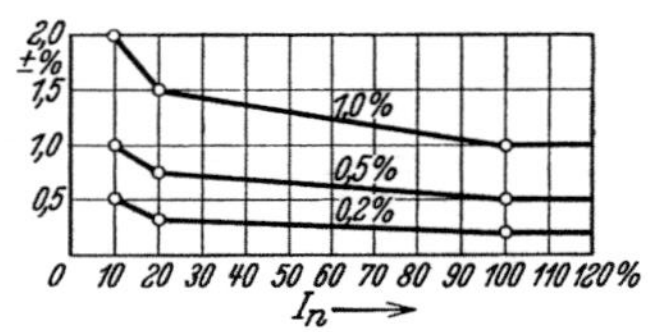<br>3,0 % für $^1/_2$—$^1/_1$ Nennbürde<br>5,0 % für $^1/_2$—$^1/_1$ $I_n$ $\cos\beta = 0{,}8$ | 0,2 %, 0,5 %, 1,0 % für $^1/_4$—$^1/_1$ Nennleistung, für 0,8—1,2 $U_n$, sekundärer Leistungsfaktor $\cos\beta = 0{,}8$<br>3,0 % für $^1/_4$—$^1/_1$ Nennleistung, für 1,0 $U_n$ $\cos\beta = 0{,}8$ |
| | Besondere Bestimmungen über maximalen Fehlwinkel | |
| Leistung | Bürde: Sekundärseitig angeschlossener Scheinwiderstand in Ohm einschließlich Zuleitung | |

| | | |
|---|---|---|
| Grenzen | **Nennbürde:** Max. Bürde unter Einhaltung der Fehlergrenze. Genormt: 0,2—0,6—1,2 Ohm<br>**Auslösebürde:** Bürde für 10 % Stromfehler bei Nennstrom<br>**Nennleistung:** $I_n^2 \times$ Nennbürde (VA) genormt: 5 — 15 — 30 VA<br>**Überstromziffer:** $n$ Vielfaches des Nenn-Primärstromes, bei dem bei Nennbürde der Stromfehler 10 %, $\cos\beta$ beliebig | **Nennleistung:** Scheinleistung, die der Wandler bei Nennspannung dauernd abgeben kann unter Einhaltung der Fehlergrenze.<br>Genormt: 15—30—60 VA |
| | **Thermischer Grenzstrom:** therm. Sekundenstrom der Primärwicklung für Endtemperatur 200° C<br>$\text{therm} = \frac{180\,Q_1}{1000}$ in kA<br>($Q_1$ = mm² Cu-Querschnitt der Primärwicklung)<br>**Dynamischer Grenzstrom:** dyn. Erste Stromamplitude, die der Wandler bei kurzgeschlossener Sekundärwicklung dynamisch verträgt. | **Grenzleistung:** Scheinleistung, die der Wandler bei Nenn-Primärspannung dauernd abgeben kann, begrenzt durch zulässige Erwärmung |
| | **Grenzerwärmung**<br>Faserstoffisolierte Wicklungen: Trocken- und Massewandler 60°, Ölwandler 70°<br>Eisenkerne: Trockenwandler 60°, Ölwandler 70°<br>Öl in der obersten Schicht: 60° | |
| Prüfspannung | Prüfspannung für die Sekundärseite einheitlich 2000 V<br>Prüfspannung der Primärseite: 1 kV 10 kV<br>3 kV 26 kV<br>über 3 kV $2{,}2\,U_n + 20$ kV | |
| Anschlußklemmen | primär $K\,L$<br>sekundär $k\,l$ | primär $U, V, W, O$<br>sekundär $u, v, w, o$ |

das Nennübersetzungsverhältnis gegeben ist, wird als Strom- bzw. Spannungsfehler bezeichnet, die Winkelabweichung zwischen Primär- und Sekundärgröße als Fehlwinkel. Diese beiden Fehlergrößen sind für die anzeigende oder registrierende Meßtechnik nur für den betriebsmäßig auftretenden Bereich von Interesse, also für Ströme etwa von 10—120%, für Spannungen von 70—120% der Nenngröße. Strom- und Spannungsfehler dürfen dabei, besonders wenn man Verrechnungszähler anschließt, 0,5—1% nicht überschreiten, der Fehlwinkel darf nicht mehr als 30—60 Minuten betragen.

Ganz andere Forderungen liegen für die Schutztechnik vor. Die Genauigkeit braucht, von wenigen Ausnahmen abgesehen, für Schutzzwecke nicht so groß zu sein — Fehler von etwa 3—5% sind fast immer zulässig — aber der Geltungsbereich dieser Genauigkeit erstreckt sich bei den meisten Schutzsystemen vom kleinsten bis zum größten möglichen Kurzschlußstrom bzw. von der Nennspannung bis zu wenigen Prozenten dieser Spannung. Hierauf muß bei der Beschaffung von Wandlern für Selektivschutzeinrichtungen ganz besonders geachtet werden, denn ein Stromwandler mit vorzüglichen meßtechnischen Eigenschaften kann für Schutzzwecke gänzlich ungeeignet sein.

Bevor auf die Wirkungsweise und Bauart der Wandler eingegangen wird, seien die wichtigsten Begriffe und Vorschriften gemäß den „Regeln für Wandler REW/1932“ kurz zusammengestellt (s. S. 210 und 211).

## B. Stromwandler.

### 1. Wirkungsweise.

Bei einem Stromwandler erzeugt der in der Primärwicklung fließende Strom $I_p$ in der Sekundärwicklung, die über die Bürde kurzgeschlossen ist, einen ihm entgegengesetzten Sekundärstrom $I_s$. Sieht man von jeglichen Verlusten ab, so muß das Produkt der primären Amperewindungen $I_p \cdot w_1$ gleich dem der sekundären $I_s \cdot w_2$ sein und demnach das Übersetzungsverhältnis $K_n = \frac{I_p}{I_s} = \frac{w_2}{w_1}$. Nun ist jedoch stets durch den inneren Widerstand der Sekundärwicklung und durch die äußere Bürde ein Spannungsabfall bedingt, der durch einen Magnetisierungsstrom gedeckt werden muß, wodurch Stromfehler und Fehlwinkel verursacht werden. Diese Verhältnisse seien an einem Diagramm mit dem angenommenen Übersetzungsverhältnis 1 : 1 erläutert (Abb. 66). Ein gegebener Sekundärstrom $\mathfrak{I}_s$ erzeugt bei kurzgeschlossener Wicklung durch den Ohmschen Widerstand der Wicklung den Spannungsabfall $\mathfrak{I}_s \cdot r_i$, durch ihre Streureaktanz den Abfall $\mathfrak{I}_s \cdot x_i$, die sich vektoriell zur Leerlaufspannung $\mathfrak{U}_{2i}$ zusammensetzen. Bei einer Bürde mit dem Scheinwiderstand $Z_a$ entsteht der Spannungsabfall $\mathfrak{U}_{2a}$, der ebenfalls aus Ohmscher Komponente $\mathfrak{I}_{sra}$ und induktiver $\mathfrak{I}_{sxa}$ resultiert. Im Diagramm ist der bei einer Relaisbürde übliche Fall dargestellt, daß der Belastungswinkel $\beta$ etwa $60^0$ beträgt. Die Gesamtspannung $\mathfrak{U}_2 = \mathfrak{U}_{2i} + \mathfrak{U}_{2a}$ muß durch einen senkrecht auf ihr stehenden Fluß $\Phi$ induziert werden, und zur Erzeugung dieses Flusses ist ein Magnetisierungsstrom $\mathfrak{J}_0$ erforderlich mit der Blindkomponente $\mathfrak{J}_{0m}$ und der Wattkomponente $\mathfrak{J}_{0w}$. Der Magnetisierungsstrom muß nun vom Primärstrom $\mathfrak{J}_p$ gedeckt werden, es besteht also die Beziehung: $\mathfrak{J}_s = \mathfrak{J}_p - \mathfrak{J}_0$. Die Projektion von $\mathfrak{J}_0$ auf $\mathfrak{J}_s$ ist ein Maß für den Stromfehler, auf die Senkrechte dazu ein Maß für den Fehlwinkel $\delta$. Da der Winkel $\varphi$ zwischen 55 und $70^0$ liegt, also in der Größenordnung des Belastungswinkels $\beta$, ist bei einer Relaisbürde der Fehlwinkel $\delta$ klein, und man kann daher mit dem ungünstigsten Fall rechnen, daß $\mathfrak{J}_0$ in Phase mit $\mathfrak{J}_s$ liegt, wodurch die vektorielle Gleichung in die arithmetische übergeht: $I_s = I_p - I_0$. In der Praxis rechnet man nicht mit den Strömen, da dabei stets das Übersetzungsverhältnis berücksichtigt werden müßte, sondern mit den Amperewindungszahlen, wobei die nachstehenden Bezeichnungen üblich sind: $AW_2 = AW_1 - AW_0$. Da die Magnetisierungs-Amperewindungen $AW_0$ den Stromfehler bestimmen, ist es von besonderem Interesse, von welchen Größen $AW_0$ abhängt. Sie müssen, wie bereits erwähnt, den erforderlichen Fluß bzw. die Induktion $B = \frac{\Phi}{q}$ aufbringen, und zwar ist:

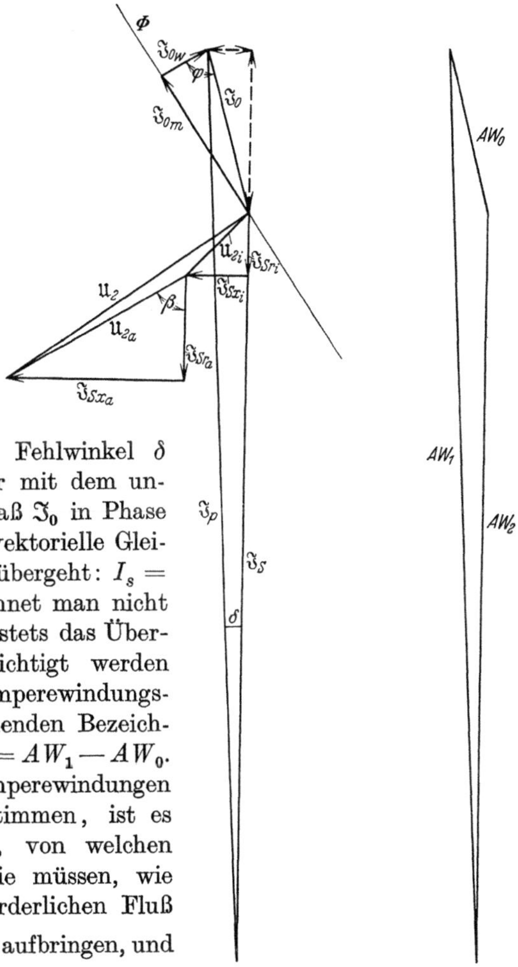


Abb. 66. Diagramm des Stromwandlers.

$$B = \frac{10^8}{4{,}44 \cdot f} \cdot U_2 \cdot \frac{1}{q} \cdot \frac{1}{w_2},$$

wobei $f$ die Frequenz in Hertz, $q$ den Eisenquerschnitt des Wandlers in $cm^2$ und $w_2$ seine sekundäre Windungszahl bezeichnen. Da $U_2 = I_s \cdot Z_2$, ist die Induktion bei festliegenden Wandlerdaten für einen bestimmten Sekundärstrom durch die angeschlossene Bürde gegeben, wobei $Z_2$ allerdings die vektorielle Summe von innerem Widerstand und

Bürde darstellt; die Nenninduktion — Induktion bei Nennstrom 5 A — beträgt demnach bei $f = 50$

$$B_{\text{nenn}} = \frac{10^8 \cdot 5}{4{,}44 \cdot 50} : Z_2 \cdot \frac{1}{q} \cdot \frac{1}{w_2}.$$

Für den Wandlerbau zeigt die Gleichung, daß der Eisenquerschnitt und die sekundäre Windungszahl möglichst groß gewählt werden müssen, um die Nenninduktion klein zu halten. Da das Verhältnis der primären zur sekundären Windungszahl durch das gewünschte Übersetzungsverhältnis festliegt, ist daraus zu erkennen, daß für Einleiterwandler, die nur eine primäre Windung besitzen, bei kleinen Übersetzungsverhältnissen die Nenninduktion nur durch geringe Bürde klein zu halten ist, also die Leistungsfähigkeit dieser Wandlertype beschränkt ist.

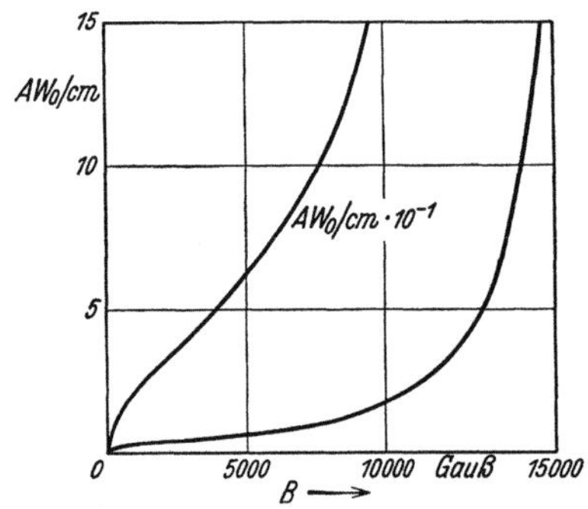


Abb. 67. Magnetisierungs-Amperewindungen pro Zentimeter in Abhängigkeit von der Induktion bei hochlegiertem Blech.

Die Beziehung zwischen der Induktion und den Magnetisierungs-Amperewindungen ist durch die Permeabilität $\mu$ des Eisens gegeben:

$$AW_0 = AW_0/\text{cm} \cdot l_m = c\,\frac{B}{\mu}.$$

Hierbei bedeutet $l_m$ der mittlere Eisenweg des betreffenden Stromwandlers. In Abb. 67 ist für hochlegiertes Transformatorenblech $AW^0/\text{cm}$ in Abhängigkeit von der Induktion $B$ in Gauß aufgetragen. Etwa bei 13000 Gauß wird die Sättigung des Eisens erreicht, und damit steigen $AW_0/\text{cm}$ und der Stromfehler steil an. Bei dieser Induktion wird eine Steigerung des Primärstromes zum größten Teil für die Deckung des Magnetisierungsstromes verbraucht, so daß also der Sekundärstrom nur noch wenig ansteigt.

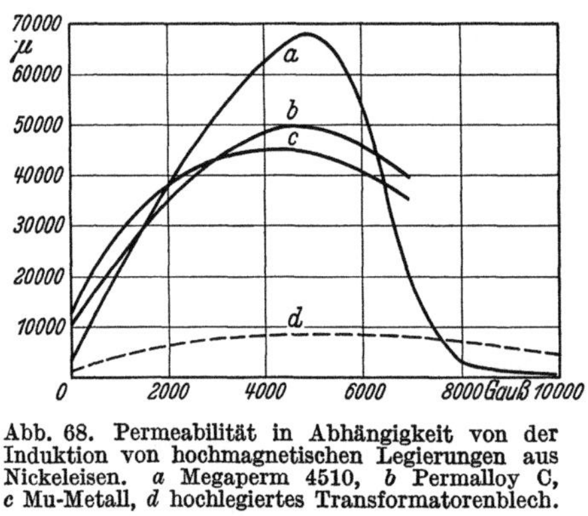


Abb. 68. Permeabilität in Abhängigkeit von der Induktion von hochmagnetischen Legierungen aus Nickeleisen. *a* Megaperm 4510, *b* Permalloy C, *c* Mu-Metall, *d* hochlegiertes Transformatorenblech.

Für die Beurteilung eines Stromwandlers bezüglich seiner Brauchbarkeit für Selektivschutzeinrichtungen interessiert besonders die Überstromkennziffer $n$, d. h. das Vielfache des Primärstromes, bei dem der Stromwandler einen Stromfehler von 10% erreicht, wenn er mit seiner Nennbürde belastet ist. Da die Induktion für einen bestimmten Wandler seiner Bürde proportional ist, wird der gleiche Stromfehler bei halber Bürde erst bei ungefähr dem doppelten Primärstrom erreicht. Beträgt der Anteil der Magnetisierungsamperewindungen $AW_0$ 10% der Primäramperewindungen $AW_1$, ist im allgemeinen die Sättigungsgrenze des Wandlers erreicht.

In neuerer Zeit verwendet man an Stelle des hochlegierten Bleches Legierungen aus Nickeleisen, die eine hohe Anfangspermeabilität besitzen, wodurch im Bereich der Betriebsströme eine hohe Leistungsfähigkeit erzielt wird. In Abb. 68 ist $\mu$ in Abhängigkeit von der Induktion einiger hochmagnetischer Legierungen der Heraeus-Vakuumschmelze aufgetragen und zum Vergleich die Permeabilität von hochlegiertem Blech. Da die Legierungen bereits bei kleineren Induktionen ihre Sättigung erreichen, besitzen derartige Wandler eine niedrige Überstromkennziffer. Man muß daher bei der Auswahl der Wandler diese Eigenschaft berücksichtigen.

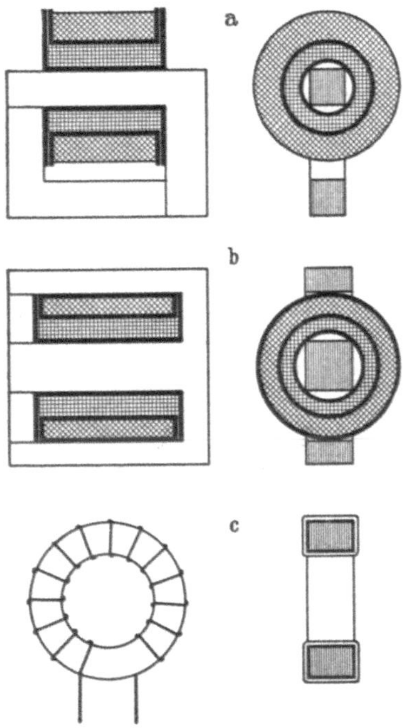

Abb. 69. Wandlerkernarten. a Schenkelkern, b Mantelkern, c Ringkern.

## 2. Bauarten.

Die verschiedenen Bauarten der Stromwandler sind durch den Eisenkern, die Anordnung der primären und sekundären Wicklung, sowie durch die Isolation bestimmt.

Man unterscheidet drei geschlossene Kernarten, den Schenkelkern, den Mantelkern und den Ringkern. Der Schenkelkern (Abb. 69a) ist aus rechteckigen Blechen zusammengesetzt; der innere Ausschnitt, „das Fenster", bestimmt den Kupferquerschnitt der Wicklungen. Um keine Stoßfugen zu erhalten, die den Magnetisierungsstrom erhöhen würden, werden die Bleche aus einem Stück gestanzt, wobei dann die Wicklung allerdings durch das Fenster hindurchgefädelt werden muß. Man kann die Bleche nachträglich in die Wicklung einschachteln, wenn sie an einer Stelle längs der Spulenachse aufgeschnitten sind oder aus zwei L-Stücken bestehen, die sich überlappen. Die Erhöhung der Magnetisierungsamperewindungen kann dabei praktisch vernachlässigt werden. Sekundärwicklung — innen — und Primärwicklung — außen — liegen auf einem Schenkel koaxial, damit die Streureaktanz möglichst klein ist.

Der Mantelkern (Abb. 69 b) umschließt die ebenfalls koaxial angeordneten Wicklungen vollständig. Meistens werden die Einzelbleche mit drei, seitlich offenen Schenkeln gestanzt, die in die Wicklung eingeschachtelt werden. Da der Mittelsteg vom gesamten Kraftfluß durchsetzt wird, erhält er einen größeren Querschnitt als die Seitenstege. Durch die Aufteilung des Flusses ist diese Kernform besonders geeignet, bestimmte Fehlerkurven zu erhalten, beispielsweise bei Zwischenwandlern eine möglichst geringe Zunahme des Sekundärstromes von einem bestimmten Primärstrom ab zu bekommen.

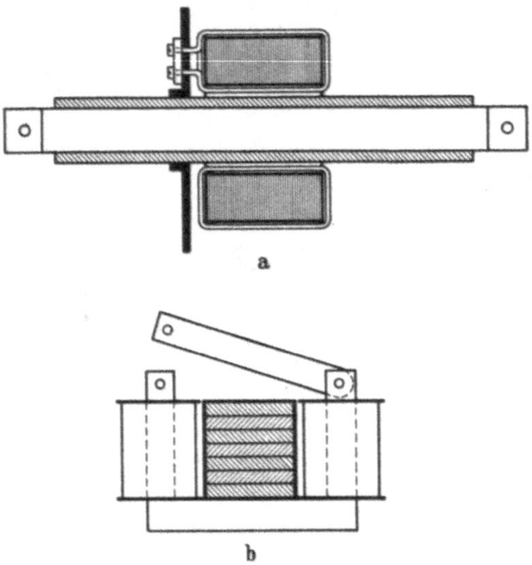

Abb. 70. Einleiterstromwandler. a Stabwandler, b Schienenwandler.

Der Ringkern (Abb. 69 c) wird stets ohne Stoßfugen zusammengeschichtet oder aus einem Band gewickelt, wobei keinerlei Materialabfall entsteht. Da die Magnetisierungs-Amperewindungen proportional dem mittleren Eisenweg $l_m$ sind, gibt diese Kernform die günstigste Eisenausnutzung, sie wird deshalb auch sehr häufig angewendet. Die Sekundärwicklung wird gleichmäßig auf dem Kern verteilt, auf die verschiedenen Anordnungen der Primärwicklung, die durch den Kern hindurchgeführt werden muß, wird noch eingegangen.

Hinsichtlich der primären Windungen kann man die Wandler in zwei große Gruppen einteilen, die Einleiter- und die Mehrleiterwandler.

Dem Nachteil der bereits erwähnten begrenzten Leistungsfähigkeit der Wandler mit nur einer primären Windung bei kleinen Primärströmen steht ihre unbegrenzte dynamische Kurzschlußfestigkeit und einfache Bauart vorteilhaft gegenüber. Sie haben daher weite Verbreitung gefunden und die Entwicklung von Relais mit möglichst geringer Bürde zur Folge gehabt. Beim Stabwandler (Abb. 70 a) ist der isolierte Hochspannungsleiter durch einen oder mehrere Ringkerne geführt und wird meistens gleichzeitig als Durchführung durch Gebäudeteile oder Schalter verwendet. Die Leistungsfähigkeit bei geringen Primäramperewindungen kann, abgesehen von der Verwendung von Spezialblechen, nur durch den Eisenquerschnitt vergrößert werden. Der innere Durchmesser des Ringkernes ist durch den Querschnitt des isolierten Primärleiters gegeben, jede Vergrößerung des Außendurchmessers erhöht auch den mittleren

Eisenweg, so daß am vorteilhaftesten eine möglichst große Paçkhöhe der Bleche, also Länge des Kernes ist. Bei Ölschaltern verwendet man deshalb häufig beide Durchführungen und schaltet die Kerne hintereinander. Der für Niederspannungen und hohe Primärstromstärken verwendete Schienenstromwandler (Abb. 70b) besitzt einen aufklappbaren Schenkelkern, so daß er nachträglich um den Primärleiter gelegt werden kann. Aus Symmetriegründen wird die Sekundärwicklung auf zwei oder auch alle vier Schenkel verteilt. Als Einleiterwandler im weiteren Sinne kann schließlich auch der Kabelwandler bezeichnet werden, bei dem der Ring- oder Schenkelkern um die drei Leiter des Drehstromkabels gelegt ist, wodurch der für Schutzzwecke häufig gebrauchte Summenstrom gemessen wird.

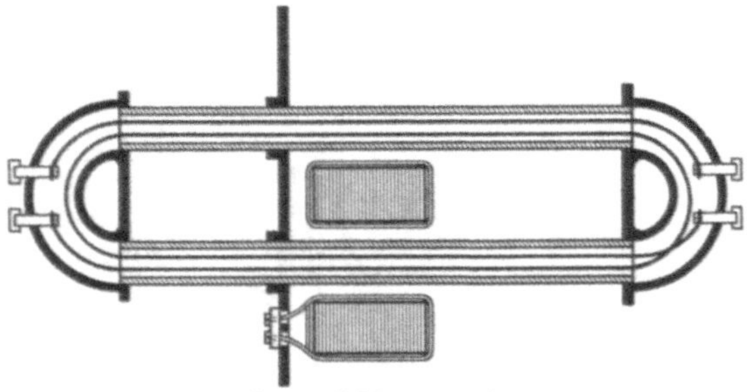

Abb. 71. Schleifenwandler.

Die Mehrleiterwandler führt man im allgemeinen mit 800—1200 Amperewindungen aus. Im Aufbau ist dem Stabwandler sehr ähnlich der Schleifenwandler (Abb. 71). Der primäre Leiter wird durch zwei Isolierrohre mehrfach durch den Ringkern geführt, wobei Ein- und Ausführung auf derselben Seite, oder, wenn der Wandler als Durchführung verwendet werden soll, auf beiden Seiten liegen. Der trockenisolierte Wandler beansprucht bei höheren Spannungen eine erhebliche Windungslänge und damit einen großen primären Spannungsabfall. Da bei hohen Kurzschlußströmen auf die Schleife starke Kräfte ausgeübt werden, müssen die Wicklungsköpfe sehr sorgfältig versteift werden. Ebenfalls trockenisoliert ist der Querlochwandler (Abb. 72), der bis zu Betriebsspannungen von 40 kV hergestellt wird. In dem aus einem Stück bestehenden Porzellanisolierkörper ist innen die Primärwicklung herumgeführt, die Sekundärwicklung und der Mittelsteg des Mantelkernes befinden sich im „Querloch“. Da die Luft im Innern des Porzellankörpers einer zu hohen dielektrischen Beanspruchung ausgesetzt sein würde, wird er mit graphitiertem Quarzsand gefüllt. Infolge der hohen

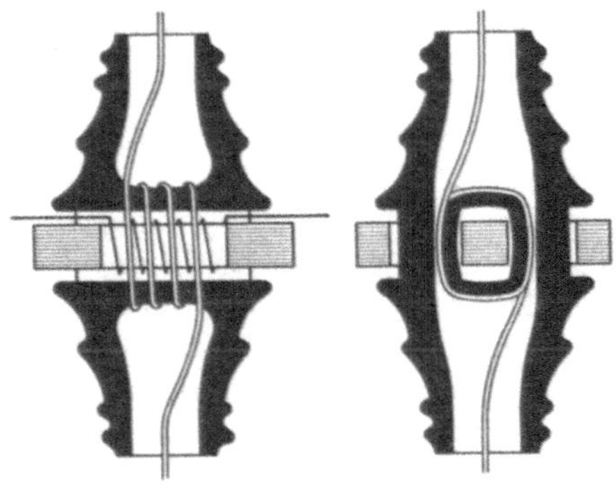

Abb. 72. Querlochwandler.

elektrischen Festigkeit des Porzellans kann die mittlere Windungslänge der Primärwicklung klein und diese nahezu kreisförmig gehalten werden, so daß der Wandler vollkommen kurzschlußfest ist. Außer der in der Abbildung skizzierten Form als Durchführungswandler kann der Porzellankörper auch so ausgebildet werden, daß die Primäranschlüsse auf derselben Seite liegen. Diese Ausführung ähnelt dem Topfwandler (Abb. 73a), der eine weite Verbreitung gefunden hat. In einem bis etwa 15 kV mit Isoliermasse, bei höheren Spannungen mit Öl gefülltem Eisentopf befinden sich die auf einem Schenkel- oder Mantelkern untergebrachte Primär- und Sekundärwicklung; die Anschlüsse der Primärseite sind durch einen Einführungsisolator durchgeschleift. Neben

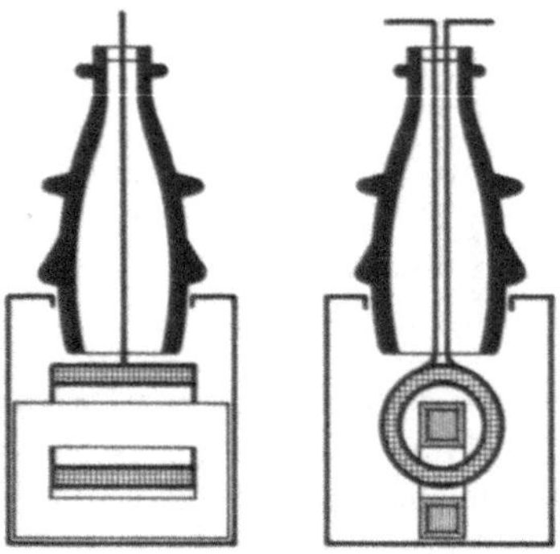

a b

Abb. 73. a Topfwandler, b Kreuzringwandler.

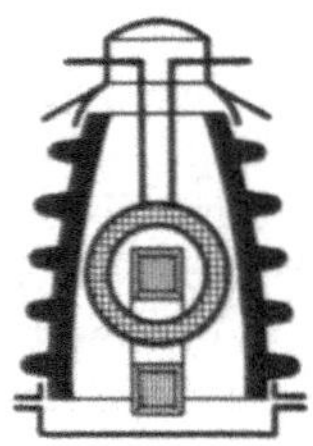

Abb. 74. Stützerstromwandler.

Schenkel- und Mantelkerntyp ist noch als besonders günstig eine Anordnung mit Ringkern zu erwähnen, die als „Kreuzringtyp" bezeichnet wird (Abb. 73b). Durch den wie üblich die Sekundärwicklung tragenden Ringkern ist die Primärwicklung in Kreisform durchgeschleift, wodurch die guten magnetischen Eigenschaften des Ringkernes mit hoher dynamischer Festigkeit beider Wicklungsanordnungen vereinigt werden. In neuerer Zeit hat man die Bauhöhe des Topfwandlers dadurch wesentlich herabgesetzt, daß der Einführungsisolator mit so großem Durchmesser ausgeführt wird, daß er Kern mit Wicklungen aufnimmt. Diese als Stützer- oder Isoliermantelstromwandler (Abb. 74) bekannte Ausführung hat noch den Vorteil, daß sie eine wesentlich geringere Ölmenge zur Isolation beansprucht.

## 3. Grenzbeanspruchungen.

**a) Thermisch.** Setzt man voraus, daß bei einer kurzzeitigen hohen Strombelastung die gesamte Stromenergie in Wärmeenergie des Kupfers umgewandelt, also keine Wärme an die Umgebung abgegeben wird, läßt sich die Temperaturerhöhung genau berechnen. In Wirklichkeit findet aber bei einer Belastung von wenigen Sekunden bei der zulässigen Grenztemperatur von 200° C bereits ein Wärmeaustausch mit der Umgebung statt. Für Überschlagsrechnungen kann man annehmen, daß etwa 30% mehr Stromenergie zum Erreichen der Grenztemperatur erforderlich ist, wobei noch ein Sicherheitszuschlag einbegriffen ist, da gemessene Werte ein noch günstigeres Resultat ergaben. Auf diese Weise ist es möglich, unabhängig von der Bauart des Stromwandlers seine kurzzeitige Belastbarkeit zu ermitteln, da sie nur noch von der spezifischen Stromdichte des Kupfers bei Nennstrom abhängt. Für 200° C und eine Ausgangstemperatur von 50° C ist je Quadratmillimeter Querschnitt ein „Sekundenstrom" von 180 Amp. zulässig und für $t$ Sekunden $\frac{180}{\sqrt{t}}$ Amp. Soll also beispielsweise der Sekundenstrom das Hundertfache des Nennstromes betragen, so ist damit die zulässige Stromdichte bei Nennstrom durch $\frac{180}{100} = 1{,}8$ A/mm² gegeben. Einer reichlichen Dimensionierung des Kupferquerschnittes sind bei Mehrleiterstromwandlern Grenzen gezogen, da sie sich ungünstig auf den Stromfehler auswirkt. Entweder muß bei gegebenem Fenster die Windungszahl verkleinert werden

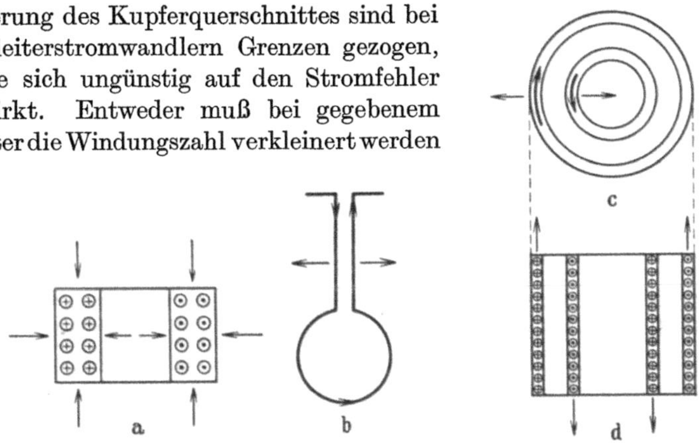


Abb. 75. Dynamische Beanspruchung von Wandlern. a, b auf eine Wicklung, c, d auf die Wicklungen gegeneinander.

oder, behält man die Windungszahl bei, muß das Fenster vergrößert, also der mittlere Eisenweg verlängert werden. Beide Maßnahmen haben aber eine Erhöhung der Magnetisierungsamperewindungen $AW_0$ zur Folge.

**b) Dynamisch.** Für die maximale dynamische Beanspruchung des Stromwandlers ist die erste Halbwelle des Stoßkurzschlußstromes maßgebend. Die dabei auftretenden Kräfte werden dadurch verursacht, daß nebeneinanderliegende Leiter sich anziehen, wenn sie von Strömen gleicher Richtung, und sich abstoßen, wenn sie von Strömen ungleicher Richtung durchflossen werden. Die auf eine Wicklung ausgeübten Kräfte, die nur vom Primär- oder Sekundärstrom verursacht werden, sind in Abb. 75a und b schematisch dargestellt. Die einzelnen Windungen werden allseitig zusammengepreßt und die Zuführungen zur Wicklung auseinandergetrieben. Besonders gefährdet sind dabei die primären Einführungen von Topfwandlern, wie das folgende Beispiel erkennen läßt. Die abstoßende Kraft ist $P = 2 \cdot \frac{l}{d} \cdot I^2 \cdot 10^{-8}$ kg, wobei $l$ die Länge der nebeneinander verlaufenden Leiter und $d$ ihren Abstand bedeuten. Für $l = 50$ cm und $d = 2$ cm beträgt für einen Stoßkurzschlußstrom von 100000 Amp. die Kraft $P = 2 \cdot 25 \cdot 10^{10} \cdot 10^{-8} = 5000$ kg. Es ist beinahe unmöglich, schlagartig auftretende Kräfte in dieser Größe durch Bandagierung der Einführung aufzufangen; man verwendet daher für hohe Stoßkurzschlußströme Durchführungswandler, die parallel zueinander verlaufende Einführungen vermeiden.

Die Beanspruchung der Wicklungen gegeneinander, die vom Produkt des Primär- und Sekundärstromes abhängt, zeigt Abb. 75c und d. Die beiden Wicklungen werden axial und tangential auseinandergetrieben. Um die tangentiale Verschiebungskraft unwirksam zu machen, müssen die beiden Wicklungen sehr sorgfältig gegeneinander versteift werden. Erreicht der Stromwandler seine Sättigungsgrenze, steigt die Kraft nicht mehr quadratisch an, da der Sekundärstrom nur noch in geringem Maß zunimmt. Da dies um so eher eintritt, je größer die Bürde ist, wird für die Prüfung der ungünstigste Fall, die kurzgeschlossene Sekundärwicklung, vorgeschrieben.

**c) Elektrisch.** Eine außergewöhnlich hohe Isolationsbeanspruchung der Stromwandler stellen über die Leitung laufende Wanderwellen mit steiler Stirn dar, deren Höhe etwa die dreifache Betriebsspannung annehmen kann. Sie rufen nicht nur einen hohen Spannungsabfall zwischen den Primärklemmen des Wandlers hervor, sondern auch infolge ihrer Steilheit zwischen den einzelnen Windungen, wenn der primäre Scheinwiderstand groß ist. Dies trifft besonders bei den Schleifenwandlern zu, die eine große Windungslänge besitzen. Der Spannungsabfall an den primären Wandlerklemmen wird wesentlich herabgesetzt durch einen parallel liegenden Widerstand, und zwar ist die Schutzwirkung um so besser, je kleiner dieser Widerstand ist. Andererseits darf durch ihn für den Betriebsstrom kein Übersetzungsfehler dadurch hervorgerufen werden, daß ein nennenswerter Teilstrom über den Widerstand fließt. Man verwendet daher ein spannungsabhängiges Widerstandsmaterial, beispielsweise Silit, dessen Widerstandswert bei hohen Spannungen auf etwa 10% des Wertes sinkt, den er für den Spannungsabfall bei Nennstrom besitzt. Die thermische Beanspruchung dieses Widerstandes durch die Wanderwelle ist infolge des kurzzeitigen Vorganges gering. Bei hohen Kurzschlußströmen tritt jedoch ebenfalls eine erhebliche primäre Klemmenspannung $U_{Kp}$ auf, die mehrere Sekunden bestehen kann. Der Widerstand $R$ muß daher so bemessen sein, daß er die Energie $\frac{U_{Kp}^2}{R}$ aufnehmen kann.

Eine weitere anormale Isolationsbeanspruchung wird durch Öffnen des Sekundärkreises hervorgerufen; dieser Fall ist von besonderem Interesse, da hierdurch auch das an den Wandlerleitungen arbeitende Personal gefährdet werden kann. Durch die Unterbrechung des Sekundärstromes fallen die Sekundäramperewindungen fort und der gesamte Primärstrom dient zur Magnetisierung des Eisens. Dabei bleibt nicht nur die Höhe des Primärstromes, sondern auch seine Kurvenform unbeeinflußt. Das durch den Primärstrom erzeugte Feld kann beim Erreichen der Eisensättigung nicht mehr ansteigen, bei sinusförmigem Strom verläuft es daher in Trapezform. Die vom Feld induzierte Spannungskurve, die proportional der Flußänderung $\frac{d\Phi}{dt}$ ist, erhält an den Wendepunkten der Trapezkurve scharf ausgeprägte Spitzen. Der Scheitelwert der Spannungskurve ist nun unabhängig von der Höhe der Induktion proportional dem Magnetisierungsstrom. Diese Tatsache gestattet es, die Höhe der Sekundärspannung bei geöffnetem Sekundärkreis mit der Spannung bei angeschlossener Bürde in Beziehung zu setzen, wenn man hierfür den Stromfehler bzw. den Magnetisierungsstrom kennt. Nimmt beispielsweise ein Wandler bei Sekundärnennstrom 1 Amp. und einer Bürde von 20 VA — sekundäre Klemmenspannung 20 $V_{eff}$ bzw. 27,3 $V_{max}$ — einen Magnetisierungsstrom von 1% auf, steigt der Scheitelwert der Spannung bei geöffnetem Wandler und Nennstrom — 100% Magnetisierungsstrom — auf den 100fachen Betrag, also 2730 Volt an. Dieser Spannung sind nicht nur die Sekundärwicklung des Wandlers, sondern auch die angeschlossenen Instrumente und Relais ausgesetzt. Es ist daher zweckmäßig, die Isolation der Sekundärkreise reichlich zu bemessen und die Durchschlagsspannung wesentlich höher als die geforderte Prüfspannung von 2000 Volt zu legen. Tritt bei geöffnetem Wandler noch ein Kurzschluß auf der Hochspannungsseite mit einem Vielfachen des primären Nennstromes auf, können die Scheitelwerte der Sekundärspannung Werte erreichen, die zu einem Überschlag führen müssen. Da die Sekundärwicklung geerdet sein muß, wird der Überschlag an der am schwächsten gegen Erde isolierten Stelle am Wandler, den angeschlossenen Apparaten oder an den Verbindungsleitungen erfolgen.

Es ist verschiedentlich vorgeschlagen worden, die gefährliche Überspannung durch Funkenstrecken oder Glimmröhren parallel zur Sekundärwicklung unschädlich zu machen, jedoch hat sich diese Maßnahme bisher nicht in die Praxis eingeführt. Es mag dies daran liegen, daß eine Unterbrechung des Sekundärkreises nur selten vorkommt und daß bereits bei hohen Kurzschlußströmen und großer Bürde verhältnismäßig hohe Spannungen auftreten können, die keinesfalls ein Ansprechen der Sicherheitseinrichtung hervorrufen dürfen, da sonst die angeschlossenen Selektivschutzrelais kurzgeschlossen werden.

## C. Spannungswandler.

### 1. Wirkungsweise.

Der Spannungswandler verhält sich wie ein sehr schwach belasteter Leistungstransformator. Die Primärspannung wird entsprechend dem

Verhältnis der Windungszahlen reduziert — $K_n = \frac{U_p}{U_s} = \frac{w_1}{w_2}$ — es entstehen jedoch Spannungsfehler und Fehlwinkel durch die Spannungsabfälle, die Magnetisierungsstrom und Belastungsstrom hervorrufen. Im Spannungswandlerdiagramm (Abb. 76) geht man, wie beim Stromwandler, von der Sekundärseite des Wandlers aus. Der den Kraftfluß erzeugende Magnetisierungsstrom $\mathfrak{J}_0$ bewirkt einen Spannungsabfall $\mathfrak{J}_0 z_1 = \mathfrak{J}_0 r_1 + \mathfrak{J}_0 x_1$ durch den Scheinwiderstand $z_1$ der Primärwicklung. Um beim unbelasteten Spannungswandler die Sekundärspannung $\mathfrak{U}_s$ zu erhalten, ist also eine Primärspannung $\mathfrak{U}_{p0}$ erforderlich. Der Belastungsstrom $\mathfrak{J}_2$ — bei Ohmscher Belastung in Phase mit $\mathfrak{U}_s$ — ruft bei Nennleistung des Wandlers die Spannungsabfälle $\mathfrak{J}_2 (r_1 + r_2) + \mathfrak{J}_2 (x_1 + x_2)$ hervor, die ebenfalls durch die Primärspannung $\mathfrak{U}_p$ gedeckt werden müssen. Der Endpunkt des Vektors $\mathfrak{J}_2 (z_1 + z_2)$ bzw. der Primärspannung $\mathfrak{U}_p$ bewegt sich je nach dem Belastungswinkel $\beta$ der angeschlossenen Bürde auf der punktierten Linie. Die Projektion auf die Richtung von $\mathfrak{U}_s$ ist ein Maß für den Spannungsfehler, auf die Senkrechte dazu ein Maß für den Fehlwinkel $\delta$. Da die den Spannungsfehler bestimmende Abweichung bei Leerlauf $y_0$ und bei Nennbelastung $y_{\max}$ das gleiche Vorzeichen besitzt, wird der Fehler durch Korrektur des Windungsverhältnisses auf eine $\pm$-Abweichung $\frac{y_{\max} - y_0}{2}$ reduziert.

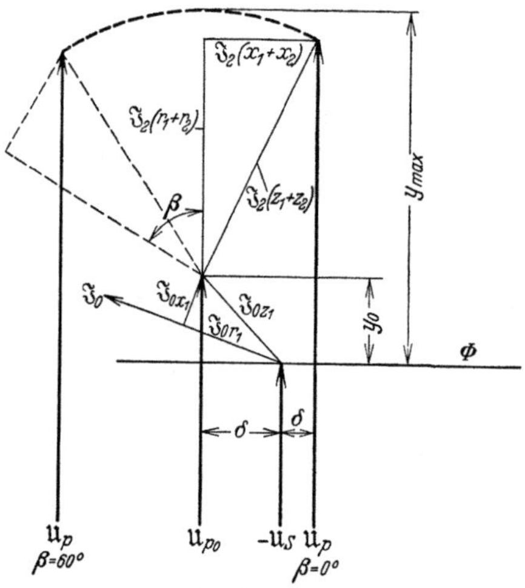


Abb. 76. Diagramm des Spannungswandlers.

Im Gegensatz zum Stromwandler bereitet es keine grundsätzlichen Schwierigkeiten, die Fehlergrößen zu beherrschen. Der Anteil des Magnetisierungsstromes wird durch nicht zu hohe Liniendichte im Eisen, der Anteil des Belastungsstromes durch ausreichenden Kupferquerschnitt klein gehalten. Selbstverständlich zwingen wirtschaftliche Erwägungen dazu, trotz Einhalten der Fehlergrenzen Eisen und Kupfer nach Möglichkeit auszunutzen und das günstigste Verhältnis zwischen beiden zu ermitteln.

Die für Meßwandler geforderten Genauigkeiten sind so groß, daß für den Anschluß von Relais kaum Schwierigkeiten entstehen, auch wenn die Relaisbürde erheblich ist. Schon mit Rücksicht auf die Dimensionierung der Spannungsspulen der Relais hinsichtlich ihrer thermischen Beanspruchung wird man sie nach Möglichkeit erst im Kurzschlußfall an die Spannungswandler legen, so daß es belanglos ist, wenn die für Zähler vorgeschriebene Genauigkeitsgrenze dadurch überschritten wird. Der bei Nennspannung auftretende Fehler bleibt für den ganzen Spannungsbereich annähernd konstant, da der Belastungsstrom proportional mit der Spannung zurückgeht.

## 2. Bauarten.

**Einphasenspannungswandler.** Da der grundsätzliche Aufbau der Spannungswandler festliegt — konzentrische Anordnung von Primär- und Sekundärspule auf Schenkel- oder Mantelkern — gibt es nur wenige verschiedene Ausführungen. In der Hauptsache bestimmt die Isolation die Anordnung des Wandlers. Vorherrschend ist der Topfspannungswandler, für kleine Spannungen mit Masse-, für höhere Spannungen mit Ölisolation. Erst in den letzten Jahren wurden andere Konstruktionen entwickelt, teils um brennbare Isolationsmaterialien zu vermeiden, teils um Bauhöhe und Gewicht herabzusetzen. Diese Wandler werden grundsätzlich zwischen Phase und Erde geschaltet, so daß das eine Ende der Hochspannungswicklung geerdet werden kann und nur ein Einführungsisolator erforderlich ist. Zur Messung der verketteten Spannungen auf der Sekundärseite sind daher drei Wandler notwendig. Da bei Erdschluß das Potential zweier Phasen auf den Wert der verketteten Spannungen steigt, müssen die Einführungen entsprechend isoliert werden. Bis zu Spannungen von etwa 30 kV verwendet man den Trockenspannungswandler, bei dem als Isolation zwischen Primär- und Sekundärwicklung ähnlich dem Querlochstromwandler Porzellan verwendet wird. Bei der Ausführung von Koch & Sterzel gleicht der untere Teil des Porzellankörpers einer Garnrolle; er ist mit dem Einführungsisolator zu einem Stück zusammengefügt (Abb. 77a). Die Sekundärspule und der Mittelsteg des Mantelkernes befinden sich im Innern des Porzellankörpers. Die innerste Lage der Hochspannungswicklung besitzt das volle Potential gegen Erde, das Ende der äußersten Lage ist geerdet, so daß das Potential von Lage zu Lage abnimmt. Siemens & Halske verwenden einen U-förmigen Ringkörper, in dem die Primärwicklung eingebettet ist (Abb. 77b). Sie besteht aus einzelnen Scheibenspulen, deren Potential gegen Erde von oben nach unten abnimmt. Die Trockenspannungswandler lassen sich nicht vollständig

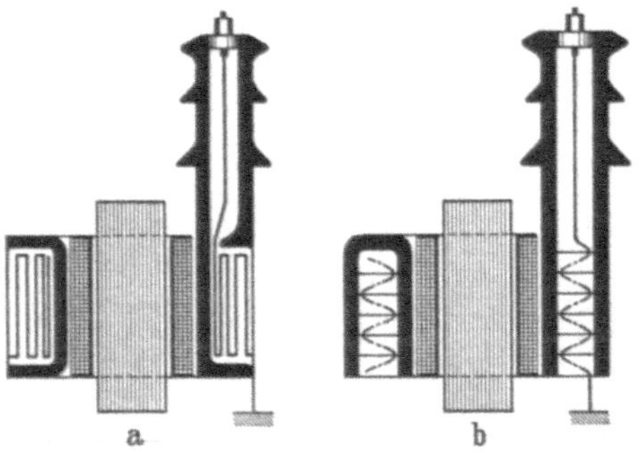

Abb. 77. Trockenspannungswandler. a Mit Lagenwicklung und Erdung der äußersten Lage, b mit Scheibenwicklung und Erdung der untersten Scheibenspule.

frei von Füllmasse ausführen, da sonst die dünnen Drahtquerschnitte der Primärwicklung durch Glimmentladungen zerstört würden. Kleine Hohlräume werden daher durch Isoliermasse ausgefüllt, jedoch ist die hierfür erforderliche Menge gegenüber den Massewandlern verschwindend gering.

Für höhere Spannungen werden Stützer- oder Isoliermantelspannungswandler gebaut, die im äußeren Aufbau den Stromwandlern derselben Type gleichen.

Um bei Spannungswandlern für Höchstspannungen den Aufwand an Isolation zwischen Primärspule und Eisenkern bzw. Sekundärspule herabzusetzen, wird das Gesamtpotential auf mehrere Stufen verteilt. Die Mitte der Hochspannungswicklung jeder Stufe wird mit dem Eisenkern verbunden, so daß nur für die halbe Stufenspannung isoliert zu werden braucht. Die einfachste Schaltung (Abb. 78a) bei der die einzelnen Stufen als Vordrosseln für die letzte Stufe anzusehen sind, die die eigentliche Transformation übernimmt, hat den Nachteil, daß nur der letzten Stufe Energie entnommen wird und daß die Potentialverteilung zwischen den einzelnen Stufen von der angeschlossenen Bürde abhängt. Man erreicht einen wesentlich besseren Wirkungsgrad und eine von der Bürde unabhängige Potentialverteilung durch zusätzliche Kopplungswicklungen und Ausgleichswicklungen (Abb. 78b). Bei den nach diesem Prinzip gebauten Kaskadenspannungswandlern liegt die Stufenspannung zwischen 30 und 50 kV. Die Stufen werden entweder übereinandergebaut und mit einem ölgefüllten Porzellanmantel umgeben oder als Hängekaskade zusammengestellt, bei der die einzelnen Isoliergefäße in ähnlicher Weise wie die Hängeisolatoren untereinander befestigt sind.

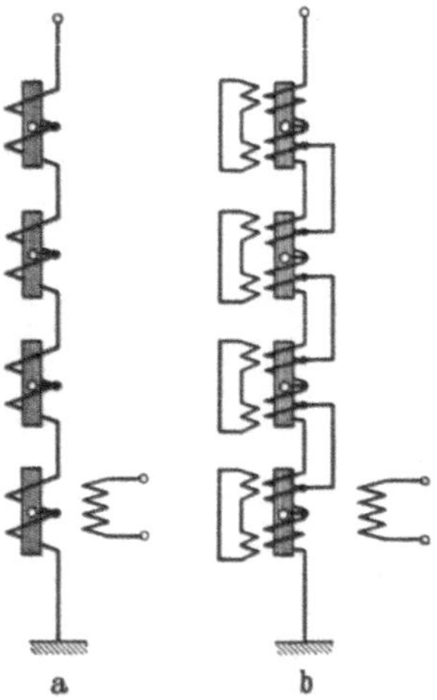


Abb. 78. Schaltungen für Kaskadenspannungswandler. a Einzelglieder als Vordrossel, b mit Ausgleich- und Übertragungswicklungen.

**Mehrphasenspannungswandler.** Mehrphasenspannungswandler, bei denen die drei Kerne in einem Isoliergefäß untergebracht sind, unterscheiden sich in ihrem elektrischen Verhalten nicht von drei Einphasenspannungswandlern. Diese Bauart wird besonders für Erdungsdrosselspulen angewandt, die statische Ladungen von den Hochspannungsphasen ableiten sollen. Meistens werden sie mit Sekundärwicklungen ausgeführt und werden besonders zur Speisung von Erdschlußrelais herangezogen, wobei die Sekundärwicklungen zur Gewinnung der Nullpunktspannung im offenen Dreieck geschaltet sind Mehrphasenspannungswandler können jedoch auch mit einem gemeinsamen Kern versehen werden. Allerdings darf ein Dreischenkelkern nicht verwendet werden, wenn der Nullpunkt der Hochspannungswicklung geerdet werden muß, um die Phasenspannungen gegen Erde oder die Nullpunktsspannung zu messen. Da nämlich im Erdschlußfall die Wicklung eines Schenkels kurzgeschlossen ist, findet der Fluß der beiden anderen Phasen keinen magnetischen Rückschluß und muß sich als Streufluß über das Gehäuse schließen. Um bei Erdschluß einen magnetischen Rückschluß zu haben, verwendet man den Fünfschenkelspannungswandler. Im Normalbetrieb heben sich die Momentanwerte der Teilflüsse zu jedem Zeitpunkt im vierten und fünften Schenkel

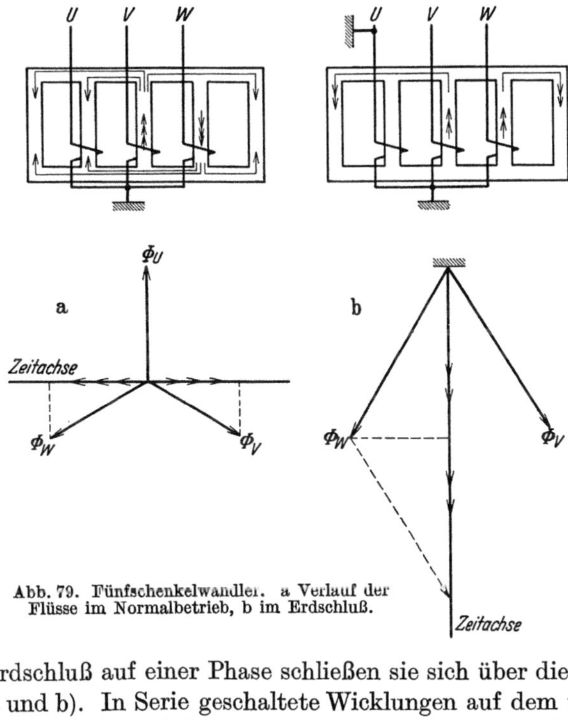


Abb. 79. Fünfschenkelwandler. a Verlauf der Flüsse im Normalbetrieb, b im Erdschluß.

auf, bei Erdschluß auf einer Phase schließen sie sich über diese Schenkel (Abb. 79 a und b). In Serie geschaltete Wicklungen auf dem vierten und fünften Schenkel zeigen daher die Nullpunktspannung an. Die Tatsache, daß ein geringer Anteil der Flüsse sich auch über den Schenkel der erdgeschlossenen Phase schließt, kann man durch eine Erhöhung der Windungszahl der Wicklung für die Nullpunktspannung ausgleichen, jedoch ist dieser Spannungswert auch in geringem Maße von der am Wandler angeschlossenen Bürde abhängig.

## 3. Grenzbeanspruchungen.

Da Spannungswandler den Hochspannungsphasen parallelgeschaltet sind, sind sie wesentlich geringeren Beanspruchungen ausgesetzt als

Stromwandler. Dynamische Einwirkungen, die Wicklungen oder Einführungen zerstören könnten, können nicht auftreten. Eine thermische Gefährdung durch Überschreitung der Grenzbürde über eine längere Zeit dürfte normalerweise nicht vorkommen, da die Grenzbürde meistens 300 VA übersteigt. Gegen unvorhergesehene Kurzschlüsse im Sekundärkreis wird der Wandler durch Schmelzsicherungen oder Überstromautomaten im Niederspannungskreis geschützt. Da sie natürlich die Abschaltung nicht übernehmen können, wenn Kurzschlüsse an den Klemmen oder Wicklungen auftreten, dehnt man den Schutz auch auf die Hochspannungsseite aus. Die Verwendung von Hochspannungssicherungen bereitet einige Schwierigkeiten, da dünne Schmelzdrähte

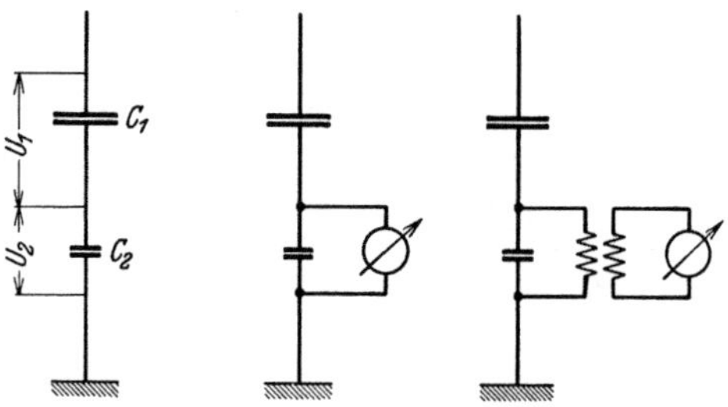


a b c

Abb. 80. Kapazitive Spannungsteilung.

durch Sprühen allmählich zerstört werden und auch infolge hochfrequenter Schwingungen, wie sie beim Ziehen von Trennmessern auftreten, durchbrennen können. Man verwendet daher für höhere Spannungen an Stelle der Sicherungen zur Begrenzung des Kurzschlußstromes Schutzwiderstände und zwar etwa 200—400 $\Omega$ je Kilovolt. Der durch den Spannungsabfall an den Widerständen bedingte Spannungsfehler kann dabei praktisch vernachlässigt werden. Gleichzeitig schützen die Widerstände den Wandler durch ihre dämpfende Wirkung vor Sprungwellen. Zur Erhöhung der Sprungwellenfestigkeit werden außerdem die Eingangswindungen mit verstärkter Isolation ausgeführt.

## 4. Kapazitive Spannungswandler.

Die Sekundärspannung kann nicht nur durch Transformation, sondern auch durch Spannungsteilung gewonnen werden. Eine Spannungsteilerschaltung mit Ohmschen Widerständen wäre zu unwirtschaftlich, da ein Vielfaches der zu entnehmenden Leistung durch Vorwiderstand nutzlos vernichtet werden müßte. Aussichtsreicher ist jedoch die Anwendung einer kapazitiven Spannungsteilung, die jedoch nicht in der Form durchgeführt werden kann, daß die an einer Teilkapazität auftretende Teilspannung zur Messung herangezogen wird. Da nämlich der Scheinwiderstand der Bürde wesentlich kleiner ist, als der der Teilkapazität, wird diese praktisch kurzgeschlossen, so daß es sich mehr oder weniger um eine Messung des Ladestromes handelt. Durch einen Zwischenwandler kann der Ladestrom auf eine für Instrumenten- und Relaisbau passende Größe gebracht werden (Abb. 80a—c). Grundsätzlich muß eine derartige Spannungsmessung sehr stark frequenz- und oberwellenabhängig sein, da sich der Ladestrom proportional der Frequenz ändert. Durch geschickte Dimensionierung der Teilkapazität und der Induktivität des Zwischenwandlers kann man jedoch diesen Einfluß wesentlich vermindern. Da die verfügbare Leistung klein ist, können kapazitive Spannungswandler keinen vollwertigen Ersatz für transformatorische Wandler darstellen. Man wendet sie jedoch dort an, wo Kapazitäten zwischen Hochspannung und Erde bereits für andere Verwendungszwecke zur Verfügung stehen, z. B. bei Kondensatordurchführungen und Ankoppelungskondensatoren für die Hochfrequenznachrichtentechnik.

# 6. Montage, Prüfung und Pflege von Schutzanlagen.

Von Dr. phil. **Joachim Sorge**, Berlin.

## A. Montage.

In erster Linie muß für den Aufstellungsort der Relais die Zweckmäßigkeit ausschlaggebend sein. Es wäre nicht richtig, die Relais als ein Schmuckstück der Warte anzubringen, wenn dadurch die Übersichtlichkeit der Leitungsverlegung oder die Zugänglichkeit zur Relaiseinstellung, zu den Kontakten und Anschlüssen etwa durch Einbau in die Schalttafel vernachlässigt wird.

Es ist meistens vorteilhaft, die Relais im Bedienungsgang unterzubringen, weil die kurzen Stromwandlerleitungen die Wandler nicht zusätzlich belasten. Sie bieten auch eine Gewähr, daß ein unbeabsichtigtes Öffnen oder ein Kurzschließen des Stromkreises etwa durch Verklemmen an unübersichtlichen Verteilerkästen vermieden wird. Dies ist um so wichtiger, als durch die noch zu beschreibenden Relaisprüfeinrichtungen für laufende Prüfungen, die direkt am Relais oder den Relaistafeln vorgenommen werden, derartige Fehler nicht erkannt werden. Bei fernbetätigten Schaltern setzt die Unterbringung im Bedienungsgang unbedingt voraus, daß die Relais vollautomatisch arbeiten, d. h. nach dem Auslösen auch selbsttätig wieder ihre Kontakte öffnen. Es würde nicht angehen, daß bei Störungsfällen erst der häufig recht weite Weg von der Warte zum Bedienungsgang zurückgelegt werden muß, um Relais, die eine Auslösung herbeigeführt haben, wieder zurückzustellen. Es ist jedoch sehr zweckmäßig, die Anzeige einer Relaisauslösung getrennt vom Aufstellungsort der Relais in die Warte zu legen, besonders, wenn mehrere Relais für verschiedene Fehlerarten parallel auf den Auslöser arbeiten. Das Bedienungspersonal hat dadurch sofort einen Anhalt über den Umfang einer Störung und über seine Bedeutung für den gesamten Betrieb.

Die Relaishersteller müssen bei ihren Konstruktionen darauf Rücksicht nehmen, daß besondere Anforderungen an trockene, geheizte oder staubfreie Räume nicht gestellt werden dürfen. Trotzdem müssen die Relais bei der Montage schonend behandelt werden. Sie sollten beispielsweise nicht unnötig frühzeitig montiert werden, wenn in Neubauten noch sozusagen das Wasser an den Wänden herunterläuft, selbstverständlich muß auch vermieden werden, daß die Relais längere Zeit zur Einstellung geöffnet werden, wenn in dem gleichen Raum noch Maurer- und gar Schlosserarbeiten vorgenommen werden.

Für die Aufstellungsart im Bedienungsgang hat sich das Anbringen der Relais für jedes Leitungsende auf einem Schwenkrahmen recht bewährt, sofern die Apparatur nicht zu umfangreich ist (Abb. 1). Die

Abb. 1. Relais im Bedienungsgang.

Relais sind von vorn leicht zugänglich, die gesamte Leitungsverlegung und die Anschlüsse liegen hinter der Tafel und können ebenfalls nach dem Herausschwenken bequem überprüft werden. Es sieht zwar sehr gefällig aus, wenn der Rahmen über dem Antrieb des zu schützenden Schalters sitzt, für die Prüfung der Relais ist es aber wegen der Hochspannungsgefahr und der schlechten Zugänglichkeit nicht zweckmäßig.

Bei umfangreichen Anlagen, besonders in Kraftwerken mit Generator- und Transformatorschutz, wird man die Relais auf besonderen Gestellen in einer Relaiswarte vereinen. Wenn irgend möglich, sollten die Stromwandlerleitungen in diesem Fall durch besondere Kabel herangeführt werden, um Störungen praktisch auszuschalten. Bilden Hin- und Rückleitung der Wechsel- und Gleichstromkreise größere Schleifen, so können von der Hochspannungsseite her ganz erhebliche Spannungen induziert werden, die zu einem Isolationsdurchbruch an der am schwächsten isolierten Stelle führen. Es empfiehlt sich daher, die zusammengehörenden Drähte im gleichen Rohr zu verlegen.

Die Relais selbst werden zweckmäßig nur auf die Tafeln aufgebaut montiert, da beim Einbau das Relais vollständig abgeklemmt und herausgenommen werden muß, um die Kappe etwa zur Säuberung eines verschmorten Kontaktes abnehmen zu können.

Sehr wichtig ist eine übersichtliche und zuverlässige Leitungsverlegung. Nur bei sehr komplizierten Schaltungen wird es sich empfehlen, nach der Stromart und den Phasen verschiedenfarbige Drähte zu verlegen, im allgemeinen wird die Übersichtlichkeit bereits durch farbige Aufsteckhülsen an den Drahtenden sehr gefördert. Einen Gefahrenpunkt bilden die Abzweigklemmen auf der Schalttafel, besonders, wenn die Drähte nur mit einer Madenschraube festgeklemmt sind. Zwischenverbindungen werden daher sicherer von Relais zu Relais verlegt oder über eine Generalklemmleiste unten bzw. seitlich an der Tafel. Reichliche Drahtquerschnitte vermindern für Stromleitungen die Wandlerbelastung und vermeiden bei Gleich- und Wechselspannungsleitungen Drahtbruch und einen zu hohen Spannungsabfall. Bei rückwärtigem Anschluß sind die Bolzen mit einer Isolierhülse zu umgeben, damit nicht eine versehentlich zwischen die Bolzen fallende Schraube oder Unterlegscheibe oder auch die sorglos abgeknipsten Drahtenden von Rabitzarbeiten eine Störung herbeiführen, die unter Umständen erst durch eine Fehlauslösung bemerkt wird.

Es sei an dieser Stelle kurz auf die Schaltung der Gleichstromkreise eingegangen, um unbeabsichtigte Betätigungen durch Erdschlüsse in der Gleichstromanlage zu vermeiden. Das sicherste Mittel ist natürlich das doppelpolige Abschalten, aber es führt nur zum Ziel, wenn es bei sämtlichen Erregerspulen und nicht etwa nur beim Auslöser durchgeführt wird. Da das Anbringen von Doppelkontakten, die die volle Spannung gegeneinander führen, bei empfindlichen Meßrelais nicht durchführbar ist, ohne die meßtechnischen Eigenschaften sehr zu verschlechtern und die Sicherheit der Kontaktgabe zu gefährden, ist diese Maßnahme in der Praxis nicht eingeführt worden. Aber auch durch richtige Polung von Wicklung und Kontakten kann eine genügende Sicherheit gegen die Folgen eines Erdschlusses erzielt werden. Es ist bekannt, daß bei höheren Spannungen, etwa über 60 Volt, die Isolation des Minuspoles durch Elektroosmose gefährdet ist und auf dieser Seite der Batterie der Isolationswiderstand häufig kleine Werte annimmt. Liegt nun die Gleichstromwicklung eines Apparates fest am Pluspol, so wird durch einen hinzukommenden Erdschluß zwischen Kontakt und Wicklung die

Spule *Sp* erregt (Abb. 2a). Dies ist unmöglich, wenn die Wicklung fest am Minuspol liegt und der Pluspol über den Kontakt zugeschaltet wird (Abb. 2b). Es muß daher immer diese Anschlußart durchgeführt werden, damit die Anlage einen möglichst hohen Sicherheitsgrad erhält. Um Erdschlüsse erkennen und möglichst schnell beseitigen zu können, empfiehlt sich eine laufende Überwachung des Isolationszustandes.

Auch bezüglich der Absicherung der Spannungskreise sind einige Richtlinien zu beachten. Die Gleichspannung für die Relais muß unabhängig von der Schalterbetätigung abgesichert werden. Bei Arbeiten an der Relaistafel, bei denen man üblicherweise die Sicherung herausdreht, würde andernfalls eine Fernbetätigung des Schalters von der

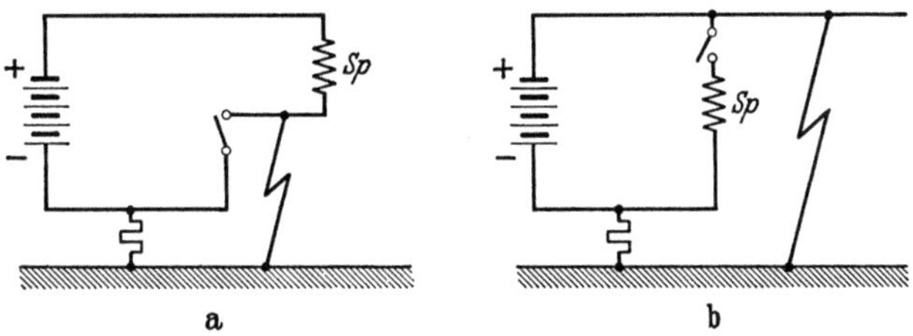


Abb. 2. Schaltung von Gleichstromkreisen. a Falscher Anschluß einer Betätigungsspule, b richtiger Anschluß.

Warte aus unterbunden sein. Sehr zweckmäßig ist es, das Vorhandensein der Gleichspannung durch eine Glimmlampe, die hinter den Sicherungen angeschlossen ist, dauernd zu überwachen. Bei einem Kontrollgang kann sich das Bedienungspersonal durch einen Blick überzeugen, ob der Schutz bezüglich der Hilfsspannung betriebsbereit ist. Die Sicherung der Wechselspannungskreise muß reichlich bemessen sein, da die Spannungsspulen von Widerstandsrelais bei Nennspannung erhebliche Ströme aufnehmen können. Besonders wichtig ist eine sorgfältige Absicherung bei Schutzsystemen mit Widerstandsanregung, da das Fehlen der Spannung einen Fehlerfall vortäuscht und den Schutz zur Auslösung bringt. Hier darf nicht mit Schmelzsicherungen abgesichert werden, sondern mit einem für alle Phasen gemeinsamen Überstromautomaten, der beim Ansprechen mit einem zusätzlichen Kontakt gleichzeitig die Hilfsspannung abschaltet, wodurch ein Auslösen der Relais unterbunden wird.

Unbedingt sollte bei der Montage der Schutzanlagen auf eine spätere Prüfmöglichkeit Rücksicht genommen werden. Oft genügen bereits zweckmäßig ausgebildete Prüfklemmen, die ein leichtes Kurzschließen der Stromwandler oder das Einschalten eines Meßinstrumentes in den Strompfad ohne Unterbrechung gestatten. Das Abtrennen der Wechselspannung, um hierfür eine fremde Spannung einzuführen, ferner die Öffnung des Auslösestromkreises, um ein Auslösen beim Prüfen zu vermeiden, muß leicht und sicher vorgenommen werden können. Das

Arbeiten an den Klemmen bei den späteren Prüfungen hat allerdings einen Nachteil. Das zuverlässigste Personal kann bei der größten Sorgfalt etwa durch unvorhergesehene, ablenkende Ereignisse doch einmal übersehen, eine Klemme wieder in den betriebsmäßigen Zustand zurückzuführen. Fast stets wird später eine Fehlschaltung die Folge sein, sei es durch Nichtauslösen im Bedarfsfall, weil die Gleichspannung fehlte oder ein Stromwandler kurzgeschlossen war, sei es in Gestalt einer zusätzlichen Auslösung, weil die Wechselspannung für die Widerstands- oder die Leistungsrelais fehlte. Dies wird mit Sicherheit vermieden, wenn gleich bei der Montage Prüfsteckbuchsen eingebaut werden, die den Stecker des Prüfgerätes aufnehmen, wobei sämtliche erforderliche Schalthandlungen selbsttätig vorgenommen werden. Hierüber wird an späterer Stelle noch berichtet.

Eine zweckmäßig durchgeführte Montage erleichtert nicht nur in erheblichem Maß das Inbetriebnehmen sowie die laufende Überwachung und Prüfung des Schutzes, sondern trägt auch unmittelbar zur Steigerung der Sicherheit der Gesamtanlage bei.

## B. Inbetriebnahme.

Die Inbetriebsetzung eines Schutzes muß mit großer Umsicht vorgenommen werden, da bisweilen an ganz unwahrscheinlichen Stellen Mängel vorliegen.

Zunächst geht eine Kontrolle der Relais und der Schaltung voraus.

Nur bei einfachen Anlagen kann nach diesen Prüfungen der Schutz in Betrieb genommen werden. Bei vielen Schutzarten, insbesondere den Vergleichssystemen, sollte, wenn man sicher gehen will, ein sog. Hochfahrversuch gemacht werden. Dabei wird mit fest eingebautem Kurzschluß oder Erdschluß der in Betrieb zu nehmende Anlageteil durch eine hierfür bereitgestellte Maschine auf Strom oder Spannung hochgefahren. Durch den Hochfahrversuch werden sämtliche zum Schutz gehörenden Teile geprüft, also auch die Strom- und Spannungswandler, die Verbindungsleitungen zwischen den Wandlern, sowie zwischen Wandler und Relais und die Relais selbst. Um den Versuch in möglichst kurzer Zeit durchführen zu können, werden die Vorprüfungen vorher sorgfältig durchgeführt. Bezüglich der Durchführung des Versuches selbst ist beim Hochfahren auf Strom besonders darauf zu achten, daß nicht nur die Auslösung des zu untersuchenden Anlageteils, sondern sämtlicher zwischen Maschine und Kurzschluß liegender Schalter durch das Ablaufen von Relais unwirksam gemacht wird. Bei einer unbeabsichtigten Schalterauslösung, die den Kurzschluß von der Maschine abtrennt, könnten gefährliche Überspannungen auftreten.

Bei Differentialschutzsystemen für Generatoren, Transformatoren, Doppel- und Mehrfachleitungen muß das Hochfahren zweimal vorgenommen werden, um sowohl die Ansprechempfindlichkeit des Schutzes als auch seine Stabilität festzustellen. Im ersten Fall wird der 3-polige Kurzschluß im Schutzbereich selbst eingebaut und durch Strommesser sowohl die Symmetrie der drei Phasenströme, als auch die Gleichheit von Durchgangs- und Differenzstrom kontrolliert (Abb. 3a). Im zweiten Fall liegt der Kurzschluß außerhalb des Schutzbereiches, wobei festzustellen ist, daß kein Differenzstrom über die Differentialrelais fließt.

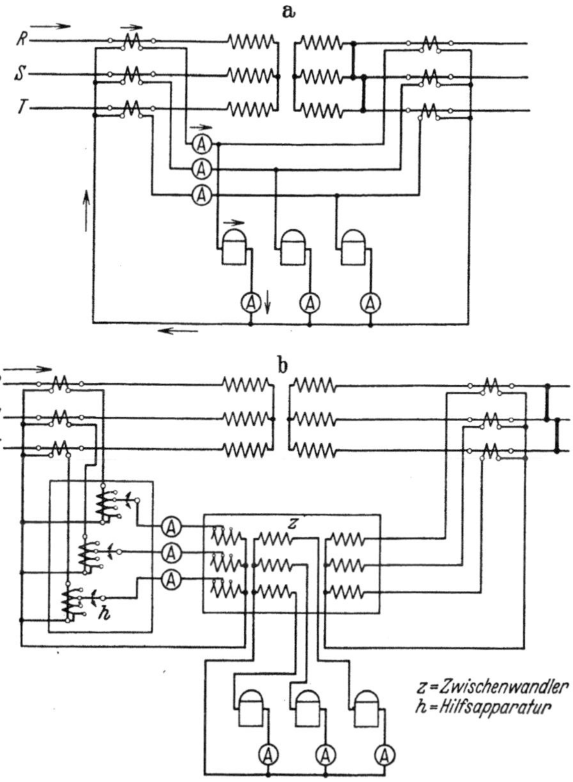


Abb. 3. Prüfung eines Differentialschutzes durch Hochfahrversuch. a Prüfung der Ansprechempfindlichkeit durch Kurzschluß im Schutzbereich, b Prüfung der Stabilität durch Kurzschluß außerhalb des Schutzbereiches und Abgleichen der Zwischenwandler.

Ist zum Ausgleich des Übersetzungsverhältnisses der Hauptwandler ein Zwischenwandler mit Anzapfungen vorgesehen, so wird die passende Anzapfung am schnellsten durch eine kleine Hilfsapparatur ermittelt. Dies ist ein Wandler, dessen fein und grob gestufte Anzapfungen an einem Kurbelkontakt liegen. Man braucht dann nur das Stromminimum zu suchen und nach dem Versuch die entsprechende Anzapfung am Zwischenwandler anzuschließen (Abb. 3b).

Da der Ausgleichsstrom immer nur wenige Prozente des Vollaststromes betragen wird, wird man leicht dazu verleitet, zu seiner Ablesung

Präzisionsstrommesser mit geringem Endbereich zu verwenden. Durch den erheblichen Eigenwiderstand dieser Instrumente kann jedoch die Messung sehr stark gefälscht werden, weil ein Unsymmetriestrom sich zum großen Teil über die Hauptwandler ausgleicht. Es sind daher für diese Messung nur Strommesser mit geringem Verbrauch zu verwenden oder Voltmeter mit hohem Eigenwiderstand, z. B. Instrumente mit eingebautem Gleichrichter, die parallel zu den Differentialrelais gelegt werden und den Spannungsabfall des Ausgleichstromes über der Stromwicklung des Relais anzeigen. Bei Widerstandsschutz wird man durch Strom-, Spannungs- und Leistungsmessung während des Kurzschlusses die bei der Projektierung zugrunde gelegten Leitungsdaten nachmessen und, falls Abweichungen festgestellt werden, entsprechende Korrekturen an der Relaiseinstellung vornehmen. Durch Kurzschließen der Stromwandler durch einen Hilfsschalter kann den Relais trotz des hochspannungsseitigen Kurzschlusses ein fehlerfreier Zustand vorgetäuscht werden, so daß nach dem Wiederöffnen die Ablaufzeit der Relais gemessen werden kann. Hierbei wird auch die richtige Polung der Relais bezüglich der Energierichtung kontrolliert. Im allgemeinen wird man durch geschickte Wahl der Kurzschlußstelle bei einem Hochfahrversuch gleich mehrere Leitungsenden in Betrieb nehmen können.

Für die Inbetriebnahme eines Erdschlußschutzes wird das Netz mit einem fest eingebauten Erdschluß auf Spannung hochgefahren und dabei Nullpunktspannung, Summenstrom und Erdschlußleistung bzw. Blindleistung gemessen, sowie die richtige Polung der Relais festgelegt. Durch die Feststellung, bei wieviel Prozent der Nennspannung die Relais bereits ansprechen, läßt sich der Übergangswiderstand berechnen, der von den Erdschlußrelais noch erfaßt wird. Sehr wichtig ist auch die Kontrolle, daß die Summenschaltung der Stromwandler zur Gewinnung des Nullstromes keinen Ausgleichstrom im erdschlußfreien Zustand über das Relais fließen läßt. Bezüglich der Messung des Ausgleichstromes selbst gilt das gleiche wie beim Differentialschutz, der Strommesser darf keinen hohen Eigenwiderstand besitzen. Um sich davon zu überzeugen, daß der Ausgleichstrom keine die Anzeige fälschende Größe besitzt, genügt es auch, bei nicht zu kleinem Betriebsstrom nacheinander die drei verketteten und Sternspannungen an das Relais zu legen. Das Erdschlußrelais darf dabei keine Tendenz zur Anzeige besitzen, andernfalls müssen die Wandler durch zusätzliche Belastungen, sog. Ausgleichimpedanzen, aufeinander abgeglichen werden.

Sind Hochfahrversuche aus betrieblichen Gründen nicht möglich, so kann die Prüfung der Relais durch Fremdstrom von einer Relaisprüfeinrichtung aus erfolgen. Wenn der betreffende Anlageteil nicht spannungsfrei gemacht werden kann, ist durch die Prüfeinrichtung nur der Sekundärkreis zu kontrollieren, jedoch nicht die Strom- und Spannungswandler. Es ist daher zweckmäßiger, Betriebsstrom und

Spannung für die Prüfung heranzuziehen, besonders da hierbei auch die richtige Polung winkelabhängiger Relais eindeutig bestimmt werden kann. Die hierbei vorzunehmenden Hilfsschaltungen und Messungen sind nicht nur je nach dem Schutzsystem verschieden, sie richten sich auch nach Bauart und Wirkungsweise der verwendeten Relais. Es kann daher im einzelnen nicht näher darauf eingegangen werden; als Beispiel sei nur die

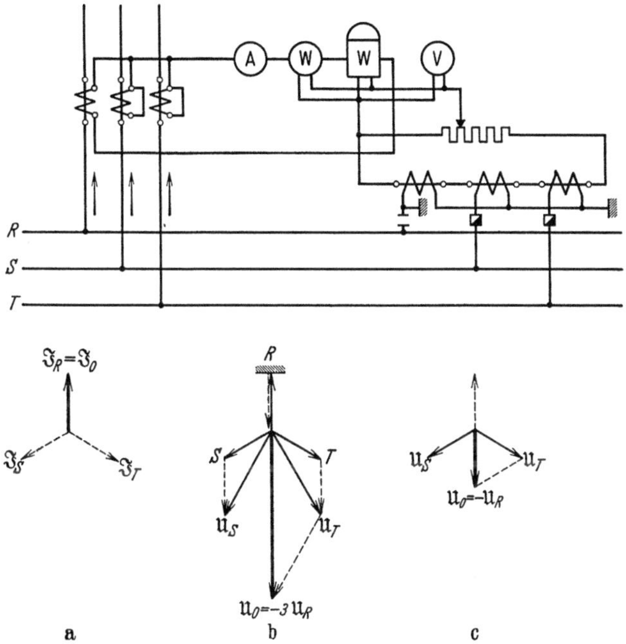


Abb. 4. Versuchsschaltung zur Prüfung von Erdschlußrelais. a Stromdiagramm beim Versuch, b Spannungsdiagramm bei Erdschluß, c Spannungsdiagramm beim Versuch.

Prüfung der Polung von Erdschlußrelais in gelöschten Netzen gezeigt (Abb. 4).

Durch Abtrennen und Kurzschließen von zwei Stromwandlern, z. B. den Phasen $S$ und $T$, fließt der Betriebsstrom der Phase $R$ als vorgetäuschter Summenstrom über das Erdschlußrelais (4a). Die Nullpunktspannung möge im Erdschlußfall drei Einphasenspannungswandlern mit sekundär im offenen Dreieck geschalteten Wicklungen entnommen werden. Bei einem Erdschluß der Phase $R$ ist der Wandler dieser Phase über Erde kurzgeschlossen und die Summe der Spannungen der gesunden Phasen, die auf den verketteten Wert gestiegen sind, bilden die Nullpunktspannung $U_0$ (4b). Um nun dem Relais für die Prüfung eine phasengleiche Spannung zuzuführen, wird der Wandler der Phase $R$, etwa durch Entfernen der Hochspannungssicherung, vom Netz abgetrennt und geerdet. Die Spannungen der beiden anderen Wandler werden hierdurch nicht beeinflußt, ihre Summe ist in gleicher Phase wie die Nullpunktspannung, erreicht aber nur $^1/_3$ ihrer absoluten Größe (4c). Da der Erdschlußstrom auf die Erdschlußstelle zu gerichtet ist, muß das Erdschlußrelais bei der Prüfung Kontakt geben, wenn der Betriebsstrom der Phase $R$ von der Sammelschiene abfließt, also bei Leistungsabgabe in die Leitung. Durch einen Spannungsteiler, der für den Versuch vor die Spannungsspule gelegt wird, kann die dem Relais zugeführte Leistung von Null an geregelt und die Ansprechleistung kontrolliert werden.

Beim Inbetriebnehmen kann durch die beschriebenen Maßnahmen der Schutz so sorgfältig untersucht werden, daß die Relais richtig eingestellt und irgendwelche Mängel der einzelnen Apparate oder der Schaltung unbedingt gefunden und damit wohl stets auch behoben werden können. Damit kann der Schutz meistens dem Betrieb übergeben werden.

Ob der Schutz auch bei kritischen Fehlerfällen den gestörten Abschnitt noch selektiv abtrennt, läßt sich allerdings nur durch Kurzschlußversuche im Netz selbst ermitteln. Noch vor einem Jahrzehnt wurden derartige Versuche als eine besondere Tat gewertet, und nur widerstrebend übernahm der Betrieb das Risiko für seine Anlage. Heute bestehen keinerlei Bedenken mehr vor einer gewollten Beanspruchung von Netz und Maschinen, die jederzeit unbeabsichtigt auftreten kann. Man kann sogar vielfach die Ansicht hören, daß es besser ist, wenn schwache Anlageteile bei den Versuchen ausfallen, bei denen genügend Reserven bereitgestellt sind, als bei einem Kurzschluß in Zeiten voller Belastung. Es werden daher jetzt häufig als Abschluß einer Inbetriebnahme von Widerstandsschutzsystemen einige Kurzschlußversuche angestellt. Die Art der Durchführung, die Wahl der Fehlerstellen und Fehlerarten, sowie die Anzahl der Versuche hängt ganz von den örtlichen und betrieblichen Verhältnissen ab und muß von Fall zu Fall festgelegt werden. An einer möglichst umfassenden Versuchsanordnung und eingehendster Auswertung der erhaltenen Relaiszeiten, Meßwerte und Oszillogramme ist in gleicher Weise die Betriebsleitung wie die Lieferfirma interessiert. Der Betrieb kann dabei die speziellen Vorgänge in seinem Netz bei Störungen studieren, er erhält Vertrauen zu dem von ihm gewählten Schutzsystem, und er lernt auch die Grenzen seiner Arbeitsmöglichkeit erkennen. Die Lieferfirma sammelt bei den Versuchen wertvolle Erfahrungen und manchmal neue Erkenntnisse. Wer die Entwicklung der Selektivschutztechnik in den letzten Jahren aufmerksam verfolgt hat, wird erkennen, daß gerade die gemeinsam durchgeführten Versuche auf beide Teile außerordentlich befruchtend eingewirkt haben.

## C. Überwachung und Pflege.

Die Pflege von Schutzanlagen, die um so sorgfältiger sein muß, je vielseitiger die Einrichtungen sein sollen, kann in drei Gruppen unterteilt werden: die Überwachung durch die Störung selbst, die laufende Prüfung und die Generalüberholung.

## 1. Die Überwachung durch die Störung selbst.

Bei fast allen Störungen werden nicht nur die Relaissätze angeregt, die den Fehler abschalten, sondern es wird eine ganze Reihe von Relaissätzen anlaufen, die nach der Beseitigung des Fehlers wieder in ihre Ruhelage zurückfallen. Es hat sich in den letzten Jahren immer mehr eingeführt, die Anregung der Relais durch mechanisch betätigte Schauzeichen oder durch elektrisch gesteuerte Fallklappen oder Zählwerke zu registrieren, während die Laufzeit durch Schleppzeiger festgehalten wird. Die Anzeigen, die auf den einzelnen Stationen vom Bedienungspersonal möglichst unmittelbar nach der Störung abgelesen und an eine Zentralstelle weitergeleitet werden müssen, ergänzen das Bild des Störungsverlaufes. Zur Klärung der Störung selbst dienen in erster Linie Störungsschreiber, die an verschiedenen Netzpunkten den Verlauf von Spannungen und Strömen dreiphasig mit großem Papiervorschub registrieren. In neuerer Zeit werden auch an besonders wichtigen Stellen, beispielsweise an Kraftwerkskuppelleitungen, Netzoszillographen aufgestellt, die bereits wenige Perioden nach Eintritt der Störung die Momentanwerte der Kurzschlußgrößen aufzeichnen. Hierdurch können besonders Pendelerscheinungen während des Kurzschlußverlaufes und nach dem Abschalten der Fehlerstelle ausgewertet werden.

Liegt durch die Auswertung aller Unterlagen das Störungsbild fest, so ist es sehr wertvoll, die Relaisanzeigen zur Kontrolle der richtigen Arbeitsweise der Relais heranzuziehen. Auf Grund der Einstellung der einzelnen Relais im Netz kann nämlich beurteilt werden, ob die Anzeige ordnungsgemäß erfolgte oder ob Anzeichen vorliegen, die für diese Störung zwar noch keine Fehlschaltung zur Folge hatten, die aber eine Nachprüfung erforderlich machen.

Dies sei an einem einfachen Beispiel etwas näher ausgeführt, wobei der Prozentsatz der fehlerhaften Relais absichtlich ganz unwahrscheinlich hoch gegriffen ist (Abb. 5).

Zwei Kraftwerke $A$, $B$ speisen über Transformatoren $C$, $D$ ein Ringnetz mit den Sammelschienen $E$ bis $I$. Generatoren und Transformatoren sind mit Überstromschutz, letztere auch noch mit Differentialschutz ausgerüstet. Der Ring ist mit Widerstandszeitrelais geschützt. Auf der Strecke $I$—$H$ war ein 3-poliger Kurzschluß aufgetreten, der, weil er sich in unmittelbarer Nähe von $H$ befand, auf dieser Seite nach 0,5 sec, bei $I$ nach 1,5 sec abgeschaltet wurde. Die Zahl der Anregungen und die durch Schleppzeiger ermittelte Laufzeit ist an sämtlichen Leitungsenden eingetragen. Bei fehlerfreiem Arbeiten sämtlicher Relais müßten folgende Anzeigen vorliegen: Bei dem 3-poligen Kurzschluß sprechen die Relais sämtlicher Phasen an, die Überstromzeitrelais der Maschinen und

Umspanner sind während der gesamten Störungszeit gelaufen und der stabilisierte Differentialschutz hat nicht angeregt. Die Widerstandszeitrelais der oberen Ringhälfte sind bereits nach der ersten Schalterauslösung zurückgefallen, die der unteren Ringhälfte erst nach der endgültigen Abschaltung des Kurzschlusses. Da der von *A* gelieferte Kurzschlußstrom auf der Doppelleitung *F*—*G* zur Anregung der Widerstandsrelais nicht ausreichte, mußten bei der Störung 12 Relaissätze anlaufen, wovon zwei die Abschaltung übernahmen. Einige Relais weichen nun von der Sollanzeige ab. Die Differentialrelais des Umspanners *D* sind 0,2 sec gelaufen. Da der Fehler direkt bei *B* lag, hat der sehr hohe Stoßstrom einen Ausgleichstrom über die Differentialrelais veranlaßt. Diese Anregung ist nicht fehlerhaft oder gefährlich, denn die Relais sind wegen des nicht zu vermeidenden Rusheffektes mit einer Verzögerung von 0,5 sec versehen. Auf der Leitung *E*—*I* hat ein Widerstandsrelais zweimal angeregt und ist nur 1,2 sec gelaufen. Offenbar prellt das Anregeglied, wodurch für die Laufzeit 0,3 sec verloren gingen. Auf der gleichen Station, Leitung *E*—*F* ist ein Relais an Stelle 0,5 sec zu lange, nämlich 0,9 sec, gelaufen. Das „Nachlaufen" dürfte durch ein Hängenbleiben eines Anregekontaktes verursacht sein und kann leicht eine Fehlschaltung zur Folge haben. Schließlich haben die Relais der Station *G* nach *H* überhaupt

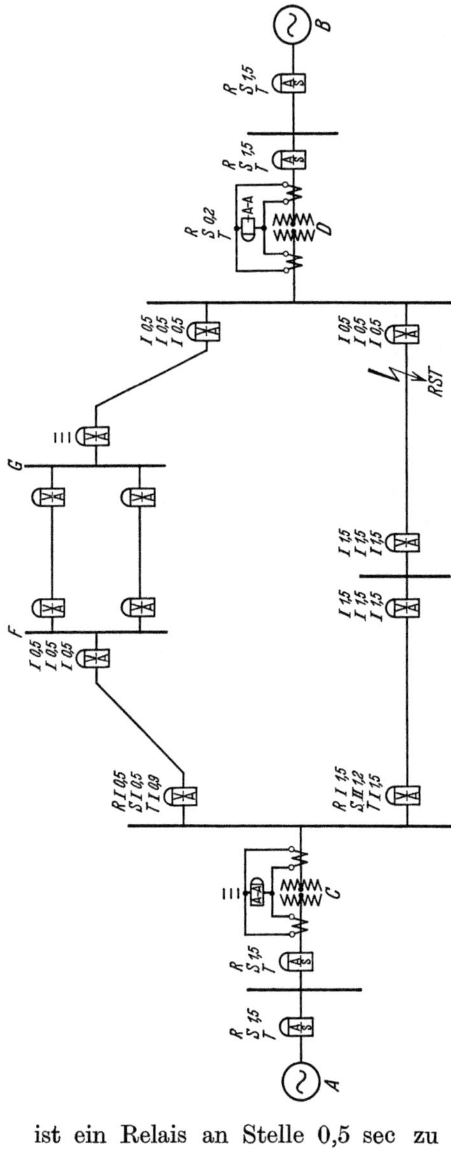

Abb. 5. Relaisüberwachung durch ihre Anzeige bei Störungen. *RI* 1,5 bedeutet: Relais der Phase *R*, einmalige Anregung, Laufzeit 1,5 sec.

nicht angeregt. Es ist ganz unwahrscheinlich, daß alle drei Relais mechanische Mängel aufweisen, vielmehr dürfte das Fehlen der Hilfsspannung die Ursache sein.

Aus dem vorliegenden Beispiel ist zu erkennen, wie bei der Durcharbeitung der Störungsfälle eine sehr wirksame Überwachung des Schutzes vorgenommen werden kann. Die Angaben sind allerdings nicht mehr eindeutig und die Überwachung wird damit illusorisch, wenn mehrere Störungen kurz hintereinander auftreten, was besonders bei Gewittern vorkommt. Man kann auch an besonders wichtigen Stellen die Arbeitsweise der Relais kontrollieren, indem man die Laufzeit durch Mehrfachzeitschreiber aufzeichnen läßt.

## 2. Die laufende Prüfung.

Die laufende Prüfung soll den Relais einen Fehler auf der Hochspannungsseite vortäuschen und sie zum Anregen und zum Ablaufen bringen, wobei jedoch im allgemeinen die Schalterauslösung selbst unterbunden wird. Man kann die Prüfung so mechanisieren und auf einige Handgriffe vereinfachen, daß sie von dem auf der Station befindlichen Schaltpersonal vorgenommen werden kann, das bei etwaigen Relaisversagern keine Eingriffe vornimmt, sondern diese an die Zentralstelle weitermeldet. Diese Handhabung hat den Vorteil, daß die Prüfung ohne besonderen Aufwand in kurzen Zeitabständen, etwa alle 4 Wochen erfolgen kann, immerhin werden beginnende Fehler bei der oberflächlichen Prüfung kaum erkannt werden. Zweckmäßig wird in größeren Zeiträumen von den Relaisspezialisten eine eingehendere Prüfung ausgeführt.

Die einfachste Prüfungsart ist das Betätigen einer Prüftaste, um das zu prüfende Relais zum Ansprechen zu bringen. Bei Spannungsabfallrelais wird durch das Drücken der Taste ein vorher kurzgeschlossener Vorwiderstand im Spannungspfad freigegeben, so daß die am Relais liegende Spannung auf einen Wert reduziert wird, der etwas unter der Ansprechspannung liegt (Abb. 6a). Für Stromrelais braucht man einen kleinen Hilfswandler, der mit seiner Primärwicklung fest an der Wechselspannung liegt und dessen den Prüfstrom liefernde Sekundärwicklung durch die Prüftaste an die Stromrelais angeschlossen wird (Abb. 6b). Da sich der Prüfstrom vektoriell zu dem Betriebsstrom addiert, muß er reichlich bemessen sein, um auch bei hoher Belastung und entgegengesetzter Richtung von Prüf- und Betriebsstrom das Relais zum Ansprechen zu bringen. Bei Stromrelais in Differentialschaltung, die stets stromlos sind, braucht der Prüfstrom nur in der Größenordnung des Ansprechstromes zu liegen. Keinesfalls darf bei der Prüfung versehentlich der zu den Relais gehörende Schalter abgeschaltet werden. Man vereinigt daher die Prüftasten auf einem Tableau, das durch einen Deckel verschlossen ist. Durch das Aufklappen wird selbsttätig die Auslöseleitung von dem Auslöser auf eine Signallampe umgelegt. Damit die Auslösung nur während der kurzen Prüfungszeit unterbunden ist, wird der Deckel mit einer Rückzugsfeder versehen, die ihn nach dem Loslassen in die Ausgangsstellung zurückführt. Durch die Prüftastentafel kann man sich nur davon überzeugen, daß die Relais ansprechen,

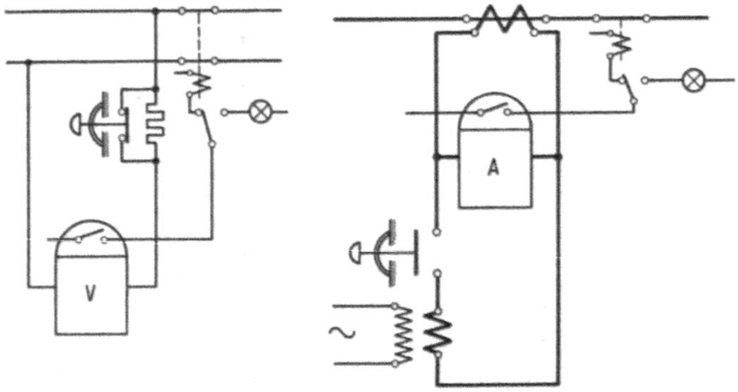


a b

Abb. 6. Prüfung im Betrieb durch Prüftaste. a Spannungsabfallrelais, b Überstromrelais.

und man kann mit einer Stoppuhr die Ablaufzeit annähernd bestimmen. Für eine eingehendere Prüfung ist neben den Ansprech- und Abfallwerten vor allem eine möglichst genaue Kontrolle der Laufzeit erwünscht. Hierzu verwendet man

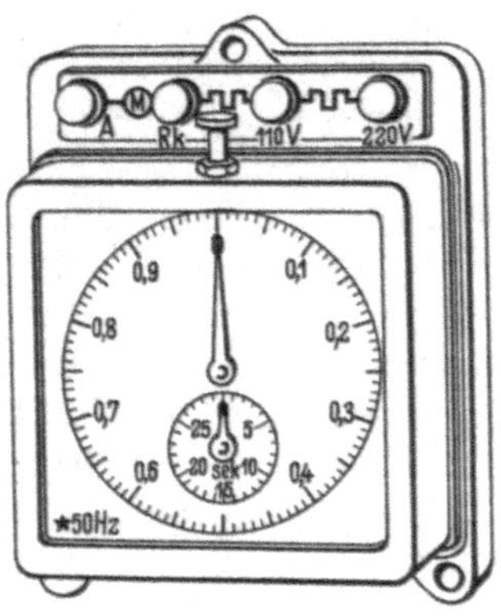


Abb. 7.

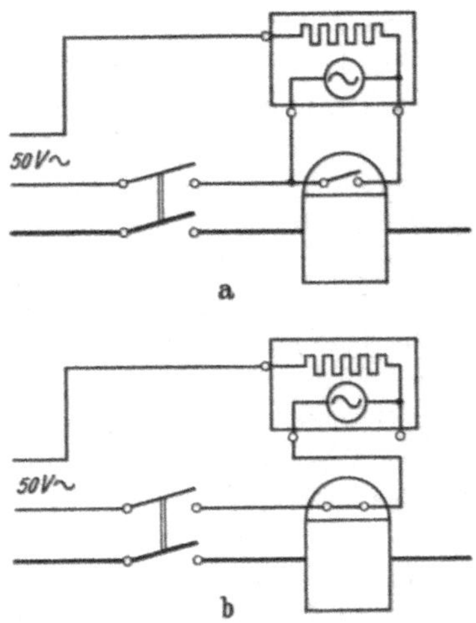


b

Abb. 8.

Abb. 7 und 8. Sekundenmesser und grundsätzliche Prüfschaltung für Relais mit Arbeitskontakt (a) und Ruhekontakt (b).

Sekundenmesser, die gleichzeitig mit dem Prüfling anlaufen und durch seine Kontaktgabe gestoppt werden (Abb. 7 und 8). Sie enthalten einen kleinen selbstanlaufenden Synchronmotor, der an die Betriebswechselspannung von 50 Perioden angeschlossen wird und über ein Vorgelege einen Sekunden- und Minutenzeiger antreibt. Der prozentuale Zeitfehler entspricht daher der prozentualen Abweichung der Netzfrequenz vom Sollwert 50 Hz, die Zeitstreuung liegt in der Größenordnung von einer Periode (0,02 sec), die Genauigkeit ist also für die in Frage kommenden Relaiszeiten vollkommen ausreichend.

Für sekundärseitige Prüfungen werden besondere tragbare Prüfeinrichtungen verwendet, mit denen auch Leistungs- und Widerstandsrelais geprüft werden können. Um das Gewicht möglichst klein zu halten,

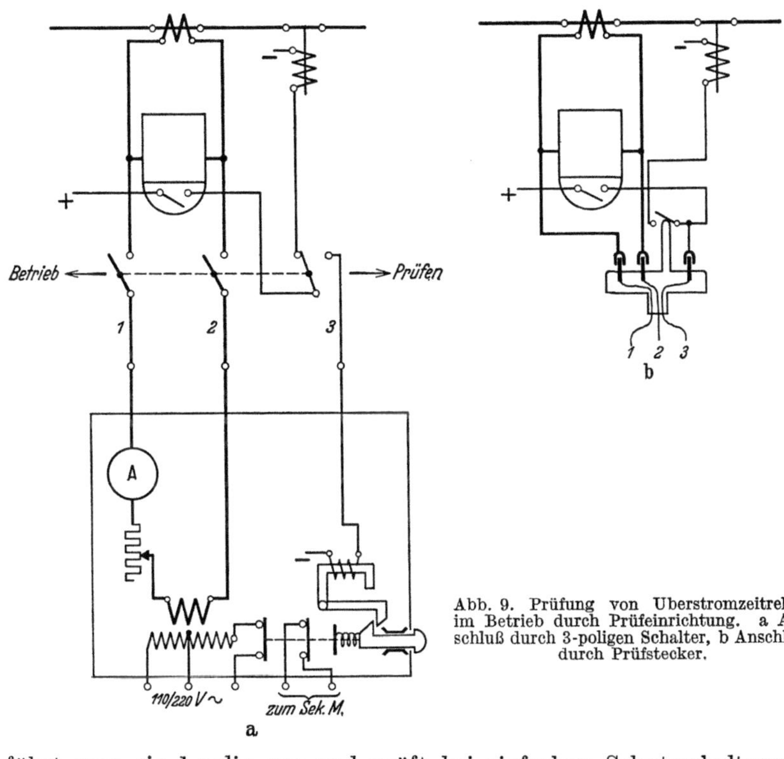


Abb. 9. Prüfung von Uberstromzeitrelais im Betrieb durch Prüfeinrichtung. a Anschluß durch 3-poligen Schalter, b Anschluß durch Prüfstecker.

führt man sie 1-polig aus und prüft bei einfachen Schutzschaltungen die Relais der einzelnen Phasen hintereinander. Die Einrichtungen enthalten grundsätzlich einen regulierbaren Transformator, der an die Sekundärspannung angeschlossen wird und den Prüfstrom erzeugt, einen kleinen selbsttätigen Schalter, durch den der Kurzschlußstrom eingeschaltet und der durch die Kontaktgabe des Prüfobjektes an Stelle des Ölschalters ausgelöst wird und einen Anschluß für einen Sekundenmesser zur Ermittlung der Ablaufzeit.

Die prinzipielle Schaltung zur Prüfung von Überstrom- oder Überstromzeitrelais zeigt Abb. 9a. Durch einen 3-poligen Schalter wird der Prüfstrom über das Relais geleitet und der Auslösekontakt vom Schalter auf den Automaten umgelegt. Mit einem Schiebewiderstand kann der Strom geregelt werden; der vom Instrument angezeigte Strom ist aber nur dann mit dem Relaisstrom identisch, wenn die Leitung stromlos ist. Man verzichtet häufig bei einfachen Relais darauf, den Stromwandler während der Prüfung abzutrennen und kurzzuschließen und nimmt die Summierung von Prüf- und Betriebsstrom bei der Kontrolle der Ablaufzeit in Kauf.

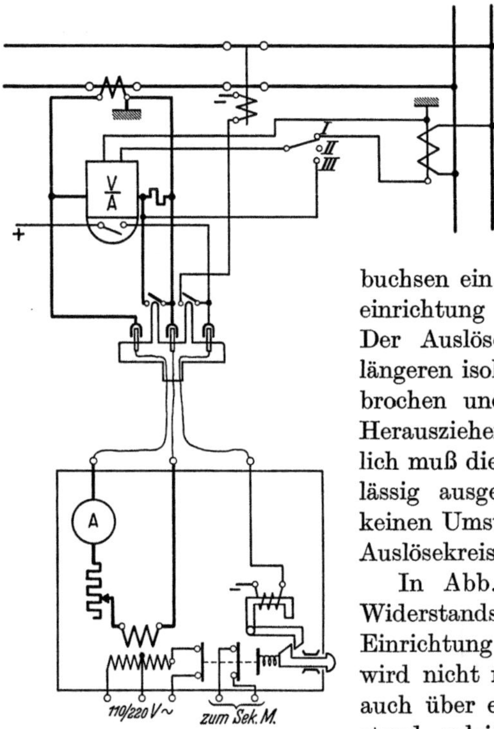


Abb. 10. Prüfung von Widerstandszeitrelais im Betrieb durch eine Prüfeinrichtung.

Um den Anschluß der Prüfeinrichtung möglichst schnell ohne Anklemmen von Drähten ausführen zu können, baut man gleich bei der Montage des Schutzes Steckbuchsen ein, in die der Stecker der Prüfeinrichtung eingeführt wird (Abb. 9b). Der Auslöser wird dabei durch einen längeren isolierten Stift selbsttätig unterbrochen und schließt sich wieder beim Herausziehen des Steckers. Selbstverständlich muß dieser Kontakt unbedingt zuverlässig ausgeführt werden, damit unter keinen Umständen nach der Prüfung der Auslösekreis unterbrochen bleibt.

In Abb. 10 ist die Prüfung eines Widerstandszeitrelais mit einer gleichen Einrichtung dargestellt. Der Prüfstrom wird nicht nur über das Relais, sondern auch über einen fest eingebauten Widerstand geleitet, der im Betrieb kurzgeschlossen und durch den Prüfstecker geöffnet wird. Die Spannungsspule ist über einen Schalter mit drei Stellungen angeschlossen. Stellung *I* ist die Betriebsstellung, es kann aber auch die Endzeit in dieser Stellung geprüft werden, weil während der Prüfung die volle Spannung am Relais liegt. Auf Stellung *II* ist die Spannung abgeschaltet und die Grundzeit wird kontrolliert. Schließlich wird auf Stellung *III* der Spannungsabfall des Widerstandes an das Relais gelegt, das nun in einer entsprechenden Widerstandszeit Kontakt geben muß. Zweckmäßig wählt man den festen Widerstand so, daß er die gleiche Größe wie der vom Relais zu überwachende sekundäre Streckenwiderstand besitzt. Diese Widerstandsmessung ist unabhängig vom Belastungsstrom, da der Spannungsabfall von der vektoriellen Summe von Prüf- und Belastungsstrom gebildet wird. Mit Grundzeit, einem Punkt der Widerstandszeitcharakteristik und Endzeit sind die wichtigsten Daten des Relais aufgenommen.

Für komplizierte 3-polige Widerstandssysteme verwendet man 3-polige Prüfeinrichtungen, die den Relais die verschiedenen Fehlerarten vortäuschen können. Die Schaltung der Prüfeinrichtung ist dabei in den Grundzügen gegeben, nur in einigen Einzelheiten muß sie sich der betreffenden Schutzschaltung, sowie den zu prüfenden Relais anpassen. Bei dieser Prüfung trennt man den ganzen Relaissatz von Strom- und

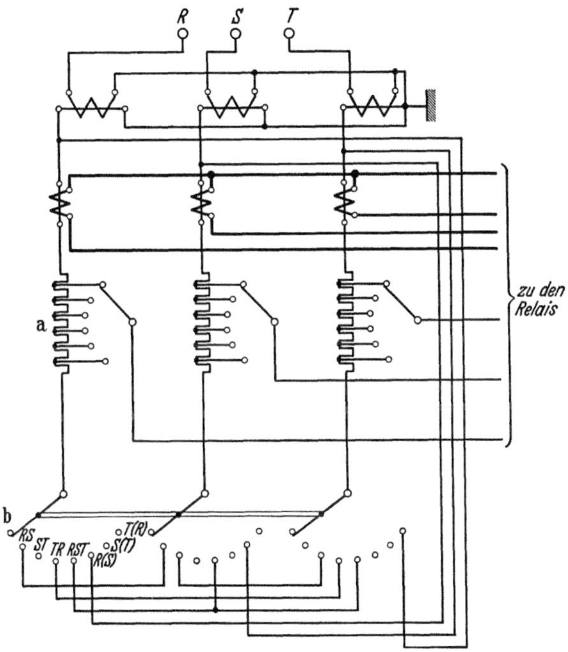


Abb. 11. Prinzipschaltung einer 3-poligen Prüfeinrichtung für Widerstandszeitrelais. a Widerstandswähler, b Fehlerwähler.

Spannungswandler durch einen vielpoligen Schalter ab und legt ihn an eine Prüfschiene. Die Stromwandler müssen dabei ohne Unterbrechung kurzgeschlossen werden. Durch einen Fehlerwähler (Abb. 11) wird der gewünschte Fehler eingestellt: 2-poliger Kurzschluß *RS*, *ST* oder *TR*, 3-poliger Kurzschluß *RST*, Doppelerdschluß *RS*, *ST* oder *TR*. Ein Widerstandswähler mit etwa 10 Stufen kann die Fehlerentfernung von Null bis zum maximalen Meßbereich der Relais einstellen. Für Scheinwiderstandsrelais werden dabei verschiedene Spannungsabfälle von Ohmschen Widerständen, für Blindwiderstandsrelais von Drosseln abgegriffen.

Die verschiedenen Wandler, Widerstände und Schalter werden in einem Prüfwagen vereinigt, der Anschluß erfolgt wieder über einen vielpoligen Stecker. Diese Art der Prüfung hat den Vorteil, daß die gesamte Schaltung, also auch etwa vorhandene Hilfsrelais mitgeprüft werden.

Für die Prüfungen auf der Sekundärseite der Relais geht man im allgemeinen nicht über etwa 30 Amp. hinaus, weil sonst die Einrichtungen zu umfangreich würden. Zur Kontrolle von Primärauslösern oder Relais einschließlich der Stromwandler bestehen Prüfeinrichtungen, mit denen Ströme von 1000—4000 Amp. erzeugt werden können. Die Leistungsfähigkeit schwankt je nach dem aufgewendeten Gewicht zwischen 1000 bis 20000 VA, wobei diese Leistung mit Rücksicht auf sparsame thermische Dimensionierung nur kurzzeitig — etwa 1 bis 3 Minuten — entnommen werden darf.

Abgesehen von den Primärauslösern, deren Prüfung nur mit den hohen Strömen erfolgen kann, wird man die Sekundärrelais nur selten von der Primärseite der Stromwandler aus prüfen. Infolge des umfangreicheren Aufbaues, da ja der Wandler spannungsfrei gemacht werden muß, und da Fehler im Übersetzungsverhältnis der Stromwandler kaum vorkommen, wird die sekundärseitige Prüfung der Relais bevorzugt.

### 3. Die Generalüberholung.

In gleicher Weise, wie Zähler nach mehrjähriger Betriebszeit zur eingehenden Untersuchung und Nacheichung in eine Zählereichwerkstatt kommen, sollte auch mit Relais verfahren werden. Selbstverständlich ist die betriebliche Beanspruchung eines Relais eine ganz andere, aber trotzdem sind einzelne Teile einer Abnutzung beispielsweise durch Vibrationen oder einer zeitlichen Veränderung unterworfen.

Erfahrungsgemäß sind es besonders drei Punkte, die einer Überholung bedürfen: die Lager, das Schmiermittel und die Kontakte.

Die Lager sind nicht nur bei hohen Kurzschlußströmen heftigen Stößen ausgesetzt, sehr viele Relais, besonders die an Spannung angeschlossenen, wie Spannungsabfall-, Impedanzanrege- und Richtungsrelais neigen zu leichten Vibrationen im normalen Betrieb, wodurch die Lagerstellen beansprucht werden. Es muß daher geprüft werden, ob die Lagerluft nicht zu groß geworden ist, gesprungene Steinschrauben oder ausgearbeitete Lagerstellen müssen ausgewechselt werden. Spuren von Rostbildung an Stahlachsen, soweit nicht nichtrostende Materialien verwendet wurden, sind zu entfernen und die betreffenden Teile einzufetten.

Die Schmiermittel an den Lagerstellen und Zahnrädern dicken nach mehreren Jahren ein, auch wenn von den Lieferfirmen nur beste Spezialöle verwendet werden. Durch die Vermischung mit kleinsten Teilchen, die bei der Bewegung gegeneinander entstehen oder die als Staub bei Öffnen des Relais eindringen, wird dieser Prozeß, der durch den Einfluß des Tageslichtes und dem Luftsauerstoff entsteht, noch gefördert.

Da bei Meßrelais nur geringe Drehmomente zur Verfügung stehen können, können durch die erhöhte Reibung die Eichwerte, das Halteverhältnis oder die Ablaufzeit wesentlich gefälscht werden. Es kann auch vorkommen, daß bei getränkten Wicklungen durch thermische Überlastung die Tränkungsmasse verdampft und sich auf sämtliche Relaisteile niederschlägt, wodurch ebenfalls die Reibung erhöht wird.

Die geölten Teile sind daher sorgfältig durch Abwaschen mit Reinbenzin zu säubern und neu mit dem vorgeschriebenen Öl zu versehen.

Die Kontakte sind am ehesten einer Abnutzung unterworfen. Unebenheiten durch Kontaktabbrand sind erst durch eine feine Feile zu entfernen, und anschließend ist die Kontaktoberfläche am besten mit einem Glaspinsel zu glätten. Bei häufig ansprechenden Relais, die in der Selektivschutztechnik allerdings kaum vorkommen, muß unter Umständen der Kontakt erneuert werden.

Selbstverständlich muß bei der Generalüberholung auch auf die übrigen Relaisteile, z. B. den einwandfreien Zustand von Wicklungen, Luftspalten und Dichtung der Gehäuse geachtet werden.

Anschließend muß je nach dem Umfang der vorgenommenen Arbeiten eine Nacheichung oder eine völlige Neueichung erfolgen. Hierzu werden ortsfeste Relaisprüfeinrichtungen verwendet, mit denen eine stetige Regulierung von Strom und Spannung und jede beliebige Phasenverschiebung vorgenommen werden kann. Die an dem Relais dabei vorzunehmenden Justierarbeiten richten sich ganz nach der betreffenden Type und dem Fabrikat. Es ist hierfür sehr vorteilhaft, wenn das damit betraute Personal größerer Unternehmungen eine Information in den Relaiswerkstätten der Herstellerfirma durchmacht.

Der Überblick über den Zustand der Schutzeinrichtungen wird durch eine Relaiskartothek wesentlich gefördert. Auf der für jedes einzelne oder für jeden Relaissatz angelegten Relaiskarte sind Aufstellungsort und überwachter Betriebsteil, Übersetzungsverhältnisse der zugehörigen Strom- und Spannungswandler, ferner die Relaisdaten (Lieferfirma und Lieferjahr, Schaltung usw.), sowie die eingestellten Werte (Ansprechstrom, Laufzeit, Widerstandszeitkennlinien) angegeben. In diese Karte werden jeweils die Prüfungsergebnisse, sowie etwaige Mängel und die zur Behebung durchgeführten Maßnahmen eingetragen. Durch Vergleich der einzelnen Befundberichte kann die Generalüberholung auf ein Mindestmaß beschränkt werden, und es lassen sich leicht generelle Fehler erkennen, deren Auswirkung durch vorbeugende Maßnahmen verhindert werden kann.

# 7. Die Schutzschaltungen.

Von Dipl.-Ing. **Hermann Neugebauer,** Berlin.

## I. Der grundsätzliche Aufbau der Schutzschaltungen.

Die Schutzschaltung hat durch die Kombination der Wandler und der Relais dafür zu sorgen, daß die Kennzeichen der Fehler richtig verwertet und die Maßnahmen zur richtigen Abschaltung eingeleitet werden. Man kann prinzipiell in diesem Aufbau zwei Kreise unterscheiden: den Wandlerkreis und den Arbeitskreis.

**a) Der Wandlerkreis** dient nicht nur dazu, die Relais von der Hochspannung zu isolieren und die Hochspannungswerte auf bequem meßbare Werte zu transformieren, sondern auch unter Umständen durch die Schaltung der Wandler die Fehlerströme aus den Betriebsgrößen herauszusieben oder sie in solcher Form den Relais zuzuführen, daß man bestimmte Fehlerkennzeichen messen kann.

**b) Der Arbeitskreis** entscheidet durch die Kombination der Relaiskontakte mit verschiedenen Hilfsrelais und eventuell Zeitrelais über das Auslösen oder Nichtauslösen.

Er gliedert sich in:

$\alpha$) Die Anregung. Die Anregerelais müssen dauernd in Betrieb sein; sie stellen das Vorhandensein eines Fehlers fest und kennzeichnen die Fehlerart. Von ihrem Arbeiten sind alle weiteren Relais in der Schutzschaltung abhängig. Auch Meßrelais, die im Wandlerkreis liegen, werden zum Teil erst von ihnen unter Strom bzw. Spannung gesetzt.

$\beta$) Die Ausführung. Sie enthält alle Kontakt- und Hilfsrelaiskombinationen, die nötig sind, um die Auslösung endgültig, zeitgerecht und vollkommen zu bewirken.

$\gamma$) Der Schutzkreis. Er enthält beim Leitungsschutz nur die Auslösespule des Leitungsschalters, der geöffnet werden muß, um den Fehler vom Netz abzutrennen.

Beim Generatorschutz z. B. ist dieser Kreis jedoch vielfach verzweigt, weil hier gleichzeitig neben der Abschaltung auch noch die Entregung, die Brandlöschung und der Stillsetzungsvorgang einzuleiten sind.

$\delta$) Der Meldekreis. Er hat, wie der Name schon sagt, durch optische und akustische Zeichen die Art und Tatsache der Auslösung oder des Vorhandenseins eines Fehlers an geeigneter Stelle zu melden.

# II. Die Schutzschaltungen für Leitungsschutz.

Im Gegensatz zu den geschlossenen Apparaten, wie Generatoren, Transformatoren, Gleichrichtern usw., ist bei den Übertragungsleitungen lediglich das Verhalten der elektrischen Größen für das Erfassen von Fehlern verwendbar. Die Gestaltung der Übertragungsleitungen weist nur wenig Unterschiede auf, wenn man Freileitungen und Kabel zunächst als gleichwertig ansieht. Unterschiedlich gegenüber einer Leitung sind lediglich die Knotenpunkte — Sammelschienen —, welche auch besondere Schutzarten verlangen. Für die Schutzart selbst ist es grundsätzlich das gleiche, ob man eine Einphasenleitung oder eine Drehstromleitung ohne oder mit Nulleiter betrachtet. Nur die spezielle Anordnung und die Anzahl der notwendigen Relais ist verschieden.

## A. Schutzschaltungen zum Erfassen von Kurzschlüssen in Übertragungsleitungen (Freileitungen und Kabel).

Mit Hilfe der Schaltung soll der Fehler in der Leitung festgestellt und selektiv abgeschaltet werden. Als Selektionsmittel wurden früher angegeben: Zeitstaffelung, Richtung und Vergleich. Entsprechend der Art der Fehlerortsbestimmung gliedern sich die Schutzschaltungen wie folgt:

### 1. Zeitstaffelsysteme.

a) Die Grundformen der Schaltungen für Zeitstaffelsysteme.

Den einfachsten Schutz nach der Sicherung stellt der aufgebaute Primärauslöser dar. Das Relais ist gegen die Hochspannungsleitung nicht isoliert und betätigt mechanisch den Auslösemechanismus des Schalters. In dieser mechanischen Übertragungseinrichtung liegt gleichzeitig die Isolation. Je nach dem Zweck erfolgt die Auslösung momentan oder verzögert. Die Verzögerung ist entweder von der Höhe des Stromes abhängig oder unabhängig. Grundsätzlich hierbei ist, daß das Relais die gesamte Arbeit leisten muß, die zum Betätigen des Auslösemechanismus des Leistungsschalters notwendig ist (Abb. 1).

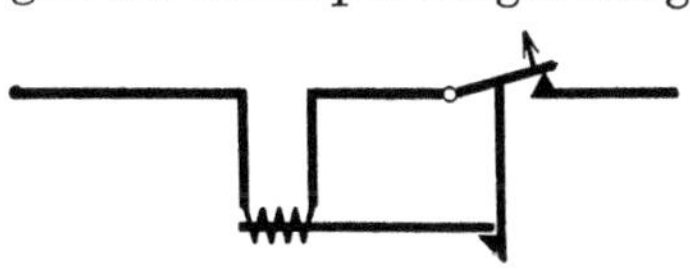

Abb. 1. Primärauslöser. Auslösezeit: momentan, abhängig oder unabhängig verzögert.

Der nächste Schritt ist, den Primärstrom durch einen Stromwandler auf eine bequem meßbare Größe herunter zu transformieren und einem Sekundärrelais zuzuführen. Dieses Relais betätigt dann mittels eines Hilfsstromkreises den Spannungsauslöser des Leistungsschalters. Auch hierbei wird von dem Relais das Auslösekommando entweder momentan oder abhängig bzw. unabhängig verzögert weitergegeben (Abb. 2). Ausführungsformen sind die bekannten begrenzt abhängigen oder auch unabhängigen Überstromzeitrelais. Der Primärstrom wird hier nur zur Anregung und zur Betätigung des Zeitablaufes benutzt, während die Leistung für das Freigeben des Schaltermechanismus im Gegensatz zum Primärauslöser von einer fremden Stromquelle genommen wird.

Weiter kann man das Überstromrelais lediglich zum Feststellen des Überstromes benutzen und dann ein vollkommen unabhängiges Zeitwerk über einen Hilfsstromkreis in Bewegung setzen, was nach einer eingestellten Zeit den Leistungsschalter zum Abschalten veranlaßt (Abb. 3). Diese Schaltung umfaßt die bekannten Überstromanordnungen mit getrenntem Gleichstromzeitrelais.

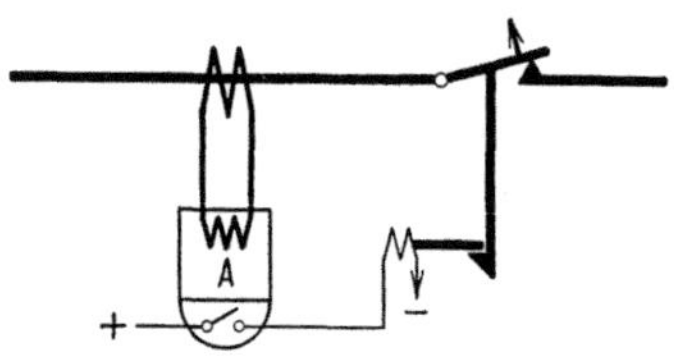


Abb. 2. Überstromzeitrelais.

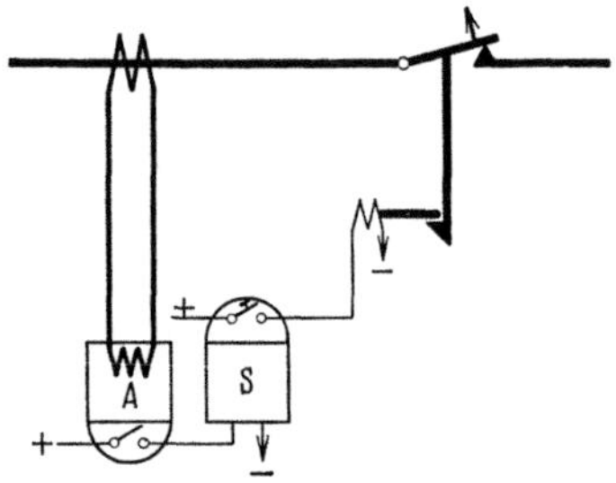


Abb. 3. Überstromrelais mit getrenntem Zeitrelais.

Alle diese Anordnungen können selektiv nur Kurzschlüsse erfassen, welche eindeutig von einer Seite gespeist werden. Bei mehrfacher Speisung der Kurzschlußstelle muß zur Fehlerortsbestimmung die Richtung des Kurzschlußstromes herangezogen werden. Zu den Überstromrelais und Zeitrelais tritt als weiteres Glied noch ein Richtungsrelais hinzu, das ebenfalls in den Strom- und Spannungspfad eingeschaltet wird.

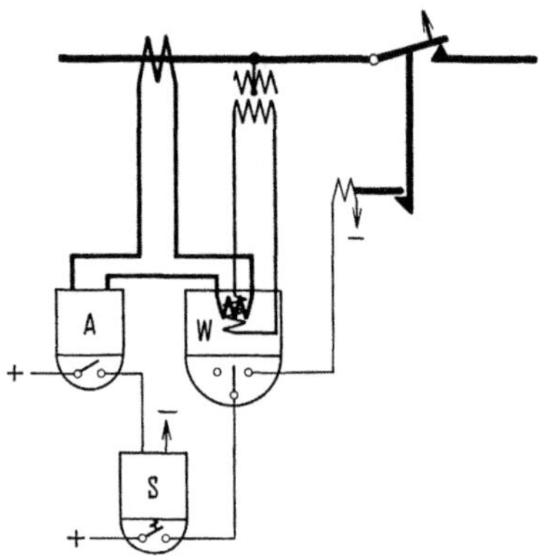


Abb. 4. Gerichteter Überstromschutz. Richtungsrelais mit direkter Kontaktgabe.

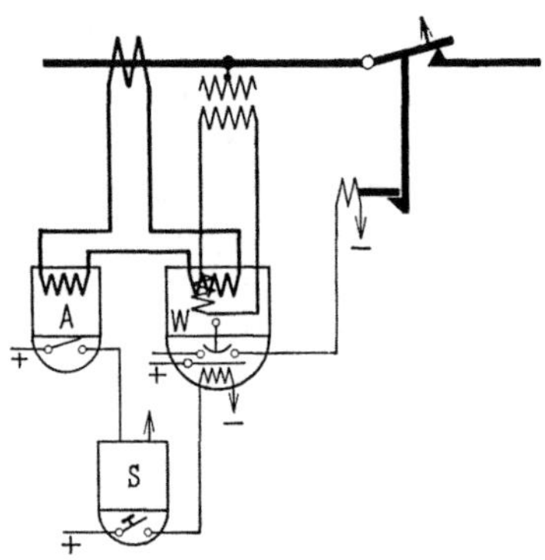


Abb. 5. Gerichteter Überstromschutz. Richtungsrelais mit fremdgesteuerten Kontakten.

Das Überstromrelais betätigt wie vorher das Zeitrelais. Die Weitergabe des Auslösekommandos an den Leistungsschalter wird aber von der Anzeige des Richtungsrelais abhängig gemacht. Wenn dieses anzeigt, daß der Kurzschlußstrom in die Leitung hineinfließt, wird die Auslösung freigegeben, im anderen Falle gesperrt. Es ist nun gleichgültig, ob dieses Feststellen der Stromrichtung vor der Zeitbestimmung oder, wie eben erwähnt, zuletzt erfolgt. Das Feststellen der Energierichtung selbst kann auf zweierlei Weise geschehen: Nach der Direktschaltung oder nach der Abfragemethode (Abb. 4 und 5).

Bei der Zeitbestimmung nach dem Widerstandsprinzip tritt schließlich noch das Meßorgan hinzu, welches den Widerstand der Kurzschlußschleife messen soll. Diese Schaltungen weisen eine große Mannigfaltigkeit auf, da nicht nur allein die Art des Messens, sondern auch die Art der zusätzlichen Anregung je nach den Anforderungen, die man an einen solchen Schutz stellt, sehr verschieden sein kann. Um einen Überblick über diese Schaltungen zu gewinnen, ist es zweckmäßig, die einzelnen Teilschaltungen getrennt zu betrachten. Wie letzten Endes diese Teilschaltungen zu dem Gesamtbild vereinigt werden und auf welche Weise sie tatsächlich ausgeführt werden, hängt von den verwendeten Relais ab. An der Idee der Schaltung ändert sich durch die verschiedenartige Ausführung nichts.

### b) Die Schaltungen der Anregung.

Die Frage, wie viele Anregerelais und in welcher Schaltung man sie in einer Drehstromleitung für den Schutz braucht, ist nach zwei Gesichtspunkten zu beantworten: Einmal ob die Anregerelais nur das Vorhandensein des Kurzschlusses schlechthin melden sollen oder ob sie auch die Art des Kurzschlusses angeben müssen. Der einfache Überstromschutz mit unabhängigem Zeitelement braucht nur anzugeben, daß überhaupt ein Kurzschluß besteht, da er immer das gleiche Zeitrelais betätigt. Wenn aber der Kurzschlußort festgestellt werden soll, dann darf auch nur das Meßrelais der gestörten Phase ansprechen und mit den zusammengehörigen Strom- und Spannungswerten messen. Gerade bei diesen Meßschaltungen fällt der Anregeschaltung eine sehr wichtige Rolle zu, da von ihr auch das richtige Arbeiten der Zeitbestimmung abhängt.

Eine Drehstromleitung besteht aus mehreren Kreisen, die zwar miteinander verkettet sind, aber von denen jeder für sich eine Störung erleiden kann. Es seien noch einmal die möglichen Kurzschlußfälle zusammengestellt:

Örtlich zusammenliegend:

2-polig: $R$—$S$, $S$—$T$, $T$—$R$.

3-polig: $R$—$S$—$T$.

Örtlich getrennt und über Erde verbunden:

Die gleichen Kurzschlüsse, nur mit räumlich auseinanderliegenden Kurzschlußpunkten, der Doppelerdschluß.

Bei einem Drehstromnetz mit starrer Nullpunktserdung ist außerdem jeder Erdschluß ein 1-poliger Kurzschluß.

$\alpha$) Überstromanregung. Um einen Kurzschluß in einer Übertragungsleitung mit $n$-Phasen in jedem dieser Kurzschlußfälle mit Sicherheit festzustellen, müssen $n-1$ = Überstromrelais vorhanden sein, genau wie man ebenso viele Strommesser nötig hat, um alle Phasenströme messen zu können. Für ein Drehstromnetz mit nicht geerdetem Nullpunkt sind daher mindestens zwei Überstromrelais in zwei

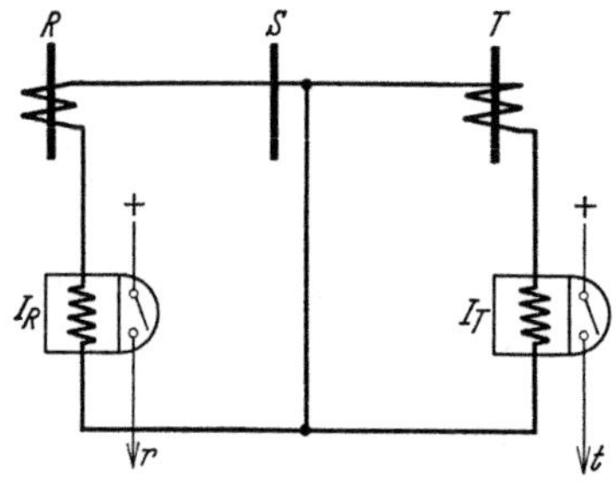


Abb. 6. 2-polige Überstromanregung.

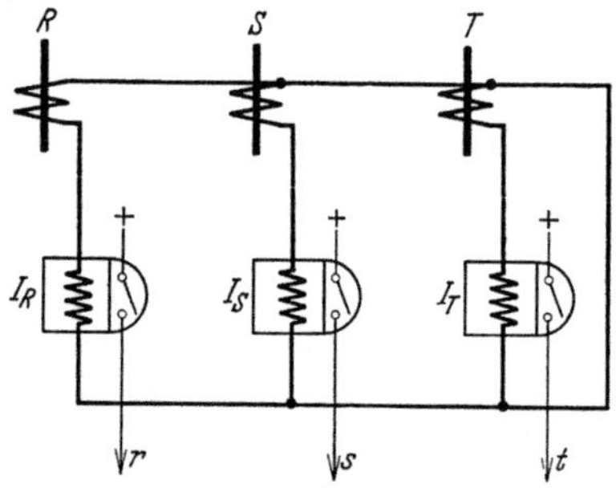


Abb. 6a. 3-polige Überstromanregung.

Phasen notwendig. Dabei ist zu beachten, daß diese Relais im ganzen, metallisch zusammenhängenden Netz in den gleichen Phasen eingebaut sein müssen, um auch Doppelerdschlüsse mit Sicherheit zu erfassen. Ist dies nicht der Fall, so können die beiden Erdschlußpunkte in Leitungsabschnitten liegen, in welchen gerade die betreffenden Phasen nicht mit Relais ausgerüstet sind. Bei gleichphasiger Ausrüstung dagegen wird stets mindestens die eine von beiden Erdschlußstellen angezeigt. Ein Drehstromnetz mit geerdetem Nullpunkt stellt ein Vierleitersystem dar und benötigt daher drei Überstromrelais in den drei Phasen (Abb. 6 und 6a).

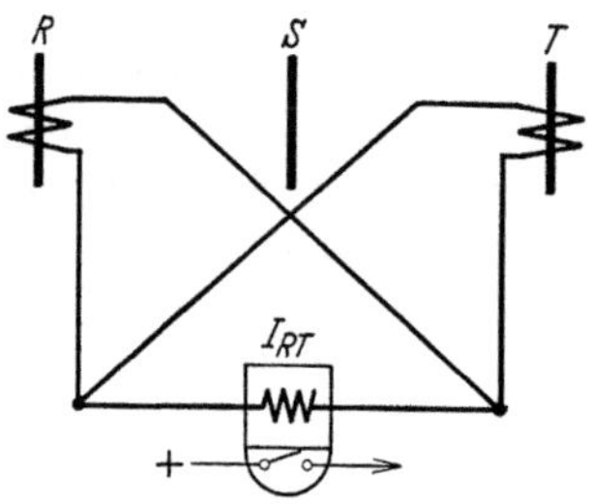


Abb. 7. Kreuzschaltung.

In Netzen mit isoliertem Nullpunkt ist noch eine Sparschaltung möglich, die sog. Kreuzschaltung (Abb. 7). Man bildet die Differenz zweier Phasenströme (Teil einer Dreieckschaltung). In der Differenzleitung fließt bei jedem Kurzschluß ein Teil des Kurzschlußstromes, der bei der verschiedenen Kurzschlußlage im Verhältnis $1 : \sqrt{3} : 2$ variiert. Ein Überstromrelais in dieser Differenzleitung spricht zwar auf jeden Kurzschluß an, jedoch mit verschiedenem Ansprechwert.

$\beta$) Unterimpedanz oder Quotientanregung. In Netzen, bei welchen in Zeiten schwachen Betriebes der Kurzschlußstrom kleiner ist als der maximale Betriebsstrom bei vollem Maschineneinsatz, muß die

Unterimpedanz- oder Quotientanregung gewählt werden. Im Gegensatz zur Überstromanregung überwacht diese auch das Verhalten der Spannungen zwischen den einzelnen Phasen. Die normale Strom-Spannungsanregung — Serienschaltung von Stromrelais und Spannungsbruchrelais — bezeichnet man treffender als „strombegrenzte Spannungsbruchanregung". Die sog. Quotientanregung, welche direkt das Verhältnis von Spannung zu Strom bildet und welche bei höheren Strömen die Betriebsimpedanzkurve schneidet, bezeichnet man besser als „spannungsabhängige Stromanregung".

Da die Quotientanregung das Verhalten der Spannung für die Beurteilung des Kurzschlusses heranzieht, müssen prinzipiell sämtliche Kurzschlußkreise dauernd überwacht werden. Der Strom in einer Phase ist jetzt allein nicht mehr maßgebend. Es ist daher nicht mehr richtig, wie bei der Überstromanregung nur zwei Quotientrelais zu verwenden, von denen z. B. das eine den Strom der Phase $R$ mit der Spannung $U_{RS}$ und das andere den Strom der Phase $T$ mit der Spannung $U_{TS}$ vergleicht. Bei einem Kurzschluß $T$—$R$ bleiben die beiden anderen Spannungen fast erhalten und geben keine Anregemöglichkeit. Für ein **Drehstromnetz** sind daher **drei Quotientrelais** notwendig, die an die drei verketteten Spannungen angeschlossen werden (Abb. 8). Bei geerdetem Netz müssen allerdings noch die Spannungen gegen Erde überwacht werden (Abb. 9). Um Relais zu sparen, können die drei Quotientrelais für die verketteten Spannungen bei Auftreten eines Summenstromes auf die Spannung gegen Erde umgeschaltet werden. Hierbei ist auf das richtige Umschalten der Vorschaltwiderstände zu achten, da verkettete Spannung und Erdspannung in ihrer Größe verschieden sind.

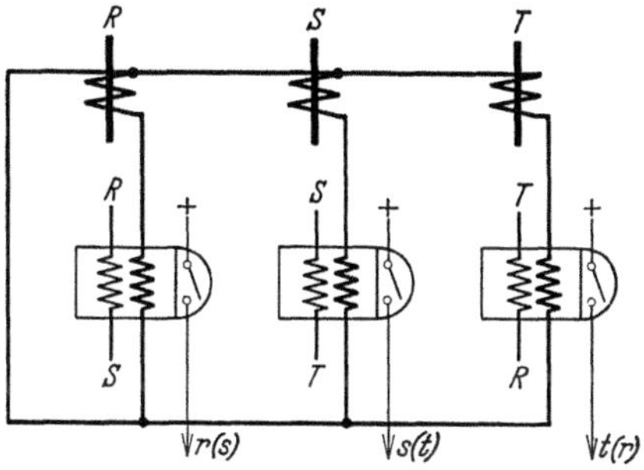


Abb. 8. Dreifach-Quotientanregung $\frac{U_{RS}}{I_R}, \frac{U_{ST}}{I_S}, \frac{U_{TR}}{I_T}$.

Wichtiger ist die Frage, mit welchen Schaltungen bzw. mit wie vielen Anregerelais man die Art der einzelnen Kurzschlüsse genau kennzeichnen kann.

Verhältnismäßig leicht ist dies aus dem Verhalten der Überstromrelais zu ersehen, wenn sie auf gleichen Ansprechwert eingestellt sind In einem Drehstromnetz mit isoliertem Nullpunkt und je einem Überstromrelais in jeder Phase kennzeichnet sich jeder 2-polige Kurzschluß durch das Ansprechen der beiden zusammengehörigen Überstromrelais. Beim 3-poligen Kurzschluß sprechen sämtliche Überstromrelais an. Eine Anwendung der Schaltung zeigt z. B. Abb. 14.

Bei zweiphasigem Überstromschutz läßt sich aus dem Verhalten der Überstromrelais auch ein Schluß auf die Art des Fehlers ziehen. Liegen z. B. die Relais in den Phasen $R$ und $T$, so sprechen bei den einzelnen Kurzschlüssen folgende Relais an:

| | | |
|---|---|---|
| Kurzschluß | $R$—$S$ | Relais in der Phase $R$, |
| ,, | $S$—$T$ | ,, ,, ,, ,, $T$, |
| ,, | $T$—$R$ | ,, ,, ,, ,, $T$ und $R$, |
| 3-poliger Kurzschluß | $R$—$S$—$T$ | ,, ,, ,, ,, $T$ ,, $R$. |

Es wird jetzt kein Unterschied mehr gemacht zwischen einem 2-poligen Kurzschluß $T$—$R$ und einem 3-poligen Kurzschluß. Um diesen Unterschied zu irgendeinem Zweck genau zu erhalten, ist eine dreiphasige Überstromanregung notwendig.

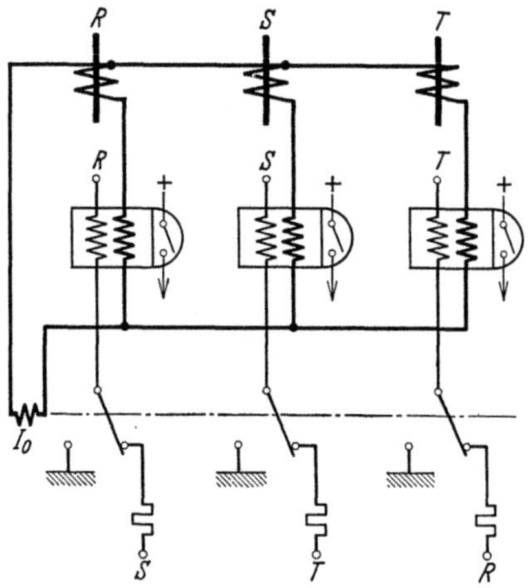


Abb. 9. Dreifach Quotientanregung für Drehstromnetze mit starrer Nullpunktserdung $\frac{U_{RS}}{I_R}, \frac{U_{ST}}{I_S}, \frac{U_{TR}}{I_T}$ bzw. $\frac{U_{R_0}}{I_R}, \frac{U_{S_0}}{I_S}, \frac{U_{T_0}}{I_T}$.

Eine dreiphasige Quotientanregung weicht dagegen von dem Verhalten einer dreiphasigen Überstromanregung grundsätzlich ab. Wählt man z. B. ein Quotientrelais, welches bei der Spannung 0 und halbem Nennstrom anspricht und bei 3fachem Nennstrom die Betriebsimpedanzkurve schneidet, so ist zwischen diesem Bereich von $^1/_2$—3fachem Nennstrom das Verhalten der einzelnen Relais verschieden. Erst wenn der Kurzschlußstrom über den 3fachen Nennstrom ansteigt, verhalten sich die Quotientenrelais genau so wie Überstromrelais nach (Abb. 6a). Bei einem Kurzschluß $R$—$S$ bricht diese Spannung zusammen, und der Strom ist in den Phasen $R$ und $S$ vorhanden. Es spricht also sicher das Quotientrelais mit der Spannung $U_{RS}$ und dem Strom $I_R$ an. Die beiden anderen Spannungen $U_{TR}$ und $U_{TS}$ gehen zwar bei einem 2-poligen Kurzschluß etwas zurück; wenn die Maschine stark belastet wird, kann dieser Rückgang mehr als 30% betragen. Von den beiden anderen Quotientrelais führt aber nur das Relais mit der Spannung $U_{ST}$ den Leiterstrom der Phase $S$. Es kann dieses Relais in dem Bereich von $^1/_2$—3fachem Nennstrom ebenfalls ansprechen, je nach dem Verhalten der zugehörigen Spannung. Innerhalb eines bestimmten Strombereiches ist also bei einem 2-poligen Kurzschluß mit dem sicheren Ansprechen eines Quotientrelais zu rechnen. Das Relais der benachbarten Phase kann ebenfalls ansprechen, aber mit seinem Ansprechen ist nicht sicher zu rechnen.

Sofern jedes Quotientrelais je ein besonderes widerstandsabhängiges Zeitrelais betätigt, welches nur den gleichen Kurzschlußkreis mißt, den das Quotientenrelais selbst überwacht, wie z. B. bei der Dreirelaisschaltung, hat das verschiedene Ansprechen des Nachbarrelais keinen Einfluß. Wenn aber bei jedem Kurzschluß eine bestimmte Auswahl vorgenommen werden soll, so ist auf dieses verschiedene Verhalten von Überstrom- und Quotientanregung besonders Rücksicht zu nehmen. Bei der dreiphasigen Quotientanregung nach Abb. 8 muß für die Kurzschlußauswahl noch eine zusätzliche Auswahlschaltung getroffen werden. Man muß das unsichere Ansprechen der benachbarten Relais unwirksam machen. Entweder verzichtet man von vornherein auf dieses Ansprechen oder setzt es sofort mit in Rechnung. Bei der ersten Methode läßt man bei jedem 2-poligen Kurzschluß nur das Kommando des *einen* Quotientrelais durch, das andere wird unwirksam gemacht. Im zweiten Falle gibt das erste schon das Kommando für das zweite mit weiter, ohne auf dessen Ansprechen zu warten. Das zusätzliche Ansprechen ändert dann an dem Zustand nichts mehr. In der Schaltung nach Abb. 17 wird schon durch das Ansprechen eines Relais die Spannung der beiden benachbarten Phasen angelegt, während nur durch das Ansprechen aller drei Relais sämtliche Spannungen zugeführt werden.

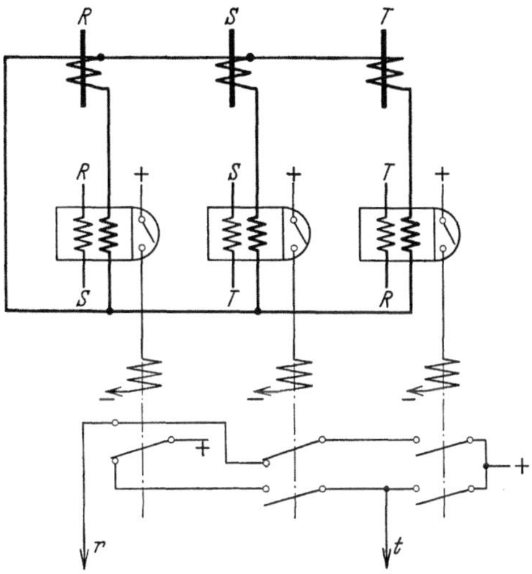

Abb. 10. Dreifach-Quotientanregung mit Gleichstromauswahlschaltung (Siemens).

Das Gegenstück hierzu bildet die Schaltung mit Überstromrelais nach Abb. 12. Hier müssen immer zwei Überstromrelais ansprechen, um die gleiche Wirkung zu erzielen.

Anders gestaltet sich die Anordnung, wenn von den Quotientrelais eine Sparschaltung betätigt werden soll. In jedem dieser Fälle muß eine Weitergabe des Kommandos erreicht werden, wie bei zwei Überstromrelais. Verwendet man eine dreiphasige Quotientanregung nach Abb. 8, dann muß die Auswahl durch eine Gleichstromschaltung mit Hilfsrelais erreicht werden, die sich gegenseitig abgrenzen (Abb. 10), oder aber man gibt den Quotientrelais im Wandlerkreis eine solche Schaltung, daß ihr Verhalten schon von selbst der Überstromanregung gleichkommt. Am weitesten entspricht diesem Gedanken die Schaltung nach Abb. 11. Es werden vier Quotientrelais verwendet, die aber zu je zwei nur in zwei

Stromphasen liegen. Dadurch sind sie stromseitig wie zwei Überstromrelais geschaltet. Die beiden Relais des gleichen Strompfades überwachen die beiden anliegenden Spannungen und sind mit ihren Kontakten parallel geschaltet. Sie gelten für die Weitergabe als ein Relais. Bei einem Kurzschluß *R*—*S* z. B. kann nur eines oder beide Relais der Phase *R* ansprechen, da das Relais der Phase *T* keinen Strom führt.

Man kann auch zwei Quotientrelais verwenden, die ebenfalls mit ihrem Strompfad nur in zwei Phasen liegen wie vorher, aber normal nur die Spannung zwischen ihrer Phase und der freien Phase überwachen.

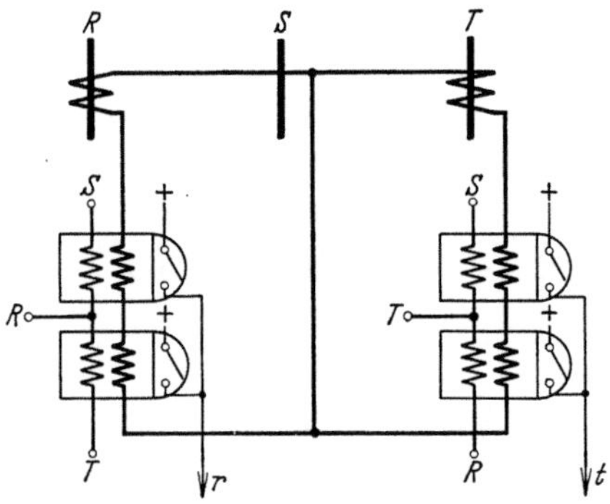


Abb. 11. Vierfach-Quotientanregung. Charakter einer Zweifach-Überstromanregung (Siemens).

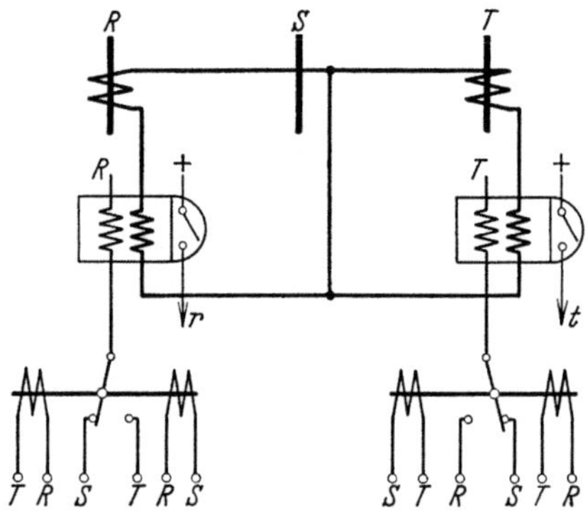


Abb. 12. Zweifach-Quotientanregung mit vorgeschalteter Spannungswaage (BBC.).

Dann müssen, um auch einen Kurzschluß zwischen den Phasen *R* und *T* zu erfassen, die Anregerelais durch zwei vorgeschaltete Spannungswaagen auf die Spannung $U_{TR}$ umgeschaltet werden. Die beiden Spannungswaagen vergleichen die Spannungen $U_{RS}/U_{TR}$ und $U_{TS}/U_{TR}$. Wird die Spannung $U_{TR}$ kleiner als die Spannung gegen die freie Phase *S*, erfolgt die Umschaltung. Die Schaltung nach Abb. 12 stellt also eine Zweifach-Quotientanregung dar, bei welcher die beiden zusätzlichen Quotientrelais der Schaltung 11 durch die Spannungswaage ersetzt sind. Das Verhalten der einzelnen Quotientanregungen zeigt die Tabelle Abb. 13.

| Art der Anregung | Abb. | Anregung bei Kurzschluß zwischen | | | |
|---|---|---|---|---|---|
| | | $R-S$ | $S-T$ | $T-R$ | $R-S-T$ |
| Zweifach-Überstrom | 6 | *R, S* | *S, T* | *T, R* | *R, S, T* |
| Dreifach-Überstrom | 6a | *R* – | – *T* | *T, R* | *R*, – *T* |
| Dreifach-Quotient | 8 | *R* (*S*) | *S* (*T*) | *T* (*R*) | *R, S, T* |
| Dreifach-Quotient mit Auswahl | 10 | *R* – | – *T* | *T, R* | *R, T* |
| Vierfach-Quotient | 11 | *R* – | – *T* | *T, R* | *R, T* |
| Zweifach-Quotient mit Spannungswaage | 12 | *R* – | – *T* | *T, R* | *R, T* |

( ) = unsicheres Ansprechen.

Abb. 13. Zusammenstellung der einzelnen Anregeformen in ihrer Wirkung der Kurzschlußbezeichnung.

### c) Die Kriterien für den Doppelerdschluß.

Für die Fehlerortmessung ist es noch wichtig zu erkennen, wann der 2-polige Kurzschluß ein Doppelerdschluß ist. Die Kennzeichen eines Doppelerdschlusses seien hier noch einmal zusammengestellt. 2-poliger (in seltenen Fällen auch 3-poliger) Kurzschluß mit räumlich auseinanderliegenden Erdschlußstellen: Zwischen den beiden Erdschlußstellen tritt ein Summenstrom auf, den man durch drei Wandler in Sternschaltung feststellen kann. Wird ein Doppelerdschluß nur von einer Seite gespeist, so führt zwischen den beiden Erdschlußstellen nur *eine* Phase Kurzschlußstrom, die andere ist davon frei. Bei zweiseitig gespeistem Doppelerdschluß führt dagegen auch die andere Phase Kurzschlußstrom. Gleichzeitig bricht die Spannung zwischen diesen zwei Phasen wie bei einem zweiphasigen Kurzschluß zusammen, und schließlich sinkt auch die Spannung der Phasen gegen Erde.

Als *Hauptanregung* gelten stets die Kennzeichen des Kurzschlusses: Der Überstrom, das Zusammenbrechen der Spannung zwischen den beiden Phasen bzw. das Unterschreiten der Impedanz, dagegen haben wir als *zusätzliche Kennzeichen*, als Meßkorrektur, das Auftreten des *Summenstromes* oder einer *Verlagerungsspannung* oder auch beides. Zum speziellen Kennzeichnen bestimmter Doppelerdschlußfälle kann das Verhalten der Leiterspannung gegen Erde oder zwischen den beiden Phasen noch herangezogen werden. Wenn z. B. die beiden Erdschlußstellen auf zwei Stichleitungen sich befinden, so tritt auf jeder Stichleitung ein Überstrom in einer Phase und ein Summenstrom auf. Damit nun das Relais entscheiden kann, mit welcher der beiden anderen Phasen der Doppelerdschluß gebildet wird, muß eine zusätzliche Kontrolle der verketteten Spannung oder der Spannung gegen Erde hinzukommen; je nach der Schaltungsanordnung schaltet nun der eine bzw. der andere Doppelerdschlußpunkt allein ab.

### d) Widerstandsmeßschaltungen.

Widerstandsabhängige Zeitrelais müssen genau wie die Quotientanregung jeden einzelnen Kurzschlußkreis messen können. Im Gegensatz zu den Anregerelais, die dauernd diese Kreise auf ihr fehlerhaftes Verhalten überwachen, brauchen die Meßrelais nicht dauernd in diese Kreise eingeschaltet zu sein. Sie können grundsätzlich erst im Kurzschlußfall in die einzelnen Phasen geschaltet werden; nur müssen ihnen dann die Anregeorgane den richtigen Strom und die zugehörige Spannung zuführen.

α) *Die 6-Relaisschaltung.* Die einzige Meßschaltung, die weder im Spannungspfad noch im Strompfad eine Umschaltung notwendig hat, ist grundsätzlich die 6-Relaisschaltung. Für jeden Kurzschlußkreis zwischen den einzelnen Phasen und von jeder Phase zur Erde ist ein

Widerstandsrelais eingeschaltet. Diese Schaltung verlangt den größten Relaisaufwand, man erreicht jedoch durchaus nicht die beste Wirkung. Zunächst suchte man nur aus Gründen der Billigkeit die Anzahl der Meßrelais zu verringern, konnte aber bald feststellen, daß die Schaltungen durch die Umschaltmöglichkeiten wirksamer und beweglicher wurden.

$\beta$) Die 3-Relaisschaltungen. Es wurde schon ausgeführt, daß es grundsätzlich zwei Arten der Widerstandsmessung einer fehlerhaften Drehstromleitung gibt; entweder das Feststellen des Schleifenwiderstandes

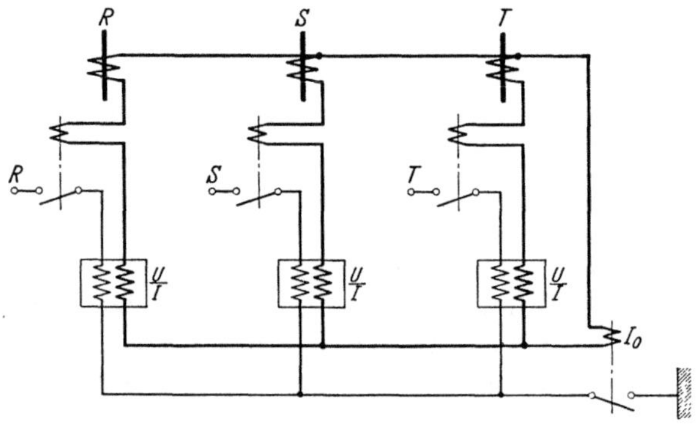


| Kurzschluß | | | | Doppelerdschluß | | |
|---|---|---|---|---|---|---|
| $R-S$ | $S-T$ | $T-R$ | $R-S-T$ | $R-S$ | $S-T$ | $T-R$ |
| $\frac{U_{RS/2}}{I_R} =$ | $\frac{U_{ST/2}}{I_S} =$ | $\frac{U_{TR/2}}{I_T} =$ | $\frac{U_{RS/\sqrt{3}}}{I_R} =$ | $\frac{U_{R_0}}{I_R} =$ | $\frac{U_{S_0}}{I_S} =$ | $\frac{U_{T_0}}{I_T} =$ |
| $Z_R, Z_S$ | $Z_S, Z_T$ | $Z_T, Z_R$ | $Z_R, Z_S, Z_T$ | $Z_R + \frac{I_0}{I_S} \cdot Z_E$ | $Z_S + \frac{I_0}{I_S} \cdot Z_E$ | $Z_T + \frac{I_0}{I_T} \cdot Z_E$ |

Abb. 14. Sternschaltung (AEG.) mit Doppelerdschlußumschaltung.

oder das Ermitteln des Phasenwiderstandes. Der Widerstand pro Phase vom Relaisort bis zur Kurzschlußstelle sei mit $Z_R$ bzw. $Z_S$, $Z_T$ benannt. Die Schleifenimpedanz würde daher $Z_R + Z_S = 2 \cdot Z_R$ bzw. $2 \cdot Z_S$ darstellen. Die Schleifenimpedanz wird gemessen, wenn der Leiterstrom mit der verketteten Spannung kombiniert wird. Die Streckenimpedanz wird gemessen, wenn der Leiterstrom mit der Sternspannung bzw. der verkettete Strom mit der verketteten Spannung kombiniert werden. Diese drei Grundschaltungen sind in den Abb. 14, 15 und 16 dargestellt.

Bei der Sternschaltung (Abb. 14) sind als Anregung Überstromrelais gewählt. Bei jedem 2-poligen Kurzschluß schalten sich die Spannungsspulen zweier Impedanzrelais von selbst in Serie, beim 3-poligen Kurzschluß dagegen schalten sie sich alle drei in Stern. Dadurch erhält jedes Relais beim 2-poligen Kurzschluß die Hälfte der verketteten Spannung nach Größe und Richtung, beim 3-poligen Kurzschluß erhält es die Sternspannung ebenfalls nach Größe und Richtung. Der 2-polige Kurzschluß wird durch das gleichzeitige Ansprechen zweier Überstromrelais gekennzeichnet. Der Doppelerdschluß ist durch den Summenstrom erkennbar gemacht. Er legt den freischwebenden Nullpunkt der drei Spannungsspulen im Doppelerdschlußfalle fest an Erde. Jede Phase kombiniert in diesem Falle die Schleifenspannung Leiter gegen Erde mit dem Leiterstrom.

Die Dreieckschaltung nach Abb. 15 gibt jedem Relais den verketteten Strom. Grundsätzlich kann bei einer Dreieckschaltung ein Doppelerdschluß nur gemessen werden, wenn eine einzige Phase von dem Doppelerdschlußstrom durchflossen wird. Sobald ein Doppelerdschluß zweiseitig

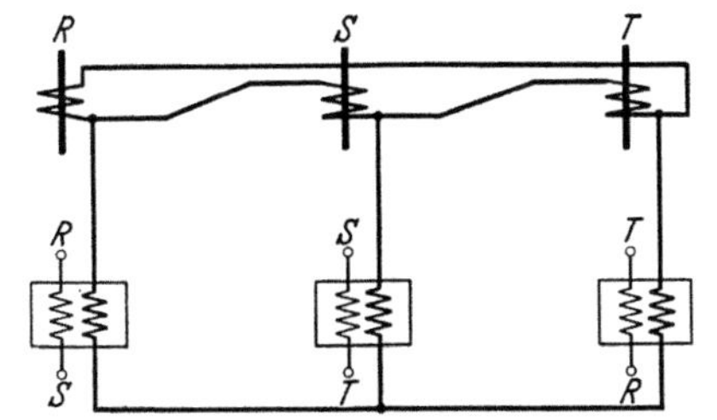


| Kurzschluß | | | |
|---|---|---|---|
| $R-S$ | $S-T$ | $T-R$ | $R-S-T$ |
| $\frac{U_{RS}}{I_{RS}} =$ | $\frac{U_{ST}}{I_{ST}} =$ | $\frac{U_{TR}}{I_{TR}} =$ | $\frac{U_{RS}}{I_{RS}}$ usw. |
| $Z_R$ | $Z_S$ | $Z_T$ | $Z_R, Z_S, Z_T$ |

Abb. 15. Dreieckschaltung (Siemens).

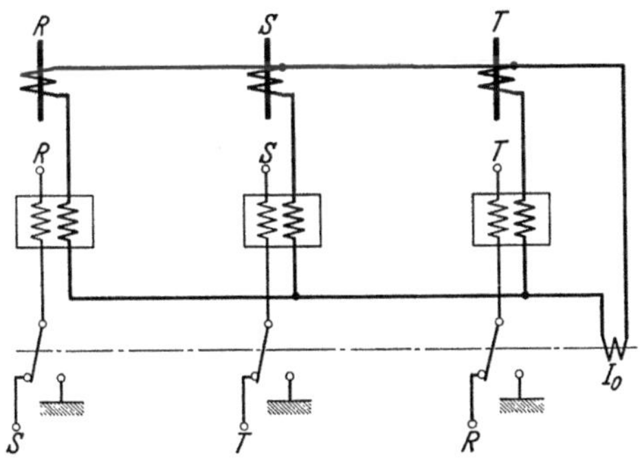


| Kurzschluß | | | | Doppelerdschluß | | |
|---|---|---|---|---|---|---|
| $R-S$ | $S-T$ | $T-R$ | $R-S-T$ | $R-S$ | $S-T$ | $T-R$ |
| $\frac{U_{RS}}{I_{RS}} =$ | $\frac{U_{ST}}{I_S} =$ | $\frac{U_{TR}}{I_T} =$ | $\frac{U_{RS}}{I_R} =$ usw. | $\frac{U_{R_0}}{I_R} =$ | $\frac{U_{S_0}}{I_S} =$ | $\frac{U_{T_0}}{I_T} =$ |
| $2\,Z_R$ | $2\,Z_S$ | $2\,Z_T$ | $\sqrt{3}\ Z_R$ usw. | $Z_R + \frac{I_0}{I_S}\cdot Z_E$ | $Z_S + \frac{I_0}{I_S}\cdot Z_E$ | $Z_T + \frac{I_0}{I_T}\cdot Z_E$ |

Abb. 16. Normale Schaltung, Leiterstrom und Dreieckspannung (Biermann) mit Doppelerdschlußumschaltung.

gespeist wird, fließen in den beiden von dem Doppelerdschluß betroffenen Phasen Ströme, die zwischen den beiden Erdschlußpunkten gleichphasig sind. Über die Relais fließt daher stets ein kleinerer

Strom als der Wirklichkeit entspricht, und die Messung wird falsch. Dreieckschaltungen müssen daher für Doppelerdschlußerfassung stromseitig aufgetrennt und in eine Sternschaltung umgewandelt werden. Ein Umschalten im Spannungspfad allein hat keinen Erfolg.

Die normale Schaltung (Abb. 16) kombiniert den Leiterstrom mit der verketteten Spannung und schaltet im Doppelerdschlußfall jedes Relais auf die zugehörige Spannung gegen Erde um.

Die normale Schaltung (Abb. 16) und die Dreieckschaltung (Abb. 15) können bei der 3-Relaisschaltung an Stelle der gezeichneten Überstromanregung ebenso Quotientanregung besitzen. Die Sternschaltung (Abb. 14) dagegen braucht eine nähere Kennzeichnung der Kurzschlußart, da die Meßschaltung sich bei 2- und 3-poligem Kurzschluß verändern muß. Daher ist diese Schaltung mit Quotientanregung schwieriger, da niemals zwei Quotientrelais mit Sicherheit bei einem 2-poligen Kurzschluß ansprechen (siehe S. 252). Man muß daher auf der Gleichstromseite oder wechselstromseitig eine gegenseitige Verriegelung durchführen und von einem Quotientrelais zwei Meßrelais die verkettete Spannung zuführen. Eine solche Anregung stellt Abb. 17 dar.

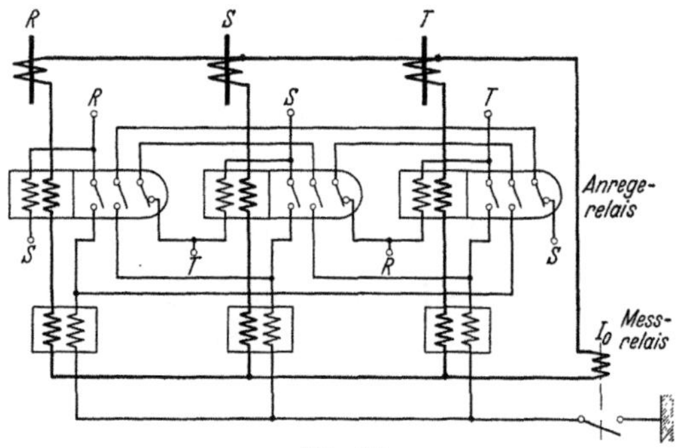


Abb. 17.

Nach der Doppelerdschlußumschaltung wird bei diesen drei Schaltungen die Spannung eines Leiters gegen Erde und der zugehörige Leiterstrom kombiniert. Diese Messung ist, wie an vorhergehender Stelle schon ausgeführt, nicht ganz korrekt. Um die Entfernungsmessung in diesem Falle einem 2- bzw. 3-poligen Kurzschluß gleich zu machen, muß die Streckenimpedanz vom Relaisort bis zur Fehlerstelle pro Phase gemessen werden. Dies kann nur erreicht werden, wenn die Spannung des Leiters gegen Erde mit der Summe Leiterstrom + Erdstrom kombiniert wird. Der Erdstrom muß also bei der Doppelerdschlußmessung in sämtliche Relais eingeführt werden. Am besten kann man dies durch einen Zwischenwandler erreichen, den man mit der Sekundärwicklung parallel zum Strompfad des Relais schaltet, mit der Primärwicklung dagegen in die Nullpunktverbindung der Stromwandler.

Durch die Einführung des Erdstromes wird die Phasenimpedanz des betreffenden Leiters gemessen. Das Relais mißt also $Z_R$ bzw. $Z_S$ oder $Z_T$. Sie kann also ohne weiteres mit den Stern- oder Dreieckschaltungen kombiniert werden (Abb. 18).

Bei der Schaltung nach Abb. 16 muß dagegen die Messung beim 2-poligen Kurzschluß auf den halben Wert bzw. die Doppelerdschlußmessung auf den doppelten Wert gebracht werden, um in allen Fällen die gleiche Fehlerortsentfernung zu messen.

Die Messung beim 2-poligen Kurzschluß auf den halben Wert zu erniedrigen, kann durch Verdoppeln des Stromes oder durch Verkleinern der Spannung erfolgen. Das Verdoppeln des Stromes ist schaltungstechnisch unwirtschaftlich, das Halbieren der Spannung läßt sich leicht durch Vorschalten eines Widerstandes im Spannungspfad erreichen

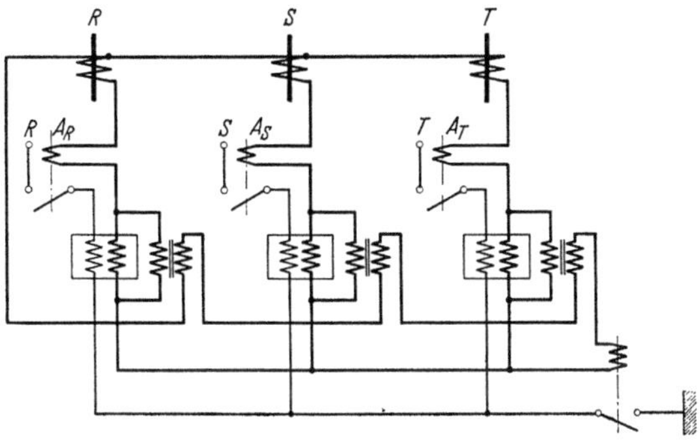


| Kurzschluß | | | | Doppelerdschluß | | |
|---|---|---|---|---|---|---|
| $R-S$ | $S-T$ | $T-R$ | $R-S-T$ | $R-S$ | $S-T$ | $T-R$ |
| $\frac{U_{RS}/2}{I_R} =$ | $\frac{U_{ST}/2}{I_S} =$ | $\frac{U_{TR}/2}{I_T} =$ | $\frac{U_{RS}/\sqrt{3}}{I_R} =$ | $\frac{U_{R_0}}{I_S + k \cdot I_0} =$ | $\frac{U_{S_0}}{I_S + k\, I_0} =$ | $\frac{U_{T_0}}{I_T + k \cdot I_0} =$ |
| $Z_R$ | $Z_S$ | $Z_T$ | $Z_R$ bzw. $Z_S$, $Z_T$ | $Z_R$ | $Z_S$ | $Z_T$ |

Abb. 18. Sternschaltung mit Erdstromkorrektur.

(Abb. 19). Die Tabelle zeigt, daß die Schaltung bei allen Kurzschluß- und Doppelerdschlußfällen außer bei 3-poligem Kurzschluß die Phasenimpedanz mißt.

Den zweiten Weg, die Messung im Doppelerdschlußfall auf den doppelten Wert zu bringen, zeigt Abb. 20. Die Spannung jeder Phase gegen Erde wird im Doppelerdschlußfall durch einen Zwischenwandler auf den doppelten Wert gebracht. Dann mißt die Schaltung in jedem Falle die Schleifenimpedanz in der Größe der doppelten Streckenimpedanz.

$\gamma$) Die 2-Relaisschaltungen. Die Anzahl der Meßrelais läßt sich verringern, wenn man den verbleibenden Relais bei jedem Kurzschluß die richtigen Strom- und Spannungswerte zuführt. Man schaltet dann nicht mehr allein im Doppelerdschlußfalle um, sondern auch schon bei 2- und 3-poligem Kurzschluß. Es ist nicht der Sinn der 2- oder der

1-Relaisschaltungen, Wandler zu sparen; auch eine 3-Relaisschaltung kann man an zwei Stromwandler anschließen, und umgekehrt eine 2- oder 1-Relaisschaltung an drei Stromwandler. Selbst in Netzen mit starrer Nullpunktserdung kann man die 1-Relaisschaltung verwenden, wenn das Meßrelais strom- und spannungsseitig jeweils in die entsprechende Phase eingeschaltet wird. Die Anzahl der Wandler hat mit der Anzahl der Meßrelais nichts zu tun. Man braucht stets drei Wandler in Netzen mit starrer Nullpunktserdung. Desgleichen benötigt man drei Wandler, wenn man den Summenstrom entweder

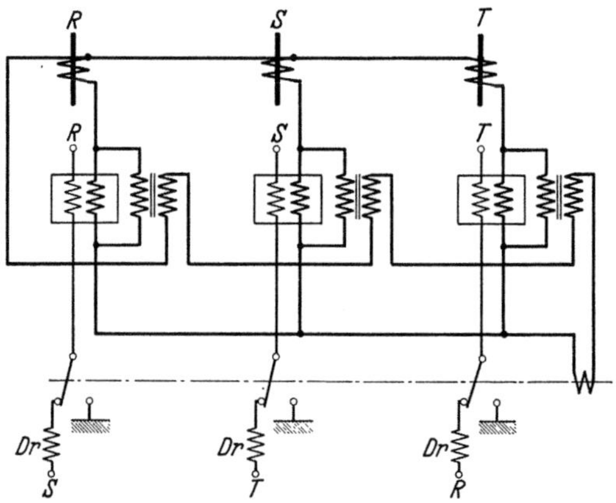


| Kurzschluß | | | | Doppelerdschluß | | |
|---|---|---|---|---|---|---|
| $R-S$ | $S-T$ | $T-R$ | $R-S-T$ | $R-S$ | $S-T$ | $T-R$ |
| $\frac{U_{RS}/2}{I_R} =$ | $\frac{U_{ST}/2}{I_S} =$ | $\frac{U_{TR}/2}{I_T} =$ | $\frac{U_{RS}/2}{I_R} =$ usw. | $\frac{U_{R_0}}{I_R + k \cdot I_0} =$ | $\frac{U_{S_0}}{I_S + k \cdot I_0} =$ | $\frac{U_{T_0}}{I_T + k \cdot I_0} =$ |
| $z_R$ | $z_S$ | $z_T$ | $\frac{\sqrt{3}}{2} z_R$ | $z_R$ | $z_S$ | $z_T$ |

Abb. 19. Normale Schaltung mit Erdstromkorrektur. Spannung normal halbiert. *Dr* Drosselrelaiswiderstand.

als Doppelerdschlußkriterium oder als Korrektur zur Doppelerdschlußmessung haben will. Für die Doppelerdschlußmessung braucht man dagegen immer drei Spannungswandler, um die drei Spannungen der einzelnen Leiter gegen Erde festzustellen.

Bei der 2-Relaisschaltung werden zwei Meßrelais stromseitig in zwei Phasen geschaltet und bei den einzelnen Kurzschlüssen die entsprechenden Spannungen zugeführt. In den folgenden Schaltungen sollen die Relais mit ihren Strompfaden stets in den Phasen $R$ und $T$ liegen. Die $S$-Phase soll als freie Phase bezeichnet werden. Werden die Relais in andere Phasen gelegt, so vertauschen sich die Bezeichnungen zyklisch. In Abb. 21 und 21a ist den beiden Relais $R$ und $T$ die Spannung gegen die freie Phase $S$ zugeordnet. Nur bei einem Kurzschluß zwischen $R$—$T$ werden die Spannungen der Relais auf $U_{TR}$ umgeschaltet. Als Anregung sei eine Zweifachstromanregung angenommen. Spricht das $R$-Relais allein an, dann kann es sich nur um den Kurzschluß $R$—$S$ handeln. Es bleibt daher an der Spannung $U_{RS}$ liegen, schaltet aber vorsorglich das Nachbarrelais der $T$-Phase auf die Spannung $U_{TR}$ um. Spricht das $T$-Relais dazu an, dann handelt es sich um einen Kurzschluß $T$—$R$ oder $R$—$S$—$T$. In beiden Fällen wird dann die verkettete Spannung $U_{TR}$ benutzt. Die Umschaltung kann für beide Relais symmetrisch gemacht werden

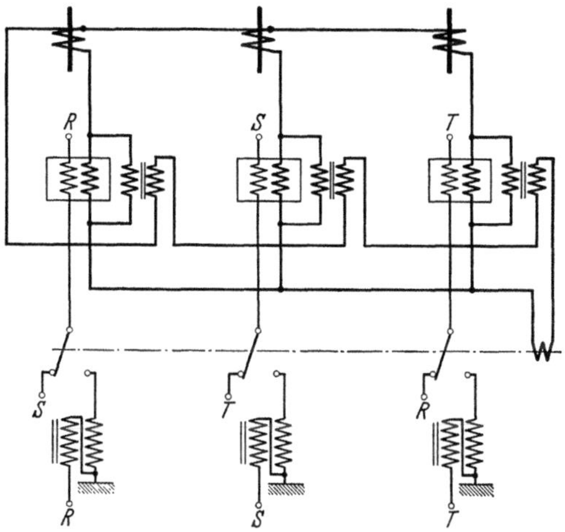


| Kurzschluß | | | | Doppelerdschluß | | |
|---|---|---|---|---|---|---|
| $R-S$ | $S-T$ | $T-R$ | $R-S-T$ | $R-S$ | $S-T$ | $T-R$ |
| $\frac{U_{RS}}{I_R} =$ | $\frac{U_{ST}}{I_S} =$ | $\frac{U_{TR}}{I_T} =$ | $\frac{U_{RS}}{I} =$ usw. | $\frac{2\,U_{R_0}}{I_R + k \cdot I_0} =$ | $\frac{2\,U_{S_0}}{I_S + k \cdot I_0} =$ | $\frac{2\,U_{T_0}}{I_T + k \cdot I_0} =$ |
| $2\,Z_R$ | $2\,Z_S$ | $2\,Z_T$ | $\sqrt{3}\,Z_R$ usw. | $2\,Z_R$ | $2\,Z_S$ | $2\,Z_T$ |

Abb. 20. Normale Schaltung mit Erdstromkorrektur. Spannung in Doppelerdschlußfall verdoppelt.

wie in Abb. 21 oder nur einseitig wie in Abb. 21 a. Strom- und Spannungspfad einer solchen Anordnung zeigt Abb. 22. Diese Schaltung entspricht in ihrer Wirkung der normalen 3-Relaisschaltung nach Abb. 16. In den folgenden Abbildungen ist nur die Spannungsumschaltung durch die Anregerelais gezeichnet, die Anregung des Meßorgans selbst der Übersichtlichkeit wegen herausgelassen worden.

Bei Doppelerdschluß wird durch den Schalter $S_E$ auf Erdspannung umgeschaltet. Der Schalter $S_E$ wird von einem Doppelerdschlußkriterium $I_0$ oder $E_0$ betätigt. Nach der Umschaltung mißt jedes Relais, wenn es allein anspricht, die Spannung gegen Erde und den zugehörigen

Leitungsstrom. Bei einem zweiseitig gespeisten Doppelerdschluß *R—T* wird aber die verkettete Spannung gemessen und der Kurzschluß wie ein 2-poliger behandelt. Die Widerstandsmessung ergibt dann allerdings zu hohe Werte. Um auch hierbei die richtige Meßspannung zu erhalten, muß ein Umschaltrelais stillgelegt werden. Wenn der Umschalter $S_E$ und gleichzeitig der Umschalter der Phase *R* anspricht, kann der Umschalter der Phase *T* stillgelegt werden. Dann mißt das Relais der Phase *R* ordnungsgemäß die Spannung gegen Erde, das Relais der Phase *T* dagegen die Spannung $U_{TR}$. Dadurch besitzt dieses Relais *T* eine wesentlich größere Laufzeit, und die Abschaltung erfolgt nach der Doppelerdschlußmessung der Phase *R*. Das Stillsetzen erfolgt entweder mechanisch, gleichstromseitig oder wechselstromseitig.

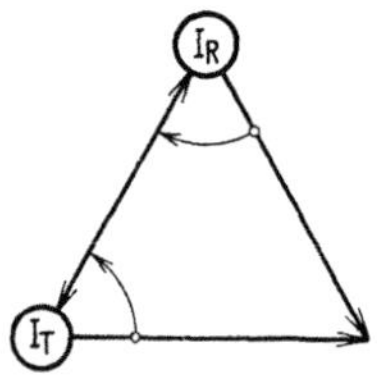


Abb. 21.

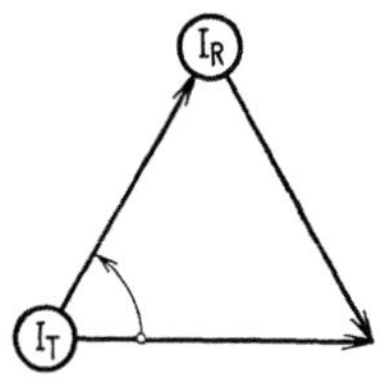


Abb. 21a.

| | Kurzschluß | | | |
|---|---|---|---|---|
| | *R—S* | *S—T* | *T—R* | *R—S—T* |
| Gegenseitige Umschaltung nach Abb. 21 | $\frac{U_{RS}}{I_R}$ | $\frac{U_{ST}}{I_T}$ | $\frac{U_{RT}}{I_R}$ $\frac{U_{TR}}{I_T}$ | $\frac{U_{RT}}{I_R}$ $\frac{U_{TR}}{I_T}$ |
| Einseitige Umschaltung nach Abb. 21a | $\frac{U_{RS}}{I_R}$ | $\frac{U_{ST}}{I_T}$ | $\frac{U_{RS}}{I_R}$ $\frac{U_{TR}}{I_T}$ | $\frac{U_{RS}}{I_R}$ $\frac{U_{TR}}{I_T}$ |

Abb. 21 und 21a. Grundsätzliche Anordnung einer 2-Relaisschaltung.

Die 2- bzw. 1-Relaisschaltungen unterscheiden sich grundsätzlich von den 3-Relaisschaltungen dadurch, daß sie bei Doppelerdschlüssen *R—S* bzw. *S—T* nur einen Erdschlußpunkt messen. Nur bei Doppelerdschluß *R—T* muß ein Relais am Schalten verhindert werden. Um bei einer 3-Relaisschaltung das gleiche zu erreichen, muß bei jedem Doppelerdschlußfall ein Relais stillgesetzt werden.

Verwendet man für eine 2-Relaisschaltung Quotientanregung, so ist der Unterschied zwischen Überstrom und der Quotientanregung besonders zu beachten. Es kommen nur solche Anordnungen in Frage, die den Charakter der 2fachen Stromanregung besitzen.

Bei der 2-Relaisschaltung kann man in gleicher Weise die Doppelerdschlußmessung durch Einführen des Erdstromes korrigieren. Wie bei der 3-Relaisschaltung müssen auch hierbei die Meßergebnisse bei Doppelerdschluß und 2-poligem Kurzschluß einander angeglichen werden. Ein Beispiel hierfür zeigt Abb. 23. Auch die Sternschaltung läßt sich durch zwei Relais verwirklichen. Die Spannungsspule des fehlenden Impedanzrelais muß durch eine Drossel gleichen Widerstandes ersetzt werden. Die Schaltung unterscheidet sich daher von der in Abb. 19 nur dadurch, daß ein Meßrelais fehlt.

δ) Die 1-Relaisschaltungen. Schließlich kann man nur ein einziges Meßrelais verwenden und dieses, je nach dem Kurzschlußfall, in die betreffende Phase schalten. Während man bei der 3- und 2-Relaisschaltung in den meisten Fällen nur mit einer Umschaltung im Spannungspfad auskam, muß man bei der 1-Relaisschaltung zum größten Teil auch im Strompfad umschalten. Die einzige Möglichkeit, ohne Stromumschalter mit einem einzigen Meßrelais zu messen, bietet nur die

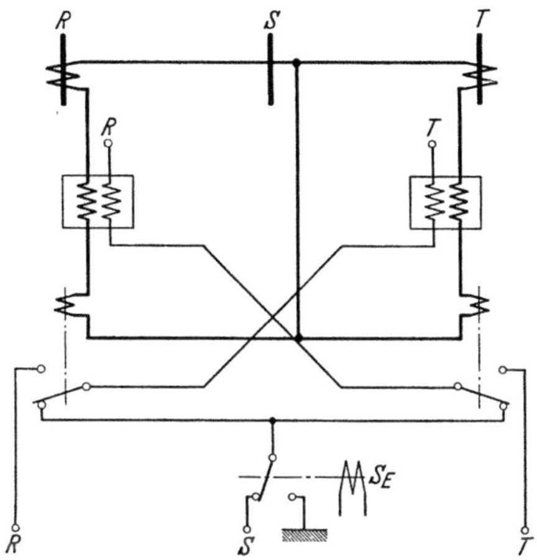


| Kurzschluß | | | | Doppelerdschluß | | |
|---|---|---|---|---|---|---|
| $R-S$ | $S-T$ | $T-R$ | $R-S-T$ | $R-S$ | $S-T$ | $T-R$ |
| $\frac{U_{RS}}{I_R} =$ | $\frac{U_{ST}}{I_T} =$ | $\frac{U_{RT}}{I_R} =$ $\frac{U_{TR}}{I_T} =$ | $\frac{U_{TR}}{I_R} =$ $\frac{U_{TR}}{I_T} =$ | $\frac{U_{R_0}}{I_R} =$ | $\frac{U_{T_0}}{I_T} =$ | $\frac{U_{RT}}{I_R} =$ $\frac{U_{TR}}{I_R} =$ |
| $2 Z_R$ | $2 Z_T$ | $2 Z_R$ $2 Z_T$ | $\sqrt{3}\, Z_R$ $\sqrt{3}\, Z_T$ | $Z_R + \frac{I_0}{I_R} \cdot Z_E$ | $Z_T + \frac{I_0}{I_R} \cdot Z_E$ | $> 2 Z_R$ |

Abb. 22. Zweirelaisschaltung, Umschaltung nach Abb. 21. $S_E$ Umschalten bei Doppelerdschluß.

Kreuzschaltung nach Abb. 24. Da sich hier der Strom im Kurzschlußfall im Verhältnis $1 : \sqrt{3} : 2$ ändert, so muß für die richtige Messung auf eine andere Weise dieser Stromunterschied ausgeglichen werden. Da es sich um eine Widerstandsmessung $U/I$ handelt, kann er entweder durch eine Veränderung im Spannungspfad oder im Strompfad korrigiert werden.

Der Strom im Relais ist gleich dem Kurzschlußstrom auf der Leitung, wenn es sich um einen Kurzschluß $R$—$S$ oder $T$—$S$ handelt. In diesem Fall muß die halbe Spannung $U_{RS}$ bzw. $U_{TS}$ dem Relais zugeführt werden. Bei einem Kurzschluß zwischen $R$—$T$ führt das Relais jedoch den doppelten Strom; dann muß das Relais auch am doppelten

Spannungsbetrag liegen. Die Anregerelais, welche die Art des Kurzschlusses feststellen sollen, müssen unbedingt in den einzelnen Stromwandlerkreisen liegen. Als Anregung gelten also entweder zwei Stromrelais oder bei Quotientanregung die entsprechenden Schaltungen, die eine derartige Stromanregeeigenschaft besitzen.

Die Korrektur im Spannungspfad läßt sich durch einen gemeinsamen Widerstand $Z$ in der Phase $S$ erreichen, der genau dem Betrag

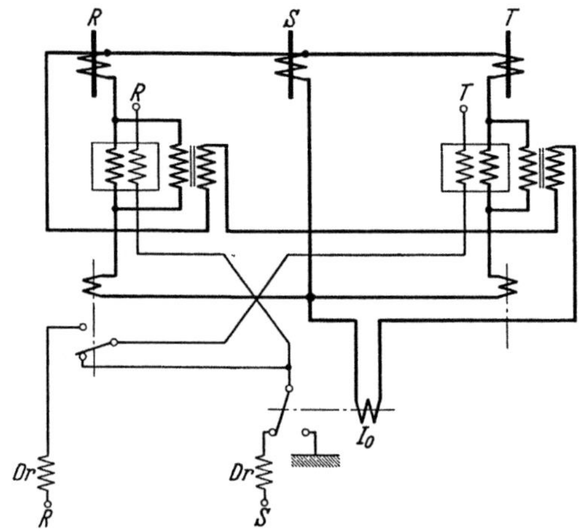


| Kurzschluß | | | | Doppelerdschluß | | |
|---|---|---|---|---|---|---|
| $R-S$ | $S-T$ | $T-R$ | $R-S-T$ | $R-S$ | $S-T$ | $T-R$ |
| $\frac{U_{RS}/2}{I_R} =$ | $\frac{U_{ST}/2}{I_T} =$ | $\frac{U_{TR}/2}{I_T} =$ <br> $\frac{U_{RS}/2}{I_R} =$ | $\frac{U_{TR}/2}{I_T} =$ <br> $\frac{U_{RS}/2}{I_R} =$ | $\frac{U_{R_0}}{I_R + k\cdot I_0} =$ | $\frac{U_{T_0}}{I_T + k\cdot I_0} =$ | $\frac{U_{RS}/2}{I_R + k\cdot I_0} =$ <br> $\frac{U_{T_0}/2}{I_T + k\cdot I_0} =$ |
| $z_R$ | $z_T$ | $z_T$ <br> $z_R$ | $\frac{\sqrt{3}}{2}\cdot z_T$ <br> $\frac{\sqrt{3}}{2}\cdot z_R$ | $z_R$ | $z_T$ | » $z_R$ <br> $z_T$ |

Abb. 23. 2-Relaisschaltung mit Erdstromkorrektur, einseitige Umschaltung nach Abb. 21a, Bevorzugung einer Doppelerdschlußstelle.

der Spannungsspule des Relais entspricht. Dadurch wird die Spannung bei einem Kurzschluß zwischen der freien Phase und den beiden anderen halbiert (Abb. 24).

Wird die Korrektur im Strompfad vorgenommen, dann kann parallel zur Stromspule eine Impedanz gelegt werden, die der Stromspule genau entspricht und den Strom halbiert (Abb. 25). Diese Parallelimpedanz wird nur eingeschaltet, wenn ein Kurzschluß zwischen $R$—$T$ stattfindet. Allerdings geht bei dieser Schaltung der Übergangswiderstand der Stromkontakte in die Messung mit ein. Um dies zu vermeiden, kann der Strom zwangläufig durch einen Zwischenwandler halbiert werden, der bei Kurzschluß zwischen $R$ und $T$ durch einen Stromschalter eingeschaltet wird.

Diese Kreuzschaltung entspricht der Dreieckschaltung, da die Streckenimpedanz gemessen wird. Bei Doppelerdschluß dagegen wird nur richtig gemessen, wenn nur durch eine Phase der Kurzschlußstrom fließt. Dies ist prinzipiell bei den Doppelerdschlußfällen zwischen $R$—$S$ und $T$—$S$ der Fall. Bei Doppelerdschluß zwischen $R$—$T$ richtet sich das Verhalten danach, ob er einseitig oder zweiseitig gespeist wird. Im

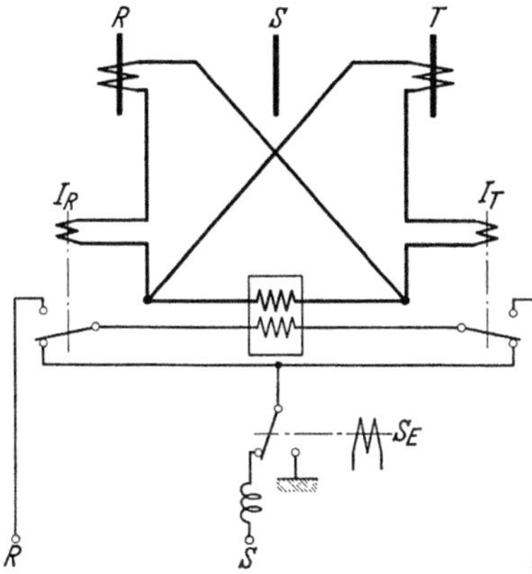


| Kurzschluß | | | | Doppelerdschluß | | |
|---|---|---|---|---|---|---|
| $R-S$ | $S-T$ | $T-R$ | $R-S-T$ | $R-S$ | $S-T$ | $T-R$ |
| $\frac{U_{RS/2}}{I_R} =$ | $\frac{U_{ST/2}}{I_T} =$ | $\frac{U_{TR}}{2\,I_R}$ | $\frac{U_{TR}}{I_{TR}}$ | $\frac{U_{R_0}}{I_R}$ | $\frac{U_{T_0}}{I_T}$ | $\frac{U_{TR}}{2\,I_R}$ |
| $z_R$ | $z_T$ | $z_R$ | $z_R$ | $z_R + \frac{I_0}{I_R} \cdot z_R$ | $z_T + \frac{I_0}{I_T} \cdot z_E$ | $> z_R$ |

Abb. 24. 1-Relaisschaltung (Kreuzschaltung) mit Doppelerdschlußumschaltung. Korrektur durch Halbieren der Spannung.

ersten Fall mißt sie stets richtig. Bei zweiseitiger Speisung verhält sie sich wie die 2-Relaisschaltung nach Abb. 22. Aber man kann hier nicht die Messung dadurch korrigieren, daß man den einen Umschalter stillsetzt, sondern muß unbedingt die Dreieckschaltung auflösen. Man kann daher mit einem Stromschalter bei Doppelerdschluß und dem Ansprechen eines Relais den anderen Wandler kurzschließen und aus der Messung ausscheiden.

Alle 1-Relaisschaltungen ohne Kreuzschaltung der Wandler brauchen stets Stromumschalter, die das eine Relais wahlweise an die einzelnen Phasen schalten (Abb. 26). In dieser Schaltung liegt normal das Relais in der Phase $T$. Wenn das Anregerelais der Phase $R$ anspricht, wird grundsätzlich das Relais in diese Phase geschaltet. *R* ist also hier in allen Fällen die bevorzugte Phase. Es wird in sämtlichen Fällen in dieser Phase gemessen, an welchen sie beteiligt ist: Kurzschluß *R—S*, *R—T*, *R—S—T*, Doppelerdschluß *R—S*, *R—T*, *R—S—T*. In den übrigen Kurzschlußfällen wird die Phase *T* benutzt. Jetzt kann auch bei einem Doppelerdschluß zwischen *R* und *T* das eine Relais stillgesetzt werden, um auch hierbei die Phase *R* allein zu bevorzugen. Von allen Doppelerdschlußfällen wird daher nur eine Doppelerdschlußstelle abgeschaltet, wobei ebenfalls in zwei Fällen die Phase *R* den Vorrang hat.

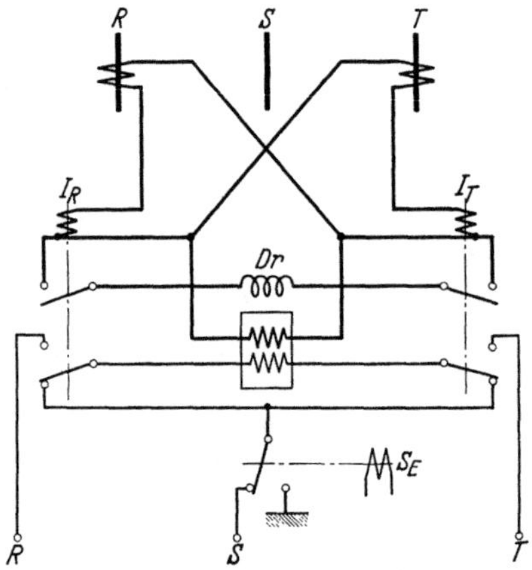


| Kurzschluß | | | | Doppelerdschluß | | |
|---|---|---|---|---|---|---|
| *R—S* | *S—T* | *T—R* | *R—S—T* | *R—S* | *S—T* | *T—R* |
| $\frac{U_{RS}}{I_R} =$ | $\frac{U_{ST}}{I_T} =$ | $\frac{U_{TR}}{\frac{2 \cdot I_R}{2}} =$ | $\frac{U_{TR}}{I_{TR}/2} =$ | $\frac{U_{R_0}}{I_R} =$ | $\frac{U_{T_0}}{I_T} =$ | $\frac{U_{TR}}{I_{TR}/2} =$ |
| $2\,Z_R$ | $2\,Z_T$ | $2\,Z_R$ | $2\,Z_R$ | $Z_R + \frac{I_0}{I_T} \cdot Z_E$ | $Z_T + \frac{I_0}{I_T} \cdot Z_E$ | $> Z_R$ |

Abb. 25. 1-Relaisschaltung. Korrektur durch Halbieren des Stromes.

Soll hierbei die Doppelerdschlußmessung absolut korrekt sein, so kann jetzt leicht der Erdstrom wieder eingeführt werden. Die Schaltung nach Abb. 26 mißt die Schleifenimpedanz. Daher müssen die Messungen wieder gegenseitig angeglichen werden, was entweder durch Vorschalten eines Widerstandes wie in Abb. 27, oder durch Heraufsetzen der Spannung im Doppelerdschlußfalle wie in Teilabb. 28 bewerkstelligt werden kann. In dem einen Fall wird nur die Phasenimpedanz, im anderen die Schleifenimpedanz in allen Kurzschlußfällen gemessen.

Abb. 29 zeigt eine 1-Relaisschaltung für ein Vierleitersystem bzw. für ein Drehstromnetz mit starrer Erdung. Hierbei wird die Phase *R* ebenfalls besonders bevorzugt.

Bei diesen Schaltungen wird das Meßrelais zyklisch unsymmetrisch verwendet. Bei den zyklisch symmetrischen Schaltungen wird das Meßrelais symmetrisch bei den einzelnen Kurzschlußfällen in die Phasen eingeschaltet. Man nimmt gleichsam eine 3-Relaisschaltung und schaltet das Meßrelais durch Umschalter stets an die Stelle, bei welcher auch in der 3-Relaisschaltung ein Relais gearbeitet hätte. Nur bei 3-poligem Kurzschluß wird man von den drei Phasen eine herauswählen. Die symmetrische Anordnung wird meistens für vektorielle Widerstandsmeßrelais (Reaktanzrelais) bevorzugt.

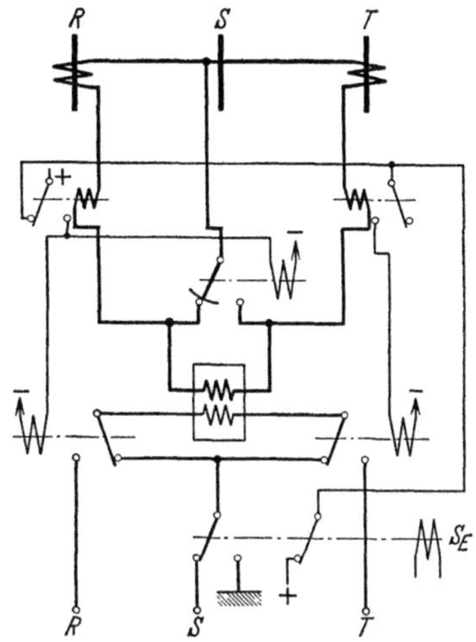


Abb. 26. 1-Relaisschaltung mit einem Stromumschalter. Meßergebnis wie bei Schaltung nach Abb. 16.

ε) Besondere Eigenschaften der Schaltungen mit Kipprelais. Bei den vorhergehenden Schaltungen ist die Art, wie die einzelnen Relais die Messung durchführen, nicht berücksichtigt worden. Es ist auch für die gezeigten Schaltungen belanglos, ob das Meßwerk eine stetige Auslösekennlinie besitzt oder ob es nur einen einzigen Wert kontrolliert wie beim Kipprelais (s. S. 350). Man kann also ohne weiteres an Stelle der gezeigten Meßrelais sich Kipprelais eingeordnet denken.

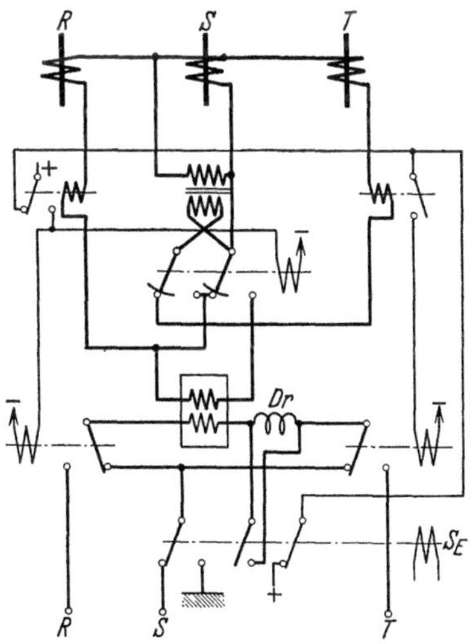


Abb. 27. 1-Relaisschaltung mit Erdstromkorrektur. Meßergebnis wie in Schaltung nach Abb. 19.

Trotzdem sind bei den Schaltungen mit Kipprelais noch einige Besonderheiten zu beachten. Bei den vorher erwähnten Meßrelais ist stillschweigend angenommen, daß es sich allgemein um widerstandsabhängige Zeitrelais handelt, die entsprechend dem gemessenen Widerstand die Abschaltzeit angeben. Bei den Kipprelais ist aber stets ein getrenntes Zeitwerk vorhanden, das in bestimmten Zeitabständen nur einige Widerstandspunkte längs der Leitung kontrolliert. Das Kipprelais gibt nur an, ob der Meßwert größer oder kleiner als der Kontrollwert ist. Die Arbeitsweise der Kipprelais ähnelt also mehr dem Arbeiten eines Richtungsrelais, das ebenfalls nur ein Plus oder Minus angibt. Daraus ergibt sich schon, daß die tatsächliche Schaltung stark davon beeinflußt wird, ob man eine Direktschaltung oder Abfrageschaltung wählt.

Es werden im allgemeinen zwei Meßpunkte I und II kontrolliert. Ist der Wert I kleiner als der Kontrollwert, dann erfolgt die Abschaltung in der kurzen Zeit, ist er kleiner als II, aber größer als I, dann gilt die zweite Zeitstufe. Ist er größer als II, erfolgt die Abschaltung in der Reservezeit. Die einzelnen Kontrollpunkte können nacheinander durch ein Meßwerk gemessen werden, bei welchem man in der Zwischenzeit den Ansprechwert ändert, oder durch mehrere Relais gleichzeitig, von denen jedes einzelne einen bestimmten Meßwert besitzt. Die erste Methode ähnelt der stetigen Auslösekennlinie, indem man einzelne Meßpunkte nacheinander kontrolliert. Bei der zweiten Anordnung wird sofort durch Ansprechen der gesamten Meßrelais die Fehlerortsentfernung bestimmt und dann der notwendige Zeitablauf festgelegt. Beide Anordnungen haben ihre Vor- und Nachteile.

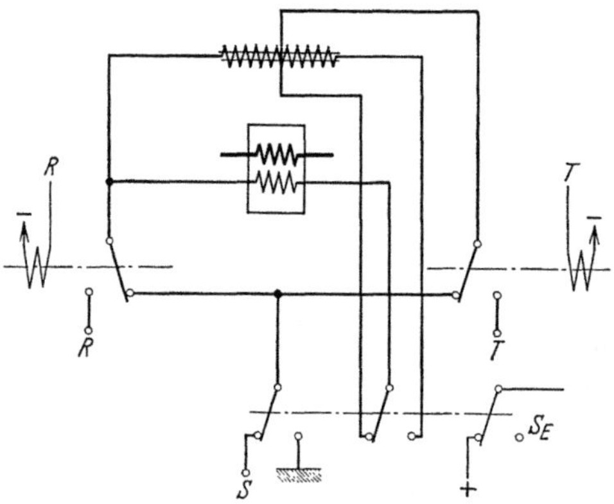

Abb. 28. 1-Relaisschaltung. Verdoppelung der Spannung im Doppelerdschlußfall.

Im ersten Fall kann die Messung korrigiert werden, wenn sich zwischen der ersten und zweiten Zeitstufe der Widerstandswert geändert hat. War diese Änderung durch einen Lichtbogen bedingt, dann muß sie als Nachteil gewertet werden. Handelt es sich aber um einen besonders gelagerten Doppelerdschluß oder um einen Abzweig auf der Leitung, dann ist es vorteilhaft, wenn noch eine Korrekturmöglichkeit vorhanden ist.

Die zweite Anordnung scheidet von vornherein die Veränderung des Widerstandes durch Lichtbogen aus, legt sich aber im ersten Augenblick für dauernd fest. Sie besitzt keine Korrekturmöglichkeit mehr und schaltet unter Umständen mit langer Zeit ab, obwohl eine Korrektur noch möglich war. Diesen Nachteil kann man umgehen, wenn nach der zweiten Zeitstufe noch einmal die Messung nachkontrolliert wird. Ergibt sich jetzt ein kleinerer Widerstand, so braucht das Relais wenigstens nicht mit der langen Zeit abzuschalten.

Die Widerstandskontrolle kann nun nach der Direktmethode oder nach der Abfrageschaltung erfolgen. Für die Beurteilung der beiden Methoden ist zu bedenken, daß bei einem Kurzschluß der Strom den Kontakt schließen will, die Spannung versucht ihn offen zu halten.

Bei der Direktmethode schließen also die Kipprelais, wenn der Widerstandswert unterschritten wird. Bei allen Schaltungen, die bisher behandelt wurden, war das Meßrelais vom Strom dauernd

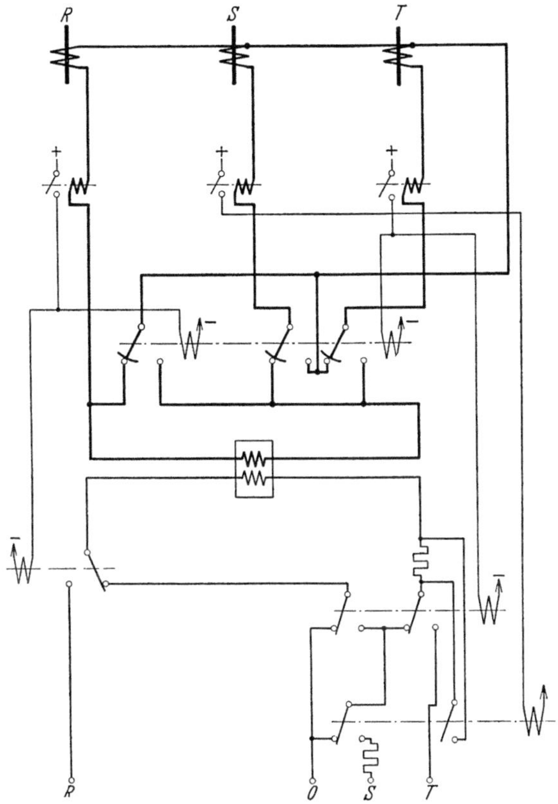


| Kurzschluß zwischen | | | | | | | | | |
|---|---|---|---|---|---|---|---|---|---|
| $R-S$ | $S-T$ | $T-R$ | $R-0$ | $S-0$ | $T-0$ | $R-S-0$ | $S-T-0$ | $T-R-0$ | $R-S-T$ |
| $\frac{U_{RS}\cdot\frac{\sqrt{3}}{2}}{I_T}$ | $\frac{U_{ST}\cdot\frac{\sqrt{3}}{2}}{I_T}$ | $\frac{U_{TR}\cdot\frac{\sqrt{3}}{2}}{I_R}$ | $\frac{U_{R_0}\cdot\frac{\sqrt{3}}{2}}{I_R}$ | $\frac{U_{S_0}\cdot\frac{\sqrt{3}}{2}}{I_S}$ | $\frac{U_{T_0}\cdot\frac{\sqrt{3}}{2}}{I_T}$ | $\frac{U_{RS}\cdot\frac{\sqrt{3}}{2}}{I_R}$ | $\frac{U_{TS}\cdot\frac{\sqrt{3}}{2}}{I_T}$ | $\frac{U_{TR}\cdot\frac{\sqrt{3}}{2}}{I_R}$ | $\frac{U_{TR}}{I_R}$ |
| $\sqrt{3}\,Z_R$ | $\sqrt{3}\,Z_T$ | $\sqrt{3}\,Z_R$ | $\sqrt{3}\cdot Z_R$ | $\sqrt{3}\,Z_S$ | $\sqrt{3}\,Z_T$ | etwa $\sqrt{3}\,Z_R$ | etwa $\sqrt{3}\cdot Z_T$ | etwa $\sqrt{3}\cdot Z_R$ | $\sqrt{3}\,Z_R$ |

Abb. 29. 1-Relaisschaltung für Vierleitersysteme. Vorschaltwiderstände zum Ausgleich zwischen 2- und 3-poligem Kurzschluß 13,5% $= 1 - \frac{\sqrt{3}}{2}$.

durchflossen, und nur die Spannung wurde erst im Kurzschlußfall an das Meßwerk gelegt. Bei der Direktschaltung würden daher die Kipprelais sämtlich zuerst ansprechen und dann durch die Spannung wieder geöffnet werden. Für eine solche Anordnung sind daher diese Schaltungen nicht zu verwenden, sondern die Kipprelais müssen erst freigegeben werden, wenn sie tatsächlich messen sollen, d. h. sie müssen entweder vorher mechanisch verriegelt sein oder erst Strom- und Spannungswerte im letzten Augenblick zugeschaltet erhalten. Eine solche Schaltung zeigt Abb. 30, die der Schaltung nach Abb. 26 elektrisch gleichkommt. Die Direktschaltung hat aber den großen Vorteil der Geschwindigkeit. Das erste Kipprelais kann sofort den Ausschaltbefehl weitergeben.

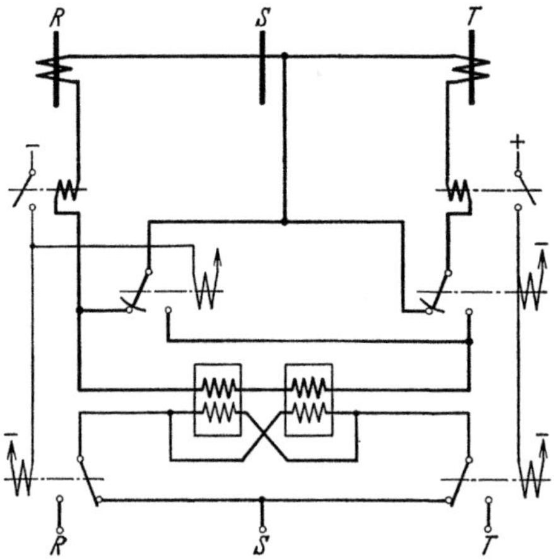


Abb. 30. 1-Relaisschaltung mit Kipprelais. Zuschaltung von Strom und Spannung (Direktmethode).

Bei der Abfrageschaltung hat das Kipprelais schon von vornherein seinen Kontakt geschlossen. Die zugeschaltete Spannung öffnet ihn, wenn der Widerstandswert überschritten wird. Für diese Abfrageschaltung lassen sich sämtliche Meßschaltungen ohne weiteres verwenden. Aber sie braucht eine Vorverzögerung, um den Meßrelais eine sichere Zeit für das Öffnen ihrer Kontakte zu lassen.

Besonderes Augenmerk ist auch darauf zu richten, wie sich eine solche Schaltung beim Übergang von einem Kurzschluß in den anderen verhält bzw. beim Hinzutreten eines Doppelerdschlusses. Bei jedem Umschalten wird die Spannung kurzzeitig unterbrochen. Innerhalb dieser Zeit mißt das Relais den Widerstandswert 0. Bei der Direktschaltung wird aber Strom und Spannung stets gleichzeitig weggenommen. Ein Widerstandsrelais mißt also bei diesem Übergang immer den Wert $\infty$.

Diese Schaltungen lassen sich je nach der Art der verwendeten Relais in den verschiedensten Formen ausführen. Sie sind nur mit reiner Kontaktsteuerung zu erreichen und stellen mitunter eine vollkommene Relaisautomatik dar.

## 2. Die Vergleichssysteme.

### a) Direkte Vergleichssysteme.

Der Stromdifferentialschutz für Übertragungsleitungen weist zwei charakteristische Formen auf: Man vergleicht entweder den Strom am Anfang und Ende einer Leitung, dann spricht man von einem Längsdifferentialschutz, oder den Strom zweier oder mehrerer Leitungen, die betrieblich parallel geschaltet sind. Die letzteren Anordnungen werden mit Querdifferentialschutz bezeichnet.

$\alpha$) Längsdifferentialschutz. Die Schwierigkeiten beim Längsdifferentialschutz liegen in der häufig weiten Entfernung zwischen den beiden Vergleichspunkten. An jedem Vergleichspunkt ist ein Leitungsschalter, der im Fehlerfalle betätigt werden muß. Entweder müssen diese beiden Schalter durch eine besondere Leitung gekuppelt werden, oder an jedem Leitungsende muß ein Differentialrelais vorhanden sein, welches das Ausschaltkommando gibt. Die weite Entfernung zwischen beiden Vergleichspunkten erfordert Verbindungsleitungen, die unter Umständen erheblichen Widerstand besitzen, zum Teil störende Kapazitäten zwischen den Leitungen. Schließlich spielt preislich die Länge, der Querschnitt und die Anzahl der notwendigen Verbindungsleitungeneine erhebliche Rolle.

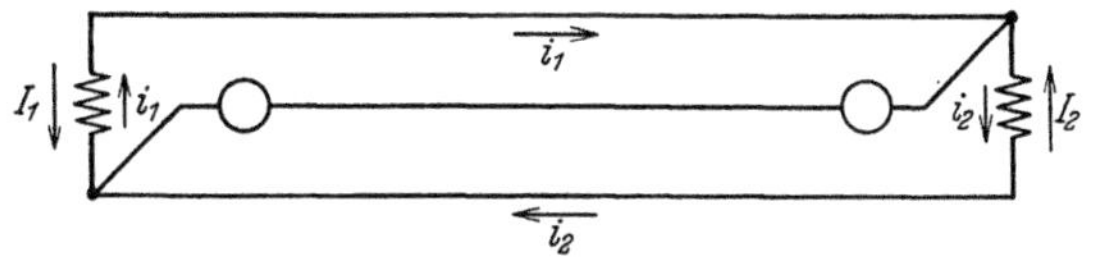

Abb. 31. Längsdifferentialschutz. Relais in einer Diagonalverbindung. Fehlerfreier Zustand.

Bei einer Differentialschaltung, wie sie im Generatorschutz z. B. verwendet wird, kann das Differentialrelais genau in der Mitte zwischen den beiden Stromwandlern angeschlossen werden. Dies ist bei einem Längsdifferentialschutz nicht möglich. Der Anschluß des Differentialrelais an einem Ende würde eine unsymmetrische Belastung der Stromwandler darstellen. In diesem Fall müßten die Schalter durch eine besondere Hilfsleitung miteinander gekuppelt sein, damit beim Ansprechen des Differentialrelais, welches gleichzeitig das Anregeorgan darstellt, die Leitung an beiden Seiten abgetrennt wird. Um nun eine gleichmäßige Belastung der Stromwandlergruppen zu erreichen und außerdem an jedem Leitungsende ein Differentialrelais zu besitzen, wird grundsätzlich der Anschluß der Diagonalverbindung wie in Abb. 31 gewählt. Die beiden Differentialrelais liegen in Serie über eine besondere Hilfsleitung, die schräg an die beiden Endpunkte der Differentialschaltung angeschlossen wird. Dadurch wird jedem Stromwandler eine Verbindungsleitung als Belastung zugeordnet. Der Ausgleichsstrom, welcher bei einer Störung auftritt, kann nur über die Diagonalverbindung und beide Differentialrelais fließen. Um zu vermeiden, daß bei einem Bruch der Hilfsleitung die Stromwandler sekundär geöffnet sind, schaltet man jedem Stromwandler noch einen Schutzwiderstand parallel, der wesentlich größer ist als der Widerstand des Differentialrelais. Auf diese Weise erhält man neben dem Schutz der Stromwandler noch die Möglichkeit, das Reißen der Hilfsleitung durch den Betriebsstrom melden zu können, da dieser dann über den Schutzwiderstand fließen muß. Das Differentialrelais selbst kann man entweder hinter den Widerstand in die Verbindungsleitung oder in Serie mit dem Widerstand im Stromwandlerkreis legen (Abb. 32). Im ersten Falle spricht das Differentialrelais nicht an, in der zweiten Anordnung kann der Betriebsstrom das Differentialrelais zum Ansprechen bringen.

Ein Differentialschutz darf auf Fehler außerhalb seines Schutzbereiches nicht reagieren. Er muß in jedem solchen Fall „stabil“ sein. Die Mittel, mit denen man diese Stabilität erreichen kann, sind: Reichliches Dimensionieren der Stromwandler, besondere Stabilisierungsrelais, schließlich auch besondere Schaltungen.

Beim Generatorschutz ist der maximale Kurzschlußstrom, der über das Differentialgebilde fließen kann, bei einem außenliegenden Fehler bestimmt durch die Kurzschlußstromstärke des Generators selbst. Beim Transformatorschutz wird der Kurzschlußstrom durch die Streuspannung des Transformators begrenzt. Bei einem Differentialschutz für eine Leitung aber hat der Widerstand der Primärleitung selbst auf die Begrenzung des Kurzschlußstromes keinen Einfluß. Der Kurzschlußstrom ist praktisch lediglich von der Zentralenleistung abhängig, d. h. die Kurzschlußströme, die bei einem außenliegenden Kurzschluß über den Differentialschutz fließen können, sind häufig das 20- und 30fache des Nennstromes der Stromwandler. Da eine lange Verbindungsleitung stets eine wesentliche Belastung des Stromwandlers darstellt, ist bei diesen Leitungsdifferentialschutzarten eine Stabilisierung durch die Stromwandler allein selten und schwer zu erreichen. Daher kommen für diesen Zweck in erster Linie geeignete Relais in Frage, entweder Prozentrelais oder Produktrelais (s. Abb. 33 u. 34).

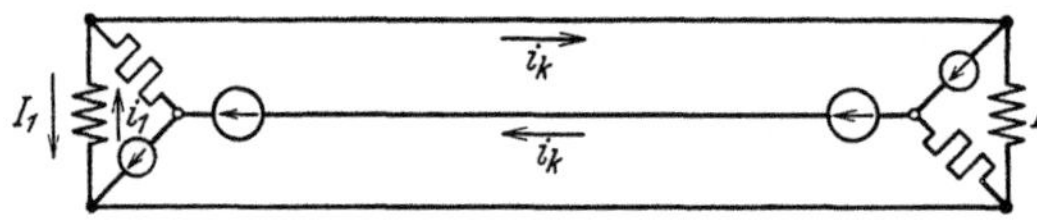


Abb. 32. Längsdifferentialschutz mit Schutzwiderstand. Fehlerfall bei einseitiger Speisung.

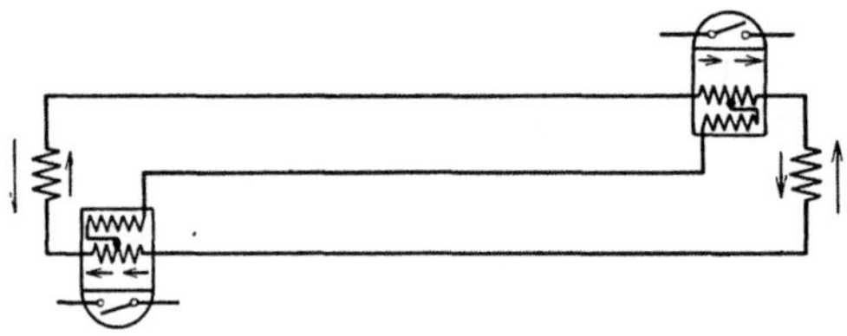

Abb. 33. Stabilisierung des Differentialschutzes durch Prozentrelais.

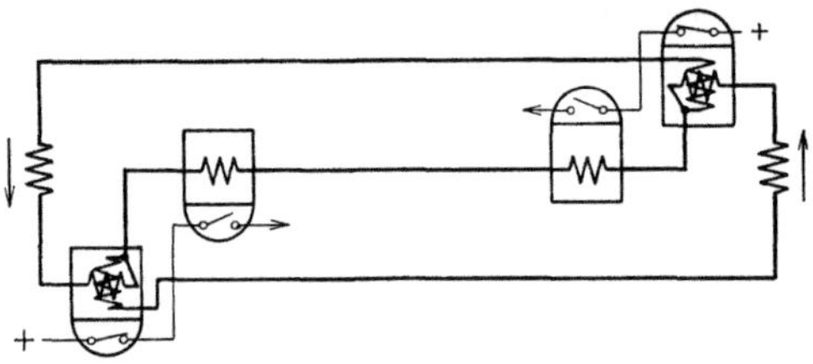

Abb. 34. Stabilisierung des Differentialschutzes durch Produktrelais.

Es sind aber auch Schaltungen bekannt, die selbst schon eine gewisse Stabilität aufweisen. Derartige Schaltungen zeigen Abb. 35, 36, 37). Die Diagonalverbindung im Differentialschutz schließt die beiden Stromwandler theoretisch kurz. Ist der Widerstand dieser Verbindung absolut Null, so fließt über diese Leitung exakt die geometrische Differenz der beiden Ströme, und jeder Stromwandler ist nur durch den Widerstand der Verbindungsleitung bis zur Diagonalverbindung belastet. Besitzt diese aber einen gewissen Widerstand, so ruft der Ausgleichsstrom einen Spannungsabfall hervor, der einen gewissen Ausgleich der Stromwandlerbelastung zur Folge hat. Im Grenzfall bei Widerstand = ∞ übernimmt jeder Stromwandler diejenige Leistung, die seiner elektromotorischen Kraft entspricht. Man sucht daher den Widerstand der Verbindungsleitung künstlich zu erhöhen, indem man an jedem Leitungsende eine Zusatzspannung auf der Diagonalverbindung einführt, die von dem Strom abhängig ist. Man benutzt den Spannungsabfall an einem Widerstand und führt ihn über einen Zwischenwandler in die Verbindungsleitung ein (Abb. 35). Die beiden Spannungsabfälle sind auf der Diagonalverbindung entgegengesetzt gerichtet. Ein Ausgleichsstrom muß also stets diese Gegenspannung überwinden, wenn er die beiden Differentialrelais betätigen will. Diese Spannung ist aber um so größer, je größer der Strom am Ende der Leitung ist. Sie unterstützt dagegen den Ausgleichsstrom, wenn auch die Stromrichtung am anderen Ende entgegengesetzt gerichtet ist. Dieses System wurde daher auch Selfcompensated-System genannt. An Stelle des Spannungsabfalles an einem bestimmten Widerstand kann man auch die Klemmenspannung des Stromwandlers selbst dazu benutzen. Diese Klemmenspannung stellt den Spannungsabfall der Verbindungsleitung dar. Diese Anordnung zeigt Abb. 37. Das Differentialrelais kann man bei dieser Anordnung entweder in die Diagonalverbindung oder in die Mittelanzapfung des Zwischenwandlers legen. Abb. 37 stellt einen Fehlerfall bei einseitiger Speisung dar. Über die Diagonalverbindung fließt ein Drittel und über die Mittelanzapfung fließen zwei Drittel des Kurzschlußstromes. Bemerkenswert ist bei dieser Anordnung, daß bei jedem Fehlerfall grundsätzlich sämtliche Verbindungsleitungen von Strom durchflossen werden. Die Belastung der Stromwandler ist in allen Fällen gleich.

Abb. 35. Differentialschutz mit Selbstkompensation. Fehlerfreier Betrieb.

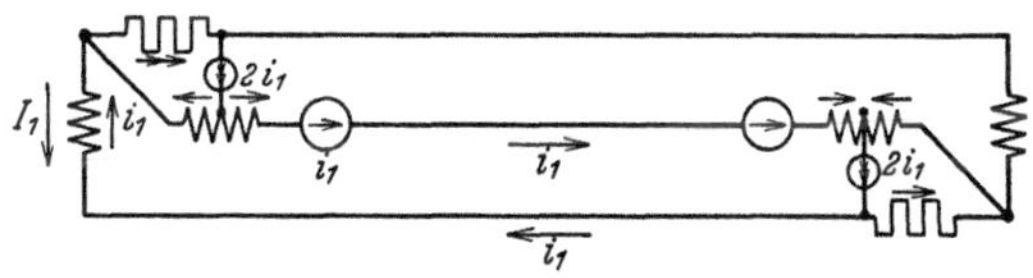

Abb. 36. Schaltung wie Abb. 35. Fehlerfall bei einseitiger Speisung.

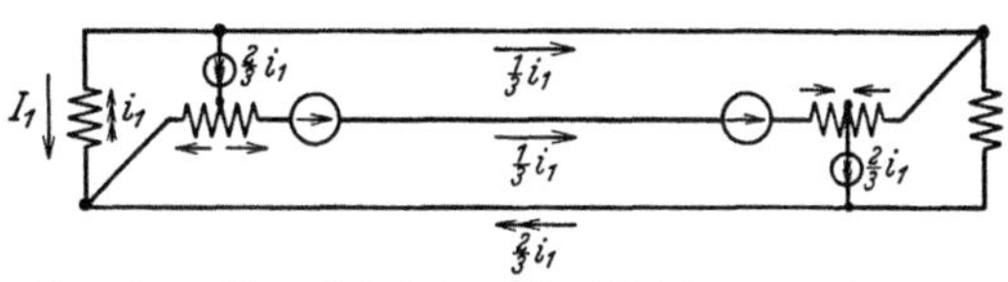

Abb. 37. Differentialschutz mit Selbstkompensation nur mit Zwischenwandler. Fehlerfall bei einseitiger Speisung.

Elektrisch entsprechen diese drei Anordnungen in der Wirkung etwa der des Prozentrelais, bei welchem die Empfindlichkeit von der Höhe des Durchgangsstromes verändert wird.

Die Anordnungen 32—37 setzen die normale Schaltung des Differentialschutzes voraus, bei welcher die Stromwandler in Reihe geschaltet sind. Bei diesen Reihenschaltungen sind die Stromwandler nur durch den Widerstand der Verbindungsleitungen belastet. Die Verbindungsleitungen selbst sind stets vom Betriebsstrom durchflossen. Um die Verbindungsleitungen von Strom zu entlasten und damit zunächst unabhängig zu werden von der Höhe des Widerstandes der Verbindungsleitungen, wendet man gerade beim Längsdifferentialschutz auch die Gegenschaltung an. Die Stromwandler sind gegeneinander geschaltet.

Abb. 38. Gegenschaltung der Stromwandler.

Da die Klemmenspannung eines Stromwandlers aber in nicht belastetem Zustand besonders bei hohen Strömen nicht proportional dem Primärstrom ist, sondern von den Eisenverhältnissen des Stromwandlers abhängig ist, läßt sich auf diese Art kein stabiler Zustand erreichen. Man muß vielmehr den Stromwandler durch einen konstanten Widerstand, ohmscher oder induktiver Art, belasten und erst den Spannungsabfall dieser Widerstände miteinander vergleichen. Die Stromwandler sind dann praktisch in gleicher Weise belastet wie bei den Reihenschaltungen.

Abb. 39. Differentialschutz in Gegenschaltung mit Wattmetern als Differentialrelais.

Nur an Stelle der Belastung durch die Verbindungsleitungen ist eine solche durch den Vergleichswiderstand getreten. Grundsätzlich aber ist bei der Gegenschaltung die Verbindungsleitung frei von Strom und kann einen wesentlich geringeren Querschnitt erhalten. Auch im Kurzschlußfall fließt über die Verbindungsleitung nur soviel Strom als es der Widerstand zuläßt, da der Hauptstrom stets über den Vergleichswiderstand fließt. Während bei den Reihenschaltungen in der einfachen Form stets drei Verbindungsleitungen notwendig sind, brauchen die Gegenschaltungen nur zwei Adern (Abb. 38).

Diese Gegenschaltungen lassen sich allein durch die Dimensionierung der Stromwandler ebenfalls selten vollkommen stabil herstellen, da der Spannungsabfall an dem Vergleichswiderstand auch den höchsten Kurzschlußströmen proportional sein muß. Man braucht hierbei ebenfalls zusätzlich Stabilisierungsmaßnahmen durch die Relais bzw. durch die Schaltung. Ein Prozentrelais läßt sich aber schwer anwenden, weil man keine streng definierte Angabe des Durchgangsstromes erhält. Das Produktrelais muß ganz ausscheiden, da an jedem Leitungsende nur der Ortsstrom vorhanden ist, der Strom des anderen Leitungsendes fehlt.

Dagegen läßt sich eine ähnliche Stabilisierung wie beim Prozentrelais erreichen, wenn an Stelle des Stromdifferentialrelais ein wattmetrisches Relais verwendet wird. Die eine Wicklung wird vom Ortsstrom durchflossen, während die andere in der Verbindungsleitung liegt. Dadurch erhält man zunächst eine große Empfindlichkeit des Relais bei geringen Ausgleichsströmen. Die Verbindungsleitung kann hierdurch entweder länger sein oder einen geringeren Querschnitt erhalten. Den wattmetrischen Relais kann nun ein Drehmoment überlagert werden, welches dem Ortsstrom proportional ist und ebenfalls von dem Vergleichswiderstand bestimmt wird. Es besitzt stets eine sperrende Richtung. Im Fehlerfall subtrahieren sich die beiden Drehmomente, bis das Differentialdrehmoment das Übergewicht erhält (Abb. 40).

Das wattmetrische Relais hat außerdem noch den Vorteil, daß es nur auf Ströme reagiert, die die gleiche Frequenz aufweisen und in Phase mit dem Ortsstrom sind. Das ist besonders wichtig für die Kapazitätsströme der Verbindungsleitungen. Diese stellen einen Nebenschluß zum Vergleichswiderstand dar. Je höher die Vergleichsspannung gewählt wird, um so mehr können diese Kapazitätsströme stören. Da beide Spannungen an beiden Enden der Leitung entgegengesetzt gerichtet sind, fließt von beiden Seiten über die Kapazität ein Strom, der über die zweite Wicklung des wattmetrischen Relais fließt. Da er aber gegenüber dem Ortsstrom phasenverschoben ist, ergibt er kein Drehmoment. Die Kapazität der Hilfsleitung liegt also in Reihe mit dem Differentialrelais. Im Gegensatz hierzu stellt bei der Reihenschaltung die Kapazität zwischen den Verbindungsleitungen einen Nebenschluß zum Differentialrelais dar. Es fließt im Normalbetrieb über die Kapazität nur im Fehlerfall Strom. Bei der Gegenschaltung ist es dagegen umgekehrt.

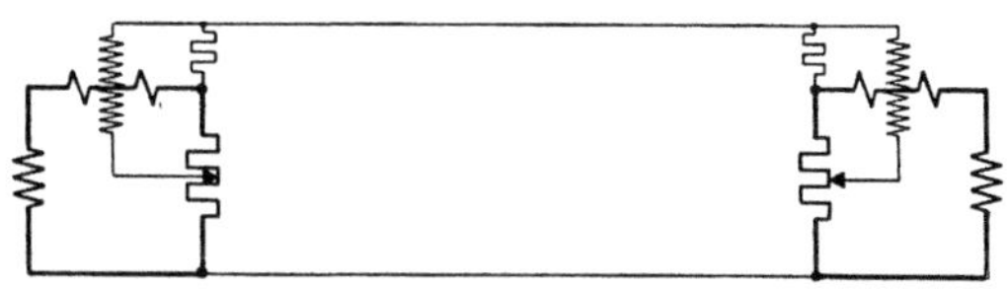

Abb. 40. Differentialschutz in Gegenschaltung mit wattmetrischen Relais. Stabilisierung durch überlagerten Sperrstrom.

Nicht zu verwechseln mit diesen Kapazitätsströmen ist der primäre Ladestrom der Leitung, der besonders bei Kabeln groß sein kann. Dieser Ladestrom wird im Kabel verbraucht und stellt unter allen Umständen einen primären Fehlerstrom dar. Bei mehrfach gespeisten Leitungen kann sich die Richtung des Ladestromes ändern. Die Ansprechempfindlichkeit des Differentialrelais muß daher stets über diesem Ladestrom liegen. Er hat die gleiche Wirkung wie der Magnetisierungsstrom beim Transformator. Er ist eine Funktion der Spannung und verringert sich im Kurzschlußfall.

Eine Sonderschaltung stellt Abb. 41 und 42 dar. Die Schaltung stellt eine Reihenschaltung dar, in welcher aber eine Verbindungsleitung aufgespalten und genau in der Mitte zwischen den Stromwandlern mit der anderen Verbindungsleitung verbunden ist. Dadurch liegt die Diagonale elektrisch genau in der Mitte der beiden Stromwandlergruppen. Es wird der Strom in den beiden Teilleitern der einen Verbindungsleitung miteinander verglichen. Durch diese Anordnung erhält man ebenfalls an jedem Leitungsende ein Differentialrelais, ohne die Symmetrie der Belastung zu stören, hat aber nicht die unbedingte Zwangläufigkeit des Ansprechens der beiden Differentialrelais, wie bei den ersterwähnten Reihenschaltungen.

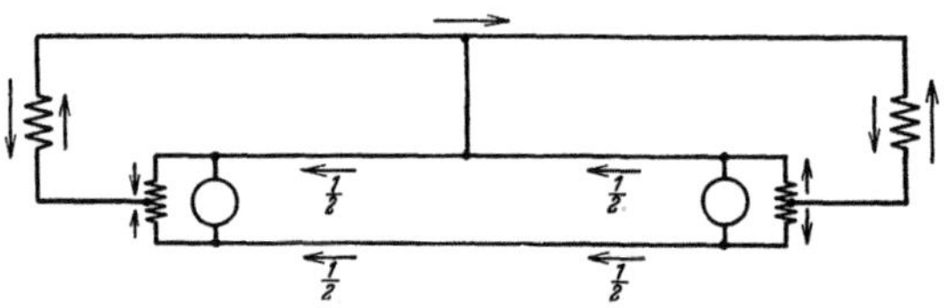

Abb. 41. Differentialschutz mit Differenzbildung in einem Spaltleiter. Fehlerfreier Betrieb.

Die vorstehenden Anordnungen waren sämtlich nur einphasig gezeichnet. Für eine Drehstromleitung müßte theoretisch für jede Phase die gleiche Anordnung gewählt werden. Das würde im Maximum 9 Verbindungsleitungen bedeuten. Um aber die Anordnung wirtschaftlich zu gestalten, sucht man auch für die Drehstromleitung mit dem Minimum von 3 bzw. 2 Verbindungsleitungen auszukommen. Es ist nicht notwendig, daß der Strom in der Verbindungsleitung das gleiche Verhältnis zu jedem Phasenstrom aufweist. Es ist nur die Bedingung zu erfüllen, daß er an beiden Enden in jedem Zeitmoment gleich groß und gleichphasig ist. Man kann daher Sparschaltungen anwenden, die das Drehstromgebilde auf ein Einphasengebilde übersetzen, wobei allerdings in Kauf genommen wird, daß der Ansprechwert des Differentialrelais je nach Lage des Kurzschlusses zwischen den einzelnen Phasen verschieden ist.

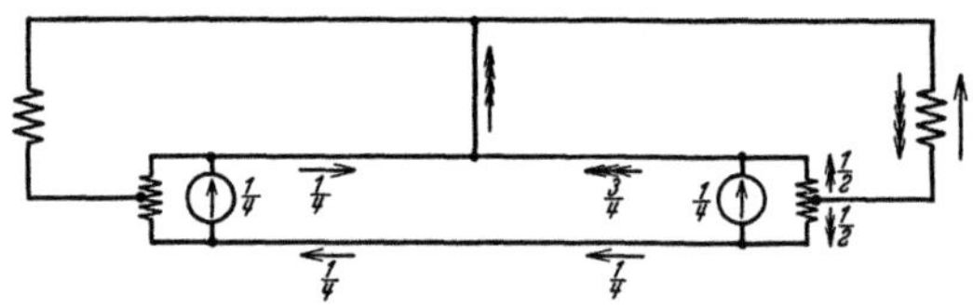

Abb. 42. Differentialschutz wie in Abb. 41. Fehlerfall bei einseitiger Speisung.

Abb. 43. Drehstromdifferentialschutz mit Kreuzschaltung der Stromwandler.

Die eine Anordnung kann durch die Kreuzschaltung Abb. 43 erreicht werden. Hierbei variiert die Stromstärke im Verhältnis 1 : 2. Diese Anordnung läßt sich aber nur für Netze mit isoliertem Nullpunkt verwenden, bei starrer Nullpunktserdung müssen sämtliche drei Phasen in den Differentialschutz einbezogen werden. Zu diesem Zweck führt man die einzelnen Phasen über einen Summationswandler, dessen

Sekundärseite für den Differentialschutz verwendet wird (Abb. 44). Die Ansprechgrößen variieren hierbei sogar im Verhältnis 1:4. Liegt der Kurzschlußstrom stets weit über dem Nennstrom des Wandlers, so spielt diese Variation der Ansprechgrenzen keine Rolle. Den Querschnitt der Verbindungsleitungen sucht man bei Reihenschaltungen zu verringern, in dem man den Strom sekundär auf kleine Werte transformiert, um damit größere Widerstandswerte der Leitung bei gleicher Belastung zu verwenden. Die Gegenschaltung kommt grundsätzlich mit kleinerem Querschnitt aus.

Das Differentialrelais ist üblicherweise Anrege- und Abschaltorgan zugleich. Man kann aber auch grundsätzlich die Anregung einem normalen Überstromrelais in jeder Phase überlassen, während das Differentialrelais nur als Meßorgan für die Fehlerortsfeststellung dient. Das Ansprechen von Überstrom- und Differentialschutz ergibt den Abschaltbefehl. Dadurch kann man die Ansprechgrenze in jedem Kurzschlußfall gleichsetzen, während das Differentialrelais auf den empfindlichsten Ansprechwert eingestellt wird.

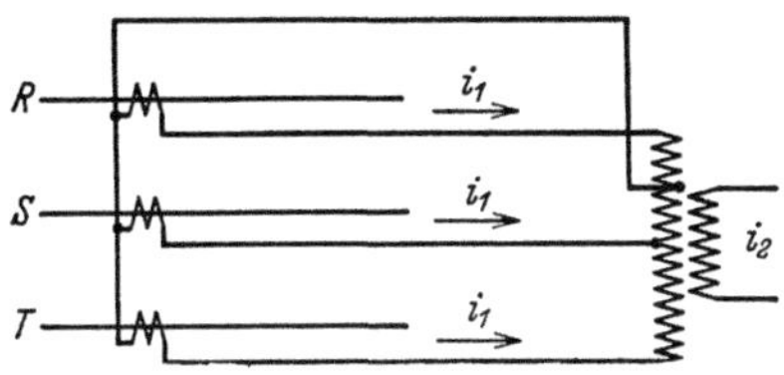


Abb. 44. Drehstromdifferentialschutz mit Summationswandler. Schaltung für ein Leitungsende.

*β*) Querdifferentialschutz. Der Querdifferentialschutz setzt immer Leitungen voraus, die im Betrieb parallel geschaltet sind. Da die Ströme in den parallel geschalteten Leitern immer im umgekehrten Verhältnis der Widerstände sich verteilen, so stehen die Ströme stets in einem bestimmten Verhältnis zueinander. Der Differentialschutz überwacht dann das Stromverhältnis der Teilleiter. Die Widerstände der einzelnen Leiter können voneinander verschieden sein, da es nur auf die Konstanz des Stromverhältnisses ankommt. Es ist nur noch die Bedingung zu erfüllen, daß die Widerstände gleichartig sind, damit keine Kreisströme infolge der verschiedenen Phasenlage auftreten können, und daß sie sich im Betriebe durch die Stromstärke nicht ändern.

Die Art der Teilleiter kann verschieden sein. Man muß unterscheiden zwischen Leitern, die ein und derselben Übertragungsleitung bzw. Übertragungsgruppe angehören und nur mit einem einzigen Leistungsschalter gemeinsam abgeschaltet werden, und solchen, die vollkommen selbständige Übertragungsleitungen sind und durch jeweils besondere Leistungsschalter abschaltbar sind.

Zu der ersten Anordnung gehören die sog. Spaltleiter, bei denen die einzelnen Phasen in Teilleiter aufgespalten sind und z. B. in Kabeln gemeinsam gegen Erde bzw. gegen die anderen Phasen isoliert sind. Zwischen den beiden Teilleitern existiert nur eine relativ kleine Isolation. Man führt Kabel aus, bei welchen die Teilleiter gleichen Querschnitt aufweisen und an der Kraftübertragung vollkommen gleichwertig beteiligt sind. Bei anderen Ausführungen sind die Querschnitte sehr stark verschieden, so daß der eine Leiter praktisch die gesamte Übertragung übernimmt und der Leiter mit kleinem Querschnitt nur die Rolle eines Hilfsleiters hat. Beim *ZD*-Kabel (Zentraldraht) (Abb. 45) ist der Hilfsleiter genau in der Mitte des Hauptleiters zentrisch angeordnet, während er bei Pfannkuch-Kabel außerhalb des Hauptleiters liegt. Zu diesem Spaltleitersystem ist auch die parallele Schaltung mehrerer Kabel zu rechnen, die durch einen gemeinsamen Leistungsschalter abgeschaltet werden. Hierbei sind die beiden Leiter gegeneinander auch mit voller Isolation, versehen und weisen dadurch den Vorteil auf, daß bei einer

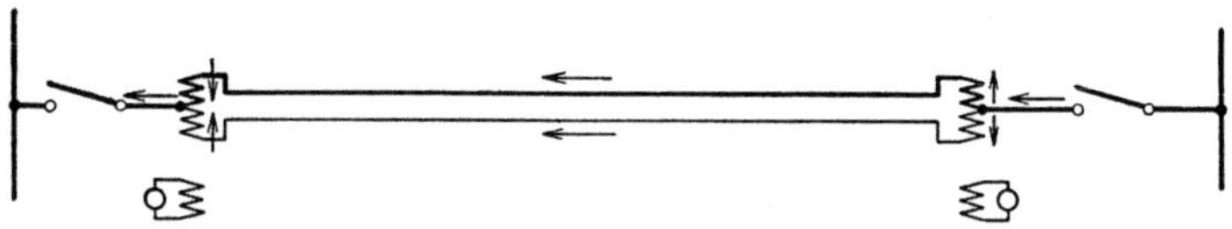

Abb. 45. *ZD*-Schutz. Spaltleiterschutz.

Störung nur ein Teilleiter zerstört wird, während bei der ersten Anordnung stets beide Teilleiter beschädigt werden (Abb. 46).

Die Schaltungen für diesen Querdifferentialschutz weisen gegenüber einem normalen Differentialschutz keine Besonderheit auf. Nur bei denjenigen Anordnungen, bei welchen die Querschnitte der Einzelleiter stark verschieden sind, müssen die Stromwandler diesen Unterschied

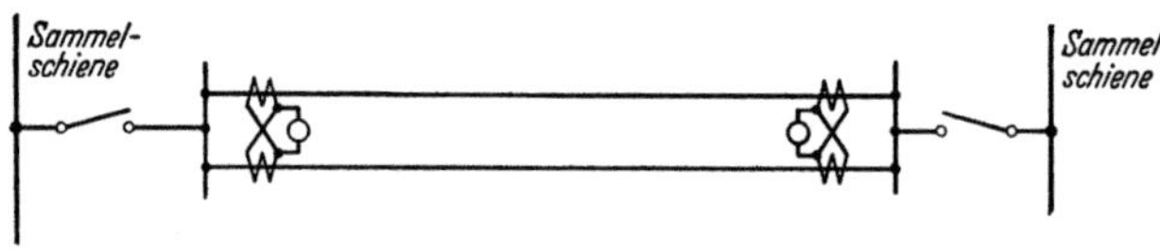


Abb. 46. Querdifferentialschutz zwischen zwei parallelen Leitungen mit gemeinsamem Schalter.

entsprechend ausgleichen. Hinzu kommt noch, daß durch die nahe Lage der beiden Leiter eine gegenseitige Beeinflussung in den Widerständen durch Skin-Effekt auftritt, der durch besondere Zusatzwandler überwunden werden muß, wenn die Konstanz des Stromverhältnisses gewahrt werden soll. Die Relais sind entweder über Stromwandler normal gegen die Hochspannung isoliert oder, wie beim *ZD*-Schutz, direkt in die Hochspannungsleitung eingebaut und betätigen durch eine Isolierstange den Abschaltmechanismus.

Auf einen Nachteil dieser Anordnung muß hierbei hingewiesen werden. Entsteht ein Kurzschluß am Ende der Leitung, so ist auf der einen Seite das Stromgleichgewicht praktisch nicht gestört, dagegen herrscht an dem Ende, an welchem sich der Fehler befindet, volle Unsymmetrie. Dadurch erfolgt an diesem Ende das Abschalten. Sofern beide Kabel aber nicht getrennt werden, ändert sich elektrisch für das andere Ende der Zustand nicht. An diesem Ende ist nur dann eine Unsymmetrie zu erwarten, wenn an dem abgeschalteten Ende auch die beiden Teilleiter getrennt werden oder durch eine besondere Hilfsleitung der Schalter am Anfang der Leitung ebenfalls abgeschaltet wird. Daher wird bei Anordnungen, wie z. B. *ZD*-Schutz, grundsätzlich der Hilfsleiter durch den Schalter vom Hauptleiter getrennt.

Diese Auftrennung der Teilleiter erfolgt bei denjenigen Anordnungen (Abb. 47), wo jeder Teilleiter einen eigenen Leistungsschalter besitzt, automatisch. Hierbei ist stets jeder Einzelleiter eine vollkommene Übertragungsleitung. Der Differentialschutz hat bei dieser Anordnung die Aufgabe, einmal einen Fehler innerhalb des Differentialgebildes festzustellen und zusätzlich die fehlerhafte Leitung zu bestimmen. Hat man nur zwei Übertragungsleitungen, deren Ströme man miteinander vergleicht, so muß man die Richtung des Stromes dazu benutzen, um die kurzschlußbehaftete Leitung festzustellen. In der

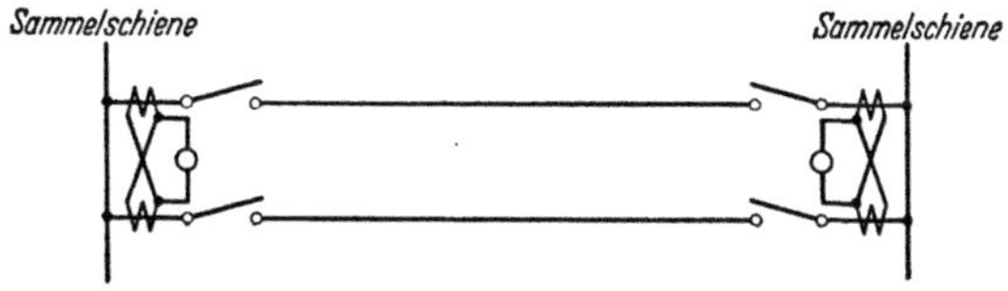

Abb. 47. Querdifferentialschutz für zwei parallele Leitungen mit getrennten Schaltern (Achterschutz).

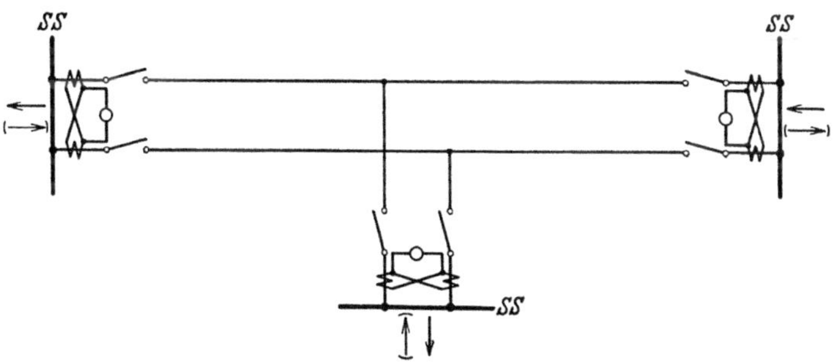

Abb. 48. Achterschaltung für Doppelleitungen mit Abzweigen.

Differentialleitung ist stets neben dem Stromrelais, welches den Fehlerfall feststellt, ein Richtungsrelais, das die fehlerhafte Leitung bezeichnet. Als Bezugsgröße für die Richtungsangabe des Differenzstromes eignet sich am besten die Spannung der Sammelschiene. Nimmt man als Bezugsgröße die Summe der beiden Ströme ($I_1 + I_2$), so erhält man ebenfalls eine eindeutige Richtungsangabe, jedoch nur, wenn die Doppelleitung von zwei Seiten gespeist wird.

Der Differentialschutz wird normalerweise in der Reihenschaltung ausgeführt. Es ist jedoch ohne weiteres möglich, ihn auch in der Gegenschaltung auszuführen. Diese bringt nur dann Vorteil, wenn die Widerstände der beiden Leitungen phasenverschoben sind. Bei der Reihenschaltung fließt in diesem Fall über das Differentialrelais stets die geometrische Differenz der beiden Ströme, die bei einer Phasenverschiebung erhebliche Werte annehmen kann. Der Strom des Wandlers läßt sich sekundär nicht in seiner Phasenlage beeinflussen. Bei der Gegenschaltung dagegen werden Spannungsabfälle zweier Widerstände miteinander verglichen. Durch die Wahl dieser Vergleichswiderstände läßt sich aber leicht die Phasenlage der Vergleichsspannung regeln, wodurch die Phasenlage der Primärwiderstände wieder ausgeglichen werden kann.

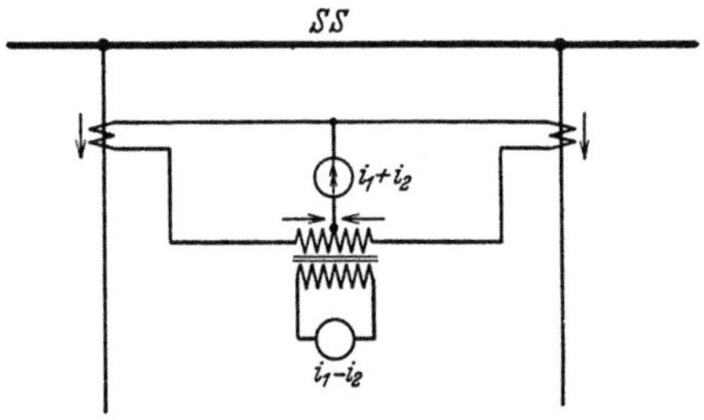


Abb. 49. Achterschaltung mit magnetischer Differenzbildung in einem Zwischenwandler (Summe und Differenz).

Für die Schaltung des **Achterschutzes** ist zu beachten, daß nach Abschalten einer Leitung das Differentialrelais selbst vom Betriebsstrom durchflossen wird. Die Differentialschaltung geht in diesem Fall automatisch in eine normale Staffelschaltung über. Daraus folgt, daß die Ansprechgrenze des Differentialrelais zum mindesten in diesem Falle über der Nennstromstärke des Stromwandlers liegen muß und daß weiterhin die kurze Abschaltzeit, die für den Differentialzustand gegeben war, durch eine längere Zeit ersetzt werden muß, die sich in die Staffelzeiten des Netzes einordnet. Als Kriterium für den Nachweis, wann Parallelbetrieb herrscht oder nicht, wird die Stellung des Ölschalters selbst betrachtet. Bei Mehrfachsammelschienen muß unter Umständen noch die Stellung der Trennmesser kontrolliert werden. Schaltet ein Schalter ab, so wird die schnelle Abschaltzeit verriegelt und eventuell auch die Empfindlichkeit des Ansprechorgans verändert.

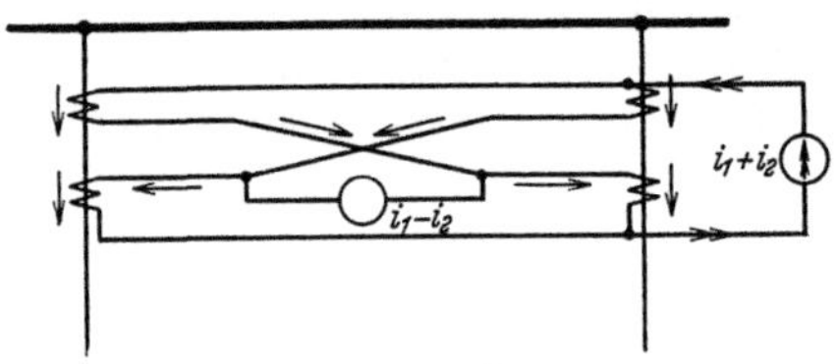


Abb. 50. Summen- und Differenzbildung durch getrennte Hauptwandler oder Wandler mit zwei Wicklungen.

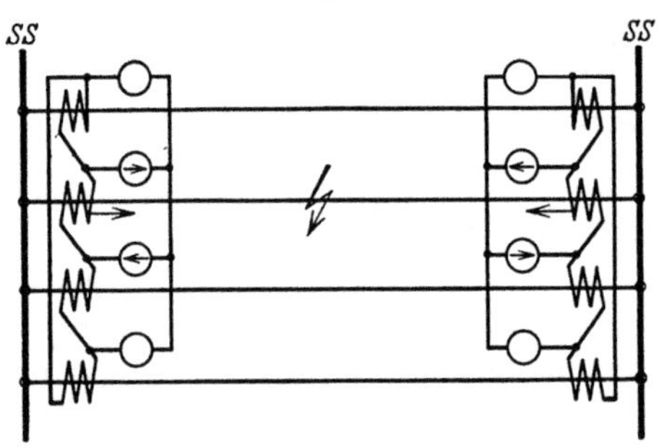


Abb. 51. Prinzipschema des Polygonschutzes. Fehlerfall.

Abb. 49 zeigt eine einphasige Anordnung einer Achterschaltung, bei welcher die Differenzbildung mit einem besonderen Zwischenwandler erfolgt. In der Diagonalverbindung dieser Anordnung fließt stets die Summe der beiden Leitungen. Die gleiche Anordnung kann auch durch zwei Stromwandler erreicht werden (Abb. 50).

Bei mehreren parallelen Leitern wird der Querdifferentialschutz zum Polygonschutz erweitert (Abb. 51). Bei einem Fehler auf einer Leitung sprechen stets zwei Differentialrelais an, welche zu beiden Seiten der fehlerhaften Leitung liegen. Aus der Angabe dieser beiden Relais läßt sich also ein eindeutiger Schluß auf das fehlerhafte Kabel ziehen. Durch eine Polygonschaltung von Hilfskontakten läßt sich dann erreichen (Abb. 52), daß nur die gestörte Leitung auch tatsächlich abgeschaltet wird. Damit das Polygon auch für die übrigen noch im Betrieb befindlichen Leitungen wirksam ist, muß der Ölschalter einmal das entsprechende Differentialrelais abschalten, die Polygonschaltung des Gleichstromkreises für dieses Relais kurzschließen und gleichzeitig den Stromwandler sekundär ebenfalls kurzschließen. Dadurch bleibt die Polygonschaltung auch für die restlichen Leitungen wirksam, bis auf die beiden letzten, die bei einem Fehler gleichzeitig abgeschaltet werden, falls sie nicht durch zusätzliche Richtungsrelais selektiv erfaßt werden.

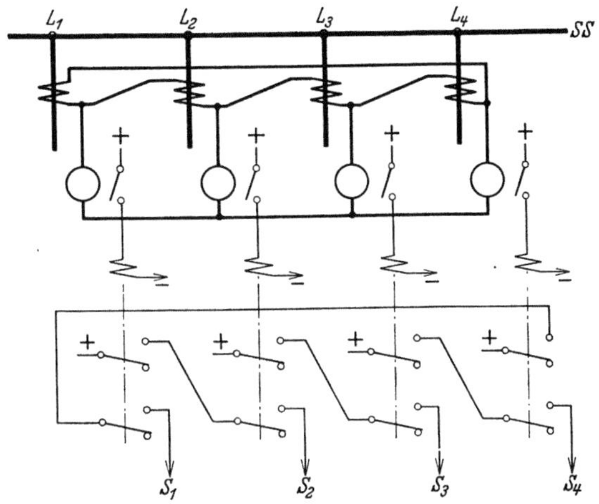

Abb. 52. Schaltung der Hilfskontakte beim Polygonschutz.

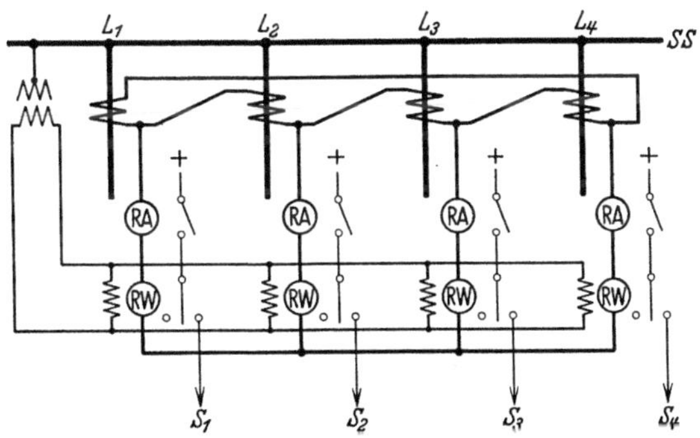

Abb. 53. Polygonschutz mit Richtungsrelais. Selektivität bis zur letzten Leitung.

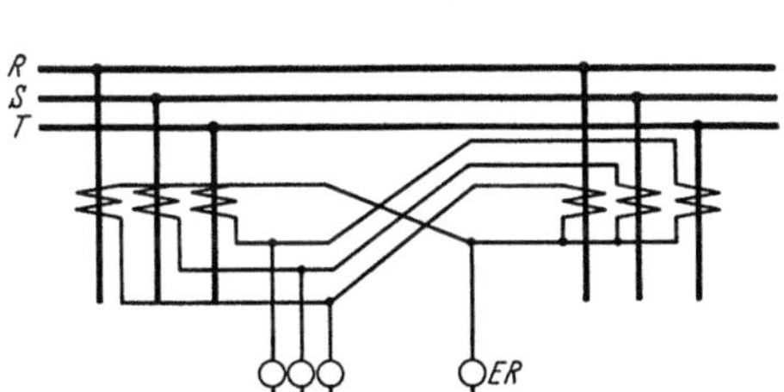

Abb. 54. Achterschutz mit Erdschlußschutz.

An Stelle der Polygonschaltung mit Gleichstromhilfskontakten können auch grundsätzlich Richtungsrelais treten, da die Stromrichtung bei einem Fehler in den beiden Differentialrelais, welche ansprechen, auch verschieden ist (Abb. 53). Durch das Richtungsrelais wird dann die fehlerhafte Leitung gekennzeichnet, und die Anordnung bleibt selektiv bis zur letzten Leitung. Bei diesen Differentialschaltungen — Achter- und Polygonschutz — spielen die Verbindungsleitungen keine solche Rolle wie beim Längsdifferentialschutz, da sie kurz sind und der Querschnitt bzw. die Anzahl der Leiter wirtschaftlich nicht ins Gewicht fallen. Um Wandler zu sparen, wendet man vor allem beim Polygonschutz Sparschaltungen (Kreuzschaltung) an. Sonderschaltungen ergeben sich nur, wenn sie mit Erdschlußschutz verbunden werden sollen (Abb. 54 und 55). In die eigentliche Wandlerleitung können normale Leitungsrelais noch eingeschaltet werden wie in Abb. 56.

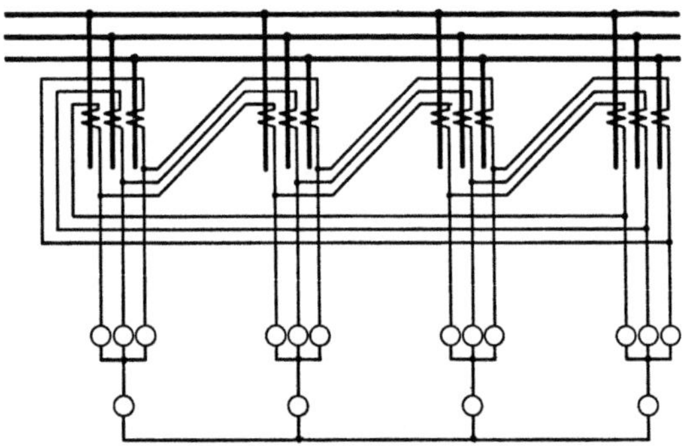
Abb. 55. Polygonschutz mit Erdschlußschutz.

## b) Die indirekten Vergleichsschaltungen.

Beim indirekten Vergleichssystem werden im Gegensatz zum Differentialschutz nur Relaisangaben miteinander verglichen. Die Verbindungsleitung ist daher grundsätzlich von Wandlerstrom frei. Bei denjenigen Schaltungen, bei welchen er verwendet wird, hat er lediglich die Aufgabe eines Hilfsstromes, dient also nicht mehr zu irgendeiner Messung. Die Relais benutzen die Hilfsverbindung als Telegraphiekanal, über welchen sie sich ihre Angaben gegenseitig mitteilen. An jedem Leitungsende ist eine Relaisapparatur, die den Fehlerfall feststellt und die Angaben der Relais nach dem anderen Ende hin telegraphiert. Aus dem Vergleich dieser Angaben wird der Schluß auf die Lage des Fehlers gezogen. Die verschiedenen Möglichkeiten der Schaltung liegen also lediglich in der Art und Weise, wie die gegenseitige Verbindung gestaltet ist und welche Wirkung erzielt werden soll.

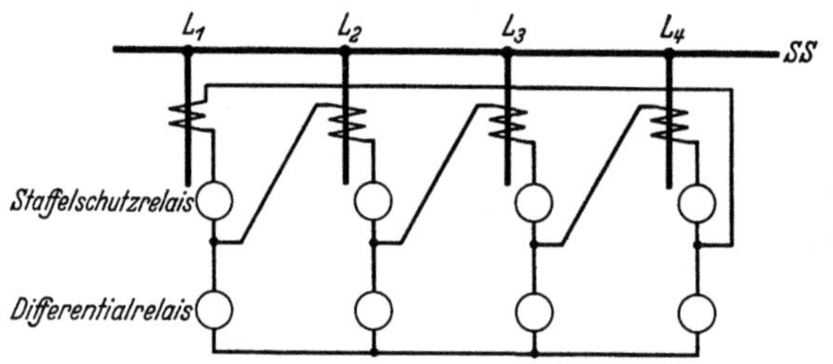

Abb. 56. Polygonschutz mit Staffelschutzrelais.

α) Die einfachen Verriegelungssysteme. In einseitig gespeisten Leitungen sprechen bei einem Fehler alle diejenigen Anregerelais an, welche zwischen dem Fehlerort und der Zentrale liegen. Das letzte dieser Relais, welches von der Zentrale am weitesten entfernt ist, kennzeichnet gleichzeitig den Leitungsabschnitt, in welchem der Fehler liegt (Abb. 57). Alle anderen Relais nach der Zentrale zu sprechen an, dürfen aber nicht abschalten. Das letzte Relais muß daher diese sämtlichen Relais verhindern auszulösen. Zu diesem Zweck sendet jedes Anregerelais bei Überschreiten seines Ansprechwertes ein Sperrzeichen nach dem hinter ihm liegenden Relais. Das Relais, welches in der kurzschlußbehafteten Leitungsstrecke liegt, wird durch kein anderes Relais gesperrt und kann daher auslösen. Dieses System bezeichnet man auch als „rückwärtige Verriegelung".

Das Sperrzeichen kann durch Einschalten eines Stromes (Arbeitsstrom) oder durch Unterbrechen eines Stromes (Ruhestromschaltung)

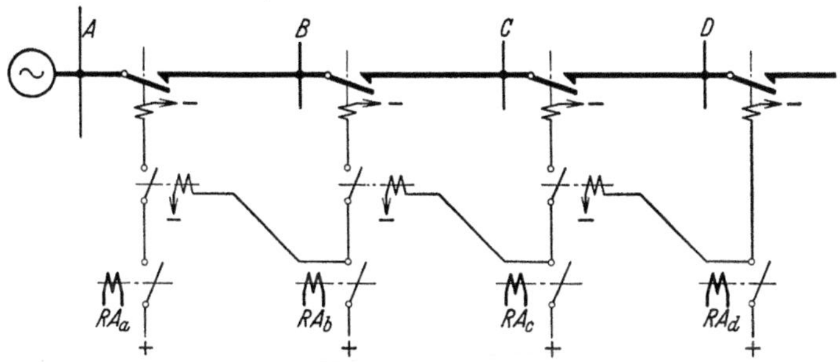


Abb. 57. Einfaches Verriegelungssystem.

erfolgen. Welches Übertragungsmittel, ob Gleich- oder Wechselstrom, Ton- oder Hochfrequenz, dabei verwendet wird, ist prinzipiell gleichgültig. In einer besonderen Schaltung, bei welcher der Wandlerstrom die Rolle des Hilfsstromes vertritt, wird der Wandlerstrom gleichgerichtet und als Gleichstrom über die Hilfsleitung gesendet.

$\beta$) Richtungsvergleichsschutz. Wird eine Leitung zweiseitig gespeist, so genügen die einfachen rückwärtigen Sperrsysteme nicht mehr. Jede Relaisapparatur muß an Stelle der einfachen Kurzschlußangabe vielmehr die Richtung des Kurzschlußstromes nach dem anderen Ende der Leitung melden. Jedes Richtungsrelais muß also an seinem Standort immer die Angabe des Gegenrichtungsrelais besitzen, um entscheiden zu können, ob es abschalten darf oder nicht. Mit dem Kontakt des Ortsrichtungsrelais, welcher nach der Leitung weist, d. h. dem Freigabekontakt, liegt daher ein zweiter Kontakt (Vergleichskontakt) in Reihe, der die Stellung des Richtungsrelais am anderen Ende angibt.

Ein Richtungsrelais besitzt zwei Stellungen, Auslösestellung (Richtung auf die Leitung = Freigabekontakt) und Sperrstellung (Richtung auf die Sammelschiene = Sammelschienenkontakt). Es gibt die Auslösung frei, wenn es nach der Leitung zu zeigt. Es muß die Auslösemöglichkeit verriegeln, wenn es eindeutig nachweist, daß der Kurzschluß in Richtung nach der Sammelschiene liegt. Der Vergleichskontakt nimmt eine dieser beiden Stellungen als Normalstellung ein. Sie wird dann korrigiert, wenn sie der Stellung des Gegenrichtungsrelais nicht mehr entspricht.

Zeigt der Vergleichskontakt normal die Sperrstellung des Gegenrelais an, so muß das Richtungsrelais am anderen Ende diese Sperrung aufheben und die Auslösemöglichkeit freigeben, wenn es im Kurzschlußfalle nach der Leitung zu weist. Das Richtungsrelais sendet in diesem Falle ein Freigabezeichen.

Entspricht der Vergleichskontakt normal der Freigabestellung, so kann zunächst der Schutz ohne einen Gegenbefehl vom anderen Ende auslösen. Er wird am Auslösen gehindert, wenn das Gegenrichtungsrelais nach der Sammelschiene zu zeigt. Dieses Richtungsrelais muß in diesem Falle ein Sperrzeichen senden.

Die Richtungsrelaiskontakte sind mit den Vergleichskontakten am anderen Ende elektrisch durch Übertragungsleitungen verbunden, um die gegenseitige Steuerung durchzuführen. Der Strom auf der Hilfsleitung dient aber grundsätzlich nur zum gegenseitigen Steuern der Relaisapparatur und stellt keine Kupplung der Auslöser der beiden Leistungsschalter dar.

Um nun die verschiedenen Schaltungsmöglichkeiten zu gliedern, sind folgende Unterscheidungsmerkmale gegeben:

Nach der Wirkung der Zeichenübertragung: Freigabezeichen oder Sperrzeichen.

Nach der Art des zu übertragenden Zeichens: Ruhestrom oder Arbeitsstrom.

Nach der Wirkung, welche der Strom auf der Verbindungsleitung für den Vergleichskontakt hat: Freigabestrom (Freigabesystem) oder Sperrstrom (Sperrsystem).

Aus den letzten Unterscheidungsmerkmalen ist erkenntlich, wie sich ein solches System bei Bruch der Hilfsleitung verhält. Ist der Hilfsstrom ein Sperrstrom, dann kann in einem solchen Fall ein Sperren nicht mehr stattfinden. Die Auslösung ist daher fälschlich freigegeben. Beim Freigabestrom bleibt bei Bruch der Hilfsleitung das Freigabezeichen aus, das System ist dann immer gesperrt. Da die Kenntnis dieser Eigenschaft für die Beurteilung des Systems im Betrieb wichtig ist, ist es zweckmäßig, nach dieser Eigenschaft die einzelnen Schaltungen zu ordnen.

Bei Ruhestromanordnungen ist immer schaltungsmäßig eine Überwachung der Verbindungsleitung gegeben. Bei Arbeitsstrom muß entweder periodisch eine Überwachung durchgeführt werden oder während des Normalbetriebes ein Strom über die Leitung geschickt werden, der aber keinen Einfluß auf die Schaltung besitzt.

Bei Freigabezeichen ist ein Abschalten nur möglich, wenn beide Richtungsrelais nach der Leitung zu zeigen. Bei Sperrzeichen ist eine Auslösung auch bei einseitiger Speisung des Kurzschlusses möglich, da dann das Relais am Ende der Leitung nicht anspricht und kein Sperrzeichen sendet.

Durch zwei Unterscheidungsmerkmale ist ein System in seiner Wirkung bestimmt, das dritte Merkmal ist durch die beiden anderen festgelegt. Man gliedert daher die Systeme in:

Sperrsysteme mit Arbeitsstrom (Sperrzeichen) und Ruhestrom (Freigabezeichen) bzw.

Freigabesysteme mit Arbeitsstrom (Freigabezeichen) und Ruhestrom (Sperrzeichen).

Die folgenden Schaltungen zeigen nur den grundsätzlichen Aufbau. In diesen Prinzipschaltungen sind nur die Kontakte der Anregeorgane, das Ortsrichtungsrelais, die Vergleichskontakte und die Übertragungsleitung gekennzeichnet. Die Ortsapparatur entspricht genau der eines Staffelsystems. Aus dem Ablauf wird nur die Angabe der Anregung und des Richtungsrelais herausgegriffen, um den Vergleich zur Fehlerortsbestimmung durchzuführen. Die Vergleichsschaltung bedeutet stets schnell abschalten. Das Zeitglied des Staffelschutzes läuft dagegen parallel zum Vergleichsschutz und stellt die sog. „Reservezeit" dar, welche dann einspringt, wenn ein Relais oder Schalter an einer anderen Strecke versagen sollten. In der tatsächlichen Relaisschaltung liegen vielfach die Kontakte anders verteilt. Auch wenn die Schaltung selbst scheinbar anders aufgebaut ist, enthält sie doch diese grundsätzlichen Gedanken.

### c) Sperrsysteme.

α) Sperrsystem mit Arbeitsstrom und Sperrzeichen, getrennte Übertragungskanäle. Der Vergleichskontakt ist im Normalbetrieb geschlossen und die Ortsapparatur für Schnellschalten freigegeben. Bei einem außenliegenden Fehler sendet das Richtungsrelais am Ende der Leitung über seinen Sammelschienenkontakt ein Sperrzeichen nach dem Leitungsanfang und öffnet dort den Vergleichskontakt. Da dieses Zeichen durch Arbeitsstrom erfolgt, ist die Hilfsleitung im Normalzustand von Strom frei. Eine Überwachung dieser Leitung ist also ohne weiteres nicht möglich. Bei Bruch der Hilfsleitung jedoch kann der Schutz bei einem außenliegenden Kurzschluß schnell auslösen, weil das Sperrzeichen vom anderen Ende nicht übertragen werden kann. Auf der fehlerbehafteten Leitung werden bei allen Sperrsystemen keine Zeichen über die Hilfsleitung übertragen, da beide Richtungsrelais die Auslösestellung einnehmen. Diese Schaltung löst sowohl bei doppelseitiger wie bei einseitiger Speisung der Kurzschlußstelle schnell aus (Abb. 58).

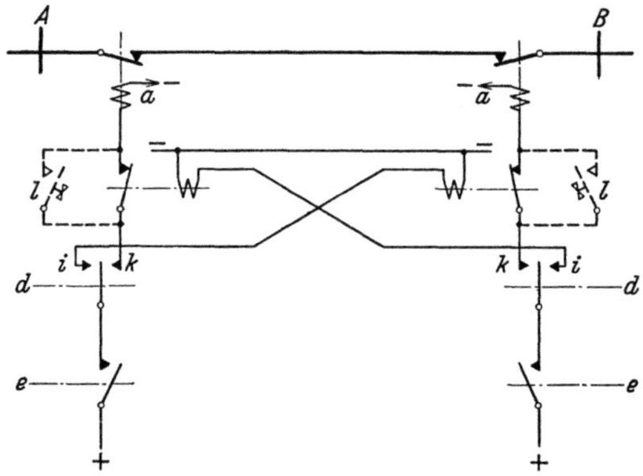


Abb. 58. Sperrsystem mit Arbeitsstrom. *A*, *B* Stationen, *a* Auslöser, *d* Richtungsrelais, *e* Überstromrelais, *i* Sammelschinenkontakt des Richtungsrelais, *k* Leitungskontakt des Richtungsrelais, *l* Reservezeit.

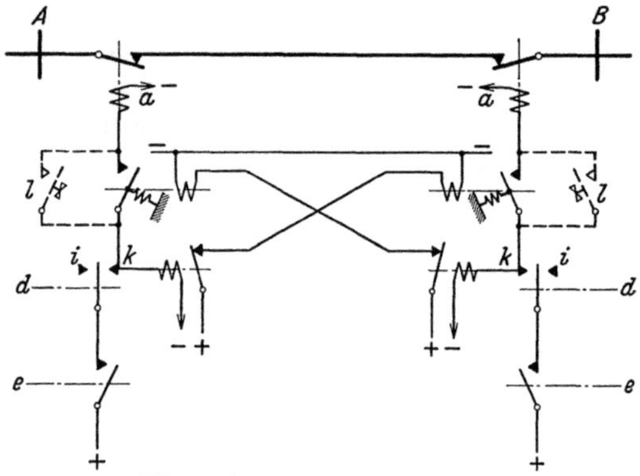


Abb. 59. Sperrsystem mit Ruhestrom.

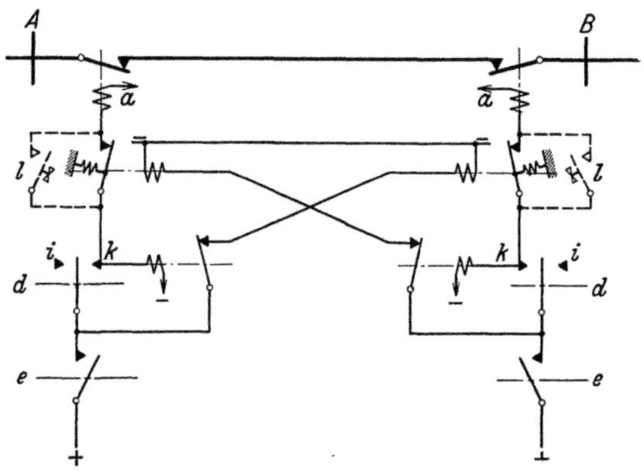


Abb. 60. Sperrsystem mit kombiniertem Ruhe- und Arbeitsstrom.

*β*) Sperrsystem mit Ruhestrom und Freigabezeichen, getrennte Übertragungskanäle. Der Ruhestrom auf der Verbindungsleitung hält dauernd die Vergleichskontakte geöffnet und damit die Schnellauslösemöglichkeit auf beiden Seiten gesperrt. Es kann nur ein Schnellabschalten erfolgen, wenn beide Richtungsrelais in Auslösestellung gehen und durch Unterbrechen des Ruhestromes die Auslösung freigeben. Diese Anordnung kann also nur bei zweiseitiger Speisung des Kurzschlusses die Leitung schnell abschalten. Der Ruhestrom dagegen ermöglicht eine dauernde Überwachung der Hilfsleitung (Abb. 59).

*γ*) Sperrsystem mit kombiniertem Ruhe- und Arbeitsstrom, Freigabezeichen, getrennte Übertragungskanäle. Im Normalzustand ist die Verbindungsleitung frei von Strom und entspricht damit der Arbeitsstromschaltung. Die Anregeorgane senden bei ihrem Ansprechen zunächst ein Sperrzeichen und stellen damit den Zustand der Ruhestromschaltung her. Die Richtungsrelais heben dann mit ihrer Auslösestellung dieses Sperrzeichen wieder auf und senden dadurch ein Freigabezeichen nach dem anderen Ende. Diese Schaltung ermöglicht im Gegensatz zu der Dauerruheschaltung auch ein Schnellabschalten bei einseitiger Speisung der Kurzschlußstelle, da das Anregeorgan am Ende der Leitung in diesem Falle gar nicht anspricht und damit auch kein Sperrzeichen senden kann. Die Auslösemöglichkeit am Anfang der Leitung bleibt daher freigegeben (Abb. 60).

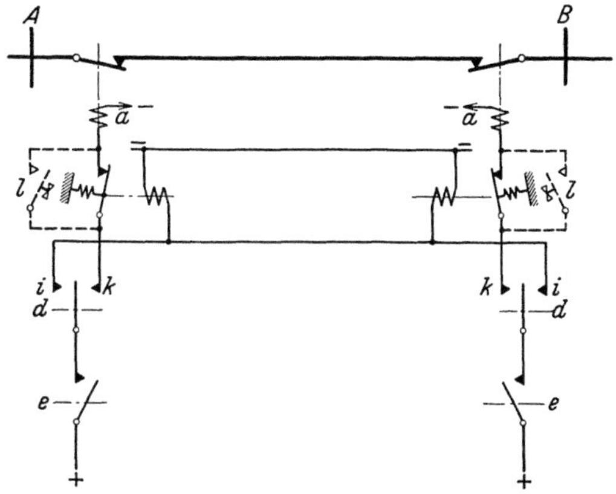

Abb. 61. Sperrsystem für Gleichstrom mit gemeinsamem Kanal, Sperrzeichen, Arbeitsstrom.

δ) **Sperrsystem für Gleichstrom mit gemeinsamem Kanal.** Bei Verwendung von Gleichstrom als Übertragungsmittel kann man auch die Vergleichskontakte parallel schalten, wobei wiederum die Arbeits- oder Ruhestromschaltung oder die Kombination von beiden Verwendung finden kann. Bei Arbeitsstrom (Abb. 61) sperrt das Richtungsrelais am Ende der Leitung stets beide Leitungsenden. Das ist deshalb zulässig, da die Freigabe am Ende der Leitung nach Schaltung a) durch das Richtungsrelais an diesem Ende doch nicht ausgenutzt wird, da es bei außenliegendem Kurzschluß die Sperrstellung eingenommen hat. Bei Ruhestrom (Abb. 62) kann ein Schnellabschalten nur dann erfolgen, wenn an beiden Seiten die Richtungsrelais die Vergleichskontakte stromlos gemacht haben. Im Gegensatz zu den ersten Schaltungen, wo jeder Kanal vollkommen getrennt ist, müssen jedoch die Gleichstromquellen gleiche Spannung aufweisen, da sie in einzelnen Schaltungszuständen parallel geschaltet werden. Auch die Kombinationsschaltung nach c) ist möglich, indem die Anregeorgane zuerst die Auslösung sperren und die Richtungsrelais die Sperrung wieder aufheben, wenn sie nach der Leitung zu weisen.

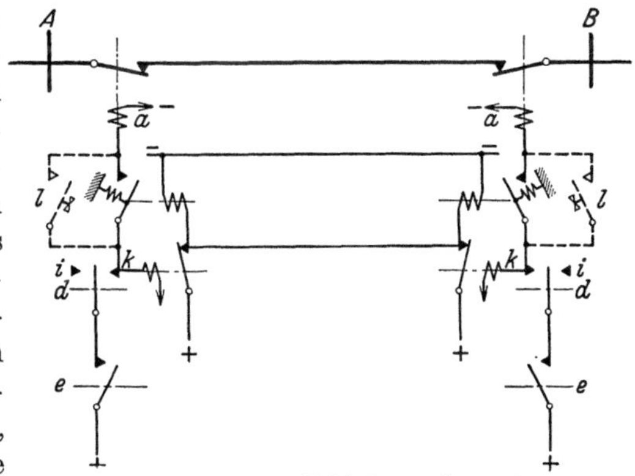

Abb. 62. Sperrsystem für Gleichstrom mit gemeinsamem Kanal, Freigabezeichen, Ruhestrom.

### d) Freigabesysteme.

α) Freigabeschaltung mit Arbeitsstrom, Freigabezeichen, getrennte Kanäle (Abb. 63). Da beim Freigabesystem der Strom auf der Verbindungsleitung die Auslösung freigibt, müssen die Richtungsrelais bei Verwendung von Arbeitsstrom ein Freigabezeichen senden. Damit ist eine schnelle Abschaltung der Leitung nur möglich, wenn beide Richtungsrelais nach der Leitung zu weisen und ein Freigabezeichen senden.

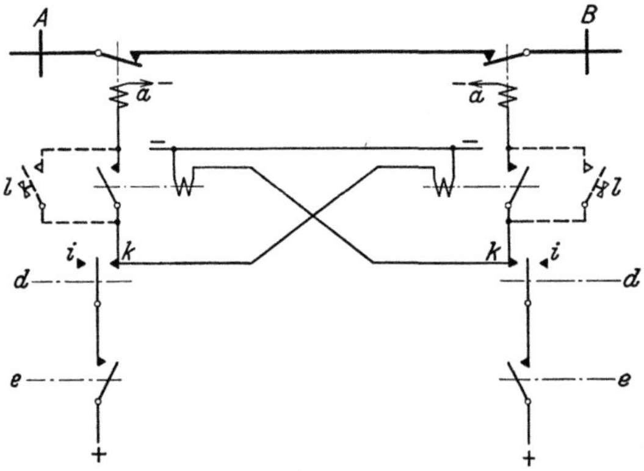

Abb. 63. Freigabesystem mit Arbeitsstrom, getrennte Kanäle.

β) Freigabesystem mit Ruhestrom, Sperrzeichen, getrennte Kanäle. Der Ruhestrom auf der Hilfsleitung hält dauernd die Vergleichskontakte geschlossen, und damit ist die Auslösemöglichkeit freigegeben. Das Richtungsrelais am Ende der Leitung unterbricht den Ruhestrom mit seinem Sammelschienenkontakt und sperrt damit das Relais am Anfang der Leitung. Ruhestrom bedeutet aber Überwachungsmöglichkeit, und die Verwendung von Sperrzeichen gewährleistet ein Abschalten der Leitung auch bei einseitig gespeistem Kurzschluß (Abb. 64).

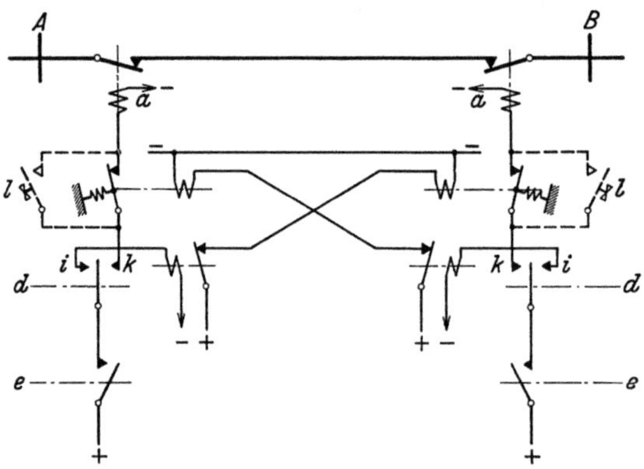

Abb. 64. Freigabesystem mit Ruhestrom, getrennte Kanäle.

γ) Freigabesystem für Gleichstrom mit gemeinsamem Kanal. Im Gegensatz zum Sperrsystem müssen in diesem Falle die Vergleichskontakte in Reihe geschaltet werden, da hier der Strom auf der Verbindungsleitung zum Freigeben der Auslösemöglichkeit verwendet wird und nur ein Stromfluß zustande kommen darf, wenn beide Richtungsrelais die Freigabestellung einnehmen. Dies ist aber nur bei der Reihenschaltung möglich. Beim Sperrsystem dagegen fließt in der Verbindungsleitung ein Sperrstrom. Freigegeben werden kann nur dann, wenn von keiner Seite die Sperrung aufrecht erhalten wird. Dies läßt sich nur durch Parallelschalten der Vergleichskontakte erreichen wie in Abb. 61.

Grundsätzlich können die beiden Schaltungen a) und b) der Freigabesysteme mit der gleichen Wirkung für Gleichstrom in dieser Reihenschaltung ausgeführt werden. Auch eine ähnliche Kombination wie in der Schaltung Abb. 60 bei den Sperrsystemen ist möglich. Der Ausgangszustand ist aber hier die Ruhestromschaltung. Die Hilfsleitung ist daher normalerweise vom Ruhestrom durchflossen und hält die Auslösemöglichkeit an beiden Seiten freigegeben. Die Anregeorgane unterbrechen zuerst den Ruhestrom und sperren damit die Auslösemöglichkeit an beiden Enden. Die Richtungsrelais stellen dann mit ihrem Freigabekontakt die Ruhestromschaltung wieder her. Dadurch ist auch bei einseitiger Speisung des Kurzschlusses eine Auslösemöglichkeit trotz der Verwendung von Freigabezeichen möglich, da am Ende der Leitung das Anregerelais nicht anspricht und damit auch keinen Sperrbefehl zur Folge hat. Gerade diese Schaltung wird in der Praxis oft angewendet und ist in Abb. 67 dargestellt. Der Übersichtlichkeit halber sind diese Schaltungsvariationen in einer Tabelle zusammengestellt, um die einzelnen Eigenschaften besser miteinander vergleichen zu können (Abb. 68).

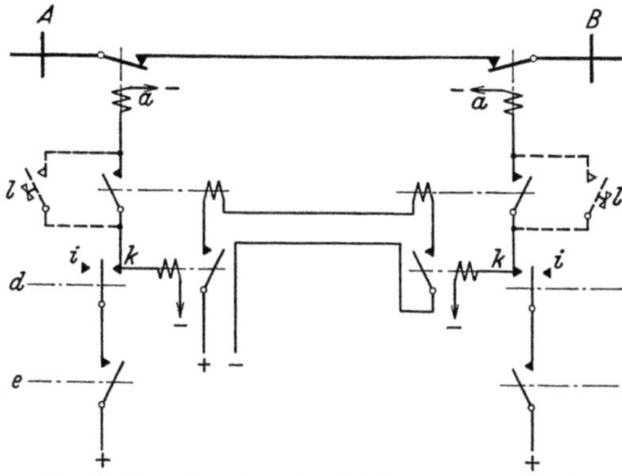

Abb. 65. Freigabesystem für Gleichstrom und gemeinsamen Kanal. Arbeitsstromschaltung.

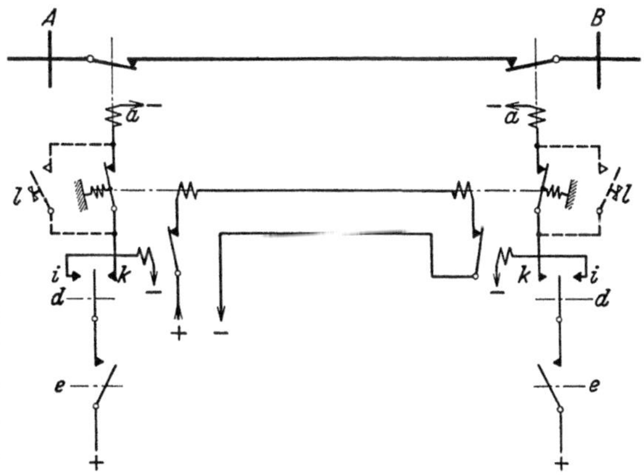

Abb. 66. Freigabesystem für Gleichstrom und gemeinsamen Kanal. Ruhestromschaltung.

Gemeinsame Kanäle sind nur dann ohne weiteres möglich, wenn man Gleichstrom verwendet. Benutzt man Wechselstrom als Übertragungsmittel, so wird man stets getrennte Kanäle bevorzugen, da eine Reihen-

oder Parallelschaltung von Relaisspulen vielfach durch die Kapazitätsströme zwischen den Leitern schwer möglich ist, vor allem dann nicht, wenn Wechselströme hoher Frequenz, z. B. Tonfrequenz, verwendet werden. Verschiedene Frequenzen sind gleichbedeutend mit verschiedenen Kanälen, auch wenn sie die gleiche Übertragungsleitung benutzen. Ein und dieselbe Frequenz läßt sich nur in besonderen Anordnungen verwenden, wie sie auch in der Fernsprechtechnik üblich

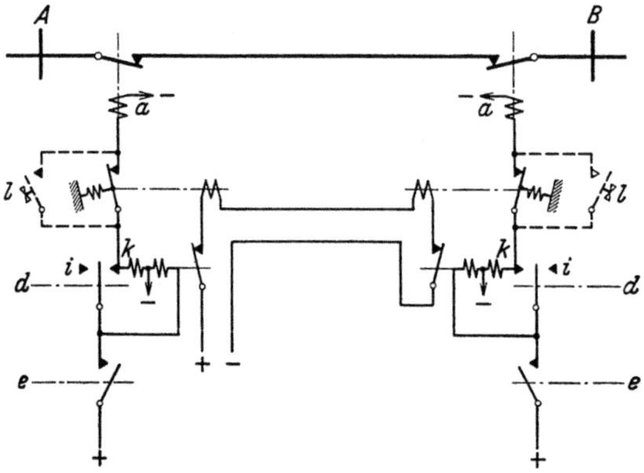


Abb. 67. Freigabesystem für Gleichstrom und gemeinsamen Kanal, Ruhe- und Arbeitsstromschaltung.

| Abb. | System | Bei Bruch der Verbindung | Zeichen | Ruhe oder Arbeitsstrom | Löst aus bei Speisung | Kanal | Überwachungsmöglichkeit | Stromart |
|---|---|---|---|---|---|---|---|---|
| 58 | Sperrsystem | freigeben | Sperrzeichen | Arbeitsstrom | ein- und zweiseitig | getrennt | nein | ≊ |
| 69 | desgl. | desgl. | Freigabe | Ruhestrom | nur zweiseitig | ,, | ja | ≊ |
| 60 | ,, | ,, | desgl. | Ruhe- Arbeitsstrom | ein- und zweiseitig | ,, | nein | ≊ |
| 61 | ,, | ,, | Sperren | Arbeitsstrom | ein- und zweiseitig | gemeinsam | ,, | = |
| 62 | ,, | ,, | Freigabe | Ruhestrom | nur zweiseitig | desgl. | ,, | = |
| 63 | Freigabesystem | sperren | desgl. | Arbeitsstrom | nur zweiseitig | getrennt | ,, | ≊ |
| 64 | desgl. | ,, | Sperren | Ruhestrom | ein- und zweiseitig | ,, | ja | ≊ |
| 65 | ,, | ,, | Freigabe | Arbeitsstrom | nur zweiseitig | gemeinsam | nein | = |
| 66 | ,, | ,, | Sperren | Ruhestrom | ein- und zweiseitig | desgl. | ja | = |
| 67 | ,, | ,, | Freigabe | Ruhe- Arbeitsstrom | ein- und zweiseitig | ,, | ,, | = |

Abb. 68.

sind. Eine besondere Stellung nimmt nur die leitungsgerichtete Hochfrequenz als Übertragungsmittel ein, da dadurch auch eine besondere Wahl der Vergleichsschaltung notwendig gemacht wird.

*δ*) Richtungsvergleichsschutz für stark störungsanfällige Kanäle insbesondere für leitungsgerichtete Hochfrequenz als Übertragungsmittel (Abb. 69). Der grundsätzliche Unterschied gegenüber den anderen Übertragungsmitteln liegt darin, daß die Hochspannungsleitung selbst als Übertragungskanal dient. Eine Störung auf der Hochspannungsleitung kann gleichzeitig eine Störung des Hilfskanales bedeuten. Gleichzusetzen mit dieser Anordnung sind auch diejenigen Verbindungsleitungen, welche so nahe an der Hochspannungsleitung liegen (Leitungen an gleichem Hochspannungsgestänge), daß mit großer Wahrscheinlichkeit ebenfalls eine Störung der Verbindung erwartet werden kann, wenn ein Kurzschluß in der Hochspannungsleitung auftritt.

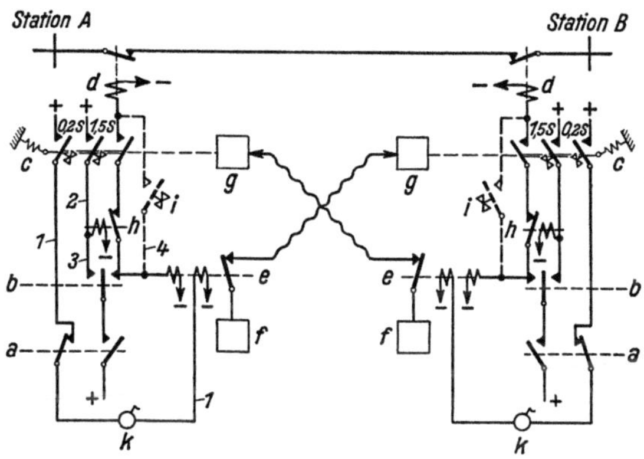


Abb. 69. Streckenschutz mit HF-Ruhestromverbindung. *a* Anregekontakt, *b* Richtungskontakt, *c* Vergleichskontakt mit Zeitverzögerung, *d* Auslöser, *e* Tastrelais mit Doppelwicklung, *f* Sender, *g* Empfänger. *h* Verriegelungseinrichtung, *i* Reservezeitkontakt, *k* Schalter zum Abschalten des Echokreises, *1* Echokreis, *2* Zeitspalt, *3* Durchlaufsperre, *4* Reservezeit.

Diese Tatsache beeinflußt also die Auswahl der Schaltungen, da in diesem Falle die Bedingung erfüllt werden muß, daß auf der fehlerhaften Leitung kein Strom über die Hilfsverbindung benötigt werden darf. Eine Störung der Hilfsverbindung im Kurzschlußfall kann dann das richtige Funktionieren des Vergleichsschutzes nicht stören. Diese Eigenschaft besitzen aber nur die Sperrsysteme, die daher für die Verwendung von Hochfrequenz als Übertragungsmittel allein in Frage kommen.

Nun besitzen die Sperrsysteme, wie schon erwähnt, die Eigenschaft, daß beim Versagen der Hilfsverbindung, z. B. Ausbleiben des Hochfrequenzsenders, kein Sperrzeichen gesendet werden kann. Dadurch wäre bei außenliegendem Kurzschluß immer mit einer Fehlauslösung zu rechnen. Diesen für den Betrieb unter Umständen bedeutungsvollen Nachteil kann man durch zusätzliche Anordnungen weitgehend ausschalten, wenn man ein Sperrsystem mit Ruhestrom wählt. Diese Schaltung hat den Vorzug, daß auch im Normalbetrieb an jedem Leitungsende der Zustand des anderen Leitungsendes, in diesem Falle des Senders, dauernd überwacht werden kann. Jede Störung der Übertragung wird sofort am anderen Ende gezeigt. Der Unterschied zwischen der ordnungsgemäßen Unterbrechung des Ruhestromes durch die Relaisapparatur und der durch eine Störung liegt lediglich in der Zeitdauer. Der Ruhestrom wird im Kurzschlußfall durch das Richtungsrelais nur während der kurzen Zeit des Kurzschlusses unterbrochen. Es ist daher nur notwendig, diese Freigabe der Auslösung für eine Zeit zu bemessen, die für den richtigen Ablauf der Relaisapparatur im Kurzschlußfall ausreichend ist. Dauert die Unterbrechung des Ruhestromes länger, dann verriegelt sich die Freigabe von selbst. Dadurch entsteht eine Art Zeitspalt, innerhalb dessen überhaupt allein ein Schnellauslösen möglich ist.

Die Ruhestromschaltung hat aber gegenüber dem Sperrsystem mit Arbeitsstrom noch die Eigenschaft, daß eine Schnellauslösung zunächst nur bei zweiseitig gespeistem Kurzschluß möglich ist, da die Richtungsrelais Freigabezeichen senden müssen. Um auch bei der Ruhestromschaltung die Möglichkeit zu schaffen, bei einseitig gespeistem Kurzschluß schnell abschalten zu können, hat man eine Schaltung angewendet, die als Echoschaltung bezeichnet wurde. Wird der Vergleichskontakt an einem Leitungsende freigegeben, dann wird gleichzeitig die Stellung des Anregeorganes an diesem Ende kontrolliert. Ist es in Ruhe geblieben, dann wird der eigene Sender ebenfalls abgestellt und das Freigabezeichen zurückgegeben. Das Zeichen reflektiert also wie ein Echo zurück.

Der Richtungsvergleichsschutz hat seine hauptsächliche Bedeutung als Ersatz für den direkten Längsdifferentialschutz. Es ist grundsätzlich auch möglich und wird auch verschiedentlich ausgeführt, das gleiche Prinzip für den Querdifferentialschutz zu verwenden, z. B. für Achter- und Polygonschutz. Hier ist aber seine Überlegenheit bei weitem nicht mehr so groß wie beim Längsdifferentialschutz. Denn seine Hauptstärke liegt ja darin, daß an Stelle besonders dimensionierter Hilfsverbindungen die Übertragungsmittel der Fernmeldetechnik verwendet werden können, die sowohl in ihrer Ausführung als auch in ihrer Verwendungsmöglichkeit wesentlich wirtschaftlicher sind. Dadurch, daß ein normaler Fernmeldekanal benutzt werden kann, ist es auch möglich, Leitungen für beide Zwecke, Schutz und Nachrichtenübermittlung, gleichzeitig auszunutzen. Die Aufgabe liegt dann lediglich darin, die beiden Funktionen sicher voneinander zu trennen. Für einen Schutz wird die Leitung selten benutzt, sie muß aber dauernd betriebsbereit sein, da der Schutz ein wichtiges Sicherheitsorgan darstellt. Für die Nachrichtenübermittlung ist es belanglos, wenn im Kurzschlußfall, nur für Sekunden, die Verbindung unterbrochen ist.

Die Ausnutzung ein und derselben Hilfsleitung für beide Zwecke ist auf zwei grundsätzlichen Wegen möglich. Erstens die Leitung wird nur im Kurzschlußfall für den Schutz freigemacht und die Nachrichtenübertragung für diesen Moment abgeschaltet. Die Ausnutzungsmöglichkeit wird also lediglich umgeschaltet. Die zweite Trennungsmöglichkeit besteht darin, bei Verwenden von Ton- oder Hochfrequenz verschiedene Frequenzen zu wählen, die durch besondere Siebmittel auseinander gehalten werden. Die Schaltungen dafür sind auch in der Fernmeldetechnik schon lange bekannt und in der mannigfaltigsten Weise möglich. Es ist daher nicht notwendig, hier die einzelnen Schaltungen auszuführen. Es genügt zu wissen, daß es grundsätzlich möglich ist, auf einer Verbindungsleitung, die für den Vergleichsschutz dient, gleichzeitig zu telephonieren, zu telegraphieren, fernzumessen, fernzumelden und fernzusteuern. Welche Kombination am leichtesten möglich ist, hängt von der Art der Schaltung ab.

## B. Die Schutzschaltungen für den Sammelschienenschutz.

Die Sammelschienen, die die Knotenpunkte des Verteilungsnetzes darstellen, gelten im allgemeinen als Teil der Übertragungsleitung selbst und werden durch den Leitungsschutz, vor allem den Staffelschutz, mit geschützt. Trotzdem sie nur einen verschwindend kleinen Teil der Leitungslänge darstellen, ist doch die Störungshäufigkeit durch die Schalthandlungen, die an diesen Stellen vorgenommen werden, wesentlich höher als ihrem Anteil an der Übertragungslänge entspricht. Staffelschutzsysteme können Sammelschienenfehler nur entsprechend ihrer Staffelzeit abschalten. Um auch die Abschaltzeit dieser Knotenpunkte im Störungsfall klein zu halten, sind hierfür besondere Schutzschaltungen entwickelt worden.

Für ein solches Schutzsystem gilt die Sammelschiene als geschlossener Apparat, genau wie Transformatoren, Generatoren usw. Daher kommt als spezifisches Schutzsystem nur ein Vergleichsschutz in Frage — Stromdifferentialschutz, rückwärtige Verriegelungssysteme und Richtungsvergleichsschaltung.

Der Stromdifferentialschutz muß sich auf alle ankommenden und abgehenden Leitungen erstrecken. Die besonderen Schwierigkeiten liegen einmal darin, daß einzelne Leitungen voneinander abweichende Stromwandlerübersetzungsverhältnisse entsprechend ihrer Nennstromstärke besitzen, während der Stromdifferentialschutz stets gleiches Wandlerübersetzungsverhältnis fordert. Zweitens ist die Anzahl der Leitungen, die in den Stromvergleich einbezogen werden müssen, stark variabel. Sie kann bei großen Knotenpunkten eine beträchtliche Anzahl Leitungen erreichen. Da jeder Stromwandler sekundär z. B. auf 5 Amp. übersetzt, fließt in den Verbindungsleitungen zwischen den einzelnen Stromwandlergruppen oft ein Vielfaches dieses Stromwertes. Dadurch kann die spezifische Belastung jedes einzelnen Stromwandlers groß sein, trotzdem die Länge der Verbindungsleitung und damit auch ihr Widerstand relativ klein ist.

Auch die primären Stromverhältnisse in den Wandlern untereinander bei einem außenliegenden Kurzschluß sind grundverschieden von denen eines Generator- oder Transformator- oder auch eines Längsdifferentialschutzes für Leitungen. Bei diesen Schaltungen bleibt die prozentuale Strombeaufschlagung auf beiden Stromwandlergruppen in einem solchen Kurzschlußfall stets die gleiche. Beim Sammelschienendifferentialschutz führt eine abgehende Leitung praktisch fast den gesamten Kurzschlußstrom, während alle übrigen nur einen Teil dieses Stromes zur Sammelschiene zu führen. Gerade dieser verschiedene Primärstrom in den einzelnen Wandlern macht es schwierig, ein solches Differentialgebilde durch Dimensionieren der Wandler allein stabil zu halten. Ein Differentialschutz für Sammelschienen wird daher grundsätzlich mit Stabilisierungsrelais ausgerüstet.

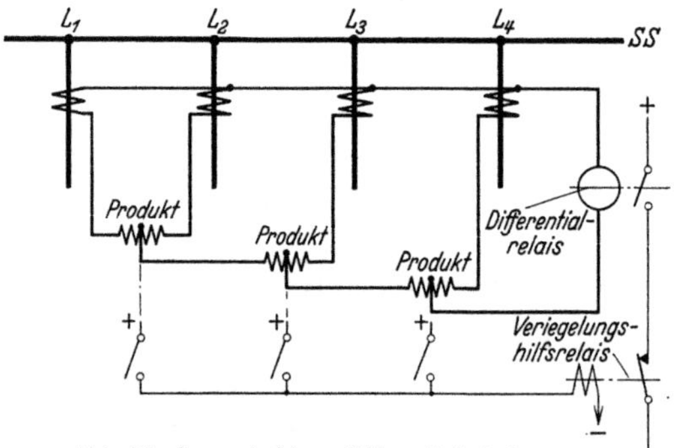

Abb. 70. Sammelschienendifferentialschutz, stabilisiert durch Produktrelais.

Das Prozentrelais läßt sich nicht ohne weiteres hierfür verwenden, da bei den vielen Leitungen ein definierter Durchgangsstrom sich nicht feststellen läßt. Es ist nur möglich, wenn soviele solcher Relais mechanisch miteinander gekuppelt werden, als Leitungen in den Schutz einbezogen werden.

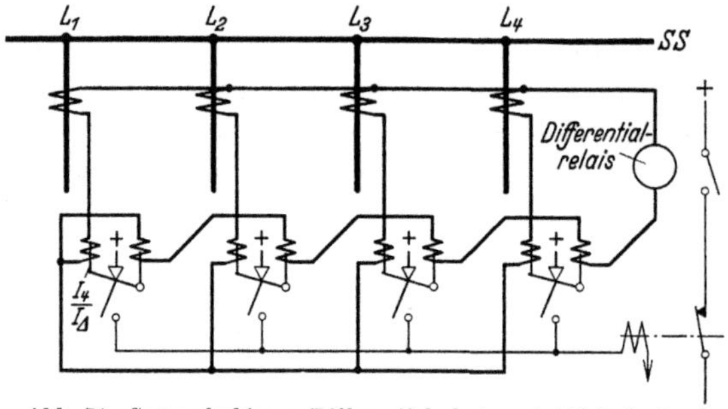

Abb. 71. Sammelschienen-Differentialschutz, stabilisiert durch Stromverhältnisrelais $\frac{I_L}{I_\Delta}$.

Dagegen ist eine Stabilisierung durch das Produktrelais leicht zu erreichen. Abb. 70 zeigt eine solche Anordnung; da das Produktrelais mittels Kontaktsteuerung das Differentialrelais am Auslösen hindert, können die Kontakte der einzelnen Produktrelais gesammelt werden. Wenn eines von ihnen einen positiven Ausschlag zeigt, wird das Differentialrelais verriegelt. Es sind immer $(n-1)$ Produktrelais notwendig, wenn das Differentialgebilde aus $n$-Stromwandlergruppen besteht.

Es ist auch noch folgende Stabilisierungsmethode hierfür bekannt: Der Differenzstrom wird durch einzelne Verhältnisrelais mit jedem

Leitungsstrom getrennt verglichen. Bei einem Sammelschienenkurzschluß ist der Differenzstrom im Minimum gleich, bei mehreren zu speisenden Leitungen stets größer als irgendein Leitungsstrom. Bei einem außenliegenden Kurzschluß ist der etwa durch Wandlerunsymmetrie bedingte Fehlerstrom aber stets kleiner als der größte Leitungsstrom. Zeigt also eines von den Verhältnisrelais an, daß sein Leitungsstrom größer als der Differenzstrom ist, kann es sich nur um einen außenliegenden Fehler handeln. Die Kontakte dieser Relais werden wie beim Produktrelais gesammelt und verriegeln das Differenzrelais (Abb. 71).

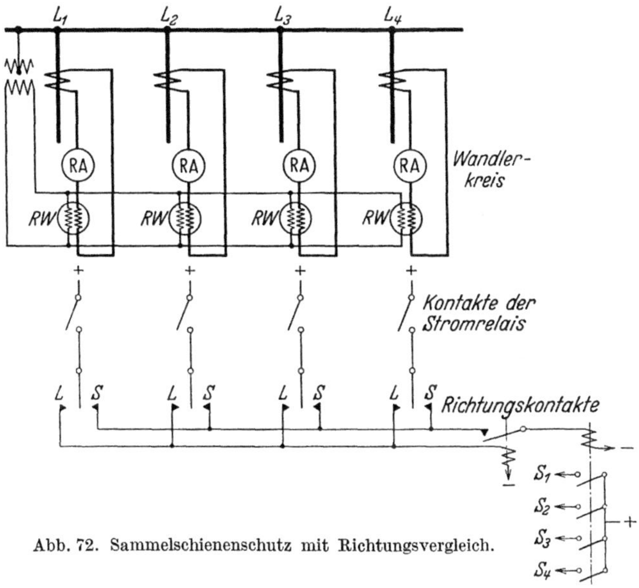


Abb. 72. Sammelschienenschutz mit Richtungsvergleich.

Die rückwärtige Verriegelung wird dort mit Erfolg angewendet, wo die Zuspeisung zur Sammelschiene nur von einer Seite her erfolgt. Jedes Überstromrelais hindert das hinter ihm nach der Zentrale zu liegende Relais am Auslösen. Dadurch wird einmal das Zeitgefälle vermieden, welches die Staffelzeiten der einzelnen in Reihe liegenden Schalter notgedrungen aufweisen müssen. Zweitens erreicht man auch dadurch bei jedem Sammelschienenfehler eine kurze Abschaltzeit.

Bei mehrfach gespeisten Sammelschienen kann genau wie bei den Leitungen der Richtungsvergleichsschutz angewendet werden. Als Freigabestellung gilt jetzt nicht mehr der Leitungskontakt, sondern der Sammelschienenkontakt, weil dieser nach der Fehlerstelle (Sammelschiene) zuweist. Es werden sämtliche Richtungsangaben miteinander verglichen. Wenn alle Richtungsrelais, die durch Überstromrelais angeregt werden, nach der Sammelschiene zuweisen, kann die Sammelschiene von allen Seiten schnell abgeschaltet werden. Die Verbindung unter den einzelnen Richtungsrelais kann nach den gleichen Grundsätzen und Variationen durchgeführt werden, wie beim Richtungsvergleichsschutz für Leitungen (Abb. 72).

Eine besondere Schwierigkeit für alle Vergleichssysteme bieten die Mehrfachsammelschienen. Es können nur diejenigen Ströme bzw. Stromrichtungen miteinander verglichen werden, die der gleichen Sammelschiene angehören, und ebenso dürfen nur die zugehörigen Schalter abgeschaltet werden, wenn eine Selektivität zwischen den beiden Sammelschienengruppen erreicht werden soll. Die Verbindungsleitungen müssen daher automatisch durch Trennmesserhilfskontakte umgeschaltet werden. Beim Stromdifferentialschutz bedeutet dies eine unterbrechungslose Umschaltung der sekundären Stromwandlerleitungen. Beim Richtungsvergleichsschutz ist diese Umschaltung leichter, da es sich nur um Gleichstromverbindungen handelt. Die Sicherheit eines solchen Gebildes ist aber in jedem Fall von der Zuverlässigkeit dieser Hilfskontakte abhängig. Um dieses Risiko zu vermeiden, beschreitet man folgenden Weg: Abb. 73.

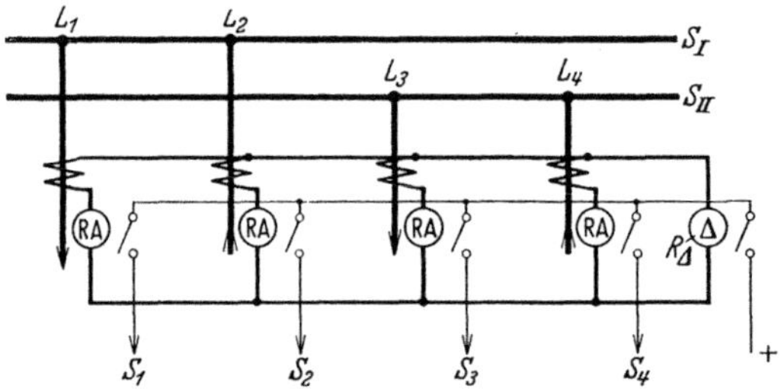

Abb. 73. Sicherung des Sammelschienen-Differentialschutzes durch Leitungsrelais.

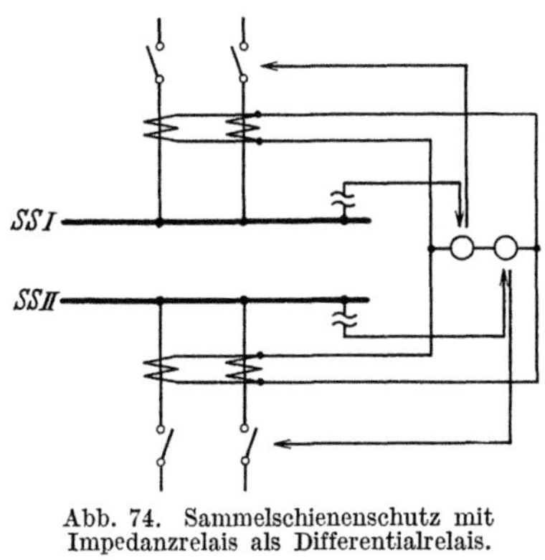

Abb. 74. Sammelschienenschutz mit Impedanzrelais als Differentialrelais.

Die Angabe des Stromdifferentialschutzes oder des Richtungsvergleiches wird nur als Kriterium für das Vorhandensein eines Sammelschienenfehlers gewertet, aber nicht direkt zum Abschalten der Sammelschiene verwendet. Die Auswahl, welche Sammelschiene den Fehler aufweist, übernehmen vielmehr die Schutzrelais in den Leitungen selbst. Das Differentialrelais gibt also an alle Überstromrelais lediglich die schnelle Auslösemöglichkeit, und nur diejenigen Stromrelais machen von dieser Abschaltmöglichkeit Gebrauch, welche einen Kurzschluß und damit auch ihre Zugehörigkeit zu der fehlerhaften Sammelschiene anzeigen. Sind mehrere Sammelschienen vorhanden, die zwar getrennt gefahren werden, aber elektrisch über Leitungen oder Transformatoren verbunden sind, so können als Differentialrelais auch widerstandsabhängige Zeitrelais verwendet werden. Sie benutzen den gleichen Differenzstrom aber getrennt nur die Spannung der zugehörigen Sammelschiene. Dasjenige Relais löst zuerst aus, welches die kleinste Spannung besitzt, also der fehlerhaften Schiene zugehört (Abb. 74).

## C. Schaltungen zum Erfassen von Durchlauferscheinungen.

Ein Auseinanderfallen der Kraftwerke stellt für die Relais einen rhythmisch wechselnden Kurzschlußzustand dar. Bei allen Staffelschutzsystemen, welche schnell abschalten müssen, besteht hierbei die Möglichkeit, daß ein Abschalten stattfindet, ohne daß in dem betreffenden Leitungsabschnitt ein tatsächlicher Fehler vorhanden ist. Dies tritt bei allen Systemen ein, bei denen die kleinstmögliche Abschaltzeit kürzer ist als die längste Schwebungsdauer. Während jeder Schwebung regt ein Anregeorgan an und fällt zwischen zwei Schwebungen wieder ab. Da eine Schwebungsdauer erfahrungsgemäß 1—$1^1/_2$ sec nicht überschreitet, liegt die gefährliche Zone für alle schnellschaltenden Systeme unterhalb dieser Zeit. Ist die kürzeste Abschaltzeit länger als 1,5 sec, dann ist ein System mit größter Wahrscheinlichkeit „pendelfest". Ehe nämlich das Zeitelement zum endgültigen Ablaufen kommt, ist die Anregung schon wieder abgefallen.

Für den Netzbetrieb ist es sehr unangenehm, wenn bei einem Durchlaufvorgang das Netz wahllos an verschiedenen Stellen auseinanderfällt. Es erfordert dann vielfach lange Zeit, bis das Netz und sein Betrieb wieder aufgebaut sind. Auf der anderen Seite ist es jedoch nicht sicher, daß sich die Maschinen von selbst wieder fangen. Dann muß das Netz doch auseinander getrennt werden, um diesem Zustand ein Ende zu bereiten. Aber es ist nicht gleichgültig, an welchen Punkten diese Auftrennung erfolgt.

Für die dauernde Versorgung des Netzes ist es günstig, wenn nach dem Auseinanderfallen jedem Kraftwerk noch soviel Belastung zugeordnet bleibt, als der jeweiligen in Betrieb befindlichen Maschinenleistung entspricht. Damit zerfällt das Netz in einzelne, aber noch lebensfähige und im Betrieb befindliche Netzteile. Leider ist jedoch diese Auftrennung selten durchzuführen, da die notwendigen Auftrennpunkte schaltungsmäßig schwer zu finden sind und vor allem sich mit der Belastung und dem Maschineneinsatz dauernd ändern. Wenn man doch damit rechnen muß, daß einzelne Netzteile oder gar das ganze Netz stromlos werden, so ist es betrieblich schon ein großer Vorteil, wenn die Auftrennpunkte so liegen, daß sie ein möglichst rasches Wiederaufbauen des Netzbetriebes gewährleisten. Diese Punkte liegen daher fast ausnahmslos in der Nähe der Kraftwerke, da man dort rasch wieder synchronisieren kann. In diesem Falle wird man das größte Kraftwerk in Betrieb halten und die kleineren beim Durcheinanderlaufen abtrennen. In einigen Fällen wird es vielleicht noch nötig sein, unwichtige Netzteile solange abgeschaltet zu lassen, bis wieder die großen Kraftwerke parallel laufen.

Die Schaltungen für den sog. Durchlaufschutz haben daher zwei verschiedene Ziele. Einmal sollen die Netzschutzrelais immun gemacht werden gegen diese Durchlaufvorgänge, d. h. sie dürfen während eines solchen Zustandes nicht abschalten und trotzdem nichts an ihrer schnellen Abschaltzeit bei Kurzschluß einbüßen. Zweitens müssen getrennte Einrichtungen da sein, die das Netz beim Auseinanderfallen an den vorbezeichneten Punkten auftrennen, jedoch nicht auf reinen Kurzschluß reagieren dürfen. Im ersten Falle handelt es sich um zusätzliche Einrichtungen für die normalen Schutzrelais (Durchlaufsperren), im anderen Falle sind es selbständige Relaisanordnungen (Auftrenneinrichtungen).

## 1. Durchlaufsperren.

Für eine Relaisapparatur besteht der Unterschied zwischen einem 2- oder 3-poligen Kurzschluß und einem Durchlaufzustand der Kraftwerke in der rhythmischen Aufeinanderfolge von Kurzschlußanregungen. Die Anregerelais sprechen auf jeden Kurzschlußzustand an. Da aber im Durchlaufvorgang der Kurzschlußzustand dauernd wechselt, sprechen die Anregerelais während einer Durchlaufperiode an und fallen zwischen den einzelnen Perioden immer wieder ab. Das geschieht gleichmäßig in allen drei Phasen. Nicht zu verwechseln mit diesem Vorgang ist der Kurzschlußwechsel zwischen den Phasen. Bei einem solchen Übergang spricht mindestens eines der Anregerelais dauernd an, da ein solcher Übergang nur immer über einen 3-poligen Kurzschluß erfolgen kann. Nur der glücklicherweise außerordentlich seltene Fall, daß nach dem Verschwinden eines Fehlers sofort wieder ein neuer auftritt, läßt sich nicht mehr von einem Durchlaufvorgang unterscheiden. Als ein weiteres Merkmal kann fast ausschließlich angenommen werden, daß das Durcheinanderlaufen der Kraftwerke immer im Anschluß an einen Kurzschluß erfolgt. Schließlich ist auch der Durchlaufvorgang immer identisch mit einem 3-poligen Kurzschlußzustand.

Die Aufgabe einer Durchlaufsperre besteht nun darin, daß sie nach der ersten Kurzschlußanregung für die gesamte Apparatur eine längere Grundzeit vorbereitet, die aber erst bei einer sofort danach erfolgenden Neuanregung wirksam wird. Das Kriterium dafür, wann diese Grundzeiterhöhung vorgenommen werden soll, ist das Verhalten der Relaisapparatur im Kurzschlußfall selbst. Dafür kann man folgende Überlegungen anstellen:

Zeigt ein Richtungsrelais an, daß der Kurzschlußstrom in Richtung nach der Sammelschiene fließt, so ist damit bewiesen, daß auf der eigenen Leitung kein Kurzschluß war. In einem solchen Falle kann das Zeitglied daher sofort nach dieser Angabe in seiner Grundzeit heraufgesetzt werden. Fällt das Anregeorgan ab und regt sofort wieder an, so wird dies als Durchlaufvorgang gewertet. Die kleinste Ablaufzeit ist aber jetzt um einen solchen Betrag verlängert, daß sie länger als die größte Schwebungsdauer ist. Auf diese Weise sind also kurz nach Eintritt des Kurzschlusses mindestens die Hälfte aller Relais schon in ihrer Grundzeit verlängert. Bei dem nachfolgenden Pendelvorgang zeigen die restlichen Relais mit ihren Richtungsrelais auf die Sammelschiene zu und verlängern sich für die weitere Anregungsmöglichkeit ebenfalls in ihrer Zeit.

Eine zweite Möglichkeit besteht darin, daß man die abgelaufene Zeit eines Zeitelementes, z. B. eines Widerstandszeitrelais, für dieses Vorbereiten der längeren Grundzeit selbst benutzt. War ein solches Zeitrelais 1 oder $1^1/_2$ sec lang schon gelaufen, ohne daß es zum Abschalten kam, dann mußte der Fehler weiter entfernt gewesen sein, als es dieser abgelaufenen Zeit entsprach. Diese Zeit muß daher bei einer sofort einsetzenden Neuanregung noch einmal durchlaufen werden, ohne daß ein Abschalten erfolgen darf. Sie addiert sich dann lediglich zu der nachfolgenden Zeit hinzu.

Eine dritte Möglichkeit besteht darin, daß man grundsätzlich sofort nach einer Anregung die Grundzeiterhöhung vorbereitet, ohne aber den Ablauf des Relais zunächst zu stören. Sie tritt erst in Wirksamkeit, wenn alle Anregerelais abfallen und eines oder alle wieder sofort neu anregen.

Die Verriegelungsapparatur selbst muß naturgemäß unabhängig von dem weiteren Verhalten der Relaisapparatur sein. Sie muß eine Zeit lang bestehen bleiben, unabhängig davon, ob die Relais abfallen oder wieder ansprechen. Sie muß sich daher durch eine Hilfsstromquelle für eine bestimmte Zeit festhalten. Eine Ausführungsmöglichkeit besteht darin, daß ein Hilfsrelais betätigt wird, welches sich über einen Kontakt an der Hilfsstromquelle festhält, mit einem zweiten Kontakt die Einrichtung für die Grundzeiterhöhung einschaltet und schließlich noch eine Anordnung betätigt, die nach der festgesetzten Sperrzeit die ganze Einrichtung wieder rückgängig macht. Für das Aufheben der Grundzeiterhöhung verwendet man vielfach ein Wechselstromzeitrelais, das von der Netzspannung in Bewegung gesetzt wird. Dieses Zeitrelais kann nun entweder vom Moment der Verblockung an laufen, dann dauert sie eine festgesetzte Zeit, oder sie beginnt erst nach dem Verschwinden des Kurzschlusses zu laufen, dann wird sie in ihrer Absolutzeit um die Kurzschlußdauer selbst verlängert. Da dieses Wechselstromzeitrelais meistens an der Netzspannung selbst hängt, so verzögert sich schon automatisch das Zurückholen mit der Pendeldauer, da die Spannung ebenfalls rhythmisch in ihrer Höhe wechselt. Um ganz sicher zu gehen, wird man die Rückholeinrichtung erst dann in Tätigkeit setzen, wenn das Anregeorgan sich in der Ruhestellung befindet. Die Zeit, nach welcher die Schutzapparatur wieder in ihren normalen Zustand versetzt wird, wählt man etwas länger als die längste Kurzschlußdauer, etwa 10 sec.

Die Tatsache, daß ein Pendelvorgang stets nur einen 3-poligen Kurzschlußzustand darstellt, gestattet auch, die Durchlaufsperre nur auf diesen Kurzschlußfall zu beschränken. Ein Drehfeldscheider, der nur auf ein rückläufiges Drehfeld anspricht, unterscheidet zwischen 2- und 3-poligem Kurzschluß. Er ist von Natur pendelfest, kann aber leider als alleinige Anregung nicht dienen, da im Falle eines 3-poligen Kurzschlusses ein rückläufiges Drehfeld nicht besteht; dadurch würde keine Anregung erfolgen. Man wird daher lediglich die Grundzeiterhöhung durch den Drehfeldscheider überbrücken können. Schließlich hat man auch den vereinfachten Weg beschritten, die Grundzeit bei 3-poligem Kurzschluß fest zu erhöhen und bei 2-poligem Fehler schnell abzuschalten. Das ist vor allem für Höchstspannungsnetze mit geerdetem Nullpunkt zulässig, bei welchem 3-polige Kurzschlüsse selten auftreten. Für diesen Ausnahmefall gibt man sich dann mit einer längeren Abschaltzeit zufrieden.

### 2. Auftrenneinrichtung.

Der Ausgangspunkt für den Aufbau einer solchen Einrichtung ist wiederum der Schwebungsrhythmus. Ein Anregeorgan stellt den Kurzschlußfall fest. Das rhythmische Ansprechen ist das Kriterium für den Durchlaufvorgang. Nur die Wege, wie man davon das Auftrennen abhängig macht, sind verschieden.

Einmal schaltet man nach einer bestimmten Anzahl Schwebungen ab. Die erste Anregung betätigt ein Zeitrelais, das sich selbst festhält und eine bestimmte Zeit, z. B. 10 sec, auf jeden Fall abläuft und die Einrichtung betriebsbereit hält. Nach einer Anzahl erfolgter Anregungen innerhalb dieser Zeit wird der Schalter betätigt. Entweder wird ein Fortschaltwerk, wie z. B. ein Wähler in der automatischen Telephonie, durch die einzelnen Anregeimpulse weiter bewegt, bis er zur Ausschaltstellung kommt, oder man betätigt eine Reihe Hilfsrelais, die sich nacheinander festhalten, bis das letzte Relais den Ausschaltimpuls gibt. Ist die festgesetzte Zeit verstrichen, ohne daß ein Abschalten erfolgte, dann geht alles wieder in seine Ausgangsstellung zurück.

Turbogeneratoren fangen sich erfahrungsgemäß leichter als Wasserkraftmaschinen. Kurz vor dem Fangen der Maschinen werden die Schwebungen länger. Ist dagegen die Schwebungsdauer sehr kurz, dann besteht wenig Aussicht auf ein Wiederfangen. Es ist daher günstig, nur die kurzen Schwebungen zum Zählen zu verwenden. Man benutzt daher als weitere Möglichkeit eine Zusatzeinrichtung, welche die Schwebungsdauer, die Frequenz der Schwebung, mit überwacht und nur diejenigen Schwebungen zählt, die kleiner als die bestimmte Zeit dauern.

Schließlich will man zwischen verschiedenen Auftrennpunkten, vor allem wenn sie bei verschiedenen Kraftwerken liegen, noch eine gewisse Reihenfolge des Abschaltens erreichen. Man wird die Kraftwerke, vom kleinsten angefangen, nacheinander abschalten. Die Staffelung kann man zunächst nach der Anzahl der gezählten Impulse vornehmen. Weiterhin kann man auch die Pendeldauer als Anregung für ein unabhängiges Zeitrelais nehmen. Eine solche Einrichtung spricht nur solange an, als die Frequenz der Schwebung eine bestimmte Grenze überschreitet. Während dieser Zeit setzt sie ein Zeitrelais in Bewegung, das man nunmehr, wie bei einem Überstromschutz, in seiner Ablaufzeit beliebig einstellen kann. Werden die Schwebungen langsamer, so daß mit einem Wiederfangen der Kraftwerke zu rechnen ist, fällt auch das Zeitrelais dieser Auftrenneinrichtung wieder zurück.

Für das Anregen der Auftrenneinrichtung kommt jedes Kurzschlußanregerelais in Frage, Überstrom-, Quotientenrelais, auch Spannungsbruchrelais und Richtungsrelais.

Es ist auch eine Einrichtung bekannt, bei welcher zwei 1-polige Richtungsrelais mit direktem Kontakt verwendet werden, die stromseitig in der gleichen Phase liegen, spannungsseitig dagegen in verschiedenen, ähnlich der Aron-Schaltung. Wenn der Stromvektor gegenüber dem Spannungsdreieck rotiert, dann erfolgt das Ansprechen der beiden Richtungsrelais zeitlich verschoben. In gewissen Zeitmomenten zeigen beide Relais die gleiche, in anderen verschiedene Richtung an. Ein Anregen erfolgt immer dann, wenn die Richtung von beiden Relais voneinander abweicht. Aus diesem verschiedenen Verhalten von Strom und Spannung ist auch eine Einrichtung geschaffen worden, die ein Drehfeld bestimmter Drehrichtung ergibt. Ein Relais, das auf diese Drehrichtung anspricht, zeigt nicht nur die Tatsache des Durcheinanderlaufens, sondern auch die Richtung an, wo die Maschine mit der kleineren oder größeren Drehzahl sich befindet. Mit diesem Frequenzrichtungsrelais ist es möglich, Auftrennstellen im Netz in ihrem Ausschalten zu unterscheiden. Schließlich können einzelne Auftrennpunkte noch dadurch beeinflußt werden, wenn man diese Stellen nach der Richtung und Größe der Leistung beeinflußt, die kurz vor dem Beginn des Durcheinanderlaufens an diesen Stellen herrschte. Man kann damit dem größeren Kraftwerk mit der größeren in Betrieb befindlichen Maschinenleistung auch den größeren Netzteil zuordnen.

# III. Schutzschaltungen für Maschinen und Apparate.

Die Fehlerarten, die in einem Generator, Transformator oder Motor vorkommen können, sind prinzipiell bei allen drei Apparaten einander gleich. Nur ihre Auswirkungen und elektrischen Eigenschaften sind durch die Eigenart des Apparates und besonders durch seine innere Schaltung voneinander verschieden. Die Schutzschaltungen werden daher naturgemäß im Prinzip bei den einzelnen Fehlerarten auch dieselben sein müssen, zumal die Möglichkeiten, den einzelnen Fehler zu erfassen, sehr begrenzt sind. Aber in ihrem Schaltungsaufbau müssen sie stark verschieden sein, da sie sich der inneren Schaltung des Apparates anpassen müssen. Ein grundsätzlicher Unterschied in der Möglichkeit des Fehlererfassens zwischen geschlossenen Apparaten und z. B. einer Freileitung besteht auch darin, daß man bei den ersten neben den elektrischen Erscheinungen auch die Auswirkung des Fehlers als Fehlerkriterium benutzen kann, wie z. B. das durch den Lichtbogen erzeugte Ölgas im Ölgefäß des Transformators.

Es sollen nun im folgenden die verschiedenen Schaltungsmöglichkeiten erläutert werden, die sich bei den einzelnen Fehlerarten je nach der inneren Schaltung der Apparate ergeben. Die Betrachtung bezieht sich fast ausnahmslos auf den Wandlerkreis, da die Schaltung des Arbeitskreises zwangläufig ist und vielfach keine Besonderheit aufweist. Die Wandlerschaltung ermöglicht erst das Aussieben einer elektrischen Fehlererscheinung, so daß ein an diese angeschlossenes Relais nur auf diesen Fehlerfall anspricht. Man sucht auch möglichst immer nur eine solche eindeutige Schaltung zu verwenden, damit das Ansprechen des Relais nicht durch andere elektrische Vorgänge beeinflußt wird und man auch aus seinem Arbeiten erkennen kann, um welchen Fehlerfall es sich handelt.

## A. Schutzschaltungen für Generatoren.

Die Fehler, die im Generator auftreten können, sind genau bekannt und ihre elektrischen Vorgänge an anderer Stelle schon erläutert worden. Die Schutzschaltungen gliedern sich auch entsprechend diesen Fehlerarten.

### 1. Der Kurzschluß zwischen den Phasen = Wicklungsschluß.

Ein solcher Kurzschluß hat fast immer einen hohen Kurzschlußstrom zur Folge und kann daher zunächst durch einen reinen Überstromschutz erfaßt werden. Legt man die Überstromrelais zwischen Generator und Sammelschiene, dann können sie jedoch nur in Tätigkeit treten, wenn von außen her von anderen Maschinen der Kurzschlußstrom bei einem Kurzschluß im Generator geliefert wird. Die Leistung dieser anderen Maschinen muß naturgemäß mindestens ebenso groß sein wie die der zu schützenden Maschine. Der Generator liefert bei seinem eigenen Fehler selbst einen hohen Kurzschlußstrom, der aber bei einer solchen Relaisanordnung nicht erfaßt werden kann. Man muß daher die Überstromrelais im Generatornullpunkt in den einzelnen Phasen anordnen, wenn sie auf diesen eigenen Fehlerstrom mit ansprechen sollen. Diese Maßnahme ist die einzig mögliche, wenn der Generator allein das Netz speist.

Überstromrelais müssen aber in ihrer Stromeinstellung immer über dem höchsten Betriebsstrom liegen, und da sie auch bei jedem Kurzschluß im Netz ansprechen, muß auch ihre Ablaufzeit die höchste im Netz sein. Arbeiten mehrere Generatoren parallel, dann haben alle Überstromrelais die gleiche hohe Abschaltzeit. Tritt also ein Kurzschluß an den Klemmen eines dieser Generatoren auf, so ist eine Selektivität zwischen den einzelnen Maschinen nicht möglich, da sich ein solcher Fehlerfall für das Arbeiten der Relais z. B. von einem Sammelschienenkurzschluß nicht unterscheidet. Das wäre nur möglich, wenn der fehlerbehaftete Generator rascher abschaltet als die anderen. Das Überstromrelais muß dann einen inneren Kurzschluß, zu welchem jeder Kurzschluß bis zu seinem eigenen Schalter gerechnet werden muß, von einem außenliegenden Fehler, also auch von einem Sammelschienenkurzschluß unterscheiden können. Das kann nur durch ein Richtungsrelais erfolgen, das im Kurzschlußfall feststellt, ob der Kurzschlußstrom vom Generator in das Netz oder umgekehrt in den Generator hineinfließt. Ein solches Relais muß also mit seinen Stromwandlern ganz in der Nähe des Generatorschalters liegen, da dieser Ort die Grenze bildet, wo das Überstromrelais schnell oder langfristig abschalten darf.

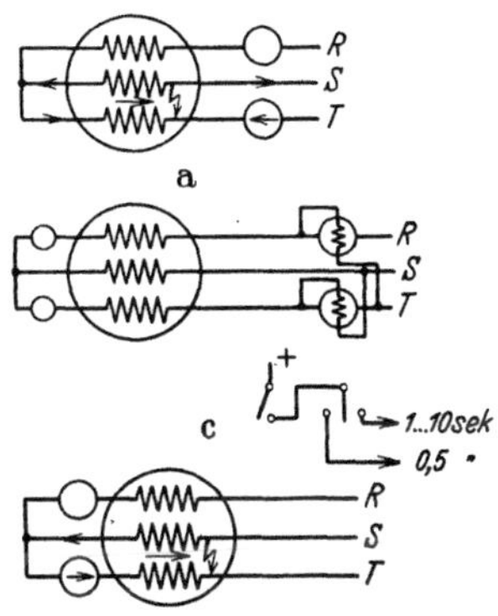


Abb. 75. Überstromschutz bei einem Generator. a Überstromrelais vor dem Generator, b Überstromrelais im Generatornullpunkt, c Überstromrelais in Verbindung mit einem Richtungsrelais.

Man hat früher häufig die Meinung vertreten, daß für einen solchen Rückleistungsschutz nur ein Leistungsrelais allein genüge, da nur im Fehlerfall eine Leistung nach dem Generator zu fließen könne. Eine solche „Rückwärtsenergie" tritt aber auch beim Pendelvorgang z. B. im Anschluß an eine weniger gute Synchronisierung oder nach einem Kurzschluß auf, die sehr wohl in der Höhe von 10—15% der Nennleistung des Generators liegen kann. Soll daher ein derartiges Rückleistungsrelais den normalen Betrieb nicht gefährden, dann muß seine Einstellung oberhalb des angegebenen Wertes liegen oder seine Abschaltzeit größer sein als die längste Pendeldauer, also höher als 1,5 sec. Dann aber kann man einen solchen Schutz nicht mehr als sehr wirksam bezeichnen. Abgesehen von seiner für einen Generatorschutz reichlich langen Abschaltzeit kann es kaum mehr bei einem Klemmenkurzschluß ansprechen, da die Spannung so stark zusammenbricht, daß eine Wirkenergie von mehr als 10% nicht mehr gemessen wird. Diese „tote Zone" kann nur noch von einem Richtungsrelais teilweise überwunden werden, das in einer 30°- oder 60°-Schaltung verwendet wird. Dann aber spricht es auch auf induktive Blindströme an, die bei ungleicher

Erregung auch im Normalbetrieb in den Generator hineinfließen können. Ein Rückwattschutz muß daher stets mit Überstromrelais verbunden werden, wobei das Richtungsrelais nur noch über lange oder kurze Abschaltzeit zu entscheiden hat. Die prinzipielle Anordnung zeigt Abb. 75a, 75b, 75c.

Der wirksamste Schutz in einem solchen Kurzschlußfall ist der Differentialschutz. Die Grundschaltung eines Differentialschutzes für in Stern geschaltete Generatoren zeigt Abb. 76a. Da der Strom in einer Phase vor und hinter der Generatorwicklung zwangläufig im

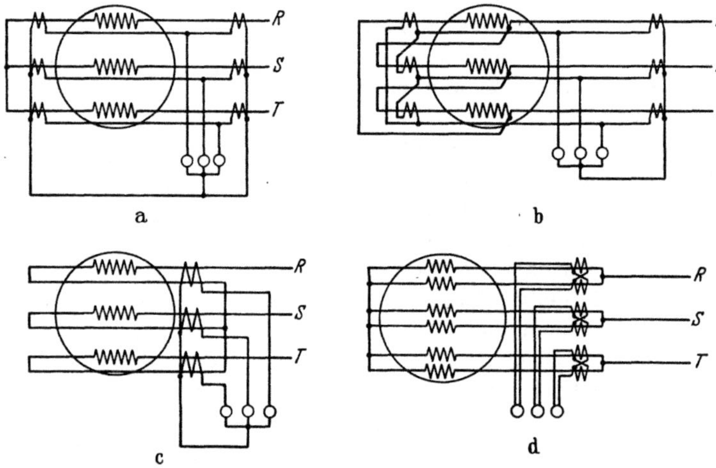


Abb. 76. Differentialschutz für Generatoren. a Für Generatoren mit Sternschaltung, b für Generatoren mit Dreiecksschaltung, c Differentialschutz mit magnetischer Differenzbildung (Byrd-Wandler), d Differenzbildung zwischen den Wicklungen der gleichen Phase bei Generatoren mit Doppelwicklung.

Normalbetrieb absolut gleich ist und auch die Stromstärke bei außenliegendem Kurzschluß nur dem begrenzten Kurzschlußstrom des Generators entspricht, kann man hier geradezu von der klassischen Form des Differentialschutzes sprechen, da irgendwelche Stabilisierungsmaßnahmen durch zusätzliche Relais sich erübrigen; denn die Wandler können auch vollkommen gleich ausgeführt werden.

Etwas anders liegen die Verhältnisse, wenn die Generatorwicklungen in Dreieck geschaltet sind. Dann ist der Strom in den Zuführungen zur Sammelschiene um 30° gegenüber dem Strom in der Generatorwicklung verdreht und um den $\sqrt{3}$fachen Wert größer. Man könnte nun den Differentialschutz genau wie bei einem ⅄-Generator nur über jede Wicklung legen. Dann würde sich der Schutzbereich nur auf diese sich beschränken. Da die Abtrennstelle vom Netz der Generatorschalter ist, der unter Umständen in größerer Entfernung vom Generator aufgestellt ist, muß aber gefordert werden, daß grundsätzlich auch die Kabelzuführungen vom Generator bis zum Schalter vom Differentialschutz mit überwacht werden. Die eine Wandlergruppe muß daher in nächster Nähe dieses Schalters angeordnet werden. Aus dieser Forderung heraus kann diese Phasenverschiebung von 30⁰ nur durch eine △/⅄-Schaltung im Differentialschutz ausgeglichen werden, da unmöglich auch das Ende jeder Wicklung bis zum Schalter geführt werden kann (Abb. 76b).

Diese gleichen Überlegungen gelten auch für die magnetische Differenzbildung durch einen gemeinsamen Stromwandler, der als Primärwicklung das Ende und den Anfang der Generatorwicklung besitzt (Abb. 76c).

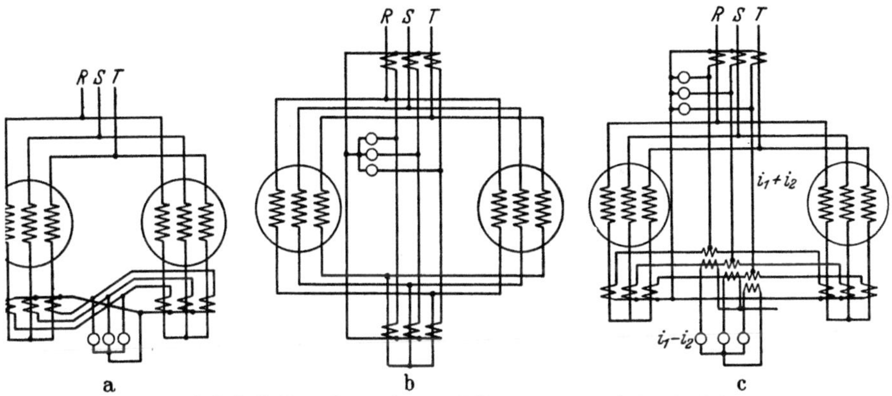


Abb. 77. Differentialschutz für Doppelgeneratoren. a Differenzbildung zwischen den beiden Generatorwicklungen, b Differenzbildung über beide parallelgeschaltete Wicklungen, c Kombinationen von a und b.

Man ersetzt zwar hier die sechs Stromwandler durch nur drei Spezialwandler, aber der Schutzbereich erstreckt sich eben nur auf die Generatorwicklung, sofern man nicht die Nullpunktsenden bis zum Schalter führt und erst dort die Differenzwandler anordnet.

Große Maschinen werden auch mit zwei oder mehreren parallelen Wicklungen in jeder Phase ausgeführt, um die hohen Betriebsstromstärken thermisch beherrschen zu können. Die Ströme in den einzelnen Teilleitern sind im Normalbetrieb einander gleich; bei einem Kurzschluß zwischen Leitern verschiedener Phasen weisen auch die Teilleiter verschiedene Ströme auf. Man kann daher einen solchen Fehler auch durch eine Differentialschaltung zwischen den Teilleitern erfassen, wie Abb. 76d zeigt. Der Schutzumfang ist auch hier davon abhängig, wieweit die Teilleiter getrennt herausgeführt werden.

Etwas anders sehen die Differentialschaltungen für Doppelgeneratoren (Ljungström-Aggregate) aus (Abb. 77a, b, c). Zunächst könnte man für jeden Generator einen getrennten Differentialschutz wählen, wozu vier Wandlergruppen notwendig wären. Bei Fehlern in einem Generator — neben Kurzschluß auch mechanische Reibung und ungleiche

Erregung — liefert jedoch der andere Strom hinein. Dieser Ausgleichsstrom ist daher auch ein wichtiges Fehlerkriterium. Allerdings erscheint dieser Ausgleichsstrom auch beim Asynchronismus der beiden Maschinen, wie z. B. beim Anfahren, gegen den das Differentialrelais unwirksam gemacht werden muß. Weiterhin kann man auch die beiden Generatoren in ihren Wicklungen vollkommen parallelschalten und sie dann wie einen Generator mit einem gemeinsamen Differentialschutz ausrüsten. Aber weder der getrennte Differentialschutz noch dieser gemeinsame können die Ausgleichsströme erfassen. Man muß daher beide Schutzschaltungen anwenden, die man dann am besten miteinander verbindet (Abb. 77c). Von den beiden Wandlergruppen im Nullpunkt wird durch Zwischenwandler die Differenz $i_1 - i_2$ gebildet zum Erfassen der Ausgleichsströme und dann die Summe $i_1 + i_2$ mit dem Strom einer Wandlergruppe in der gemeinsamen Zuleitung zur Sammelschiene zum Erfassen der Phasenkurzschlüsse verglichen. Dann entspricht die Schaltung auch der Grundschaltung eines Differentialschutzes für ⅄-Generatoren.

Die Differentialrelais werden entweder für jede Phase einzeln oder dreiphasig für alle drei Phasen gemeinsam ausgeführt. Im letzten Fall nimmt man eine verschiedene Ansprechempfindlichkeit in Kauf, je nachdem der Kurzschluß zwischen den einen oder anderen Phasen liegt.

### 2. Der Windungsschluß = Kurzschluß zwischen den Windungen ein und derselben Phase.

Ein Windungsschluß kann als eine getrennte Kurzschlußwicklung aufgefaßt werden, die transformatorisch mit der eigentlichen Wicklung des Generators verbunden ist wie eine Sekundärwicklung auf einem Transformatorschenkel. Es kann also kein Stromunterschied im Windungsschlußfall am Anfang und Ende der Hauptwicklung bestehen, d. h. ein Differentialschutz kann einen Windungsschluß, obgleich er ein kurzschlußartiger Vorgang mit hoher Kurzschlußstromstärke an der Fehlerstelle ist, gar nicht erfassen. Man kann daher nur noch die Fehlerströme zu erfassen suchen, die von außen her entweder von den anderen Phasen oder von einem Hilfsaggregat nach der Fehlerstelle fließen, soweit sie sich von den betriebsmäßig fließenden Strömen unterscheiden.

Die eine Möglichkeit bieten Generatoren mit Mehrfachleitern wie in Abb. 76d. Eine solche Differentialschaltung spricht also zusätzlich auch auf Windungsschluß an. Will man den Windungsschluß allein erfassen, dann ist diese Differenzbildung nicht zwischen allen Leitern wie in Abb. 76d notwendig. Man braucht nur die Nullpunkte der Teilleiter getrennt zu bilden und den Ausgleichsstrom oder den Spannungsunterschied durch Strom- bzw. Spannungsrelais zwischen diesen beiden Nullpunkten festzustellen. Jeder Ausgleichsstrom zwischen den Leitern kann bei 1-poligem Kurzschluß, wie ihn ein Windungsschluß darstellt, nur über diese Nullpunktsverbindung fließen (Abb. 78).

Genau der gleiche Vorgang tritt bei Doppelgeneratoren auf, wenn man ihre beiden Nullpunkte über einen Strom- oder Spannungswandler verbindet. Je nachdem mißt man den fließenden Ausgleichsstrom oder den Potentialunterschied. Die letzte Messung ist vorzuziehen, um die Zerstörungen an der Kurzschlußstelle klein zu halten (Abb. 79).

Ein Ausgleichsstrom tritt auch bei Generatoren mit △-Wicklung auf, da man die Wicklungen als parallel geschaltet betrachten kann. Um einen solchen Strom aus den Betriebsströmen herauszusieben, muß man drei Stromwandler, die in den einzelnen Generatorwicklungen liegen, sekundärseitig parallel schalten. Die geometrische Summe der Betriebsströme ist stets Null. Bei einem Windungsschluß in einer Phase liefern die beiden anderen Phasen einen Kreisstrom, der in allen drei Leitern

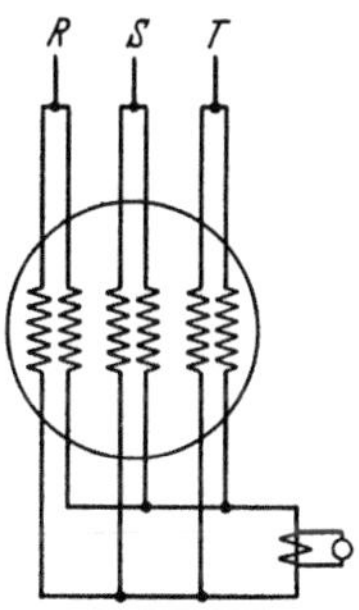


Abb. 78. Windungsschlußschutz bei Generatoren mit Doppelwicklung.

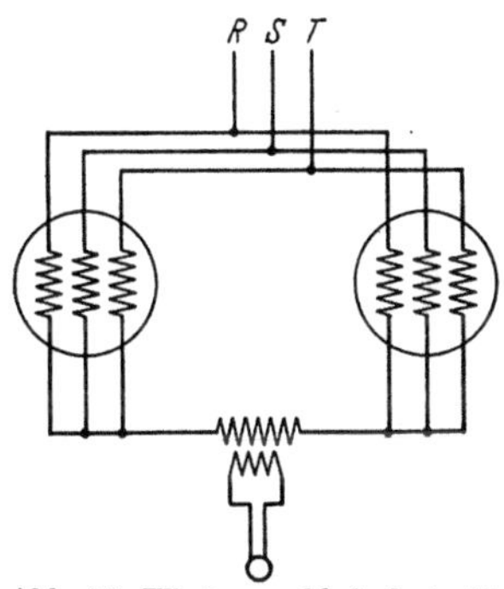


Abb. 79. Windungsschlußschutz für Doppelgeneratoren.

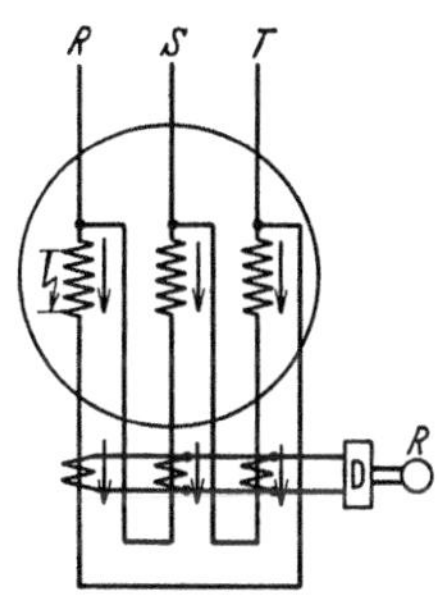


Abb. 80. Windungsschlußschutz für Generatoren mit Dreiecksschaltung. *D* Drosselkette.

gleich groß und gleicher Phase ist. Die Sekundärströme der Wandler addieren sich daher und fließen über das gemeinsame Relais zwischen den beiden Wandlersternpunkten. Ein gleicher Kreisstrom tritt jedoch auch im Normalbetrieb durch die dritte Harmonische auf. Um die Messung des Kreisstromes bei Windungsschluß empfindlich machen zu können, muß der Kreisstrom der dritten Harmonischen durch eine Drosselkette, die nur Frequenzen bis etwa 100 ~ durchläßt, am Relais vorbeigeleitet werden. Das Relais spricht dann nur auf Ströme der Grundfrequenz an.

Bei Generatoren mit ⅄ geschalteten Wicklungen ist ein Erfassen eines Windungsschlusses durch einen Vergleich der Ströme im Generator nicht möglich. Man muß sich ein außenliegendes Aggregat schaffen, das im Windungsschlußfall einen Strom in den Generator hineinliefert, wie es bei Doppelgeneratoren der nicht fehlerhafte immer darstellt. Dazu genügen drei Spannungswandler, die primär in Stern und sekundär in Dreieck geschaltet sind und deren Nullpunkt mit dem Nullpunkt des Generators verbunden sind oder auch ein 5-Schenkeltransformator mit Dreieckswicklung = Stützdrossel. Der Nullpunkt des Generators wird im Windungsschlußfall aus dem Schwerpunkt des Spannungsdreiecks herausverschoben, während der Nullpunkt des Hilfsaggregates durch eine Dreieckswicklung festgehalten wird (Abb. 81a und 81b). Entweder stellt man den Potentialunterschied durch Spannungsmessung fest oder den Kurzschlußstrom, der diesem Spannungsgefälle entspricht. Es ist außerdem für die Wirkung gleichgültig, ob diese Spannung oder dieser Strom direkt zwischen den beiden Nullpunkten oder in der sekundären Dreieckswicklung festgestellt wird. Der Nullpunkt eines in ⅄ geschalteten Generators ist stets durch die in der Sternspannung vorhandenen dritten Harmonischen etwas verschoben. Dieser Potentialunterschied herrscht daher auch immer zwischen den beiden Nullpunkten. Daher muß hier ebenso wie bei dem Generator mit △-Schaltung der Strom der dritten Harmonischen durch eine Drosselkette vom Relais ferngehalten werden.

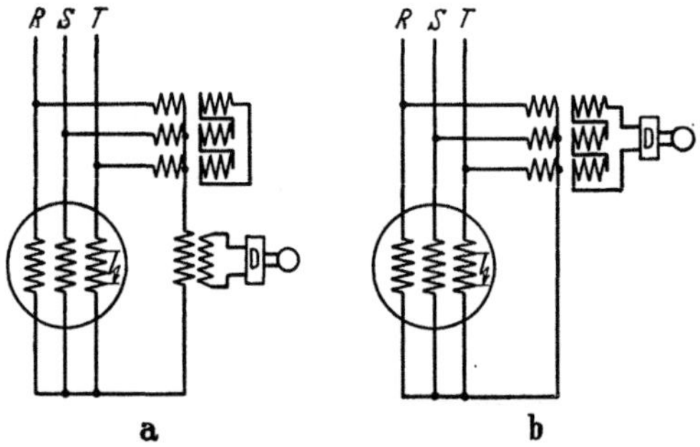


Abb. 81. Windungsschlußschutz für Generatoren mit Sternschaltung mittels Stützdrossel. a Messen des Ausgleichsstromes, b Messen des Spannungsunterschiedes.

### 3. Der Gestellschluß = Berührung einer Phase mit Gehäuse.

Bei einem Gestellschluß in der Maschine tritt wie bei einem Erdschluß im Netz eine Verlagerung der Spannungen gegen Erde auf, nur mit dem charakteristischen Unterschied, daß die Höhe der Verlagerung mit der Lage der Erdschlußstelle innerhalb der Generatorwicklung schwankt. Liegt z. B. die Erdschlußstelle an einer Generatorklemme, so ist die größtmögliche Verlagerung vorhanden. Bei einem Erdschluß im Nullpunkt des Generators kann eine Verlagerung nicht auftreten, da er das gleiche Potential wie der Nullpunkt des Netzes haben muß, der durch die drei Kapazitäten gegen Erde gebildet wird. Die Verlagerungsspannung sinkt also von ihrem Höchstwert bis auf den Wert Null herab prozentual genau entsprechend der Lage des Erdschlusses in der Wicklung. Nur bei Maschinen mit Dreieckschaltung der Wicklungen kann die Verlagerungsspannung nur auf den halben Wert sinken, da jeder Punkt der Wicklung einen Potentialunterschied gegenüber dem Nullpunkt des Netzes aufweist.

Mit der Höhe der Verlagerungsspannung schwankt in gleichem Maße der Erdschlußstrom, der über die Erdschlußstelle fließen kann.

Ist der Generator durch einen Transformator vom übrigen Netz isoliert, dann kann die Verlagerungsspannung allein als eindeutiges

Kriterium für das Vorhandensein eines Erdschlusses dienen. Sie wird dann entweder durch einen Spannungswandler im Nullpunkt des Generators oder durch bekannte Spannungswandlergruppen vor dem Generator festgestellt. Der Schutzbereich, den ein Gestellschlußschutz besitzt, d. h. derjenige Bereich der Generatorwicklung, innerhalb welchem ein Gestellschluß noch erfaßt werden kann, hängt lediglich von der Empfindlichkeit des Relais ab. Soll ein Schutzbereich von 95% der Wicklung erreicht werden, so bedeutet das, daß ein Relais bei 5% der Verlagerungsspannung sicher arbeiten soll, aber 100% zum mindesten kurzzeitig aushalten muß. Mit einem Spannungsrelais kann z. B. der eben angeführte Schutzbereich noch erreicht werden. Tritt im Netz ein Erdschluß auf, so ist der Generator durch die Transformatorwicklung nicht vollständig isoliert infolge der an sich kleinen Kapazität zwischen den beiden Wicklungen des Transformators. Ein Spannungsrelais braucht nur wenig Strom zum Arbeiten. Es entsteht daher an einem Spannungswandler, der bei einem außenliegenden Erdschluß in Serie mit dieser Wicklungskapazität liegt, ein beträchtlicher Spannungsabfall, der störend wirken kann. Es muß daher die Impedanz des Spannungswandlers durch Parallelschalten eines Widerstandes soweit verringert werden, daß dieser Kapazitätsstrom keinen nennenswerten Spannungsabfall mehr hervorrufen kann, sondern der gesamte Spannungsabfall praktisch vollständig an der Kapazität zwischen den beiden Transformatorenwicklungen liegt.

In allen anderen Fällen, wo entweder der Generator parallel mit anderen Generatoren arbeitet oder direkt das Netz speist ohne Zwischenschaltung eines Transformators, muß neben der Verlagerungsspannung auch der Verlagerungsstrom berücksichtigt werden, da die Verlagerungsspannung bei jedem Erdschluß im Netz auftritt, dagegen der Strom nur in den erdschlußbehafteten Generator hineinfließen kann.

Dabei ist nun zu entscheiden, ob der Kapazitätsstrom des angeschlossenen Netzes groß genug ist, um das Relais zu betätigen, oder nicht. Im zweiten Falle muß dann dieser Erdschlußstrom durch eine Zusatzeinrichtung soweit verstärkt werden, bis der gewünschte Schutzbereich erzielt wird. Die Schwierigkeit, die in einem solchen Falle auftritt, liegt darin, daß auch der Verlagerungsstrom mit der Höhe der Verlagerungsspannung gleichmäßig abnimmt. Wünscht man daher einen großen Schutzbereich, dann kann auch der Erdschlußstrom bei einem Klemmenerdschluß beträchtliche Werte annehmen. Wird der Kapazitätsstrom des Netzes zur Fehleranzeige benutzt, was nur bei nichtgelöschten Netzen der Fall sein kann, dann besteht die gesamte Gestellschlußeinrichtung nur aus der üblichen Anordnung eines Erdschlußrelais vor dem Generator mit drei in Stern geschalteten Stromwandlern, wobei dann die Verlagerungsspannung von einem bekannten Spannungswandlersatz oder einem Spannungswandler im Nullpunkt des Generators genommen wird. Sobald das Erdschlußrelais, das auch ein empfindliches Stromrelais sein kann, anzeigt, daß Verlagerungsstrom in die Maschine hineinfließt, wird die Maschine abgeschaltet (Abb. 82).

Muß ein künstlicher Erdstrom verwendet werden, so gibt es wiederum zwei Möglichkeiten. Entweder wird im Nullpunkt jedes Generators ein Widerstand angeordnet, der diesen Erdschlußstrom begrenzt, oder er wird von einem Hilfsaggregat (Stern-Dreiecktransformator) geliefert, der ebenfalls entweder im Nullpunkt oder in der Sekundärwicklung den Begrenzungswiderstand besitzt. Eine Schaltung wie Abb. 83 unterscheidet sich daher prinzipiell in keiner Weise von der Schaltung in Abb. 82, bei welcher der Netzkapazitätsstrom die Auslösung herbeiführt.

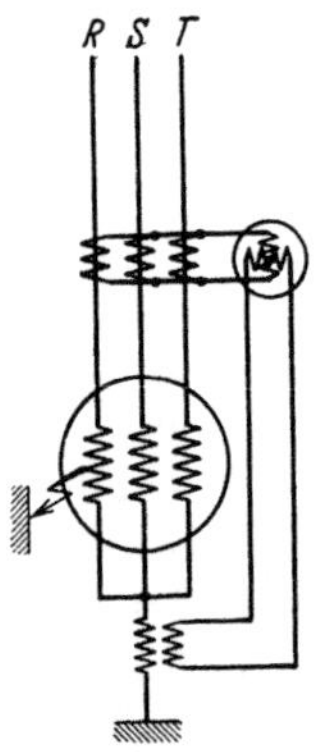


Abb. 82. Gestellschlußschutz mittels des Netzkapazitätsstromes.

Eine etwas andere Wirkungsweise müssen die Erdschlußrelais aufweisen, wenn jeder Generator einen Nullpunktswiderstand besitzt. In diesem Falle liefert nämlich jeder Generator bei jedem Erdschluß im Netz einen Erdschlußstrom. Das Erdschlußrelais, das hierbei unbedingt ein Leistungsrelais sein muß, spricht an und zeigt mit seinem Kontakt die Richtung nach der Sammelschiene an. Bei einem Erdschluß im Generator aber kann dieses Relais nicht mehr ansprechen, sofern nicht andere Generatoren ebenfalls einen Erdschlußstrom liefern. Es muß dann ein zweites Kriterium, am besten die Verlagerungsspannung, versuchen, die Auslösung zu bewerkstelligen, wird aber beim außenliegenden Erdschluß durch das Ansprechen des Relais daran gehindert (Abb. 84). Soll auch hierbei das Erdschlußrelais direkt mit seinem Kontakt den Generator abschalten können, so muß eine Art Differentialschaltung zwischen Nullpunktsstrom und dem Verlagerungsstrom der drei Stromwandler hergestellt werden. Dies geschieht entweder nur mit dem Nullpunktsstrom (wie in Abb. 85) oder man benutzt den Differentialschutz direkt dazu, um diesen Vergleich herzustellen (Abb. 86).

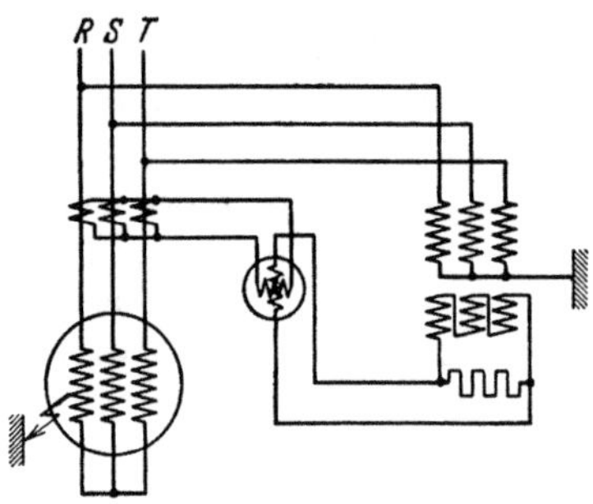


Abb. 83. Gestellschlußschutz mit künstlichem Erdstrom (Gestelldrossel).

Auf einen Unterschied zwischen Nullpunktswiderstand und getrennter Erdstromquelle durch Hilfstransformatoren ist hinzuweisen, obgleich sie in ihrer Wirkung ganz gleich sind. Arbeiten nämlich mehrere Generatoren parallel, dann fließt bei einer Erdschlußstelle in einem der Generatoren stets die Summe sämtlicher Erdströme, die also mit der Anzahl der Generatoren variiert. Bei einem Hilfsaggregat bleibt jedoch dieser Erdstrom unabhängig von der Anzahl der Generatoren konstant.

Man hat aber Interesse daran, den Fehlerstrom, der über die fehlerhafte Stelle im Generator fließt, so klein wie möglich zu halten, da durch ihn der Grad der Beschädigung im Generator stark beeinflußt ist. Man wird daher diesen zusätzlichen Strom gerade so hoch wählen, wie er zum Erfassen des Fehlers ausreicht. Maßgebend ist die kleinste Verlagerungsspannung, bei welcher das Relais noch arbeiten soll, oder mit anderen Worten der gewünschte Schutzbereich. Will man z. B. 70% der gesamten Wicklung erfassen, so muß der Verlagerungsstrom bei 30% der Verlagerungsspannung noch ein Ansprechen des Relais ermöglichen. Ist der Widerstand, der den Erdschlußstrom begrenzt, konstant, so

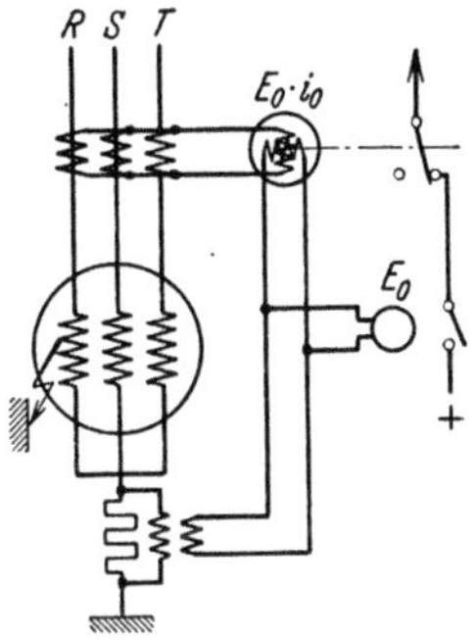


Abb. 84. Gestellschlußschutz mittels Nullpunktswiderstand. Erdschlußrelais verriegelt.

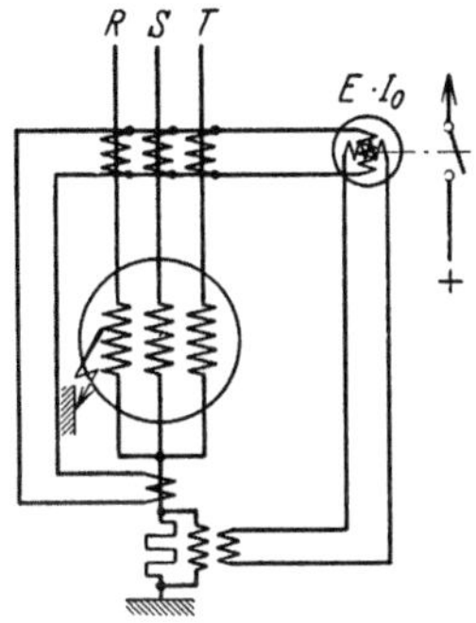


Abb. 85. Gestellschlußschutz mittels Nullpunktswiderstand. Erdschlußrelais schaltet ab.

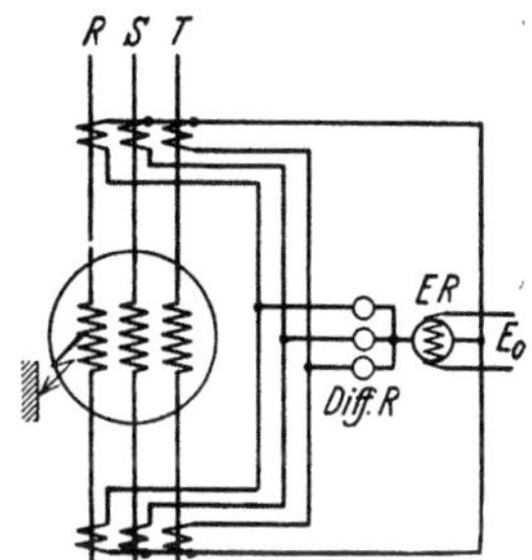


Abb. 86. Verbindung von Stromdifferentialschutz mit Gestellschlußschutz.

steigt auch der Strom entsprechend dieser Spannung bei 70% Verlagerungsspannung praktisch um das Dreifache. Soll aber ein größerer Schutzbereich erfaßt werden, so kann dieser Endwert des Stromes Größen erreichen, die zu starke Zerstörungen zur Folge haben. Dann wird man mit Höherwerden der Spannung den Strom in seiner Größe begrenzen. Entweder ordnet man Schalter an, die bei einer bestimmten Höhe der Verlagerungsspannung den Widerstand künstlich erhöhen, oder Widerstände, die sich mit Größerwerden der Verlagerungsspannung selbsttätig in ihrer Größe verändern. Eine Möglichkeit hierzu bieten Eisenwasserstofflampen, die über einen großen Spannungsbereich den Strom konstant halten können, eine andere Möglichkeit ergibt mechanisch ein Kohledruckregler, bei welchem der Widerstand durch den Druck aufeinanderliegender Kohleplatten reguliert werden kann. Die Art dieser Abhängigkeit von Verlagerungsstrom und Verlagerungsspannung zeigt Abb. 87a, b, c, d.

Diese Einrichtungen können nur einen bestimmten Prozentsatz der Wicklung erfassen. Will man auch Erdschlüsse im Nullpunkt des Generators messen, so ist das nur möglich, wenn dieser Nullpunkt gegenüber dem Nullpunkt des Netzes eine Potentialverschiebung aufweist. Man kann ihn daher künstlich durch Einführen einer Zusatzspannung gegenüber dem Netznullpunkt verschieben. Ist aber dieser Nullpunkt des Netzes, der durch die Kapazität gebildet ist, sehr starr, wie es bei einem Kabelnetz der Fall ist, so fließt in einem solchen Falle stets ein

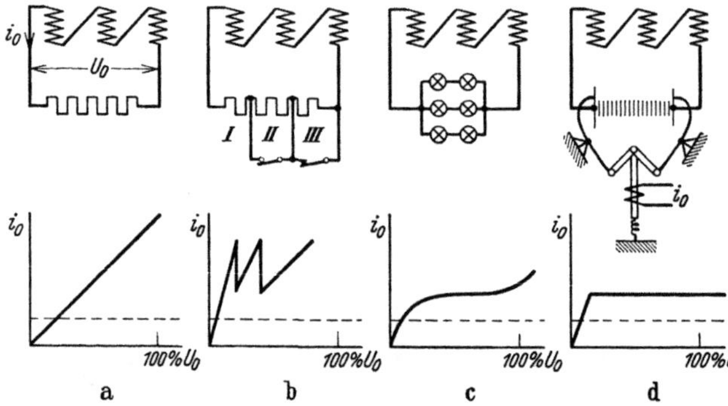


Abb. 87. Abhängigkeit des Erdstromes von der Höhe der Verlagerungsspannung. a bei konstantem Begrenzungswiderstand, b bei Stufenschaltung des Begrenzungswiderstandes, c bei spannungsabhängigem Begrenzungswiderstand (Eisenwasserstofflampen), d bei geregeltem Begrenzungswiderstand (Kohledruckregler).

Ausgleichsstrom zwischen dem Nullpunkt des Generators und dem des Netzes. Solche Einrichtungen sind daher bis jetzt nur möglich, wenn die Kapazität des an den Generator angeschlossenen Netzes verschwindend klein ist. Das ist praktisch nur der Fall bei Generatoren, die entweder direkt über einen Transformator auf das Netz arbeiten oder bei welchen nur die davorliegende Sammelschiene das Netz bildet. Diese Verlagerungsspannung kann man einführen, indem man eine verkettete Spannung des Generators über einen kleinen Hilfstransformator zwischen Nullpunkt und Erde des Generators setzt (Abb. 88a), oder aber durch einen Stern-Dreieckshilfstransformator, dessen

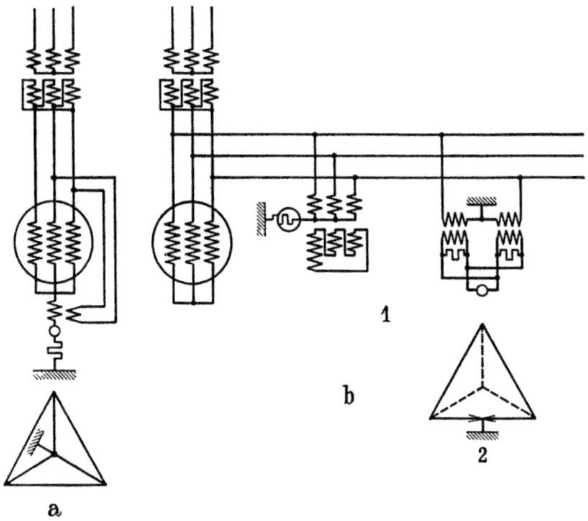


Abb. 88. Erfassen von Gestellschlüssen im Generatornullpunkt. a und $b_1$ durch Verspannen des Nullpunktes gegen Erde. Messen des Ausgleichstromes. $b_2$ Spannungsvergleich zweier Teilspannungen gegen Erde.

Wicklung so unsymmetrisch ausgestaltet ist, daß der Nullpunkt dieses Hilfsaggregates unsymmetrisch liegt zu dem Nullpunkt des Generators (Abb. 88 $b_1$). Eine andere Ausführungsmöglichkeit ist dadurch gegeben, daß man zwei Spannungswandler mit je einer Seite an zwei Phasen anschließt und den Verbindungspunkt der beiden Spannungswandler gegen Erde legt (Abb. 88 $b_2$). Die Sekundärseiten der Spannungswandler sind gegeneinander geschaltet. Ist kein Erdschluß vorhanden, so haben die beiden Spannungswandler praktisch nur die verkettete Spannung zwischen den beiden Phasen, an die sie angeschlossen sind. Die Differenz auf der Sekundärseite ist daher 0. Tritt ein Erdschluß im Generator auf, so verschieben sich die beiden Spannungen in den beiden Spannungswandlern. Auf der Sekundärseite tritt dann die Differenz der Spannungen auf, die im Maximum gleich der verketteten Spannung sein kann.

## 4. Die Rotorfehler.

Ein relativ hoher Prozentsatz aller Schäden in einem Generator treten im Rotorkreis als Erdschluß oder Windungsschluß auf. Hierfür werden selten Schutzmaßnahmen angewendet, teils weil diese Fehler außer Windungsschluß nicht ohne weiteres Betriebsunterbrechungen zur Folge haben, teils weil es einige Schwierigkeiten bereitet, gerade diese Fehler zu erfassen.

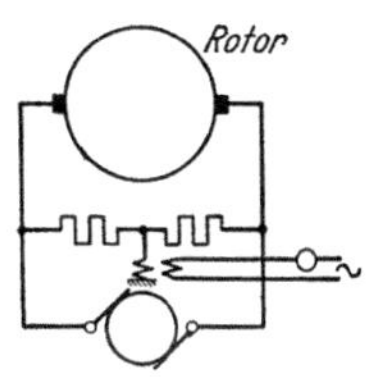

Abb. 89. Anzeige eines Erdschlusses im Rotorkreis.

Am leichtesten läßt sich bei einem normalen Generator ein Erdschluß im Rotorkreis feststellen. Obgleich dieser zunächst an sich harmlos erscheint, so ist es doch zweckmäßig, ihn anzuzeigen, da ein zweiter hinzukommender Erdschluß einen Windungsschluß zur Folge hat. In einem solchen Fall wird ein Teil des Erregerfeldes kurzgeschlossen, was dann eine unsymmetrische mechanische Beanspruchung des Rotors bedingt.

Man kann zunächst einen Punkt des Erregerkreises erden und in diese Erdverbindung ein Anzeigerelais legen. Tritt ein Erdschluß auf, dann liegt an diesem Relais eine Gleichspannung, die dem Spannungsabfall von der Erdschlußstelle bis Relaisanschluß entspricht. Erdschlüsse in der Nähe dieses Anschlusses können also nicht mehr erfaßt werden, da dieser Spannungsabfall zu klein wird. Es ist daher besser, wenn man dem gesamten Rotorkreis ein Potential besonders durch eine Wechselspannung gegen Erde überlagert wie in Abb. 89 gezeigt ist. Dann kommt bei jedem Erdschluß ein Strom dieser überlagerten Spannung zustande, der die Anzeige ergibt. Man kann diesen Wechselstrom auch über einen kapazitiven Spannungsteiler zuführen, um den vom Rotorkreis im Erdschlußfall fließenden Gleichstrom fernzuhalten. An der Wirkung ändert sich jedoch nicht viel.

Ein Rotorwindungsschluß läßt sich leicht bei Doppelgeneratoren feststellen. Durch einen solchen Windungsschluß sinkt die Erregung in der einen Maschine, während sie durch die Serienschaltung der beiden Erregerkreise und durch die Widerstandserniedrigung in der anderen

Maschine steigt. Durch diesen ungleichen Erregungszustand der beiden Maschinen kommt auf der Wechselstromseite ein Ausgleichsstrom zustande, der dann durch den Querdifferentialschutz wie in Abb. 77a bzw. 77c erfaßt werden kann. Als Relais eignet sich am besten ein Wattmeter, dessen Feldwicklung entweder von der Spannung oder von dem gemeinsamen Betriebsstrom in der Sammelschienenzuleitung erregt wird. Im ersten Fall wird der Ausgleichsstrom unabhängig von der Belastung gemessen, im zweiten Fall steigt die Empfindlichkeit mit der Höhe der Belastung. Das hat insofern eine Bedeutung, als ein zusätzlicher Strom z. B. von 20% im Leerlauf kaum gefährlich werden kann, wohl aber bei vollbelasteter Maschine.

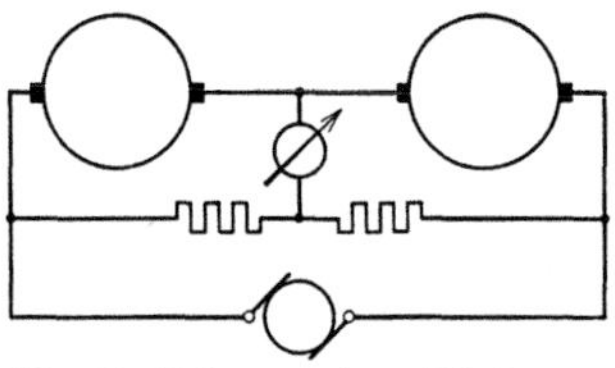
Abb. 90. Erfassen eines Windungsschlusses im Rotorkreis eines Doppelgenerators.

Man kann aber auch den Rotorwindungsschluß bei einem solchen Aggregat durch Vergleich der beiden Spannungsabfälle in den beiden Rotoren feststellen (Abb. 90). Diese Methode eignet sich besser nur zur Anzeige, da auch die Spannungsabfälle in den Schleifbürsten mitgemessen werden, während die vorhergehende durch ihre größere Sicherheit auch das gefährdete Aggregat abschalten kann.

### 5. Die Entregungseinrichtungen.

Neben dem Abschalten vom Netz muß ein Generator als eigener Stromerzeuger für die innere Fehlerstelle unbedingt entregt werden. Nicht die Geschwindigkeit, mit der der Generatorschalter geöffnet wird, begrenzt allein die Zerstörung im Generator, sondern ebenso sehr die kurze Zeit, in der das Feld im Generator verschwindet und damit auch der Kurzschlußstrom. Man muß sich immer wieder klarmachen, daß es eigentlich widersinnig ist, wenn ein Differentialrelais nach 0,5 sec den Schalter öffnet und die Entregung einleitet, dabei eine Entregungsschaltung zu verwenden, bei der erst nach 5—10 sec das Feld und damit auch der eigene Kurzschlußstrom etwa auf die Hälfte sinkt. Dieses Absenken der Erregung muß in der schnellsten Weise geschehen, die technisch nur möglich ist, um wirklich ein Begrenzen der Zerstörung zu erreichen, was schließlich doch der ganze Zweck des Generatorschutzes ist.

In dem Erregerkreis des Generators ist eine bestimmte Feldenergie aufgespeichert. Diese muß möglichst rasch vernichtet werden, was nur durch einen Ohmschen Widerstand erreicht werden kann. Würde man den Rotorkreis der Maschine einfach kurzschließen, dann muß der eigene relativ kleine Widerstand der Rotorwicklung als Energievernichter dienen, und die Zeit des Abklingens muß ziemlich lang sein. Reißt man den Haupterregerkreis auf, so muß in diesem Kreis eine hohe Spannung auftreten, um auf jeden Fall diesen Ausgleich zu erreichen. Dann besteht aber die Gefahr eines Überschlages, sofern nicht die Energie in dem Lichtbogen beim Aufreißen schon stark vernichtet wurde. Schaltet man plötzlich einen Widerstand in den Rotorkreis, so wird das Feld mit höherem Widerstand um so schneller vernichtet werden, aber um so höher wird die Anfangsspannung sein. Diese Spannung ergibt sich immer aus dem Produkt des beim Einschalten des Widerstandes fließenden Stromes und dem Widerstandsbetrag; z. B. bei 150 Amp. Erregerstrom und 10 Ohm Widerstand = 1500 Volt. Die Höchstgrenze ist durch die Isolationsfestigkeit der Rotorwicklung gegeben. Um diese Spannungsspitzen zu vermeiden, wird man die Größe des Widerstandes mit der Zeit vergrößern, da mit zunehmendem Abklingen der fließende Erregerstrom rasch abnimmt. Es kommt in erster Linie immer darauf an, das Feld gerade in den ersten Sekunden zum mindesten stark zu verringern, um zuerst die hohen Kurzschlußströme zu beseitigen. Das endgültige Abklingen kann dann längere Zeit beanspruchen. Am besten ist es, wenn das Feld so rasch als möglich einmal durch den Wert Null geht, damit der Lichtbogen an der Fehlerstelle verlischt. Ein Neuzünden setzt dann schon einen höheren Spannungsbetrag voraus. Jede verbleibende Spannung unterhalb der Zündungsgrenze ist dann bedeutungslos. Die sog. Restspannung durch remanenten Magnetismus ist eigentlich nur durch die selbsterregte Erregermaschine gegeben. Ist die Maschine von der Erregermaschine getrennt, dann ist diese Restspannung vernachlässigbar klein. Bleibt die Verbindung bestehen, muß auch die Erregermaschine praktisch ohne Erregung sein, um keine Restspannung zu erzeugen.

Es sind nun folgende Schaltungen bekannt:

**a) Feldschwächung im Nebenschlußkreis der Erregermaschine.** Man schaltet einen relativ hohen Widerstand in die Felderregung der Erregermaschine ein und vermindert deren Erregung. Dann kann das Hauptfeld im Rotor nur durch den Rotorwiderstand und den Widerstand der Hauptwicklung der Erregermaschine vernichtet werden (Abb. 91 a). Dieses Abklingen kann naturgemäß nur langsam erfolgen, etwa nach der Kurve *I* in Abb. 92. Die Spannung strebt dann einem Minimalwert zu, der durch die schwache Erregung über den Dämpfungswiderstand bei der Erregermaschine gegeben ist. Das Feld kann also nie vollständig zum Verschwinden gebracht werden.

**b) Auftrennen des Haupterregerkreises und Kurzschließen über einen Widerstand** (Abb. 91 b). Die Wirkungsweise und die Bedingungen wurden oben schon angedeutet. Die Abklingkurve erfolgt schon wesentlich steiler als bei der einfachen Feldschwächung, da der Widerstand zum Vernichten der Feldenergie wesentlich größer ist (Kurve *II*, Abb. 92). Aber es ist auch ersichtlich, daß die Zeit länger sein muß, je größer die vorhandene

Feldenergie, d. h. der Erregungszustand des Generators war. Die Kurve wird bei Leerlaufserregung steiler verlaufen müssen als bei Vollasterregung.

c) **Schwingungsentregung** (Abb. 91c). In den Hauptkreis wird ein Widerstand eingeschaltet. Gleichzeitig wird der Nebenschlußregler abgeschaltet und dafür ein Ersatzwiderstand eingeschaltet, der aber jetzt zwischen dem Hauptwiderstand und dem Rotor abzweigt. Der Strom

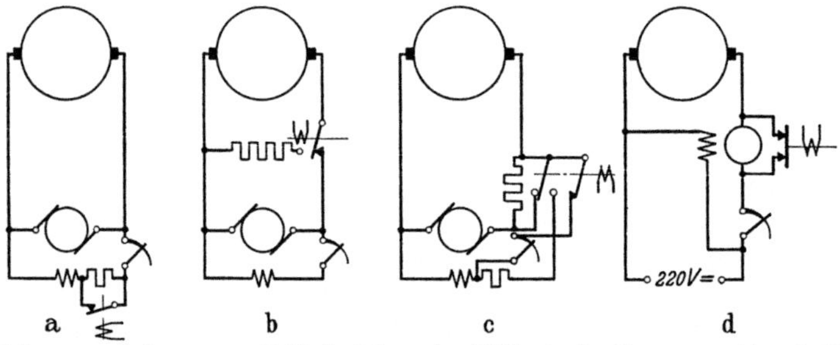


Abb. 91. Entregungsschaltungen. a Feldschwächung im Feldkreis der Erregermaschine, b Kurzschließen des Rotorkreises über einen Widerstand. c Schwingungsentregung, d Ausschaltmotor bei Fremderregung.

im Rotor versucht im ersten Zeitmoment in gleicher Richtung zu fließen. Infolge des Spannungsabfalles an dem Hauptwiderstand wird ein Strom über den Ersatzwiderstand des Reglers in die Feldwicklung der Erregermaschine getrieben, der dem normalerweise fließenden Strom in dieser Feldspule entgegengesetzt ist. Die Erregermaschine wird entgegengesetzt erregt und versucht, den Generator im anderen Sinne zu erregen. Das ist aber gleichbedeutend mit einer Widerstandserhöhung im Haupterregerkreis. Das Feld im Rotor kommt rasch zum völligen Verschwinden. Die Feldenergie ist aber noch nicht vollständig vernichtet, sondern zum Teil in der Erregermaschine aufgespeichert. Es erfolgt daher in kurzer Zeit wieder ein Zurückfluten in einem Schwingungsvorgang, bis die Energie vollständig vernichtet ist. Bei richtiger Einstellung erfolgt eine vollständige Entmagnetisierung der Erregermaschine und damit ein vollständiges Verschwinden des Restfeldes, ohne daß ein Abtrennen der Erregermaschine notwendig wäre.

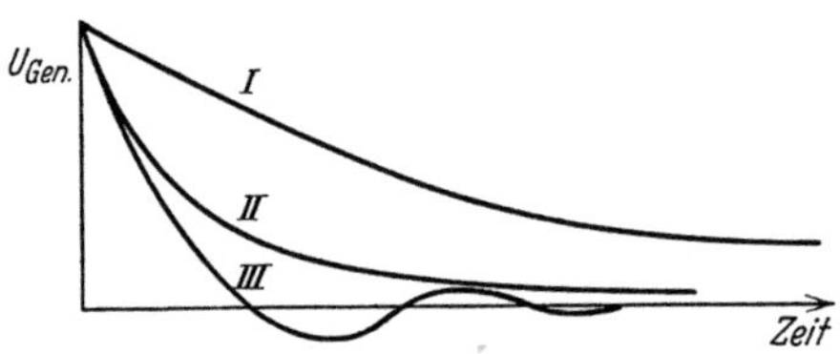


Abb. 92. Entregungskurven. *I* bei Feldschwächung, *II* bei Auftrennen des Rotorkreises, *III* bei Schwingungsentregung.

Diese Art der Erregung kommt dem gewünschten Ziel sehr nahe. Sie vermeidet hohe Spannungsspitzen und bringt das Feld möglichst rasch zum Durchgang durch Null (Kurve *III*, Abb. 92). Die Abhängigkeit vom Erregungszustand der Maschine muß gerade umgekehrt erfolgen wie bei der einfachen Feldauftrennung unter b). Je höher hier der

Erregerstrom ist, um so größer muß auch der Gegenstrom in der Feldwicklung der Erregermaschine sein, um so schneller wird die Erregung umgepolt. Kurve *I*, Abb. 93, zeigt eine Abklingkurve bei Leerlauferregung und Kurve *II* bei Vollasterregung.

Macht man den Ersatzwiderstand im Nebenschlußkreis zu klein, dann erfolgt ein sehr rasches Durchschwingen. Aber dann besteht die Gefahr, daß diese Schwingungen hohe Amplituden annehmen und unter Umständen dauernd bestehen bleiben. Die normale Einstellung muß daher so vorgenommen werden, daß bei Vollasterregung der Maschine die Amplituden die Zündgrenze nicht mehr überschreiten (etwa 10%) und vor allem bald abklingen. Man kann aber absichtlich den Ersatzwiderstand so klein machen, daß ein sehr rasches Durchschwingen erfolgt, wenn man nur dafür sorgt, daß beim ersten oder zweiten Nulldurchgang (Punkt *a* oder *b* in Kurve *III*, Abb. 93) dieser Widerstand stark erhöht wird. Dann klingen die Kurven rasch ab. Diese Art ergibt die rascheste Entregungsmethode.

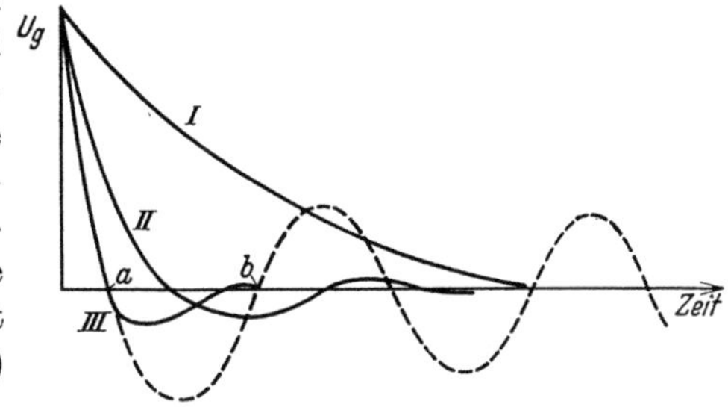

Abb. 93. Abklingkurven der Spannung bei der Schwingungsentregung. *I* bei Leerlaufserregung, *II* bei Vollasterregung, *III* bei Überkompensation mit besonderer Dämpfung.

**d) Ausschaltmotor** (Abb. 91d). Bei Maschinen mit Fremderregung kann man entweder die Auftrennmethode nach Abb. 91b verwenden oder einen sog. Ausschaltmotor. Im Haupterregerkreis liegt die kurzgeschlossene Hauptwicklung eines Gleichstrommotors, dessen Feld vollerregt ist. Wird im Entregungsfall die Hauptwicklung geöffnet, beginnt er anzulaufen und erzeugt eine Gegenspannung. Bei seiner vollen Drehzahl fließt praktisch kein Strom mehr. Er stellt also einen mit der Zeit sich stark vergrößernden Widerstand dar. Die Abklingkurve entspricht etwa der der Auftrennmethode.

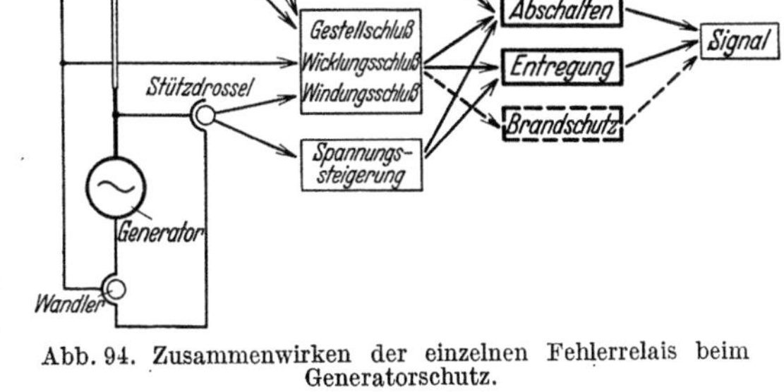

Abb. 94. Zusammenwirken der einzelnen Fehlerrelais beim Generatorschutz.

e) **Zusammenwirken der Relais.** Alle Relais, die auf innere Fehler ansprechen, setzen sofort oder nach kurzer Zeit die Schutzmaßnahmen in Gang: Abschalten, Entregen und eventuell Brandlöschen. Nur die Überstromrelais schalten nach langer Zeit ab, meistens ohne zu entregen. Spannungssteigerung schaltet ab und braucht nicht zu entregen, sondern nur die Spannung zu vermindern. Brandlöschung braucht nur bei kurzschlußartigen Vorgängen, wie Wicklung- und Windungsschluß, ausgelöst zu werden, wenn man nicht dafür eine besondere Anregung wählt. Eine solche ist durch einen Rauchanzeiger im Kühlungskanal der Maschine möglich. Wie die gesamten Relais zusammenarbeiten, zeigt die schematische Darstellung in Abb. 94.

## B. Schutzschaltungen für Transformatoren.

Solange man einen Transformator nur als einen Teil des Leitungsnetzes betrachtet und den Transformatorschalter nur als eine weitere Trennstelle im Netz auffaßt, wird man an einen Transformatorschutz die gleichen Bedingungen stellen müssen wie an den betreffenden Netzschutz. Dann kann man aber nicht von einem speziellen Transformator schutz sprechen, selbst wenn durch einen solchen Schutz auch schwere Fehler im Transformator, wie z. B. durch ein Überstromrelais, auch mit erfaßt werden. Die eigentlichen Schutzschaltungen für Transformatoren sollen entweder nur auf die Fehler im Transformator ansprechen oder müssen zum mindesten bei einem Transformatorfehler eine besondere, und zwar kurze Auslösezeit aufweisen.

Die Fehler im Transformator sind die gleichen wie in einem Generator: Kurzschluß zwischen den Phasen = Wicklungsschluß, Kurzschluß zwischen den Windungen der gleichen Phase = Windungsschluß, Gestellschluß und eventuell Eisenbrand. Ein wesentlicher Unterschied besteht darin, daß im Transformator immer Windungen der gleichen Phase benachbart sind, während im Generator in den weitaus meisten Fällen in einer Nut Windungen verschiedener Phasen nebeneinander liegen. Das bedeutet, daß im Transformator fast immer ein Windungsschluß zu erwarten ist, im Generator dagegen der Wicklungsschluß die Regel darstellt. Ein Windungsschluß stellt immer eine einphasige Last dar, wobei man die kurzgeschlossenen Windungen auch als eine sekundäre Kurzschlußwindung auffassen muß. Der Kurzschlußstrom durchfließt die ganze Wicklung und wird entsprechend dem Windungsverhältnis von Hauptwicklung zur Kurzschlußwicklung transformiert. Diese Auffassung einer Kurzschlußsekundärwicklung veranschaulicht auch am besten, wie durch einen Windungsschluß das Feld des gesamten Transformatorschenkels in Mitleidenschaft gezogen wird und nicht etwa, wie man manchmal irrtümlich sich vorstellt, nur die Spannung entsprechend der Zahl der kurzgeschlossenen Windungen verringert wird. Der Kurzschlußstrom ist nur noch durch die Impedanz der Hauptwicklung und durch die gegenseitige Streuung zwischen Haupt- und Kurzschlußwicklung begrenzt.

Der Strom, der bei einem Windungsschluß in der Hauptwicklung fließt, muß natürlich wieder zum Generator zurückfließen. Das ist nur über die beiden anderen Phasen möglich. Es kann aber über die Transformatorwicklung nur ein Laststrom fließen, wenn ein entsprechender Strom in einer Sekundärwicklung das dem Strom entsprechende Feld kompensiert. Da die beiden anderen Phasenwicklungen gesund sind, müssen sie entweder magnetisch oder durch eine Dreieckswicklung auf die defekte Phase zurückarbeiten können. Mit anderen Worten: Ein Windungsschluß mit kurzschlußartigem Strom ist nur möglich bei Transformatoren mit magnetischer oder elektrischer Verkettung der Phasen. Das sind alle Transformatoren mit einer Dreiecks- oder Zickzackschaltung oder bei Stern-Sternschaltung mit einem Dreischenkelkern, der eine ähnliche Wirkung wie eine Dreieckswicklung besitzt. Anders liegt der Fall bei 3 Einzeltransformatoren oder einem Transformator mit Mantelkern in ⅄/⅄-Schaltung. Hierbei hat jeder Schenkel einen freien magnetischen Rückschluß. Bei einem Windungsschluß bricht lediglich die Spannung auf dem defekten Schenkel zusammen, und die Spannung auf den beiden anderen gesunden Schenkeln erhöht sich auf den $\sqrt{3}$fachen Betrag. Aus einer Sternschaltung wird praktisch eine V-Schaltung. An Stelle des Kurzschlußstromes fließt lediglich ein erhöhter Leerlaufstrom, der allerdings bei Übersättigung die Ansprechgrenze eines Differentialrelais überschreiten kann.

Ein weiterer wichtiger Unterschied liegt in der Tatsache, daß fast alle Transformatoren in einem geschlossenen Ölgefäß eingebaut sind. Jeder Lichtbogen oder jede Drahtverschmorung macht sich durch Erzeugen von Ölgasen bemerkbar. Jede Erwärmung der Wicklung kann an der erhöhten Öltemperatur festgestellt werden. Daraus erklärt sich, daß man gerade beim Transformatorschutz die sekundäre Wirkung eines Fehlers als Fehlerkriterium ebenso häufig benutzt als die primären elektrischen Vorgänge. Vor allem gestattet beispielsweise gerade ein solcher Ölgasindikator Fehler festzustellen, die sich in den elektrischen Größen noch gar nicht wesentlich bemerkbar machen, z. B. kleine Funkenüberschläge gegen Gehäuse mit geringem Erdschlußstrom.

Der eigentliche Transformatorschutz auf elektrischer Grundlage ist auch hier der Differentialschutz. Würde man ihn wie beim Generator zwischen Anfang und Ende jeder Wicklung bilden, könnte er ebenfalls nicht auf einen Windungsschluß ansprechen. Auch hierbei muß der Strom immer gleich bleiben. Er würde nur auf Kurzschlüsse zwischen den Phasen ansprechen. Vergleicht man aber den Strom in der Primär- und Sekundärwicklung miteinander, dann erhält man auch bei Windungsschluß eine Stromunsymmetrie. Dadurch ergeben sich aber auch die charakteristischen Eigenschaften eines Transformatordifferentialschutzes. Erstens sind die Primärströme entsprechend dem Übersetzungsverhältnis des Transformators verschieden, zweitens besitzen die Stromwandler durch die verschiedenen Primärspannungen verschiedene Bauarten infolge der veränderten Isolation, drittens sind die Ströme bei verschiedenartiger Schaltung des Transformators z. B. ⅄/△ phasenverschoben, was wieder durch eine entsprechende Stromwandlerschaltung ausgeglichen werden muß. Schließlich besitzen viele Transformatoren umschaltbare Anzapfungen, die das Übersetzungsverhältnis des Transformators im Betrieb ändern und damit auch das Verhältnis der primären Ströme zueinander. Die besonderen Schwierigkeiten ergeben sich also dadurch, daß die korrespondierenden Stromwandler immer verschiedene Bauart und Übersetzungsverhältnisse besitzen und trotzdem Stromgleichheit bis zu den höchsten Kurzschlußströmen aufweisen müssen. Der größte Kurzschlußstrom ist bestimmt durch die Streureaktanz des Transformators zwischen den beiden zu vergleichenden Wicklungen. Bei einer Streuspannung z. B. von 10% kann der Kurzschlußstrom bestenfalls den 10fachen Wert des Nennstromes erreichen. Die Schwierigkeiten, die sich aus der Verschiedenheit der Stromwandler ergeben, sind entweder durch sehr reichliches Dimensionieren der Wandler zu überwinden oder werden heute fast ausschließlich durch zusätzliche Stabilisierungsrelais — Produktrelais oder Prozentrelais — umgangen. Diese zusätzlichen Relais sind unerläßlich bei Transformatoren mit Anzapfungen oder vorgeschaltetem Reguliertransformator, da man diese Stromungleichheiten nur sehr schwer durch entsprechendes Umschalten der Stromwandler ausgleichen kann.

Die Transformatoren besitzen verschiedenartige Innenschaltung, die in den VDE.-Normalien festgelegt sind (Abb. 95). Die Stromwandlerschaltung eines Differentialschutzes muß sich dementsprechend anpassen. Es würde zu weit führen, alle Variationen aufzuführen. Es ist vielmehr wichtiger, die Regeln und Methoden aufzuzeigen, wie man eine solche Stromwandlerschaltung aufbaut und wie sie sich bei den verschiedenen Fehlerarten verhält. Für einen Nichtspezialisten bietet gerade der Aufbau der Schaltung bei der Verschiedenheit der Transformatorschaltungen große Schwierigkeiten, da man mit einer vektoriellen Darstellung nur mit Mühe die Stromverhältnisse klären kann. Es sei daher eine andere Methode gezeigt, die wesentlich leichter zum Ziele führt.

Man legt das Bild eines 2- oder 1-poligen Kurzschlusses zugrunde und zeichnet sich mit Pfeilen die Stromrichtung eines Zeitmomentes auf. Einmal führt man damit die ganze Darstellung auf die Art eines Gleichstrombildes zurück, und zweitens muß der Stromverlauf in jedem anderen Zeitmoment die gleiche Symmetrie aufweisen. In den Schaltungen der VDE.-Normalien für Transformatoren (Abb. 95) sind die Wicklungen als gleichsinnig gewickelt zu verstehen. Die Ströme in der

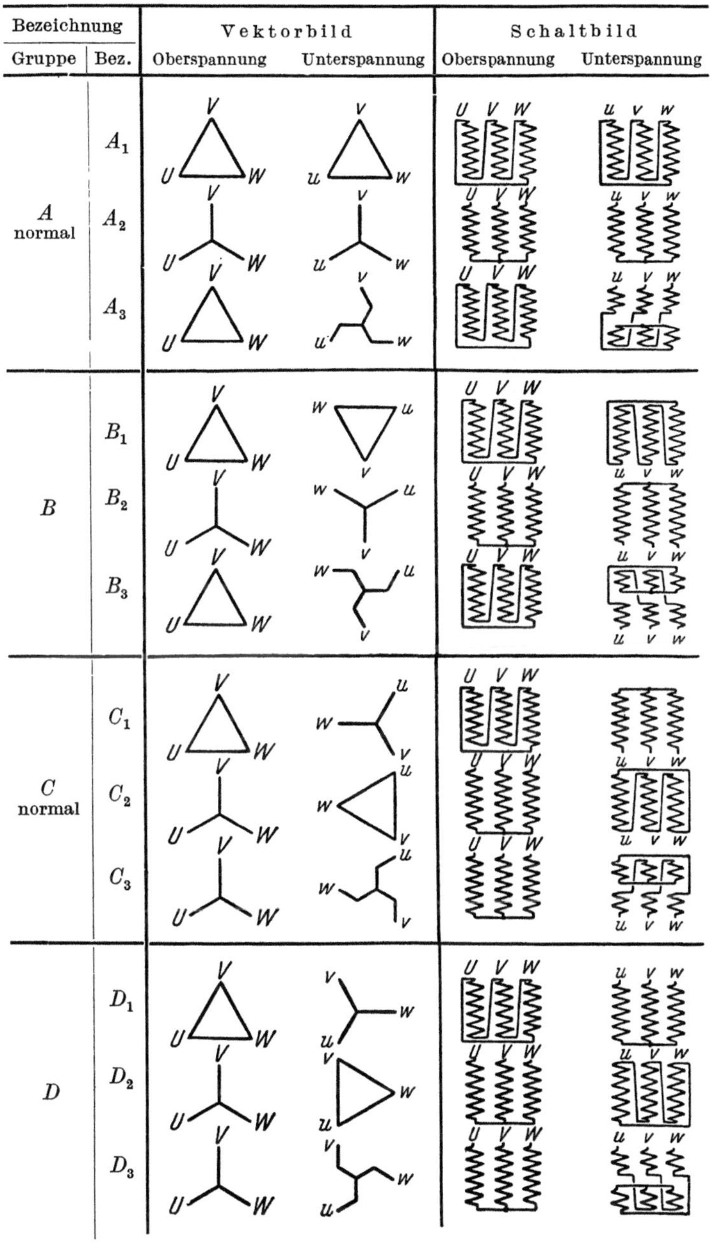


Abb. 95. Schaltgruppen der Innenschaltungen von Transformatoren[1].

[1] Aus „Regel für die Bewertung und Prüfung von Transformatoren.“ RET.

Primär- und Sekundärwicklung sind in jedem Zeitmoment entgegengesetzt gerichtet. Nimmt man außerdem das Windungsverhältnis auf einem Transformatorschenkel 1 : 1 an, dann sind die Ströme auch gleich groß. Man kann daher bei jeder Schaltung bei einem angenommenen

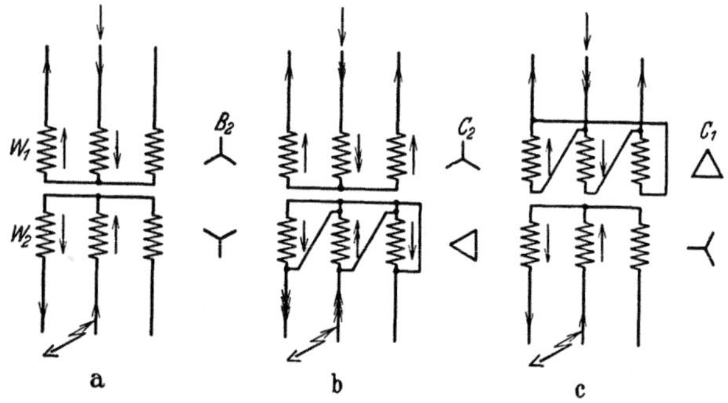


Abb. 96. Stromverlauf bei einem 2-poligen Kurzschluß bei verschiedenen Schaltgruppen.

Kurzschlußfall die gegenseitige Richtung und das Größenverhältnis feststellen. In Abb. 96a ist als einfachstes Beispiel ein Transformator in ⅄/Y-Schaltung, Schaltgruppe $B_2$ bei 2-poligem Kurzschluß gezeichnet. Dabei ist für die Schaltung des Differentialschutzes die Tatsache wichtig, daß die Stromrichtung in den Transformatorzuleitungen stets entgegengesetzt gerichtet ist. Hätte man z. B. die andere Sternschaltung Schaltgruppe $A_2$ ⅄/⅄ gewählt, dann wären die beiden Stromrichtungen gleich. Die Stromwandler müssen bei den beiden Schaltgruppen umgekehrt angeschlossen werden, obgleich beide eine Stern/Sternschaltung aufweisen. Das gleiche gilt für alle übrigen Schaltgruppen, von denen in Abb. 96b und c nur noch $C_2$ und $C_1$ gezeichnet sind. Bei diesen beiden Beispielen zeigt sich auch das Größenverhältnis der Ströme in den einzelnen Phasen, trotzdem das Windungsverhältnis 1 : 1 angenommen ist.

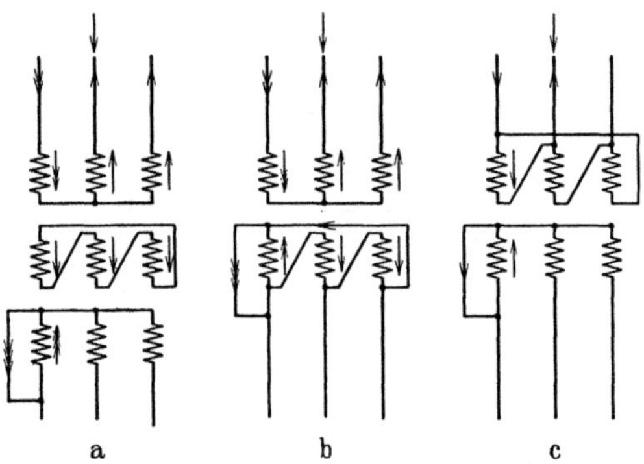


Abb. 97. Stromverlauf bei einem 1-poligen Kurzschluß (Windungsschluß) bei den gleichen Schaltgruppen wie in Abb. 96.

In Abb. 97a, b, c ist für die gleichen Schaltgruppen der Stromverlauf bei einem 1-poligen Kurzschluß = Windungsschluß oder gleich einem außenliegenden Erdschluß bei geerdetem Nullpunkt gezeichnet. Die ganze Aufgabe beim Aufbau des Differentialschutzes liegt nun darin, die

Schaltung der Stromwandler so zu treffen, daß bei außenliegendem 1- oder 2-poligem Kurzschluß stets das Stromgleichgewicht erhalten bleibt. Auf der Sekundärseite des Stromwandlers zeichnet man die gleichen Strompfeile ein wie sie primär vorhanden sind (z. B. in Abb. 96a, b, c und 97 a, b, c). Sie müssen auf beiden Seiten gleich groß und gleichgerichtet sein. Die Differentialrelais müssen frei von Strom sein. Solche Differentialschaltungen zeigt die Abb. 98, wobei nur die Sekundärleitungen der Stromwandler mit den Differentialrelais gezeichnet sind.

Am einfachsten ist die Schaltung in Abb. 98a, die dem Stromverlauf in Abb. 96a entspricht. Bei einem Stern/Dreiecktransformator, bei welchem die Phasenlage der Ströme durch eine entsprechende Stern/Dreiecksschaltung der Stromwandler ausgeglichen werden muß, gibt es

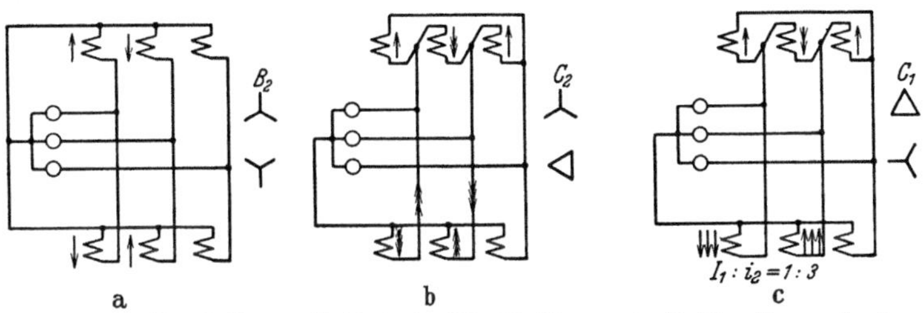


Abb. 98. Stromwandlerschaltungen für Trafos in Abb. 97. Stromverlauf bei 2-poligem außenliegenden Kurzschluß.

nun 2 Möglichkeiten. Entweder legt man die Stromwandlerdreieckschaltung auf die Dreieckseite des Transformators oder umgekehrt. Beide Schaltungen ergeben ein richtiges Resultat, wie die Abb. 98b und 98c zeigen. Nur das Übersetzungsverhältnis der Stromwandler muß anders gewählt werden, wenn die Schaltung der Stromwandler gleichsinnig ist mit der Schaltung des Transformators. Die Stromwandler auf der Sternseite müssen, wie Abb. 98c zeigt, einen 3fach höheren Sekundärstrom aufweisen, wenn man ein Windungsverhältnis 1 : 1 annimmt.

Im allgemeinen jedoch kennt man dieses Windungsverhältnis $W_1 : W_2$ weniger als vielmehr das Spannungsübersetzungsverhältnis $U_1 : U_2$ des Transformators. Nimmt man $U_1 : U_2 = 1 : 1$ an, dann ist $W_1 : W_2 = 1 : \sqrt{3}$. Dann sind die Ströme in Abb. 98b auf der Dreieckseite um den $\sqrt{3}$-fachen Betrag kleiner als bei $W_1 : W_2 = 1 : 1$. Um den Stromunterschied auszugleichen, müssen die Stromwandler auf der Dreieckseite nach Abb. 98b einen $\sqrt{3}$-fach größeren Sekundärstrom aufweisen. Bei der Abb. 98c, wo die Stromwandlerschaltung der Transformatorschaltung in ihrer Lage genau entspricht, müssen bei $W_1 : W_2 = 1 : 1$ die in Stern geschalteten Stromwandler einen 3fach höheren Sekundärstrom besitzen. Bei $U_1 : U_2 = 1 : 1$ reduziert sich der Strom um den $\sqrt{3}$-fachen Betrag, d. h. die Stromwandler übersetzen nur auf den $\sqrt{3}$-fachen Sekundärstrom.

Mit anderen Worten, sobald man $U_1 : U_2$ des Transformators zugrunde legt, müssen die in Stern geschalteten Stromwandler grundsätzlich einen um $\sqrt{3}$-fach größeren Sekundärstrom besitzen, als es dem Nennstrom entspräche.

Die Nachkontrolle des Differentialschutzes für den 1-poligen Kurzschluß nach Abb. 97 bietet an sich keine Besonderheit mehr. Nur dann, wenn der Sternpunkt des Transformators entweder direkt oder über einen Widerstand oder eine Löschspule geerdet ist, fließt bei einem außenliegenden Erdschluß über den Nullpunkt ein Strom, der für den Differentialschutz zunächst einmal wie ein Fehlerstrom aussieht. Es ist daher wichtig, zu wissen, wie sich die Differentialschaltungen bei einem solchen Fehler, der nicht im Transformator zu suchen ist, verhalten. In Abb. 99 sind daher die Schaltungen der Stromwandler für

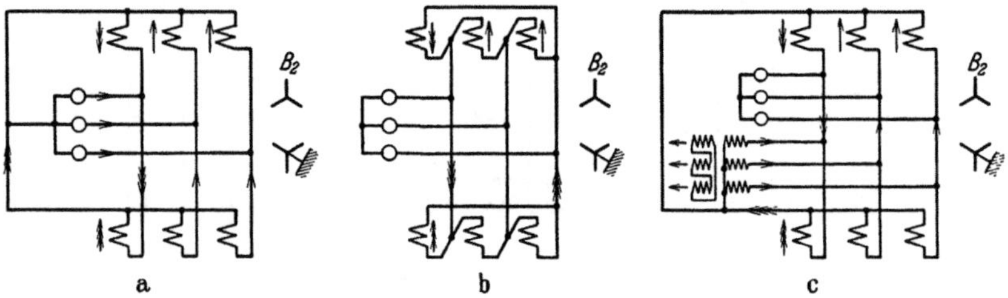


Abb. 99. Wandlerschaltungen für ⅄/-⅄ Trafos mit geerdetem Nullpunkt. Verhalten bei außenliegendem Erdschluß. a Ansprechen der Differentialrelais, b und c Ansprechen durch besondere Dreieckschaltung verhindert.

den Differentialschutz für einen Stern/Sterntransformator gezeichnet, dessen Nullpunkt auf einer Seite direkt an Erde liegt. Die Speisung dieses Transformators erfolgt von der nichtgeerdeten Sternseite her. Der Stromverlauf im Transformator entspricht dann genau der Abb. 96a, wobei man eine zusätzliche Dreieckswicklung annehmen kann oder einen Dreischenkelkern. Abb. 99a zeigt aber, daß bei einer Stern/Sternschaltung der Stromwandler ein fehlerhaftes Ansprechen der Differentialrelais erfolgen muß, da dieser Nullpunktsstrom von dieser Stromwandlerschaltung als Unsymmetrie- und damit als Fehlerstrom gewertet wird. Würde man die Differentialrelais in Dreieck schalten oder den Nullpunkt nicht mit dem Nullpunkt der Stromwandler verbinden, so würde dies zwar das Ansprechen der Relais verhindern, aber einer sekundären Öffnung des Stromwandlerkreises gleichbedeutend sein. Die Stromwandler müssen aber unter allen Umständen immer für jeden Strom eine Ausgleichsmöglichkeit besitzen, wenn sie nicht gefährdet werden sollen. Jeden Erdschlußstrom kann man aber durch eine Dreieckschaltung der Stromwandler eliminieren. Den Differentialschutz für den Stern/Sterntransformator kann man also ebensogut durch eine Stromwandlerschaltung in Dreieck/Dreieck bewerkstelligen. Abb. 99b zeigt, daß dann dieser zusätzliche Nullpunktstrom bei außenliegendem Erdschluß über die Differentialrelais nicht mehr fließen kann und trotzdem einen vollen Ausgleich innerhalb der Stromwandlergruppe findet. Liegt der Erdschluß innerhalb des Differentialschutzes, dann fällt auf der einen Seite der Kompensationsstrom weg, der sich dann über die Differentialrelais ausgleichen muß. Wenn man dennoch die Sternschaltung der Stromwandler aus irgendwelchen Gründen bevorzugen muß, so läßt sich der Ausgleich innerhalb der Stromwandlergruppe durch einen kleinen zusätzlichen Stern/Dreieckhilfstransformator erreichen. Eine Dreieckswicklung muß irgendwie innerhalb der Differentialschaltung vorhanden sein. Der Nullpunktsstrom teilt sich in diesem Hilfsaggregat in 3 gleich große und gleichgerichtete Teilströme, die infolge der Dreieckswicklung keinen induktiven Widerstand finden. Dieses Gebilde ist also für einen solchen Nullpunktsstrom durchlässig.

Ist der Nullpunkt eines Stern/Dreiecktransformators geerdet, so verhalten sich die beiden an sich möglichen Schaltungen nach Abb. 98b und 98c bei einem solchen Fehlerfall verschieden. Abb. 100a zeigt, daß sich bei gleichsinniger Anordnung der Stromwandlerschaltung ein fehlerhaftes Ansprechen des Differentialschutzes ergibt. Die Dreieckswicklung, die in dieser Schaltung vorhanden ist, kann deshalb nicht wirken, da sie den Unsymmetriestrom auf der Sternseite gar nicht erfassen kann. Die Dreieckswicklung muß daher immer auf derjenigen Seite untergebracht sein, deren Nullpunkt geerdet ist. Es ist also nur eine Stabilität gegen außenliegenden Erdschluß bei geerdetem Nullpunkt und beim Stern/Dreiecktransformator zu erreichen, wenn man die Dreieckswicklung auf die Sternseite des Transformators legt. Abb. 100b zeigt, daß hierbei vollkommener Ausgleich der Ströme sich ergibt.

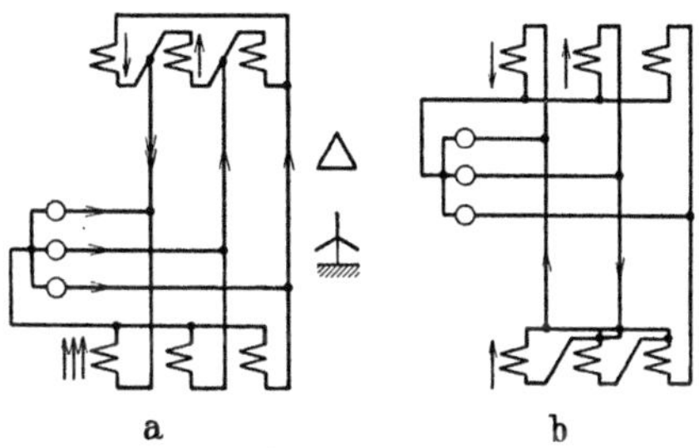


Abb. 100. Verhalten des Schutzes bei △/⏚ Trafos bei außenliegendem Erdschluß. a Stromwandlerschaltung gleichsinnig mit der Trafoschaltung = Ansprechen der Relais, b Stromwandlerschaltung entgegengesetzt der Trafoschaltung = kein Ansprechen der Relais.

In welcher Form der Differentialschutz ausgeführt wird, ist an sich für diese Überlegungen gleichgültig. Man kann die Differenzbildung naturgemäß erst magnetisch in einem Zwischenwandler machen oder, wie in den gezeigten Bildern, direkt mit den Stromwandlern. Lange Zeit hat eine Meinung bestanden, man müsse einen Hilfswandler benutzen, der vollkommen der inneren Schaltung des Transformators entspricht. Die Stromwandler brauche man dann nur in Stern zu schalten. Das ist richtig, besagt aber nicht mehr, als daß man eben genau die innere Schaltung des Transformators berücksichtigen muß, um die Stromgleichheit zu bekommen. Dabei muß nach den ganz gleichen Regeln vorgegangen werden, wie sie eben gezeigt worden sind. Irgendeinen elektrischen Vorteil bieten diese Schaltungen nicht, sondern sie sind nur ein Hilfsmittel gewesen, um diesen komplizierten Schaltungen bequemer gerecht zu werden.

Nach der eben gezeigten Methode läßt sich aber auch leicht jede Differentialschaltung aufbauen. Man zeichnet das Bild des Transformators genau nach der Schaltgruppe auf, nimmt einen 2-poligen Kurzschluß auf einer der beiden Seiten und ebenso willkürlich die Speiserichtung an. Dann beginnt man am besten mit der Sternschaltung der Stromwandler und bildet nun die Dreieckschaltung so, falls ein ⅄/△-Transformator geschützt werden soll, daß bei diesem 2-poligen Kurzschluß ein vollkommener Stromausgleich mittels der Pfeilrichtungen sich ergibt. Um ganz sicher zu gehen, kann man die gleiche Schaltung dann durch einen zweiten 2-poligen Kurzschluß zwischen zwei anderen Phasen nachkontrollieren. Ergibt auch diese einen richtigen Ausgleich, so ist die Schaltung absolut richtig. Die Stromwandler müssen aber dann genau in der gleichen räumlichen Lage zueinander eingebaut werden, wie sie die Zeichnung ergibt. Nur muß man außerdem noch die Regel beachten, daß man bei Stern/Dreieck- oder Stern/Zickzacktransformatoren immer die Sternschaltung der Stromwandler auf die Dreiecksseite des Transformators legt.

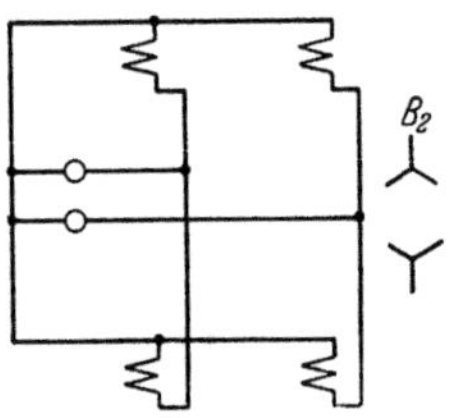


Abb. 101. Sparschaltung eines Differentialschutzes für Stern/Sterntrafos mit 4 Wandlern.

Der Differentialschutz für Transformatoren wird im allgemeinen dreiphasig ausgeführt. Allerdings verteuern gerade Stromwandler auf den Hochspannungsseiten einen solchen Schutz ganz erheblich. Man hat daher bald versucht, an Stromwandlern zu sparen. Das ist an sich möglich, da man ja bei einer Sternschaltung den Strom der dritten Phase automatisch durch die beiden anderen Phasen erhält. Man kann daher eine Differentialschaltung mit dem gleichen Erfolg mit vier Stromwandlern ausrüsten wie in Abb. 101. Auch Abb. 102 zeigt eine Sparschaltung bei Stern/Dreiecktransformatoren, wo man zum mindesten auf der Sternseite der Stromwandler einen der drei Stromwandler sparen kann. Diese Schaltungen sind für innere Fehler im Transformator richtig. Nur bei einem auftretenden Doppelerdschluß, bei dem ein

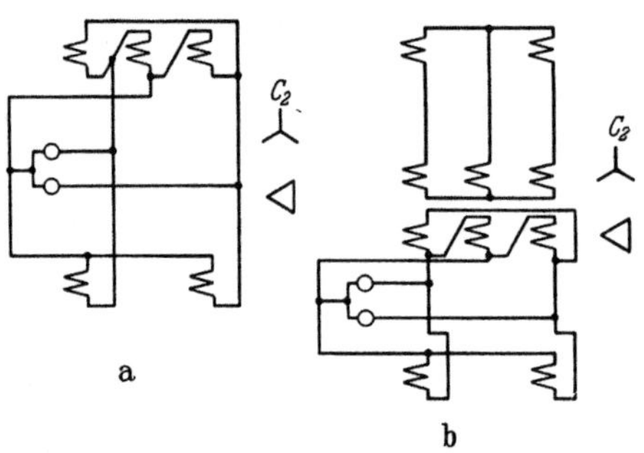


Abb. 102. Sparschaltung eines Differentialschutzes für Stern/Dreiecktrafos. a Mit 5 Wandlern, b mit 4 Wandlern und einem Stern/Dreieckzwischenwandler.

Erdschlußpunkt an den Transformatorklemmen und der andere im Netz draußen liegt, ergibt dieser Differentialschutz kein Ansprechen, wenn der Erdschlußpunkt gerade in der Phase liegt, die keinen Stromwandler besitzt. Man will aber gerade bei diesen an sich öfter vorkommenden Fällen den Transformator unter allen Umständen zuerst herausschalten, da ein solcher Überschlag meistens mit einer Zerstörung des Isolators verbunden ist. Will man auch diese Fälle erfassen, so bleibt nur die Wahl einer drei-phasigen vollständigen Differentialschutzschaltung übrig.

Eine Schaltungsmöglichkeit für inneren Windungsschluß ist noch gegeben, die ganz analog der bei einer Dreiecksschaltung im Generator ist. Man kann in einen Stern/Dreiecktransformator eine Summenstromschaltung innerhalb der Dreieckswicklung legen. Man benutzt dann die Tatsache, daß die Summe der Ströme auch innerhalb der Dreieckswicklungen im Normalbetrieb vollkommen gleich ist. Bei einem inneren Windungsschluß entsteht innerhalb der Dreieckswicklung ein Kreisstrom, der von dieser Summenschaltung erfaßt wird. Ein solcher Schutz spricht nur auf Windungsschluß an. Kurzschluß an den Klemmen oder zwischen den Phasen kann nur noch auf der Dreiecksseite erfaßt werden, sofern dieser Transformator von dieser Seite aus gespeist wird. Außerdem reicht sein Wirkungskreis nur noch bis zum Deckel des Transformators. Ein Kurzschluß z. B. an den Klemmen der Sternwicklung kann gar nicht durch diesen Schutz erfaßt werden (Abb. 103).

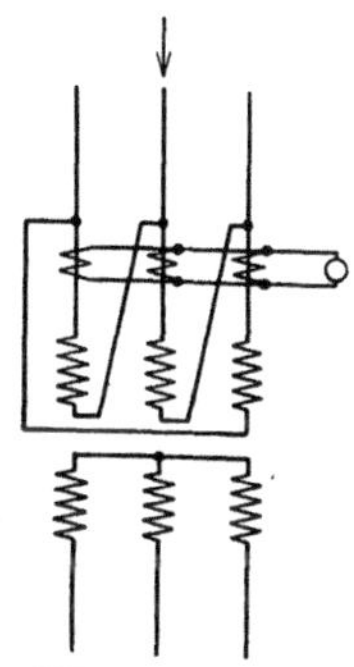
Abb. 103. Windungsschlußschutz bei Dreieck/Sterntrafos.

Es war oben angegeben, daß ein Differentialschutz nur dann möglich ist, wenn ein Windungsschluß einen kurzschlußartigen Charakter trägt. Das ist aber nur der Fall bei den Transformatoren, die irgendeine elektrische oder magnetische zwangläufige Verkoppelung aufweisen. Bei drei Einzeltransformatoren oder Transformatoren mit Mantelkern ergibt ein Windungsschluß lediglich einen erhöhten Leerlaufstrom. Wird dieser infolge hoher Sättigung der Transformatoren so hoch, daß er die Ansprechgrenze des Differentialrelais erreicht, so hat ein Differentialschutz noch einigen Nutzen. Ist dies nicht mehr der Fall, so ließe sich ein Windungsschluß nur noch auf die gleiche Art erfassen, wie es bei einem in Stern geschalteten Generator durch die Stützdrossel geschieht. Man vergleicht den Nullpunkt des Transformators mit dem Sternpunkt eines Hilfstransformators, der durch eine Dreieckswicklung festgehalten wird. Ein solcher Schutz spricht nur auf Windungsschluß an. Zum Erfassen von Kurzschlüssen müßte dennoch parallel hierzu ein Differentialschutz angebracht werden (Abb. 104).

Über die Ausführung eines Differentialschutzes für Mehrwicklungstransformatoren braucht man eigentlich nichts mehr hinzuzufügen. Er bietet in keiner Weise etwas Besonderes, sondern man betrachtet jede Wicklung gegen die zweite wie bei einem besonderen Transformator und vereinigt dann lediglich die Stromwandlerschaltung. In Abb. 105 ist für eine Phase schematisch ein solcher Differentialschutz aufgezeichnet, wobei ebenfalls die Regel angedeutet ist, daß man bei verschiedenartiger Wicklung des Transformators auf der Dreiecksseite des Transformators immer die Sternschaltung der Stromwandler und auf der Sternseite stets die Dreieckswicklung der Stromwandler anbringt.

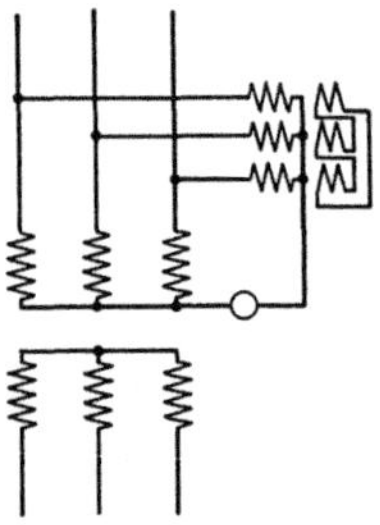

Abb. 104. Windungsschlußschutz durch Spannungsvergleich eines Hilfstransformators für Stern/Sterntrafos mit magnetischem Rückschluß.

Als Transformatorschutz eignen sich naturgemäß auch andere Vergleichssysteme, wie sie im Leitungsschutz ebenfalls angewendet werden. Als besonders günstiger Schutz kann der Richtungsvergleichsschutz gelten. Durch Richtungsrelais an den Transformatorausführungen (Abb. 106) wird festgestellt, ob der Kurzschlußstrom im Transformator verbraucht wird oder durch den Transformator hindurchgeht. Zeigt eines der Richtungsrelais an, daß der Kurzschlußstrom aus dem Transformator wieder herausfließt, dann darf kein schnelles Abschalten erfolgen. Wenn keines der Richtungsrelais bei einem Kurzschluß einen Ausschlagsinn nach außen angibt, wird dieser Zustand als Kurzschluß im Transformator gewertet. Naturgemäß müssen diese Richtungselemente mit Überstromrelais versehen werden, da auch selbst bei einem Kurzschluß im Transformator eine gewisse Energie noch über den Transformator ins Netz fließen kann. Die Empfindlichkeit eines solchen Schutzes kann naturgemäß nur auf die gleiche Basis gestellt werden wie ein Leitungsschutz.

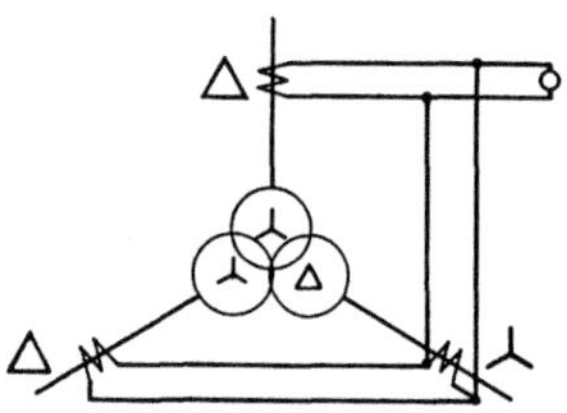

Abb. 105. Schema eines Differentialschutzes für Dreiwickeltransformatoren.

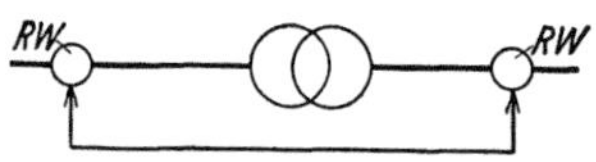


Abb. 106. Schema eines Transformatorschutzes mittels Richtungsvergleich.

Von den übrigen Schutzsystemen, die für Leitungsschutz verwendet werden, kommen für einen Transformatorschutz nur noch diejenigen in Betracht, die für die eigene Leitung eine besonders kleine und charakteristische Ausschaltzeit aufweisen. Der Transformator stellt mit seiner Streuimpedanz einen nicht unerheblichen Widerstand dar, der, verglichen mit den Widerständen der Leitung, oft einer beträchtlichen Leitungsstrecke gleich kommt. Mit einem widerstandsabhängigen Zeitschutz kann man daher den Transformator genau so wie eine Leitungsstrecke betrachten. Nimmt man dann noch einen widerstandsabhängigen Schutz, der auf einem Teil der Leitung eine besonders schnelle Ausschaltzeit aufweist, wie der Zeitstufenschutz oder der Eilimpedanzschutz, dann wird bei einem Fehler im Transformator in einem großen Teil der Fälle rasch abgeschaltet. Da man für den vollständigen Schutz nach diesem Prinzip auf beiden Seiten ebenso Stromwandler braucht und für die Richtungsbestimmung außerdem noch die Spannung, so stellt er sich, preislich betrachtet, teuerer als ein Differentialschutz, der nur aus der Schaltung der Stromwandler besteht, während die Relaisapparatur außerordentlich klein ist. Die Selektivität des Differentialschutzes ist aber absolut gewährleistet, während bei jedem Richtungsrelais, das ja auch der widerstandsabhängige Zeitschutz besitzen muß, die tote Zone bei einem Klemmenkurzschluß immerhin eine gewisse Rolle spielen kann.

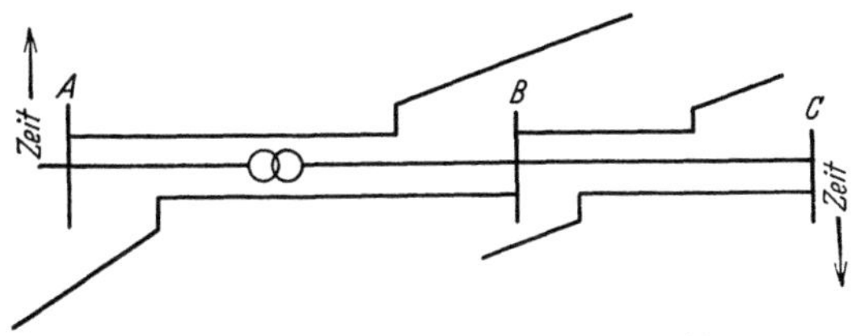

Abb. 107. Schema eines Trafoschutzes durch widerstandsabhängige Zeitrelais.

Von den Schutzarten, die mittelbar auf die Wirkungen eines Fehlers im Transformator ansprechen, ist am bekanntesten der Gasschutz. In der Zuführung zum Konservator ist ein Gehäuse angebracht, in welchem ein Schwimmer einen Kontakt normalerweise geöffnet hält. Entsteht irgendeine Gaserzeugung im Transformator, so versucht dieses Gas durch den Konservator nach außen zu gelangen. In dem dazwischengeschalteten Gehäuse wird dieses Gas aufgefangen und bringt den Schwimmer zum Sinken. Auf diese Weise wird der bisher offen gehaltene Kontakt geschlossen und davon entweder Signal oder Abschaltung abhängig gemacht. Bei starken Kurzschlüssen im Transformator kann allerdings die Gasentwicklung außerordentlich stürmisch vor sich gehen. Man braucht dann nicht erst abzuwarten, bis das Gas auf seinem Wege zu dem Auffanggehäuse gelangt ist, sondern durch die starke Ausdehnung wird das Öl momentan nach dem Konservator zu verdrängt. In der Rohrleitung entsteht daher eine starke Ölströmung, die man für die sofortige Abschaltung ausnutzt. Ein solcher Gasschutz besitzt daher meistens zwei Schwimmer, von denen der eine auf langsame Gasansammlung reagiert und ein Warnsignal gibt. Im Ölströmungsweg liegt der zweite Schwimmer, der bei einem Überschreiten einer bestimmten Ölströmung den Transformator sofort abschaltet. Durch Erwärmung und Abkühlung bei Lastschwankungen und vor allem bei einem außenliegenden Kurzschluß tritt ebenfalls eine Ölströmung auf. Auf diese darf ein solches Gerät nicht ansprechen. Die Ölströmung bei einem inneren Defekt übersteigt jedoch diesen Wert so stark, daß man ohne weiteres eine gewisse Unempfindlichkeit des Schwimmers gegen normale Ölströmung zulassen kann.

Der Vorteil dieses Gasschutzgerätes liegt, wie schon erwähnt, vor allem darin, daß es auch in der Lage ist, ganz kleine Fehler, die eine langsame Gasentwicklung zur Folge haben, nach einer gewissen Zeit zu erkennen. Auf solche kleine Punktierung gegen das Gehäuse kann naturgemäß ein Differentialschutz, der nur auf kurzschlußartige Vorgänge ansprechen soll, nicht mehr reagieren. Darunter fällt auch der Fehler des Eisenbrandes, der eine lokale starke Erwärmung des Eisenpaketes zur Folge hat. Man hat diesen Fehler früher durch eine besonders empfindliche Differentialschutzschaltung (Differential-Wattschutz) zu erfassen gesucht, bei welcher man an Stelle des Differentialrelais ein Leistungsrelais nahm. Im Normalbetrieb fließt im Transformator immer der Leerlaufstrom, den er zur Aufrechterhaltung des Feldes benötigt. Dieser Magnetisierungsstrom fließt stets durch die Differentialrelais, da er in der Differentialschaltung selbst als Fehlerstrom sich auswirkt. Die Wirkkomponente dieses Stromes, die man mit Hilfe eines Wattmeters messen kann, muß den Eisenverlusten im Transformator entsprechen. Als Spannung kann man entweder die eine der beiden Klemmenspannungen nehmen oder ihre geometrische Summe. Diese entspricht der Richtung und Größe der inneren elektromotorischen Kraft des Transformators. Der Aufwand für einen solchen Differential-Wattschutz ist aber sehr groß. Mit ebenso guter Empfindlichkeit kann der gleiche Fehler mit dem Gasschutzgerät erkannt werden. Der räumliche Schutzbereich des Gasschutzes erstreckt sich nur auf den Transformatorkessel.

## C. Schutz von Motoren und Umformern.

Motoren und Umformer müssen sich bei inneren Fehlern annähernd ebenso wie ein Generator verhalten, besonders wenn es sich um Synchronmotoren handelt. Große und wichtige Synchronmotoren wird man daher mit einem Schutz in fast gleichem Umfang und nach den gleichen Gesichtspunkten ausrüsten wie einen Generator.

Im allgemeinen wird man sich aber, besonders je kleiner die Motoren sind, mit den einfachsten Schutzmitteln begnügen. Es handelt sich immer nur darum, bei einem Kurzschluß den Motor so rasch als möglich vom Netz zu trennen. Das kann durch einen einfachen Überstromschutz geschehen. Die Schwierigkeiten liegen nur darin, daß die Ansprechgrenze weit über der Nennstromstärke gewählt werden muß, da beim Anlauf diese Grenze oft um das Mehrfache während einer Reihe von Sekunden (z. B. bis 30 sec) überschritten wird. Es gibt daher auch Anordnungen, die solche Relais während des Anlaufs unempfindlich machen, im Betrieb dagegen mit größerer Empfindlichkeit arbeiten. Fast alle Motorschutzschaltungen sehen außerdem einen Überlastungsschutz vor, der häufig durch einfache Bimetallrelais dargestellt wird. Auch hierbei macht es Schwierigkeiten, den Anlaufvorgang von einem Überlastungszustand zu trennen, da der Überlastungsschutz dicht oberhalb des Nennstromes einsetzen muß. Wenn der Anlaufvorgang lange dauert, dann muß eine ähnliche Verriegelung, wie für das Überstromrelais erwähnt, verwendet werden.

Schließlich besteht noch eine Schwierigkeit darin, daß z. B. bei Hochspannungsmotoren der Nennstrom sehr klein, der Kurzschlußstrom im Fehlerfall jedoch je nach der Lage des Motors sehr groß sein kann, so daß er durch einen Stromwandler, der Messung und Überlastung noch erfassen soll, thermisch nicht mehr bewältigt werden kann. Entweder werden für die Kurzschlußrelais besondere kurzschlußsichere Wandler genommen und man nimmt eine Zerstörung der Meßwandler in Kauf, oder man legt diese in den Nullpunkt des Motors, wo sie vor Kurzschlußströmen geschützt sind.

Ein grundsätzlicher Unterschied besteht zwischen Generator und Motor hinsichtlich seines Verhaltens im Netzkurzschlußfall. Während beim Generator durch seine Antriebskraft die Drehzahl annähernd erhalten bleibt, fällt für den Motor durch die Spannungsabsenkung im Kurzschlußfall die Antriebskraft weg, während die Belastung ihn stark bremst. Da bei Wiederkehr der Spannung der Motor selten in der Lage ist, bei voller Belastung wieder hochzulaufen, sobald sein Kippunkt überschritten ist, hat man früher fast jeden Motor mit einem Nullspannungsrelais versehen, das ihn bei jeder Spannungssenke sofort abschaltete. Das ist richtig, sobald der Kurzschlußzustand mehrere Sekunden dauert. Dieses Außertrittfallen oder Kippen von Asynchronmotoren ist aber abhängig von der Höhe der noch vorhandenen Restspannung, von der Dauer der Absenkung und schließlich von der Last. Die Abschaltzeit macht man daher besser abhängig von der noch verbleibenden Spannung, zumal die Spannungsabsenkung an allen Stellen des Netzes nicht gleich tief zu sein braucht. Solche spannungsabhängigen Zeitrelais besitzen meisten Zeitkurven, die sich dem Verhalten der Motoren besonders anpassen. Sobald außerdem im Netz bei Kurzschlüssen rasch abgeschaltet wird, wie es mit einem neuzeitlichen Schutz möglich ist, dann kann ein großer Teil der Motoren noch im Betrieb bleiben, der sonst durch Nullspannungsrelais abgeschaltet worden wäre.

Synchronmotoren kommen dagegen sehr rasch außer Tritt, so daß hier ein Spannungsabfallrelais zum sofortigen Abschalten durchaus am Platze ist. Etwas anders liegt die Sache bei Einankerumformern, die auf Batterien arbeiten. Dort bildet die Batterie die Antriebskraft, die ihn bei Spannungsabsenkung noch in Gang hält und sogar auf den Kurzschluß zurückspeist. Hier schaltet man entweder das ganze Aggregat drehstrom- und gleichstromseitig sofort ab oder drosselt nur die Speisung von der Gleichstromseite während des Kurzschlußzustandes durch Widerstände soweit, daß der Umformer seine Umdrehungszahl behält.

Das Interesse für solche Schutzschaltungen ist heute jedoch stark gesunken, da diese Umformer mehr und mehr durch Quecksilberdampfgleichrichter ersetzt werden. Auch für diese sind Schutzschaltungen entwickelt worden, die sich nach den besonderen Eigenarten dieser Gleichrichter richten müssen.

# 8. Die Projektierung von Schutzschaltungen.

Von Dipl-Ing. **Hermann Neugebauer**, Berlin.

Ein Schutzsystem soll auf die besonderen Eigenheiten des zu schützenden Teiles abgestimmt sein, wenn der beabsichtigte Zweck erreicht werden soll. Diese Tatsache erhellt die große Bedeutung, die gerade der Projektierung eines Schutzsystemes zukommt. Genaues Einfühlen in die Eigenart des jeweiligen Betriebes und genaue Kenntnis der Wirksamkeit der einzelnen Schutzsysteme machen die besondere Kunst einer guten Projektierung von Schutzsystemen aus.

Mannigfaltig sind die gestellten Bedingungen und ebenso verschieden sind die Möglichkeiten, wie man die verschiedenen Störungen erfassen kann, so daß man von einem Universalsystem überhaupt nicht sprechen kann. Man kann in vielen Fällen kaum ein allgemein gültiges Rezept angeben, welches Schutzsystem für den gleichen Fehlerfall angewendet werden soll. Vielfach gehen die Auffassungen der einzelnen Betriebe über den Wert oder Unwert einer Schutzmaßnahme auseinander. Was z. B. in einem Betrieb in einem Fall als lebenswichtig angesehen wird, kann im gleichen Fall in einem anderen Betrieb von geringerer Wichtigkeit sein, weil eben andere Nebenbedingungen die ganze Sachlage stark verändern. In der Projektierung sind die Betriebsverhältnisse in erster Linie maßgebend. Der Schutzspezialist muß sich stets nach den speziellen Forderungen des Betriebes richten. Bei der allgemeinen Auswahl kann er nur durch seine Erfahrung beratend wirken, erst beim technischen Durchführen der vom Betrieb aufgestellten Forderungen tritt er in seine eigentliche Tätigkeit. Damit ist der grundsätzliche Gang einer Schutzprojektierung schon gegeben.

Der Betrieb kennt die Störungen, die in seinen Anlagen am häufigsten auftreten, und kann auch beurteilen, welche von den an sich selten auftretenden und möglichen Fällen ihm verhängnisvoll werden können. Auch die Gründe, aus denen heraus der Betrieb diese oder jene Störung bekämpfen will, sind oft wichtige Fingerzeige für den Schutzspezialisten. Man will entweder die materiellen Zerstörungen klein halten, oder bestimmte Abnehmer möglichst sicher versorgen, oder ein Auseinanderfallen des Netzes vermeiden, oder schließlich allgemein das Vertrauen zur Sicherheit der Energieversorgung stärken.

Der Betrieb muß die Fehler eindeutig bezeichnen, die er bekämpfen will, und muß auch die Wirkungen angeben, die er von einem Schutzsystem hierbei erwartet. Es sei jedoch bemerkt, daß ein Übermaß an Anforderung einen Schutz eher verschlechtert als vervollkommnet. Jedes Schutzprinzip ist auf bestimmten Voraussetzungen über Art und Verlauf einer Störung aufgebaut. Man kann nicht die Schuld an einem abweichenden Verhalten dem System geben, wenn man von ihm mehr verlangt als es unter den gegebenen Umständen leisten konnte. Dabei ist natürlich vorausgesetzt, daß der Schutz mechanisch und schaltungstechnisch einwandfrei ist.

Für die technische Durchführung der gestellten Aufgabe interessieren die speziellen Daten des Anlageteiles, nicht nur die elektrischen oder mechanischen Daten, sondern auch wie der Teil mit anderen zusammenhängt, welche Bedingungen etwa von diesen Nachbarteilen zu erwarten sind, schließlich welche besonderen Betriebseigenschaften vorliegen. Um nun das entsprechende System zu wählen, wird man stets einen Spezialisten hören. Trotzdem ist es auch für den Betrieb von Wert, wenn er sich durch Gegenüberstellen von Eigenschaften und Wirkungen der einzelnen Systeme ein Urteil über die Brauchbarkeit des einen oder anderen Systems für den vorliegenden Fall bilden kann. Dann hat der Betrieb zu entscheiden, ob der Aufwand, der zum Durchführen der gestellten Aufgabe erforderlich ist, auch tatsächlich dem jeweiligen Wert der Wirkung oder auch dem Wirtschaftswert der betreffenden Anlage entspricht. Dabei spielen auch Überlegungen über leichte Montage, Lagerhaltung, Wartung eine wenn auch meist untergeordnete Rolle. Die konstruktiven Einzelheiten unterscheiden dann erst zwischen Systemen gleicher Wirkung, jedoch verschiedenen Fabrikates.

Die weiteren Ausführungen sollen eine Gegenüberstellung aller der Fragen bringen, zwischen denen bei der Wahl entschieden werden soll. Dabei erscheint es zweckmäßig, den Schutz von Apparaten und Maschinen getrennt von dem Netzschutz zu betrachten, da es sich hierbei um zwei recht verschiedene Aufgabenkreise handelt. Auch gibt diese Trennung jeweils ein zusammenhängendes Bild, wie man diesen oder jenen Teil am besten schützt. Es muß dabei manches zum Teil wiederholt werden, was in anderen Kapiteln in anderem Zusammenhang gesagt wurde.

## I. Der Schutz von Maschinen und Apparaten.

Beim Schutz von Maschinen und Apparaten will man in erster Linie mit wenigen Ausnahmen den materiellen Schaden möglichst klein halten, erst in zweiter Linie soll der defekte Teil vom gesamten Netz abgetrennt werden, um das Netz von der Störung zu befreien. Daraus ergibt sich die notwendige Folgerung, daß ein solcher Schutz stets in möglichst kurzer Zeit wirksam sein muß. Die Fehlermöglichkeiten sind je nach der Eigenart des betreffenden Apparates zwar verschieden, aber doch auf einen begrenzten Raum beschränkt und auch in ihrem

Ablauf genau bestimmt. Daher kann man ausnahmsweise hierbei für jeden Fehler praktisch auch einen bestimmten Schutz angeben. Die Entscheidung des Betriebes beschränkt sich dann darauf, ob und in welchem Umfang ein solcher Schutz eingebaut werden soll. Welchen materiellen und betrieblichen Wert besitzt z. B. ein Generator für den Betrieb? Inwieweit können Reparaturkosten und -dauer durch den Schutz voraussichtlich vermindert werden? Welchen Schutzumfang und welche Empfindlichkeit muß der einzubauende Schutz haben? Diese Fragen sind vor allem bei Generatoren und Transformatoren von Wichtigkeit. Die Betrachtung sei daher nur auf diese beiden Gruppen beschränkt.

## A. Generatorschutz.

Die inneren Fehler sind der Kurzschluß zwischen den Phasen = Wicklungsschluß, der Kurzschluß innerhalb der gleichen Phase = Windungsschluß, der Gestellschluß = Erdschluß, Spannungssteigerung und Brand. Gefährlich sind natürlich alle kurzschlußartigen Vorgänge. Sie haben größere Zerstörungen zur Folge. Gestellschluß ist an sich meistens nicht gefährlich, besonders dann nicht, wenn der Generator über einen Transformator auf das Netz speist. Da aber Gestellschluß vielfach die Folge eines mechanischen Defektes ist, besitzt der Schutz dagegen mehr eine vorbeugende Wirkung. In der gleichen Weise ist auch der Schutz gegen Spannungssteigerung zu werten. Der Brandschutz ist ein reiner Schutz gegen materielle Schäden und wirkt in den meisten Fällen ebenfalls vorsorglich, sofern er nicht erst durch einen Rauchgasanzeiger wirksam wird. Damit ist die Reihenfolge der Wichtigkeit gegeben:

1. Kurzschlußschutz: Überstromrelais, Rückwattschutz, Differentialrelais.
2. Windungsschluß: Stützdrossel, Differenzschutz.
3. Gestellschluß: Erdschlußschutz in der verschiedensten Ausführung.
4. Brandschutz: Kohlensäurelöschung.
5. Spannungssteigerung: Überspannungsrelais.

Über die Notwendigkeit eines Kurzschlußschutzes besteht kein Zweifel. Überstromrelais sind jedoch kaum als spezieller Generatorschutz anzusehen, denn ihre Auslösezeit kann immer nur die längste Zeit im ganzen Netz sein. Zerstörungen im Generator können kaum damit beschränkt werden. Liegen die Überstromrelais außerdem nur in der Zuleitung zur Sammelschiene, so wirken sie als Generatorschutz nur dann, wenn parallel arbeitende Generatoren von mindestens der gleichen Leistung den zum Ansprechen notwendigen Kurzschlußstrom von außen liefern. Selektivität zwischen diesen Generatoren ist hierbei nicht zu erreichen, denn alle müssen fast die gleiche lange Auslösezeit mit Rücksicht auf Netzkurzschlüsse besitzen. Besser wirkt schon der sog. Rückwattschutz, sofern er mit Überstromrelais verbunden ist. Er ist zwar auch noch auf parallel arbeitende Generatoren angewiesen, besitzt aber vor allem raschere Abschaltzeit. Als billigen und einfachen Schutz wendet man ihn noch zu diesem Zweck bei kleineren und weniger wichtigen Generatoren an. Der wirksamste Schutz ist zweifelsohne der Differentialschutz. Er erfordert zwar den größeren Aufwand, ist dafür in jeder Weise selektiv und sehr rasch wirksam.

Über die anderen Schutzarten gehen die Meinungen zum Teil auseinander. Reiner Windungsschluß kommt zwar relativ selten vor, aber man erkennt auch seine große Zerstörungsfähigkeit an, zumal er durch einen Differentialschutz nicht erfaßt werden kann. Beim Gestellschluß, den man wegen seiner vorbeugenden Schutzwirkung gern bevorzugt, entstehen häufig verschiedene Meinungen über den notwendigen Schutzumfang. Mit noch tragbaren Mitteln kann man den Schutz bei sterngeschalteten Generatoren über die ganze Wicklung — 100% Erdschlußschutz, Erfassen eines Gestellschlusses noch im Sternpunkt — nur bei vorgeschaltetem Transformator herstellen. Aber gerade in einem solchen Fall hat er viel weniger Bedeutung als bei Generatoren, die direkt auf das Netz arbeiten. Nur diese sind im Nullpunkt durch auftretende Wanderwellen gefährdet. Weiterhin muß man sich vor Augen halten, daß die Spannung gegen Gehäuse nach dem Nullpunkt zu bis auf Null abnimmt. Bei einem 6000-Volt-Generator beträgt sie bei 70% Schutzumfang nur noch 30% der Sternspannung, also rund 1000 Volt. Man kann daher als Regel annehmen, daß der Schutzumfang um so größer sein muß, je höher die Betriebsspannung des Generators ist. Um die Zerstörungen durch den zum Erfassen notwendigen Erdschlußstrom klein zu halten, begrenzt man ihn. Auch hierin soll man nicht extrem weit gehen, um nicht mehr Unsicherheit in Kauf zu nehmen, als man an Wirkung zu erreichen glaubt.

Spannungssteigerung kann hauptsächlich nur bei Wasserkraftgeneratoren gefährlich werden, da hierbei neben der Entlastung auch eine relativ hohe Drehzahlsteigerung vorkommen kann.

Brandschutz wendet man bei großen und wertvollen Maschinen an, um auf alle Fälle auch Schäden durch eventuell entstehenden Brand mit Sicherheit zu vermeiden.

Je nach der Größe und Wichtigkeit des Generators wird man ihn mit einem mehr oder weniger vollständigen Schutz ausrüsten. Immer wird man die einzelnen Schutzarten nach der Reihe ihrer Wichtigkeit auswählen müssen.

## B. Transformatorschutz.

Der Schutz für Transformatoren muß unter zwei Gesichtspunkten gewertet werden. Entweder betrachtet man den Trafo als Teil des Versorgungsnetzes, dann wird sich sein Schutz nach den Bedingungen des Netzschutzes richten müssen, z. B. Überstromschutz, Richtungsschutz, widerstandsabhängiger Schutz. Die Auslösezeit ist durch die Forderung nach Selektivität bedingt und meistens lang. Oder man will ihn vor Zerstörungen schützen, dann kommt nur ein schnell arbeitender Schutz in Frage, der natürlich auch selektiv sein muß.

Ein Überstromschutz kann als Transformatorschutz zum Verhüten von Materialschaden nicht betrachtet werden, da seine Einstellung sowohl im Ansprechwert als auch im Zeitablauf sich vollkommen nach dem Netzschutz richten muß. Seine Zeiteinstellung wird meistens so lang sein, daß man schwere Schäden nicht vermeiden kann.

Als Schutz gegen Überlastungen, die noch keine Schäden der Wicklung bedingen, kommen die Schutzarten in Frage, die im Ansprechwert und in der Abschaltzeit hierfür besonders geeignet sind: Überlastrelais und Temperaturschutz.

Als eigentlicher Transformatorschutz zum Erfassen und zum Vermeiden von schweren Schäden dient der Differentialschutz und der Gasschutz. Der Differentialschutz selbst erfaßt alle kurzschlußartigen Vorgänge zwischen den beiden Wandlergruppen und in dem Transformator. Seine Empfindlichkeit ist aber nach unten begrenzt schon allein durch den Leerlaufstrom des Transformators, der für den Differentialschutz auch einen Fehlerstrom darstellt. Eine gleiche Wirkung haben Unsymmetrieströme durch Anzapfungen am Transformator, sofern sie nicht durch entsprechende Anzapfungen an den Stromwandlern elektrisch ausgeglichen werden. Um auch hierfür einen Differentialschutz ohne Korrekturmöglichkeit an den Stromwandlern zu verwenden, dienen die Stabilisierungsmethoden mit Prozentrelais und Produktrelais. Aber gerade hierbei wird man erst recht die Empfindlichkeit nicht allzu tief setzen dürfen, um nicht in das Gebiet der Ausgleichsströme durch die natürliche Unsymmetrie infolge der Anzapfungen zu kommen. Dieses Gebiet der kleineren Überschläge, wie Erdschlüsse, Unterbrechung von Phasen, Windungsschlüsse über nur einige Windungen, erfaßt mit Sicherheit der Gasschutz, der auf alle gasförmigen Zersetzungen anspricht. Die Empfindlichkeit dieses Buchholzschutzes ist daher nach unten hin wesentlich größer als die des Differentialschutzes, dafür aber nur auf den Transformatorkessel beschränkt. Beide Schutzarten ergänzen sich daher und ersetzen sich nicht, wie vielfach irrig angenommen wird. Bei wichtigen Transformatoren, besonders dann, wenn mehrere Transformatoren parallel arbeiten, wird man vielfach eine Kombination beider Fehlerschutzarten anwenden.

## II. Der Netzschutz.

### Allgemeines.

Hierbei gibt es die meisten Variationsmöglichkeiten, und hierfür gilt eigentlich das, was im allgemeinen über Projektierung gesagt wurde.

Hier steht die Frage nach der Selektivität, das Aufrechterhalten des Betriebes und das Sicherstellen der Energieversorgung im Vordergrunde, nicht nur das Vermeiden von materiellen Zerstörungen. Die Fehler — Kurzschluß, Doppelerdschluß, einfacher Erdschluß, Außertrittfallen von Kraftwerken — wechseln in ihrer Form, ihrem Verlauf, ihrer Häufigkeit, ihrer Bedeutung und ihrer Gefährlichkeit für die einzelnen Betriebe ganz außerordentlich. Man kann nicht mehr wie z. B. beim Generator sagen, für diesen oder jenen Fehler ist eine bestimmte Schutzschaltung gegeben. Wo in einem Netzbetrieb das eine System vollkommen ausreicht, kann das gleiche System in einem anderen Netz völlig unzureichend sein.

Man muß einmal vom Standpunkt der Schutztechnik aus die Verschiedenheiten der Netze und ihren Einfluß auf den Verlauf und die Bewertung der Fehler betrachten. Dann lösen sich auch die Schwierigkeiten leicht, die bei der Vielgestalt der Schutzsysteme sich bei der Auswahl zunächst zu bieten scheinen.

## A. Verschiedenheit der Netze.

Entsprechend der Art der Leitungen kennen wir Freileitungs- und Kabelnetze. Freileitungsnetze sind räumlich ausgedehnt mit zum Teil sehr langen Leitungen. Der Leitungswiderstand ist stark induktiv und relativ hoch. Kabelnetze sind auf engem Raum zusammengedrängt mit meist kurzen Leitungen mit den wenigen Ausnahmen, wo Überlandnetze verkabelt sind. Der Leitungswiderstand ist meist klein und fast rein ohmischer Natur.

Die Gestalt der Netze wechselt von der einfachsten Strahlenform bis zum dichtvermaschten Gebilde. Im ersten Fall gehen von einem Speisepunkt die Leitungen strahlenförmig aus und versorgen jeweils allein ein Gebiet. In ringförmigen und vermaschten Netzen werden die einzelnen Versorgungspunkte von mindestens 2 Seiten aus gespeist. Auch Doppel- und Mehrfachleitungen sind als ringförmige Netzgebilde zu betrachten.

Die Speisung eines Netzes erfolgt entweder nur von einer Stelle oder von verschiedenen Seiten aus. Einfach- und Mehrfachspeisung. Unter Mehrfachspeisung versteht man auch die verschiedene Versorgungsmöglichkeit einer Abnahmestelle in einem vermaschten Netz.

Ihrem Versorgungsgebiet nach unterscheidet man Überlandnetze, Stadtnetze und Industrienetze. Überlandnetze versorgen große Landgebiete und sind daher fast ausschließlich Freileitungsnetze. Die Übertragungsleistung der einzelnen Leitungen ist vielfach gering; nur dort wo wichtige Industrien oder Städte versorgt werden sollen, steigt die Wichtigkeit der Leitung. Bei Stadtnetzen, die fast immer Kabelnetze sind, besonders in großen Städten, besitzen die einzelnen Kabel größere Betriebswerte. Industrienetze ähneln in ihrer Form stark den

Stadtnetzen, nur sind sie meistens noch enger zusammengedrängt. Die Wichtigkeit der einzelnen Leitungen schwankt stark mit der Art der Industrie.

Schließlich gliedern sich die Netze auch ihrer Betriebsspannung nach. Das Niederspannungsnetz, das die Verteilung bis zum Haushalt übernimmt, wird gespeist von einem Hochspannungsnetz kleiner bis mittlerer Spannung. Diese Netze haben fast immer noch den Charakter von Verteilungsnetzen (6—20 kV). Diesen übergeordnet sind Speisenetze (30—70 kV), die die einzelnen Verteilungszentren mit Energie versorgen. Ihre Form ist meistens einfach, die Wichtigkeit der einzelnen Leitungen dagegen stark gestiegen. Darüber gelagert sind entweder noch einmal Speisenetze hoher Spannung (100 kV) oder reine Ausgleichs- bzw. Sammelschienennetze höchster Spannung (220 kV). Diese dienen dann dem Ausgleich oder dem Transport großer Energien über weite Entfernungen. Von ihrer Sicherheit sind zum Teil große Gebiete abhängig.

Vom kleinsten Niederspannungsnetz bis zum größten Sammelschienennetz entsteht somit über die dazwischen gelagerten Speisenetze ein zusammenhängendes Gebilde. Jedes Netz ist vom anderen in irgendeiner Form abhängig. Störungen in einem Netz wirken sich auch in den Nachbarnetzen aus.

## B. Fehler und Netzeigenschaften.

### 1. Fehlerart und Fehlerhäufigkeit.

Die Fehlerhäufigkeit ist zweifellos in Freileitungsnetzen wesentlich größer als in Kabelnetzen. Einmal weil die Gesamtlänge der Leitungen und damit auch die „Angriffsfläche" größer ist als in Kabelnetzen. Für jedes Freileitungsnetz ist die Gewitterperiode die Zeit der Hauptstörungen. Es gibt Zonen, die besonders darunter zu leiden haben, wie es auch in ein und demselben Netz Leitungen gibt, die Blitzeinschlägen besonders ausgesetzt sind. Die Gründe dafür interessieren in diesem Zusammenhang nicht, sondern nur die Tatsache. Vögel, Sturm, Rauhreif bilden weitere Störungsmöglichkeiten. Diese ganzen Störungsmöglichkeiten sind auch nach den örtlichen Verhältnissen verschiedene. Es ist nicht gleichgültig, ob ein Netz in der Tiefebene oder in der Nähe der Küste liegt, oder ob deren Leitungen durch gebirgige und bewaldete Gegenden gezogen sind. Auch wird die Fehlerhäufigkeit von dem elektrischen Sicherheitsgrade abhängen, mit dem ein Netz gebaut ist. Ist die Isolation gering gewählt, dann werden einfache Erdschlüsse leicht zu gleichzeitigen Überschlägen auch an anderen Stellen und damit zu Doppelerdschlüssen führen. Auch in der Frage der Isolationssicherheit wird man wirtschaftlich zu einem Kompromiß kommen müssen. Denn man kann sicher nicht mit noch tragbaren Mitteln die Isolationsfestigkeit eines Netzes so hoch treiben, um praktisch jeden Fehler zu vermeiden. Es ist sicherlich nicht leichtfertig gedacht, wenn man lieber einen bestimmten Prozentsatz an Fehlermöglichkeiten in Kauf nimmt und dafür einen zweckmäßigen Schutz einbaut, der die Auswirkungen der Fehler auf ein Kleinstmaß beschränkt.

Von den Fehlerarten überwiegen in Freileitungsnetzen die Erdschlüsse gegenüber den Kurzschlüssen. Charakteristisch ist auch die hohe Zahl von Doppelerdschlüssen. Der kurzschlußartige Charakter der Doppelerdschlüsse richtet sich auch nach den geologischen Bodenverhältnissen. Es gibt Netze, wo der Erdwiderstand durch dazwischenliegende Felsbildungen so hoch ist, daß man von einem Kurzschluß im eigentlichen Sinne nicht mehr sprechen kann. Kurzschlüsse durch Isolationsverschlechterung und falsche Schaltmanöver sind im allgemeinen selten. Sie bilden auch den überwiegenden Anteil der Störungen in Kabelnetzen. Die Störungshäufigkeit ist daher in solchen Netzen wesentlich geringer. Auch wird man es hier fast ausschließlich mit reinen Kurzschlüssen zu tun haben, seltener mit Doppelerdschlüssen.

Durch Auseinanderfallen der Kraftwerke sind naturgemäß die Netze besonders gefährdet, bei denen Kraftwerke über lange Leitungen mit großer Dämpfung gekuppelt sind. In einem eng vermaschten Netz wird man selten diesen Fehlerfall beobachten, diese Eigenschaften besitzen meistens die Höchstspannungsnetze. Auf diese Fehlererscheinung muß ein Schutzsystem nur in denjenigen Leitungen Rücksicht nehmen, die tatsächlich von den Ausgleichsströmen durchflossen werden. Bei Stichleitungen und Netzteilen, die abseits vom Durchgangsweg liegen, ist die Wirkungsweise eines Schutzes nicht gefährdet, auch wenn die Kraftwerke asynchron laufen sollten. Im Kurzschlußfall z. B. würden hierbei die Strom- und Spannungswerte immer gleichmäßig schwanken, während in der Durchgangsleitung das charakteristische abwechselnde Steigen und Fallen der Strom- und Spannungswerte des Pendelvorganges auftritt. Im ersten Fall würde also z. B. ein Impedanzrelais immer den gleichen Wert, nämlich bis zu seinem Kurzschlußort messen oder im kurzschlußfreien Fall überhaupt nicht ansprechen, während in der Durchgangsleitung der Meßwert periodisch schwankt.

## 2. Fehlerverlauf.

Auch der Verlauf eines Kurzschlusses ist in Freileitungen grundsätzlich anders als in Kabeln. Durch den naturgemäß größeren Abstand der Leiter voneinander erfolgen Kurzschlüsse mit verschwindend geringen Ausnahmen über Lichtbogen. Bei Blitzeinschlägen erfolgt stets der Überschlag von einzelnen oder allen Phasen gleichzeitig nach der Traverse bzw. zur Erde. Ein solcher Kurzschluß ist daher immer mit einem Erdschluß verbunden. Schlägt nur eine Phase über, was in der Mehrzahl geschieht, so hat man es nur mit einem einfachen Erdschluß zu tun, der in gelöschten Netzen meistens sofort wieder verschwindet. Bei Netzen mit geerdetem Nullpunkt stellt ein solcher dagegen einen Kurzschluß dar. Kompliziert wird in einem solchen Fall der Stromverlauf, wenn der Überschlag auf mehreren Phasen gleichzeitig geschieht, da sich dann ein Kurzschluß zwischen Phasen und Nullpunkt ergibt. Diese Lichtbogenkurzschlüsse haben in der Schutztechnik eine besonders große Rolle gespielt, da der Lichtbogen einen Widerstand, und zwar vor allem einen sehr variablen darstellt. Er ist nicht nur abhängig von der Überschlagsweite und von der Kurzschlußstromstärke, sondern auch von der Zeit. Der Lichtbogen flattert aus und erreicht in Höchstspannungsnetzen ganz beträchtliche Längen und dadurch erhebliche Widerstandsbeträge. Dieser Widerstand fälscht bei widerstandsabhängigen Zeitrelais die Messung und Ablaufzeit. Die Praxis hat allerdings gezeigt, daß diese Widerstandsverfälschung nur selten solche Wirkung zeigt, wie man im Anfang vermutete. Der Spannungsabfall im Lichtbogen ist pro Längeneinheit der Lichtbogenlänge praktisch konstant von etwa 25 Volt/m (mit reichlicher Sicherheit gerechnet). Der gesamte Spannungsabfall dividiert durch den Kurzschlußstrom ergibt den Widerstand, der Ohmscher Natur ist und sich geometrisch zum stark induktiven Widerstand der Leiterkurzschlußschleife addiert. Dadurch wird sein Einfluß auf die Messung schon geringer. Der Anfangswert ergibt sich also aus der kleinsten Überschlagslänge (entweder Phase — Phase oder noch besser Phase — Traverse — Phase) und dem Anfangskurzschlußstrom (Stoßkurzschlußstrom). Der Widerstandswert wächst daher mit dem Phasenabstand und damit indirekt mit der Höhe der Betriebsspannung. Nun ist in Netzen mit kleinerer Spannung auch vielfach die Kurzschlußstromstärke größer als in Netzen mit höherer Spannung. Dadurch verringert sich der Lichtbogenwiderstand bei niederen Betriebsspannungen noch mehr. Der Lichtbogen flattert nach kurzer Zeit aus, weniger durch Einfluß von Wind, höchstens durch Sturm, als vielmehr durch seine eigene Stromstärke. Je höher der Kurzschlußstrom ist, um so stärker ist die magnetische Wirkung, um so mehr versucht er, die Schleife zu vergrößern. Es wurde beobachtet, daß Lichtbögen mit Stromstärken von etwa 100 Amp. noch nach einigen Sekunden fast ihre Mindestüberschlagslänge behielten, während solche mit über 1000 Amp. schon nach wenigen Zehntelsekunden die Länge verdoppelt und verdreifacht hatten. Das ergibt eine Art Kompensation. Während bei kleiner Stromstärke der Widerstand an sich hoch ist, so bleibt er zunächst wenig verändert, während der geringere Widerstandswert bei hohen Strömen sich durch Längenänderung schneller vergrößert. Der Maximalwert ist dadurch bestimmt, daß der Lichtbogen abreißt. Das erfolgt nach übereinstimmender Beobachtung dann, wenn der Spannungsabfall im Maximum 50% der verketten Betriebsspannung beträgt. Vielfach geschieht es schon bei etwa 30%. Der Einfluß des

Lichtbogenwiderstandes ist bei Impedanzrelais stets im Sinne einer Verlängerung der Abschaltzeit. Bei Reaktanzrelais kann er bei Speisung durch zwei Kraftwerke auch eine Zeitverkürzung und damit eine Gefährdung der Selektivität zur Folge haben.

Eine weitere Erscheinung, die bei bestimmten Schutzsystemen berücksichtigt werden muß, ist der sog. Kurzschlußwechsel. Der Lichtbogen zündet z. B. an einem Mast zwischen zwei Phasen, flattert nach einiger Zeit aus, erfaßt auch die dritte Leitung und reißt schließlich zwischen den beiden ersten Phasen wieder ab. Das Kurzschlußbild wechselt zum Teil innerhalb einer Sekunde mehrfach, wie Aufzeichnungen von Störungsschreibern vielfach ergeben. Ganz besonders verwickelt wird das Bild bei einer Doppelleitung auf dem gleichen Mast. Dann wechselt der Kurzschluß nicht nur innerhalb der Phasen ein und derselben Leitung, sondern auch zwischen den Phasen beider Leitungen in jeder nur denkbaren Kombination. In mehr als der Hälfte all dieser Fälle bei Doppelleitungen ist es für ein Schutzsystem vollkommen unmöglich, noch eine Selektivität zu erzielen, d. h. nur eine dieser beiden Leitungen allein abzuschalten. Entweder liegt auf beiden ein Kurzschluß, der abgeschaltet werden muß, oder es fehlen sichere Kriterien, nach denen der Schutz einen bestimmten Schluß ziehen kann, welche zuerst abgeschaltet werden muß. Ebenso hoffnungslos sind meist die Fälle, wo noch während des Bestehens eines Kurzschlusses ein weiterer Kurzschluß an einer anderen Stelle des Netzes auftritt. Der Stromverlauf wird dann so unbestimmbar, daß ein Schutzsystem unmöglich noch unbedingt richtige Abschaltmaßnahmen treffen kann. Dieser Kurzschlußwechsel kann jedoch auch in Kabeln auftreten. Durch die Flammenbogen zwischen Phasen wird durch Wärmeeinwirkung sehr rasch auch die dritte Phase beteiligt. An Stelle des Ausflatterns des Lichtbogens tritt nunmehr die unter Druck stehende flüssig gewordene Kabelmasse, die den einen oder anderen Stromübergang verhindert. Auch hier zeigen Störungsschreiberaufzeichnungen öfter einen Wechsel des Kurzschlusses.

Doppelerdschlüsse sind zwar auch Überschläge an verschiedenen Stellen des Netzes. Sofern es sich nur um einen Überschlag je einer Phase gegen Erde handelt, kann man die beiden Erdschlußstellen eindeutig bestimmen und selektiv die eine abschalten. Sobald aber durch den Lichtbogen die eine oder beide in zwei oder dreiphasigen Kurzschluß übergehen, ist das elektrische Strombild für die Relais unbestimmt geworden.

Wesentlich eindeutiger liegen die Verhältnisse in Kabelleitungen. Auf die Möglichkeit von Kurzschlußwechsel jedoch wurde schon hingewiesen. Auch liegt mindestens ebensosehr, wenn nicht öfter, die Gefahr vor, daß Doppelerdschlüsse in kürzester Zeit an einer oder auch an beiden Stellen sich zu mehrphasigen Kurzschlüssen erweitern. Praktisch ausgeschlossen ist der Fall, daß Doppelkabel von einem Kurzschluß wie bei einer Doppelfreileitung gleichzeitig betroffen werden können.

Man muß aus diesen Tatsachen die Erkenntnis gewinnen, daß die richtige Arbeitsweise eines Schutzes nicht allein durch Relais und die Relaisschaltung gegeben ist, sondern eben auch durch den Ablauf des Fehlervorganges. Wenn man dazu das niemals vollkommen vermeidbare Versagen eines Relaisteiles oder des Schalters mit berücksichtigt, so wird man zu der Einsicht kommen müssen, daß man ein Schutzsystem, das z. B. 95% aller Fälle richtig abschaltet, als sehr gut bezeichnen kann. Dann wird man auch keine ungerechten Vorwürfe einem Schutzsystem machen können, wenn ein solcher ungewöhnlicher Fall vorliegt.

Sobald eindeutige Kriterien für einen Fehler vorliegen, d. h. wenn sich ein Fehler durch seine elektrischen Merkmale mit Sicherheit von einem anderen Vorgang unterscheiden läßt, ist es eine durchaus lösbare Aufgabe für die Schutztechnik, diesen Fehler richtig herauszuschälen. Verwischen sich aber diese Merkmale mit den Erscheinungen anderer Vorgänge, so ist die Voraussetzung für eine eindeutige Lösung nicht mehr gegeben. Das vollkommenste Schutzsystem ist dasjenige, das den höchsten Prozentsatz aller beobachteten Fehlerfälle in einem bestimmten Netz in der vom Betrieb als zweckmäßig erachteten und gewünschten Weise erfaßt.

Ungewöhnliche Fehlerfälle treten in den einzelnen Netzen verschieden häufig auf; besonders betroffen werden davon z. B. Höchstspannungsnetze. Auch die verschiedenen Schutzmethoden sind bei sonst gleicher befriedigender Wirkung in normalen Fehlerfällen verschieden empfindlich auf solche Sonderfälle. Nur der Betrieb allein kann aus seiner Erfahrung und genauen Beobachtung der Fehler in seinem Netz sagen, ob solche Fälle häufiger vorkommen oder nicht und ob ein System darauf Rücksicht nehmen soll oder nicht. Diese Tatsache kann unter Umständen den Ausschlag bei der Wahl geben.

## 3. Fehlergrößen.

Ein Betrieb kennt im allgemeinen die Nennstromstärken jeder seiner Leitungen und auch die höchsten Kurzschlußstromstärken, die an den einzelnen Stellen seines Netzes auftreten können. Hiernach bemißt er die Übersetzungsverhältnisse seiner Stromwandler und die Abschaltleistungen seiner Leistungsschalter. Mit solchen Angaben ist jedoch noch nicht die Frage beantwortet, auf welchen Kurzschlußstrom soll nun ein Schutzrelais ansprechen und welchen Strombereich soll das System thermisch und vor allem meßtechnisch beherrschen? Die Stromstärke, die mit Sicherheit einen Kurzschluß charakterisiert, kann unter oder auch beträchtlich über dem Nennstrom des Wandlers oder besser ausgedrückt dem höchsten Betriebsstrom der Leitung liegen. Wichtig ist also stets die Angabe des kleinsten und des höchsten Kurzschlußstromes, der an der Einbaustelle des Relais vorkommen kann. Der kleinste Strom ergibt sich aus dem kleinsten Maschineneinsatz, der betrieblich vorkommen kann oder der sich aus dem Betrieb mit der schwächsten Einspeisestelle errechnet. In vermaschten Netzen fließt der Kurzschlußstrom in eine kurzschlußbehaftete Leitung immer von zwei Seiten hinein. Bei der ungünstigsten Lage der Kurzschlußstelle halbiert sich der Strom, so daß sich als Regel ergibt, daß der kleinste Ansprechwert gleich dem halben kleinsten Kurzschlußstrom sein muß. Der Strom in den vor der Kurzschlußstelle liegenden Leitungen kann infolge Verzweigungen noch wesentlich kleiner sein. In die kurzschlußbehaftete Leitung fließt stets die Summe aller Ströme hinein, und lediglich auf diesen Ansprechwert kommt es an.

Der höchste Kurzschlußwert ergibt sich naturgemäß aus dem größten betrieblichen Maschineneinsatz. Hierbei muß jedoch der volle Wert eingesetzt werden, da nach dem Fallen eines Schalters an der Kurzschlußleitung das restliche Relais immer den vollen Kurzschlußstrom zu verarbeiten hat. Der Bereich zwischen dem kleinsten Ansprechwert und dem höchsten Kurzschlußstrom ist der Strombereich, den die Schutzapparatur zu beherrschen hat. Relais können infolge Sättigungserscheinungen auch nur in einem begrenzten Bereich mit der gewünschten Genauigkeit arbeiten. Daher ist eine ernst zu nehmende Bedingung für das befriedigende Arbeiten, diese beiden Bereiche miteinander in Einklang zu bringen.

Man soll nun aber nicht aus zu großer Vorsicht die Grenzen unnötig weit setzen. Der kleinste Kurzschlußstrom soll nicht von einer Maschinenleistung errechnet werden, die im Jahr vielleicht nur einige Stunden möglich ist. Umgekehrt kann der höchste Kurzschlußstrom bei Einsatz sämtlicher Maschineneinheiten auch nur in den allerseltensten Fällen möglich sein. Es muß auch hierbei ein verständnisvoller Mittelweg eingeschlagen werden, will man das Schutzsystem nicht unnötig kompliziert und teuer machen, vorausgesetzt, daß es solche Bedingungen technisch überhaupt erfüllen kann.

Der kleinste Ansprechwert entscheidet immer, ob Überstromanregung = Überschreiten des Nennstromes des Stromwandlers oder Impedanzanregung = Kurzschlußstrom kleiner als dieser Nennstrom gewählt werden kann. Die erste Anregungsart ist stets eindeutiger und technisch am sichersten und einfachsten durchzuführen. Impedanzanregung bringt eine Abhängigkeit von der Spannung in die Apparatur. Bleibt die Sekundärspannung eines Spannungswandlers aus irgendwelchen Gründen, z. B. durch Ausbrennen einer Sicherung, aus und ist gleichzeitig noch Betriebsstrom auf der Leitung, so wird dem Anregerelais ein Fehlerzustand — Unterschreiten eines Impedanzwertes — vorgetäuscht. Der Schutz arbeitet und schaltet unsachgemäß ab. Durch zusätzliche Sicherheitseinrichtungen kann man diese Gefahr stark vermindern. Es ist ohne weiteres einzusehen, daß die Gefahr um so größer sein muß, je kleiner der Stromwert gewählt wird, bei welchem ein solches Relais bei gleichzeitigem Spannungszusammenbruch arbeiten soll. Z. B.: Beträgt dieser Wert nur noch $^1/_5$ des Nennstromes, so ist die Wahrscheinlichkeit größer, daß der Betriebsstrom diesen Wert erreicht, als wenn er nur die Hälfte oder sogar $^3/_4$ des Nennstromes beträgt. Eine Grenze nach unten bildet außerdem die Leistungsfähigkeit des Stromwandlers. Eine Relaisapparatur braucht immer eine bestimmte Leistung zum Arbeiten. Die Leistungsfähigkeit des Stromwandlers schwankt mit dem Quadrat des Primärstromes bis zu seiner Sättigungsgrenze. Seine Nennleistung ist für seinen Nennstrom angegeben. Wenn daher ein Relais für $^1/_5$ des Nennstromes schon eine bestimmte Leistung braucht, dann muß die Nennleistung den 25fachen Wert besitzen. Je höher der Ansprechwert des Relais ist, um so kleiner braucht die Nennleistung des Wandlers zu sein.

Eine Leitung erfordert um so eher einen Anregestromwert unterhalb des Nennstromes, je mehr sich ihre Nennleistung dem Betrag der gesamten Nennleistung des Netzes nähert. Der Ansprechwert kann umgekehrt um so weiter über dem Nennstrom der Leitung liegen, je kleiner die Leitungsnennleistung im Verhältnis zur gesamten Netzleistung ist. Einige Beispiele sollen dies verdeutlichen:

1. Eine Wasserkraftzentrale mit mehreren Generatoren verschieden großer Leistung speise über zwei 100-kV-Leitungen ein Netz. Ist eine Leitung außer Betrieb, so muß die andere noch fähig sein, die gesamte Leistung auch bei großer Wasserzufuhr zu übernehmen. Ist der Wasserzulauf in gewissen Jahreszeiten klein, so werden nur Maschinen kleinerer Leistung im Betrieb sein. Der Kurzschlußstrom wird also in einem Teil des Betriebsjahres bestimmt zum Teil beträchtlich unter dem höchstmöglichen Betriebsstrom liegen, selbst wenn man den Kurzschlußstrom einer Maschine immer gleich dem doppelten Wert ihres Nennstromes annimmt. Der maximale Betriebsstrom wird also hierbei bestimmt unterschritten, wenn weniger als die Hälfte der installierten Maschinenleistung in Betrieb ist. Sind beide Leitungen im Betrieb, halbiert sich der Ansprechwert, und der Betriebsstrom wird daher gerade bei Vollast erreicht.

2. Eine Großstadt besitzt ein eng vermaschtes Kabelnetz mit sehr großer Maschinenleistung. Die Betriebsspannung sei 10 kV und der Nennstrom jedes Kabels im Höchstfall 200 Amp. Die Nennleistung eines Kabels beträgt demnach 3400 kVA. Auch in betriebsschwachen Zeiten sei noch eine Maschinenleistung von etwa 25000 kVA für das gesamte Netz erforderlich. Sie beträgt also das 6fache der Kabelnennleistung. Der Ansprechwert kann daher getrost bei 600 Amp. gewählt werden, da dieser Wert immer erreicht wird. Der höchste Kurzschlußstrom sei mit Rücksicht auf thermische und mechanische Wirkung durch Drosseln oder Netzschaltung auf 6000 Amp. begrenzt. Müßten die Relais schon bei 200 Amp. arbeiten, so hätten sie einen Strombereich von 1 : 30

zu beherrschen, während in Wirklichkeit ein Bereich 1 : 10 vollkommen ausreicht. Im letzten Fall sind aber die Anforderungen an Relais und Wandler technisch und preislich wesentlich günstiger. Hat man Sorge, daß ein Kabel betrieblich überlastet werden kann, ohne daß es vom Betriebspersonal bemerkt wird, so baue man eher einen besonderen Überlastungsschutz ein, der den besonderen Überlastungsbedingungen mehr Rechnung trägt und nicht in so kurzer Zeit das Kabel abschaltet, wie es ein Kurzschlußschutz tun muß. Man mache sich auf jeden Fall von der noch vielfach verbreiteten Meinung frei, daß ein Kurzschlußschutz auch Überlastungen einer Leitung mit erfassen soll. Das mag in Stichleitungen und bei ganz einfachen Überstromrelais noch angängig sein. Aber bei Widerstandsschutz und auch Differentialschutz, überhaupt bei jedem wichtigen Schutzsystem, erschwert eine solche Forderung die Aufgabe, ohne irgendwelche Vorteile zu bringen. Man trenne grundsätzlich Kurzschlußschutz von Überlastungsschutz. Jedes Schutzsystem soll nur für den Zweck verwendet werden, für den es geschaffen ist.

3. Ein Überlandnetz von 15 kV sei im wesentlichen aus einem Hochspannungsnetz gespeist. Wir können mehrere Einspeisestellen annehmen. Außerdem besitze jedoch das Netz noch eine kleine Zentrale, die gerade ausreicht, um es in ganz betriebsschwachen Zeiten zu speisen, z. B. einige Stunden in der Nacht oder bei Feiertagen. Mehr als 99% des Betriebsjahres besteht Fremdeinspeisung und damit ein Kurzschlußstrom, der bei weitem den höchsten Betriebsstrom irgendeiner Leitung überschreitet. Soll nun der Schutz auf den Sonderfall der Eigenbelieferung abgestimmt werden? Berücksichtigt man nur die Fremdeinspeisung, dann riskiert man, daß bei der Eigenversorgung bei einem Kurzschluß kein Relais anspricht, sondern die Zentrale ausschaltet, oder ist aus irgendwelchen Rücksichten in solchen Sonderfällen eine Selektivität noch notwendig, die einen wesentlich größeren Schutzaufwand rechtfertigt? Der maximale Strombereich ist dagegen gerade in solchen Überlandnetzen weit weniger bedenklich, als es im Hinblick auf die große Maschinenleistung des übergelagerten Hochspannungsnetzes zu sein scheint. Der Widerstand der Leitungen ist im allgemeinen so groß, daß der Kurzschlußstrom von der Einspeisestelle nach dem Netz zu stark abnimmt. Die Einspeisestellen bilden richtige Stromkegel. Hohe Kurzschlußströme haben nur die Relais in unmittelbarer Nähe der Einspeisestelle zu beherrschen. Man hilft sich dabei auch durch zusätzliche Überstromrelais mit hohem Ansprechwert. Überschreitet der Strom einen bestimmten Wert, so kann der Kurzschluß nur in dichter Nähe liegen. Dieser Wert ergibt sich aus der Nennspannung dividiert durch den Leitungswiderstand der vom Speisepunkt abgehenden Leitung. Diese Überstromrelais schalten momentan ab und bewirken damit, daß einmal das übergeordnete Netz so rasch als möglich vor größerem

Spannungseinbruch bewahrt bleibt, und daß zweitens die eigentlichen Selektivrelais nur einen kleinen Strombereich zu beherrschen haben. In den übrigen Netzleitungen schwanken die Kurzschlußströme gerade in solchen Netzen überraschend wenig.

Beim Erdschlußschutz spielt der kleinste Ansprechwert eine gleich wichtige Rolle. Der Erdschlußstrom schwankt mit der Länge der Leitung, der Netzspannung und der Art der Leitungen, ob Kabel oder Freileitung. Von direkt geerdeten Netzen sei hierbei abgesehen. Es ist schon erläutert worden, daß in nicht gelöschten Netzen die Erdschlußstelle nur mit Blindwattmetern und in gelöschten Netzen nur mit Relais gekennzeichnet werden kann, die auf die Richtung des Wirkreststromes ansprechen. Gerade im letzten Fall steht dem Relais nur noch ein Wert zur Verfügung, der je nach Art der Löschspule zwischen 3—10% des kapazitiven Erdschlußstromes schwankt. Damit kommt man aber in ein Gebiet der Unsicherheit, das durch die Meßgenauigkeit der Wandler gegeben ist. In vermaschten Netzen gilt auch hier die Regel, daß der Ansprechwert nur die Hälfte des gesamten verfügbaren Wirkreststromes betragen darf. Als unterste Grenze des Ansprechwertes soll man 0,5% des Wandlernennstromes nicht unterschreiten, da dann kein sicheres Abgrenzen gegen Wandlerunsymmetrien mehr gelingt. Wird aber aus betrieblichen Gründen ein schnelles Auffinden einer Erdschlußstelle für unbedingt notwendig erachtet, so bleibt nur noch der Weg offen, den Wirkreststrom am Löscher durch Parallelschalten von Wirkwiderstand soweit zu vergrößern, bis der notwendige unterste Ansprechwert mit einem kleinen Sicherheitszuschlag überschritten wird.

## 4. Fehlerwichtigkeit.

Wenn man die Häufigkeit der Fehler in Freileitungsnetzen dem seltenen Fehlervorkommen in den Kabelnetzen der Städte gegenüberstellt, so hat es den Anschein, als ob in Freileitungsnetzen einem Schutzsystem besondere Wichtigkeit zukommt. Aber die Praxis zeigt, daß gerade die Kabelnetze besonders in Großstädten die umfangreichsten Schutzsysteme besitzen, während z. B. ausgedehnte Überlandnetze sich noch vielfach mit einfachen Systemen, sogar mit aufgebauten Primärauslösern begnügen. Die Ursache für diese zunächst überraschende Tatsache kann nur in dem Maß der Wichtigkeit zu suchen sein, das der Betrieb einer Störung und auch einer eventuellen Störungsmöglichkeit beimißt. Gewiß spielt auch der Leistungswert eine bestimmte Rolle, der über eine Leitung während einer längeren Dauer übertragen wird. Aber in dem Betriebswert einer Leitung ist auch der Sicherheitswert, den der Abnehmer verlangt, mit eingeschlossen. Technisch begründet ist er z. B. bei Industrien, die schon durch kurzdauernde Unterbrechungen materiellen Schaden erleiden können. Solche Industriezweige sichern sich auch meistens durch Schadenersatzverträge. Ganz ähnlich liegt der Fall bei großen Geschäftshäusern, bei denen z. B. in der Geschäftszeit durch Ausbleiben der Beleuchtung Unsicherheit entstehen kann. Öfteres Vorkommen einer solchen Störung wird solche Abnehmer veranlassen, eigene Hauszentralen zur Reserve aufzustellen. Subjektiv mißt besonders der Privatabnehmer den Störungen besondere Bedeutung bei. In einer Großstadt, in welcher das industrielle wie private Leben schon sehr stark von der elektrischen Energieversorgung abhängt, wird daher eine Störung viel schwerer empfunden als z. B. auf dem Land. In dem Maße, wie auch auf dem Land von der Bevölkerung die elektrische Energie benutzt wird, werden auch immer höhere Anforderungen gestellt. Nicht nur der Leistungswert der Verteilungsleitungen steigt, sondern auch die Abnehmer erwarten größere Sicherheit in der Versorgung. Es sei z. B. auf den Einfluß hingewiesen, den die Verbreitung des Rundfunks, des elektrischen Kochens, der Heimindustrie und auch die Synchronuhren indirekt auf solche Sicherheitsansprüche ausübt. Bei Höchstspannungsnetzen wie überhaupt bei allen Speise- und Ausgleichsnetzen hängt von jeder Leitung häufig ein ganzes Versorgungsnetz ab. Über deren Sicherheitsansprüche besteht kein Zweifel. Da man die Zahl solcher Höchstspannungsleitungen aus wirtschaftlichen Gründen nicht beliebig vermehren kann, so ist es richtig, wenn man an ihr Schutzsystem das Höchstmaß an Forderungen stellt, welches es noch mit Sicherheit erfüllen kann.

Diese betrieblichen Bedingungen und Imponderabilien kann nur der jeweilige Betrieb beurteilen. Von dem Resultat hängt nicht nur ab, ob ein Schutzsystem eingebaut werden soll oder nicht, sondern auch, was den Schutztechniker besonders interessiert, welche Bedingungen sich für das Schutzsystem daraus ergeben. Welchen Grad muß z. B. die Selektivität auch bei Doppelerdschlüssen und ungewöhnlichen Kurzschlußabläufen erreichen, welche Abschaltzeit muß erzielt werden, oder sogar, welche Schutzsysteme müssen kombiniert werden, um die gewünschten Wirkungen hervorzubringen?

## III. Einteilung der Schutzsysteme.

Die Mittel, welche dem Schutztechniker zum Lösen der gestellten Aufgaben zur Verfügung stehen, sind im einzelnen schon erörtert worden. In diesem Zusammenhang interessiert es, nach welchen Regeln man aus der Vielzahl der Möglichkeiten das für das jeweilige Netz wirksamste Schutzsystem heraussucht. Hierzu muß man die Schutzsysteme nach ihren Anwendungsmöglichkeiten und ihren Wirkungen gruppieren.

Für den Kurzschlußschutz unterscheiden wir nach ihrem Selektionsmittel zwei große Gruppen: Staffelsysteme und Vergleichssysteme.

## A. Staffelsysteme.

Charakteristisch für diese ist es, daß bei einer Kurzschlußstörung alle diejenigen Relaissätze arbeiten, über welche der Kurzschlußstrom fließt. Die Auslösezeiten der einzelnen Relais sind gegeneinander so abgestuft, daß immer nur der dem Fehler am nächsten sich befindende Satz die kürzeste Auslösezeit aufweist. Alle weiter entfernt liegenden Relais kommen dadurch nicht mehr zum Ablaufen, da der Fehler vorher schon beseitigt worden ist. Nur wenn der Relaissatz, der eigentlich abschalten sollte, versagt, treten die anderen Relaissätze mit ihrer entsprechend längeren Abschaltzeit an seine Stelle.

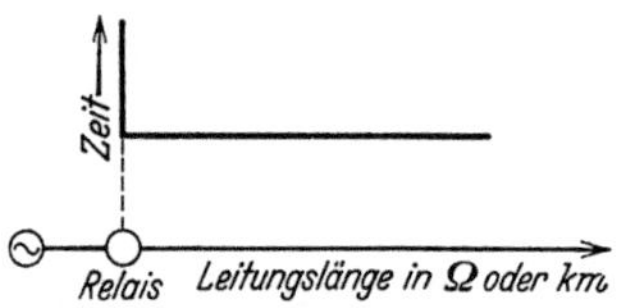

Abb. 1. Unabhängige Auslösekennlinie.

Die Staffelsysteme teilen sich in unabhängige und abhängige Systeme.

Bei den unabhängigen Systemen ist die Zeit von keiner elektrischen Größe abhängig, sondern ist von vornherein festgelegt. Bei den abhängigen Systemen ist die Ablaufzeit von einer elektrischen Größe abhängig, entweder von der Höhe des Stromes = stromabhängig oder von der Spannung = spannungsabhängig oder vom Widerstand der Kurzschlußbahn = widerstandsabhängig.

Die Ablaufzeiten der einzelnen Relaissätze müssen gegeneinander abgestimmt sein. Das beste Bild über die Wirkung einer solchen Abstimmung gibt der sog. Staffelplan. Zeichnet man über die Leitungslänge, die in Kilometer oder direkt in Widerstand dargestellt wird, die Auslösezeit des Relais auf, das zur Leitung gehört, dann erhält man die Auslösekennlinie. Sie zeigt, welche Auslösezeit man bei einem Kurzschluß an irgendeiner Stelle der Leitung erwarten kann. Sie stellt die Beziehung zwischen Fehlerort und Auslösezeit dar. Setzt man die Auslösekennlinie der Relais verschiedener hintereinander liegenden Leitungen zusammen, dann erhält man den Staffelplan, aus dem man nun ersieht, mit welcher Zeit ein Kurzschluß an irgendeiner Netzstelle abgeschaltet wird. An Hand eines solchen Planes stimmt man nicht nur die Auslösezeiten eines Netzes, sondern auch die von mehreren zusammenhängenden Netzen gegeneinander ab. Er ist die Vorbedingung für ein richtes Arbeiten der Relais.

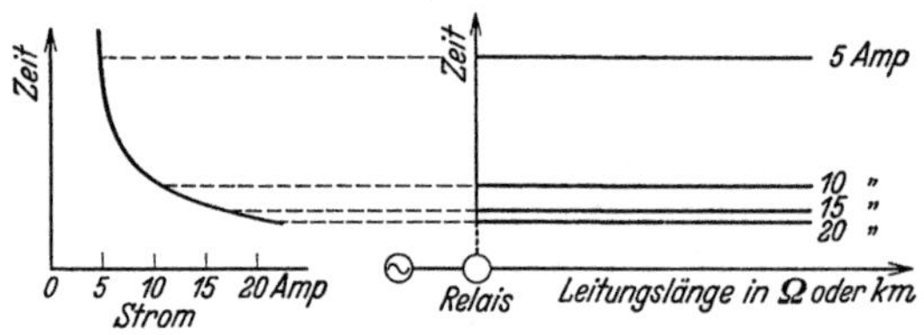

Abb. 2. Stromabhängige Auslösekennlinie.

Die Auslösekennlinie eines unabhängigen Staffelsystems muß eine gerade Linie parallel zur Abszisse darstellen (Abb. 1). Ist die Auslösezeit abhängig vom Strom nach einer dem Relais eigentümlichen Abhängigkeitskurve, dann erhält man eine Kurvenschar als Auslösekennlinie (Abb. 2). Das gleiche Bild ergibt eine spannungsabhängige Kurve (Abb. 3). Da bei einer Leitung die jeweilige Spannung den Spannungsabfall der Kurzschlußschleife darstellt, so stellt eine solche Kennlinie auch die Abhängigkeit vom Fehlerort dar. Allerdings erhält man hier eine Kurvenschar für verschiedene Stromstärken, da der Spannungsabfall bei konstanter Fehlerortsentfernung proportional der Stromstärke sein muß. Als Abszisse nimmt man dann besser die Leitung in Ohm pro Phase oder pro Schleife, wie es bei der reinen widerstandsabhängigen Kennlinie üblich ist. Ob man hierbei als Widerstandseinheit die Impedanz oder die Reaktanz der Leitung wählt, richtet sich nach dem verwendeten Meßglied. Die Kurven selbst zeigen immer den gleichen Charakter. Verändert sich die Auslösezeit stetig mit der Höhe des gemessenen Widerstandes, dann steigt die Kennlinie auch stetig mit der Fehlerortsentfernung nach einer Kurve an, die wiederum durch die Meßeigenschaften des verwendeten Relais gegeben ist. Sie ist entweder eine Gerade oder ist im Anfang flacher und steigt mit größeren Entfernungen stärker oder umgekehrt (Abb. 4).

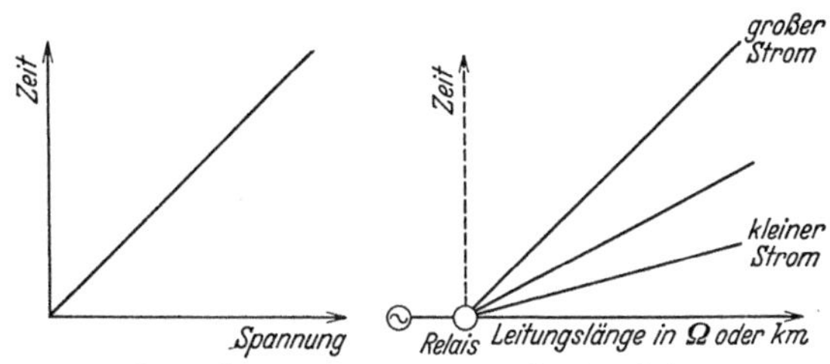

Abb. 3. Spannungsabhängige Auslösekennlinie.

Diese Art von Kurven zeigen alle stetig arbeitenden Widerstandsrelais. Sind die Widerstandsmeßwerte noch von der Höhe des Stromes oder der Spannung abhängig, dann ergibt sich als Auslösekennlinie wiederum eine Kurvenschar. Überwiegt der Stromeinfluß, wie es meist der Fall ist, so werden die Auslösezeiten mit größer werdendem Strom kleiner. Überwiegt umgekehrt der Spannungseinfluß, dann liegen wie beim reinen Spannungsabfallrelais die Zeiten bei höherem Strom auch höher. Nur bei denjenigen Relais, bei denen diese Einflüsse konstruktiv vermieden sind, erhält man innerhalb eines bestimmten Strom- und Spannungsbereiches nur geringe Abweichungen von der gewünschten Kennlinie. Bei solchen unabhängigen Kennlinien läßt sich die Fehlerortsentfernung aus der Ablaufzeit nur dann um so besser bestimmen, je besser diese Zeit dem Widerstand entspricht, also möglichst unabhängig von den Absolutwerten von Strom und Spannung ist. Die Stromabhängigkeit zeigt sich bei den auf dem Markt befindlichen Relais entweder dadurch, daß die

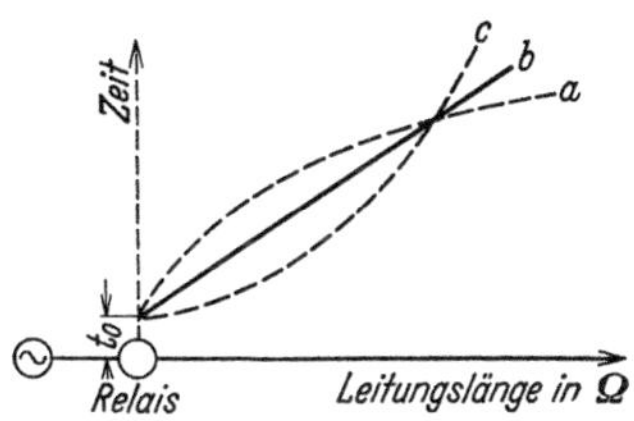

Abb. 4. Widerstandsabhängige Auslösekennlinie.

Kurven am Anfang auseinandergehen oder erst bei höheren Widerstandswerten (Abb. 5a, b und c).

Die zweite grundsätzliche Kennlinie eines Widerstandszeitrelais ist die eines unabhängigen Zeitrelais, welches nur unterhalb eines bestimmten

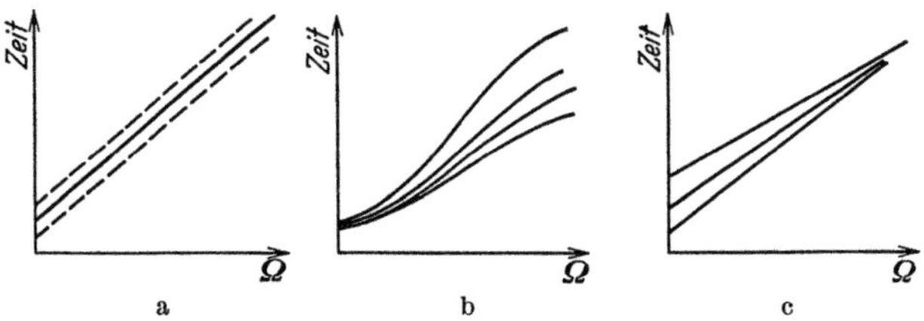


Abb. 5. Stromabhängigkeit verschiedener Widerstandszeitkurven.

Widerstandswertes, d. h. nur innerhalb einer gewissen Leitungslänge wirksam ist. Ein Widerstandskipprelais entscheidet, ob ein Widerstandswert unter- oder überschritten wird, und bestimmt, ob das Zeitrelais schalten darf oder nicht. Eine solche Kennlinie bleibt über einem Teil der Leitung konstant und biegt dann sprungartig nach oben ab (Abb. 6). Setzt man mehrere solcher Kippstufen parallel, wobei jede einzelne Stufe einen immer größeren Leitungsabschnitt umfaßt und andere Abschaltzeit besitzt, dann erhält man eine Stufencharakteristik. Diese Stufenkennlinie ist dargestellt durch die jeweils niedrigsten Ablaufzeiten, die an den einzelnen Leitungspunkten möglich sind. In Abb. 7 ist diese sich ergebende Kennlinie stark ausgezogen, während die darüberliegenden noch möglichen Ablaufzeiten gestrichelt angegeben sind. Es ist dabei gleichgültig, ob die einzelnen Widerstandskontrollpunkte mit einem einzigen Kipprelais gemessen werden, das man jeweils umschaltet, oder durch soviele parallele Kipprelais kontrolliert werden wie Stufen vorgesehen sind. Als Abschluß legt man eine vom Widerstand vollkommen unabhängige Zeitlinie darüber, die als Endzeit bezeichnet wird. Die gleiche Endzeit legt man auch über die stetige Widerstandskennlinie. Die Auslösekennlinie steigt über einer bestimmten Leitungslänge stetig an und geht in eine Waagerechte über (Abb. 8). Schließlich kann man auch im ersten Teil einer solchen Kennlinie noch die Zeitlinie einer Kippstufe überlagern (Abb. 9). Eine derartige Kennlinie ist über dem ersten Teil der Leitung waagerecht, dann springt sie in die stetig

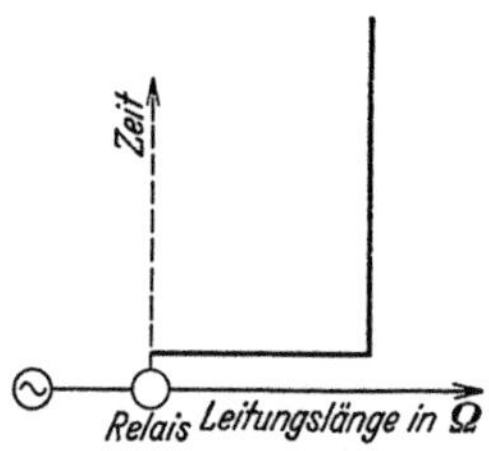


Abb. 6. Auslösekennlinie eines Impedanzkipprelais.

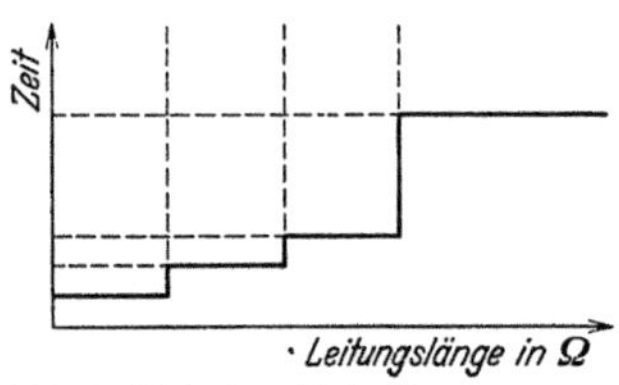


Abb. 7. Stufenkennlinie (Zusammensetzung von verschiedenen Kippstufen).

steigende widerstandsabhängige Kurve, um schließlich in die unabhängige Endzeitlinie überzugehen.

Die Stufenkennlinie läßt sich durch verschiedene Wahl der Kipppunkte und der Höhe der Zeitstufen in beliebiger Weise formen und den Leitungsbedingungen anpassen. Die stetige Kennlinie läßt sich nur in

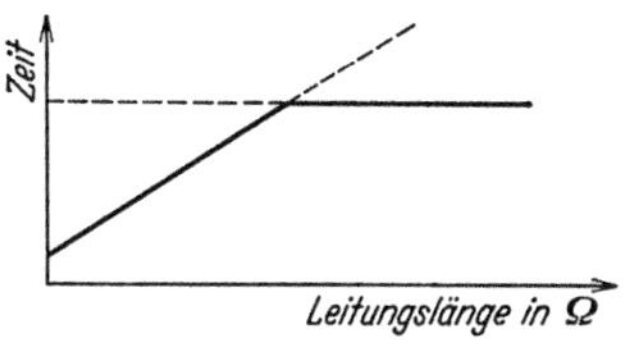


Abb. 8. Stetige Widerstandskennlinie mit unabhängiger Endzeit.

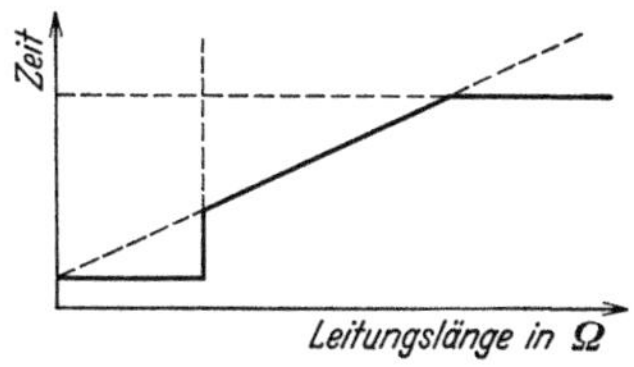


Abb. 9. Stetige Widerstandskennlinie mit Kippstufe und Endzeit (gebrochene Kennlinie = Eilimpedanzrelais).

ihrem Anfangspunkt und ihrer Neigung verändern. Die kombinierte Linie des Eilimpedanzrelais besitzt dagegen die gleiche Anpassungsfähigkeit wie eine Stufenkennlinie, nur mit einfacheren Mitteln. Es braucht nur der erste Kippwert eingestellt zu werden, während im weiteren Verlauf die elastische Anpassungsmöglichkeit der stetigen Kurve ausgenutzt wird. Sie benutzt in jedem Teil die günstigste Wirkung der jeweiligen Teilkennlinie. Im ersten Teil soll möglichst rasch und widerstandsunabhängig geschaltet werden, dann braucht man die ansteigende Kennlinie, um staffeln zu können, und dann die Endzeit, um die Kurve nach oben hin zu begrenzen.

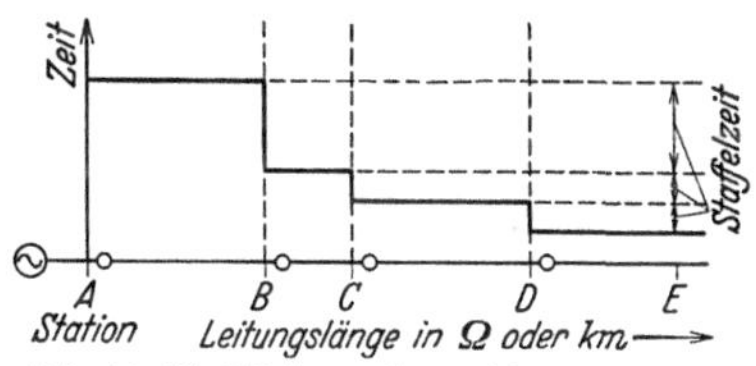


Abb. 10. Staffelplan mit unabhängigen Zeiten bei einseitiger Speisung.

Der S t a f f e l p l a n ergibt sich, wenn man über hintereinander liegende Leitungen für jedes Relais von seinem Standort aus die jeweilige Kennlinie aufzeichnet. Abb. 10 zeigt die u n a b h ä n g i g e Z e i t s t a f f e l u n g einer Stichleitung. Das Zeitrelais in der von der Zentrale ausgehenden Leitung hat die höchste Zeit. Alle weiteren Leitungsrelais liegen um jeweils einen Staffelabstand tiefer in ihrer Abschaltzeit. Zeichnet man die sich ergebenden kürzesten Zeiten stark aus, so erhält man eine Stufenlinie, die die Auslösekennlinie des gesamten Leitungszuges darstellt. Die gestrichelten Linien zeigen, welche Reservezeiten man an jedem Leitungspunkt beim Kurzschluß besitzt. Wird eine solche Leitung von zwei Seiten aus gespeist, dann muß die gleiche Zeitstufung von beiden

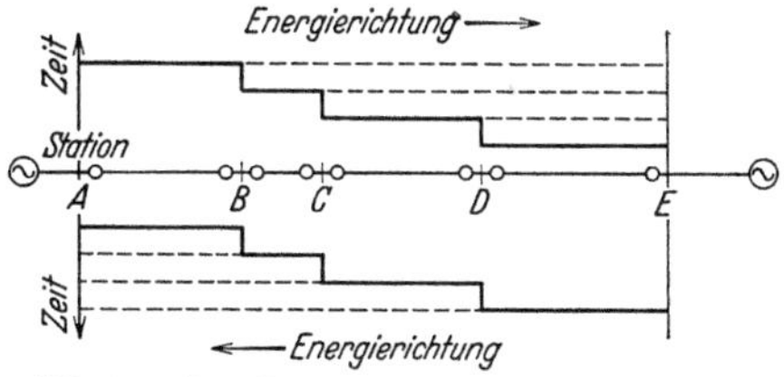


Abb. 11. Gegenläufige Staffelung bei zweiseitiger Speisung mit Richtungsrelais.

Zentralen aus vorgenommen werden. Jedes Relais kann nur dann auslösen, wenn sein Richtungsrelais die Richtung der Kurzschlußenergie nach der Leitung zu anzeigt. Die Relais gehören immer zu derjenigen Zeitkennlinie, die jeweils von der Sammelschiene fort zeigt (Abb. 11). Man zeichnet der Übersichtlichkeit halber die Kennlinie der einen Richtung oberhalb, die andere Kennlinie unterhalb des Leitungszuges.

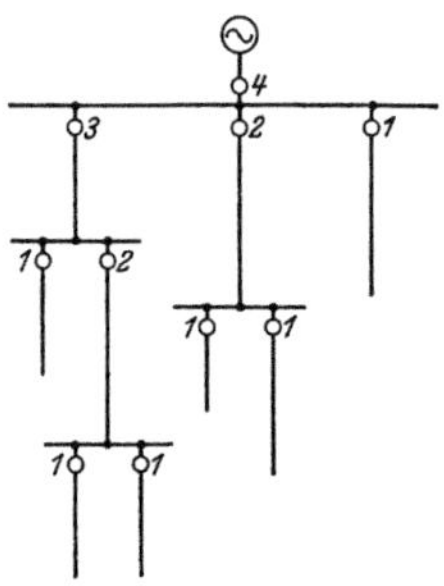

Abb. 12. Staffelplan eines strahlenförmigen Netzes mit unabhängiger Zeitstaffelung.

Der Vorteil dieser unabhängigen Staffelung liegt in ihrer Einfachheit und Unabhängigkeit von jedem störenden Einfluß. Ihre Auslösezeiten sind genau bestimmt und vor allem nach oben hin abgegrenzt. Dadurch ist man auch in der Lage, die Zeiten eines Netzes gegenüber den Auslösezeiten eines übergeordneten Netzes genau abzugrenzen. Aus diesem eben erwähnten Grund ist auch die Überlagerung der widerstandsabhängigen Staffelung mit einer unabhängigen wichtig. Diese unabhängige Zeitstaffelung bildet, gleichsam die obere Grenze und sichere Reserve der abhängigen Staffelung.

Ihr Nachteil liegt in der relativ hohen Auslösezeit und in der begrenzten Selektivität bei mehrfacher Einspeisung. Man kann sie daher nicht immer allein anwenden. In der Verbindung aber mit einer widerstandsabhängigen Staffelung hat sie wieder erhöhte Bedeutung, so daß man sich schon aus diesem Grunde mehr mit ihren Eigenschaften und Anwendungsmöglichkeiten befassen muß. Die nachfolgenden Bilder zeigen verschiedene Anwendungen. Die Staffelpläne zeigen die Relais mit ihren Auslösezeiten und die Richtung, bei welcher diese Zeit wirksam ist. Die Zeiten gibt man am besten in Staffeleinheiten an. Je nachdem man die Staffelzeiten wählt (0,5 oder 1 sec), ergeben sich die tatsächlichen Auslösezeiten. Abb. 12 zeigt den Staffelplan eines strahlenförmigen Netzes. Die gegenläufige Staffelung mit Richtungsrelais wird an einem ringförmigen Netz mit einer Zentrale gezeigt in Abb. 13. Diese ringförmigen Gebilde sind in vermaschten Netzen oft mehrfach vorhanden. Sofern ein solches Netzgebilde nur von einer Seite aus gespeist wird, läßt sich eine einwandfreie Selektivität erreichen (Abb. 14). Wird dagegen das Netz von mehreren Seiten aus gespeist, so ist dies nicht mehr möglich, sofern nicht gerade die Einspeisepunkte so dicht nebeneinander liegen wie in Abb. 15. Liegen aber auch zwischen den Einspeisestellen noch Stationen, dann geht man so vor, daß man eine Art Zeittrennlinie zwischen den Einspeisestellen vorsieht. Man betrachtet jede Ringhälfte

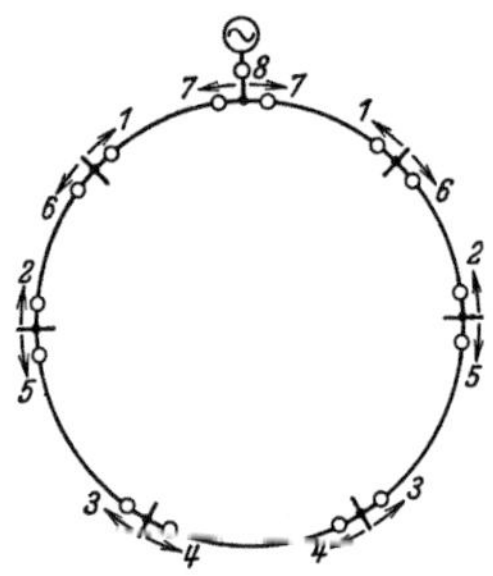

Abb. 13. Gegenläufige Staffelung eines Ringes mit einer Einspeisung.

wie in Abb. 16 für sich. Es gibt dann zwar noch Schalter, die bei bestimmten Kurzschlußstellen zusätzlich abschalten können, aber es wird keine Station spannungslos. Sogar in einem Netz mit mehr als zwei Speisestellen wie in Abb. 17 kann man eine starre Zeitstaffelung finden, die ein Minimum an zusätzlichen Auslösestellen aufweist. Man hat es in der Hand, diese Stellen beliebig zu wählen. Man legt sie am besten dorthin, wo sie betrieblich den geringsten Einfluß haben. Nur bei dem einfachen Gebilde einer Doppelleitung, das von zwei Seiten aus gespeist wird, läßt sich mit starrer Staffelung keine Selektivität mehr erreichen. Ist außerdem noch ein Widerstandsschutz oder Vergleichsschutz vorhanden, der diese

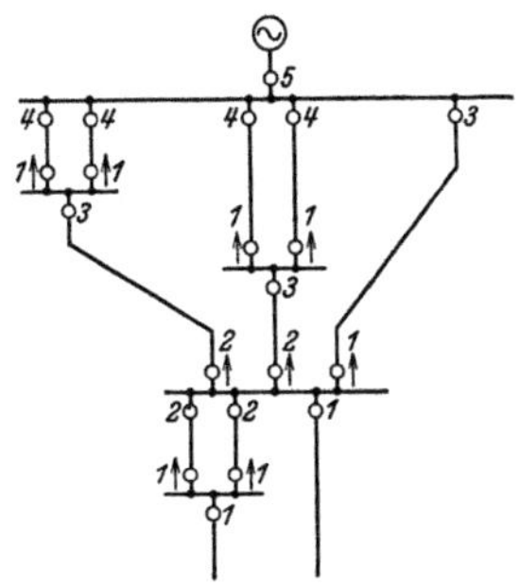

Abb. 14. Staffelplan eines vermaschten Netzes mit einer Einspeisung (vollständige Selektivität).

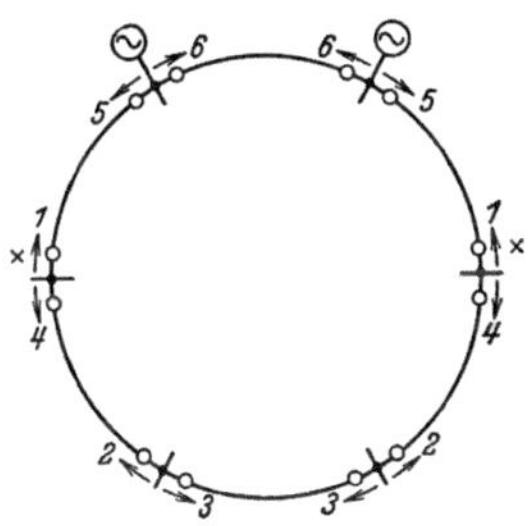

Abb. 15. Staffelung eines Ringes mit zwei nebeneinanderliegenden Einspeisestellen. × mögliche Zusatzauslösungen.

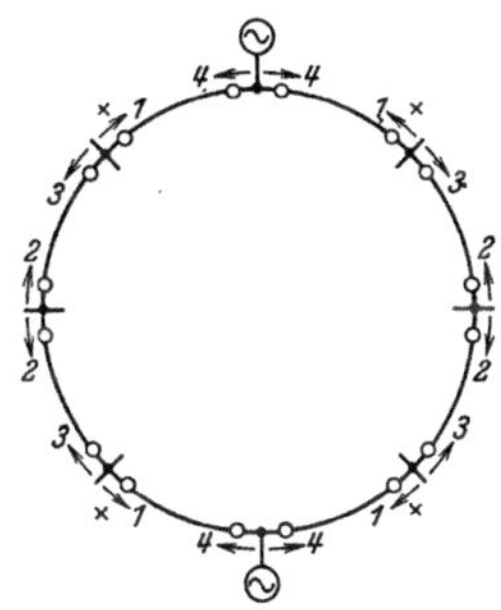

Abb. 16. Ringnetz mit zwei entgegengesetzten Einspeisestellen. × zusätzliche Auslösestellen.

Selektivität erreicht, dann betrachtet man für den übergelagerten unabhängigen Zeitstaffelschutz diese beiden Leitungen als eine gemeinsame Leitung.

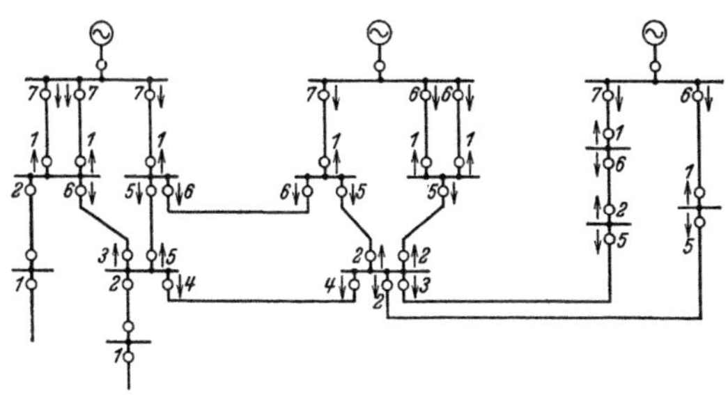

Abb. 17. Staffelplan eines mehrfach vermaschten Netzes mit drei Einspeisestellen.

Der Vorteil der widerstandsabhängigen Zeitstaffelung liegt einmal in ihrer Selektivität bei vermaschten Netzen auch bei beliebiger Einspeisemöglichkeit und in der wesentlich kürzeren Abschaltzeit. Alle Relais staffeln sich selbsttätig nach der Kurzschlußstelle hin.

Ihr Nachteil liegt in der Abhängigkeit von den primären Vorgängen (Übergangswiderstand, Kurzschlußwechsel, Außertrittfallen). Naturgemäß muß die Leitung einen bestimmten Widerstand aufweisen, um überhaupt einen Zeitanstieg der Kurve zu ermöglichen. Ist die Leitung zu kurz, dann bringt auch diese Staffelmethode keine Selektivität mehr. Die Länge der Leitung bzw. ihr Widerstand muß hierbei sekundär betrachtet werden, da der Widerstand durch die Übersetzungsverhältnisse der Strom- und Spannungswandler in einer anderen Größe erscheint. Gilt z. B. eine 100-kV-Leitung von 20 km schon als sehr kurz, so kann ein 5-kV-Kabel mit hoher Stromstärke und 1 km Länge noch ausreichend lang sein. Darum zeichnet man den Staffelplan eines Widerstandsschutzes nicht über der Leitungslänge in Kilometer, sondern in Ohm auf, um auch die Widerstandslänge besser beurteilen zu können.

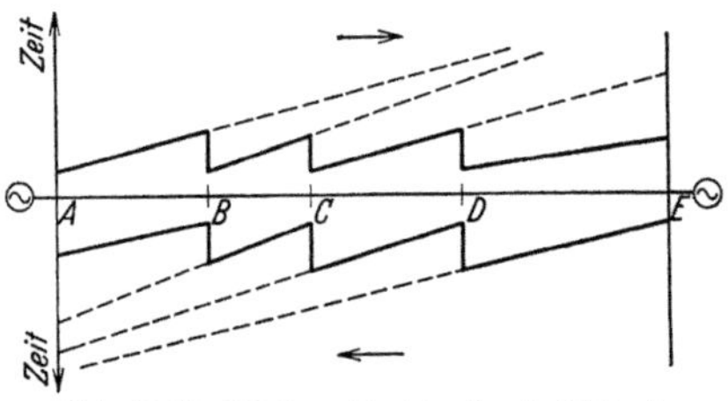


Abb. 18. Staffelplan mit widerstandsabhängigen Zeitrelais.

Bei einem Staffelplan mit widerstandsabhängigen Zeitrelais ist zu beachten, daß jede einzelne Kennlinie am Anfang der nächsten Leitung um mindestens den notwendigen Staffelabstand über der Anfangszeit = Grundzeit der nächsten Kennlinie liegen muß und daß dieser Abstand auch im weiteren Verlauf der Kennlinie nicht unterschritten werden darf. Es ist dabei nicht notwendig und auch vielfach nicht möglich, daß alle Kennlinien parallel zueinander verlaufen. Abb. 18 zeigt eine solche einfache Staffelung. Wenn bei kurzen Leitungen die Zeiterhöhung am Ende der Leitung für den notwendigen Abstand nicht ausreicht, muß entweder die Kurve steiler gelegt werden oder die Grundzeit erhöht und damit die ganze Kennlinie parallel nach oben verschoben werden. Steile und flach verlaufende Kurven hintereinander überschneiden sich leicht, so daß Fehlauslösungen dann nicht zu vermeiden sind. Besser ist es meistens, die Grundzeit zu erhöhen. Man nimmt dabei lieber eine Zeitverlängerung für die Möglichkeit einer Fehlauslösung in Kauf. Zeichnet man auch hierbei die jeweils niedrigsten Laufzeiten längs des Leitungszuges stark aus, so erhält man wiederum die Auslösekennlinie der gesamten Leitungen.

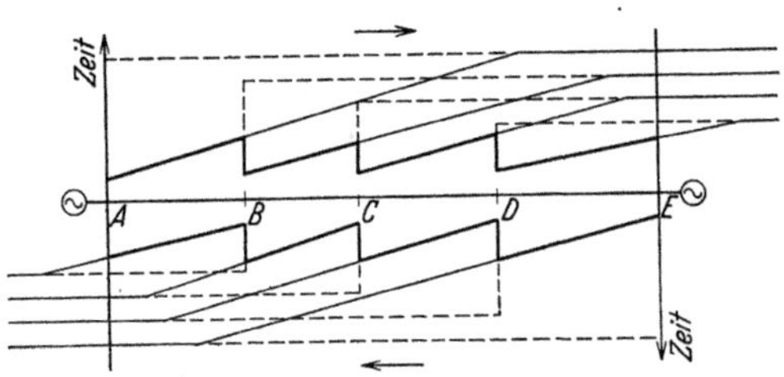


Abb. 19. Staffelplan mit widerstandsabhängigen Zeitrelais und gestaffelten Endzeiten.

In Abb. 19 ist wieder eine unabhängige Staffelung überlagert und begrenzt alle widerstandsabhängigen Kennlinien nach oben. Sie bildet die Endzeit und wird nach den Regeln der oben erwähnten unabhängigen Staffelung gegeneinander abgestuft. Man erreicht damit zusätzlich eine

Selektivität trotz primärer störender Einflüsse und eine Zeitabgrenzung gegenüber der Zeitstaffelung in übergelagerten Netzen.

Abb. 20 zeigt einen Staffelplan mit stufenförmigen Kennlinien. Jeder Kippunkt kann nur innerhalb einer gewissen Toleranz gemessen werden, die nicht allein durch die Eigenschaften des Meßrelais gegeben ist, sondern auch durch primäre Ungenauigkeiten, wie Übergangswiderstand, übergelagerter Laststrom, veränderter Leitungswiderstand durch Temperaturen. Gerade an den letzten Einfluß wird häufig am allerwenigsten gedacht. Der Abstand der Kippunkte und die Höhe der Staffelzeit müssen unbedingt sicher gewählt werden, denn von ihnen hängt der Grad der Selektivität ab. Sie müssen wie die Bruch- und Zerreißfestigkeit des Materials bei einem Bau angesehen werden. Man wird daher den ersten Kippunkt im Maximum auf etwa 60—80% der Leitungslänge legen. Der zweite Kippunkt muß nun um etwa den gleichen Prozentsatz der gesamten Länge vor dem ersten Kippunkt des nächsten Relais liegen. Die Regel, daß der erste Kippunkt bei $^2/_3$ und der zweite Kippunkt bei $^1/_3$ der nächsten Leitung liegen soll, ist nur sehr bedingt zu nehmen. Schon wenn auf eine lange Leitung eine kurze folgt, dann bedeutet ein Kippunkt im ersten Drittel der folgenden Leitung eine Anforderung an das Meßrelais, die es schon wegen der primären Ungenauigkeiten nur schwer erfüllen kann. Der zweite Kippunkt muß vielmehr prozentual genau soweit vor dem ersten Kippunkt des nächsten Relais liegen, wie der erste Kippunkt vor dem Ende der Leitung liegt. Das bedeutet aber, daß in einem solchen besonderen Fall der zweite Kippunkt unter Umständen der Sicherheit wegen noch in der eigenen Leitung liegen muß. Soll eine solche Stufencharakteristik einer stetigen Kurve gleichwertig sein, dann muß man besser drei Kippunkte wählen, um nicht schon nach dem zweiten Kippunkt in die Endzeit zu kommen. Folgen auf eine Leitung eine lange und eine kurze, dann hat sich die zweite Stufe nur nach der kurzen Leitung zu richten. Auch in diesem Falle mildert eine dritte Zeitstufe das zu schnelle Ansteigen in die Endzeit.

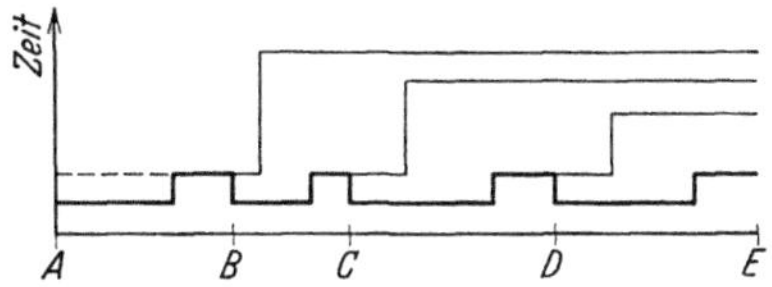


Abb. 20. Staffelplan mit Stufenkennlinien und gestaffelten Endzeiten.

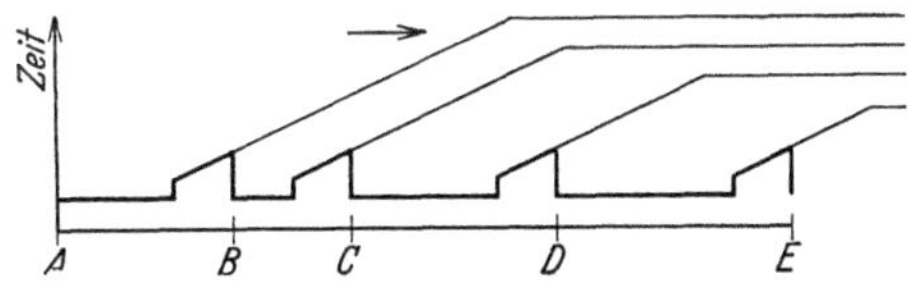


Abb. 21. Staffelplan mit gebrochenen Widerstandskennlinien (Eilimpedanzrelais).

In der Staffelung mit einer Kombinationskennlinie wie in Abb. 21 gilt für die erste Stufe das gleiche wie für den Stufenschutz. Da das weitere Ansteigen der Zeit durch eine stetige Kurve erfolgt, fällt das genaue Festlegen irgendwelcher weiteren Kippunkte fort. Als Regel gilt in der Praxis, daß die ansteigende Kurve möglichst erst in der übernächsten Leitung die Endzeit erreichen soll, um auch bei Inanspruchnahme längerer Auslösezeit nicht sofort die Endzeit zu beanspruchen.

Auf einen Punkt muß bei diesen Kennlinien noch besonders aufmerksam gemacht werden: Die Veränderung des Widerstandes durch Schaltänderungen oder Verzweigung. Den ersten Fall zeigt Abb. 22. Das Relais in $A$ mißt bei einem Kurzschluß in $K$ einen Kurzschlußort, der infolge der Parallelschaltung der beiden Leitungen zwischen $K$ und $C$ liegen muß. Das Relais in $C$ muß eine kurze Zeit messen, da es nahe am Fehlerort liegt.

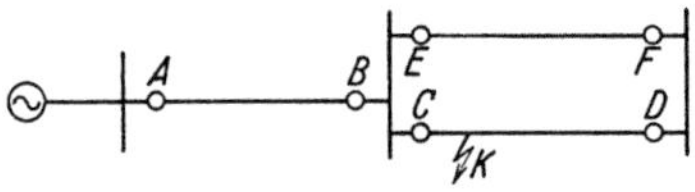

Abb. 22. Beispiel einer Widerstandserhöhung bei Fallen eines Schalters $E$ im Kurzschlußfall $K$.

Sobald aber der Schalter in $C$ geöffnet wird, mißt das Relais in $A$ eine Entfernung, die durch die Leitung $(A—B) + (E—F) + (G—K)$ gegeben ist. Der Widerstand hat sich schlagartig beträchtlich erhöht.

Der zweite Fall der Widerstandserniedrigung ist bei Abzweigleitungen ohne besonderen Schalter gegeben. Am Ende einer solchen Abzweigleitung (Abb. 23) sei in $K$ ein Kurzschluß. Zeichnet man als Ordinate die Spannungen im Kurzschlußfall in $A$ und $B$ auf, so fallen diese Spannungen bis zur Kurzschlußstelle bis Null ab. Die Entfernungen von $A$ bzw. $B$ bis zu diesen Nullpunkten $l_A$ und $l_B$ geben die Fehlerortsentfernungen an, die den Meßrelais in $A$ und $B$ vorgetäuscht werden. An der Abzweigstelle besteht aber der ganze Spannungsabfall dieser Zweigleitung, der je nach der Länge beträchtlich sein kann. Sicher ist, daß immer die beiden Relais eine größere Entfernung messen als die tatsächliche. Schaltet das Relais in $A$ zuerst ab, da es die kleinere Entfernung gemessen hatte, dann mißt das Relais in $B$ sofort die richtige Entfernung $l_{B'}$, die aber erheblich kleiner ist als vorher.

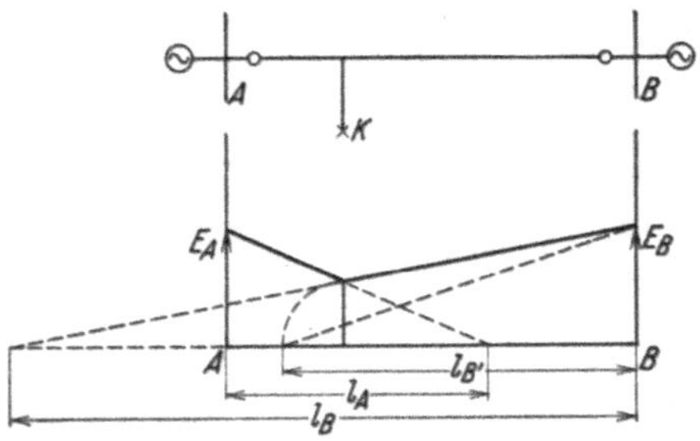

Abb. 23. Beispiel einer Widerstandserniedrigung durch Abschalten eines Schalters $A$ bei einem Kurzschluß im Abzweig $K$.

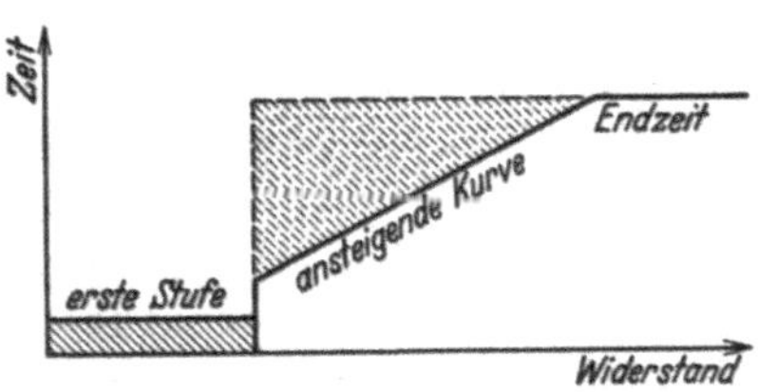

Abb. 24. Freiheitsgrad der einzelnen Zeitabschnitte in gebrochenen Kennlinien.

Diese beiden Beispiele zeigen, daß der Widerstand in bestimmten Netzgebilden sich während des Kurzschlusses durch Fallen eines Schalters erhöhen oder erniedrigen kann. Eine Kennlinie muß daher die Möglichkeit besitzen, sich jederzeit auf einen neuen Widerstandswert einzustellen. Hätte man in beiden Fällen die einmal im Anfang gemessene Entfernung festgehalten, so wäre im ersten Fall der Schalter in $A$ gleichzeitig mit dem Schalter in $D$ zusätzlich gefallen, und im zweiten Fall hätte das Relais in $B$ unnötig in der Endzeit ausgelöst. So ergibt sich folgende Bedingung für Stufen und kombinierte Kennlinien: Die erste Stufe darf eine bestimmte Zeit nicht überschreiten, die zweite Stufe darf ihre Zeit nicht unterschreiten, muß aber gegebenenfalls bis zur Endzeit ausweichen können, die Endzeit muß unabhängig sein (Abb. 24).

Soll ein Staffelplan für ein ganzes Netz aufgestellt werden, so löst man das Netz in einzelne Ringgebilde auf. Für die hauptsächlichsten Ringe zeichnet man den Teilstaffelplan und vergleicht dann, ob die Zeiten auch zwischen den Teilringen miteinander zusammenpassen. Die Endzeiten werden dann gegenläufig gestaffelt, wobei die eventuellen Zusatzauslösemöglichkeiten an betrieblich weniger wichtige Stellen gelegt werden.

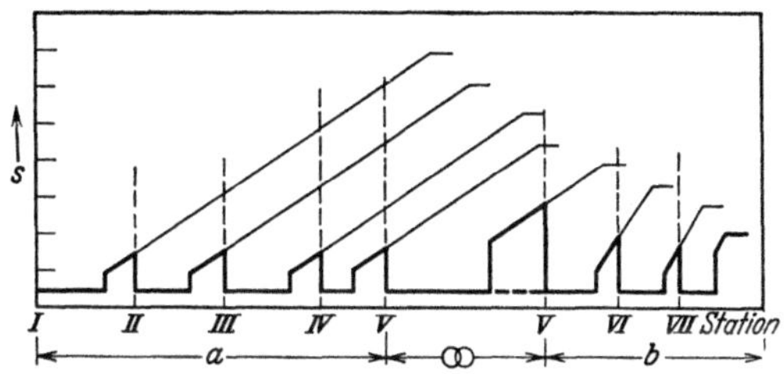


Abb. 25. Endzeitstaffelungen in benachbarten Netzen mit verschiedener Spannung. $V$—$V$ Transformator zusätzlich mit Differentialschutz versehen.

Es wurde schon darauf hingewiesen, daß fast alle Netze, zum mindesten hier in Deutschland, irgendwie mit einem oder mehreren Netzen zusammenhängen. Auf jeden Fall wirken sich Störungen auch in den benachbarten und übergelagerten Netzen aus. Immer ist das übergelagerte Speisenetz das wichtigere, und darum muß die Zeitstaffelung so gewählt werden, daß auch bei Versagen eines Schalters kein unzulässiges Abschalten in diesem Nachbarnetz erfolgt. Gerade hierbei zeigt sich der Wert einer übergelagerten unabhängigen Zeitstaffelung von einer besonders wichtigen Seite. Diese unabhängige Zeitstaffelung muß von den Netzen mit hoher Spannung herabgehen bis in die Verteilungsnetze niederer Spannung, es sei denn, daß die Widerstände der Transformatoren so erheblich sind, daß Fehler kein Ansprechen irgendeines Relais im übergeordneten Netz zur Folge haben. Eine solche Endzeitstaffelung zeigt Abb. 25.

Zusammenfassung der Eigenschaften der Staffelsysteme.

Vorteile: 1. Jedes Relais bestimmt seine eigene Auslösezeit. Die Relaisapparatur ist daher von keiner anderen Stelle abhängig und ist nur auf seinen Aufstellungsort beschränkt.

2. Jedes Relais bildet für das vor ihm liegende eine natürliche Zeitreserve.

Nachteile: 1. Die Selektivität kann nicht in allen Fällen erreicht werden (bei starrer Staffelung und mehrfacher Einspeisung, bei widerstandsabhängiger Staffelung und zu geringem Widerstand).

2. Sie sind wegen des notwendigen Staffelabstandes kein ausgesprochener Schnellschutz für die gesamte Leitungsstrecke.

## B. Vergleichssysteme.

Die Vergleichssysteme weisen gerade dort Vorteile auf, wo die Staffelsysteme weniger günstig sind. Sie sprechen nur auf Fehler in ihrer eigenen Leitung an und brauchen in ihrer Abschaltzeit keinerlei Rücksicht auf benachbarte Relais zu nehmen. Sie können daher in denkbar kürzester Zeit abschalten bei jedem Fehler längs ihrer Leitungsstrecke. Sie sind von primären Einflüssen, wie Leitungswiderstand, Übergangswiderstand, Kurzschlußwechsel, Außertrittfallen, praktisch unabhängig. Sie sind absolut selektiv, da sie eben nur die eine ihr zugeordnete Strecke abzuschalten haben. Sie sind für kurze und lange Leitungen verwendbar.

Dafür haben sie zwei wesentliche Nachteile gegenüber den Staffelsystemen. Sie brauchen einmal immer einen Verbindungskanal zu dem anderen Vergleichspunkt und besitzen zweitens keine Reservezeit.

Die Längsvergleichssysteme sind betrieblich vollkommen frei und gehören zu der Leitung. Sie besitzen dafür aber meist lange Verbindungsleitungen. Die Quervergleichssysteme haben zwar kurze Verbindungsleitungen, binden aber betrieblich diejenigen Leitungen aneinander, zwischen denen der Vergleich erfolgt. Diese Leitungen müssen dann immer parallel gefahren werden.

## C. Kombinationssysteme.

Ein Schutzsystem für ein Netz muß unbedingt über eine Reservezeit verfügen. Immer müssen bei dem Versagen eines Relais oder Schalters die nächsten Relais mit ihrer längeren Abschaltzeit einspringen. Wird aber aus ebenso wichtigen Gründen die Forderung nach schnellstem Abschalten jedes Fehlers längs der Leitung und nach unbedingter Selektivität erhoben, so lassen sich diese beiden Forderungen nur durch eine Kombination von beiden Schutzsystemen erfüllen. Es werden also von beiden Systemen die besten Eigenschaften herausgegriffen und verwertet. Das Vergleichssystem gibt schnelles Abschalten und die Selektivität und das Staffelsystem die notwendige Reservezeit. Der Streckenschutz besitzt diese Verbindung schon in seinem Aufbau. Aber auch jeder Differentialschutz, Achterschutz und Polygonschutz muß wenigstens mit einem Überstromzeitschutz versehen werden als Reservezeit und meistens auch als Sammelschienenschutz, da ein Kurzschluß auf der Sammelschiene schon außerhalb des Schutzbereiches liegt.

Die Vergleichssysteme werden also immer dann angewendet werden, wenn erstens schnelles Abschalten erforderlich ist, und zweitens wenn ein Staffelsystem die notwendige Selektivität nicht erreichen kann. Das ist der Fall z. B. in Höchstspannungsnetzen, um ein Außertrittfallen von Kraftwerken zu vermeiden, und in Netzen niederer Spannung, denen eine nur geringe maximale Auslösezeit von dem übergeordneten zugelassen ist. Schon wenn diese Zeit 2 sec beträgt, ist es für einen widerstandsabhängigen Schutz schwer, auch bei genügendem Leitungswiderstand selektiv zu bleiben. Der notwendige Staffelabstand von etwa 1,5 sec beansprucht praktisch den gesamten zur Verfügung stehenden Zeitbereich. Eine solche maximale Endzeit soll möglichst nicht unter 3—3,5 sec liegen, wenn man einen widerstandsabhängigen Schutz für ein Netz noch sicher genug verwenden will. Im anderen Fall ist es nur noch dem Vergleichsschutz möglich, die Selektivitätsbedingungen zu erfüllen. Das gleiche ist der Fall, wenn zwar die Maximalzeit ausreichend ist, aber die Leitungswiderstände so gering sind, daß der widerstandsabhängige Schutz keine Staffelzeit besitzt. Die Praxis zeigt, daß dem Vergleichsschutz gerade die Kabelnetze und die Höchstspannungsnetze als Arbeitsgebiet seiner Wirkung nach vorbehalten sind. Begünstigt wird dies noch dadurch, daß in Kabelnetzen Hilfsleitungen vielfach für andere Zwecke vorhanden sind, auch in Höchstspannungsnetzen sind vielfach Hochfrequenzverbindungen für Telephonie und Fernmessen vorhanden, so daß auch hier die Frage der Hilfsleitung leichter zu lösen ist, als es bei der großen Entfernung zuerst den Anschein hat. Dem widerstandsabhängigen Staffelschutz sind alle Speise- und Versorgungsnetze, soweit sie Freileitungen besitzen, vorbehalten. Dort sind Hilfsleitungen schwer zu erstellen, die Leitungswiderstände aber immer groß genug, die Anforderungen an schnelles Abschalten wesentlich geringer. Wenn nicht besondere anormale Bedingungen gestellt werden, ist hier ein solcher Staffelschutz vollkommen befriedigend.

## D. Erdschlußschutz.

Sobald ein Netz im Nullpunkt direkt geerdet ist, ist jeder Erdschluß ein Kurzschluß. Es gelten dann alle die für den Kurzschlußschutz gemachten Überlegungen. Über die Schutzarten für Erdschlüsse in nicht geerdeten Netzen, die gelöscht oder nicht gelöscht sind, ist schon berichtet worden. Hier ist noch einmal darauf hinzuweisen, daß ein Erdschlußschutz mit wattmetrischen Relais nur eine Anzeige gestattet, in welcher Richtung die Erdschlußstelle liegt. Aus den Angaben verschiedener Relais kann erst die erdschlußbehaftete Leitung nachträglich ermittelt werden. Ein Abschalten der Erdschlußstelle kann entweder nur durch eine starre Zeitstaffelung erfolgen, die nach den Regeln der unabhängigen gegenläufigen Staffelung vorgenommen werden muß, oder nur durch einen Streckenschutz, bei dem die Richtungsangabe zweier Relais über eine Hilfsleitung miteinander verglichen wird. Die starre Zeitstaffelung ist außerdem nur bei Vorhandensein eines Löschers möglich oder wenn der Reststrom eines Löschers über andere stark überwiegt. Der Löscher stellt die Zentrale für den Wirkreststrom dar. Mehrere Löscher sind also gleichbedeutend mit einer Mehrfacheinspeisung. Die Lage und Anzahl der tatsächlichen Kraftzentralen ist dabei vollkommen gleichgültig. Beim nicht gelöschten Netz ist aber die Kapazität des ganzen Netzes die Lieferzentrale des Unsymmetriestromes. Es ist also genau so als ob der Erdschlußstrom von vielen Punkten aus geliefert würde, auch wenn nur ein strahlenförmiges Netz mit nur einer Zentrale vorliegt. Eine starre Zeitstaffelung ist dann nicht mehr möglich. Die einzige Möglichkeit, eine Erdschlußstelle selektiv abzuschalten, ist nur durch den Vergleichsschutz gegeben. Daß man in eng vermaschten Kabelnetzen auch noch eine Selektivität durch ein Erdstromzeitrelais erzielen kann, ist nur als ein Sonderfall zu betrachten.

Mit der bloßen Anzeige der Erdschlußstelle wird man sich immer in gelöschten Netzen begnügen können, sofern nicht der Reststrom so groß ist, daß er in kurzer Zeit zum Kurzschluß führt, wie es z. B. in großen Kabelnetzen der Fall sein kann. In nicht gelöschten Netzen kann nur der Betrieb entscheiden, ob die Größe des Erdschlußstromes gefährlich werden kann oder nicht. Unmöglich sind aber Forderungen nach einem schnellschaltenden Erdschlußschutz zu erfüllen, wenn die Isolationsfestigkeit des Netzes so gering ist, daß die Mehrzahl der Erdschlüsse zu Überschlägen in den anderen Phasen führt. Wenn man den Isolationszustand nicht verbessern kann, dann soll man eher einen Kurzschlußschutz einbauen, da ein solcher Erdschlußschutz doch nur auf dem Vergleichsprinzip beruhen kann und wobei es noch fraglich ist, ob man einen zweiten Überschlag mit Sicherheit vermeiden kann.

# 9. Die Fehlerortbestimmung.

Von Dr.-Ing. **Hans Poleck**, Berlin.

## I. Allgemeine Gesichtspunkte.

### A. Fehlerortbestimmung an der unter Spannung stehenden oder außer Betrieb genommenen Leitung.

Wird ein sich im Betrieb befindender Leitungsabschnitt fehlerhaft, so ist es die Hauptaufgabe des Selektivschutzes, möglichst nur die defekte Strecke schnellstens vom übrigen Leitungsnetz abzuschalten, wenn das Bestehenbleiben des Fehlers eine Gefahr für den Betrieb bedeuten würde; gelingt es gleichzeitig, die Fehlerart und den Fehlerort anzuzeigen, so ist das für die Betriebsleitung natürlich sehr wertvoll. Der moderne Distanzschutz allein gestattet bei kurzschlußartigen Fehlern, aus der Anzeige der Ablaufzeit der Relais einen Rückschluß auf die Lage des Fehlerortes zu ziehen; das Distanzprinzip läßt sich aber nicht auf den mindestens ebenso häufigen Fall des 1-poligen Erdschlusses und des Leiterbruches anwenden; bei diesen Fehlerarten ist es lediglich möglich, den betroffenen Leitungsabschnitt und den defekten Leiter zu kennzeichnen. An die Genauigkeit der Fehlerortbestimmung auf Grund der Widerstandsmessung der Kurzschlußschleife mittels der Distanzrelais kann man keine besonders hohen Ansprüche stellen, da die verwendeten Meßwerke in erster Linie großen Anforderungen bezüglich mechanischer und thermischer Sicherheit gewachsen sein müssen, und ihre Anzeigefehler innerhalb des notwendigerweise weiten Arbeitsstrom- und Spannungsbereiches mit Mühe in solchen Grenzen gehalten werden können, daß sie die für eine sichere Selektivität erforderliche Genauigkeit bei der geringen zur Verfügung stehenden Einstellzeit besitzen. Dazu kommt eine Reihe nicht zu vermeidender Fehlereinflüsse im Meßverfahren, die das Meßresultat weniger oder mehr fälschen können, was ausführlich im Kapitel 4 besprochen worden ist. Eine andere Möglichkeit, den Fehlerort eines Freileitungskurzschlusses zu bestimmen, besteht darin, daß in allen Stationen Schnellschreiber für die Registrierung von Kurzschlußstrom und Spannung aufgestellt sind, aus deren Aufzeichnungen nach dem Abschalten der defekten Strecke die Fehlerortentfernung ermittelt werden kann; als besonders geeignet und einfach sind Spannungsschreiber zu nennen, deren Angaben im Fall zweiseitiger Fehlerstromspeisung selbst bei Lichtbogenkurzschlüssen mit einiger Sicherheit ausgewertet werden können. Offenbar fallen die hervorgehobenen meßtechnischen Schwierigkeiten und die durch die Netzkopplung bedingten Fehlereinflüsse bei Messungen an der abgetrennten Leitungsstrecke fort, da man mit einem Spezialgerät zunächst die Art des Fehlers sicher feststellen und danach ein geeignetes Meßverfahren unter einfacheren technischen Bedingungen anwenden kann. Man kennt die Genauigkeit der Meßapparatur und kann auch meist die mögliche Größe von Fehlereinflüssen im Meßverfahren bei dem jeweils vorliegenden Fehlerfall abschätzen. Trotzdem muß heute noch zugegeben werden, daß es Fehlerfälle gibt, bei denen eine Ortbestimmung mit praktisch genügender Genauigkeit nur unter Beseitigung größter meßtechnischer und rechnerischer Schwierigkeiten gelingt oder vielleicht nur mit der neuesten, viel versprechenden Wanderwellenmeßmethode möglich ist. Die für einzelne Verfahren von verschiedenen Firmen durchgebildeten Meßapparate besitzen meist eine ausreichend hohe Meßgenauigkeit für die zu ermittelnden Meßwerte, auf Grund derer die Ortbestimmung vorgenommen wird, so daß die Ursachen von Mißerfolgen vorwiegend in falschem Anwenden des Meßverfahrens, Außerachtlassen von Fehlerquellen in der Meßanordnung oder Nichtberücksichtigen von Einflußgrößen auf den Meßwert liegen. Daher sollen hier weniger die einzelnen Konstruktionen der Meßapparate beschrieben, als die zur Verfügung stehenden Meßprinzipien mit ihren Fehlerquellen und Einflußgrößen in den Grenzen ihrer Anwendbarkeit ausführlich behandelt werden.

## B. Grundsätzliche Anforderungen an Meßverfahren und Geräte.

Als erste Aufgabe ist die einwandfreie Ermittlung der Fehlerart nach dem Feststellen eines Fehlerzustandes zu nennen, wobei sich dieser schon bei geringster Prüfspannung oder erst bei Prüfspannungen in der Größenordnung der Betriebsspannung bemerkbar machen kann. Im ersten Fall spricht man von „direkten“, im zweiten von „indirekten“ Fehlern. Die Feststellung der Fehlerart — ob ein Leiterbruch, ein Kurz- oder Erdschluß vorliegt — ist für die Auswahl eines geeigneten Meßverfahrens sowie für die Auswertung des Meßergebnisses sehr wichtig und meist möglich. Wesentlich schwieriger ist es, bei einem komplizierten Fehlerfall gleichzeitig zu ermitteln, ob es sich nur um einen oder mehrere räumlich entfernte Fehlerorte handelt.

Die theoretisch erreichbare Genauigkeit eines Meßverfahrens muß unter allen Verhältnissen bekannt sein. Die möglichen Fehlereinflüsse sollen abschätzbar sein, damit die Grenzen der Anwendbarkeit abgesteckt sind. Erwünscht ist weiterhin ein einfacher Zusammenhang zwischen Meßgröße und Fehlerortentfernung; umständliche Rechnungen werden mit Recht als Nachteil empfunden, da sie zeitraubend sind und leicht zu fehlerhaften Resultaten führen; bei Wechselstrommessungen sind sie bei komplizierten Fällen nicht zu vermeiden und erfordern einige Spezialkenntnisse. Graphische Auswertungsverfahren — wie Nomogramme oder Meßdiagramme — haben großen praktischen Nutzen.

Von den Meßgeräten wird hauptsächlich folgendes verlangt:

Hohe Meßgenauigkeit, die in allen verwendeten Meßbereichen ungefähr bekannt sein soll.

Die Messung selbst soll einfach sein und wenig Zeit beanspruchen; bei Meßeinrichtungen mit verschiedenen Schaltungen oder Meßbereichen ist auf sinnfällige Beschriftungen zur Vermeidung von Ableseirrtümern, auf übersichtliche Anschlußschaltbilder und klare Meßanweisungen zu achten. Der Zusammenhang zwischen Konstanten, Skalen, Schaltern usw. läßt sich gut durch gleiche Farben andeuten; als größte Sicherheit bleibt natürlich, Zusammenhänge nach mechanischen oder elektrischen Methoden zu erzwingen, indem z. B. ein Meßbereichumschalter automatisch ungültige Ableseskalen verdeckt. Es ist darauf Rücksicht zu nehmen, daß in sehr vielen Fällen meßtechnisch nicht besonders vorgebildetes Personal, womöglich noch in großer Eile, solche Messungen vornehmen muß. Schließlich wäre noch eine genügende Wettersicherheit zu erwähnen. Metallgehäuse sind zweckmäßig polierten Holzkästen vorzuziehen. Die Verwendung von Spiegelgalvanometern läßt sich meist vermeiden.

Der Messende vor allem sowie auch das Gerät ist durch geeignete Schutzeinrichtungen gegen Hochspannungsgefahr zu sichern. Abgeschaltete Kabel und Freileitungen können durch ein Versehen zugeschaltet werden. Bei Freileitungen ist außerdem die Hochspannungsgefahr wesentlich größer durch die Möglichkeiten von Blitzeinschlägen, Überschlägen von einer auf dem gleichen Gestänge aufgehängten Parallelleitung, die im Betrieb ist, weiterhin durch Induktionswirkungen von in der Nähe befindlichen Leitungen. Als sicherstes Mittel gegen diese Einflüsse ist hohe Isolation der Bedienungsgriffe, sorgfältige Erdung von Gehäusen, Stromsicherung der Zuleitungen und Hochleistungsspannungssicherungen an beiden Enden der Zuleitung zu nennen. Bei transportablen Geräten, insbesondere bei Anwendung der üblichen Kabelmeßbrücken, wird oft jede Vorsicht außer acht gelassen! Zu erwähnen wäre noch, daß selbstverständlich die Meßgeräte nach der Höhe der normal auftretenden Störströme zu bemessen sind; man wird daher Meßspannungen bzw. Ströme in der Größenordnung der Störströme wählen müssen; aus diesem Grunde sind Meßgeräte für Freileitungen schwieriger zu bauen und teurer herzustellen.

Die erwünschte praktische Genauigkeit der Fehlerortmessung beträgt bei Kabeln einige Meter, bei Freileitungen einige hundert Meter. Größere Fehlweisungen, die aus den möglichen Fehlern des Meßgerätes und Meßverfahrens resultieren, fallen bei Kabeln infolge des kostspieligen Aufgrabens, insbesondere in Stadtnetzen, viel mehr ins Gewicht als bei Freileitungen, wo nur selten, und zwar bei starkem Nebel eine weitere Sicht behindert wird. Für Freileitungen in dichtbesiedelten Gebieten wird oft eine Meßmöglichkeit für entbehrlich gehalten; man hat dort mit der Aussetzung von Belohnungen für gemeldete Fehler seitens der Bevölkerung gute Erfahrungen gemacht. Anders liegt der Fall bei Höchstspannungsleitungen großer Länge, die durch wenig besiedeltes oder unübersichtliches und schwer zugängliches Gebiet (z. B. Gebirge) führen, wobei auch die Zeit des Leistungsausfalls, die Sicherung und Wichtigkeit der Energieübertragung eine ausschlaggebende Rolle spielen. Für Stadtkabelnetze wird man keine Anschaffungskosten für zuverlässige Meßgeräte scheuen, da sich diese schon nach erfolgreicher Anwendung in einigen Fällen bezahlt machen. Kann nämlich kein Meßresultat erzielt werden, so muß man den Fehler durch jeweils hälftiges Auftrennen der defekten Strecke zu lokalisieren suchen. Bei z. B. einer 1 km langen Strecke hat man im ungünstigsten Fall den Fehler erst nach 7maliger Auftrennung auf ein Stück von 7 m eingegrenzt; dabei können die Kosten für das Auftrennen einschließlich Erdarbeiten und Neusetzen einer Muffe bis 500,— RM. betragen. Als erleichterndes Moment bei der Fehlersuche in Kabelnetzen wäre noch zu erwähnen, daß im allgemeinen die Muffen verhältnismäßig stark fehleranfällig sind, so daß man gewöhnlich bei einem Meßergebnis, das auf einen Fehler in der Nähe einer Muffe hinweist, zunächst diese aufgräbt und oft den Fehler darin entdeckt. Für jede Fehlerortmessung ist natürlich ein sehr genauer Lageplan der betreffenden Leitung unbedingt erforderlich!

## C. Übersicht der verschiedenen Fehlerarten.

Der fehlerfreie Zustand einer beiderseitig vom Netz abgeschalteten Leitung zeichnet sich durch drei Tatsachen aus, deren Gegenteil entsprechend als die drei Fehlergrundarten bezeichnet werden sollen.

A. Kein Leiter besitzt eine Unterbrechung, d. h. sein Streckenwiderstand ist normal.

Gegenteil: Streckenwiderstand größer — Leiterbruch (Fall A), der als vollkommene Unterbrechung gelten soll, wenn nichts Näheres dazu bemerkt ist.

B. Jeder Leiter besitzt die normale Isolation gegen Erde.

Gegenteil: Isolation kleiner = Erdschluß (Fall B).

C. Jeder Leiter besitzt die normale Isolation gegen jeden anderen Leiter.

Gegenteil: Isolation kleiner = Kurzschluß (Fall C).

Weiterhin können folgende Kombinationen vorkommen:

Mehrere Fehlerarten an einem Leiter;

Fehler an mehreren Leitern;

Mehrere räumlich voneinander entfernte Fehlerorte.

Aus dieser Aufzählung ist zu erkennen, welche zahlreiche Möglichkeiten von Fehlerfällen es überhaupt gibt, deren sichere meßtechnische Erfassung vor allem von der richtigen „Fehlerdiagnose" abhängt, die in einfachen Fällen zwar ziemlich schematisch erfolgen kann, bei schwierigen Fällen jedoch eingehende Überlegungen erfordert.

## D. Die Verhältnisse am Fehlerort.

Der Fehlerwiderstand kann meßtechnisch meist als reiner Wirkwiderstand angenommen werden. Bei Freileitungen kommen höhere Ohmwerte nur bei Erdschlüssen oder Kurzschlüssen in Verbindung mit Erdschlüssen vor; Leiterbrüche sind ihrer Natur nach immer als vollständige Trennung anzusehen. Indirekte Erdschlüsse, d. h. solche, die sich erst bei Hochspannung bemerkbar machen können, läßt man im Notfall längere Zeit bestehen, um einen direkten Fehler durch vollständige Zerstörung der Isolation, z. B. eines Isolators, herbeizuführen. Bei einem auf dem Boden liegenden Seilende ist der Übergangswiderstand um so kleiner, je größer der Seildurchmesser, je länger das Seilende, je ebener und je leitfähiger der Boden ist. So leiten z. B. feuchter, schwerer Ackerboden und auch feuchte Wiesen recht gut, so daß man kaum mit mehr als 50—250 $\Omega$ Erdübergangswiderstand zu rechnen braucht. Besonders schlecht leiten Pulverschnee und Eis im Gebirge, trockenes Felsgestein, ausgetrockneter Sandboden. Hierbei kommen etwa Größen von mehreren 10000—100000 $\Omega$ vor. Bäume stellen Fehlerwiderstände von mehreren 1000—10000 $\Omega$ dar. Über die Natur der äquivalenten Widerstände von Lichtbögen — als gewollte Folge von Überschlägen bei hohen Prüfspannungen — sind im Kapitel 3 nähere Angaben zu finden. Bei langen, auf feuchtem Boden liegenden Seilenden, guter Leitfähigkeit der Bodentiefe, aber schlecht leitender Berührungsschicht, z. B. Kies, ergab sich in einzelnen Fällen eine merkbare kapazitive Komponente im gemessenen Widerstandswert; offenbar wird die normale Kapazität: Seil — Erde infolge des am Fehlerort sehr geringen Abstandes der „Belege" und der hohen Dielektrizitätskonstante von Wasser ganz erheblich vergrößert.

Bei Kabeln ist die Größe des Fehlerwiderstandes außer von etwa eingedrungener Feuchtigkeit besonders von dem Leitwert eines Gemisches verkohlter Isolierstoffe und niedergeschlagener Metalldämpfe abhängig; man kann in manchen Fällen durch Ausbrennen der Fehlerstelle unter Anwendung von Hochspannung bei genügend verfügbarer Leistung den Fehlerwiderstand durch Verschmelzung der Leiter miteinander oder mit dem Kabelmantel auf sehr kleine Werte bringen; benutzt man mäßige Gleichspannungen, so kann der Fehlerwiderstand durch Austrocknen andererseits so hoch werden, daß er meßtechnisch nicht mehr erfaßbar ist. Leiterbrüche kommen entweder durch Bodenbewegung in Bergbaugebieten oder auch bei Erdbeben zustande; hierbei befindet sich die

Bruchstelle oft in den Kabelmuffen. Oder das Kabel explodiert infolge hoher entwickelter Leistung an der Fehlerstelle, wobei dann gewöhnlich ein sehr komplizierter Mehrfachfehler entsteht. Die Größe des Fehlerwiderstandes ist weniger oder mehr abhängig vom Durchgangsstrom und auch zeitlich veränderlich. Feuchte Fehlerstellen zeigen diese Eigenschaft bei Gleichstromanwendung infolge Polarisationserscheinungen in starkem Maße, bei Wechselstromanwendung viel weniger.

## E. Fremdspannungen und Fremdströme in der abgeschalteten Leitung.

**Gleichspannungen.** Fehlerwiderstände, deren Größe von der Feuchtigkeit der Berührungsflächen abhängig ist, enthalten Polarisationsgleichspannungen geringer Höhe, deren Einfluß bei Gleichstrommeßverfahren zu beachten ist. In Kabelmänteln können außerdem Längsspannungen von mehreren Volt durch Erdströme — meist von Bahnstrecken herrührend — auftreten. Außerdem können die Messungen durch Induktionsstöße von Schaltvorgängen oder atmosphärischen Entladungen her gestört werden.

**Wechselspannungen.** Die abgeschaltete Leitung kann noch eine gewisse galvanische, induktive oder kapazitive Kopplung mit anderen im Betrieb befindlichen Leitungssystemen besitzen, die am gefährlichsten wird, wenn auf diesen Systemen Fehler, wie Erdschlüsse oder Doppelerdschlüsse, auftreten.

Die stärksten Störspannungen und Ströme werden an Doppelleitungen, die geringsten an Mehrleiterkabeln mit Bleimantel und Eisenarmierung beobachtet. Der elektromagnetische und -statische Induktionseinfluß tritt bei Freileitungen erheblich stärker zwischen Leiter und Erde als zwischen Leiter und Leiter (Verdrillung!) auf. Die wirksame induktive wie kapazitive Kopplung wird um so größer, je größer der relative Unterschied der Abstände eines untersuchten Leiters des abgeschalteten Systems von den Leitern des im Betrieb befindlichen Systems z. B. einer Drehstromdoppelleitung ist. Die hier in einer geschlossenen Schleife Leiter—Erde auftretende elektromagnetisch induzierte Fremdspannung liegt in der Größe von max. 80—160 Volt für 10000 Amp. × km. Bei Netzen mit starrer Nullpunkterdung sollen während der Messung an einem System einer Doppelleitung solche Betriebserden aufgehoben werden, die eine zur Fehlerschleife parallel liegende Kurzschlußschleife zur Folge haben. Die elektrostatisch induzierte Spannung zwischen einem isolierten Leiter und Erde beträgt einige 1000 Volt, den nach Erde abfließenden Ladestrom eines geerdeten Leiters kann man zu max. 0,7—1,5 Amp. für 100 km Parallelführung annehmen. Die hohen Werte der Ladeströme sind nur in Netzen mit Erdschlußlöscheinrichtungen aufgetreten, wo bekanntlich die Phasenspannungen gegen Erde eine längst nicht so stabile Gleichheit zeigen als in Netzen mit isoliertem Sternpunkt. Zu erwähnen wäre noch, daß mit 16 Per. betriebene Bahnstrecken in der Erde beträchtliche Spannungsabfälle — auch in weiteren Abständen von einigen 100 m — hervorrufen, die durch größtenteils galvanische Kopplung in einer parallel liegenden Erdschlußschleife meßbar sind. In einem derartigen Fall wurde an einer Freileitung mit 50 km Parallelführung zwischen beiden Erdschlußstellen bei starkem Zugverkehr 500 Volt abgegriffen bzw. gemessen.

# II. Gleichstrom-Meßverfahren.

## A. Widerstandsmessungen.

Voraussetzung für die Fehlerortbestimmung mittels Widerstandsmessungen ist die Kenntnis des spezifischen Streckenwiderstandes $r$ $\left(\text{z. B. } \frac{\Omega}{\text{m}}\right)$ der auszumessenden Leiter. Praktisch ist mit homogenen Leitungsabschnitten und konstantem Wert $r$ an jeder Stelle des Abschnittes zu rechnen, wobei jedoch mehrere solcher Abschnitte $l_a$, $l_b$ mit den Werten $r_a$, $r_b$ usw. zu einer Leitungsstrecke zusammengeschaltet sein können. In diesem Fall rechnet man zweckmäßig mit reduzierten Abschnittlängen $l'$ und gleichen $r$-Werten, z. B. $l'_a = l_a$; $l'_b = l_b \cdot \frac{r_b}{r_a}$ usw. Erdstrecken oder geerdete Kabelmäntel sind aber keinesfalls als homogene Leiter anzusehen. Die notwendig vorauszusetzende Homogenität eines Leiters ist im Fall des unvollkommenen oder vollkommenen Leiterbruchs besonders kraß gestört, so daß Widerstandsmessungen bei Leiterbruch nicht zum Ziele führen. Im folgenden sei der Einfachheit halber angenommen, daß zwischen den Orten $A$ und $B$ eine homogene Leitung mit mehreren Leitern, von denen einer auch eine Erdstrecke sein kann, verläuft. Abb. 1 zeigt als Beispiel eine Doppelleitung mit den gleichartigen Leitern *1* und *2*. An der Fehlerstelle $F$ besteht ein Isolationsfehler, der in diesem Fall Kurzschluß genannt wird im Gegensatz zu einem Erdschluß, wenn *1* eine Erdstrecke bedeuten würde. Die Teilstreckenlängen von beiden Enden der Leitung bis zum Fehlerort sind im Entfernungsbild mit $l_1$ und $l_2$, die Gesamtlänge mit $l_{12}$ bezeichnet. Im Widerstandsbild sind demnach die Teilstreckenwiderstände: $R_1 = r \cdot l_1$ und $R_2 = r \cdot l_2$, der gesamte Streckenwiderstand: $R_{12} = r \cdot l_{12}$ eines Leiters und der Überbrückungswiderstand zwischen beiden Leitern am Fehlerort: der Fehlerwiderstand von der beliebigen Größe $R_F$. Die meßtechnische Aufgabe besteht nun darin, die Teilstreckenwiderstände $R_1$ bzw. $R_2$ einzeln oder das Verhältnis beider zu ermitteln, um die Fehlerortentfernung im ersten Fall als $l_1 = \frac{R_1}{r}$ bzw. $l_2 = \frac{R_2}{r}$ oder im zweiten Fall durch $\frac{l_1}{l_2} = \frac{R_1}{R_2}$ als $l_1 = l_{12} \cdot \frac{R_1}{R_{12}}$ zu erhalten.

Tritt im Meßwert außer der zu ermittelnden Fehlerentfernung $l$ als zweite Unbekannte der Fehlerwiderstand $R_F$ auf, so sind zwei Messungen bzw. Meßwerte notwendig, um $R_F$ rechnerisch eliminieren zu können. Der Einfluß am Erdschlußort meist eingeprägter Polarisationsspannungen auf die Meßgröße muß man entweder durch eine Doppelmessung mit Polwechsel der Meßspannung und Mittelung der erhaltenen Meßwerte zu beseitigen versuchen; oder man kann auch bei Ersatz der Stromquelle durch einen äquivalenten Widerstand oder Kurzschluß den unter der alleinigen Einwirkung von Fremdspannungen beobachteten „falschen" Nullpunkt entsprechend bei der Messung berücksichtigen. Die auszumessenden Leiterwiderstände sind besonders bei Kabeln oft von so kleiner Größe (z. B. 0,1 m $\Omega$/m für 200 mm² Cu), daß ein Einfluß von Anschluß- oder Verbindungswiderständen nach Möglichkeit vermieden

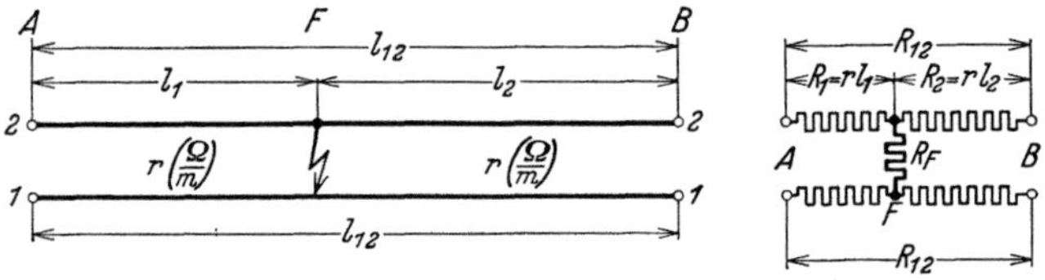


Entfernungsbild Widerstandsbild.

Abb. 1. Der Isolationsfehler zwischen zwei Leitern.

oder zum mindesten berücksichtigt werden muß. Schließlich ist noch zu erwähnen, daß die Leitungskonstante $r$ eine erhebliche Temperaturabhängigkeit besitzt, die für Kupferleiter etwa 0,4% für 1° C Temperaturdifferenz beträgt und bei Nichtbeachtung in einzelnen Meßanordnungen einen entsprechenden Meßfehler hervorrufen kann, sofern sie in der Ortsgleichung direkt oder indirekt enthalten ist; dieser Fall kann z. B. auftreten, wenn der Streckenwiderstand eines vor der Messung hochbelasteten Kabels mit dem eines längere Zeit außer Betrieb gewesenen Kabels verglichen wird.

## 1. Die Fehlerschleifenmessung ($G_{1}$—$_3$).

Bei der Fehlerschleifenmessung ist keine Hilfsleitung nötig. Die Meßwerte enthalten einflußgleich Strecken- und Fehlerwiderstand. Um den Fehlerwiderstand $R_F$ rechnerisch zu eliminieren, muß entweder von jedem Streckenende bei gleichem Schaltzustand des anderen Endes oder von einem Streckenende bei verschiedenem Schaltzustand des anderen Endes oder an beiden Enden gleichzeitig eine Messung ausgeführt werden, wobei sich der Fehlerwiderstand sowie eventuell seine Polarisationsspannung oder andere Fremdspannungen nicht ändern dürfen. Eine Vorprüfung auf Leiterbruch ist notwendig, aber bei kleinen Fehlerwiderständen unter Umständen schwierig.

**a) Die zweiseitige Messung ($G_1$).** Bei Kurzschlüssen zwischen zwei Leitern, d. h. Leitungsseilen, Kabeladern oder Prüfdrähten mißt man den Widerstand der Fehlerschleife nach Abb. 2a an den Enden $A$ und $B$, wobei man für z. B. gleiche $r$-Werte der Hin- und Rückleitung folgende Meßwerte erhält:

$$\text{In } A\colon R_A = 2\,l_1 \cdot r + R_F$$
$$\text{In } B\colon R_B = 2\,l_2 \cdot r + R_F$$

$$\text{Somit: } l_1 = \frac{l_{12}}{2} - \frac{R_B - R_A}{4\,r}.$$

Offenbar wird das Resultat um so ungenauer, bzw. unsicherer, je größer $R_F : R_{12}$ ist, zumal auch der durch eine Änderung $\Delta R_F$ zwischen beiden Messungen hervorgerufene Fehlereinfluß im gleichen Maße anwächst. Die Meßwerte $R_A$ und $R_B$ können, wie Abb. 2a zeigt, mittels gleichzeitiger Strom- und Spannungsmessung als $R = U : I$ ermittelt werden. Um Meßfehler durch Anschlußwiderstände zu vermeiden, ist der Spannungsmesser hinter dem Strommesser separat anzuschließen; außerdem muß der Spannungsmesserwiderstand groß gegen $R_A$ und $R_B$ sein, andernfalls die Meßwerte entsprechend zu korrigieren sind. Besonders zweckmäßig ist die Verwendung einer Thomson-Doppelmeßbrücke. Praktisch anwendbar ist das Verfahren nur für widerstandsarme Kurzschlüsse, z. B. bei zusammengeschweißten Kabeladern; der Einfluß von Polarisations- oder Fremdspannungen ist schwer zu eliminieren.

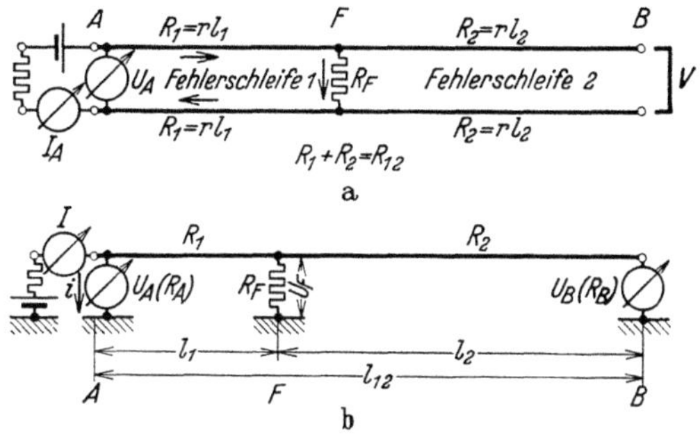


Abb. 2. Die Widerstandsmessung der Fehlerschleife. a ein- und zweiseitige Messung, b Spannungsabfallmessung ohne Hilfsleitung.

**b) Die einseitige Messung ($G_2$).** Zum gleichen Resultat, wie beim letzten Verfahren, gelangt man (nach Tietgen) auch, wenn nur an einem Ort, z. B. in $A$, bei offener und geschlossener Überbrückung $v$ in $B$ gemessen wird, wobei man nach Abb. 2a erhält:

$$R' = 2\,r \cdot l_1 + R_F \text{ (ohne Überbrückungswiderstand)}$$
$$R'' = 2\,r \cdot l_1 + \frac{2\,r\,l_2 R_F}{2\,r\,l_2 + R_F} \text{ (mit Überbrückungswiderstand)}$$

$$\text{Somit: } l_1 = \frac{1}{2\,r}\left[R'' - \sqrt{(R' - R'')\,(2\,r\,l_{12} - R'')}\right].$$

Die beiderseitige Messung erhöht die Sicherheit. Der Überbrückungswiderstand ($v$) geht direkt in die Messung ein, er muß daher so klein als möglich gehalten werden. Auch bei diesem Verfahren nimmt die Meßgenauigkeit mit steigendem Fehlerwiderstand ab. Es kommt dann besonders auf die Genauigkeit des Meßwertes $R''$ an, der nur wenig verschieden von $2\,r l_{12}$ ist. Wird $R''$ mit einer Genauigkeit $\varepsilon$ (z. B. 0,01 für 1%) gemessen, so ist der absolute Entfernungsmeßfehler: $l' = \frac{\varepsilon \cdot R_F}{4r} \cdot \left(1 + \frac{l_1}{l_2}\right)$; die Messung ist also von derjenigen Seite sicherer, wo $l_1 < l_2$ ist. Im übrigen gilt das gleiche wie für Verfahren ($G_1$) angegeben.

**c) Die Spannungsabfallmessung ohne Hilfsleitung ($G_3$).** Kurzschlüsse und Erdschlüsse kann man bei einseitiger Stromspeisung der Fehlerschleife und gleichzeitiger zweiseitiger Spannungsmessung erfassen. Die Enden des defekten Leiters sind nach Abb. 2b im Erdschlußfall über je einen Spannungsmesser mit hohem Eigenwiderstand zu erden. Der Strommesser kann auch durch einen Spannungsmesser mit einem Nebenschlußwiderstand (oder Kabelstück): $r \cdot l_0$ von der äquivalenten Leiterlänge $l_0$ ersetzt werden. Das Verfahren beruht auf dem Prinzip, die Spannung am Fehlerwiderstand $U_F$ separat zu messen, was nur möglich ist, wenn die beiden Spannungsmessererden das gleiche Potential haben; daher dürfen die Instrumente nicht mit dem Kabelmantel verbunden werden, außerdem ist die Batterie separat zu erden. Bei gleichzeitiger Ablesung (z. B. mittels Telephonverbindung) der drei Instrumente ist:

$$U_A = (I - i) R_1 + U_F, \qquad i = \frac{U_A}{R_A};$$

$$U_B = U_F \frac{R_B}{R_2 + R_B}.$$

$$l_1 = \frac{1}{r} \frac{U_A - U_B\left[1 + \frac{R_2}{R_B}\right]}{I\left[1 - \frac{i}{I}\right]}.$$

oder mit:

$$U_C = r \cdot l_0 \cdot I \qquad \text{und} \qquad i = \frac{U_A}{R_A},$$

$$l_1 = l_0 \frac{U_A - U_B\left[1 - \frac{R_2}{R_B}\right]}{U_C\left[1 - \frac{U_A}{U_C} \cdot \frac{r\, l_0}{R_A}\right]}.$$

Die Klammerausdrücke enthalten die infolge nicht unendlich großer Instrumentwiderstände notwendigen Korrektionen, wobei meist nur die Nennerklammer eine Rolle spielt. Da das Verfahren auch eine Differenzmessung ist, nimmt die Meßgenauigkeit mit steigendem Werte von $R_F$ ab. Der Einfluß von Fremdspannungen ist schwer zu beseitigen. Besteht zwischen zwei Leitern mit gleichem $r$-Wert ein Kurzschluß, so ist der errechnete $l_1$-Wert mit 0,5 zu multiplizieren.

### 2. Die Streckenwiderstandmessung ($G_{4}$—$_{11}$).

Unter Streckenwiderstandmessungen sei die Gruppe der Meßverfahren zusammengefaßt, bei denen ein direkter Einfluß der Größe des Fehlerwiderstandes auf den Meßwert durch das besondere Prinzip der Meßschaltung vermieden ist. Gegenüber diesem großen Vorteil muß ein Nachteil praktischer Art in Kauf genommen werden, daß nämlich mit Ausnahme von Sonderfällen mindestens ein gesunder, parallel liegender Hilfsleiter für die Messung zur Verfügung stehen muß, wie z. B. ein gesunder Leiter im gleichen Mehrleitersystem, ein anderes Kabel, ein Prüfdraht oder ein für den Meßzweck besonders verlegter Hilfsleiter. Für die Meßschaltung ergeben sich zwei grundsätzliche Möglichkeiten. Entweder wird die Fehlerstelle vom gesamten Meßstrom durchflossen, dann hat die Polarisationsspannung am Fehlerort keinen Einfluß auf das Meßergebnis, aber der Fehlerwiderstand kann infolge der Strombelastung derart ansteigen, daß die Meßempfindlichkeit zu gering wird, oder durch die Fehlerstelle fließt nur ein sehr geringer Differenz- bzw. Teilstrom, dann besitzt zwar der Fehlerwiderstand eine wesentlich höhere Konstanz, jedoch ist dann der Einfluß der Polarisationsspannung nur durch die schon erwähnte Doppelmessung — praktisch oft schwer — zu eliminieren. Steht eine hohe Meßspannung zur Verfügung, ist im allgemeinen die erstgenannte Schaltung unbedingt vorzuziehen, da ein ausreichender Meßstrom meist erzwungen werden kann. Sämtliche im folgenden beschriebenen Meßverfahren sind in gleicher Weise für die Auffindung von Erd- oder Kurzschlüssen geeignet.

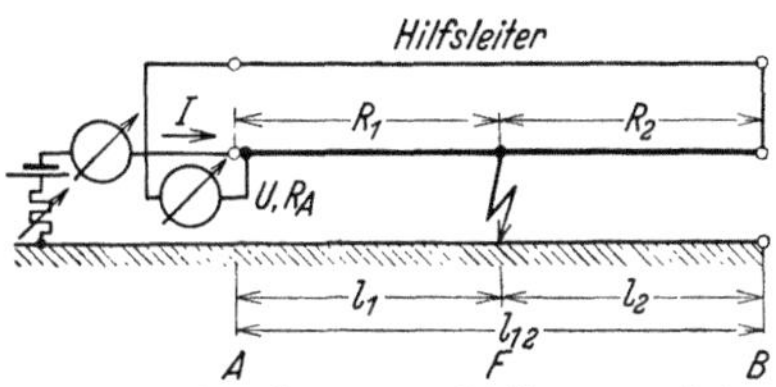

Abb. 3. Die Spannungsabfallmessung bei Strombelastung der Fehlerstelle.

Eine Vorprüfung auf Leiterbruch ist unbedingt erforderlich; man mißt zu diesem Zweck den Widerstand der aus dem defekten Leiter und dem Hilfsleiter zusammengeschalteten Schleife, der seinen Normalwert ergeben muß.

**a) Die Spannungsabfallmessung mit Hilfsleitung ($G_4$).** Das Prinzip dieses recht brauchbaren Verfahrens beruht auf der separaten Messung des Teilspannungsabfalls auf dem Streckenwiderstand der Fehlerschleife. Einseitig ausgeführt ist die Kenntnis der Leiterkonstante $r$ erforderlich. Bei strombelasteter Fehlerstelle (Abb. 3) ergibt sich aus gleichzeitiger Strom- und Spannungsmessung:

$$l_1 = \frac{1}{r}\frac{U}{I}.$$

Bei zweiseitiger Messung ergibt sich mit den beiden Spannungsmeßwerten $U_A$ und $U_B$ bei gleichem Strom $I$:

$$l_1 = l_{12}\frac{U_A}{U_A + U_B}$$

oder mit den Instrumentausschlägen $\alpha_A$ und $\alpha_B$:

$$l_1 = l_{12}\frac{\alpha_A}{\alpha_A + \alpha_B}.$$

Zu letzterem Ergebnis kann man auch bei einseitiger Messung mit zwei Hilfsleitungen gelangen.

Der Fehlerwiderstand und Polarisationsspannungen beeinflussen nur die Meßempfindlichkeit; der Widerstand der verwendeten Hilfsleiter ist unwesentlich. Der Eigenwiderstand der Spannungsmesser muß groß gegen $R_{12}$ + Hilfsleiterwiderstand sein, andernfalls ist der Meßwert zu korrigieren.

Die Schaltungen mit stromentlasteter Fehlerstelle (Abb. 4) sollten nur im Notfall angewendet werden, wenn der Fehlerwiderstand bei Strombelastung zu sehr anwächst, da die Polarisationsspannung die Meßwerte beeinflußt. Dieser Einfluß wird um so schwächer, je höher die Streckenteilspannungen sind, weshalb der Meßstrom möglichst hoch gewählt werden soll. Gute Isolation der Batterie ist erforderlich. Nach Abb. 4a liest man nacheinander beide Instrumentausschläge $\alpha_A$ und $\alpha_B$ ab und erhält bei $I$ und $R_F$ (!) = konstant:

$$l_1 = l_{12} \frac{\alpha_A}{\alpha_A + \alpha_B}.$$

Hierbei sollen Instrumente mit gleichem Eigenwiderstand benutzt werden, der groß gegen $R_{12}$ sein muß.

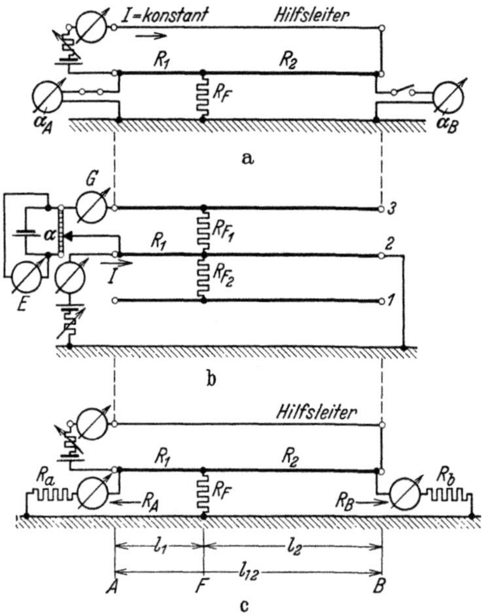


Abb. 4. Die Spannungsabfallmessung bei Stromentlastung der Fehlerstelle. a Normale zweiseitige Messung, b Kompensationsmethode, c Messung mit Widerstandsabgleich.

Korrekturen wegen zu hohen Eigenverbrauches vermeidet man bei Anwendung von Kompensationsschaltungen. Als Beispiel diene das Schaltbild 4b, das ein Verfahren (nach Simon) zur Messung des Fehlerortes eines Dreiphasenkurzschlusses ohne Hilfsleitung zeigt. Der Spannungsabfall $I \cdot r \cdot l_1$ wird mit Hilfe eines Nullinstrumentes und einer veränderlichen Kompensationsspannung: $\alpha E$ verglichen, wodurch sich $l_1 = \frac{\alpha}{r} \cdot \frac{E}{I}$ ergibt; die Größe der Fehlerwiderstände beeinflußt nur die Empfindlichkeit; die Fehlereinflüsse durch Polarisationsspannungen können bei hohem Meßstrom $I$ klein gehalten werden.

Nach Schaltung 4c können hochempfindliche Strommesser (mit den Eigenwiderständen $R_A$ und $R_B$) verwendet werden. Die Zusatzpräzisionswiderstände $R_a$ und $R_b$ werden so eingestellt, daß beide Instrumente gleichzeitig den gleichen Strom anzeigen, woraus sich ergibt:

$$l_1 = l_{12} \frac{R_A + R_a}{R_A + R_B + R_a + R_b} \, .$$

Eine Konstanz des Fehlerwiderstandes ist hierbei nicht erforderlich.

**b) Die Spannungsverhältnismessung ($G_5$).** Weiterhin kann man auch mit geerdeter Stromquelle nach Abb. 5 arbeiten. Zu diesem Zweck wird durch Verbinden des defekten Leiters *1* mit einem gesunden Leiter *2* am anderen Ende ($B$) eine Leiterschleife hergestellt. Am Ort $A$ wird (nach Pokrant und Tietgen) zwischen die Leiter ein Instrument gelegt. Die Stromspeisung erfolgt über einen Regulierwiderstand durch die Fehlerstelle und aufgeteilt über die Leiterschleife, einen Umschalter und Strommesser zurück. Die Verbindung zwischen den Leitern in $B$ muß möglichst widerstandsarm hergestellt sein. Erhält man bei konstantem Speisestrom $I$ in den Umschalterstellungen $I$ und $II$ die Instrumentausschläge $\alpha_I$ und $\alpha_{II}$ entsprechend den Strömen $i_I$ und $i_{II}$, so ergibt sich:

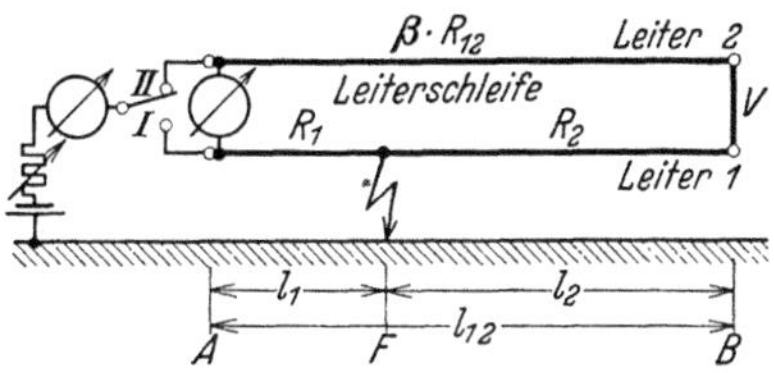

Abb. 5. Die Spannungsverhältnismessung.

$$i_I = I \frac{R_1}{R_{12}(1+\beta) + R_g} \, ; \; i_{II} = I \frac{\beta R_{12} + R_2}{R_{12}(1+\beta) + R_g} \, ,$$

wenn $R_g$ der Instrumentwiderstand ist und der Leiter *2* einen $\beta$-mal so hohen Widerstand als Leiter *1* bei gleicher Länge besitzt.

Aus $\frac{i_I}{i_{II}} = \frac{\alpha_I}{\alpha_{II}}$ folgt: $l_1 = l_{12}(1+\beta) \frac{\alpha_I}{\alpha_I + \alpha_{II}}$.

Die größte Meßempfindlichkeit erhält man, wenn der Instrumentwiderstand in der Größe von $2\,R_{12}$ liegt. Die Anschlußübergangswiderstände des Instrumentes gehen in das Meßresultat nicht ein, wenn das Instrument hinter dem Umschalter an die Leiter angeschlossen ist, wohl aber der Verbindungswiderstand $V$ in $B$.

**c) Die Stromverhältnismessung ($G_6$).** Man kann die Schaltung (Abb. 5) (nach Grootonk) auch derart abändern, daß der Umschalter fortfällt, und jeder Leiter über einen Strommesser angeschlossen ist, wie Abb. 6a zeigt; die Strommesser sollen im Vergleich zum Streckenwiderstand möglichst kleinen Eigenwiderstand besitzen, der bei folgendem Verfahren nicht bekannt zu sein braucht; auch die Eichgenauigkeit spielt dabei keine Rolle. Man liest beide Strommesser zugleich ab, wobei man mittels des Regulierwiderstandes mehrere Stromwertpaare einstellen kann. Nunmehr wird an Stelle der Leiterschleife nach Abb. 6b ein Schleifdraht $R_S$ mit einem Parallelwiderstand $R'$ angeschlossen. Der Kombinationswiderstand vom Schleifdraht $R_S$ und Nebenschluß $R'$ muß genau gleich dem Widerstand der hier homogen angenommenen Leiterschleife $2\,R_{12}$ gemacht werden, der also bekannt sein oder separat gemessen werden muß. Ist der Schleifdrahtwiderstand größer als $2\,R_{12}$, so wird $R'$ so eingestellt, daß $\frac{R' \cdot R_S}{R' + R_S} = 2\,R_{12}$ ist. Jetzt verändert man den Stromregulierwiderstand und die Schleifdrahteinstellung $\alpha$ so lange, bis die Strommesser dieselben vorher ermittelten Meßwertpaare anzeigen, und erhält unter Voraussetzung einer widerstandsproportionalen Schleifdrahtskala: $l_1 = 2\,l_{12} \cdot \alpha$.

Die Anschlüsse der Strommesser an die Leiterschleife bzw. den Ersatzschleifdraht sind sehr sorgfältig herzustellen. Da bei verschieden großen Übergangswiderständen zwischen beiden Messungen Meßfehler auftreten.

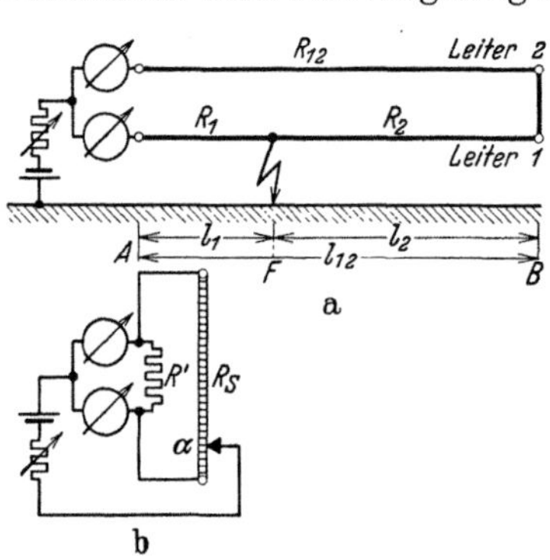


Abb. 6.
Die Stromverhältnismessung. a Messung an der Kabelschleife, b Ersatz der Kabelschleife durch Schleifdraht.

**d) Die Widerstandsverhältnismessungen ($G_{7-10}$).** Um ein Widerstandsverhältnis zu messen, bedient man sich am zweckmäßigsten einer Meßbrückenschaltung, da Vergleichswiderstände wesentlich genauer herzustellen sind, als direkt zeigende Instrumente, wie Spannungs- und Strommesser, geeicht werden können. Bekanntlich hängt die Meßgenauigkeit von Instrumenten außer von der Sorgfalt der Eichung noch von anderen Fehlereinflüssen, wie z. B. Temperaturabhängigkeit, ab; bei rauher Behandlung stellen sich bei empfindlichen Instrumenten leicht Reibungsfehler ein. Ferner stört, wie schon erwähnt, oft der Eigenverbrauch der Instrumente und muß daher berücksichtigt werden. An die in Meßbrücken verwendeten Nullinstrumente wird eigentlich nur die Anforderung größtmöglicher elektrischer Empfindlichkeit gestellt. Das vorher besprochene Meßverfahren ($G_4$) (Abb. 4c) stellt im Prinzip schon eine Meßbrücke mit den Zweigen $R_1$, $R_2$, $R_A + R_a$, $R_B + R_b$ dar, nur wird die Stromlosigkeit der Fehlerstelle nicht durch ein Instrument am Fehlerort angezeigt, sondern durch Stromgleichheit der Erdströme in $A$ und $B$ indirekt ermittelt. Prinzipiell ist nun die eigentliche Brückenschaltung so aufgebaut, daß die Streckenwiderstände beiderseits des Fehlerorts mit zwei bekannten Vergleichswiderständen die vier Brückenzweige bilden, wobei der Fehlerwiderstand entweder in der Stromspeisezuleitung oder vor dem Nullinstrument in der Brückendiagonale liegt. Abb. 7a zeigt den ersten (normalen) Fall. Zwischen den Leitungsenden $A$ und $B$ liegt der Leiter *1*. Im Knotenpunkt der Teilstreckenwiderstände $R_1$ und $R_2$, d. h. am Fehlerort $F$, erfolgt von der einen Seite die Stromspeisung über den zweiten defekten Leiter *2*, der auch bei $F$ unterbrochen sein kann, und den Fehlerwiderstand $R_F$. Von der anderen Seite tritt der Speisestrom im Knotenpunkt der beiden Abgleichwiderstände $R_a$ und $R_b$ ein, deren Enden an $A$ bzw. $B$ liegen. Zwischen $A$ und $B$ ist das Nullinstrument angeschlossen. Wenn durch Veränderung von $R_a$ und $R_b$ das Nullinstrument stromlos ist, besteht die Beziehung:

$$\frac{R_1}{R_2} = \frac{R_a}{R_b} \quad \text{oder} \quad \frac{R_1}{R_{12}} = \frac{R_a}{R_a + R_b}, \quad \text{d. h.} \quad l_1 = l_{12} \cdot \frac{R_a}{R_a + R_b}.$$

Diese Abgleichbedingung für die Meßbrücke bleibt dieselbe beim Vertauschen von Stromquelle und Nullinstrument. Besonders zweckmäßig ist der Ersatz beider Abgleichwiderstände $R_a$ und $R_b$ durch einen Schleifdraht, dessen Widerstand nach Abb. 7b die Größe

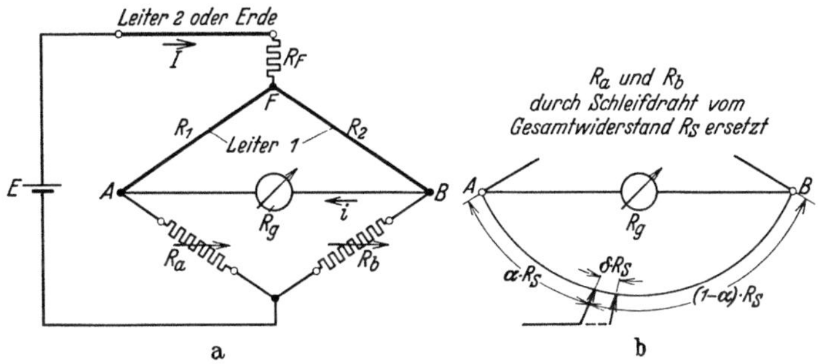


Abb. 7. Die Widerstandsverhältnismessung. a Mit zwei veränderlichen Widerständen, b mit einem Schleifdraht.

$R_S = R_a + R_b$ besitzt. Wenn die Schleifdrahtteilung widerstandsproportional ist, gibt die Schieberstellung $\alpha$ auf der Schleifdrahtskala — meist von 1—1000 geteilt — das Verhältnis $\frac{R_1}{R_{12}}$ bei vollzogenem Brückenabgleich direkt in Promille an, so daß die einfache Fehlerortgleichung besteht:

$$l_1 = \alpha\, l_{12}.$$

Da die Schleifdrahtmeßbrücke — für Starkstromleitungen in der normalen Schaltung von Abb. 7a — zweifellos das wichtigste Gleichstrommeßgerät ist, sei im folgenden die Ermittlungsgleichung für die Meßempfindlichkeit angegeben. Diese soll durch den Instrumentstrom $i_\Delta$ ausgedrückt werden, der bei einer Schleifdrahteinstellung $(\alpha \pm \delta)$ fließt, wenn $\alpha$ die Einstellung für $i = 0$, d. h. für vollkommenen Abgleich bedeutet:

$$\text{a)}\ i_\Delta = \frac{\delta \cdot R_S \cdot R_L \cdot I}{R_g (R_L + R_S) + R_L \cdot R_S}; \qquad \text{b)}\ I = \frac{E}{R_F + \alpha (1 - \alpha)(R_S + R_L)}.$$

In diesen Gleichungen sind:

$R_L$ der zwischen den Anschlußpunkten $A$ und $B$ liegende Streckenwiderstand; in Abb. 7a ist $R_L = R_{12}$;

$R_S$ der Schleifdrahtwiderstand;

$R_g$ der Instrumentwiderstand;
$R_F$ der Fehlerwiderstand;
$I$ der Speisestrom;
$E$ die Meßspannung;
$\alpha$ die Schleifdrahtteilung von $0 - 1{,}0$.

Die Gleichungen gelten unter der Voraussetzung, daß $\delta \ll 1$ ist, d. h. der Brückenabgleich nahezu vollzogen ist. Die Meßempfindlichkeit nimmt offenbar in erster Linie bei konstanter Meßspannung mit wachsendem Fehlerwiderstand $R_F$ ab. Bei hohen Werten von $R_F$, wo die Größe der Meßempfindlichkeit besonders interessiert, wird nahezu $I = E : R_F$. Gleichung (a) zeigt, daß die Meßempfindlichkeit über die ganze Schleifdrahtskala konstant ist, da $\alpha$ nicht als Einflußgröße vorhanden ist.

Zunächst ist nun von Bedeutung, wie man eine vorliegende Instrumenttype und einen Schleifdraht bemessen muß, um bei einem gegebenen Streckenwiderstand $R_L$ für einen bestimmten Strom $I$ die größtmögliche Meßempfindlichkeit zu erzielen. Man kann hierbei annehmen, daß die Leistungsempfindlichkeit jeder Instrumenttype, d. h. der Leistungsverbrauch für 1 Teilstrich Ausschlag eine Konstante, also unabhängig vom Instrumentwiderstand ist. Die maximale Meßempfindlichkeit tritt dann auf, wenn:

$$R_g = \frac{R_S \cdot R_L}{R_S + R_L}$$

gewählt wird, wobei $i_{\Delta\,\max} = \frac{\delta}{2} \cdot I$ wird.

Die entsprechende Meßleistung ist:

$$N_{\Delta\,\max} = i^2_{\Delta\,\max} \cdot R_g = I^2\,\frac{\delta^2}{4} \cdot \frac{R_S \cdot R_L}{R_S + R_L};$$

ihr absoluter Höchstwert wird für $R_S \gg R_L$ (d. h. $R_g = R_L$) zu: $I^2\,\frac{\delta^2}{4} \cdot R_L$. Es zeigt sich ganz allgemein, daß die Meßempfindlichkeit jedenfalls für konstanten Speisestrom $I$ mit einer Erhöhung des Schleifdrahtwiderstandes zunimmt. Die Genauigkeit der Meßbrücke hängt vor allem von der Genauigkeit der Schleifdrahtskala ab, die widerstandsproportional sein soll, aber meist als lineare Längenskala ohne Kalibrierung des Schleifdrahtes ausgeführt ist, wodurch man mit einem Meßfehler bis etwa 0,5% zu rechnen hat. Wesentlich erhöhen läßt sich die Meßgenauigkeit — nach dem Vorherigen zugleich auch die Meßempfindlichkeit — durch „Verlängern" des Schleifdrahtes, z. B. durch Anordnung beiderseits zu- und abschaltbarer fester Widerstandsstufen, deren Eichgenauigkeit sehr hoch getrieben werden kann. Werden z. B. $2 \times 9$ Stufen von z. B. je $5\,\Omega$ zu beiden Seiten des Schleifdrahtes mit dem gleichen Widerstand von $5\,\Omega$ so zu- bzw. abgeschaltet, daß der verlängerte Schleifdrahtwiderstand $R_S = 50\,\Omega$ konstant bleibt, so überstreicht man mit der Schleifdrahtskala nach Wahl $0 - 5$, $5 - 10$ bis

45—50 $\Omega$. Die Verlängerung und die Ablesegenauigkeit sind hierbei verzehnfacht; der Skalenfehler geht in die Messung nur mit dem zehnten Teil ein.

**e) Die Meßdrahtmethode ($G_7$).** Wenn kein zum defekten Leiter parallel liegender gesunder Leiter zur Verfügung steht, kann die Widerstandsverhältnismessung ohne weiteres nicht von den Leitungsenden aus vorgenommen werden. Nach Abb. 8 wird längs des defekten Leiters, der an der Stelle $F$ einen Erdschluß hat, ein isolierter Meßdraht verlegt, der z. B. auch aus einem — natürlich vom Betrieb abgeschalteten — Fahrdraht einer Bahnlinie bestehen kann. Der Messende schreitet die Leitungsstrecke von $A$ nach $B$ ab, wobei er eine Batterie und das Nullinstrument mitnehmen muß; außerdem ist eine von Erde isolierte Verbindung zwischen Instrument und den Leitungsenden an jedem Ort notwendig. Auf der Strecke wird nun probeweise an verschiedenen Orten der Meßdraht über die Batterie geerdet, bis unmittelbar am Fehlerort das Instrument keinen Ausschlag mehr zeigt; bei einem isolierten Draht wird zum Zweck der örtlichen Prüfung die Isolation mit einer Nadel durchstochen. Der Fehlerort wird also nach dieser Methode direkt ohne eine Rechnung gefunden. Der Meßdraht soll, wie in Abb. 8 angedeutet ist, vor den Hilfsleitungen für das Instrument an den Leiterenden angeschlossen werden; der Übergangswiderstand des Meßdrahtanschlusses addiert sich zum Meßdrahtwiderstand, der zweckmäßig relativ hoch zum Leiterwiderstand gewählt wird und z. B. aus Kupferdraht von einigen Millimeter Durchmesser besteht. Trotzdem dieses Meßverfahren wegen seiner einfachen Auswertung sehr bestechend ist, wird es in der Praxis selten — etwa bei kurzen Einleiterkabeln — angewendet. Bei längeren Strecken kann das Auslegen des Meßdrahtes schwierig, oft wegen der Geländeverhältnisse (Städte!) unmöglich sein; überdies ist das Mitführen der Verbindungsleitungen für das Instrument recht unbequem. Für eine Empfindlichkeitsberechnung nach Gleichung (a) S. 375 setze man $R_L = R_{12}$ und $R_S$ = Meßdrahtwiderstand.

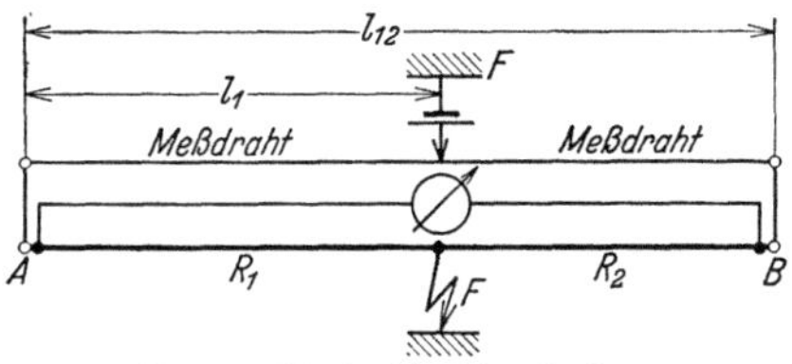

Abb. 8. Die Meßdrahtmethode.

**f) Die normale Leiterschleifenmethode mit einem Hilfsleiter ($G_8$).** Abb. 9a zeigt die unter der Bezeichnung „Kabelschleifenmethode" von Murray in der Praxis bekannte und meist benutzte Meßschaltung für die Ortbestimmung eines Erd- oder Kurzschlusses bei Kabeln, insbesondere Mehrleiterkabeln. Voraussetzung für die Anwendung ist das Vorhandensein einer gesunden Ader oder eines Prüfdrahtes; andernfalls kann natürlich auch — wenn dies möglich ist — ein isolierter Draht längs des Kabels verlegt werden. Bei einem Kurzschluß zwischen zwei Leitern muß außerdem ein gesunder Leiter zur Verfügung stehen.

Bei einem 3-poligen Kurzschluß eines Drehstromkabels, wobei oft nur zwei Defekte z. B. zwischen den Leitern 1—2 und 2—3 vorhanden sind, kann man (nach Simons) aus 1 und 2 die Kabelschleife bilden und 3 als Rückleitung benutzen, wenn $R_F$ zwischen 1—2 genügend groß gegen $2\,R_2$ ist. Im Kurzschlußfall darf einer der kurzschlußbehafteten Leiter auch einen Leiterbruch aufweisen. Für Freileitungen ist dies Verfahren natürlich auch anwendbar, worüber bisher kaum etwas bekannt geworden ist. Die Meßeinrichtung ist für den Gebrauch in Freileitungsnetzen deshalb wesentlich schwieriger und teurer zu bauen, da sie den auftretenden Induktionsströmen und -spannungen bezüglicht hermischer Sicherheit des Schleifdrahtkreises und Gefährdung des empfindlichen Nullinstrumentes gewachsen sein muß.

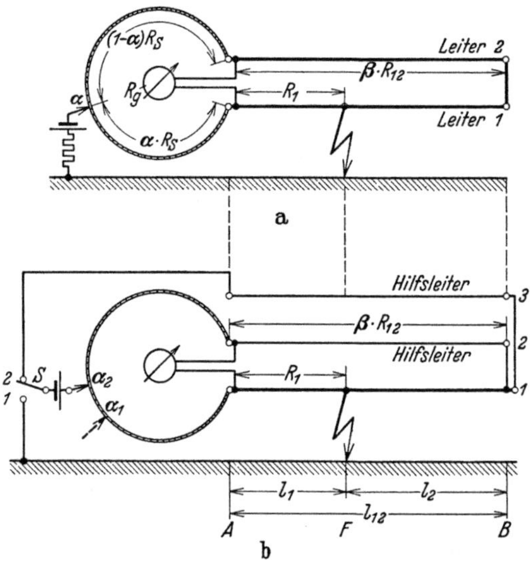

Abb. 9. Die Leiterschleifenmethode mit geerdeter Stromquelle. a Mit einer Hilfsleiter, b mit zwei Hilfsleitern.

Nach Abb. 9a bildet der defekte Leiter 1 mit dem gesunden Leiter 2 die sog. „Kabelschleife". Die notwendige Verbindung beider Leiter am Ort $B$ ist möglichst sorgfältig bzw. widerstandsarm herzustellen. Das Nullinstrument ist hinter dem Schleifdraht separat anzuschließen; die Verbindungswiderstände zwischen den Leitern und dem Schleifdraht addieren sich dann zu letzterem, dessen Ohmwert auch aus Empfindlichkeitsgründen genügend hoch sein soll. Besitzen beide Leiter die gleichen Streckenlängen $l_{12}$ wie z. B. bei Drehstromkabeln, aber ungleiche Querschnitte — wenn als Hilfsleiter ein Prüfdraht verwendet wird — so ergibt sich für die spezifischen Streckenwiderstände $r_1$ und $r_2$ bzw. die Leiterquerschnitte $q_1$ und $q_2$ bei gleichem Leitermaterial bzw. $\beta = \frac{r_2}{r_1} = \frac{q_1}{q_2}$ die Fehlerortentfernung $l_1$ bei der Schleifdrahtablesung $\alpha$ zu:

$$l_1 = \alpha\, l_{12}\,(1 + \beta).$$

Für eine Empfindlichkeitsberechnung nach Gleichung (a) S. 375 setze man $R_L = R_{12}\,(1 + \beta)$.

Ein eventueller Temperaturunterschied der Leiter 1 und 2 muß berücksichtigt werden. Der Meßempfindlichkeit $\delta$, bezogen auf die Schleifdrahtteilung nach Abb. 7b, entspricht eine Meßunempfindlichkeit $\lambda_m$, die angibt, auf wieviel Meter empfindlich man die Fehlerortentfernung noch ablesen kann; $\lambda_m$ ergibt sich durch entsprechende Umwandlung der Gleichung (a) auf S. 375 für die Schaltungen Abb. 8 u. 9a zu:

$$\text{Schaltung 8} \quad \lambda_m = \frac{i_0}{I}\left[\frac{R_g}{r_1} + l_{12}\left(1 + \frac{R_g}{R_S}\right)\right].$$

$$\text{Schaltung 9a} \quad \lambda_m = \frac{i_0}{I}\left[\frac{R_g}{r_1} + l_{12}\,(1 + \beta)\left(1 + \frac{R_g}{R_S}\right)\right].$$

Für große Querschnitte und geringe Längen gilt einfach:

$$\lambda \approx \frac{U_0}{I \cdot r_1} \quad \text{(Raphael)}.$$

Hierbei bedeuten:

$r_1$ = Leiterkonstante ($\Omega$/m) des defekten Leiters 1;
$\beta$ = $\frac{r_2}{r_1}$;
$l_{12}$ = gesamte Streckenlänge eines Leiters;
$R_g$ = Instrumentwiderstand;
$R_S$ = Meßdraht- oder Schleifdrahtwiderstand;
$i_0$ = Stromempfindlichkeit, d. h. Instrumentstrom für 1 Teilstrich Ausschlag;
$u_0$ = Spannungsempfindlichkeit;
$I$ = über die Fehlerstelle fließender Speisestrom.

Bei kleinen Streckenlängen $l_{12}$ nimmt also die Meßempfindlichkeit mit wachsendem $q$, bei mittleren mit $q$ und $l$, bei großen mit $l$ ab. Moderne spitzengelagerte Zeigergalvanometer benötigen etwa für einen Teilstrich Ausschlag 100—500 pW Meßleistung, solche mit Spannbandaufhängung nur einen Bruchteil davon, z. B. die neueren Lichtmarkeninstrumente nur 1 pW. Als Beispiel sei eine Schleifdrahtbrücke mit $R_S = R_g = 10\,\Omega$ und einer Stromempfindlichkeit $i_0 = 0{,}3\,\mu$A (d. h. etwa 1 pW) angenommen. Es soll mit dieser Meßeinrichtung nach Schaltung 9a an einem Drehstromkabel von $l_{12} = 1000$ m und $q = 120$ mm² Cu, d. h. $r_1 = r_2 = 0{,}15\,\frac{\text{m}\,\Omega}{\text{m}}$; $R_{12} = 0{,}15\,\Omega$ der Erdschlußort einer defekten Ader 1 bestimmt werden, die mit einer gesunden Ader 2 die Kabelschleife bildet. Die Meßspannung sei zunächst mit 100 Volt angenommen, die bei einem hohen Fehlerwiderstand von z. B. 100000 $\Omega$ einen Meßstrom von 1 mA über die Fehlerstelle treibt.

Die Meßempfindlichkeit ergibt sich zu:

$$\lambda_m = 0{,}3 \cdot 10^{-3}\,[66000 + 4000] = 21 \text{ m, d. h. rund } 2\%.$$

Der Instrumentwiderstand müßte bei optimaler Anpassung etwa $R_g = 0{,}3\,\Omega$ und nicht $10\,\Omega$, wie angenommen, sein. Diese verhältnismäßig schlechte Anpassung ruft aber gegenüber der in diesem Fall erreichbaren Maximalempfindlichkeit nur einen Empfindlichkeitsverlust von 50% hervor, da bekanntlich diese Optimumfunktion bei Meßbrücken ziemlich flach verläuft. Den Empfindlichkeitsverlust könnte man leichter durch Verdoppelung der Meßspannung wettmachen. Um bei sehr hohem

Fehlerwiderstand eine genügende Meßempfindlichkeit zu erreichen, ist die Anwendung von hohen Gleichspannungen erforderlich. Sehr bewährt haben sich für diesen Zweck die mit Glühventilen ausgerüsteten Hochspannungs-Kabelprüfeinrichtungen, mit denen die Meßspannung bis zur Kabelprüfspannung gesteigert werden kann.

**g) Die Leiterschleifenmethode mit zwei Hilfsleitern ($G_9$).** Wenn zwei gesunde Hilfsleiter zur Verfügung stehen, ist die Meßschaltung 9b (nach Heinzelmann) von Vorteil, da die spezifischen Streckenwiderstände von Haupt- und Hilfsleiter nicht, wie Schaltung 9a verlangt, bekannt zu sein brauchen. Eine Doppelmessung ergibt:

In Schalterstellung I mit Ablesung $\alpha_I$: $l_1 = \alpha_I\, l_{12}\,(1+\beta)$.

In Schalterstellung II mit Ablesung $\alpha_{II}$:

$$\alpha_{II} = \frac{r \cdot l_{12}}{r \cdot l_{12}\,(1+\beta)}\,;\quad 1+\beta = \frac{1}{\alpha_{II}}\,.$$

Man erhält somit: $l_1 = \frac{\alpha_I}{\alpha_{II}} \cdot l_{12}$.

Der besondere Vorteil der Schaltung besteht darin, daß die Größe des Verbindungswiderstandes zwischen defektem Leiter 1 und Hilfsleiter (2) der Leiterschleife in $B$ gleichzeitig mit eliminiert wird und im Gegensatz zur vorher beschriebenen normalen Schaltung keinen Meßfehler zur Folge haben kann; der Widerstand des Hilfsleiters 3 spielt natürlich keine Rolle.

**h) Die Leiterschleifenmethode mit geerdetem Instrument ($G_{10}$).** Wie schon bei der allgemeinen Behandlung der Wheatstoneschen Meßbrücke erwähnt, bleibt die Fehlerortbestimmungsgleichung bei Vertauschung von Spannungsquelle und Instrument gegenüber der normalen Anordnung die gleiche. Da der Fehlerwiderstand hierbei (Abb. 10) in Reihe mit dem Instrument liegt, ist bei hohen Werten von $R_F$ im Gegensatz zur normalen Schaltung eine hohe Spannungsempfindlichkeit des Instrumentes (d. h. hoher Widerstand) notwendig, um eine genügende Meßempfindlichkeit zu erzielen. Infolge der meist vorhandenen Polarisationsspannung $E_F$ am Fehlerort muß eine Doppelmessung mit verschiedener Batteriepolung vorgenommen werden; es wird das Mittel beider Schleifdrahtablesungen $\alpha_1$ und $\alpha_2$ für die Ortbestimmung zugrunde gelegt. Der entsprechende Potentialverlauf über die Leiterschleife ist durch die gestrichelten Potentiallinien *I* und *II* für die Schalterstellungen *I* und *II* angedeutet. Um nun auch bei sehr hohem Fehlerwiderstand eine brauchbare Meßempfindlichkeit zu erzielen, wird (nach Higgit) im Instrumentkreis eine Taste $T$ angeordnet. Beim Schließen der Taste wird die vorher etwa bestehende Spannungsdifferenz an der Taste — solange die Schleifdrahteinstellung noch nicht $\alpha_1$ bzw. $\alpha_2$ ist — einen durch das Instrument fließenden Ladestromstoß hervorrufen, der von der Erdkapazität $C_L$ der Kabelschleife aufgenommen wird. Je länger das Kabel ist, um so größer wird diese „Stromstoßempfindlichkeit“ im Verhältnis zur „Dauerstromempfindlichkeit“. Nach jedem Tastendruck soll eine Pause von etwa $5 \cdot R_F \cdot C_L$ ($R_F$ in M$\Omega$; $C_L$ in $\mu$F) Sekunden gemacht werden, damit sich die Ladung ausgleichen

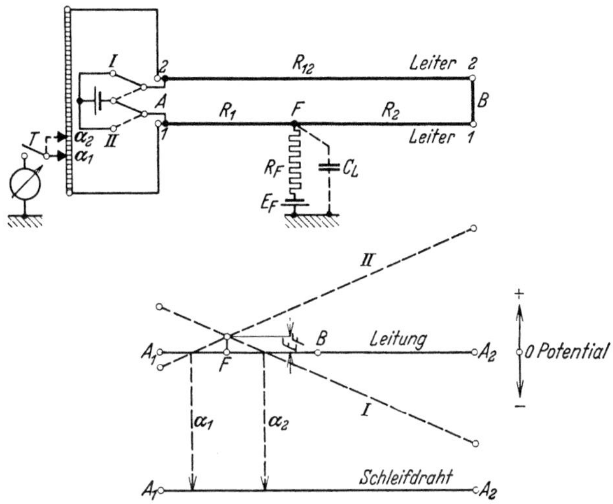


Abb. 10. Die Leiterschleifenmethode mit geerdetem Nullinstrument.

kann, und bei einer neuen Messung des Potential des Fehlerortes im stationären Endzustand ist. Die ganze Apparatur muß natürlich vorzüglich isoliert sein.

**i) Einfluß der Leiterisolation bei der Widerstandsverhältnismessung.** Bei extrem hohem Fehlerwiderstand ist die Grenze für eine brauchbare Ortsbestimmung nicht nur durch die erreichbare Meßempfindlichkeit gezogen — diese ließe sich ja bei Anwendung von Spiegelgalvanometern hoch genug treiben — sondern wird schließlich durch die Isolationsgüte des Leiters bestimmt. In Abb. 11 ist eine aus zwei Leitern mit den Widerstandskonstanten $r_1$ und $r_2$ gebildete Leiterschleife mit einem für die Längeneinheit konstanten Isolationsleitwert $G_1$ und $G_2$ $\frac{1}{\Omega \cdot \text{m}}$ gegen

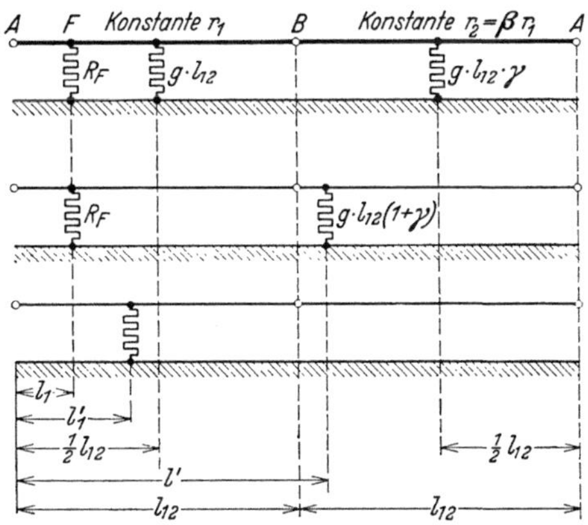


Abb. 11. Der Fehlereinfluß der Isolationsableitung.

Erde gestreckt dargestellt. Die Gesamtableitung der Leiterschleife kann man sich dann als Leitwert $G_{12} = g_1 l_{12} (1 + \gamma)$ in der Entfernung

$l' = \frac{1}{2} l_{12} \left[1 + \frac{1+\beta}{1+\gamma} \cdot \gamma\right]$ vom Meßort entfernt konzentriert denken, wobei $\beta = \frac{r_2}{r_1}$ und $\gamma = \frac{g_2}{g_1}$ ist. Statt der tatsächlichen Fehlerortentfernung $l_1$ würde man messen:

$$l_1' = l_1 + \frac{1}{2}\left[l_1\left(\frac{1+\beta}{1+\gamma}\cdot\gamma - 1\right) + l_2\left(\frac{1+\beta}{1+\gamma}\cdot\gamma + 1\right)\right]\left[\frac{R_F\cdot G_{12}}{1+R_F\cdot G_{12}}\right].$$

Oder einfacher für $R_F \cdot G_{12} \ll 1$ und $\beta = \gamma = 1$

$$l_1' = l_1 + 2\,l_2 \cdot l_{12} \cdot g_1\,.$$

In diesem Fall wäre der Meßfehler Null bei $l_1 = l_{12}$ und hätte seinen Höchstwert: $l_{12} \cdot R_F \cdot G_{12}$ für $l_1 = 0$. Für eine feste Größenordnung von $R_F$ und die spezifische Leiterableitung $g$ wächst also dieser Fehlereinfluß quadratisch mit der Streckenlänge an. Wenn z. B. bei einer 1000 m langen Kabelstrecke der Meßfehler unter 1%, d. h. 10 m bei einem Fehlerwiderstand von 1 M$\Omega$ bleiben soll, muß das Kabel für 1000 m einen größeren Isolationswiderstand als 200 M$\Omega$ haben.

**k) Der meßtechnische Einfluß von Fremdströmen.** Besonders in Stadtkabelnetzen können durch vagabundierende Gleichströme von Straßenbahnen erhebliche Längsspannungen an den Kabelmänteln auftreten, die die Anwendung einiger Meßverfahren unmöglich machen, da sie größen- und richtungsmäßig erheblichen Schwankungen innerhalb kurzer Zeitintervalle unterworfen sind. Ein direkter Fehlereinfluß tritt bei denjenigen Schaltungen auf, wo auch die Polarisationsspannung berücksichtigt werden muß; nur ist jener wegen der Inkonstanz der Erscheinung praktisch wesentlich schwieriger zu eliminieren. Induktionseinflüsse von zeitlich schwankenden, z. B. die Leiterschleife durchsetzenden magnetischen Gleichfeldern, können besonders bei den hochempfindlichen Nullinstrumenten der Meßbrücken solche Stromstöße in diesen hervorrufen, daß die Nulleinstellung des Instrumentes unruhig wird, bzw. der tatsächliche Abgleichzustand nur unsicher zu erkennen ist. Gegen derartige Störungen gibt es, abgesehen von einer selten anwendbaren Kunst- bzw. Kompensationsschaltung (nach Zwilling), noch keine generelle Abhilfe. Wechselströme — vornehmlich in Freileitungen — rufen außer einer nicht immer direkt erkennbaren thermischen Gefährdung ein starkes Zittern des Zeigers hervor; sehr unangenehm macht sich in dieser Beziehung die niedere Bahnfrequenz von 16 Per./sec bemerkbar. Gegen Wechselstörströme schützt am sichersten der Anschluß des Nullinstrumentes über eine Siebkette (Tiefpaß), die nur unterhalb einer Grenzfrequenz, z. B. 10 Per./sec eine hohe Durchlässigkeit besitzt, oder schon Parallelschaltung einer großen Kapazität, wofür die neueren unpolarisierten Elektrolytkondensatoren recht geeignet sind.

**l) Kritik und Anwendungsbereich der Widerstandmeßverfahren.** Die Leiterschleifenmethode entweder mit Meßdraht ($G_7$) oder 1 oder 2 Hilfsleitern ($G_8$ und $G_9$) sollte man den anderen Verfahren vorziehen, falls sie praktisch ausführbar sind. Je höher die Fehlerwiderstände sind, um so mehr treten ihre Vorteile in Erscheinung. Die Fehlerschleifenmessung ($G_1$—$_3$) ist nur im Notfall anzuwenden, wenn kein Hilfsleiter zur Verfügung steht und kann nur Erfolg haben, solange die Größe des Fehlerwiderstandes ein geringes Vielfaches des Streckenwiderstandes nicht überschreitet; vor den anderen Meßverfahren hat die Spannungsabfallmessung den Vorteil, daß Fehlereinflüsse durch Verbindungswiderstände zu vermeiden sind, und bei Mehrfachkurzschlüssen keine Hilfsleitung erforderlich ist.

Bei mehreren Fehlerorten zugleich ist mit Sicherheit nur ein solcher Fehlerort zu ermitteln, bei dem ein Leiter ohne Unterbrechung nur einen Fehler besitzt, der an anderer Stelle nicht vorkommt.

Tritt die gleiche Fehlerart an einem Leiter an zwei verschiedenen Orten auf, so liegt der ermittelte Fehlerort demjenigen näher, der den kleineren Fehlerwiderstand aufweist.

## B. Ballistische Kapazitätsmessungen ($G_{11}$).

Jeder isolierte Leiter besitzt gegen Erde eine Kapazität, deren Größe bei einer homogenen Leitung der Streckenlänge proportional ist, d. h. dem Leiter ist eine spezifische Streckenkapazität $c$ (pF/m) zugeordnet. Demnach ist für eine Streckenlänge $l_{12}$ die Streckenkapazität $C_{12} = l_{12}\, c$. Diese Eigenschaft der Leitung kann man für den Fehlerfall des Leiterbruches mit mindestens einem isolierten Leiterende meßtechnisch für die Ortbestimmung der Bruchstelle dadurch ausnutzen, daß man die Kapazität des isolierten Leiterendes absolut gegen Erde oder einen anderen Leiter mißt oder mit der Kapazität eines gesunden Leiters vergleicht. Nachdem der Fall des isolierten Leiterbruches z. B. nach dem Verfahren ($G_1$) festgestellt ist, wird der defekte Leiter nach Abb. 12 in Schalterstellung I über den Schutzwiderstand $R$ von einer Gleichspannungsquelle $E$ aufgeladen, wonach in Schalterstellung II die Leiterkapazität über ein geerdetes ballistisches Galvanometer $G$, ein Instrument mit großer Schwingungsdauer, entladen wird. Unter der Voraussetzung, daß der Entladestromstoß abgeklungen ist (Zeitkonstante: $R \cdot C$), ehe das Instrumentsystem sich aus seiner Nullage verdreht, zeigt das Instrument einen Ausschlag $\alpha = K \cdot E \cdot C_1$, woraus sich $l_1 = \frac{\alpha}{K \cdot c \cdot E}$ ergibt; $K$ ist die ballistische Empfindlichkeit des Galvanometers.

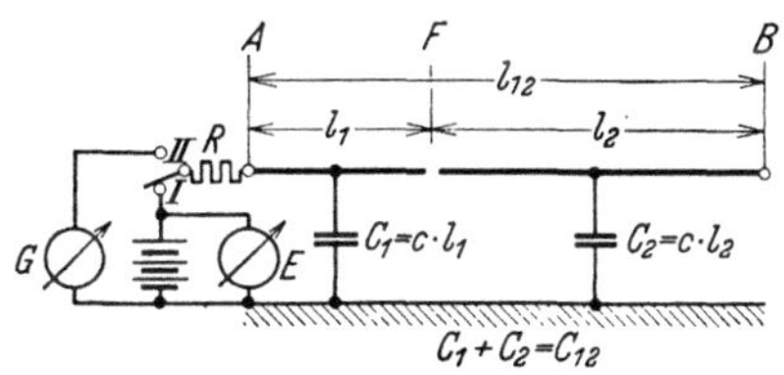


Abb. 12. Die ballistische Kapazitätsmessung.

Sind beide Bruchenden isoliert, ergibt die dann mögliche zweiseitige Messung in $A$ und $B$: $l_1 = l_{12} \frac{C_1}{C_1 + C_2}$.

Hierbei braucht die spezifische Leiterkapazität nicht bekannt zu sein. Eine schlechte Isolation der Bruchstelle verkleinert den Entladeausschlag und vergrößert den Ladeausschlag, den man der Ortbestimmung natürlich auch zugrunde legen kann. Zur Sicherheit nimmt man den Mittelwert beider Messungen als richtig an.

Zweckmäßig werden hohe Spannungen 100—200 Volt angewendet, damit ein eventueller Einfluß von Fremdspannungen nicht stört. Bei langen Mehrphasenkabeln verbindet man alle gesunden Leiter mit Erde, um Fehler durch die kapazitive Kopplung der Leiter zu vermeiden, die den linearen Zusammenhang zwischen Meßwert und Leitungslänge stört; auch muß auf den Fehlerzustand anderer Leiter Rücksicht genommen werden.

Das ballistische Meßverfahren kann also nur für die Fehlerortung in Kabelnetzen bei isoliertem Leiterbruch angewendet werden; erfahrungsgemäß muß die Messung möglichst bald nach Auftritt des Fehlers infolge eines Kurzschlusses vorgenommen werden, da einziehende Feuchtigkeit nach Abkühlung der Fehlerstelle die Isolation daselbst schnell auf einen zu niedrigen Wert herabsetzt.

## C. Stromrichtungsmessungen ($G_{12}$).

Im Erdschlußfall, insbesondere mit gleichzeitigem Auftreten von mehrphasigem Kurzschluß und Leiterbruch, wo Gleich- und Wechselstrommessungen nur schwer oder überhaupt nicht zum Ziele führen, kann man bei armierten Kabeln folgendes Suchverfahren nach Wurmbach anwenden, das zwar ein mehrfaches Ausgraben des Kabels, aber kein unnötiges Öffnen von Muffen oder gar Zerschneiden erfordert. Die Fehlerschleife wird mit Gleichstrom gespeist, d. h. zwischen eine defekte Ader und Erde wird eine Gleichspannung von solcher Größe gelegt, daß ein Strom in der Größenordnung von 1 Amp. fließt. Nach Abb. 13 dringt der Fehlerstrom aus der defekten Ader am Fehlerort beiderseits in die Armierung ein und nimmt darin infolge Eintritts ins Erdreich mit der Entfernung vom Erdschlußort ab. Mit zwei Sonden, an die ein empfindliches Instrument angeschlossen ist, wird nun die Richtung des Fehlerstromes dadurch ermittelt, daß die Richtung des Spannungsabfalles zwischen zwei möglichst voneinander entfernten Punkten (1 m) auf dem Kabelmantel ermittelt wird; natürlich muß hierbei streng auf gleichbleibende Polung des Instrumentes geachtet werden. Beim Abtasten des Kabels längs seines Verlaufes ändert sich am Fehlerort der Ausschlagssinn des Instrumentes. Man beginnt mit der Prüfung — wenn überhaupt kein Anhalt vorliegt — auf der Streckenmitte, findet

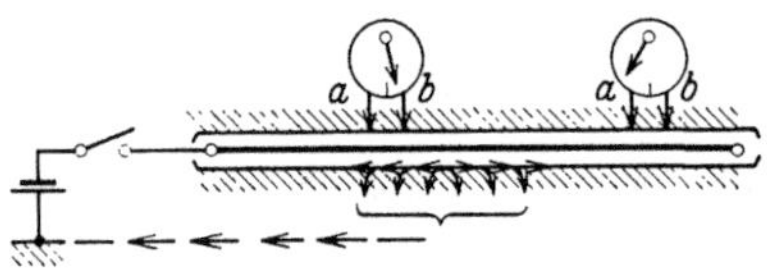

Abb. 13. Die Stromrichtungsmessung.

dort z. B., daß $l_1$ zwischen 0 und $\frac{1}{2} l_{12}$ liegt, gräbt daraufhin bei $\frac{1}{4} l_{12}$ auf und halbiert die Strecken jeweils weiter, bis man den Fehler genügend lokalisiert hat. Im ungünstigsten Fall — wenn der Fehler nahezu an einem Ende liegt — müßte man etwa 8mal aufgraben. Empfehlenswert ist, die Gleichstromspeisung in kurzzeitigen Abständen intermittierend zu bewirken, damit keine Irrtümer durch Fremdströme auftreten können.

# III. Wechselstrommeßverfahren.

## A. Die Widerstand- und Leitwertmessung der Fehlerschleife ($W_1$).

### 1. Die Leistungskonstanten.

Einer homogenen Leiterschleife, bestehend aus zwei parallelen Leitern, von denen einer auch eine Erdstrecke sein kann, sind vier, die Leitung kennzeichnende Größen als sog. Leitungskonstante für die Längeneinheit $l$ zugeordnet. Diese sind:

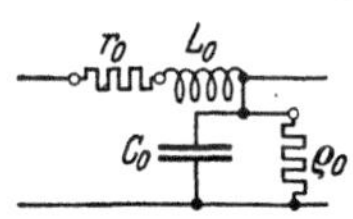


Abb. 14. Die Anordnung der Leitungskonstanten in einem Leiterelement.

$r_0$ ($\Omega/l$) = Schleifenwiderstand.
$L_0$ (H/$l$) = Schleifeninduktivität.
$\varrho_0$ (S/$l$) = Ableitung zwischen den Leitern (Isolationsleitwert).
$C_0$ (F/$l$) = Kapazität zwischen den Leitern.

Aus den direkt meßbaren Schleifenwiderständen und Induktivitäten lassen sich Leiter- und Erdwiderstand $r_P$ und $r_E$ sowie Leiter- und Erdinduktivität $L_P$ und $L_E$ als Rechnungsgrößen ermitteln; bei Mehrphasenleitungen bestimmt man zweckmäßig aus den zwischen Leiter und Leiter sowie Leiter und Erde meßbaren resultierenden Kapazitätswerten die Teilkapazitäten $C_P$ und $C_E$ (vgl. Abb. 21 und Abschnitt 9).

Man kann sich also die Leitung aus zahlreichen, aneinandergereihten Streckenelementen nach Abb. 14 zusammengesetzt denken. Als Längeneinheit $l$ ist bei Freileitungen km, bei Kabeln m üblich. Die Konstante $r_0$ ist bei der nur in Frage kommenden niederen Meßfrequenz mit dem spezifischen Gleichstromwiderstand identisch, wenn die Schleife aus zwei metallischen Leitern besteht; eine Erdstrecke, die für Gleichstrom keinen nennenswerten Widerstand hat, besitzt bei Wechselstromspeisung einen etwa der Frequenz proportionalen ($f$) spezifischen Wirkwiderstand, der z. B. für Freileitungen in der Größe von $1{,}4 \cdot f$ m$\Omega$/km liegt und kaum abhängig von der Leitfähigkeit des Erdbodens ist. Die Ableitung $\varrho_0$ wird bei Freileitungen vom Oberflächenleitwert der Isolatoren, bei Kabeln von der Verlustziffer des Dielektrikums bestimmt und ist besonders bei jenen starken zeitlichen und örtlichen Änderungen unterworfen. Die Konstanten $L_0$ und $C_0$ sind fast ausschließlich nur von den geometrischen Dimensionen, wie Leiterdurchmesser und Abstand abhängig und bei

Kabeln viel verschiedener als bei Freileitungen. Für die Größenordnung der Konstanten $L_0$ und $C_0$ seien einige Beispiele angegeben. Eine 100-kV-Drehstromfreileitung besitzt etwa eine Schleifeninduktivität $L_{PP}$ zwischen zwei Leitern von etwa 2,8 mH/km, zwischen Phase und Erde $L_{PE}$ = 2,1 mH/km. Die Teilkapazität $C_P$ zwischen Phase — Phase ist etwa $C_P$ = 0,7 nF/km, die Teilkapazität $C_E$ zwischen Phase — Erde ist etwa $C_E$ = 6 nF/km. An einem 5-kV-Drehstromkabel wurde $L_{PE}$ = 2,4 $\mu$H/m, $C_P$ = 25 pF/m, $C_E$ = 100 pF/m, an einem 30-kV-Einleiterkabel $L_{PE}$ = 1,2 $\mu$H/m und $C_E$ = 250 pF/m gemessen. Bei Kabeln ist die Konstante $L_{PE}$ auch von der Armierung abhängig und darf bei abschnittweise getrennten Mänteln einer Messung nicht zugrunde gelegt werden. Der Leiterwiderstand $r_0$ ist wegen seiner Temperaturabhängigkeit zeitlich veränderlich, auf die Induktivität einer Schleife: Leiter — Erde hat die Leitfähigkeit des Erdbodens einen geringen Einfluß, die Erdkapazität einer Freileitung müßte etwas von der Jahreszeit infolge des verschiedenen wirksamen Bodenabstandes der Leiter abhängig sein; einige Beobachtungsergebnisse an Freileitungen (Bernett, Mosa) zeigen geringe zeitliche Änderungen, deren Ursachen aber nicht aufgeklärt werden konnten.

## 2. Das Grundprinzip der Wechselstrommessung.

Bei einem Kurz- oder Erdschluß, verbunden mit einem vollkommenen Leiterbruch kann der Fehlerwiderstand am Fehlerort im Bereich von $R_F = 0 — \infty$ jeden beliebigen Wert annehmen. Betrachtet man zunächst die beiden Grenzwerte von $R_F$ an einer verlustlos gedachten Leitung mit $r_0 = \varrho_0 = 0$ (Abb. 15) und nimmt weiter das Produkt von Meßfrequenz $\omega$ und Leitungslänge $l$ so klein an, daß bei $R_F = 0$ die Leiterkapazität und bei $R_F = \infty$ die Leiterinduktivität keinen Einfluß auf den in $A$ erhaltenen Meßwert besitzt, so ist in beiden Fällen die Fehlerortentfernung $l_1$ gegeben zu:

Gleichung Ia) $l_1 = \frac{L_1}{L_0}$ mit $L_1$ als Meßwert.

Gleichung Ib) $l_1 = \frac{C_1}{C_0}$ mit $C_1$ als Meßwert.

Die Leitungsstrecke $l_2$ jenseits des Fehlerortes ist natürlich einflußlos auf die Messung. Man bezeichnet allgemein a) als Kurzschluß, b) als Leerlauf der Fehlerschleife. Bei bekannter Streckenlänge $l_{12}$ einer Gesamtleitung wären umgekehrt mit den Meßwerten $L_{12}$ und $C_{12}$ die zwei Leitungskonstanten $L_0 = \frac{L_{12}}{l_{12}}$ und $C_0 = \frac{C_{12}}{l_{12}}$ zu ermitteln.

## 3. Der Einfluß des Fehlerwiderstandes.

Da im Kurzschlußfall (Abb. 15a) der zu messende Blindwiderstand $x_1 = \omega L_1$, dagegen im Leerlauffall (Abb. 15b) der Blindleitwert $\xi_1 = \omega C_1$ der Fehlerentfernung proportional sind, wird man zweckmäßig vom

Grenzfall a ausgehend mit Widerständen, vom zweiten Grenzfall b ausgehend mit Leitwerten, d. h. auch mit $\Lambda_F = \frac{1}{R_F}$ operieren, wobei man schon jetzt die Grenze zwischen beiden Meßarten festegen kann. Im Kurzschlußfall muß der Meßstrom der Meßspannung nacheilen, im Leerlauffall voreilen. Eine stetige Veränderung des Fehlerwiderstandes von $0 - \infty$ wird eine entsprechende stetige Drehung des Phasenwinkels $\varphi$ von $-90$ über 0 auf $+90^0$ hervorrufen. Da nun für $\varphi = 0$ meßtechnisch weder ein Blindwiderstand noch Leitwert bestehen bzw. gemessen werden kann, ist $\varphi = 0$ bei einem noch zu ermittelnden Sonderwert von $R_F$ die natürliche Grenze zwischen Widerstand und Leitwertmessung. Für die weitere Entwicklung seien folgende Bezeichnungen festgelegt:

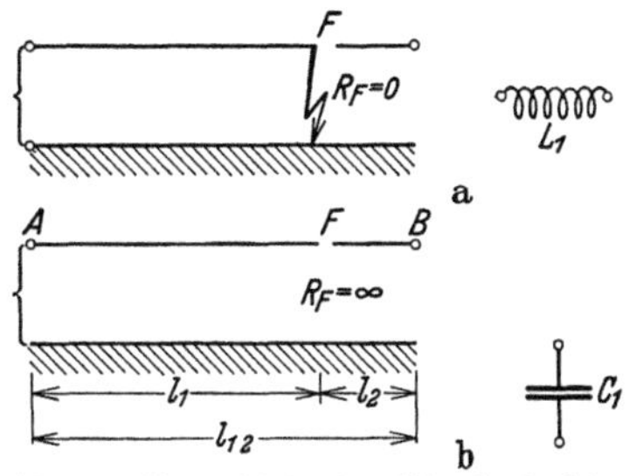

Abb. 15. Kurzschluß (a) und Leerlauf (b) der Leiterschleife.

| | Schleifenblindwiderstand | Schleifenblindleitwert |
|---|---|---|
| für die Längeneinheit $l$: | $x_0 = \omega L_0$ $(\Omega/l)$ | $\xi_0 = \omega C_0$ $(\mathrm{S}/l)$ |
| für die Streckenlänge $l_1$: | $x_1 = \omega L_1$ $(\Omega)$ | $\xi_1 = \omega C_1$ $(\mathrm{S}/l)$ |

$\omega =$ konstante Kreisfrequenz $= 2\pi f$

Fehlerwiderstand: $R_F$ $(\Omega)$ Fehlerleitwert: $\Lambda_F$ (S)

Wellenwiderstand: $z = \sqrt{\frac{x}{\xi}}$ Wellenleitwert: $\zeta = \sqrt{\frac{\xi}{x}}$

Meßwertpaare an der Meßstelle:

| | |
|---|---|
| Wirkwiderstand $R$ | Wirkleitwert $P$ |
| Blindwiderstand $X$ | Blindleitwert $\Xi$ . |

Im Fehlerfall mit Leiterbruch wird der Index 1, ohne Leiterbruch der Index 12 dem Meßwert hinzugefügt.

## 4. Kurz- oder Erdschluß mit vollkommenem Leiterbruch.

Unter der schon vorher angegebenen Voraussetzung, daß das Produkt $(\omega \cdot l)$ genügend klein ist (z. B. $f = 50$ Hz, $l = 20$ km) ist die Fehlerschleife bei Leiterbruch (Streckenlänge $l_1$ in Abb. 15a und b) durch zwei meßtechnisch gleichwertige Ersatzschaltungen nach den Abb. 16a und 17a darstellbar, in denen sich die in Wirklichkeit gleichmäßig längs der Leitung verteilte Kapazität $C_1$ entsprechend ihrem Blindleitwert $\xi_1$ am Leitungsende oder Leitungsanfang konzentriert befindet. Zweckmäßig wird nun nach Abb. 16, von dem einen Grenzfall $R_F = 0$ ausgehend, der Widerstand und nach Abb. 17, von $R_F = \infty$ ausgehend, der Leitwert der Fehlerschleife berechnet, wobei bekanntlich induktiver Blindwiderstand und kapazitiver Leitwert positive Vorzeichen haben. Im ersten Fall ist die Parallelschaltung der Leitwerte $\xi_1$ und $\Lambda_F$ (16b) in eine gleichwertige Serienschaltung (16d) mit den noch zu bestimmenden Widerständen $R'$ und $K$ umzuwandeln. Dies bedingt für beide Schaltungen bei gleicher angelegter Spannung $U_2$ den gleichen Gesamtstrom $\mathfrak{J}$ mit gleicher Phasenverschiebung $\psi$. Es muß also gemäß den Diagrammen 16c und e

$$\operatorname{tg}\psi = \frac{I_\xi}{I_R} = \frac{U_K}{U_R} \text{ oder } \frac{\xi_1}{\Lambda_F} = \frac{K}{R'}$$

sein. Nimmt man zunächst $R_F$ bzw. $\operatorname{tg}\psi = R_F \cdot \xi_1$ so klein an, daß in Abb. 16c: $I \approx I_R$ und entsprechend in Abb. 16e: $U_R \approx U_2$ gesetzt werden kann, so werden die gesuchten Serienkomponenten von Abb. 16d:

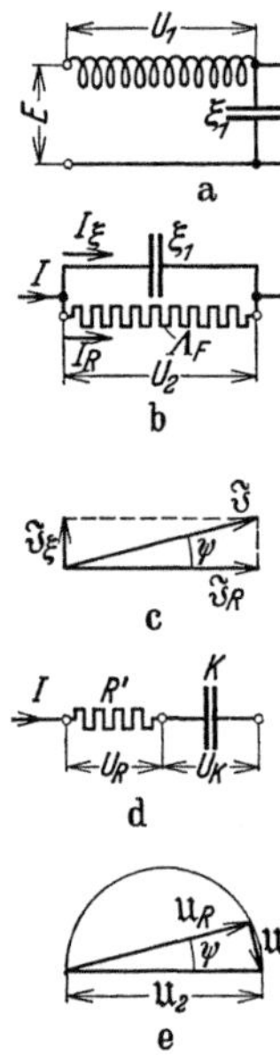


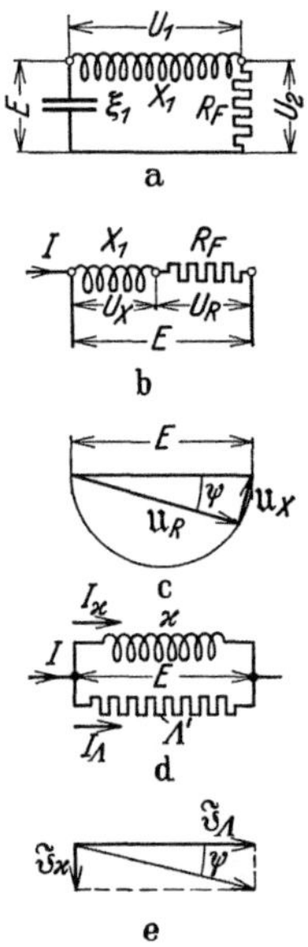


Abb. 16. Widerstände. Abb. 17. Leitwerte.
Der Einfluß des Fehlerwiderstandes auf die Meßwerte.

$$R' \approx \frac{1}{\Lambda_F} = R_F \text{ und } K \approx - R_F^2 \cdot \xi_1 .$$

Es werden also folgende beiden Meßwerte erhalten:

Wirkwiderstand $R_1 = R_F$,

Blindwiderstand $X_1 = x_1 - R_F^2 \cdot \xi_1$.

Durch Eliminieren von $R_F$ ergibt sich:

Gleichung IIa:

$$l_1 = \frac{X_1}{x_0}\left(\frac{1}{1-\left(\frac{R_1}{z}\right)^2}\right),$$

wobei für:

$$z = \sqrt{\frac{x_1}{\xi_1}} = \sqrt{\frac{x_0}{\xi_0}} = \sqrt{\frac{L_0}{C_0}}$$

gesetzt wurde.

In gleicher Weise berechnet sich, vom zweiten Grenzfall $R_F = \infty$ ausgehend, der Leitwert der Fehlerschleife nach Abb. 17 durch eine entsprechende Umwandlung der Serienschaltung (17b) in eine gleichwertige Parallelschaltung (17d) mit den Komponenten: $\Lambda' \approx \Lambda_F$ und $\varkappa \approx -\Lambda_F^2 \cdot x_1$. Als Meßwerte ergeben sich in diesem Fall:

Wirkleitwert: $P_1 = \Lambda_F$,

Blindleitwert: $\Xi_1 = \xi_1 - \Lambda_F^2 \cdot x_1$.

Durch Eliminierung von $\Lambda_F$ folgt:

Gleichung IIb:

$$l_1 = \frac{\Xi_1}{\xi_0}\left(\frac{1}{1-\left(\frac{P_1}{\zeta}\right)^2}\right),$$

wobei für

$$\zeta = \sqrt{\frac{\xi_1}{x_1}} = \sqrt{\frac{\xi_0}{x_0}} = \sqrt{\frac{C_0}{L_0}}$$

gesetzt wurde.

Die beiden Hauptgleichungen II für die Fehlerortbestimmung sind frequenzunabhängig und unterscheiden sich von den einfachen Gleichungen I durch den Klammerfaktor, der den Einfluß des Fehlerwiderstandes darstellt. Die für die Messung grundlegenden Meßwerte $X_1$ und $\Xi_1$ werden also bei wachsendem $R_F$ bzw. $\Lambda_F$ von beiden Grenzfällen ausgehend verkleinert, so daß:

$$X_1 = \omega L_1 \left[1 - \left(\frac{R_F}{z}\right)^2\right] \text{ und } \Xi_1 = \omega C_1 \left[1 - \left(\frac{\Lambda_F}{\zeta}\right)^2\right]$$

gemessen werden, d. h. für diese Verkleinerung ist das Verhältnis des Fehlerwiderstandes zum Wellenwiderstand maßgebend. Für den Sonderfall: $R_F = z$ wird $X_1$ und $\Xi_1 = 0$ unabhängig von der Fehlerortentfernung $l_1$ gemessen, und die Gleichungen II ergeben für $l_1$ den unbestimmten Wert 0 : 0, d. h. die Entfernungsmessung ist um so ungenauer, je mehr sich der Fehlerwiderstand der Größe des Wellenwiderstandes nähert. Bei Freileitungen ist $z = 500—700\ \Omega$, bei Kabeln liegt $z$ zwischen 50 und 150 $\Omega$. Für jeweils konstante Entfernung $l_1$ bei einer Gesamtstrecke $l_{12}$ ist die Abhängigkeit zwischen dem Wirk- und Blindmeßwert, im rechtwinkligen Achsenkreuz nach den Gleichungen II durch eine Parabelschar gegeben, die sich zeichnerisch durch eine quadratische Skala der Wirkmeßwerte $R_1$ und $P_1$ strecken läßt, so daß man das lineare Meßdiagramm Abb. 18 mit den angegebenen Relativskalen erhält. Mittels der Meßwerte $R_1$ und $X_1$ berechnet man z. B.:

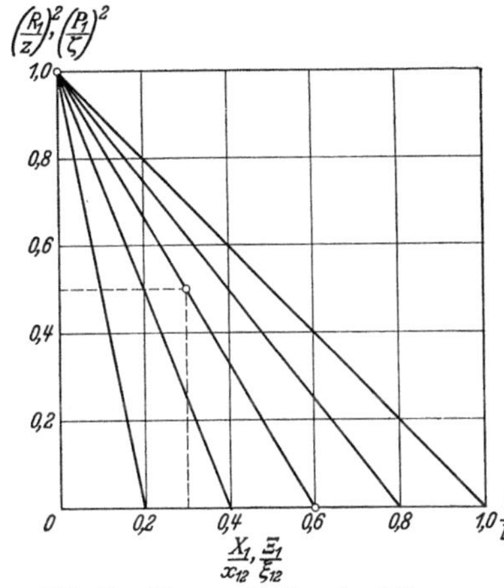

Abb. 18. Lineares Fehlerortmeßdiagramm.

$$\left(\frac{R_1}{z}\right)^2 = 0{,}5 \text{ und } \frac{X_1}{X_{12}} = 0{,}3\,,$$

wobei der Meßpunkt auf der Ortgeraden liegt, die mit 0,6 beziffert ist; d. h. der Fehler liegt auf 60% der Gesamtentfernung bis zum Leitungsende. Die Gleichungen I und II waren unter der Voraussetzung abgeleitet, daß die Winkel $\psi$ in Abb. 16 und 17 genügend klein bleiben. Da $\operatorname{tg}\psi = R_F \cdot \xi_1$ bzw. $\Lambda_F \cdot x_1$ ist, wird $\operatorname{tg}\psi_{\max} = l_1 \sqrt{x_0\,\xi_0}$. Dies ergibt für 20 km Freileitung und 50 Hertz nur einen Winkel von etwa 1,5°.

## 5. Kurz- oder Erdschluß ohne Leiterbruch.

Handelt es sich um einen Fehler ohne Leiterbruch, so ist nach Abb. 16 und 17 die Ersatzschaltung der Fehlerschleife derart abzuändern, daß an Stelle des Blindleitwertes $\xi_1$ am Fehlerort der Blindleitwert

$\xi_{12}$ der Gesamtstrecke $l_{12}$ zu setzen ist. Von $R_F = 0$ zu wachsenden Werten übergehend, würde man z. B. einen Blindwiderstand $X_{12} = x_1 \left[1 - \left(\frac{R_F}{z}\right)^2 \frac{l_{12}}{l_1}\right]$ messen; $X_{12}$ würde zu Null für: $R_F = z \cdot \sqrt{\frac{l_{12}}{l_1}}$, d. h. man erhielte ein vollkommen verschiedenes Meßdiagramm für den Fehlerfall mit und ohne Leiterbruch. Überbrückt man aber das Leiterende mit einem Widerstand von der Größe des Leitungswellenwiderstandes $z$, so wird durch diesen „Kompensationswiderstand" $R_K$ die Blindkomponente der zum Fehlerwiderstand parallel liegenden Schleife $l_2$ beseitigt. Von der Meßstelle aus gesehen ist zum Fehlerwiderstand $R_F$ ein Wirkwiderstand $z$ parallel geschaltet; die Kombination beider wird als $R_{12} \approx \frac{R_F \cdot z}{R_F + z}$ gemessen, d. h. für $R_F = \infty$ wird $R_1 = z = R_K$ und $X_{12} = 0$ gemessen. Im Fehlerfall ohne Leiterbruch mit Verwendung des genannten Kompensationswiderstandes kommt nur eine Widerstandsmessung in Frage; die Fehlerortbestimmung geschieht mittels Hauptgleichung IIa. Eine Kenntnis des Leiterbruches ist nicht notwendig, falls das Leitungsende immer durch den Kompensationswiderstand abgeschlossen ist.

### 6. Unvollkommener Leiterbruch bei Kabeln.

In diesem Fehlerfall wird bei einem Längswiderstand $R_l$ zwischen den Bruchenden:

$$P_{12} = \frac{1}{R_l + z}$$

bei Verwendung des Kompensationswiderstandes gemessen, was einem fiktiven Fehlerwiderstand $R_F = R_l + z$ gleichkommt. Die Meßgenauigkeit ist daher um so kleiner, je kleiner $R_l$ ist und für $R_l = 0$ auch Null.

Wenn außer dem Längswiderstand $R_l$ zwischen den Bruchenden noch jedes Bruchende einen Fehlerwiderstand gegen Erde oder einen anderen Leiter besitzt (Abb. 20c), ist das Meßverfahren mit Kompensationswiderstand natürlich auch anwendbar.

### 7. Die theoretische Meßgenauigkeit.

Unter der Voraussetzung, daß die Leitungskonstanten $L_0$ und $C_0$ genau bekannt sind, läßt sich die Genauigkeit des Meßverfahrens mittels der beiden in Abb. 19 dargestellten Hilfsfunktionen $\alpha$ und $\beta$ leicht berechnen; für den Fehlerfall bei vollkommenem Seilbruch ist: $\gamma = \frac{R_F}{z}$ bzw. $\frac{A_F}{\zeta}$, bei vollkommenem Seilbruch mit dem Widerstand $R_l$ zwischen den Bruchenden:

$$\gamma = \frac{1}{R_l \cdot \zeta + 1},$$

ohne Seilbruch (bei Erd- oder Kurzschluß)

$$\gamma = \frac{R_F}{R_F + z}$$

zu setzen; in den beiden letzten Fällen mit Anwendung des Kompensationswiderstandes. Werden weiterhin die möglichen Meßwertfehler von $R$, $X$, $P$, $\Xi$ entsprechend mit $R_\Delta$, $X_\Delta$, $P_\Delta$, $\Xi_\Delta$ bezeichnet, so ergibt sich der Entfernungsmeßfehler in Kilometern oder Metern:

$$l_\Delta = \alpha \frac{X_\Delta}{x_0} + \beta \frac{R_\Delta}{z} \cdot l_1 \quad \text{für Widerstandsmessung,}$$

$$l_\Delta = \alpha \frac{\Xi_\Delta}{\xi_0} + \beta \frac{P_\Delta}{\zeta} \cdot l_1 \quad \text{für Leitwertmessung.}$$

Im Fehlerfall mit vollkommenem Seilbruch ist eine brauchbare Meßgenauigkeit im Bereich von $R_F = 0$—$0{,}9\,z$ bzw. $\Lambda_F = 0$—$0{,}9\,\zeta$, bei unvollkommenem Seilbruch bei $R_l > 0{,}1\,z$, ohne Seilbruch von 0 bis $10\,z$ zu erzielen. Bei Freileitungen mit $z = 500\,\Omega$ ist also im ersten Fall zwischen 450—550 $\Omega$, im zweiten Fall über 5000 $\Omega$ keine besonders genaue Fehlerortbstimmung möglich.

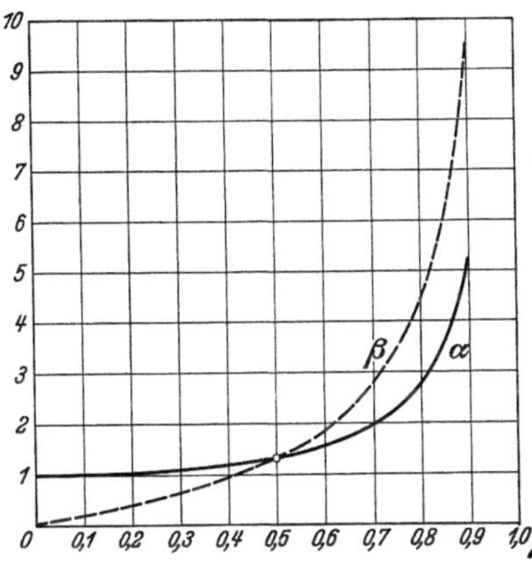

Abb. 19. Hilfskurven zur Berechnung der theoretischen Meßgenauigkeit.

## 8. Einfache Berechnung der Fehlerortentfernung.

In den beiden Hauptgleichungen IIa und b war die Widerstandskonstante $r_0 = 0$ gesetzt und eine lineare Abhängigkeit der Blindmeßwerte $X$ und $\Xi$ bei $R_F = 0$ bzw. $R_F = \infty$ von der Entfernung angenommen worden. Praktisch muß $r_0$ für genaue Messungen berücksichtigt werden; die Ableitung $\varrho$ kann man vernachlässigen. Weiterhin ist von einem bestimmten Grenzwert $(\omega \cdot l) = 2\pi f \cdot l$ an die räumliche Verteilung der Leitungskonstanten zu berücksichtigen. Letzteres ist bei Kabeln bei einer Meßfrequenz von 30—50 Hz meist noch nicht nötig. Da man in Kabelnetzen nicht für jedes Kabel die später behandelten Meßdiagramme aufstellen wird, ist die Anwendung niederer Meßfrequenz wegen der einfachen Auswertungsrechnungen vorteilhaft. Die Ersatzschaltbilder 16a und 17a brauchen nur durch die entsprechende Abb. 20a ersetzt zu werden, um die Konstante $r_0$ zu berücksichtigen. Damit ergeben sich:

Gleichung IIIa: $$l_1 = \frac{X_1}{x_0} \frac{1}{1 - \left(\frac{R_1}{z}\right)^2 \left(1 - \frac{r_0 l_1}{R_1}\right)}.$$

Gleichung IIIb: $$l_1 = \frac{\Xi_1}{\xi_0} \frac{1}{1 - \left(\frac{P_1}{\zeta}\right)^2 - r_0 l_1 \cdot P_1}.$$

$X_1$ und $\Xi_1$ werden Null für $R_F = z - r_0\, l_2$. Im Fehlerfall ohne (Abb. 20b) oder mit unvollkommenem Leiterbruch (Abb. 20c) muß der Kompensationswiderstand etwas abhängig von der Fehlerortentfernung $l_2$ vom Leitungsende aus eingestellt werden. Die Formeln III werden so benutzt, daß $l_1$ auf der rechten Seite erst $= 0$ gesetzt und dann zusammen mit $R_K$ korrigiert und die Messung wiederholt wird. Der vom Produkt $(\omega \cdot l)$ abhängige Meßfehler wird höchstens: $l_1^2 \cdot \omega^2 \cdot L_0 C_0$ $(0{,}33 + y^2)$, wobei z. B. im Fall des vollkommenen Leiterbruches für Verwendung der Gleichung a bzw. b der Wert $y = \frac{R_F}{z}$ bzw. $\frac{z}{R_F}$ zu setzen ist. Für $R_F = 0$

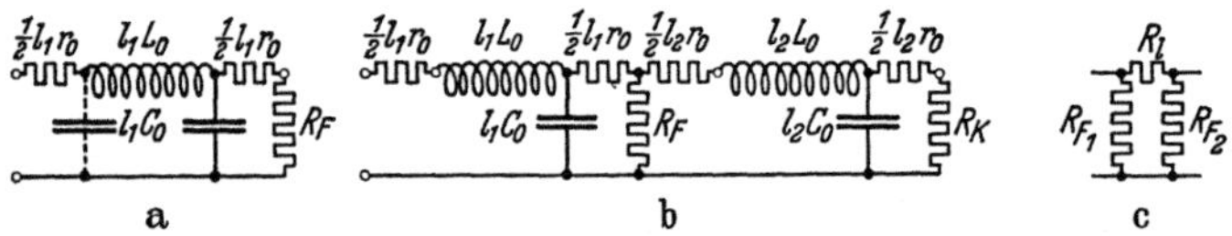

Abb. 20. Ersatzschaltbilder für die genaue Berechnung des Fehlerortes. a Fehler mit vollkommenem Leiterbruch, b Fehler ohne Leiterbruch, c Fehler mit unvollkommenem Leiterbruch.

oder $\infty$ beträgt dieser Fehler im Fall eines Einleiterkabels, 30 kV Betriebsspannung, $L_0 = 1{,}2\ \mu$H/m, $C_0 = 250$ pF/m, $r_0 = 0{,}44$ m$\Omega$/m, $z = 70\ \Omega$ bei $l_1 = 10$ km und $\omega = 314$ erst $1^0/_{00}$ und wächst bei $R_F = z$ auf $4^0/_{00}$.

## 9. Komplizierte Fehlerfälle in Drehstromkabeln.

Bei symmetrischen Drehstromkabeln hat man mit den in Abb. 21a und b dargestellten Leitungskonstanten zu rechnen. Um diese zu ermitteln, sind 6 Messungen notwendig:

1. Schleife von zwei Adern, z. B. 1—1′—2′—2, Meßwerte: $r'$ und $L'$.
2. Schleife einer Ader und Erde, z. B. 0—0′—1′—1, Meßwerte: $r''$ und $L''$.
3. Anschluß zwischen z. B. 0 und 1; 2 und 3 geerdet, Meßwert: $C'$.
4. Anschluß zwischen z. B. 0 und 1; 2 und 3 mit 1 verbunden, Meßwert: $C''$.

Daraus ergeben sich für die Leitungslänge $l$ die Rechnungskonstanten

$$r_P = \frac{r'}{2\,l}\,; \quad r_E = \frac{r'' - 0{,}5\,r'}{l}\,; \quad L_P = \frac{L'}{2\,l}\,; \quad L_E = \frac{L'' - 0{,}5\,L'}{l}\,;$$

$$C_P = \frac{C' - 0{,}33\,C''}{2\,l}\,; \quad C_E = \frac{C''}{3\,l}\,.$$

Diese Leiterkonstanten setzt man durch entsprechende Addition zu Schleifenkonstanten zusammen, die dem Ersatzschaltbild 20 zugrunde gelegt sind.

Die Kompensation des Leitungsendes ($l_2$) hinter dem Fehlerort läßt sich, für jede Schleifenmessung richtig, durchführen. Nach Abb. 21c sind vier Kompensationswiderstände notwendig, die folgende Größen haben müssen:

$$R_{K0} = \sqrt{\frac{L_P}{3\,C_P + C_E}} - \frac{r_P}{2}\,l_2\,;$$

$$R_{K1} = R_{K2} = R_{K3} = \frac{1}{3}\left[\sqrt{\frac{L_P + 3\,L_E}{C_E}} - \sqrt{\frac{L_P}{3\,C_P + C_E}}\right] - \frac{r_E}{2}\,l_2\,.$$

Als Vormessung sind zweckmäßig zunächst die 6 Fehlerwiderstände zu bestimmen, deren Berechnung nach folgenden zwei Tabellen in Form von Leitwerten: $G = \frac{1}{R'}$ um so genauer möglich ist, je größer die $R'$-Werte gegen die Wirkwiderstände der Adern sind. Bei Kompensation des Leitungsendes mißt man dann natürlich eine Widerstandskombination

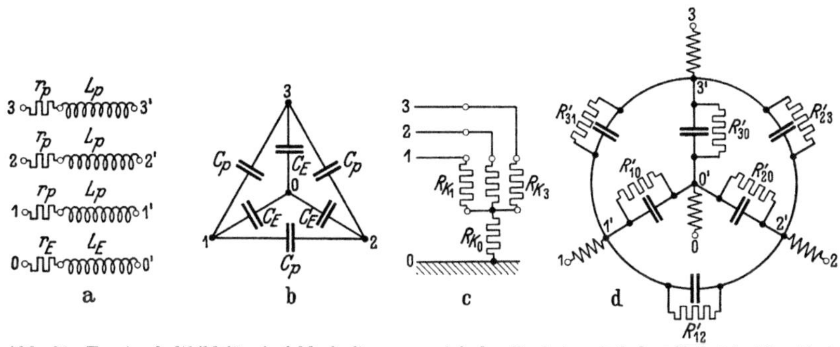


Abb. 21. Ersatzschaltbild für ein fehlerhaftes symmetrisches Drehstromkabel. a Teilwirkwiderstände und Induktivitäten, b Teilkapazitäten, c Kompensation des Kabelendes, d Ersatzschaltung für den allgemeinen Fehlerfall. 0—3 zugängliche Kabelanschlüsse; 0—3′ am Fehlerort; $R'$ mögliche Fehlerwiderstände.

aus den Fehler- und Kompensationswiderständen, was jedoch für die Auswertung gleichgültig ist.

| Meßanschluß in A | | | |
|---|---|---|---|
| Messung zwischen | Verbunden in A | Geerdet in A | Meßwert |
| 1 und 0 | — | 3 und 2 | $G'_{10}$ |
| 1 und 0 | 1 mit 3 | 2 | $G''_{10}$ |
| 2 und 0 | — | 1 und 3 | $G'_{20}$ |
| 2 und 0 | 2 mit 1 | 3 | $G''_{20}$ |
| 3 und 0 | — | 2 und 1 | $G'_{30}$ |
| 3 und 0 | 3 mit 2 | 1 | $G''_{30}$ |

$$2\,G_{10} = G''_{10} + G''_{20} - G'_{20} - G'_{30} \qquad 2\,G_{12} = G'_{10} + G'_{20} - G''_{20}$$

$$2\,G_{20} = G''_{20} + G''_{30} - G'_{30} - G'_{10} \qquad 2\,G_{23} = G'_{20} + G'_{30} - G''_{30}$$

$$2\,G_{30} = G''_{30} + G''_{10} - G'_{10} - G'_{20} \qquad 2\,G_{31} = G'_{30} + G'_{10} - G''_{10}$$

Auf Grund der ermittelten $G$-Werte, die man zweckmäßig (auch als $R'$-Werte) in ein Formularbild (z. B. 21d) einträgt, ist nun die Möglichkeit einer oder mehrerer solcher Schleifenmessungen zu suchen, für welche die wirksamen Leiterkonstanten mit einiger Sicherheit festzustellen sind, so daß man sich das Ersatzschaltbild 21a konstruieren kann. Oft ist es möglich, zur Erleichterung der Rechnung Leiter untereinander zu verbinden; im Sonderfall, wo die nach den beiden Tabellen ermittelten $R' = \frac{1}{G_1}$-Werte über dem 10fachen Wellenwiderstand liegen, kann man einfach die neben den $G$-Werten gleichzeitig meßbaren entsprechenden Teilkapazitäten zur Auswertung heranziehen, z. B. $C_{12} = C_{23} = C_{31} = l_1 \cdot C_P$ oder $C_{10} = C_{20} = C_{30} = l_1 \cdot C_E$.

## 10. Die genauen Fehlerortkreisdiagramme.

Sollen die vorher im Abschnitt 8 angenommenen Einschränkungen bezüglich $(\omega \cdot l)$ fallen gelassen werden, so ist es notwendig, von folgenden beiden Grundgleichungen der exakten Leitungstheorie auszugehen,

$$\mathfrak{U}_A = \mathfrak{U}_F \cdot \mathfrak{Cof}\,(\nu\, l_1) + \mathfrak{J}_F \cdot \mathfrak{z} \cdot \mathfrak{Sin}\,(\nu\, l_1)\,.$$

$$\mathfrak{J}_A = \frac{\mathfrak{U}_F}{\mathfrak{z}} \cdot \mathfrak{Sin}\,(\nu\, l_1) + \mathfrak{J}_F \cdot \mathfrak{Cof}\,(\nu\, l_1)\,.$$

Hierbei bedeuten: $\mathfrak{U}_A$ und $\mathfrak{J}_A$ Spannung und Strom an der Meßstelle, $\mathfrak{U}_F$ und $\mathfrak{J}_F$ an der Fehlerstelle. Weiterhin ist:

$$\mathfrak{z} = \sqrt{\frac{r_0 + j\, x_0}{j\, \xi_0}}\,; \quad \nu = \sqrt{(r_0 + j\, \xi_0)\, j\, x_0}\,,$$

wenn $\varrho_0$ auch im folgenden seiner Inkonstanz und seines geringen Einflusses wegen nicht berücksichtigt wird.

Am Fehlerort ist im Kurz- oder Erdschlußfall bei vollkommenem Leiterbruch: $\mathfrak{J}_F = \mathfrak{U}_F \cdot \Lambda_F$ bzw. $\mathfrak{U}_F = \mathfrak{J}_F \cdot R_F$. Durch Eliminieren von $\mathfrak{J}_F$ und $\mathfrak{U}_F$ und Dividieren der beiden obigen Gleichungen ergibt sich der Scheinwiderstand:

$$\frac{\mathfrak{U}_A}{\mathfrak{J}_A} = R_1 + j\, X_1 = \frac{R_F + \mathfrak{z} \cdot \mathfrak{Tg}\,(\nu\, l_1)}{1 + \frac{1}{\mathfrak{z}} \cdot \mathfrak{Tg}\,(\nu\, l_1)}\,,$$

der Scheinleitwert:

$$\frac{\mathfrak{J}_A}{\mathfrak{U}_A} = P_1 + j\, \Xi_1 = \frac{\Lambda_F + \frac{1}{\mathfrak{z}}\, \mathfrak{Tg}\,(\nu\, l_1)}{1 + \Lambda_F \cdot \mathfrak{z} \cdot \mathfrak{Tg}\,(\nu\, l_1)}\,.$$

Aus diesen beiden Gleichungen erhält man in den Grenzfällen

a) $R_F = 0$, b) $\Lambda_F = 0$,

den Kurzschlußwiderstand: $\mathfrak{z} \cdot \mathfrak{Tg}\,(\nu\, l_1) = r_1 + j\, x_1 = l_1\,(r + j\, x)$,

den Leerlaufleitwert: $\frac{1}{\mathfrak{z}} \cdot \mathfrak{Tg}\,(\nu\, l_1) = j\, \xi_1 = j\, l_1 \cdot \xi\,.$

Die Größen $r$, $x$, $\xi$ sollen zum Unterschied von den Konstanten $r_0$, $x_0$, $\xi_0$ Leitungskennwerte genannt werden; man kann setzen:

$$r = \alpha_r \cdot r_0\,; \quad x = \alpha_x \cdot x_0\,; \quad \xi = \alpha_\xi \cdot \xi_0\,.$$

Die Faktoren $\alpha$ lassen sich durch Reihenentwicklung der $\mathfrak{Tg}$-Funktion abhängig von $l_1 \cdot \sqrt{x_0\, \xi_0}$ berechnen und sind bis zu einem Größenwert von 0,25 entsprechend etwa 200 km Freileitung bei 50 Hz vereinfacht darstellbar durch

$$\alpha_X \approx \alpha\,\xi \approx 1 + \frac{1}{3}\, l^2 x_0 \xi_0 > 1\,;$$

$$\alpha_r \approx 1 + \frac{2}{3}\, l^2 x_0 \xi_0 > 1\,.$$

Im Beispiel beträgt $\alpha_X \approx \alpha\,\xi \approx 1{,}02$; $\alpha_r \approx 1{,}04$.

In diesen entfernungsabhängigen Vergrößerungsfaktoren ist also der Einfluß der gleichmäßig verteilten Leitungskonstanten enthalten. Bis zu dem angegebenen Grenzwert 0,25 bleibt $z$ bzw. $\zeta$ konstant.

Führt man die Größen $r_1$, $x_1$, $\xi_1$ an Stelle der $\mathfrak{Tg}$-Funktion ein, so kann man die Gleichung des Scheinwiderstandes in folgende zwei Komponentengleichungen aufspalten, indem die reellen und imaginären Glieder für sich gleichgesetzt werden:

$$R_1 = R_F + r_1 + R_F \cdot \xi_1 \cdot X_1\,,$$
$$X_1 = x_1 - R_F \cdot R_1 \cdot \xi_1\,.$$

Durch Eliminieren von $R_F$ ergibt sich die Kreisgleichung

$$\text{IVa:} \qquad R_1(R_1 - r_1) + X_1\left(X_1 - x_1 + \frac{1}{\xi_1}\right) = z^2$$

mit den Mittelpunktskoordinaten: $-\frac{1}{2}\left(\frac{1}{\xi_1} - x_1\right)$ und $+\frac{1}{2}\, r_1$ bei den rechtwinkligen Achsen: $X_1$ und $R_1$ (Abb. 22a).

Der Blindmeßwert $X_1$ wird Null für annähernd $R_{1,0} \approx \pm z + \frac{1}{2}\, r_1$, d. h. bei einem Fehlerwiderstand von $R_F \approx z - \frac{1}{2}\, r_1$.

In ähnlicher Weise ergibt sich die Kreisgleichung für die Leitwertmessung zu

$$\text{IVb:} \qquad P_1(P_1 + r_1 \zeta) + \Xi_1\left(\Xi_1 - \xi_1 + \frac{1}{x_1}\right) = \zeta^2$$

mit den Mittelpunktskoordinaten $-\frac{1}{2}\left(\frac{1}{x_1} - \xi_1\right)$ und $-\frac{1}{2}\, r_1 \zeta^2$ (Abb. 22c). Der Blindmeßwert $\Xi_1$ wird Null für annähernd

$$P_{1,0} \approx \pm\, \zeta - \frac{1}{2}\, r_1 \zeta^2\,,$$

d. h. bei einem Fehlerleitwert $\Lambda_F \approx \zeta + \frac{1}{2}\, r_1 \zeta^2$.

Genau genommen sind also die aus der vereinfachten Darstellung resultierenden Ortparabeln Ortkreise, deren Durchmesser bei kleinem Produkt $(\omega \cdot l)$ beim Widerstandskreis $\frac{1}{\xi_1}$ und beim Leitwertkreis $\frac{1}{x_1}$ beträgt, also mit steigender Fehlerortentfernung $l_1$ und Frequenz $\omega$ abnimmt. Der Leiterwiderstand $r_0$ bewirkt, daß der Sonderwert von $R_F$ für $X_1$ bzw. $\Xi_1 = 0$ etwas entfernungsabhängig ist, was sich in dem Musterdiagramm Abb. 22b dadurch bemerkbar macht, daß die Ortkreise die $R$-Achse in geringen Abständen voneinander schneiden.

Liegt ein Fehlerfall ohne Leiterbruch vor, so müßte der Kompensationswiderstand am Leitungsende auf den Wert $R_K \approx z - \frac{1}{2} r_1$ ein-

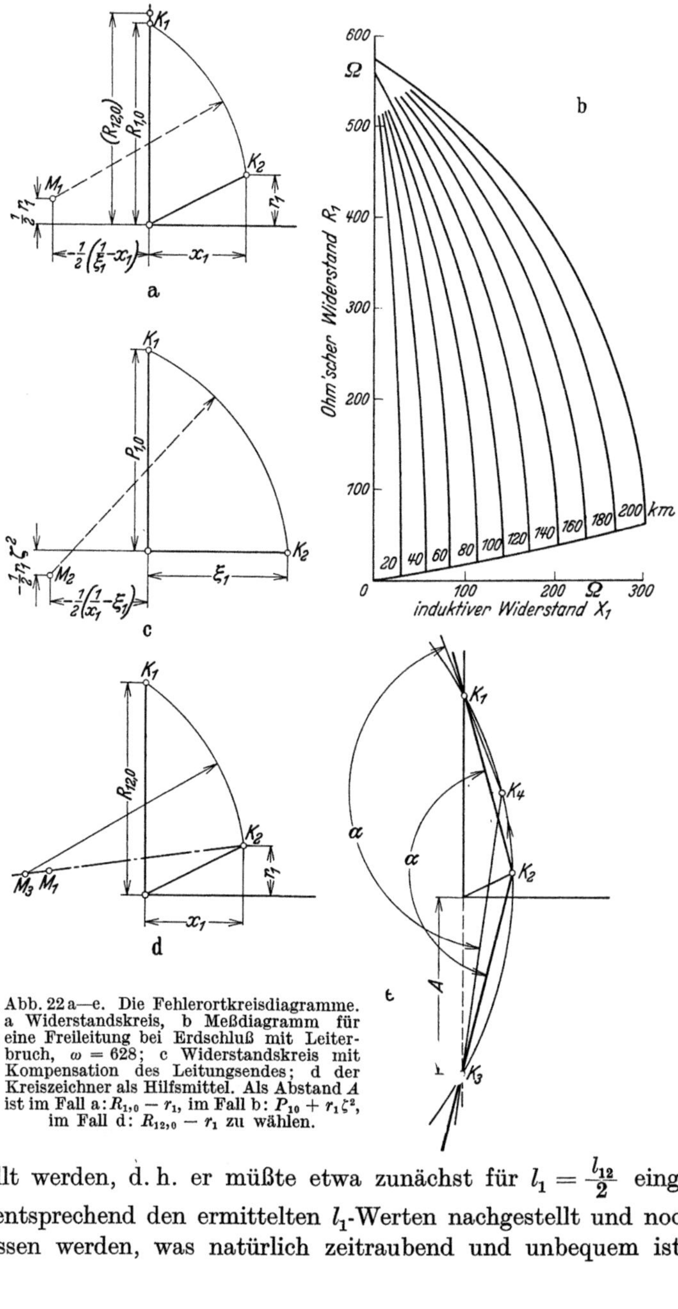


Abb. 22a—e. Die Fehlerortkreisdiagramme. a Widerstandskreis, b Meßdiagramm für eine Freileitung bei Erdschluß mit Leiterbruch, $\omega = 628$; c Widerstandskreis mit Kompensation des Leitungsendes; d der Kreiszeichner als Hilfsmittel. Als Abstand $A$ ist im Fall a: $R_{1,0} - r_1$, im Fall b: $P_{10} + r_1 \zeta^2$, im Fall d: $R_{12,0} - r_1$ zu wählen.

gestellt werden, d. h. er müßte etwa zunächst für $l_1 = \frac{l_{12}}{2}$ eingestellt und entsprechend den ermittelten $l_1$-Werten nachgestellt und nochmals gemessen werden, was natürlich zeitraubend und unbequem ist. Bei

Freileitungen wird der Widerstand experimentell für die ganze Länge so eingestellt, daß am Leitungsanfang keine Blindkomponente ($X_1 = 0$) zu messen ist. Dann ist bei einem Fehler in der Leitungsmitte das jenseitige Ende unterkompensiert, d. h. zu dem Fehlerleitwert ist ein kleiner induktiver Blindleitwert $\delta \backsim \frac{l_1 \cdot l_2 \cdot r \cdot \xi}{R_K}$ parallelgeschaltet zu denken, der bei hohem Fehlerwiderstand einen Meßfehler hervorrufen würde. Dies kann man durch ein spezielles Kreisdiagramm (nach Forchhammer) für den Fehlerfall ohne Leiterbruch vermeiden, dessen Konstruktion ohne weiteres aus Abb. 22d ersichtlich ist. Die Ordinate $R_{12,0}$ auf der $R$-Achse, dem Schnittpunkt aller Ortkreise, entspricht $R_F = \infty$ und ist gleich $R_{1,0}$ für $l_1 = l_{12}$ im Diagramm 22a, die Koordinaten $r_1$, $x_1$ für das andere Ende der Ortkreise sind die gleichen für Diagramm a und c. Bei unvollständigem Leiterbruch, der nur bei Kabeln mit oder ohne gleichzeitigen Kurz- oder Erdschluß vorkommt, muß der Kompensationswiderstand entsprechend der Fehlerentfernung nachgestellt werden.

Da die horizontalen Abstände der Ortkreise proportional der Entfernung sind, genügt es z. B. für Freileitungsmeßdiagramme, Ortkreise für einen Entfernungsabstand von 10—20 km zu berechnen und zu zeichnen. Auch für mehrere hintereinander geschaltete Strecken mit unterschiedlichen Leitungskonstanten lassen sich die Meßdiagramme unschwer konstruieren. Die Diagrammgröße soll sich nach der Meßgenauigkeit richten. Beträgt diese z. B. für das Diagramm a für Wirk- und Blindwiderstand 1 $\Omega$, so ist zweckmäßig 1 $\Omega$ = 1 mm zu wählen. Bei einem Wellenwiderstand $z = 550\,\Omega$, $X_{1\max} = 140\,\Omega$ für 100 km bei $\omega = 630$ ist der Kreisradius etwa 100 cm, bei 50 km etwa 200 cm, also der Fehlerortentfernung umgekehrt proportional. Für Kreise mit größerem Radius als 200 cm wählt man eine geometrische Hilfskonstruktion oder benutzt als „Kreiszeichner" einen verstellbaren Winkel, der im Schnittpunkt seiner Schenkel einen Schreibstift besitzt. Da auf der vertikalen Achse des Meßdiagrammes die Kreisschnittpunkte $K_1$ und $K_3$ für den Blindmeßwert Null und der dritte Kreispunkt $K_2$ für $R_F$ bzw. $\Lambda_F = 0$ berechnet werden, stellt man den Winkel des in Abb. 22e dargestellten Kreiszeichners mit seinem Schreibstift auf den Kreispunkt $K_2$ ein, wobei die Schenkel gleichzeitig zwei in die Punkte $K_1$ und $K_3$ eingestochene Nadeln berühren. Mittels Verschieben des Schreibstiftes bei festem Öffnungswinkel $\alpha$ und leichtem Druck der Winkelschenkel gegen die Nadeln sind die Ortkreise bequem und genau zu zeichnen (z. B. von Punkt $K_2$ nach $K_4$ und weiter).

## 11. Der Anwendungsbereich der Fehlerschleifenmessung mit Wechselstrom.

Prinzipiell ist das Wechselstrommeßverfahren der Fehlerschleife in gleicher Weise für Freileitungen und Kabel anwendbar. Bei der Auswahl der Meßfrequenz ist darauf zu achten, daß diese nicht mit einer möglichen Störfrequenz übereinstimmt. So sind bei Freileitungen mit 100 Hz gute Erfahrungen gemacht worden; für lange Kabel wären etwa 30 Hz zu empfehlen, für kurze Strecken bis 1 km kann man bis 500 Hz verwenden. Freileitungsfehler sind meßtechnisch im allgemeinen leichter zu erfassen als Kabelfehler, da sie meist einfacherer Natur sind, und die kapazitive Kopplung der Leiter wesentlich kleiner ist; man bestimmt Erdschlüsse mit dem Meßdiagramm und Kurzschlüsse, die fast immer einen sehr geringen Fehlerwiderstand aufweisen, rechnerisch. Kabelfehler sollte man mit Wechselstrommessungen nur dann zu erfassen suchen, wenn z. B. bei Leiterbruch Gleichstrommethoden nicht anwendbar sind oder keine Hilfsleitung zur Verfügung steht oder zu hohe Störeinflüsse die Messung unmöglich machen. Jedenfalls führen Wechselstrommessungen bei komplizierten Kabelfehlern nur bei guter Sachkenntnis und meßtechnischer Erfahrung zum Ziel; außerdem ist dabei die Kenntnis sämtlicher Kabelkonstanten Voraussetzung.

## 12. Messungen an Freileitungen mit direkt zeigenden Instrumenten.

Als einfachstes Verfahren ist die gleichzeitige Strom- und Spannungsmessung zu erwähnen, die jedoch nur zur Orientierung angewendet werden kann. Bei relativ niedrigem oder hohem Fehlerwiderstand ergibt sich mit der Meßspannung $U$ und dem Strom $I$

der Scheinwiderstand: $l_1 \sqrt{r^2 + x^2} = \frac{U}{I}$

oder der Scheinleitwert: $l_1 \cdot \xi = \frac{I}{U}$.

Im letzteren Fall muß ein Fehlerfall mit Leiterbruch vorliegen. Ferner ist im Fehlerfall ohne Leiterbruch bei kleinem Fehlerwiderstand eine Stromverhältnismessung nach Abb. 6a möglich; auch kann man bei Leiterbruch und hohem Fehlerwiderstand aus dem Verhältnis der Ladeströme vom defekten und einem gesunden Leiter den Fehlerort bestimmen.

Bessere Ergebnisse werden (nach Bernett-Arnold und Täuber) mit einer Blindwiderstands- bzw. Blindleitwertmessung erzielt, wofür Blindleistungsmesser, Strom- und Spannungsmesser verwendet werden. Man erhält mit der gemessenen Blindleistung $N_B$

den Blindwiderstand: $l_1 x = \frac{N_B}{I^2}$

oder den Blindleitwert: $l_1 \xi = \frac{N_B}{U^2}$.

Bei vollkommenem Leiterbruch beträgt der Entfernungsmeßfehler für die Widerstandsmessung: $-\left(\frac{R_F}{z}\right)^2 \cdot 100$ (%), für die Leitwertmessung:

$-\left(\frac{z}{R_F}\right)^2 \cdot 100$ (%), im Fehlerfall ohne Leiterbruch für die Widerstandsmessung $-\left(\frac{R_F}{R_F+z}\right)^2$, 100% mit Kompensationswiderstand am Leitungsende und $-\left(\frac{R_F}{z}\right)^2 \cdot \frac{l_{12}}{l_1}$ 100% ohne Kompensationswiderstand. Für eine Freileitung mit z. B. $z = 500\,\Omega$; Fehlerentfernung $l_1 = \frac{1}{4}$ der gesamten Leitungslänge $l_{12}$, ergeben sich bei folgenden Größen des Fehlerwiderstandes $R_F$ gleiche Meßfehler von 4% in der gleichen Reihenfolge: $R_F = 100\,\Omega$; $2500\,\Omega$; $250\,\Omega$; $50\,\Omega$.

Mit einem, von Blind- auf Wirkleistung umschaltbaren ($N_B$ und $N_W$) Leistungsmesser erhält man die zur genauen Auswertung mittels der Kreisdiagramme notwendigen zwei Meßwertpaare:

| Widerstandskomponenten | Leitwertkomponenten |
|---|---|
| $X = \frac{N_B}{I^2}$; $R = \frac{N_W}{I^2}$. | $\Xi = \frac{N_B}{U^2}$; $P = \frac{N_W}{U^2}$. |

Da in der Nähe des theoretischen Genauigkeitsminimums $R = z$ bzw. $P = \zeta$ mit sehr kleiner Phasenverschiebung $\varphi$ zu rechnen ist, muß der Blindleistungsmesser einen möglichst kleinen Phasenfehler $\delta$ besitzen; der Meßfehler ist $\pm \sin\delta \operatorname{ctg}\varphi$, d. h. für $\delta = 1^0$ $\operatorname{ctg}\varphi = 5$ beträgt er schon 10%.

Um eine Berechnung der Meßkomponenten aus je zwei Ablesungen zu ersparen, kann man die beiden Meßwerke auf eine Achse setzen oder auch direkt Verhältnismeßwerke nach dem Kreuzspul- oder Kreuzfeldsystem benutzen; praktische Ausführungen sind jedoch nicht bekannt geworden, da die erreichbare Genauigkeit für diese Meßzwecke nicht ausreicht.

Bei der möglichen Beeinflussung der Instrumentenanzeige durch Störströme ist zu unterscheiden zwischen synchronen und wenig asynchronen und stark asynchronen Störfrequenzen. Bei synchroner Induktion und starrer Meßspannung sind nur Spannungsmesser und Leistungsmesser verwendbar; es wird eine Doppelmessung mit umgepolter Meßspannung (gegenüber dem Leitungsanschluß) vorgenommen und das Mittel der beiden Ausschläge des Leistungsmessers für die Leitwertbestimmung $\frac{N}{U^2}$ zugrunde gelegt. Die Widerstandskomponenten müssen aus den gemessenen Leitwertkomponenten $P$ und $\Xi$ berechnet werden als: $R = \frac{P}{P^2 + \Xi^2}$; $X = \frac{\Xi}{P^2 + \Xi^2}$. Wegen der meist recht inkonstanten Induktionsströme ist dies Verfahren praktisch schwer und auch umständlich durchzuführen. Wird die Fehlerschleife von einem Stromwandler gespeist, der primärseitig über einen relativ hohen Vorwiderstand an einer Meßspannung liegt, kann das gleiche Verfahren mit gewissen Einschränkungen durch Stromumpolung bei Verwendung von Strom- und Leistungsmessern angewendet werden. Für eine wenig asynchrone Störfrequenz gilt das gleiche; es wird der zwischen zwei Grenzen schwankende mittlere Instrumentenausschlag abgelesen. Bei stark asynchroner Frequenz sind Strommesser unbrauchbar, da der Störstrom einen Fehlausschlag verursacht. Siebkreise od. dgl. sind in Verbindung mit Zeigerinstrumenten ihrer hohen Frequenzabhängigkeit nicht zu verwenden.

## 13. Verwendung von Meßbrücken.

Eine wesentlich höhere Meßgenauigkeit läßt sich mittels einer Meßbrücke erreichen, die für Freileitungsmessungen natürlich starkstrommäßig mit Rücksicht auf die höchsten zu erwartenden Fremdspannungen bzw. Stromstärken ausgeführt sein muß. Eine in der Praxis wohl erprobte umschaltbare Wechselstrommeßbrücke für Hochspannungsfreileitungen (nach Poleck), mit der man die Widerstands- und Leitwertkomponenten der Meßgrößen durch Vergleich mit Normalien direkt ablesbar ermitteln kann, zeigt Abb. 23. Als Meßspannung wird 440 Volt bei 100 Hertz einem Frequenzumformer entnommen und mit einem Meßstrom von etwa 1 Amp. gearbeitet. Als Nullinstrument wird ein von Wirk- auf Blindleistung umschaltbares Wattmeter $N$ verwendet, dessen bewegliche Spule in der Brückendiagonale $e$—$c$ und dessen Feldspule wahlweise mittels des Umschalters $U$ über die Phasenkunstschaltungen $p$ ($0^0$) oder $q$ ($90^0$) und einen nur für die Meßfrequenz durchlässigen Siebkreis $S$ an die Brückenspeisepunkte $a$—$b$ angeschlossen ist; das einseitig immer geerdete Meßobjekt (Fehlerschleife) liegt zwischen den Punkten $c$ und $d$. Die mit Index 0 bezeichneten Widerstände oder Leitwerte sind konstant. In der Widerstandsbrücke sind $L'$ und $R'$ die (mittels Stufenschalter) veränderlichen Abgleichgrößen, $L''$ und $R''$ die zu ermittelnden Meßgrößen der Fehlerschleife. Die Konstanten $C_0$ und $L_0$ erfüllen die Resonanzbedingung $\omega^2 L_0 C_0 = 1$. Wenn das Nullinstrument $N$

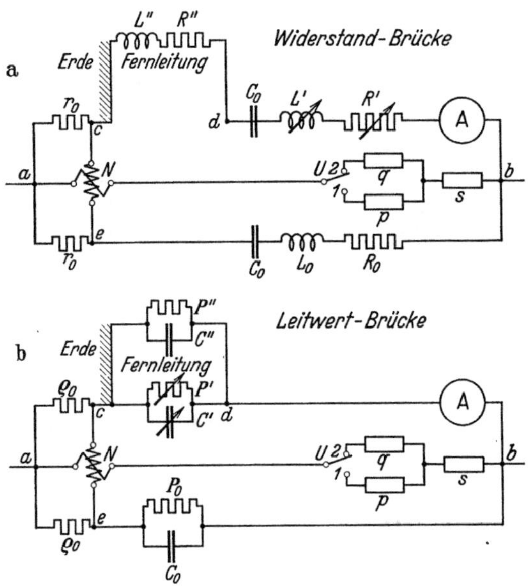

Abb. 23 a—b. Starkstrommeßbrücke.

in beiden Schalterstellungen $U_1$ und $U_2$ Null zeigt, ist die Meßbrücke abgeglichen, d. h.

$$R' + R'' = R_0 \text{ und } L' + L'' = L_0 .$$

Für die Leitwertbrücke ergibt sich ähnlich:

$$P' + P'' = P_0 \text{ und } C' + C'' = C_0 .$$

Da die Teilspannungen $\overline{ac}$ bzw. $\overline{ae}$ nur einen Bruchteil der gesamten Brückenspannung $\overline{ab}$ ausmachen, werden die Wirkspannungen (in Phase mit der Brückenspannung) auf $r_0$ bzw. $\varrho_0$ in erster Linie von den Größen $R$ bzw. $P$ und die Blindspannungen (um $90^0$ gegen die Brückenspannung verschoben) von den Größen $L$ bzw. $C$ hervorgerufen, die jeweils einen gleichgerichteten Differenzstrom in der Brückendiagonale $c$—$e$ erzeugen. Daher wird das Stromfeld des Nullwattmeters bei Abgleich von $R$ oder $P$ in Phase ($U_1$) mit der Brückenspannung und bei Abgleich von $L$ oder $C$ um $90^0$ verschoben ($U_2$) gegen die Brückenspannung eingestellt. Durch diese Methode ist ein vollkommen mechanisierter Brückenabgleich in kürzester Zeit möglich, wobei gleichzeitig der Ausschlagssinn des Nullinstrumentes den zum Abgleich notwendigen Änderungssinn der Abgleichgrößen $R'$ und $L'$ bzw. $P'$ und $C'$ angibt. Den Schaltergruppen der vier Abgleichgrößen ist je eine Signallampe zugeordnet, deren Aufleuchten (abhängig vom Phasenumschalter $U$ und der gerade benutzten Brückenschaltung $a$ oder $b$) diejenige Schaltergruppe angibt, die zum Abgleich betätigt werden muß. Infolge der hohen zur Verfügung stehenden Meßleistung von etwa 500 VA läßt sich die hohe Meßempfindlichkeit von $^1/_4\%$ = 2 mm Zeigerablenkung, bezogen auf die Höchstwerte $R_0$, $L_0$, $P_0$, $C_0$ der Meßgrößen erreichen. Die Meßgenauigkeit liegt in der Größe von $^1/_4$—$^1/_2\%$ der Höchstwerte; bei einem Meßbereich von 200 km liegt das Minimum des Entfernungsmeßfehlers etwa bei $\pm$ 700 m. Da das Gerät keine Meßbereichumschaltung besitzt, sind Ableseirrtümer ausgeschlossen. Infolge der sehr weit getriebenen Unabhängigkeit des Wirk- und Blindkomponentenabgleichs sind bei einiger Geschicklichkeit auch genaue Messungen bei veränderlichem Fehlerwiderstand möglich, wo das Ablesen mehrerer Zeigerinstrumente nacheinander schon Schwierigkeiten macht. Verwendet man die betriebsfremde Meßfrequenz von 100 Hz und den schon erwähnten Siebkreis $S$, so wird die Meßgenauigkeit bei der Störstromgrenze von 3 Amp. nicht merklich beeinflußt. Praktisch bedeutet dies eine Meßmöglichkeit an einer 200 km langen Drehstromdoppelleitung, deren eines System im regulären Betrieb ist.

Für Kabelmessungen lassen sich die üblichen Schwachstrommeßbrücken verwenden, da keine hohen Störspannungen zu befürchten sind. Niedere Meßfrequenzen kann man neuerdings mit Hilfe von Gleichrichterinstrumenten anwenden; besonders günstige Eigenschaften besitzt (nach Poleck) der phasenabhängige Nullindikator in Form von schaltgesteuerten Gleichrichtern in Verbindung mit Gleichstrominstrumenten.

Bei hoher Empfindlichkeit können zeitlich schnelle Schwankungen von Störströmen, hervorgerufen durch Schaltvorgänge jeder Art, bei Nullinstrumenten eine unruhige Zeigereinstellung hervorrufen, da jene von Natur aus das ganze Frequenzspektrum enthalten; beim Telephon sind störende Geräusche die unangenehme Folge.

## B. Induktionssuchverfahren ($W_2$).

In der näheren Umgebung einer mit Wechselstrom gespeisten Fehlerschleife besteht ein elektromagnetisches Induktionsfeld, dessen Amplitude sich bei gleichem Abstand von der Leitung am Fehlerort sprungweise um so mehr ändert, je kleiner der Abstand von der Leitung und je ausgeprägter der Fehler ist. Diese Tatsache hat man mit den verschiedensten Prüfeinrichtungen für die Fehlerortsuche an Kabeln auszunutzen versucht. Die praktischen Erfahrungen mit derartigen Methoden sind sehr verschieden; bei eisenarmierten Kabeln wird meist von negativen Erfolgen berichtet. Bei Erd- oder Kurzschlüssen wird die Fehlerschleife mit intermittierendem Betriebsstrom oder höheren Frequenzen (500—1000 Hz) gearbeitet; mit letzteren sind auch bei Leiterbruch Versuche gemacht worden. In jedem Fall werden erhebliche Ströme bzw. Leistungen benötigt. So sind gute Erfolge bei Verwendung eines Hochspannungstransformators erzielt worden, deren Primärseite über eine Vordrossel angeschlossen wird. Die Sekundärseite speist direkt die Fehlerschleife und wird intermittierend mittels eines mechanischen Schalters etwa 200mal in der Minute kurzgeschlossen (Taylor). Je höher der Fehlerwiderstand ist, desto höher wird mit dieser Anordnung auch die Sekundärspannung, womit angeblich durch den eintretenden Ausbrenneffekt die Größe des Fehlerwiderstandes genügend herabgesetzt werden kann, daß ein Fehlerstrom von einigen Amp. fließt. Die Strecke wird mit einer Suchspule abgegangen, an die über einen Verstärker ein Telephon angeschlossen ist; das Tickgeräusch von 200/Min. soll ein sicheres Ortkriterium ermöglichen. — Bei Leiterbruch an Mehrphasenkabeln ist wegen der kapazitiven Kopplung der Leiter auch mit Tonfrequenz nur ein undeutlicher Abhöreffekt zu erwarten.

## C. Resonanzverfahren mit Hochfrequenz ($W_3$).

Man hat auch versucht (Bernett), bei variabler Frequenz die der Fehlerschleifenlänge proportionale Eigenschwingung und deren Oberwellen mittels Resonanzindikatoren zu bestimmen, was in einwandfreier Weise nur im vollkommenen Kurz- bzw. Erdschluß oder Leerlauf bei Leiterbruch möglich ist und daher nur einen sehr beschränkten Anwendungsbereich dieses Verfahrens bedeutet.

Der Kurzschlußwiderstand für $R_F = 0$ bzw. der Leerlaufleitwert für $R_F = \infty$ war auf S. 394 zu $\mathfrak{z} \cdot \mathfrak{Tg}\,(\nu\, l)$ bzw. $\frac{1}{\mathfrak{z}} \cdot \mathfrak{Tg}\,(\nu\, l)$ angegeben worden. Für vernachlässigte Dämpfung ist das Argument $(\nu\, l) = j \cdot l \cdot \omega \cdot \sqrt{L_0 C_0}$; beide genannten Ausdrücke enthalten daher die Funktion tg $(l \cdot \omega \cdot \sqrt{L_0 C_0})$. Nun ist die Lichtgeschwindigkeit $v = \frac{1}{\sqrt{L_0 C_0}}$ (für $\varepsilon = \mu = 1$), die Wellenlänge $\lambda = \frac{v}{f}$ und $\omega = 2\pi f$, womit das Argument $\alpha$ der tg-Funktion $\alpha = 2\pi \cdot \frac{l}{\lambda}$ wird. Erregt man eine kurzgeschlossene Leiterschleife mit variabler Frequenz, so wird die Leitung bei solchen Wellenlängen einen maximalen Resonanzstrom aufnehmen, die das $\frac{4}{2}$-, $\frac{4}{4}$-, $\frac{4}{6}$-fache der Leitungslänge betragen, wobei $\alpha$ ein ganzzahliges Vielfaches von $\pi$ ist. Bei einer leerlaufenden Leitung tritt der gleiche Resonanzeffekt auf, wenn $\lambda$ das $\frac{4}{1}$-, $\frac{4}{3}$-, $\frac{4}{5}$-fache der Leitungslänge ist, wobei $\alpha$ ein ungradzahliges Vielfaches von $\frac{\pi}{2}$ ist. Die Leitung vermag also mit einer Grundwelle $\lambda_1 = 4\, l$ und sämtlichen Oberharmonischen zu schwingen. Da man mit höheren Harmonischen arbeiten kann, ist die Bestimmung einer Reihe von Resonanzpunkten mittels eines Wellenmessers innerhalb eines relativ kleinen Frequenzbandes möglich. Für eine Harmonische mit der Ordnungszahl $m$ ergibt sich die entsprechende Wellenlänge im ersten Fall: $\lambda_m = \frac{4\, l}{2\, m}$, im zweiten Fall: $\lambda_m = \frac{4\, l}{2\, m - 1}$. Daher gilt in beiden Fällen für zwei Resonanzwellen $\lambda_m$ und $\lambda_n$ mit den Ordnungszahlen $m$ und $n$: $l = \frac{n - m}{2} \cdot \frac{\lambda_n \cdot \lambda_m}{\lambda_m - \lambda_n}$.

Neuerdings ist von Allen und Gross über eine andere Ausführungsform dieses Meßverfahrens berichtet worden. Dabei wird eine konstante Meßspannung stetig veränderlicher Frequenz von 1—100k Hz auf die Leitung gegeben und mittels eines Registrierapparates, dessen Papiervorschub der Meßfrequenz proportional ist, der von der Leitung aufgenommene Strom aufgezeichnet. Aus dem Vorhergesagten geht leicht hervor, daß der Frequenzabstand zwischen zwei benachbarten Resonanzspitzen $d_f = \frac{v}{2\, l}$ und somit $l = \frac{v}{2\, d_f}$ sein muß.

# IV. Das Wanderwellenmeßverfahren ($W_4$).

## A. Theoretische Grundlagen.

Eine auf eine Leitung gesendete Wanderwelle wird an einer inhomogenen Stelle teilweise oder vollständig mit verschiedenem Vorzeichen reflektiert. Solche Stellen sind: Die Leitungsenden, die Verbindungsstelle zweier Leitungen von verschiedenem Wellenwiderstand $\left(z = \sqrt{\frac{L}{C}}\right)$

und der Fehlerort. Die Laufgeschwindigkeit der Wanderwellen beträgt $v' = \frac{v}{\sqrt{\varepsilon}}$ und ist bei Freileitungen (mit der Dielektrizitätskonstante $\varepsilon = 1$ gleich der Lichtgeschwindigkeit $v = 300000 \frac{\text{km}}{\text{s}}$. Wenn das Amplitudenverhältnis der am Reflexionsort reflektierten Welle zur dort einfallenden Welle mit $p$ und das Verhältnis der in gleicher Richtung vom Reflexionspunkt weiterlaufenden Welle zu der dort einfallenden Welle mit $q$ bezeichnet wird, ergibt sich:

a) Im Erd- oder Kurzschluß mit vollkommenem Leiterbruch

$$p_a = \frac{R_F - z}{R_F + z}.$$

b) Im Erd- oder Kurzschluß ohne Leiterbruch

$$p_b = -\frac{z}{z + 2R_F}; \quad q_b = \frac{2R_F}{z + 2R_F}.$$

c) Bei unvollkommenem Leiterbruch allein

$$p_c = \frac{R_l}{2z + R_l}; \quad q_c = \frac{2z}{2z + R_l}.$$

Hierin bedeuten $R_F$ den Querfehlerwiderstand zwischen Hin- und Rückleitung und $R_l$ einen Längsfehlerwiderstand zwischen den Bruchenden des gleichen Leiters. Ein Minusvorzeichen bezeichnet die Umkehr der Amplitude bei der reflektierten Welle. Eine am offenen ($R_F = \infty$) bzw. kurzgeschlossenen Leitungsende ($R_F = 0$) einfallende Spannungswelle wird also gemäß $p_a = +1$ bzw. $-1$ bei der verlustfreien Leitung gleichsinnig bzw. umgekehrt mit gleicher Amplitudenhöhe reflektiert; für $R_F = z$ am Leitungsende findet keine Reflexion statt. Eine geeignete Zeitdifferenzmessung zwischen dem Abgang der zum Fehlerort hinlaufenden Welle und der Rückkehr der reflektierten Welle kann (nach Röhrig, Flegler, Boekels) als Grundlage für die Fehlerortbestimmung benutzt werden, da diese Zeitdifferenz gleich der doppelten Entfernung zum Fehlerort ($2l$), geteilt durch die Laufgeschwindigkeit $v'$ ist. Die Rückkehr einer reflektierten Welle äußert sich durch eine positive oder negative, zeitlich sprungweise eintretende Amplitudenänderung. Diese prozentuale Amplitudenänderung $E_\Delta$, bezogen auf die Anfangswellenamplitude, ist offenbar ein Maß für die Sicherheit der Meßmethode. In der folgenden Tabelle ist abhängig vom Verhältnis des Fehlerwiderstandes zum Wellenwiderstand der Wert $E_\Delta$ % für verschiedene Größenordnung des Quotienten $\frac{R_F}{z}$ zusammengestellt, wobei eine große Ergiebigkeit der Spannungsquelle und keine Leitungsdämpfung vorausgesetzt ist.

| $R_F/Z$ | 0,0 | 0,1 | 0,2 | 0,5 | 0,8 | 0,9 | 1,0 | 1,1 | 1,2 | 2,0 | 5,0 | 10,0 | 50,0 | $\infty$ |
|---|---|---|---|---|---|---|---|---|---|---|---|---|---|---|
| Fall a $E_\Delta$ % = | —100 | —82 | —67 | —33 | —11 | —5 | ±0 | +5 | +9 | +33 | +66 | +82 | +96 | +100 |
| Fall b $E_\Delta$ % = | —100 | —83 | —71 | —50 | — | — | —33 | — | — | —20 | —9 | —5 | —1 | ±0 |
| Fall c $E_\Delta$ % = | ±0 | +5 | +9 | +20 | — | — | +33 | — | — | +50 | +71 | +83 | +96 | +100 |

Im Vergleich zur Wechselstrom-Fehlerschleifenmessung ergibt sich hier unter solchen Verhältnissen die größte Sicherheit der Ortsbestimmung, wo dort die höchste theoretische Genauigkeit zu erzielen ist, d. h. auch, je mehr sich der Fehlerzustand vom Normalzustand der Leitung unterscheidet.

Als zweite Grundlage für die Fehlerortbestimmung kann außerdem die Grundschwingung der Eigenwelle einer am Ende geschlossenen oder offenen Leiterschleife ($l$) herangezogen werden, deren Grundharmonische gleich der 4fachen bzw. 2fachen Länge der Leiterschleife, d. h. $4\,l$ oder $2\,l$ ist.

## B. Die Laufzeitmessung.

Für die in Betracht kommende Kurzzeitmessung (für 1 km Freileitung etwa 10 $\mu$S) kommt nur der Kathodenstrahloszillograph in Frage, der zwei rechtwinklig zueinanderstehende Ablenkungsmöglichkeiten für den Elektronenstrahl besitzen muß. In der Abszissenachse erhält der Strahl eine möglichst zeitproportionale Ablenkung, deren Beginn kurz vor dem Ablauf der Wanderwelle ausgelöst werden muß. Die Ablenkung in der Ordinatenachse ist der Amplitude der Spannungswelle am Meßort proportional und kann elektrostatisch mit Kondensatorplattenpaaren oder elektromagnetisch mit Spulen bewirkt werden. Die Ankopplung des Oszillographen an die Leitung geschieht direkt oder z. B. über einen Kondensatorspannungsteiler. Die Laufzeit und die dieser proportionale Fehlerortentfernung kann unmittelbar auf einer geeichten Abszissenskala abgegriffen werden. Sicherer ist, mittels eines zweiten Ablenkplattenpaares in Ordinatenrichtung eine Hilfswechselspannung konstanter und mittels Wellenmesser genau bestimmbarer Eichfrequenz einwirken zu lassen, wodurch sich ein sehr genauer Zeit- bzw. Längenmaßstab aufzeichnen läßt. Man kann vor dem Leuchtschirm einen Maßstabschlitten mit einstellbaren Zeigerschiebern anbringen, die auf die wichtigen Punkte des, eine Weile nachleuchtenden Diagrammes eingestellt werden. Zuverlässiger ist jedoch eine photographische Aufnahme der Leuchtschirmbilder mit einer lichtstarken Kamera oder durch Andrücken eines Filmes auf die Außenfläche des Glasleuchtschirmes. Es kann ohne weiteres eine abgeschmolzene Röhre ohne Pumpeinrichtung verwendet werden.

## C. Messungen an der abgeschalteten Leitung.

Nach der schematischen Abb. 24a ladet nach Einlegen des Schalters $S$ die Spannungsquelle $C_1$ erst die Schaltkapazität $C_2$ auf; gleichzeitig beginnt die zeitproportionale Ablenkung ($T$) des Elektronenstrahles in Abszissenrichtung. Nach dem, entsprechend der Zeitkonstante $R_2 \cdot C_2$ verzögerten Überschlag der Funkenstrecke $F$ zieht die Ladewelle in die angeschlossene Leitung ein. Von den schematisierten Oszillogrammen, Abb. 25a—f, deren Form bei fortgedachter Leitungsdämpfung und

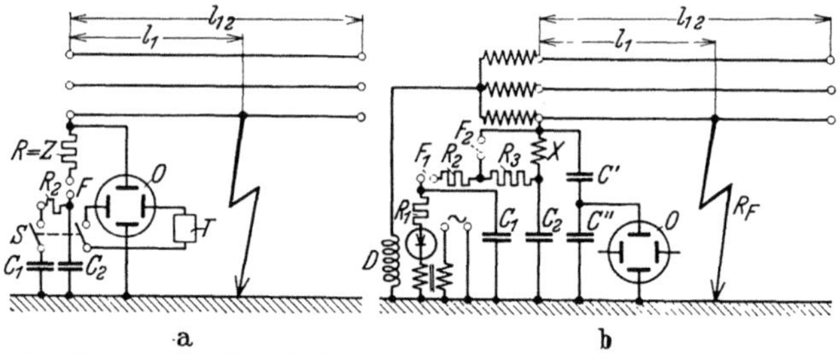


Abb. 24 a—b. Wanderwellen-Meßschaltungen. a Leitung außer Betrieb, b Leitung im Betrieb.

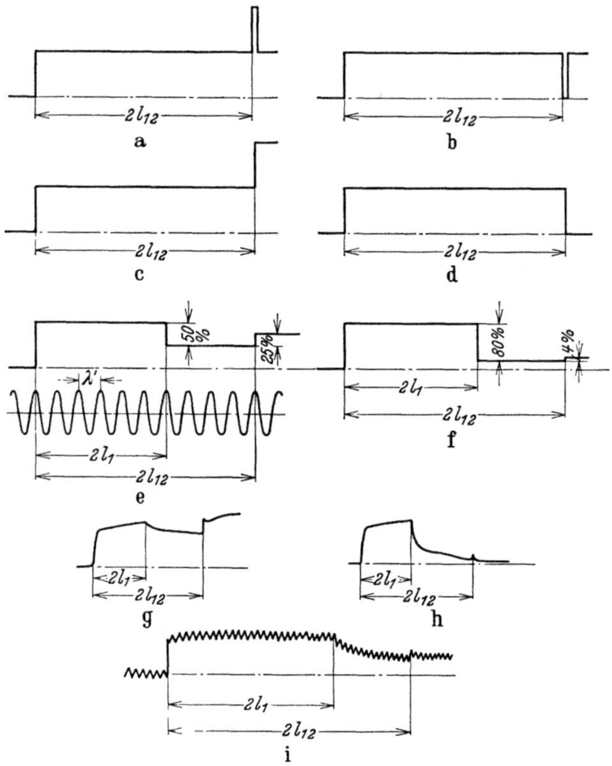


Abb. 25 a—i. Fehlerort-Oszillogramme.

| Nr. | Leitungszustand $l_1$ | Leitungszustand $l_{12}$ | Bemerkungen über die Art der Aufnahme ($R$ = Ankopplungswiderstand siehe Abb. 24a) | |
|---|---|---|---|---|
| a | $R_F = \infty$ | $R_F = \infty$ | Oszillograph in geringer Entfernung vom Leitungsanfang; $R = 0$ | schematisch bei fortgedachter Dämpfung |
| b | $R_F = \infty$ | $R_F = 0$ | | |
| c | $R_F = \infty$ | $R_F = \infty$ | Oszillograph am Leitungsanfang $R = z$ | |
| d | $R_F = \infty$ | $R_F = 0$ | | |
| e | $R_F = 0{,}5 \cdot z$ | $R_F = \infty$ | | |
| f | $R_F = 0{,}125 \cdot z$ | $R_F = \infty$ | | |
| g | $R_F \sim 700\,\Omega$ | $R_F = \infty$ | | nach Originalen |
| h | $R_F \sim 0\,\Omega$ | $R_F = \infty$ | | |
| i | $R_F \sim 100\,\Omega$ | $R_F = \infty$ | | |

unendlicher Ergiebigkeit der Stoßspannungsquelle auftreten würde, zeigt a das Diagrammbild einer fehlerfreien und b einer am Leitungsende mit einem satten Erdschluß behafteten Leitungsstrecke $l_{12}$; der Ankopplungswiderstand $R$ (Abb. 24a) ist hierbei Null. Damit hierbei die Reflexionserscheinung sichtbar wird, muß der Oszillograph in geringer Entfernung vom Leitungsanfang (Stoßspannungsquelle) aufgestellt werden, da die vom Leitungsende zurückkehrende Welle an der Spannungsquelle mit negativem Vorzeichen reflektiert wird. Wenn dagegen $R = z$ gewählt wird, ist diese unerwünschte Maßnahme nicht notwendig, da der künstliche Wellenwiderstand $z$ die einfallende Welle verschluckt; damit ergeben sich die entsprechenden Bilder c und d und für den Erdschlußfall in der Entfernung $l_1$ bei verschiedener Fehlerwiderstandsgröße die Bilder e und f und im Vergleich zu diesen die Bilder g und h als Originalaufnahmen. Einen bequemen Zeitmaßstab liefert die gleichzeitig getrennt aufgenommene (Bild e) oder eine direkt überlagerte Eichwelle (Bild i). Entfallen auf eine Streckenbasis $2l$ nämlich $n$ ganze Perioden, so ist die gesuchte Entfernung $l = \lambda' \cdot \frac{n}{2}$.

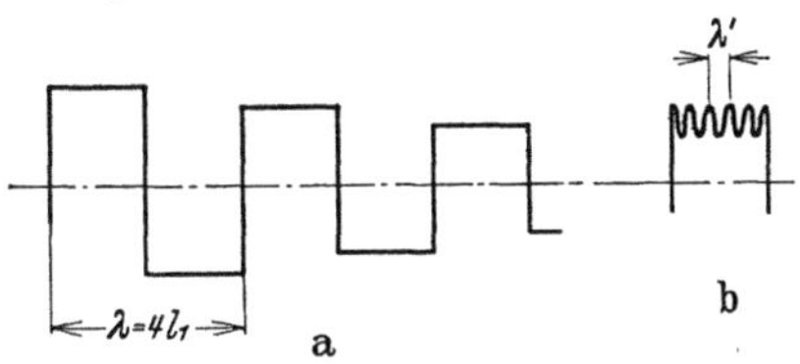


Abb. 26. Wanderwellenschwingungen. a Wanderwelle, b Eichwelle.

Falls es sich darum handelt, auf einer Leitung schwache Isolationsstellen zu suchen, die erst bei einer Spannungshöhe oberhalb der Betriebsspannung der Leitung durchschlagen, wird die abgeschaltete Leitung von einem Ende aus so hoch aufgeladen, bis ein Überschlag an der kranken Stelle erfolgt. Zwischen dem Fehlerort und den Leitungsenden bilden sich Wanderwellenschwingungen aus, deren Wellenlänge $\lambda = 4\,l_1$ ist (Abb. 26); mittels einer überlagerten Eichwelle $\lambda'$ erhält man die Entfernung: $l = \lambda' \cdot \frac{n}{2}$, wenn $n$ ganze Perioden von $\lambda'$ auf $\frac{\lambda}{2}$ entfallen.

## D. Messungen an der im Betrieb befindlichen Leitung.

Nach Schaltbild 24b sind auch Messungen an einer im Betrieb befindlichen Leitung möglich, die z. B. einen Erdschluß besitzt, der sich nur unter Hochspannung bemerkbar macht. Der Oszillograph wird mit einem kapazitiven Spannungsteiler ($C'$ und $C''$, z. B. Stützer) angekoppelt. Der Kondensator $C_1$ wird über $R_1$ zunächst aufgeladen, bis die Funkenstrecke $F_1$ überschlägt und gleichzeitig die Zeitlinie auslöst. Nunmehr wird $C_2$ verzögert über $(R_2 + R_3)$ aufgeladen, bis die Funkenstrecke $F_2$ überschlägt, und als Folge die Ladewelle in die Leitung einzieht. Durch die Drossel $X$ (in Resonanz mit $C_2$) wird das Potential der Funkenstrecke $F_2$ derart gesteuert, daß der Überschlag im Nulldurchgang der Betriebserdspannung erfolgt. Alle Schaltelemente müssen natürlich hochspannungsmäßig isoliert sein; es sind nur Schaltkapazitäten in der Größe von etwa 2000 pF notwendig.

## E. Anwendung des Verfahrens.

Das Wanderwellenmeßverfahren ist wegen seiner einfachen Auswertung und prinzipiellen Anwendbarkeit in allen Fehlerfällen für Freileitungen und Kabel in den vorher prinzipiell begründeten Grenzen sogar während eines betriebsmäßig bestehenden Fehlers als sehr elegant und praktisch wertvoll anzusprechen, obgleich der Aufwand der vollkommenen Apparatur nicht unerheblich ist. Die Genauigkeit der Fehlerortbestimmung ist vom Verhältnis der Strichstärke zur Diagrammbasis und außerdem von der Markierungsschärfe abhängig. Der Sicherheit halber wird man praktisch wohl mehrere Vergleichsdiagramme aufnehmen, um die tatsächlich maßgebenden Markierungen richtig zu erkennen. In komplizierten Fehlerfällen, über die bisher keine Versuchsergebnisse vorliegen, wird es für die richtige Auswertung einiger Erfahrung bedürfen, wenn sich auf dem Diagramm mehrere Teilreflexionen oder andere aus dem Netz einfallende betriebsmäßig oder atmosphärisch verursachte Wellenzüge abzeichnen. Eine die Schärfe der Markierung störende Frontverschleifung der Wellen ist bei den praktisch vorkommenden Leitungslängen nicht beobachtet worden.

# 10. Die Fehlermeldung und Fehlerbeseitigung.

Von Dr.-Ing. **Manfred Schleicher,** Berlin.

Hat man sich bisher mit den Mitteln beschäftigt, die zunächst den fehlerhaften Teil aus dem Netz herausschalten, um den Betrieb aufrechtzuerhalten oder ihn wenigstens wieder aufnehmen zu können, so bleibt noch die Frage zu behandeln übrig, wie man auf schnellstem Wege den Abnehmern wieder Strom zuführen kann, soweit sie von der gestörten Leitung Strom beziehen.

Hier sind zwei Fälle zu unterscheiden:

1. Die gestörte Leitung mündet in eine besetzte Station.
2. Die Leitung mündet in eine unbesetzte Station.

Im ersten Fall genügt es, durch das Telephon die nächste Reparaturkolonne zu unterrichten.

Nun ist aber bekanntlich in Stadt und Land die Zahl der unbesetzten Stationen unverhältnismäßig viel größer als die der besetzten. Es ist also der zweite Fall der häufigere.

Aus den Instrumentenanzeigen der besetzten Station kann man aus der Erfahrung bei gewissen Netzkonstellationen auf eine Auslösung in einer unbesetzten Station schließen, aber im wesentlichen ist man auf die Meldungen aus den Kreisen des Publikums, insbesondere der betroffenen Abnehmer angewiesen. Erfahrungsgemäß dauert eine einigermaßen sichere Feststellung etwa 20 Minuten.

Es werden hier heute umfangreiche Einrichtungen angewandt, um diese Zeiten abzukürzen. Ehe auf diese näher eingegangen wird, muß eine Zwischenstufe, die der selbsttätigen Fehlerbeseitigung gewidmet ist, besprochen werden, die in Mittelspannungsnetzen angewendet wird, weil man erkannt hat, daß gerade hier die Fälle nicht selten sind, in denen Fehler wieder von selbst verschwinden.

Es sind daher selbsttätige Wiedereinschalteeinrichtungen angewandt worden, die in Strahlennetzen bis zu dreimal in gleichmäßigen oder wechselnden Zeitabständen von Bruchteilen von Minuten die Schalter wieder einzuschalten suchen. In Amerika ist man mit diesen Wiedereinschaltezeiten auf Sekunden zurückgegangen. Prüfeinrichtungen haben diese Anordnungen meistens nicht, weil sie zu teuer und im Ergebnis unsicher sind. Lediglich in Gleichstrombahnanlagen pflegt man Prüfwiderstände einzuschalten, wenn diese in dieser Vorstufe Kurzschlußfreiheit anzeigen, wird von Hand, aus der Ferne oder selbsttätig zugeschaltet.

In größeren Stadtbetrieben ist man an verschiedenen Stellen dazu übergegangen, selbsttätige Meldeeinrichtungen anzubringen, die unter Umständen nur die Station melden, in der die Auslösung sich ereignet hat, von der Voraussetzung ausgehend, daß man die gestörte Leitung beim Aufsuchen der Station schon finden wird. Man geht mit den Meldungen aber auch weiter, indem man die Sicherheitseinrichtungen der Stationstransformatoren überträgt, die Tatsache, daß die Türen ordnungsgemäß verschlossen sind u. a. m. Ferner meldet man, ob ein Hochspannungsschalter ausgelöst oder die Sicherung einer Leitung des Sekundärnetzes ausgeblasen hat. In Anlagen mit Druckluftsteuerung pflegt man auch durch ein Kontaktmanometer ein Signal zu geben, ob der Windkessel den richtigen Druck besitzt. Als Meldeeinrichtungen wählt man im allgemeinen Modifikationen der bekannten Feuermeldeeinrichtungen, denn diese haben eine große Systemsicherheit und arbeiten mit einem Minimum an Fernleitungsaufwand, da eine durch eine Reihe von Stationen geschleifte Ringleitung verwendet werden kann. Die Modifikationen bestehen im wesentlichen darin, daß man Falschmeldungen verhindert, falls einmal eine ganze Reihe von Meldern gleichzeitig anzeigen, was bei solchen Anlagen in höherem Maß wahrscheinlich ist als bei den eigentlichen Feuermeldern.

Der Empfangsapparat ist bei diesen Einrichtungen ein mit Lochungen arbeitender Telegraphenapparat, der die Meldernummer ähnlich den Morsezeichen zeigt, dies deshalb, um der Gefahr des Eintrocknens der Tinte zu entgehen. Ein Zeitstempel hält selbsttätig Datum und Uhrzeit der Meldung fest. In neuerer Zeit baut man derartige Einrichtungen auch aus Teilen der Selbstanschlußtechnik auf, weil sie wohlfeiler und ebenso sicher sind, sowie auch eine größere Zahl von Meldungen zu fassen gestatten. Hier werden die Meldungen auf ein Lampentableau übertragen.

Der Hauptvorteil dieser letzteren Einrichtungen ist aber der, daß man die Melder nach ihrem Ablaufen in der Station nicht wieder auf zuziehen braucht, was leicht vergessen wird.

Bei der praktischen Beurteilung der Systeme ist darauf zu achten, daß Ortsbatterien in den unbesetzten Stationen unnötig sind, sondern daß man mit einer Zentralbatterie seine Auslagen findet.

Beobachtungen in Stadt- und Landbetrieben haben übereinstimmend ergeben, daß die Störungszeiten um 25—30 Minuten durch diese selbsttätigen Einrichtungen gekürzt werden.

Handelt es sich um die Überwachung ausgedehnter Hochspannungsnetze, so sind derartige Meldeeinrichtungen zum Lastverteiler oder zu einem zentralen Betriebsbüro von größtem Vorteil, weil nur dieser die

Möglichkeit hat, durch seine zentrale Übersicht Umschaltungsmöglichkeiten anzugeben. Derartige Einrichtungen werden den vorhandenen Telephonkanälen über- oder unterlagert, um sparsam bauen zu können. Entsprechend seiner Bedeutung muß das Telephon des Lastverteilers so eingerichtet sein, daß er sich in jedes im Netz bestehende Gespräch einschalten bzw. Gespräche trennen kann, um sich durchzusetzen.

Es sind hier außerdem in den letzten Jahren eine Reihe von Spezialeinrichtungen entstanden, wie Fernschreibmaschinen, Hellschreiber, Gesprächsaufnahmeapparate u. a. m., die hier im einzelnen zu beschreiben zu weit führen würde.

Für die Elektrizitätswerkspraxis bestehen seit Jahren zwei besondere Arten von Übertragungskanälen, die anderweitig nicht angewandt werden. Die eine Art ist das sog. hochspannungsgeschützte Telephon, das sind Schwachstromfreileitungen, die an den Hochspannungsmasten verlegt sind und die an ihren Enden durch spannungssichere Transformatoren gegen die Telephonapparate abgeriegelt sind. Die Sprechenden sind außerdem durch eine Reihe von Sicherheitseinrichtungen gegen Stromübertritt geschützt.

Die andere Art ist die Ankopplung von Hochfrequenzträgerwellen für die Telephonübertragung mittels Hochspannungskondensatoren. Diese Technik ist heute für Leitungen von 200 kV bis etwa 50 kV sehr weitgehend durchentwickelt, weil sie für alle möglichen Signalzwecke benutzt wird. Es muß diesbezüglich auf die Spezialliteratur verwiesen werden. Diese Sprechkanäle werden gleichzeitig zur selbsttätigen Meldung mitbenutzt.

Es ist zweifellos wertvoll, besonders in Freileitungsnetzen, daß die Reparaturkolonne, die an der Fehlerstelle ihre Arbeit beginnt, nachdem der Fehlerort von der nächstgelegenen Station aus eingemessen oder durch Besichtigung gefunden ist, Anweisungen erhalten oder auch Meldungen abgeben kann.

Es werden hierzu transportable Telegraphie-, Telephon- oder auch Hochfrequenzgeräte verwendet.

Die Hauptschwierigkeit, über die stromlose Hochspannungsleitung Nachricht zu geben, ist einerseits der vorschriftsmäßig in der Station einzulegende Erdungsschalter bzw. die Erdungskette, sowie die Störströme, die dann besonders stark auftreten, wenn an demselben Gestänge sich noch eine zweite unter Spannung stehende Leitung befindet. Es sind die verschiedensten Schaltungen angegeben worden, diese Hindernisse zu umgehen.

Es ist vielleicht nicht uninteressant zu erwähnen, daß man in Amerika in der Anwendung der Fernmeldetechnik recht weit gegangen ist. Man hat nämlich Einrichtungen geschaffen, durch die die Reparaturkolonne auf die Starkstromleitung nach Beendigung der Reparatur ein kodiertes Tonfrequenzzeichen geben kann, durch das sich der Hochspannungsspeiseschalter selbsttätig wieder schließt, und zwar einige Sekunden, nachdem das Signal abgegeben ist, damit Zeit vorhanden ist, den Signalgeber vorher wieder von der Leitung zu trennen. Ob diese nicht unbedenklich erscheinende Maßnahme in größerem Umfang angewendet wird, war nicht festzustellen. Jedenfalls haben wir von der breiten Anwendung der Fernbedienungstechnik noch eine Abkürzung der Störungszeiten zu erwarten, weil sie nicht nur die Leitungsausfälle sofort meldet, sondern auch durch sie aus der Ferne gewisse Leitungsumschaltungen vorgenommen werden können.

In Deutschland hat sich gerade diese Technik zuerst bei den elektrischen Bahnbetrieben eingeführt, dann folgten Teile von Groß- und Industriestädten. Im Ausland ist dann vor allem Belgien und Italien mit dem Einbau solcher Einrichtungen in landwirtschaftlichen Stromversorgungsgebieten gefolgt. England hat vor allem sein 100-kV-Netz mit solchen Meldeanlagen ausgerüstet.

# Literaturzusammenstellung.

## Die elektrischen Vorgänge im Netz bei Störungen.

### Bücher.

Biermanns: Überströme in Hochspannungsanlagen. Berlin: Julius Springer 1926. — Burger: Berechnung von Drehstrom-Kraftübertragungen, 2. Aufl. Berlin: Julius Springer 1931. — Fraenckel: Theorie der Wechselströme, 3. Aufl. Berlin: Julius Springer 1930. — Kesselring: Selektivschutz. Berlin: Julius Springer 1930. — Ollendorff: Erdströme. Berlin Julius Springer 1928. — Orlich, E.: Kapazität und Induktivität. Braunschweig: F. Vieweg & Sohn 1909. — Rüdenberg: Kurzschlußströme beim Betrieb von Groß-Kraftwerken. Berlin: Julius Springer 1925. — Relais und Schutzschaltungen in elektrischen Kraftwerken und Netzen. Berlin: Julius Springer 1929. — Siemens-Schuckertwerke A. G.: Richtlinien für den Entwurf von Erdungsanlagen. Druckschrift Nr. 3248/1. — Starkstromkabel. Druckschrift Nr. 3442/1. — Verband Deutscher Elektrotechniker: Verfahren zur Berechnung von Kurzschlußströmen und Schalterleistungen. Anhang zu den Regeln für Hochspannungsgeräte (REH 1929). VDE 0670/1929. Vgl. auch Elektrotechn. Z. 1929 S. 242. — Walter: Selektivschutz nach dem Distanzprinzip. München u. Berlin: Oldenbourg 1933.

### Zeitschriftenaufsätze.

Bauch: Die Polerdung mittels Erdungsdrossel als Schutz gegen Erdschlußströme und durch sie verursachte Überspannungen. Elektrotechn. Z. 1921 S. 588, 616. — Benda u. Voigtländer: Der Spannungsabfall in Fahrleitungen und Schienen elektrischer Bahnen. Wiss. Veröff. Siemens-Konz. Bd. 10 Heft 1 S. 78. — Fischer-Hinnen: Induktion und Kapazität von Leitungen. Bull. S.E.V. 1917 S. 333. — Grünewald, H.: Die Berechnung dreipoliger Dauerkurschlüsse in verbundgespeisten Netzen bei Berücksichtigung der Vorbelastungen. Elektrotechn. Z. 1935 H. 2 S. 33. — Jacottet: Dämpfung und Wärmewirkung des Stoßstromes bei einfach gespeistem Netzkurzschluß. Arch. Elektrotechn. 1932 Heft 10. — Klewe: Gegeninduktivitätsmessungen an Leitungen mit Erdrückleitung. Elektr. Nachr.-Techn. Bd. 6 (1929) Heft 12 S. 467—479 u. a. — Langrehr: Rechnungsgrößen für Hochspannungsanlagen. AEG-Mitt. 1927 Heft 11. — Lichtenstein: Zur Bestimmung des induktiven Spannungsabfalles paralleler Stromleitungen. Elektrotechn. u. Maschinenb. 1904 S. 247. — Mayr: Die Erde als Wechselstromleiter. Elektrotechn. Z. 1925 Heft 46 S. 1350. — Zur Megede: Schnelle Berechnung von Abschaltleistung und Dauerkurzschlußstrom. Elektrotechn. Z. 1930 S. 1708. — Petersen: Die Begrenzung des Erdschlußstromes und die Unterdrückung des Erdschlußlichtbogens durch die Erdschlußspule. Elektrotechn. Z. 1919 S. 5, 17. — Pollaczek: Über die Induktionswirkung einer Wechselstromeinfachleitung. Elektr. Nachr-Techn. Bd. 4 (1927) Heft 1 S. 18—30. — Rüdenberg: Die Ausbreitung der Erdströme in der Umgebung von Wechselstromleitungen. Z. angew. Math. u. Mech. 1925 Heft 5 S. 366. — Das Verhalten elektrischer Kraftwerke und Netze beim Zusammenschluß. Elektrotechn. Z. 1929 S. 970. — Die synchronisierende Leistung großer Wechselstrommaschinen. Wiss. Veröff. Siemens-Konz. Bd. 10 Heft 3 S. 41. — Wild: Der Doppelerdschlußstrom in Drehstromkabeln und seine Einwirkung auf benachbarte Fernmeldekabel. Wiss. Veröff. Siemens-Konz. Bd. 10 Heft 1 S. 51.

## Die meßtechnischen Grundlagen der Schutztechnik.

### Bücher.

1. Fränkel: Theorie der Wechselströme, 3. Aufl. Berlin: Julius Springer 1930. 2. Kesselring: Selektivschutz. Berlin: Julius Springer 1930. — 3. Rüdenberg: Relais und Schutzschaltungen in elektrischen Kraftwerken und Netzen. Berlin: Julius Springer 1929. — 4. VDEW, Relaisbuch, herausgeg. von der Vereinigung der Elektrizitätswerke Berlin W 62, 1930. — 5. Walter: Der Selektivschutz nach dem Distanzprinzip. München: Oldenbourg 1933. — 6. Walter: Selektivschutzeinrichtungen für Hochspannungsanlagen. München: Oldenbourg 1929.

### Neuere Zeitschriften-Aufsätze.

1. Bütow: Erdschlußschutz für Generatoren. Elektr.-Wirtsch. 1930 S. 301 bis 306. — 2. Courvoisier: Der Kurzschlußschutz von Wechselstromnetzen. Bull. schweiz. elektrotechn. Ver. 1933 S. 421—437, 459—475, 573—583. — 3. Denzel: Falschmeldungen von Erdschlußrelais und ihre Verhütung. AEG-Mitt. 1931 S. 342—347. — 4. Dubusc: Les idées modernes en matière de protection contre les surintensitées. Conférence international des Grands Réseaux Electriques 1927 II S. 469—515. — 5. Friedländer u. Schmutz: Über Drehfeldscheider zur Aufspaltung unsymmetrischer Drehstromsysteme in die symmetrischen Komponenten. Wiss. Veröff. Siemens-Konz. Bd. 10 (1931) H. 1 S. 24. — 6. Fleischhauer: Ein neuer einfacher Sammelschienenschutz. Siemens-Z. 1929 S. 391—396. 7. Fleischhauer: Der hochempfindliche Differential-Stromschutz für Leistungstransformatoren. Siemens-Z. 1929 S. 545—552. — 8. Geise: Der stabilisierte Differentialschutz. Siemens-Z. 1932 S. 413—418. — 9. Goldsborough and Lewis: A High Speed Relais for Short Lines. Electr. Engng. 1932 S. 157—160. — 10. Gross: Der Schnellselektivschutz in Hochspannungsnetzen. Elektrotechn. u. Maschinenb. 1933 S. 201—204. — 11. Gross u. Weller: Über die zulässige Empfindlichkeit von Erdschlußrelais in Hochspannungsnetzen. Elektrotechn. u. Maschinenb. 1932 S. 117—123. — 12. Holzach: Selektivschutz bei schwierigen Netzverhältnissen mittels Distanzrelais. Bull. schweiz. elektrotechn. Ver. 1932 S. 645—655. — 13. Kapp and Carrothers: Faults and their durance on large networks. J. Instn. electr. Engr. 1932 S. 685—702. — 14. Matthey-Dorret: Stationsschutz durch Distanzrelais. BBC-Mitt. 1932 S. 205—209. — 15. Neugebauer: Streckenschutz mit Hochfrequenz-Verbindung. Siemens-Z. 1934 S. 83—88. — 16. Neugebauer: Was ist Streckenschutz? Siemens-Z. 1933 S. 94—99. — 17. Neugebauer: Schnellabschaltung beim Selektivschutz. Elektrotechn. Z. 1934 S. 181 bis 184. — 18. Oberdorfer: Wirtschaftliche und technische Bedeutung des Generatorschutzes. Elektrotechn. u. Maschinenb. 1931 S. 926—931. — 19. Parschalk: Transformator und Sammelschienen. BBC-Mitt. 1932 S. 107—111. — 20. Poleck: Der Drehstrom-Reaktanzschutz. Siemens-Z. 1932 S. 386—394. — 21. Ross and Bell: Protection of Transmission Lines and Feeders. J. Inst. Electr. Engr. Lond. 1930 S. 801, 815—817, 826. — 22. Rottsieper: Fortentwicklung des Kabelschutzsystems Pfannkuch. AEG-Mitt. 1931 S. 473—479. — 23. Schimpf: Verhalten des Selektivschutzes beim Außertrittfallen von Kraftwerken. Elektrotechn. Z. 1933 S. 1134—1136. — 24. Schimpf: Selektivschutz für lange Hochspannungsübertragungen. VDE-Fachberichte 1931. — 25. Schneider: Vergleichsschutz mit Hochfrequenz. Elektr.-Wirtsch. 1930 S. 556—559. — 26. Sorge: Neuerungen auf

dem Gebiet des Kurzschluß- und Erdschlußschutzes. Siemens-Z. 1929 S. 536—545. 27. Schulze: Erdschlußprobleme bei großen Kabelnetzen. Elektr.-Wirtsch. 1933 S. 277—280, 298—303. — 28. Stark: Ein neues Differentialrelais. Elektrotechn. u. Maschinenb. 1931 S. 177—181; AEG-Mitt. 1931 S. 148—152. — 29. Szieghart: Der Doppelerdschluß in Hochspannungs-Kabelnetzen und seine Beseitigung durch Distanzrelais. Elektrotechn. Z. 1934 S. 928—930. — 30. v. Timascheff: Die Anzeigen von Stromspannungsrelais längs der Leitung beim Außertrittfallen von Synchron-Kraftwerken. Wiss. Veröff. Siemens-Konz. Bd. 13 (1934) H. 2 S. 13—27. 31. Walter: Die Entwicklung des Distanzschutzes. Z. VDI 1931 S. 1155. — 32. Walter: Neue Verfahren beim Überstrom-Zeitschutz. Elektrotechn. Z. 1934 S. 206—208. — 33. Walter: Über das Verhalten der Distanzrelais bei Pendelerscheinungen. Elektrotechn. u. Maschinenb. 1932 S. 261—263. — 34. Walter: Die Distanzrelaisschaltungen. Elektr.-Wirtsch. 1932 S. 172—176, 199—202. — 35. Walter: Der Kurzschluß-Lichtbogen in Drehstrom-Netzen und sein Einfluß auf die Arbeitsweise des Distanzrelais. Elektrotechn. Z. 1932 S. 1056—1059. — 36. Warrington: A. high Speed reactance Relay. Electr. Engng. 1933 S. 248—253. 37. Fortschritte im Bau und Anwendung von Schutzrelais. Elektrotechn. Z. 1934 S. 631—632. — 38. Versuche mit Lichtbögen und Reaktanzrelais. Elektrotechn. Z. 1933 S. 355.

## Die Einzelteile der Selektivschutztechnik.

### Relais.

#### Bücher.

Rüdenberg, R.: Relais und Schutzschaltungen in elektrischen Kraftwerken und Netzen. Berlin: Julius Springer 1929. — Relaisbuch: Vereinigung der Elektrizitätswerke, 1. Aufl. Berlin. — Relay Handbook: National Electric Light Association. New York 1926. — Relay Handbook, Supplement: National Electric Light Association, New York 1931.

#### Aufsätze.

Clothier u. Leeson: Schutz von Dreiphasensystemen. J. Instn. electr. Engr. 1930 S. 827. — Kneller u. Lesch: Der BBC.-Distanzschutz für Freileitungsnetze. BBC Nachr. 1930 H. 7/8. — Neugebauer u. Geise: Eilimpedanzrelais. Siemens-Z. 1932 H. 2. — Poleck: Der Drehstromreaktanzschutz. Siemens-Z. 1932 H. 11. Puppikofer: Das Minimalimpedanzrelais. Schweiz. El. V. Bulletin 1929 H. 9. — Robinson: Relaissysteme. Electr. J. 1930 H. 11/12; 1931 H. 1. — Theorie und Anwendung von Relaissystemen. Electr. J. 1931 H. 12. — Sorge u. Neugebauer: Einphasiger Impedanzschutz. Siemens-Z. 1931 H. 10. — Sterner: Asea-Standardrelais und ihre Anwendung. Asea-J. (engl.) 1933 H. 4/5. — Walter: Richtungsglieder der Distanzrelais. Elektrotechn. Z. 1932 S. 476/79. — Warrington: Ein Schnellreaktanzrelais. Electr. Engng. Bd. 52 S. 248. — Weßner: Ein neues AEG.-Distanzrelais. AEG-Mitt. 1930 H. 3. — Wideroe: Der erste Kurzschlußversuch mit norwegischem Distanzrelais. Elektrotekn. T. 1934 H. 14.

### Wandler.

#### Bücher.

Goldstein, J.: Die Meßwandler, ihre Theorie und Praxis. Berlin: Julius Springer 1928. — Möllinger, A.: Wirkungsweise der Motorzähler und Meßwandler, 2. Aufl., Berlin: Julius Springer 1925. — Archiv für technisches Messen. A.T.M. München u. Berlin: Oldenbourg seit 1931. Ritz, H.: Überstromziffer von Stromwandlern. Archiv für technisches Messen. A.T.M. Lieferung 48, Juni 1935.

### Aufsätze.

Buchholz, H.: Übersetzungsverhältnis von Stromwandlern im Sättigungsgebiet. AEG-Mitt. 1930 S. 548—555. — Fleischhauer, W.: Graphische Stromwandlerberechnung. Wiss. Veröff. Siemens-Konz. 1931 S. 98. — Keinath, G.: Über die Anforderungen an Stromwandlern in Kraftwerken. Elektr.-Wirtsch. 1931 S. 60. — Neugebauer, H.: Stromwandler für Schutzsysteme. Siemens-Z. 1931 H. 3/4. — Reiche, W.: Über die Kurzschlußfestigkeit von Stromwandlern. Elektrotechn. Z. 1928 S. 1772. — Reimann, E.: Sprungwellenbeanspruchungen von Stromwandlern mit und ohne Schutzapparat. Wiss. Veröff. Siemens-Konz. 1930 S. 1. — Schunck, H.: Spannungsanstieg beim Unterbrechen der Sekundärseite eines Stromwandlers. Elektrotechn. Z. 1932 S. 1129. — Zur graphischen Berechnung von Stromwandlern. E. u. M. 1933 S. 241. — Walter, M.: Über die Eigenschaften der Stromwandler für Schutzrelais. Elektrotechn. Z. 1934 H. 20 S. 483.

## Die Montage, Prüfung und Pflege von Schutzanlagen.

Electr. Wld., N.Y. Bd. 85 (1925) Nr. 3: Prüfung und Instandhaltung von Relais. Geise, F. u. O. Keßler: Eine neue Einrichtung zur Nachprüfung von Sekundärrelais während des Betriebes. Siemens-Z. 1932 H. 5 S. 171. — Groß, E.: Betriebskontrolle von Erdschlußrelais. E. u. M. 1928 H. 53. — Kautzmann, O.: Der Überstromschutz von Überlandnetzen und die Organisation seiner Überwachung. Elektrotechn. Z. 1931 H. 34 S. 1077. — Parschalk, Fr.: Einbau und Prüfung von BBC-Distanzrelais. BBC Nachr. 1935 H. 2 S. 41. — Schmolz, A.: Einbau und Kontrolle von Kurzschlußschutzeinrichtungen in 100 kV-Netzen. Elektrotechn. Z. 1931 H. 14 S. 433.

## Die Schutzschaltungen.

### Bücher.

V.d.E.W.: Relaisbuch. Berlin 1930. — NELA: Relay Handboock and Supplement New York. — Rüdenberg: Relais- und Schutzschaltungen. Berlin: Julius Springer 1929. — Walter: Selektivschutz nach dem Widerstandsprinzip. München u. Berlin: Oldenbourg 1933.

### Aufsätze.

Bancker u. Hunter: Distance Relay Action During Oscillations. Electr. Engng., Juli 1934 S. 1073f. — Belfils u. Cahen: La transmission de l'énergie à longue distance et à très haute tension. Rev. Electr. Mèc., Mai-Juni 1933 No. 29. Browne u. Vest: A Carrier Current Relay Installation. Electr. Engng., Jan. 1935 S. 109—115. — Butow: Erdschlußschutz für Generatoren. Elektr. Wirtsch. Juni 1930 S. 301. — Clothier u. Leeson: Protection of Three-Phase Transmission lines: Discussion. J. Instn. electr. Engr. 1930 S. 827. — Metal-Clad, Siwtchgaer, Automatic Protection, and Remote Control, With particular reference to developments during the last seven Years. I. Instn. electr. Engr. 1932 S. 285. — Courvoisier: Der Kurzschluß-Schutz von Wechselstromnetzen. Bull. schweiz. elektrotechn. Ver. 1933, Nr. 18. Fortsetzung: 1933, Nr. 23. — Edson: Abridgment of transmission system relay protection — III. Amer. Inst. electr. Engr. 1930 S. 863. — Fallou: La Protection sélective des Réseaux contre les courts-circuits au moyen de courants de haute fréquence. Bull. Soc. franç. Électr. 1931 Vol. 956—970. — Geise: Der stabilisierte Differentialschutz. Siemens-Z. 1932 S. 413. Groß: Über Schnellselektivschutz in Hochspannungsnetzen. Elektrotechn. u. Maschinenb. 1933 Heft 14/15 S. 201. — Die neuere Entwicklung der Distanzschutz-Schaltungen. Elektrotechn. u. Maschinenb. 1934 Heft 51 S. 597. — Neher: Timing High-Speed Relays. Electr. Wld., N. Y. 1933 S. 734. — Relay systems utilizing communication facilities. Electr. Engng. 1933 S. 163. — Neugebauer: Was ist Streckenschutz? Siemens-Z. 1933 S. 94. — Grundschaltungen für den Richtungsvergleich beim Streckenschutz. Siemens-Z. 1933 S. 332. — Streckenschutz mit Hochfrequenzverbindung. Siemens-Z. 1934 S. 83. — Schnellabschaltung beim Selektivschutz. Elektrotechn. Z. 1934 S. 181. — Projektierung von schnellarbeitenden Schutzsystemen für Höchstspannungsanlagen. Cigré-Tagung 1935, Bericht 330. — Neugebauer u. Geise: Eil-Impedanzrelais. Siemens-Z. 1932 S. 47. — Kapp u. Carother: Faults and their clearance on large networks. J. Instn. electr. Engr. 1932 S. 685. — Poleck: Der Drehstrom-Reaktanzschutz. Siemens-Z. 1932 S. 386. — Poleck u. Sorge: Zeitstufen und Reaktanzschutz für Hochspannungsfreileitungen. Siemens-Z. 1928 S. 694. — Puppikofer: Der Selektivschutz von Kraftwerken. Bull. schweiz. elektrotechn. Ver. 1928 Heft 2 S. 48. — Ross u. Bell: Recent Developments in the Protection of Three-Phase Transmission lines and Feeders. J. Instn. Electr. Engr. 1929/30 S. 801. — Schimpf: Die Entwicklung der schnellschaltenden Schutzsysteme in Amerika, Deutschland, England, Frankreich. Bull. schweiz. elektrotechn. Ver. 1934 Nr. 13. Fortsetzung: Nr. 14. 1934. — Generatorschutz bei Gegenlauf-Radialturbinen. Siemens-Z. 1935 S. 128. — Sleeper: Relaying of high Voltage Interconnections. Electr. Engng. 1933 S. 402—404. — Sorge: Neuerungen auf dem Gebiet des Kurzschluß- und Erdschlußschutzes. Siemens-Z. 1929 S. 536. — Sorge u. Neugebauer: Einsystemiger Impedanzschutz. Siemens-Z. 1931 S. 437. — Sporn u. Müller: Carrier-current relaying proves its effectiveness. Electr. Wld., N. Y. 1932 S. 332. — Walter: Distanzschutz-Schaltungen. Elektr.-Wirtsch. 1932 Nr. 8 S. 172. — Weißmann: Wie wird ein Transformator am zweckmäßigsten geschützt? Siemens-Z. 1935 S. 67.

## Die Fehlerortbestimmung.

### Bücher.

Bernett: Die Bekämpfung des Erd- und Kurzschlusses in Höchstspannungsnetzen. München: Oldenbourg 1927. — Fraenckel: Theorie der Wechselströme, 3. Aufl. Berlin: Julius Springer 1930. — Klein: Kabeltechnik, 1. Aufl. Berlin: Julius Springer 1929. — Kögler: Isolationsmessungen und Fehlerortbestimmung in elektrischen Starkstromanlagen, 4. Aufl. Leipzig: Jänecke 1926. — Raphael-Apt: Isolationsmessungen und Fehlerbestimmungen, 2. Aufl. Berlin: Julius Springer 1911.

### Zeitschriftenaufsätze.

Allen u. Gross: Accurate line fault location. Electr. Wld., N.Y. 1935 S. 1785/87. — Bernett u. Arnold: Die Fehlerortbestimmung an Hochspannungsfreileitungen. Elektrotechn. Z. 1926 S. 665—667; Elektr.-Wirtsch. 1927 S. 365 bis 368. — Cremer-Chapé u. Röhrig: Bestimmung von Fehlerstellen bei Erd- und Kurzschlüssen an langen Freileitungen und in Kabelnetzen mittels des Kathodenstrahloszillographen. Elektr.-Wirtsch. 1932 S. 49—55. — Ehrens: Fehlerortbestimmung in Dreileiterkabeln bei Kurzschluß der 3 Leiter. Elektrotechn. Z. 1916 S. 557. — Grootonk: Eine neue Fehlerortmessung bei hohem Übergangswiderstand. Elektrotechn. Z. 1924 S. 1054—55. — Heinzelmann: Fehlerortbestimmung mit Hilfsleitungen an Kabeln. Elektrotechn. Z. 1916 S. 557. — Higgit: A Loop Test for High Resistance Faults. Electrician 1921 S. 96. — Isaácson, S.: Localisation des défauts dans les câbles en cas de détérioration de tous les conducteurs. Rev. gén. Électr. 1935 S. 501/503. — de Koning: Die Fehlerortbestimmung in

Starkstromkabeln bei Schluß zwischen allen Leitern. Elektrotechn. Z. 1920 S. 249. — Lewin: Fehlerortmessungen an unterbrochenen Drehstromkabeln. E. u. M. 1918 S. 210/12. — Praktische Winke für Fehlerortbestimmung an unterbrochenen Drehstromkabeln. Elektrotechn. Z. 1921 S. 1132. — Mehlhorn: Erfahrungen und Fortschritte im Bau von Kabelprüfeinrichtungen für hohe Gleichspannungen. Siemens-Z. 1928 S. 594/96. — Mosca: Identificazione a distanza dei guasti su linee elettriche aeree. Energia elettr. 1932 S. 255/270. — Variazione delle caratteristiche elettriche di lunghe linee aeree ad alta tensione. Energia elettr. 1934 S. 703/712. — Poleck: Fehlerortmessungen an Hochspannungsfreileitungen. Siemens-Z. 1930 S. 88/94. — Das Fehlerortmeßgerät für Hochspannungsfreileitungen. Siemens-Z. 1930 S. 153/162. — Fehlerortbestimmung an Hochspannungsfreileitungen nach einer Wechselstrommeßmethode. Veröff. Siemens-Konz. IX H. 1 S. 298—328. — Mechanisiertes Abgleichverfahren für Wechselstrommeßbrücken bei Verwendung phasenabhängiger Nullindikatoren. Arch. Elektrotechn. 1934 S. 492—506. — Röhrig: Fehlerortbestimmungen mit dem Kathodenstrahloszillographen. Elektrotechn. Z. 1931 S. 241/42. — Röhrig u. Boekels: Ein Verfahren zur Bestimmung schwacher Isolationsstellen in Hochspannungsleitungen mit dem Kathodenstrahloszillographen. Arch. Elektrotechn. 1932 S. 315/20. — Simons: Praktische Fälle von Fehlerortbestimmungen. Elektrotechn. Z. 1914 S. 708/709. — Täuber: Einrichtung zum Prüfen und Messen von Hochspannungsanlagen. Elektrotechn. Z. 1930 S. 1125/28. — Taylor: Locating Faults in Power Cables. Electr. Engng. 1932 S. 870/72. — Tietgen: Neue Methode zur Ortsbestimmung von Wasserfehlern in Papier- und Faserstoffkabeln. Elektrotechn. Z. 1920 S. 292. — Wurmbach: Ein neues Verfahren zur Auffindung von Kabelfehlern. Elektrotechn. Z. 1919 S. 211. — Zimmermann: Hochspannungskabel-Fehlerstatistik der VDEW. Elektr.-Wirtsch. 1932 S. 277/83, S. 503/508; 1933 S. 501/506. — Amerikanische Kabelfehlerstatistik. Elektr.-Wirtsch. 1931 S. 556/557. — Zwilling: Kabelmessungen in Großstadtnetzen. E. u. M. 1933 S. 300/304.

## Die Fehlermeldung und Fehlerbeseitigung.

Schleicher M.: Die elektrische Fernüberwachung und Fernbedienung für Starkstromanlagen und Kraftbetriebe. Berlin: Julius Springer 1932. — Stäblein: Die Technik der Fernwirkanlagen. München u. Berlin: R. Oldenbourg 1934. — Schleicher, M.: Die Fernsteuerung und Fernregelung als Lösung einiger technischer Probleme des Verbundbetriebes großer Netze. Cigré-Bericht 1935 Nr. 329. — Semmler: Eine neuartige Anwendung der Fernbedienung über ein als Blitzschutzseil ausgebildetes Kabel mit Streckenschutz unter Verwendung von Tonfrequenzen. VDE-Fachberichte 1935 S. 141—146. — Sanderson, Clarence Herbert: Electric System Handbook. First Edition. New York: McGraw-Hill Book Company 370 Seventh Avenue, 1930. Abschnitt: Remote Metering, S. 784. Abschnitt: Supervisory Control, S. 765. — Stalins: La signalisation, la commande à distance et la téléphonie dans les réseaux de distribution d'énergie électrique à simple alimentation. Cigré-Bericht 1933 Nr. 71. — Keller: Fernsteueranlage Priesterweg der Deutschen Reichsbahn-Gesellschaft. Elektrotechn. Z. 1935.

Die Literatur ist an sich außerordentlich umfangreich. Berücksichtigt wurde in dieser Zusammenstellung nur die neuere Literatur, soweit sie besonders wichtig erschien. Die Patentliteratur, die eine sehr große Zahl bestehender und erloschener Patente in allen Ländern umfaßt, wurde nicht besonders aufgeführt, da diese für die Vertiefung des Wissens ohne Bedeutung und nur für die Spezialisten der Herstellerfirmen wichtig ist.

GPSR Compliance

*The European Union's (EU) General Product Safety Regulation (GPSR) is a set of rules that requires consumer products to be safe and our obligations to ensure this.*

*If you have any concerns about our products, you can contact us on ProductSafety@springernature.com*

In case Publisher is established outside the EU, the EU authorized representative is:

Springer Nature Customer Service Center GmbH
Europaplatz 3
69115 Heidelberg, Germany

**Batch number: 10683525**

Printed by Printforce, the Netherlands